24th Scientific and Practical Conference on Issues of Geological Exploration and Development Oil and Gas Fields (Geomodel 2022)

Gelendzhik, Russia
5-8 September 2022

ISBN: 978-1-7138-8407-1

Printed from e-media with permission by:

Curran Associates, Inc.
57 Morehouse Lane
Red Hook, NY 12571

GEOMODEL LLC
119071 Leninsky Prospect 19
Moscow, Russia

Printed with permission by Curran Associates, Inc. (2025)

Additional copies of this publication are available from:

Curran Associates, Inc.
57 Morehouse Lane
Red Hook, NY 12571 USA
Phone: 845-758-0400
Fax: 845-758-2633
Email: curran@proceedings.com
Web: www.proceedings.com

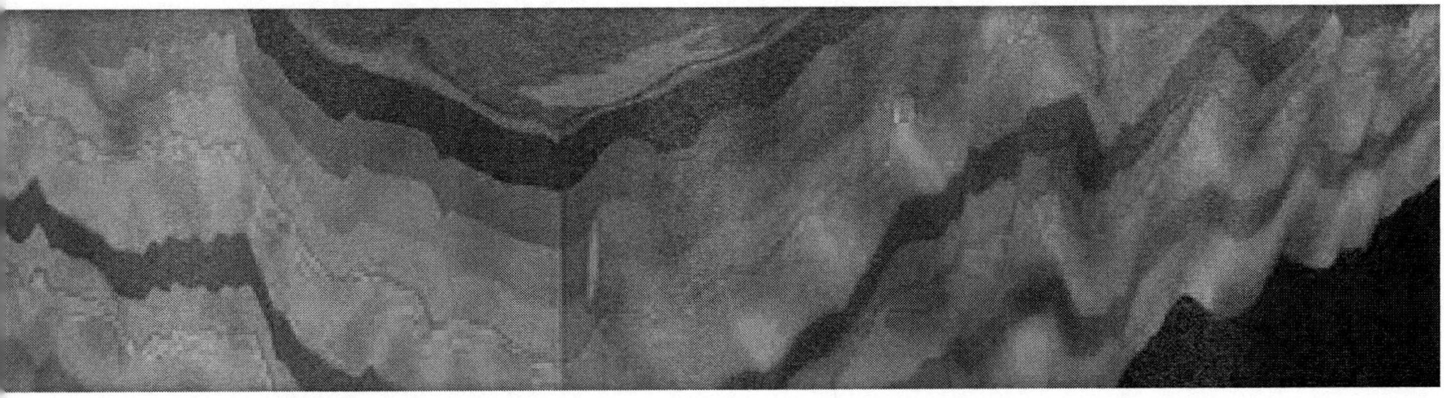

Геомодель 2022

24-я конференция по вопросам геологоразведки
и разработки месторождений нефти и газа

5-8 сентября 2022 г. | Геленджик, Россия

Сборник материалов конференции

Геомодель 2022

24-ая научно-практическая конференция по вопросам геологоразведки и разработки месторождений нефти и газа

Сборник материалов конференции — 497 листов
ISBN: 978-5-9651-1406-1
г. Москва, ООО «ЕАГЕ Геомодель» 2022

Оглавление

Пленарная сессия

Прикладные вопросы обработки сейсмических данных

Разработка месторождений

Региональная сессия. Восточная Сибирь

Региональная сессия. Западная Сибирь

Стендовая сессия

Технологии полевых геофизических работ

Трещиноватость и трещиноватые коллектора

Концептуальное геологическое моделирование пермокарбоновой залежи Усинского месторождения

А.Л. Южаков* (Филиал ООО «ЛУКОЙЛ-Инжиниринг» «ПермНИПИнефть» в г. Пермь),
Д.В. Огородов (Филиал ООО «ЛУКОЙЛ-Инжиниринг» «ПермНИПИнефть» в г. Пермь)

Введение

Объектом исследования настоящей научно-технической разработки является пермокарбоновая залежь Усинского месторождения, уникальная по размерам и свойствам нефти. В административном отношении Усинское нефтяное месторождение расположено в Усинском районе Республики Коми, в 115 км к северу от г. Печора. В тектоническом плане месторождение приурочено к одноименному поднятию в пределах крупной структуры I-го порядка - Колвинского мегавала.

Актуальность исследований обусловлена необходимостью минимизации рисков неподтверждения запасов и наиболее рационального использования недр путем исключения неэффективного бурения на разрабатываемых месторождениях.

Целью работы является построение геологической модели пермокарбоновой залежи с учетом всей имеющейся геолого-геофизической информации, актуализированной петрофизической основы и переинтерпретации материалов геофизических исследований скважин. И как следствие применение результатов геологического моделирования при планировании дальнейшего разбуривания и построения гидродинамической модели для повышения эффективности разработки пермокарбоновой залежи.

Концептуальное моделирование.

Основой для концептуального моделирования послужил литолого-фациальный анализ и литотипизация отложений. Основным параметром для литотипизации исследуемых отложений, кроме вещественного состава породы, была выбрана структурно-генетическая классификация пород по Р. Х. Данему с дополнениями Эмбри и Кловена (по преобладанию в известняке структурных компонентов, типу цементирующего вещества, а также их взаимоотношению в породе) [1]. На основе вещественного состава породы и структурного параметра было выделено 8 литотипов пород среди которых мадстоун, вакстоун, пакстоун, грейнстоун, флаутстоун, рудстоун, бандстоун и кристаллический карбонат (доломит). Выделенные по шлифам литотипы были нанесены на разрезы скважин для последующего анализа и построения концептуальной седиментологической модели. Для каждой структуры по классификации Р. Х. Данема и выделенной фациальной зоне были рассчитаны геолого-геофизические параметры. В рамках проведения литолого-петрографического исследования был разработан специализированный табличный формат для оцифровки петрографических параметров породы. Было описано и сфотографировано более 3300 петрографических шлифов.

В основу создания концептуальной модели пермокарбоновой залежи Усинского месторождения легли представления о геологическом строении территории. Согласно региональным геологическим исследованиям Тимано-Печорского региона на протяжении каменноугольно-пермского времени в пределах Печорской плиты располагался обширный карбонатный рамп, полого погружавшийся в восточном направлении. Образование отложений на Усинском месторождении происходило преимущественно в зоне внутреннего и среднего рампа. Основными факторами, определяющими процессы седиментации, кроме существовавшего на то время палеорельефа морского дна, являлись базис действия нормальных и штормовых волн. Глубины седиментации – преимущественно первые десятки метров.

По результатам определенных литологических типов пород и данным сейсморазведки в разрезе среднекаменноугольно-нижнепермских отложений выделено три основные фациальные зоны:

- карбонатная отмель (зона внутреннего рампа);
- органогенная постройка (зона среднего рампа);
- мелководно-шельфовая равнина (зона среднего рампа, частично зона внешнего рампа).
- умеренно-глубоководная шельфовая равнина (зона внешнего рампа).

Посредством ПО IRAP RMS (ROXAR) концептуальная геологическая модель была воссоздана в трехмерном пространстве на основе структурно-тектонического каркаса залежи, исходной информации по распределению литотипов пород по скважинам, а также границам фациальных зон, полученных в результате интерпретации сейсморазведочных работ. Концептуальная модель послужила основой для создания трехмерной цифровой геологической модели.

Исходные данные для построения трехмерной геологической модели.

В качестве исходных данных для построения трехмерной геологической модели были использованы сведения о концептуальном выделении стратиграфических интервалов. Пермокарбоновая залежь Усинского месторождения относится к карбонатным отложениям трещинно-кавернозно-порового типа нижней перми, верхнего и среднего карбона и залегает в интервале глубин от -970 м до -1470 м [2]. В связи с фациальной и литологической изменчивостью продуктивный разрез расчленен на 4 объекта: I-C2, II-C2, III-C3k+g и IV-P1a+s.

Для последующей интерпретации данных геофизических исследований скважин (ГИС) подготовлена петрофизическая основа. Произведен сбор и систематизация данных по лабораторным исследованиям кернового материала скважин, в результате чего уточнена петрофизическая модель.

Граничные значения фильтрационно-емкостных свойств (ФЕС) установлены согласно современным требованиям через динамическую пористость и не противоречат ранее принятым. Для расчета динамического коэффициента пористости использовались результаты лабораторных определений открытой пористости, остаточной водонасыщенности и нефтенасыщенности в образцах керна в ходе моделирования процессов вытеснения нефти водой при 80° С. По полученным лабораторным данным выполнено построение зависимостей «керн-керн», используемых при интерпретации данных ГИС.

На основании данных скважин с полным комплексом ГИС выполнена интерпретация скважин. Выделены породы-коллекторы, определены значения ФЕС и насыщенности. Пористость коллекторов определена по методам НК, АК и ГГКп, а также по комплексным палеткам «НК-АК» и «НК-ГГКп».

В качестве сейсмогеологической основы в работу легли сведения о проведении переинтерпретации сейсморазведочных работ 3Д. Новые данные позволили получить набор взаимоувязанных разрывных нарушений.

Сбор всей имеющейся геолого-геофизической информации об объекте исследования, а также результаты концептуального моделирования позволили построить единую цифровую трехмерную геологическую модель.

Построение трехмерной цифровой геологической модели

Процесс создания трехмерной цифровой геологической модели (3Д ГМ) состоит из ряда последовательных этапов с характерными методами, процедурами и промежуточными результатами. В качестве геологической основы для моделирования послужили данные по пробуренным скважинам, результаты детальной корреляции разрезов скважин, результаты обработки данных ГИС, структурные поверхности отражающих горизонтов (ОГ), итоги концептуального моделирования в виде кубов фаций.

Первоочередной задачей построения 3Д ГМ является построение структурно-тектонического каркаса на основе исходной сейсмоосновы (поверхностей отражающих горизонтов, полигонов разрывных тектонических нарушений) и отметок пластопересечений скважин. Процесс создания структурно-тектонического каркаса осложняется наличием сети разломной тектоники, представленной 46 разрывными тектоническими нарушениями. При создании структурно-тектонического каркаса была учтена концептуальная модель тектонического строения с моделированием области регионального размыва, приуроченного к кровле нижнепермско-каменноугольных карбонатов (рисунок 1).

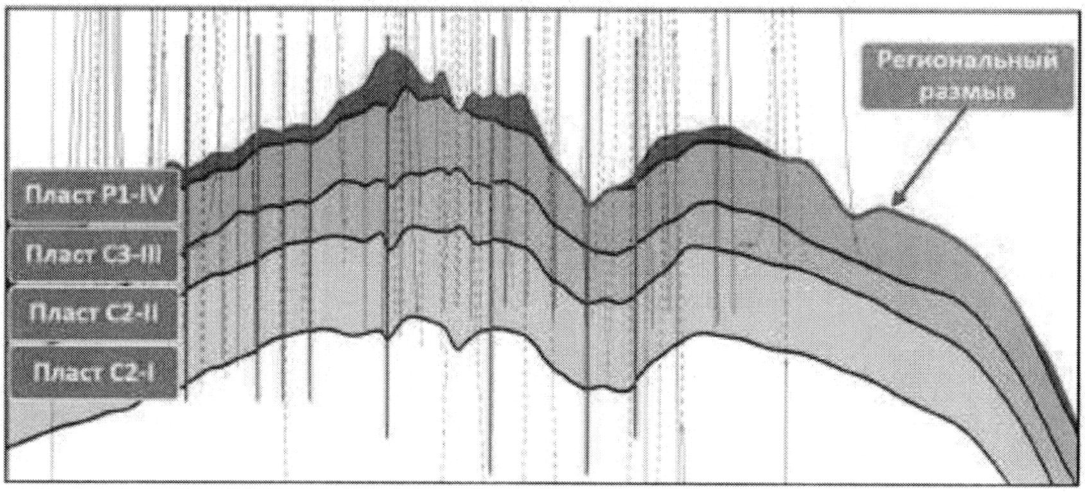

Рисунок 1. *Геологический профиль пермокарбоновой залежи Усинского месторождения.*

На основе структурно-тектонического каркаса был получен трехмерный куб, разбитый на элементарные объемы-ячейки. Размерность сетки (инкремент) по латерали выбрана аналогично сеткам структурных построений. Для объектов IV и III была выбрана нарезка сетки от подошвы, обусловленная региональным размывом отложений. Для объектов II и I выбрана пропорциональная нарезка слоев. Детальность объемной трехмерной сетки позволяет отразить геолого-технологические особенности исследуемой территории при последующем литолого-фациальном и петрофизическом моделировании.

При создании литологической модели в основу работ легли результаты концептуального моделирования и фациальные прогнозы. Для учета неоднородности геологического строения в трехмерной модели выполнено распределение коллекторов с учетом литолого-фациальной зональности, полученной при концептуальном моделировании. Результатом литолого-фациального моделирования послужило создание дискретного куба распространения неоднородности типа коллектор-неколлектор, карты кровли коллекторов, эффективных и эффективных нефтенасыщенных толщин по объектам.

После литологического моделирования следует этап петрофизического моделирования, целью которого является распределение петрофизических параметров продуктивных пластов. Для распределения пористости по объему трехмерной сетки был использован алгоритм стохастического петрофизического моделирования. Распределение значений коэффициента пористости выполнялось только в объеме пород, определенных на этапе литологического моделирования как коллектор. В качестве исходной информации при моделировании этого параметра были использованы результаты интерпретации данных ГИС представленные в виде непрерывной кривой пористости в las-файлах. Результатом моделирования куба пористости стало трехмерное распределение параметра в пределах коллекторов.

Для распределения коэффициента нефтенасыщенности в нефтенасыщенном объеме пород был использован алгоритм «стохастическое петрофизическое моделирование» с учетом граничных значений. Итогом этапа послужило создание непрерывного куба с распределенными по скважинным данным значениям коэффициента нефтенасыщенности.

Определение проницаемости в прослоях-коллекторах выполнено с использованием зависимостей, полученных в результате сопоставления газопроницаемости и открытой пористости (Кп), газопроницаемости и эффективной пористости образцов керна отложений пермокарбоновой залежи Усинского месторождения.

Результаты трехмерного геологического моделирования.

Результатом построения трехмерной цифровой модели послужил подсчет запасов, по итогам которого было выявлено увеличение начальных геологических запасов УВС на 22,7% относительно стоящих на государственном балансе.

Основными причинами увеличения начальных геологических запасов послужило:

- увеличение площади нефтеносности в результате учета материалов по сейсморазведке;
- бурение новых скважин и вскрытие увеличенных нефтенасыщенных толщин в неразбуренных краевых участках относительно утвержденных;
- уточнение геологического строения пермокарбоновой залежи за счет создания 3Д геологической модели, учитывающей концептуальное геологическое моделирование, а также весь набор геолого-геофизической информации.

Выводы

Созданная трехмерная геологическая модель уже используется для размещения скважин первоочередного бурения с учетом фациальной и структурно-тектонической модели. Отмечено, что фация органогенных построек характеризуется высокой продуктивностью по всем пластам и обеспечивает наибольший дебит жидкости. В нижней части разреза по биогермной фации добыча нефти ниже, чем по органогенно-детритовым отложениям, что, вероятно, обусловлено повышенной трещиноватостью, которая в свою очередь приводит к высокой обводненности скважин. Для достижения большей эффективности интервалы перфорации новых скважин, вскрывающих биогермную фациальную зону в нижнем объекте, планируются на удалении от ВНК (не менее 10 метров).

Библиография / References

1. Putilov I.S., Vinokurova E.E., Guliaeva A.A., Yuzhakov A.L., Popov N.A. Creation of a conceptual geological model based on lithological-petrographic research on the example of the Permo-Carboneferous deposit of the Usinskoe deposit. «Nedropolzovanie», 2020. P.214-220.
2. Metodicheskiye rekomendacii k korrelyatsii razrezov skvazhin pod redaktciey professora Gutmana I.S. – M.: Nedra. 2013. 112 p.

Создание комплексных геологических моделей для уменьшения неопределенностей геологического строения на примере месторождения Тимано-Печорского региона

А.П. Фадеев (ООО "ЛУКОЙЛ-Инжиниринг", филиал "ПермНИПИнефть" в г. Пермь)

Трехмерное моделирование прочно вошло в нашу жизнь, частично или полностью перестроив некоторые виды бизнеса. Неизбежно трёхмерное моделирование стало успешно применяться и в нефтегазовой отрасли, например, при подсчете ресурсов и запасов углеводородного сырья, прогноза показателей добычи, оценки выработки запасов, размещения точек бурения скважин, планирования системы заводнения и геолого-технологических мероприятий. Результатом трехмерного геологического моделирования является трехмерная модель, представляющая из себя виртуальный объект, который отображает основные элементы пластовой системы.

Поскольку геологическое моделирование является достаточно востребованным направлением в нефтяной отрасли, а также сложным инструментом из-за высокой неопределенности геологического строения месторождений углеводородов, то и проблемы повышения качества и уменьшения неопределённости трехмерных геологических моделей являются актуальными, требующими всестороннего анализа и нахождения путей их решения.

Цель работы: разработать системный подход к созданию комплексных геологических моделей для уменьшения неопределенностей геологического строения месторождений углеводородов.

Основой для выполнения работы послужили материалы отдела геологического моделирования Филиала «ЛУКОЙЛ-Инжиниринг» г. Пермь. Построение всех геологических моделей, в данной работе, выполнено в программном комплексе IRAP RMS.

Для создания комплексных трехмерных геологических моделей в первую очередь были сформированы последовательные задачи, которые приведены ниже:

- Сбор, обобщение и оценка качества и достоверности первичной геолого-геофизической информации по пробуренному фонду скважин.
- Литолого-фациальный анализ керна с целью литотипизации пород и фациальной интерпретации.
- Формирования концептуального представления о строении и условиях формирования залежей нефти и газа
- Интерпретация сейсмических данных с учетом уточненных стратиграфических отбивок и выделенных по временным разрезам фациальных зон на основе динамических атрибутов, корреляция структурных поверхностей отражающих горизонтов.
- Комплексирование результатов ЛФА, сейсмических исследований, обоснования ВНК с целью построения новой концептуальной 2D сейсмогеологической модели.
- Анализ гидродинамических исследований в скважинах в различных фациальных условиях.
- Обобщение имеющейся петрофизической информации для уточнения литологических, фильтрационно-емкостных характеристик пород, петрофизических зависимостей, оценка возможности построения зависимостей для различных фациальных зон.
- Комплексная детальная интерпретация геолого-геофизической информации по скважинам с полным и расширенным комплексом ГИС.
- Построение новой концептуальной трехмерной геологической модели с учетом всей имеющейся геолого-геофизической информацией.
- Оценка геологических запасов УВ
- Анализ подтверждаемости цифровой трёхмерной геологической модели

Кроме сформированных последовательных задач для достижения качества и взаимосвязанности отдельных этапов проекта, по созданию комплексных трехмерных геологических моделей, были сформированы мультидисциплинарные группы специалистов.

В первую очередь был выполнен сбор, обобщение и оценка качества и достоверности первичной геолого-геофизической информации по пробуренному фонду скважин. Далее на имеющихся материалах выполнена фациальная диагностика выделенных литотипов пород. В результате выделены литологические типы пород, которые объединены в фациальные группы. (органогенная постройка; зарифовое мелководье; шлейф органогенной постройки; склон органогенной постройки; врезанный канал).

Следующим шагом на основе выполненного детального анализа кернового материала формируется концептуальное представление о строении и условиях формирования залежей нефти и газа. Пример о представлении строения Южно-Хорейверской впадины приведен на рисунке 1.

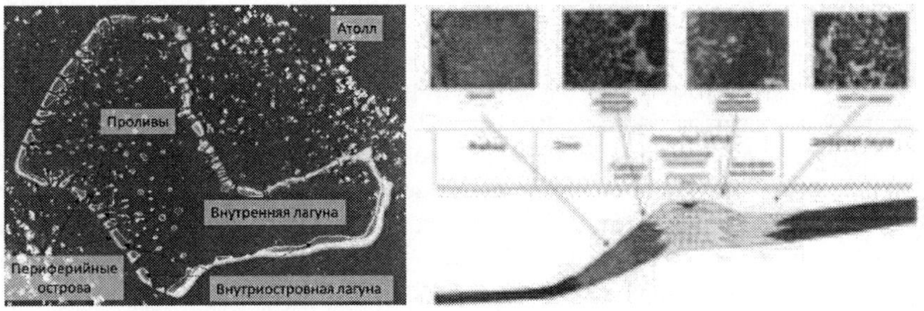

Рисунок 1. Концептуальное представление района Южно-Хорейверской впадины

Согласно концептуальным представлениям атолловая постройка представляет собой архипелаг, имеющий вид сплошного или разорванного кольца, окружающего внутреннюю лагуну. По периферии расположены острова, разобщенные межрифовыми проливами. Каждый остров представляет собственную рифовую постройку с лагуной в центральной части. На территории Южно-Хорейверской впадины по результатам обработки и интерпретации материалов сейсморазведочных работ были выделены органогенные гряды в задонских отложениях.

Далее выполнялась детальная корреляция скважин с учетом концептуального строения и результатов сиквенс-стратиграфического анализа. После выполнен сбор и систематизация данных по лабораторным исследованиям кернового материала, определены граничные значения ФЕС согласно современным требованиям через динамическую пористость. Для расчета динамического коэффициента пористости использовались результаты лабораторных определений открытой пористости, остаточной водо- и нефтенасыщенности в образцах керна. По полученным лабораторным данным выполнено построение зависимостей «керн-керн», используемых при интерпретации материалов ГИС. Для расчета коэффициента нефтенасыщенности использована зависимость эффективной пористости от открытой или расчет по электрическим методам на образцах с восстановленной смачиваемостью.

Также выполнялась обработка и интерпретация сейсмического материала, а именно были построены поверхности по основным отражающим горизонтам с учетом концептуального представления района исследований. По месторождениям были выделены границы фациальных тел (органогенные постройки, межрифовые проливы и внутриостровные лагуны) по временным разрезам и динамическим атрибутам. Для определения наличия гидродинамических связей между участками, разделенными проливами, выполнен анализ трассерных исследований.

В результате комплексирования всех исходных данных и выполненных выше описанных исследований были созданы концептуальные 2D сейсмогеологические модели, которые в дальнейшем используются как основа для создания трехмерной геологической модели.

Следующим шагом выполнялось создание трехмерной геологической модели [1]. Данный процесс состоит из нескольких последовательных этапов, которые приведены ниже:

1. Сбор и подготовка исходных данных в формат для загрузки в ПО для геологического моделирования
2. Создание структурно-тектонического каркаса
3. Создание трехмерной сетки и осреднение скважинных данных на ячейку сетки
4. Литологическое моделирование. Распределение пород-коллекторов.
5. Моделирование фильтрационно-емкостных свойств и насыщенности
6. Подсчет запасов углеводородов

Геологической основой для моделирования являются данные по пробуренным скважинам, корреляционные отбивки одновозрастных отложений, данные по разрывным нарушениям и структурные поверхности по основным отражающим горизонтам, результаты комплексной детальной интерпретации геолого-геофизической информации по скважинам, концептуальная модель и данные по стратиграфическим перерывам и несогласиям.

На этапе создания структурно-тектонического каркаса в первую очередь строится модель тектонических нарушений. Следующим шагом выполняется построение опорной структурно-тектонической модели, включающей в себя все тектонические нарушения и поверхности по основным отражающим горизонтам. Далее по скважинным данным выполняется построение карт изохор. Заключительным этапом создается детальная структурно-тектоническая модель на основе скважинных данных, созданной ранее опорной модели и карт изохор по основным продуктивным пластам. Детальная структурно-тектоническая модель на примере Восточно-Ламбейшорского месторождения приведена на рисунке 2.

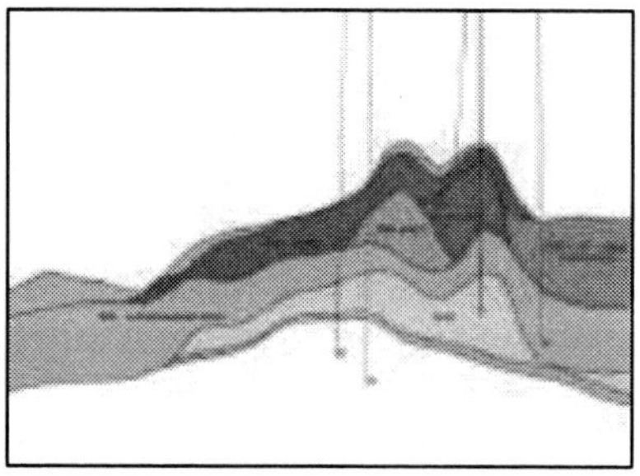

Рисунок 2. Структурно-тектоническая модель Восточно-Ламбейшорского месторождения

На данном рисунке мы можем наблюдать насколько сложное геологическое строение на месторождении. Был проведен сейсмофациальный и сиквенс-стратиграфический анализ отложений верхнедевонского интервала по площади; проведена детальная комплексная сейсмическая и скважинная корреляции целевого интервала – прослежены несогласия и хронологически значимые поверхности [2]. По данным ГИС в разрезах скважин целевой интервал разделен на сиквенсы и системные тракты. Построены карты или схемы, характеризующие обстановки и фазы осадконакопления.

Следующим этапом выполняется создание трехмерных сеток, нарезка продуктивных пластов трехмерной сетки выбирается согласно созданной концептуальной модели, учитывающей особенности условий процесса осадконакопления в каждой фациальной зоне.

После создания трехмерной сетки было выполнено литологическое моделирование. Для учета неоднородности геологического строения в 3D моделях распределение коллекторов выполнялось с учетом литолого-фациальной зональности. Кроме этого при распределении учитывались геолого-статистические разрезы и вариограммный анализ. Также следует добавить, что по ряду месторождений при создании литологической модели учитывались прогнозные карты эффективных толщин, которые в свою очередь были получены по результатам интерпретации сейсморазведочных работ МОГТ 3D.

Далее было выполнено создание модели фильтрационно-емкостных свойств и насыщенности с использованием алгоритмов стохастического петрофизического моделирования, в качестве исходной информации использованы результаты интерпретации материалов ГИС, представленные в виде непрерывных кривых коэффициентов пористости и нефтенасыщенности.

Следует отметить, что после завершения этапов был выполнен контроль качества построений, включающий в себя контроль качества структурных построений, литологического моделирования, моделирования ФЕС и насыщенности. По результатам контроля качества был сделано заключение, что все трехмерные геологические модели полностью соответствуют всем нормативным требованиям.

Одним из самых важных этапов работы является проверка достоверности цифровой трехмерной геологической модели, выполняемая при помощи анализа подтверждаемости по результатам бурения новых скважин. Данный анализ выполняется по всем месторождениям. В качестве примера приведем результаты анализа по Восточно-Ламбейшорскому месторождению. После создания итоговой комплексной трехмерной геологической модели был выполнен анализ подтверждаемости по восьми вновь пробурённым скважинам. Результат анализа показал достаточно высокий уровень подтверждаемости. Структурный план был подтвержден всеми скважинами в пределах погрешности выделения сейсмических отражающих горизонтов. Касаемо эффективных нефтенасыщенных толщин, то следует сказать, что прогнозируемые значения были полностью подтверждены с погрешностью в процентном соотношении менее 5%.

В настоящий момент представленный системный подход применяется ко всем новым проектам по созданию цифровых трехмерных геологических моделей.

Выводы:

1) Разработан системный подход к созданию комплексных геологических моделей.
2) По месторождениям выполнена литотипизация пород по результатам литолого-петрографических исследований керна. Литологические типы пород объединены в фациальные группы.
3) Проведена детальная корреляция скважин с учетом результатов сиквенс-стратиграфического анализа.
4) По результатам сейсмических исследований по временным разрезам и динамическим атрибутам выделены и оконтурены фации, выделены тектонические нарушения и построены структурные поверхности по основным отражающим горизонтам.
5) Для уточнения геологического строения продуктивных отложений и реализации концепции в 3D геологическом моделировании созданы 2D концептуальные сейсмогеологическая модели, учитывающие всю имеющуюся информацию по результатам анализа литолого-фациального анализа керна, сейсмических, гидродинамических и геологических исследований.
6) На основе всей имеющейся геолого-геофизической информации с учетом фациальных условий осадконакопления создана цифровая трехмерная геологическая модель.
7) Анализ подтверждаемости показал высокую достоверность цифровых трехмерных геологических моделей, созданных с использованием системного подхода.

References

1. Putilov I.*S. Three-dimensional geological modeling in the development of oil and gas fields // textbook. - method. allowance - Perm nat. research Polytechnic un-ty, 2011. — 72 p.*

2. *Khromova I.Yu. Technology for building a digital seismogeological model on the example of the Landmark software package. M.: MGU, 2007. - 315 p.*

Объектно-ориентированное седиментационное моделирование конусов выноса и оползневых потоков

Т.В. Ольнева* (ООО «Газпромнефть НТЦ»)

Введение

По мнению большинства исследователей, подводные склоны являются активной динамической системой, так как постоянно трансформируются. Процессы, протекающие в пределах склонов оказывают сильное воздействие как на строение самих склонов, так и на формирование их подножия. Непрерывная последовательность процессов переноса и переотложения вещества в пределах склона приводится в работе Х. Рединга [1]. Начальным членом ряда зафиксирован обвал, конечным – мутьевой поток с очень низким содержанием осадочного материала. В сейсмических данных находят свое отображение лишь акустически контрастные геологические события, связанные с этим глобальным процессом. В основном, это оползневые образования и конусы выноса. Оползневые потоки характеризуются такими элементами строения, как поверхность скольжения, тело оползня, стенка отрыва оползня (оползневой цирк), напорный оползневой вал и др. При анализе данных сейсморазведки МОГТ 3D хорошего качества можно визуально диагностировать и интерпретировать все эти элементы. На сейсмических слайсах в первую очередь обращает на себя внимание оползневой цирк в пределах верхней части склона, далее - увеличенные толщины и динамические характеристики, отличные от окружения. Конусы выноса согласно седиментационным моделям представляют собой системы, включающие питающие каналы, каньоны, намывные валы, лопасти (лопастьевидные выносы), области фоновой седиментации между каналами и лопастьевидными выносами. Как аккумулятивные образования, лопасти конусов выноса в первую очередь проявляются в увеличенных толщинах и в изменении динамических характеристик волнового поля. Общие представления о сути двух обозначенных явлений стали основой для воспроизведения этих объектов посредством инструментов седиментационного моделирования с целью последующего сопоставления с результатами сейсмофациального анализа.

Метод (и/или Теория)

Седиментационное или стратиграфическое моделирование для клиноформных комплексов традиционно используется в процессе бассейнового моделирования. Метод относится к разряду динамического моделирования, так как основывается на алгоритмическом описании физических осадочных процессов [2]. В информационных источниках приводятся многочисленные примеры его результативного применения. Обзор этих примеров позволяет проанализировать круг решаемых задач, требования к исходным данным, элементы контроля качества и т.д. [3-6]. Среди наиболее актуальных стоит отметить задачи по прогнозированию распределения фаций; прогнозированию в разрезе отложений, мощностью ниже сейсмического разрешения; локализации трехмерных вероятностных объемов распределения фаций для последующего использования в качестве трендов в процессе геостатистического моделирования. Активного внедрения в практику производственных работ метод пока не получил, возможно в варианте объектно-ориентированного подхода внедрение произойдет быстрее. Для компьютерного седиментационного моделирования использовался модуль GPM (Geological Process Modeling) программного комплекса Petrel компании Schlumberger.

Пример №1

Моделирование конусов выноса осуществлялось для одного из интервалов группы пластов АС, черкашинской свиты неокомского клиноформного комплекса (Приобско-Салымский регион Западно-Сибирского нефтегазоносного бассейна). Задачи моделирования – протестировать новый подход, предполагающий сопоставление модельных объектов с результатами сейсмофациального анализа, по результатам которого лопасти конусов выноса уверенно картируются и подтверждаются бурением в процессе сейсмогеологического мониторинга бурения эксплуатационных скважин [7]. Моделирование осуществлялось на основе сеточной поверхности, с размерностью ячеек 500 x 500 м. Стартовые точки начала массопереноса выбирались в соответствии с конфигурацией палеоповерхности шельфовой части и бровки шельфа. Продолжительность формирования конусов выноса оценивалась в 30 000 лет, что соответствует общим геологическим представлениям о длительности формирования секвенсов 4 и 5 порядка. Длительность по времени между катастрофическими событиями при формировании турбидитового комплекса задавалась в диапазоне от 100 до 1000 лет. Данный временной интервал не отражает периодичности явлений современных турбидитов, как и параметры скорости потока. Все базовые параметры для моделирования подбирались итерационно, по пути сокращения скоростей потока и увеличения периода повторяемости событий, приближая визуальный результат моделирования к объектам, выделенным на основании сейсмогеологической интерпретации. На рисунке 1 представлены слайсы седиментационной модели, передающие последовательное формирование во времени конусов выноса.

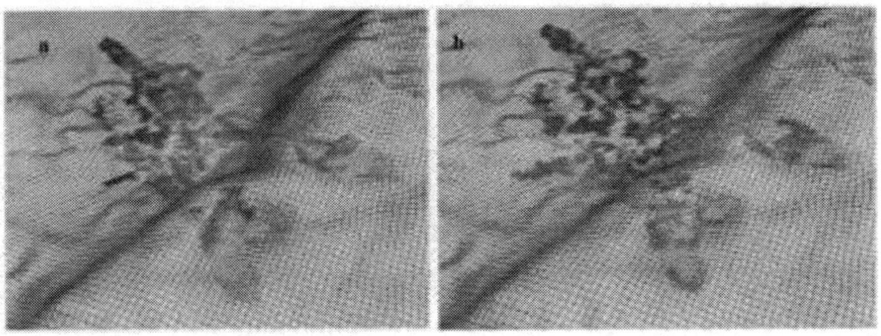

Рисунок 1. *Слайсы седиментационной модели, передающие последовательное формирование во времени конусов выноса.*

Пример №2

В рамках зонального проекта выполнено седиментационное моделирование конусов выноса, как и в первом примере для пластов группы АС. Цель моделирования – спрогнозировать распространение седиментационных тел, потенциально перспективных в качестве литологических ловушек.

Моделирование осуществлялось в два этапа. На первом этапе выполнялась настройка параметров моделирования на локальном объекте, подтвержденном бурением и закартированном по данным сейсморазведки МОГТ 3D. На втором этапе моделировались седиментационные объекты в периметре всей площади зонального проекта. Под задачи первого этапа на основе структурных планов восстанавливалась поверхность, которую с некоторой долей условности можно рассматривать как палеорельеф. В гипсометрии восстановленной палеоповерхности проявились более четко шельфовая зона, склон и его подножие. Наличие всех перечисленных элементов является крайне важным для процесса моделирования, так как на шельфе задается область сноса или точечные источники, а гипсометрия подножия склона с пролонгацией поверхности в глубоководную часть определяет объем и особенности расположения аккомодационного пространства. «Источники сноса» - участки, через которые с наибольшей долей вероятности поступал вещественный материал на склон и далее к его подножию, определялись в соответствии с конфигурацией бровки шельфа и информацией по сейсмическим погоризонтным слайсам. Модель литотипов, заданная в тестовое моделирование, состояла из 2х разностей: более крупнозернистой – 25% и менее крупнозернистой – 75%, в соответствии с данными ГСР для моделируемого интервала. Временной интервал моделирования обозначен в 60000 лет, с циклом поступления материала – в 10 лет. Для моделирования использованы следующие сценарии: Unsteady flow – моделирование процессов нерегулярного потока, Diffusion – моделирование диффузионного переноса осадка. Тестировались параметры скорости поступления материала, скорости потока и различные коэффициенты, участвующие в расчетах. Сопоставление результатов моделирования в периметре локального участка с результатами сейсмической интерпретации позволило сделать заключение о корректности подобранных параметров. В качестве критерия использовалось исключительно визуальное сопоставление площадной локализации седиментационного объекта по модели с видением объекта на сейсмических слайсах.

На втором этапе моделирование осуществлялось в периметре зонального проекта. По результатам структурной интерпретации сейсмических данных МОГТ 2D был восстановлен палеорельеф, вдоль бровки шельфа размечены предполагаемые транзитные зоны переноса осадочного материала (тестировалось размещение от 8 до 9 точек). Параметры седиментационной модели задавались в соответствии с результатами, полученными на 1 этапе моделирования. Полученные результаты использовались для уточнения концептуальный модели и локализации наиболее перспективных зон для планирования детальных сейсмических исследований МОГТ 3D (рис.2).

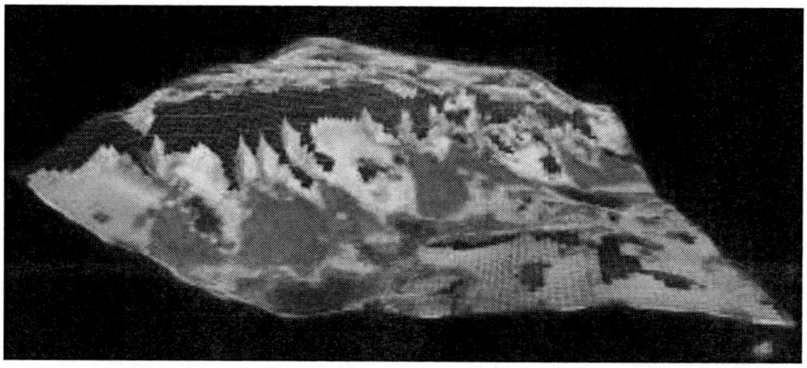

***Рисунок 2**. Результирующая седиментационная модель*

Пример №3

В третьем примере речь идет о седиментационном моделировании оползневых потоков. Цель моделирования – спрогнозировать распространение седиментационных тел и диспозицию депоцентров в пределах подножия склона. По результатам структурной интерпретации сейсмических данных отражающего горизонта, ассоциированного с подошвой пласта АС 11. Для моделирования оползневого потока область сноса была задана в виде дуги, изначально закладывающей конфигурацию оползневого цирка, формирующегося в пределах бровки шельфа в результате схождения оползня.

На рисунке 3 представлен один из эпизодов седиментационной модели (срез на одном из времен) с визуализацией линий потока (стрелочками). Модель выглядит весьма реалистично и соответствует концептуальным моделям оползневых потоков. Сеточная основа имеет достаточно большой размер ячейки 2000 х 2000 м. Моделирование осуществлялось по следующим сценариям: Unsteady flow – моделирование процессов нерегулярного потока, Diffusion – моделирование диффузионного переноса осадка. Тестировались параметры скорости поступления материала, скорости потока и различные коэффициенты, участвующие в расчетах. Моделирование оползневых потоков позволило восстановить гипсометрию склона на момент начала формирования конусов выноса; уточнить направление переноса осадочного материала к подножию склона; проанализировать возможное распределение депоцентров осадконакопления для пластов АС11 и АС10.

Выводы

Представленные примеры позволяют убедиться, что комплексирование объектно-ориентированного седиментационного моделирования с сейсмогеологической интерпретацией позволяет значительно обогатить последнюю геологическими идеями. Обращает на себя внимание возможность спрогнозировать распространение конусов выноса на основе структурных построений МОГТ 2D, осуществить прогноз внутренней литофациальной архитектуры потенциальной литологической ловушки, оценить степень ее неоднородности. Ключевыми факторами для получения корректного результата моделирования являются достоверность восстановленной палеоповерхности на начало формирования отложений целевого интервала исследований и корректность подобранных параметров, описывающих седиментационную систему.

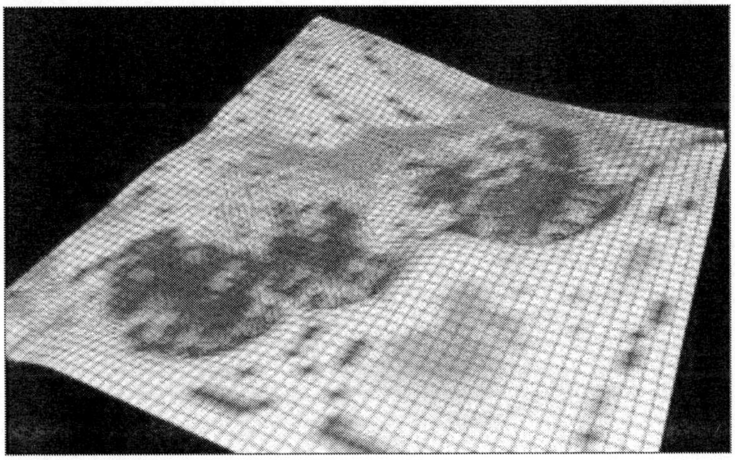

***Рисунок 3**. Сечение седиментационной модели*

Библиография / References

1. Обстановки осадконакопления и фации (под редакцией Х.Рединга) // Москва, МИР, 1990 г.
2. Кулагин, А.В., Мушин, И.А., Павлова, Т.Ю. Моделирование геологических процессов при интерпретации геофизических данных. – М.: Недра.1994. 250 стр.
3. Otoo D., Hodgetts D. Applying forward stratigraphic modeling approach to enhance facies characterization and fluid mobility prediction in geological models of basin floor fans. Basin Analysis and Petroleum Geoscience Group, School of Earth and Environmental Sciences, Williamson Building, Oxford Road, Manchester. M13 9PL. United Kingdom.2018.
4. Ryseth, A., Augustson, J., Charnock, M., Haugerud, O., Knutsen, S.-M., Midbøe, P., Opsal, J., Sundsbø, G., 2003. Cenozoic stratigraphy and evolution of the sørvestsnaget basin, southwestern barents sea. Norwegian Journal of Geology 83 (10), p.107–129.
5. Acevedo A., Madhoo H. A., Khramtsov A., Noomee L., and Tetzlaff D. M. Techniques to Understand Reservoirs Associated with Deepwater Sedimentological Processes, from Basin to Field Scale - A Case Study/ Schlumberger. Copyright 2014, International Petroleum Technology Conference This paper was prepared for presentation at the International Petroleum Technology Conference held in Kuala Lumpur, Malaysia, 10–12 December 2014 IPTC-18016-MS
6. Tetzlaff D., Tveiten J, Salomonsen P., Christ A., Athmer W., Hilde G. Borgos, Sonneland L., Martinez G & M. Fernanda Raggio. Geologic process modeling. https://www.researchgate.net/publication/320183844_GEOLOGIC_PROCESS_MODELING
7. Ольнева, Т.В., Компьютерное моделирование терригенной седиментации как новый инструмент прогноза архитектуры резервуаров УВ /Овечкина В.Ю., Жуковская Е.А. // PROнефть, 2020. - №2. – С.12-17

Концептуальная модель пласта $БС_{10}$ Западно-Усть-Балыкского месторождения

И.Е. Борисова* (ООО «Газпромнефть НТЦ»), А.А. Штырляева (ООО «Газпромнефть НТЦ»), Е.М. Куренко (ООО «Газпромнефть НТЦ»)

Введение

Разработка глубоких горизонтов в настоящее время является неотъемлемым элементом поддержания темпа добычи на большей части месторождений Западной Сибири. Для оптимизации текущей системы разработки месторождений необходим подбор мероприятий по повышению эффективности базовой добычи, включающий в себя не только оценку работы эксплуатационного фонда скважин и скважинную добычу, а также актуализация геолого-гидродинамических моделей.

Для достоверного прогноза свойств глубокозалегающего пласта-коллектора, корректного построения 3D геологических моделей и расчета экономических эффектов от проведенных работ, необходимо детальное изучение/уточнение особенностей геологического строения даже на поздних этапах разработки залежей.

Ошибки в корреляции, недостаточная изученность или интерпретация сейсмических материалов приводят к значительным и весьма критичным погрешностям в геологических построениях и гидродинамических расчетах и существенно искажают расчетные финансово-экономические показатели.

Основным продуктивным пластом на Западно-Усть-Балыкского месторождении является пласт $БС_{10}$. Точность оценки запасов изучаемого пласта связана с учетом особенностей сложного геологического строения в геологическом и гидродинамическом моделировании.

Метод (и/или Теория)

В рамках работы с рычагами повышения эффективности добычи на Западно-Усть-Балыкском месторождении, были выявлены существенные проблемы адаптации ГГДМ на фактическую добычу. Так при анализе охвата влияния скважин ППД и распределения зон выработки запасов выявлены множественные случаи неэффективной закачки между скважинами.

Такая тенденция характера работы скважин, а также анализ сейсмических профилей послужили предпосылками для корректировки внутренней межскважинной корреляции (Рис.№1,2). Корреляция пласта $БС_{10}$ была выполнена в рамках подготовки 3D геологической модели для ГДМ. Отложения пласта $БС_{10}$ представляют собой ундоформную часть клиноформенного комплекса [1,2].

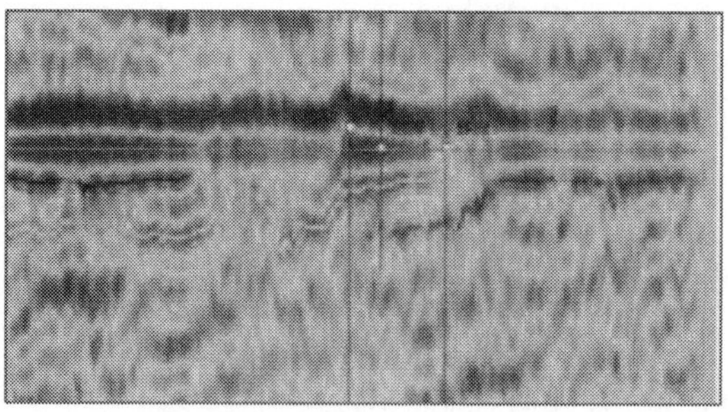

Рисунок 1. *Сейсмический профиль поперек простирания клиноциклитов пласта $БС_{10}$ с выравниванием на шельфовый пласт $БС_9$.*

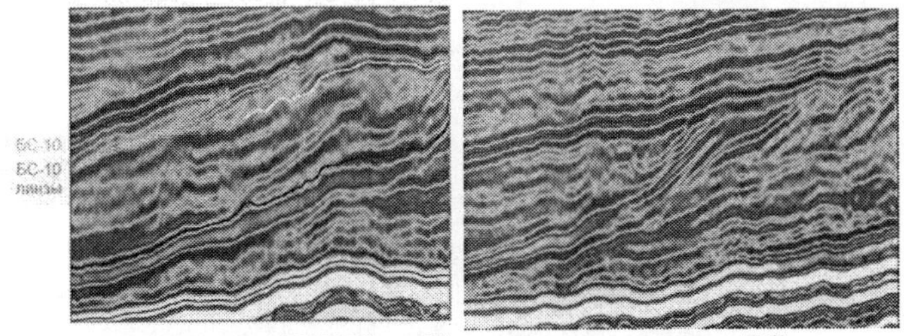

Рисунок 2. *Волновая картина по ОГ БС$_{10}$. Линзование пласта БС$_{10}$*

Корреляция была уточнена в соответствии с проградационной моделью строения циклитов с учетом форсированной регрессии (Рис.№3). На сейсмопрофилях можно увидеть, что залегание подциклов отражает проградационную модель (рис. №1, 2).

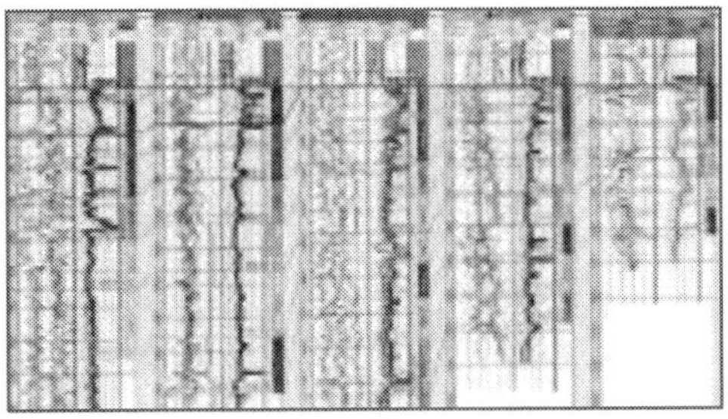

Рисунок 3. *Реализация проградационной модели клиноциклитов в процессе корректировки корреляции разрезов скважин.*

По сейсмическим данным отчётливо отмечается линзование пласта БС$_{10}$ в области, соответствующей западному направлению падения клиноформ, направление развития линз совпадает с направлением падения клиноформенного комплекса (Рис.№4).

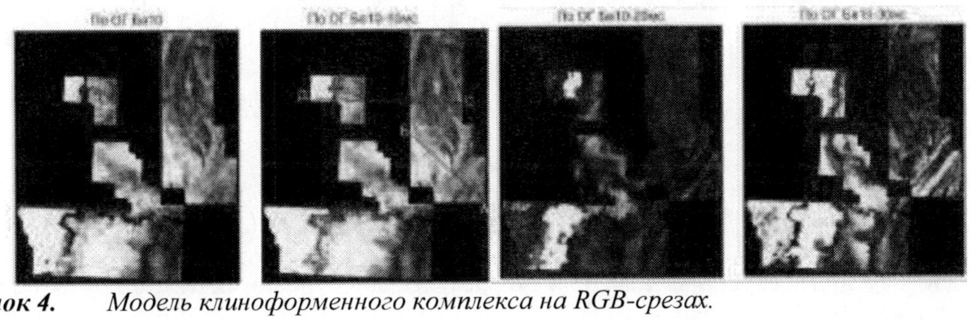

Рисунок 4. *Модель клиноформенного комплекса на RGB-срезах.*

Изолированность данных пропластков, отнесенных к разным циклитам обусловлено наличием фоновой седиментации взвешенного вещества в перерывах между импульсным поступлением песчаников. Это способствовало формированию тонких, но выдержанных перемычек. Их выдержанность подтверждена анализом и изменением уровня ВНК между линзами (рис. №8).

По результатам проведенной корреляции произведено обновление внутреннего структурного каркаса, выделение зон и нарезка на слои. Куб литологии был скорректирован на новые зоны пласта с учетом анализа работы скважин. В данном случае наиболее значимым изменением послужили глинистые экраны, обусловившие гидродинамическую изоляцию каждой из зон (рис. №5).

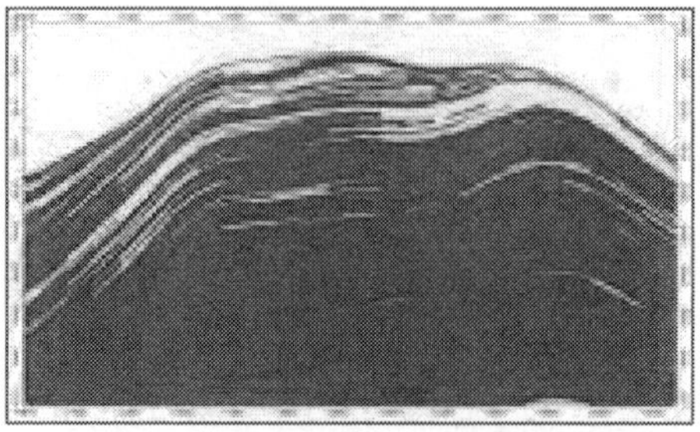

Рисунок 5. *Срез по кубу литологии пласта $БС_{10}$ после корректировки.*

В результате на площади месторождения было выделено 20 гидродинамически изолированных линз, налегающих друг на друга с выклиниванием в западном направлении (рис. №6,7).

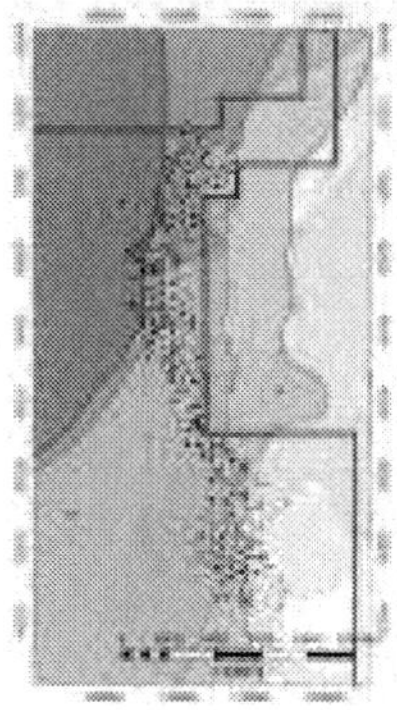

Рисунок 6. *Положение линий глинизации отдельных линз пласта $БС_{10}$*

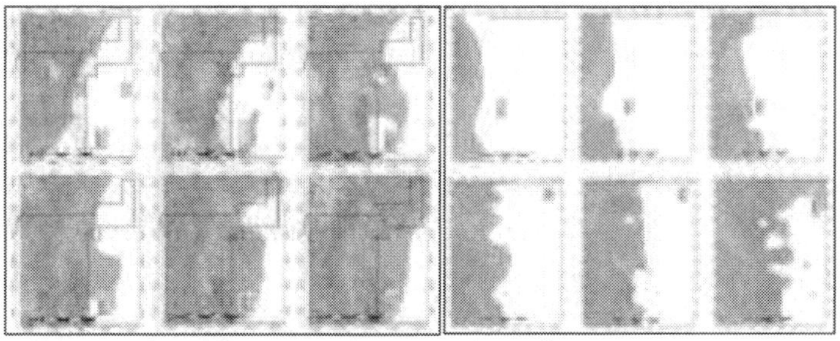

Рисунок 7. *Распространение песчаников внутри отдельных линз пласта $БС_{10}$, в северной части месторождения – слева, в южной – справа (зоны 1-6).*

По каждой зоне/линзе были обоснованы и скорректированы уровни ВНК. Контакты по зонам отличаются на 5-10 м (рис. №8).

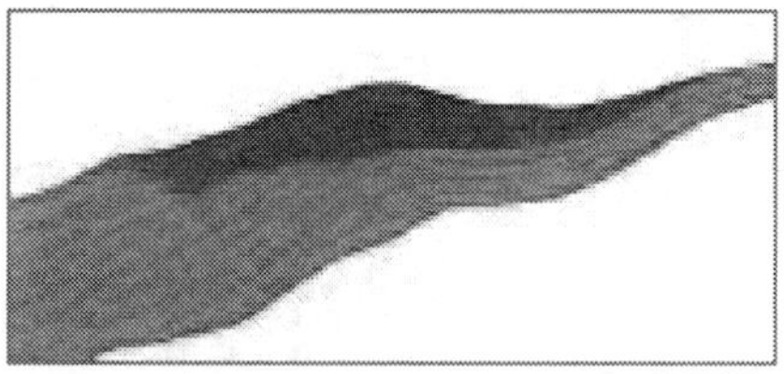

Рисунок 8. *Срезы кубу высоты над контактом по кубу ВНК модели пласта $БС_{10}$.*

С учетом обновленных уровней ВНК рассчитаны кубы начальной насыщенности. В результате выполнена корректировка геологической 3D модели пласта $БС_{10}$ и уточнены геологические запасы нефти.

Обновленная модель была передана на ГДМ. Уточненное геологическое строение позволило улучшить адаптацию модели и выявить зоны с неэффективной работой скважин (Рис.№9), вскрывающие разные линзы пласта $БС_{10}$.

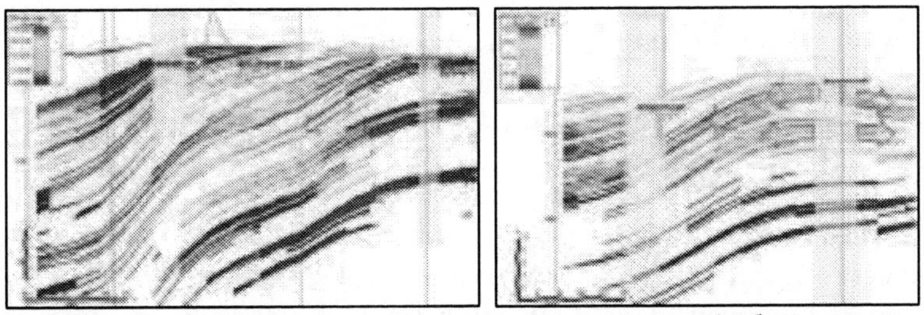

Рисунок 9. *Геологический разрез по линии нагнетательных и добывающих скважин*

По результатам актуализации и настройки ГДМ уточнено распределение зон выработки запасов согласно модели проградационного строения пласта $БС_{10}$ (Рис.10) и сформирован комплекс мероприятий на оптимизацию системы разработки, в т.ч. подбор оптимального варианта эффективной закачки за счет регулирования режимов работы ППД.

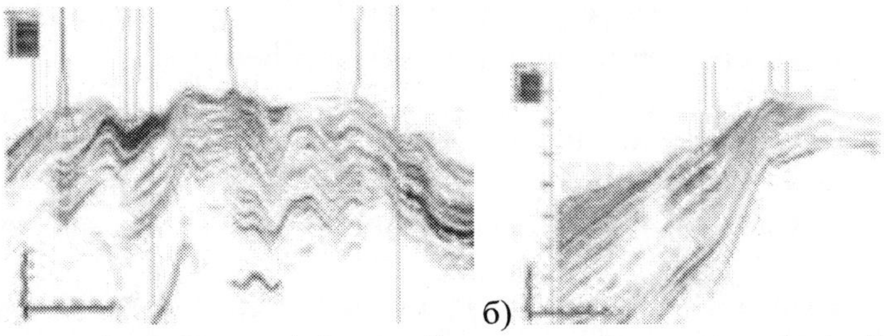

а) б)

Рисунок 10. *Срез по кубу регионов а)вдоль и б)вкрест падения клиноформ $БС_{10}$*

Выводы

Корректировка геологической модели позволила сформировать адресный комплекс мероприятий по оптимизации системы закачки на месторождении согласно проградационной концепции распространения изолированных линз пласта $БС_{10}$.

Библиография

1. В.Н. Бородкин, А.Р. Курчиков, А.С. Недосекин, А.В. Лукашов. Характеристика геологической модели и перспектив нефтегазоносности клиноформ берриасского возраста ачимовской толщи севера Западной Сибири // Геология, геофизика и разработка нефтяных и газовых месторождений. –2016. – № 1. – С. 9-22.

2. В.В. Шиманский, Н.В. Танинская, Н.Н. Колпенская [и др.]. Седиментационное моделирование при прогнозе и поисках неструктурных ловушек //Геология нефти и газа. – 2016. – № 3. – С. 55-65.

References

1. Atlas Borodkin V.N., Kurchikov A.R., Nedosekin A.S., Lukashov A.V., Geological model characteristic and prospects for Berriasian clinoforms oil and gas content of Achimov stratum in the north of the Western Siberia (In Russ.), Geologiya, geofizika i razrabotka neftyanykh i gazovykh mestorozhdeniy, 2016, no. 1, pp. 9-22

2. Shimanskiy V.V., Taninskaya N.V., Kolpenskaya N.N., Nizyaeva I.S., Vasil'ev N.Ya., Sedimentation modeling conribution to the forecast and exploration of nonstructural traps (In Russ.), Geologiya nefti i gaza = The journal Oil and Gas Geology, 2016, no. 3, pp. 55-65.

Особенности геологического моделирования неоднородности ФЕС в карбонатном коллекторе

Д.Д. Кундич* (ООО «СамараНИПИнефть»), Д.В.Казак (ООО «Шлюмберже Восток»)

Введение

Данная тематика является актуальной в нефтегазовой отрасли, так как разработка карбонатных месторождений достаточно сложная задача. Рассматриваемое месторождение находится на третьей стадии разработки, коэффициент извлечения нефти достаточно мал. Месторождение выработали достаточно быстро, что не совсем целесообразно в плане экономики. Для того чтобы на месторождениях – аналогах не допускать таких ошибок, необходимо построить верную геологическую модель для понимания техники разработки.

Объектом исследования являются средне-верхнекаменноугольные и нижнепермские карбонатные отложения, слагающие основной продуктивный нефтегазоносный горизонт, представленный серией карбонатных пластов-коллекторов, имеющих различный генезис.

Анализ, проводимый в целях изучения литолого-фациальных особенностей строения карбонатных коллекторов по скважинам, пробуренным с отбором керна в пределах лицензионного участка базировался на основе данных бурения, интерпретации ГИС и на образцах керна.

Для уточнения седиментологической картины и восстановления условий среды осадконакопления продуктивных пластов использованы опубликованные литературные данные по региональному геологическому строению Печорской плиты, в пределах которой расположен объект исследования.

Геологическим обоснованием послужило седиментологическое изучение данных бурения (керн – ГИС), увязка их с геофизическими исследованиями с оценкой информации по привязкам и прослеживанию отражающих горизонтов.

Первоначальным важнейшим этапом исследований являлось изучение структурно-генетических характеристик, описанных ранее литогенетических типов карбонатных пород по данным керна и ГИС. Анализ особенностей строения базируется на интерпретации данных керна, на измерениях естественной радиоактивности по разбивкам пластов. По скважинам 1, 3, 4, 5 был проведен микрофациальный – литолого-фациальный анализ на микроуровне, анализ продуктивных отложений, в результате которого восстановлены обстановки карбонатного осадконакопления, существовавшие в Печорском море в позднепалеозойские эпохи осадконакопления.

Карбонатные коллекторы были выделены по показаниям нейтронных и акустических методов. Косвенными качественными признаками коллекторов в карбонатных породах являлись низкие показания на кривой гамма-каротажа ГК (GR). Для исключения тонких плотных низкопористых или глинистых прослоев использованы данные всего имеющегося комплекса ГИС: микрометоды - микрокаротаж, боковой микрокаротаж (MINV, MNOR,MLL), боковой каротаж - (LL3), нейтронный (NGLD, CNC), акустический (DTP), плотностной (ZDEN) методы.

Описание Месторождения X

Месторождение X располагается в восточной части шельфа Печорского моря. На рисунке 1 показано расположение месторождения X.

В тектоническом плане месторождение приурочено к Варандей-Адзьвинской структурной зоне Тимано-Печорского нефтегазоносного бассейна.

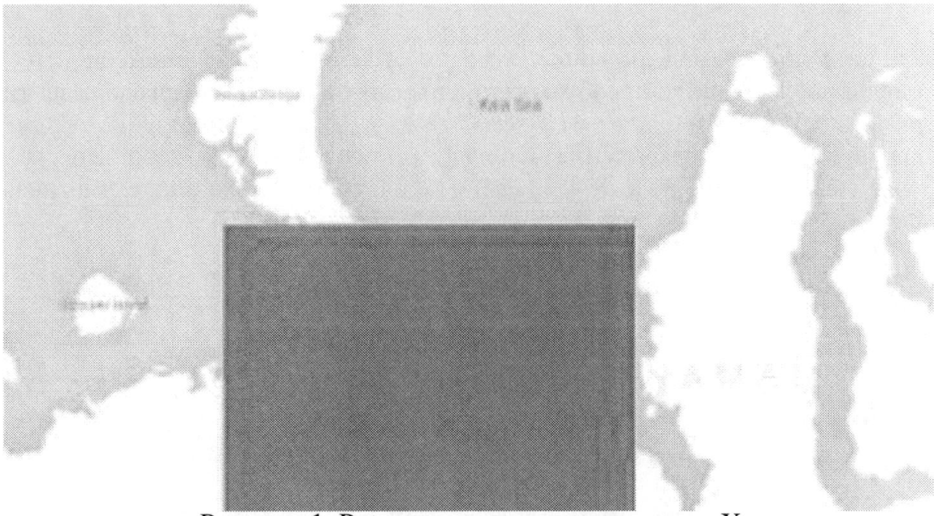

Рисунок 1. Расположение месторождения X

Объектом седиментологического исследования являются средне-верхнекаменноугольные и нижнепермские карбонатные отложения, слагающие основной продуктивный нефтегазоносный горизонт, представленный серией карбонатных пластов-коллекторов, имеющих различный генезис. Выделяется два основных пласта-коллектора.

Верхний высокопористый пласт-коллектор (ассельский ярус нижней перми), состоит из биокластических известняков и перекрыт глинами кунгурского яруса, которые образуют региональную покрышку. Этот коллектор разделен на четыре пласта: I, II, III, IV.

Нижний пласт-коллектор представлен относительно плотными известняками карбона.

Залежь приурочена к пористым органогенно-детритовым известнякам. В разных соотношениях представлены водоросли, мшанки, брахиоподы, криноидеи, иглокожие и единичные кораллы. Развиты преимущественно коллекторы порового и каверно-порового типов с развитием кавернозности по первичным седиментационным порам, за счет чего известняки характеризуются сложным строением порового пространства.

В литологическом плане фации, слагающие пласты-коллекторы, представлены мадстоунами, вакстоунами/пакстоунами, мшанковыми вакстоунами, водорослевыми пакстоунами, криноидно-водорослевыми пакстоунами, кринодными пакстоунвми.

При петрографическом описании учитываются типы карбонатных частиц, слагающих осадок: зерна, сформированные прямым или биологически зависимым осаждением карбоната кальция; биокласты; пелоиды; литокластика.

Концептуальная модель

Концептуальная модель в карбонатных коллекторах играет более важную роль, чем для терригенных коллекторов. В карбонатных коллекторах именно данная модель позволяет оценить тренды распространения вторичной пористости. Это, в отличие от залежей с терригенными породами, сильно влияет на конечный результат – построение модели.[2]

В рамках концептуальной модели определяются условия и закономерности первичного осадконакопления и последующего преобразования пластов, их тектонического развития.

Концептуальная модель осадконакопления основана на исследованиях керна по скважине №4 и корреляции между скважинами №3, №4 и №5. На рисунке 2 показана схематическая модель осадконакопления.

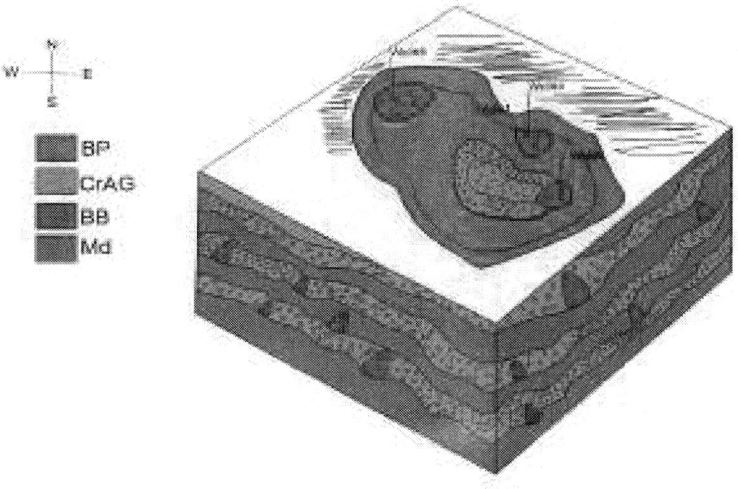

Рисунок 2. Схематическая модель осадконакопления

Геологическая модель тонкослоистого карбонатного коллектора

Моделирование карбонатного тонкослоистого коллектора было проведено в программном продукте Petrel двумя путями: стохастическим с распределением свойств по ячейкам и при помощи GPM модуля.

GPM является симулятором для моделирования стратиграфических и осадочных процессов. С помощью данного программного обеспечения можно моделировать эрозию пород, их перенос, отложение терригенного и карбонатного материала, турбидитные системы, а также можно моделировать рост карбонатных построек и уплотнение осадка.

Перед началом моделирования вводятся начальные и граничные условия такие, как палеогеографические условия, топография бассейна, изменения уровня моря, входные данные по осадкам и их свойствах. Входные данные необходимы для того чтобы GPM модуль мог прогнозировать накопление отложений, возникающих в результате данных условий.

Свойства зерен осадков должны быть заданы, так как они контролируют рост карбонатной постройки.

Основными свойствами являются: диаметр зерна, однако если отложения растут в консолидированном состоянии, например, риф, то размер зерна контролируется размером эродированного осадка; начальная пористость и проницаемость – первичная пористость и проницаемость, образованная в момент осадконакопления; пористость и проницаемость уплотненных отложений – данные значения необходимы для построения кривой для расчета постепенного уменьшения пористости и проницаемости в зависимости от веса вышележащих пород.

Введены все необходимые данные для начала моделирования. Запускается модель на расчет и результат расчета –каркас модели представлен на рисунке 3.

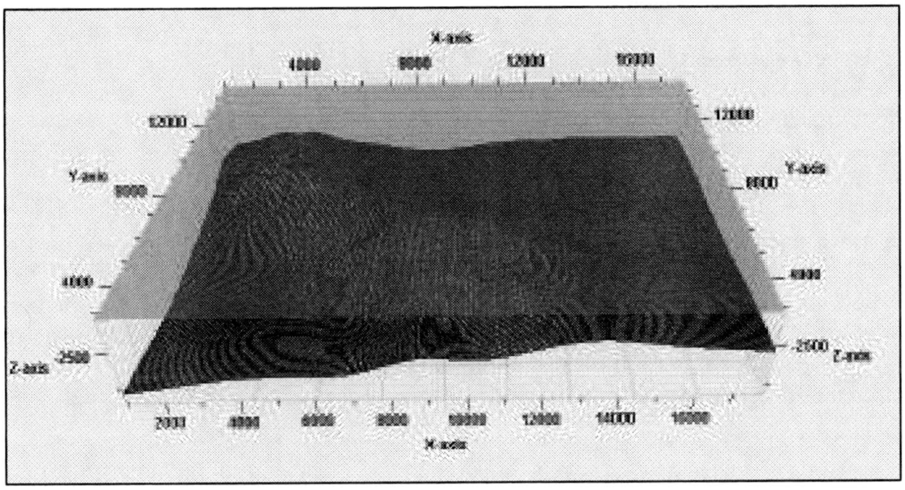

Рисунок 3. Каркас модели

Выводы

1. Изученный седиментологический материал позволяет предположить обстановку осадконакопления.
2. Микрофаунистический анализ, проведенный на основании описанных шлифов, по скважинам с отбором керна, показал преимущественное развитие биокластической седиментации.
3. Ключевым аспектом при моделировании было определение фаций, слагающих пласты-коллекторы и свойства данных фаций: размер зерна, пористость, проницаемость. Именно фации и их свойства были входными данными для моделирования при помощи GPM модуля в программном продукте Petrel.
4. Для GPM модели вторичная пористость зависит от уплотнения породы со временем, данный процесс был рассчитан и результатом стала вторичная пористость.

References

1. Advanced workflows for joint modelling of sedimentary facies and diagenetic overprint. Impact on reservoir quality. B. Doligez, Y.Hamon, M.Barbier, F. Nader. SPE 146621, 2011$
2. Advanced workflow for 3D geological modeling of a complex giant field, Greater Burgan, Kuwait. Filak, Jean-Michel; Van Lint, Julient. SPE 164294, 2013;
3. Advances in carbonate exploration and reservoir analyses. J.Garland, J.E. Neilson, S.E. Laubach. Geological Society, London, Special Publications, 2012;

Актуализация методики экспертизы геологических моделей в ПАО «Газпром» на примере геологической модели Ковыктинского ГКМ.

В.С. Золотухин* (ООО «Газпром недра»), С.А. Балуев (ООО «Газпром недра»), С.А. Иванов (ООО «Газпром недра»)

Введение

Основной целью проведения экспертизы является оценка надежности и достоверности созданной геологической модели с учётом имеющегося количества и качества исходной информации, возможности ее использования в режиме постоянно действующей модели для проектирования и регулирования разработки.

Объектами экспертизы выступают:

- Геологическая модель
- Гидродинамическая модель
- Сопроводительная документация

В соответствии с внутренними регламентными документами ПАО «Газпром» по разработке месторождений и использованию недр, до представления проектной документации по разработке месторождений в ЦКР Роснедра по УВС, в рамках работы Комиссии газовой промышленности, должна осуществляется ведомственная экспертиза моделей на соответствие требованиям «Временного регламента оценки качества и приемки трехмерных цифровых геолого-гидродинамических моделей» от 19.04.2012 г.

Работа по контролю качества моделей, включает в себя широкий спектр оцениваемых параметров и характеристик моделируемых объектов. Тем не менее, с вводом в эксплуатацию более сложных геологических объектов, детальность проводимых экспертиз требует пересмотра и актуализации как с точки зрения оценки исходных данных, так и контроля за качеством построений.

В данной работе, в качестве примера использовались 2 геологические модели Ковыктинского ГКМ. Первая – модель подсчета запасов 2019 года, вторая – модель, построенная в ПК «Геомоделирование» на основании данных новых, пробуренных 20 скважин.

Экспертиза геологической модели

В первую очередь, для оценки качества полученной геологической модели месторождения производится контроль построения структурных поверхностей и выбора пространственной сетки, рассматривается размер моделируемой области и принятая авторами размерность сетки геологической модели. Также оценивается корректность принятого авторами разбиения сеточной области на слои. В рассматриваемых геологических моделях Ковыктинского ГКМ наблюдается корректное соотношение моделируемой области с размерностью геологической сетки, а также соответствие структурных поверхностей пластовым отбивкам. (Рисунок 1). Однако, при данном методе оценки, практически не производится соответствующего контроля исходных данных. В частности, не учитывается возможное введение авторами поправок в инклинометрию и не рассматривается вариативность абсолютных отметок, а именно кровель и подошв контактов. Ограниченность данного подхода к оценке, связана во многом регламентными сроками рассмотрения массивов данных, актуализация которых не всегда возможна в рамках одной работы.

Таким образом, логичным выглядит дополнение этапа экспертизы следующими разделами:

- Контроль полноты и качества исходных данных инклинометрии (объектами контроля в данном случае будут выступать альтитуды, местоположение устьев и забоев скважин, а также местоположение абсолютных отметок пластопересечений)

- Контроль межскважинной корреляции для структурных моделей

- Экспертиза сейсмического отчета (пикинг горизонтов и трассировка разрывных нарушений, построение структурных карт и оценка точности построения, а также оценка изменчивости стратиграфических толщин в межскважинном пространстве)

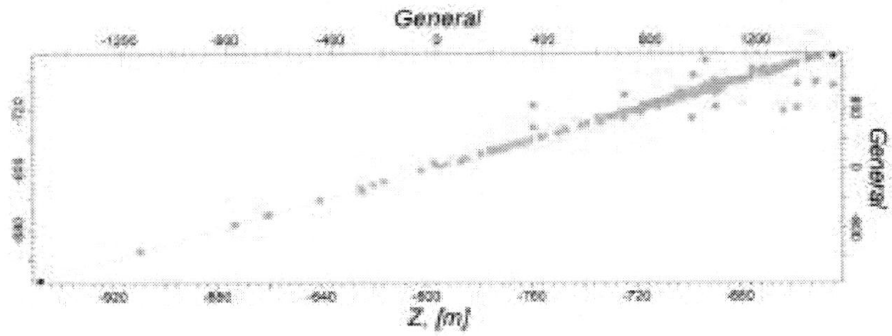

***Рисунок 1** – Пример сопоставления маркеров и поверхности кровли пласта $П_1$ в модели ПЗ*

Далее, в рамках оценки качества построения модели разломов происходит рассмотрение на предмет учета авторами всех тектонических нарушений, описываемых в проектном документе. Также выполняется контроль качества сетки, на наличие «вывернутых» ячеек путем построения кроссплотов. Проведенная проверка показала отсутствие подобных ячеек для моделей Ковыктинского ГКМ.

Для оценки качества построения куба литологии выполняется построение сравнительных гистограмм и ГСР, на которых рассматривается сходимость результатов моделирования с исходными данными. По обоим моделям Ковыктинского ГКМ распределение литологии между кубом и прискважинными ячейками показало удовлетворительный результат. Однако, стоит отметить значительное расхождение в распределении между самими моделями. (Рисунок 2).

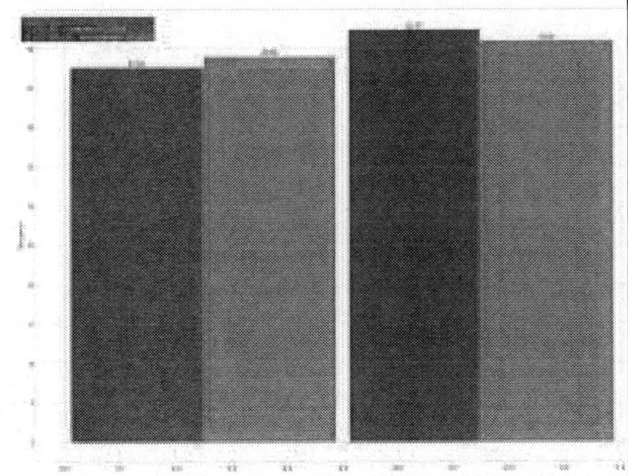	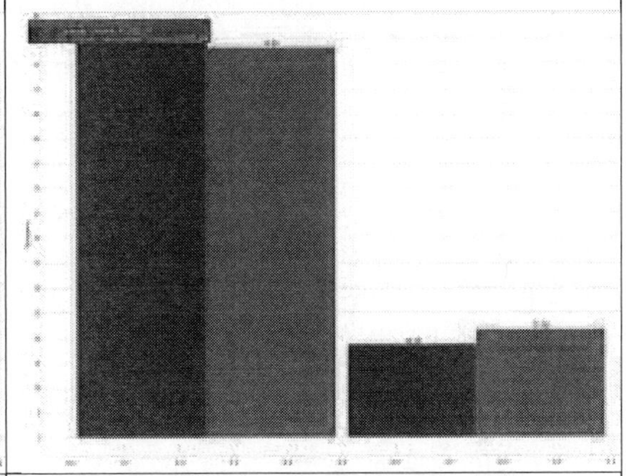
Модель ПЗ 2019 г.	Модель ПК «Геомоделирование» 2022 г.

***Рисунок 2** – Пример гистограммы сопоставления литологии по пласту $П_1$*

Для оценки качества полученного распределения параметров насыщения и ФЕС выполняется построение сравнительных гистограмм на предмет соответствия средних значений коэффициентов по кубам ФЕС средневзвешенным значениям насыщения и пористости по ГИС. Также, рассматривается соответствие минимальных, максимальных и средневзвешенных значений параметров по модели, прискважинным ячейкам и скважинным данным. На рассматриваемых моделях Ковыктинского ГКМ критических отклонений не наблюдается. Тем не менее, отмечается заметное отклонение между распределениями газонасыщенности между самими моделями. (Рисунок 3).

Учитывая то, что одним из основных методов контроля является сопоставление при помощи гистограмм, который позволяет производить оценку распределения данных по ГИС и 3Д кубам, неохваченными, в рамках проведения экспертизы, остаются 2Д построения. Таким образом, одним из дополнительных методов контроля качества построения кубов свойств может являться визуальный контроль 3Д и 2Д построений. Помимо этого, особое внимание должно уделяться оценке актуальности и корректности выбранных авторами методик построения соответствующих кубов.

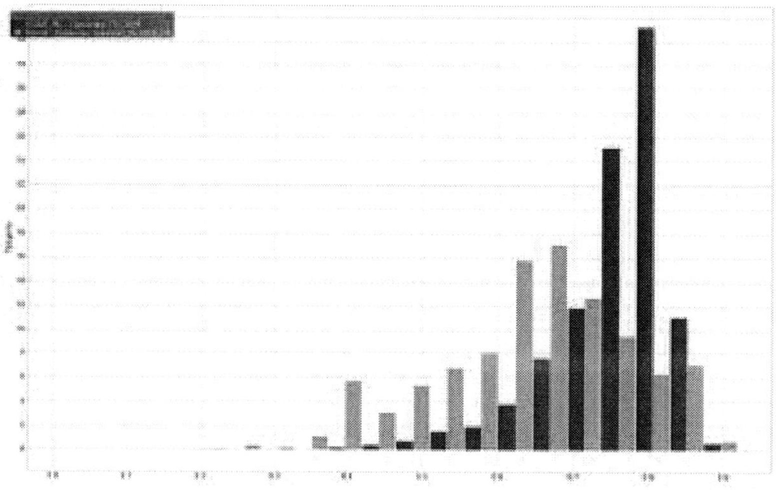

***Рисунок 3** – Пример гистограммы распределения газонасыщенности по пласту $П_1$ между моделью ПЗ и моделью ПК «Геомоделирование»*

Еще одним важным этапом экспертизы, при переходе к гидродинамическому моделированию, является оценка ремасштабирования построенных кубов геологической модели. При действующей экспертизе, инструментом контроля, также, как и для кубов свойств служат гистограммы. Дополнительной проверкой качества ремасштабирования может также послужить оценка зависимости пористости от проницаемости для геологической и гидродинамической моделей.

Заключительным этапом проведения экспертизы геологической модели является оценка ее достоверности путем сравнения начальных геологических запасов представленных на утверждение с запасами, полученными по модели. Согласно требованиям временного регламента, отклонения по запасам и подсчетным параметрам не должны превышать 5%. Еще одним способом оценки достоверности построений, который мог бы быть включен в проводимую экспертизу, является учет неоднородностей, связанных с построением структурных и карт эффективных толщин.

На обоих рассматриваемых моделях Ковыктинского ГКМ сопоставляемые начальные геологические запасы, а также подсчетные параметры не превышают отклонение в 5%, что свидетельствует о высокой степени достоверности произведенных построений.

Итоговый анализ проведенной экспертизы показал, что несмотря на соответствие обеих моделей всем критериям проверки, имеют место быть расхождения между самими моделями, отмечающиеся как по результатам 2Д, так и 3Д построений, что говорит о необходимости расширения детальности проверки.

Выводы

Проводимая внутренняя экспертиза геологических и гидродинамических моделей месторождений и ПХГ ПАО «Газпром» позволяет произвести предварительную оценку корректности их построения и согласованности с текущими данными и проектными документами.

Результаты экспертизы геологических моделей Ковыктинского ГКМ, а именно, построенной в рамках подсчета запасов и актуализированной на основании бурения новых скважин подтвердили корректность произведенных авторами построений на всех рассматриваемых этапах, однако, между самими моделями, отмечаются значительные расхождения по большинству критериев экспертизы.

В качестве основы для создания структуры отчета и методологии применяемых оценок использовался «Временный регламент оценки качества и приемки трехмерных цифровых геолого-гидродинамических моделей» от 19.04.2012 г. Стоит отметить, что на основании результатов сопоставления моделей Ковыктинского ГКМ, детальность требований и критерии оценки, предъявляемые к моделям в данном регламенте, недостаточно полно позволяют производить контроль построения в рамках внутренней экспертизы.

Используемая на данный момент методика экспертизы геологических моделей в соответствии с временным регламентом позволяет оценивать корректность только геометрических характеристик, из-за чего невозможно выявление отклонений, касающихся неточности исходных данных.

Расширение параметров оценки, включая исходные геологические и сейсмические данные, позволит повысить качество проводимой экспертизы и минимизировать возможные замечания от ГКЗ. Также, ввод дополнительных критериев оценки позволит избежать расхождений, подобных наблюдаемым при сравнении последующих версий моделей.

Использование большего числа критериев оценки геологических моделей даст возможность выявлять неточности построений, влияющие на суммарные запасы на этапах проверки исходных данных, что позволит исполнителям производить своевременную корректировку модели.

Также, основываясь на том, что одним из объектов экспертизы является сопроводительная документация, для ее оценки предлагается использование актуального на данный момент документа, а именно «Приказа об утверждении Требований к составу и правилам оформления представляемых на государственную экспертизу материалов по подсчету запасов нефти и горючих газов».

Библиография

1. «Временный регламент оценки качества и приемки трехмерных цифровых геолого-гидродинамических моделей» (утвержден протоколом ЦКР Роснедр по УВС от 19.04.2012 №5370).

Доюрские комплексы Енисей-Хатангского регионального прогиба: геологическое строение и условия формирования

В.А. Конторович* (ИНГГ СО РАН), Ю.Ф. Филиппов (ИНГГ СО РАН)

Введение

Несмотря на значительный прирост в последние годы геолого-геофизических данных (главным образом сейсмических), современные представления о геодинамической эволюции Таймырской складчатой области вообще, и генезисе Енисей-Хатангского регионального прогиба (ЕХП) в частности, остаются крайне противоречивыми. Это касается тектонической природы как древних докембрийских и палеозойских комплексов, так и роли пермско-триасового траппового магматизма. Что касается последнего, то ряд исследователей считают глобальное проявление такового следствием Сибирского суперплюма [Добрецов, 1997 и др.], не локализованного в этой линейной структуре и поэтому никак ей не обусловленного. Другие связывают происхождение ЕХП (полностью или только его западной части) именно с позднепермско-раннетриасовым рифтогенезом [Афанасенков и др., 2017; Vernikovsky et al., 2018 и др.]. Существуют и другие альтернативные точки зрения.

Региональная геолого-геофизическая характеристика

В тектоническом плане ЕХП традиционно рассматривается в составе Сибирской платформы. Связано это в первую очередь с тем, что в этом регионе платформенные отложения залегают на древнем архейско-протерозойском фундаменте. В то же время, в этом регионе залегающие на больших глубинах палеозойские отложения перекрыты мощной толщей мезозойско-кайнозойских платформенных отложений, геологическое строение которых абсолютно аналогично отложениям мезозойско-кайнозойского осадочного чехла Западно-Сибирской геосинеклизы. На рисунке 1 приведен сейсмогеологический разрез по профилю Reg_IX, пересекающий ЕХП в меридиональном направлении и характеризующий геологическое строение этого региона. Анализ волновых полей позволяет выделить в разрезе платформенных отложений исследуемого региона два макрокомплекса, слагающих два структурных яруса - неопротерозойско-палеозойский и мезозойский. Анализ геолого-геофизических материалов показал, что неопротерозойско-палеозойский комплекс платформенных отложений развит и на северо-востоке Западно-Сибирской геосинеклизы в Тагульско-Сузунской зоне, и на полуострове Гыданский. С учетом средних скоростей продольных сейсмических волн в соответствующих породах максимальные толщины мезозойского и неопротерозойско-палеозойского осадочных макрокомплексов ЕХП составляют, соответственно, 8-9 и 10-13 км. При этом в бортовых зонах древние и молодые отложения слагают два принципиально отличающихся по строению структурных яруса, а в осевой, наиболее прогнутой части прогиба, палеозойские отложения без видимого перерыва перекрыты мезозойскими отложениями, при этом древние и молодые осадочные комплексы залегают субпараллельно.

Результаты и обсуждение

Анализ геолого-геофизических материалов позволяет сделать вывод о том, что ЕХП не связан с пермско-триасовым рифтогенезом, а если эта линейная депрессия и имеет рифтогенную историю, то эти процессы должны были происходить значительно раньше триаса, вероятно, не позднее неопротерозоя. Аргументируя этот тезис, можно отметить следующее:

1. Рифтогенез должен был сопровождаться излиянием огромных масс магматических пород, которые должны были заполнять центральную наиболее погруженную часть прогиба. Монофациальные толщи базальтов на временных сейсмических разрезах обычно характеризуются хаотическим рисунком сейсмической записи. По динамике и рисунку волновых полей палеозойские осадочные комплексы в осевой, наиболее погруженной части

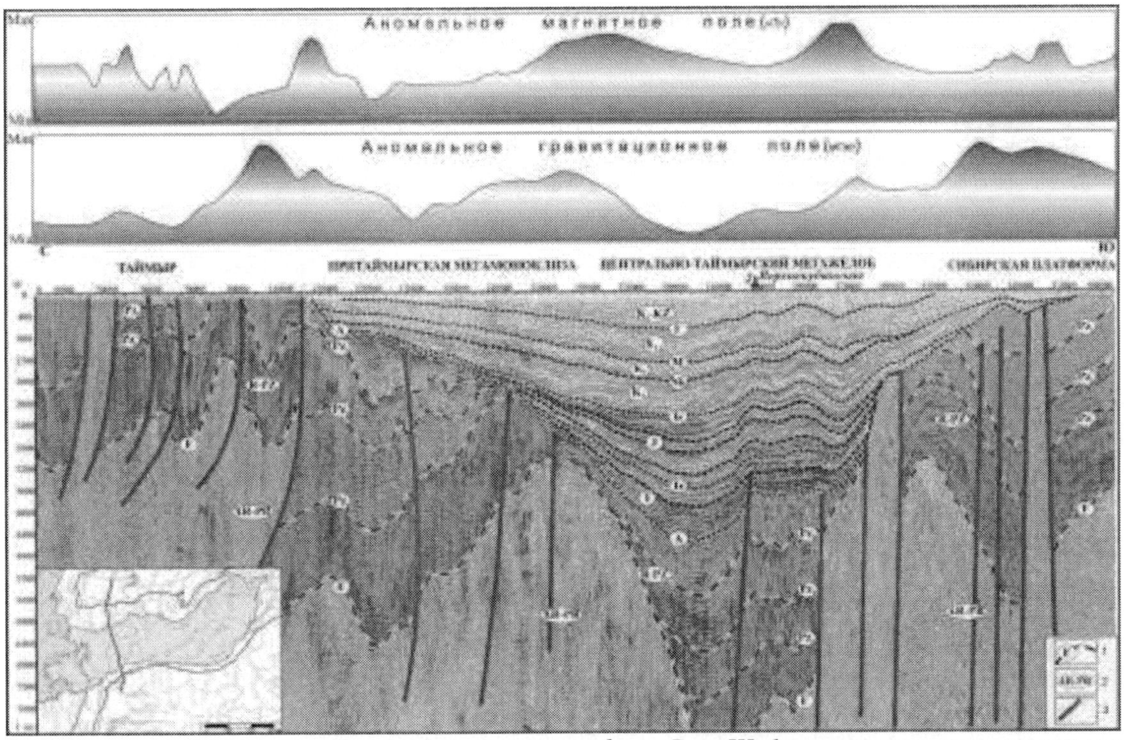

Рисунок 1. *Сейсмогеологический разрез по профилю Reg_IX:* *1 - отражающие горизонты и их индекс (F - кровля фундамента, Pz_1-Pz_3 – внутри неопротерозойско-палеозойского макрокомплекса, А – подошва мезозойских отложений, Tr – кровля триаса, Б – кровля юры, Nk – кровля неокома (нижний мел), М – внутри апта (нижний мел), Г- кровля сеномана (верхний мел)); 2 – возраст осадочных комплексов; 3 - разломы.*

ЕХП и в зонах, тяготеющих к Сибирской платформе и Горному Таймыру, абсолютно идентичны и характерны для платформенных отложений.

2. Заполнение наиболее погруженной части прогиба мощными толщами пермско-триасовых базальтов, обладающих аномально-высокими плотностными и магнитными свойствами, должны были порождать высокоамплитудные аномалии магнитного и гравитационного поля, приуроченные к осевой части бассейна. Именно такая картина наблюдается в Западной Сибири в зоне Колтогорско-Уренгойского грабен-рифта, в пределах которого пробурена скважина СГ-6, вскрывшая километровую толщу раннетриасовых базальтов и не вышедшая из них (рис. 2).

Ничего подобного в ЕХП не наблюдается. В исследуемом регионе линейные вытянутые в широтном направлении положительные аномалии потенциальных полей выделяются на южном и северном бортах прогиба и отвечают глубинным разломам и выступам фундамента. В магнитном поле также находят отражения разломы, контролирующие с севера и юга Балахнинский мегавал; в гравитационном поле – выступы фундамента, к которым приурочены Рассохинско-Балахнинская и Мессояхская гряды (рис. 3). Большое количество пермско-триасовых базальтов и субинтрузивных тел (силлы и дайки) долеритов, габбродолеритов и долеритовых порфиритов, распространенных практически на всей территории Горного Таймыра и Северной Земли, а также наличие связанных с глубинными разломами и блоками фундамента линейных высокоамплитудных аномалий потенциальных полей, протягивающихся вдоль северного и южного бортов депрессии, свидетельствует о том, что процессы пермско-триасовой тектонической активизации, широко проявившиеся в Западной и Восточной Сибири происходили и в ЕХП. В то же время они охватывали обширные территории, не приурочены к линейной зоне прогиба и, на наш взгляд, не были связаны с рифтогенезом.

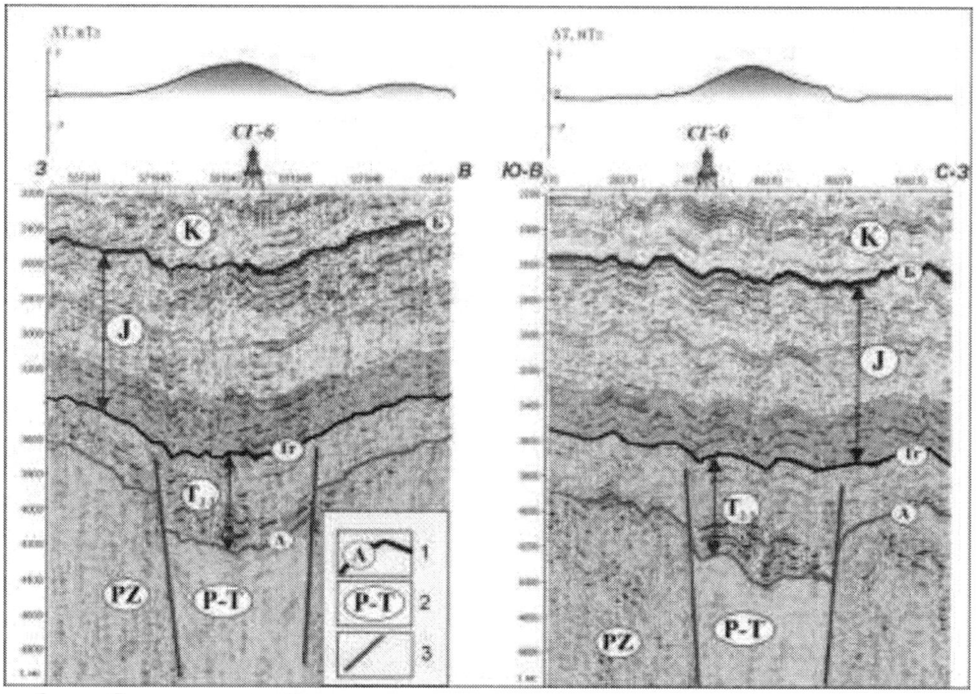

Рисунок 2. *Фрагменты сейсмогеологических разрезов и характер магнитного поля по профилям Reg-25 и Reg-106 (Западня Сибирь, Колтогорско-Уренгойский грабен-рифт): 1 - отражающие горизонты и их индексы (А – подошва мезозоя, Tr – кровля триаса, Б – кровля юры); 2 – возраст осадочных комплексов; 3 - разломы.*

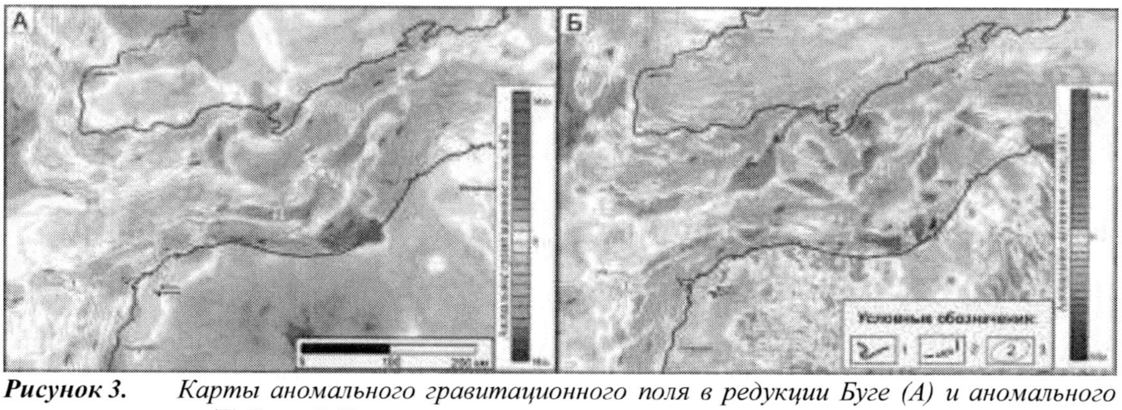

Рисунок 3. *Карты аномального гравитационного поля в редукции Буге (А) и аномального магнитного поля (Б) Енисей-Хатангского регионального прогиба и прилегающих территорий: 1 - граница распространения мезозоско-кайнозойских отложений; 2 - изогипсы подошвы мезозойско-кайнозойского осадочного чехла; 3 – инверсионные тектонические структуры (1 - Усть-Портовский мегавыступ, 2 – Балахнинско-Рассохинская наклонная гряда).*

Выводы

1. Енисей-Хатангский региональный прогиб в тектоническом плане относится к древней Сибирской платформе с архейско-протерозойским фундаментом, перекрытым мощными толщами верхнепротерозойско-палеозойских и мезозойских платформенных отложений.

2. После эдиакарской аккреции Центрально-Таймырского террейна и его вхождения в состав Сибирского кратона [Vernikovsky et al., 2018] в поздненеопротепрозойско-палеозойское время в депрессионной части ЕХП, как и на всей северо-западной пассивной континентальной окраине

Сибирского кратона, существовал осадочный бассейн, который впоследствии был частично трансформирован коллизионными процессами, вероятно, связанными с движениями Карского массива (микроконтинента) и последующим орогенезом (в частности в позднем карбоне и перми) с формированием обширной предгорной впадины.

3. На рубеже перми и триаса значительные территории Сибирской платформы, Западно-Сибирской плиты, Таймыра и Южно-Карского бассейна оказались под воздействием Сибирского суперплюма с повсеместным (площадным) формированием продуктов траппового магматизма [Добрецов, 1997]. В последующее мезозойское время территория Горного Таймыра испытала новый этап тектонической активизации с образованием складчатости и надвиговых структур, а осадочный бассейн на севере Сибирской платформы локализовался в ЕХП, продолжая унаследовано прогибаться относительно структур обрамления, а образования палеозоя перекрылись мезозойскими осадочными толщами.

4. Выраженный платформенный облик неопротерозойско-палеозойских отложений, синхронное залегание древних и мезозойских осадочных комплексов в осевой наиболее погруженной части линейной депрессии, широкое территориальное распространение траппового магматизма, не локализованного в линейной структуре прогиба и поэтому никак с ней не связанного, характер распределения потенциальных полей, отражающих положение глубинных разломов и выступов фундамента, позволяют сделать вывод о том, что формирование ЕХП не было связано с позднепермско-раннетриасовым рифтогенезом, как предполагают многие специалисты.

Благодарности

Работа выполнена в рамках программы фундаментальных научных исследований ИНГГ СО РАН (Проект в ИСГЗ Минобрнауки № 0266-2022-0008).

Библиография

1. Афанасенков А.П., Лыгин И.В., Обухов А.Н., Соколова Т.Б., Кузнецов К.М. Объемная реконструкция тектонических элементов Енисей-Хатангской рифтовой системы по результатам комплексной геолого-геофизической интерпретации // Геофизика. – 2017. - № 2. - С. 60–70.
2. Добрецов Н.Л. Пермско-триасовые магматизм и осадконакопление в Евразии как отражение суперплюма // Докл. РАН. - 1997. - Т. 354, № 2. С. 220-223.
3. Vernikovsky V., Shemin G., Deev E., Metelkin D., Matushkin N., Pervukhina N. Geodynamics and Oil and Gas Potential of the Yenisei-Khatanga Basin (Polar Siberia) // Minerals. – 2018. – 8 (11), 510, doi: 10.3390/min8110510

References

1. Afanasenkov A.P., Lygin I.V., Obukhov A.N., Sokolova T.B., Kuznetsov K.M. Volumetric reconstruction of tectonic elements of the Yenisei-Khatanga rift system based on the results of complex geological and geophysical interpretation // Geophysics. - 2017. - No. 2. - P. 60–70.
2. Dobretsov N.L. Permian-Triassic magmatism and sedimentation in Eurasia as a reflection of a superplume // Dokl. RAS. - 1997. - T. 354, No. 2 - P. 220-223.
3. Vernikovsky V., Shemin G., Deev E., Metelkin D., Matushkin N., Pervukhina N. Geodynamics and Oil and Gas Potential of the Yenisei-Khatanga Basin (Polar Siberia) // Minerals. – 2018. – 8 (11), 510, doi: 10.3390/min8110510

Модель геологического строения и оценка перспектив нефтегазоносности палеозойских отложений Останинского месторождения

В.А. Конторович (ИНГГ СО РАН, НГУ), Л.М. Калинина* (ИНГГ СО РАН), А.Ю. Калинин (ИНГГ СО РАН, НГУ), М.В. Соловьев (ИНГГ СО РАН, НГУ)

Введение

В настоящее время на территории Западной Сибири в палеозойских отложениях открыто более 60 месторождений нефти и газа, непромышленные притоки нефти и нефтепроявления зафиксированы более, чем на 100 площадях.

Несмотря на многолетнее изучение, палеозой остается одним из наименее изученных комплексов на территории Западно-Сибирской нефтегазоносной провинции. Значительная часть палеозойских залежей в этом регионе была открыта случайно при постановке глубокого бурения на неокомских и юрских нефтегазоперспективных объектах. Исключение составляет расположенная на юго-востоке Западной Сибири Чузикско-Чижапская зона нефтегазонакопления, в которой нефтепоисковые работы, нацеленные на открытие залежей углеводородов в палеозойском комплексе пород, проводились системно и целенаправленно. Эти исследования дали положительные результаты и привели к открытию 19 месторождений нефти и газа, связанных с палеозойскими породами [Конторович, 2007].

В Чузикско-Чижапской зоне нефтегазонакопления палеозой представлен различными по возрасту и составу породами. Анализ результатов геологоразведочных работ позволяет сделать вывод о том, что на этой территории залежи углеводородов в палеозойских отложениях связаны, главным образом, с двумя типами пород: органогенными и доломитизированными известняками коренного палеозоя (горизонт M_1) (Арчинское, Урманское, Малоичское, Табаганское, Южно-Табаганское, Северо-Останинское месторождения); глинисто-кремнистыми породами коры выветривания (горизонт М), развитой по силикатосодержащим породам девона-карбона – кремнистым известнякам и кремнеаргиллитам (Калиновое, Северо-Калиновое, Герасимовское, Восточное, Останинское месторождения).

Подавляющее большинство открытых палеозойских месторождений приурочено к эрозионно-тектоническим выступам фундамента, которые, как правило, осложнены большим количеством разломов, которые могут разбивать залежь на локальные блоки с различными уровнями водонефтяных контактов (ВНК).

Сейсмогеологическая характеристика

При решении нефтегазопоисковых задач и, в частности, при построении моделей залежей углеводородов и выявлении нефтегазоперспективных объектов основным наземным геофизическим методом является сейсморазведка. На временных сейсмических разрезах к кровле палеозоя приурочен отражающий горизонт $Ф_2$. Несмотря на то, что на границе фундамента и перекрывающих его юрских отложений происходит значительный перепад физических характеристик горных пород и, как следствие, резкий скачок акустических жесткостей, отражающий горизонт $Ф_2$ является наиболее сложным для картирования.

Связано это с разным литологическим составом пород доюрского основания и перекрывающих его толщ, со значительной дезинтеграцией зоны контакта (шероховатая граница), обилием разрывных нарушений и т.д. В отличие от отражающих горизонтов осадочного чехла фазовая корреляция горизонта возможна только в пределах однородных тектонических блоков.

Выделение разрывных нарушений на сейсмических разрезах базировалось на классических сейсмостратиграфических критериях: смещение осей синфазности, расфазировка и падение амплитудных характеристик волновых полей в зонах разломов; изменение динамических параметров и рисунка сейсмической записи волнового пакета $Ф_2$. При трассировании разломов по площади использовались структурная поверхность кровли палеозоя, карта изопахит юры и их градиенты.

Вещественный состав палеозойских отложений

В Чузикско-Чижапской зоне нефтегазонакопления палеозой сложен различными по составу и возрасту породами, формирование которых происходило в разных фациальных обстановках. Западная (юго-западная) часть Чузикско-Чижапской зоны в девоне-карбоне находилась в рифогенно-аккумулятивной зоне, и здесь формировались светлые органогенные известняки, которые вскрыты скважинами на Малоичской, Арчинской, Урманской и др. площадях. В северо-западном направлении глубина морского бассейна увеличивалась, и органогенные известняки сменялись сначала глинистыми, а затем кремнистыми породами, образование которых происходило в бассейновой зоне [Елкин и др., 2001].

На исследуемой территории в палеозойской части разреза скважинами вскрыты, главным образом, кремнистые, глинистые и доломитизированные известняки, терригенные породы и глинистые сланцы, датируемые ранним девоном – средним карбоном. К востоку от поля развития карбонатов нижнего-среднего девона в западной части Останинской площади получил развитие блок, сложенный верхнедевон-нижнекарбоновыми терригенными отложениями, которые вскрыты скважинами Останинская №№ 425р, 428р, 437р, 438р и 439р. Это поле терригенных пород протягивается на исследуемую территорию от Калиновой площади, которая сложена кремнистыми породами – в нижней части кремнистыми известняками, в верхней кремнеаргиллитами. В относительно погруженных палеоблоках этой зоны в верхней части палеозоя залегают отложения кехорегской свиты, которая является изохронным латеральным аналогом табаганской свиты. Кехорегская свита сложена преимущественно темно-серыми алевролитами.

В скважине Останинская №429р верхняя 125-метровая часть палеозоя представлена терригенными породами, ниже залегают буровато-черные плотные известняки. В верхней терригенной части разреза в интервале 2774-2791м возраст пород определен как ранний карбон, возраст карбонатов - поздний девон-ранний карбон.

В поле развития терригенных пород позднего девона - раннего карбона выделяется серия эрозионно-тектонических выступов, сложенных карбонатами. В северо-восточной части Останинской площади скважиной №455р вскрыты светло-серые трещиноватые известняки, датируемые лохковским ярусом раннего девона. К югу от этого блока также в пределах выступа фундамента скважиной №458п вскрыты темно-серые известняки верхнего девона, франский ярус. В скважине №450п, пробуренной в южной части лицензионного участка №53 коренной палеозой сложен светло-серыми доломитизированными известняками.

В западной части Останинской площади развито вытянутое в северо–северо-восточном направлении поле, в пределах которого коренной палеозой сложен кремнистыми известняками табаганской свиты и датированы ранним карбоном. В этой зоне возраст палеозойских пород определен в скважинах Останинская №№429р, 435п, 1416 и Северо-Останинская №6п.

Геологическое строение и перспективы нефтегазоносности палеозойских отложений Останинской площади

На Останинской площади широкое распространение получили кремнистые отложения коренного палеозоя – кремнистые известняки табаганской свиты (нижний карбон) и кремнистые терригенные породы чагинской свиты (верхний девон) и кехорегской свиты (нижний карбон), по которым развита глинисто-кремнистая кора выветривания.

Анализ сейсмических материалов и структурной карты по кровле палеозоя позволяет сделать вывод о том, что в этом районе выделяются цепочки вытянутых в северном направлении контрастных положительных структур, формирующие линейные валы, разделенные прогибами.

В рельефе кровли палеозоя все поднятия приурочены к контрастным эрозионно-тектоническим выступам фундамента, осложненным большим количеством разрывных нарушений, которые четко фиксируются на сейсмических разрезах, а их положение в плане находит отражение на картах градиентов структурной поверхности и карте изопахит юры, которое в значительной мере повторяет очертания современного рельефа. Это свидетельствует о том, что эти блоки испытывали в юре тенденцию к относительному росту. Учитывая, что выступам фундамента в рельефе баженовской свиты отвечают купола, осложняющие Останинское поднятие, можно сделать вывод о том, что эти процессы унаследовано продолжались и в раннем мелу. На контрастных кремнистых эрозионно-тектонических выступах, подвергавшихся в ранней юре-аалене процессам физического и химического выветривания, формировались перспективные в отношении нефтегазоносности коры выветривания, с которыми и связана залежь Останинского месторождения. Также констатировалось, что на дезинтегрированных блоках фундамента происходит рассеивание сейсмических волн и падение амплитудно-энергетических характеристик сейсмической записи.

По результатам комплексного структурно-тектонического, динамического и сейсмофациального анализов на Останинской площади выделено 5 вытянутых в северном направлении приподнятых макроблоков, которые ограничены с запада и востока региональными меридиональными разломами. Широтными региональными и зональными разрывными нарушениями макроблоки (гряды) разбиты на блоки, к которым приурочены эрозионно-тектонические выступы (рис. 1).

На Останинской площади широкое распространение получили кремнистые отложения коренного палеозоя – кремнистые известняки табаганской свиты (нижний карбон) и кремнистые терригенные породы чагинской свиты (верхний девон) и кехорегской свиты (нижний карбон),

Выводы

Выполненное исследование посвящено построению модели геологического строения и оценке перспектив нефтегазоносности палеозойских отложений. В процессе проведенных исследований на базе комплексной интерпретации материалов 2D и 3D, ГИС и данных глубокого бурения построена карта изохрон, средних скоростей и структурная карта по отражающему горизонту $Ф_2$ (подошва осадочного чехла / кровля палеозоя), выделены на временных разрезах и с использованием структурной поверхности горизонта $Ф_2$, карты изопахит юры и их производных протрассированы по площади разрывные нарушения, построена схема тектонического строения и проанализированы параметры антиклинальных структур; проанализированы данные по вещественному составу коренного палеозоя и коры выветривания, обобщены возрастные определения и построена карта вещественного состава палеозойских пород, на Останинскую площадь и прилегающие территории построена карта толщин коры выветривания (горизонт М), проанализированы данные поисково-оценочного бурения, построена карта эффективных нефтегазонасыщенных толщин и модель залежи углеводородов находящегося в эксплуатации блока Останинский-1, на Останинской площади выделено 5 макроблоков – эрозионно-тектонических выступов, которые могут представлять интерес в отношении нефтегазоносности.

На базе комплексного анализа сделан вывод о том, что на исследуемой территории палеозойские породы представлены глинистыми, кремнистыми, доломитизированными известняками, кремнеаргиллитами чагинской свиты, терригенными породами кехорегской свиты и сланцами нижнего девона – среднего карбона. Сделан вывод о том, что перспективы нефтегазоносности палеозоя на исследуемой территории могут быть связаны только с доломитизированными известняками коренного палеозоя и кремнисто-глинистыми породами коры выветривания.

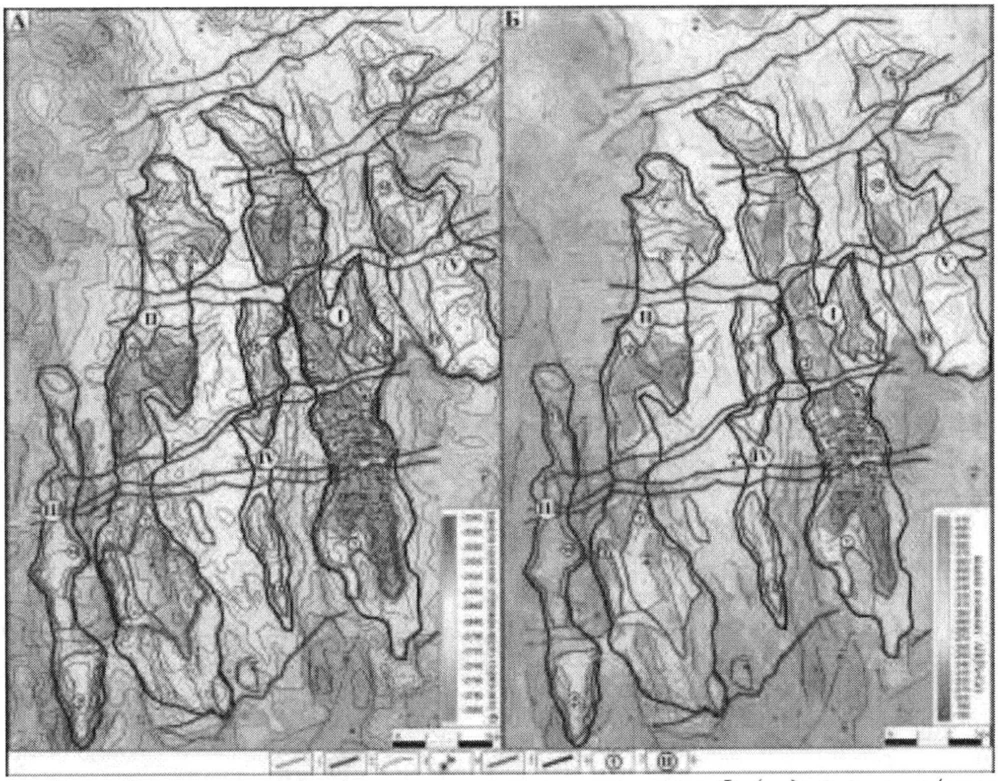

Рисунок 1. *Структурная карта по отражающему горизонту $Ф_2$ (подошва чехла / кровля М) (А) и карта толщин ΔH(Pz-Gr) (Б). Останинская площадь:1 - разрывные нарушения; 2 - региональные широтные разрывные нарушения; 3 - изолинии; 4 - глубокие скважины; 5 - эрозионно-тектонические выступы фундамента; 6 - положительные макроблоки; 7 - номера блоков; 8 - номера макроблоков.*

Благодарности

Работа выполнена при финансовой поддержке РФФИ и Администрации Томской области, проект 19-45-700009 р_а.

Библиография

1. Елкин Е.А., Краснов В.И., Бахарев Н.К. и др. Стратиграфия нефтегазоносных бассейнов Сибири. Палеозой Западной Сибири. Новосибирск: Изд-во СО РАН, филиал «ГЕО», 2001. 163 с.
2. Конторович В.А. Сейсмогеологические критерии нефтегазоносности зоны контакта палеозойских и мезозойских отложений Западной Сибири (на примере Чузикско-Чижапской зоны нефтегазонакопления)// Геология и геофизика. – Т. 48. – №5. – 2007. – С. 538-547.

References

1. Elkin E.A., Krasnov V.I., Baharev N.K. etc. Stratigrafiya neftegazonosnyh bassejnov Sibiri. Paleozoj Zapadnoj Sibiri. Novosibirsk: Izd-vo SO RAN, filial «GEO», 2001. 163 p.
2. Kontorovich V.A. Petroleum potential of reservoirs at the Paleozoic-Mesozoic boundary in West Siberia: seismogeological criteria (example of the Chuzik-Chizhapka regional oil-gas accumulation) // Russian Geology and Geophysics – Vol. 48 – № 5 – 2007. P. 422-428.

Комплексирование геологических и геофизических данных при создании геологической карты поверхности доюрского фундамента на одном из участков Нюрольской впадины

С.В. Максиков*, канд.-геол. минер. наук, (АО «ТомскНИПИнефть», Национальный исследовательский Томский государственный университет), А. А. Леонов, (АО «ТомскНИПИнефть»)

Введение

В последнее время резко возрос интерес к месторождениям, залегающим в фундаменте Западно-Сибирской плиты (ЗСП), так как в её юго-восточной части - Томской области, основные запасы в юрских отложениях подходят к истощению и для их восполнения геологам приходится обращаться к более глубокозалегающим и более сложным по строению доюрским комплексам. Изучаемый район является интересным в плане изучения доюрских отложений, так как здесь известен ряд месторождений в отложениях палеозоя, на которых можно отрабатывать методики поиска и разведки месторождений углеводородов.

Внутренняя структура фундамента, представляет собой серьезную проблему как для геологов, так и для разработчиков вследствие своей неоднородности и ограниченности получаемой информации. Доюрский комплекс, сложенный карбонатными и терригенными породами, не формирует таких четких отражающих горизонтов, как юрские и меловые отложения. Наличие складчатости иногда нескольких порядков, приводит к неоднозначной трактовке углов падения слоистости. На это накладывается блоковая тектоника, связанная с пермь-триасовым рифтогенезом и новейшими движениями в фундаменте ЗСП, которые находят изменение в системах разломов, идущих из фундамента в верхние отложения осадочного чехла и иногда приводящие к локальным изменениям уровня ВНК даже в переделах одного месторождения. Все это осложняется ограниченным числом скважин, пробуренных по палеозою и давшим качественный материал как по керну, так и по ГИС, так как их проходка осложняется наличием каверн, пустот, зон трещиноватости.

Рис. 1 Схематическая геологическая карта поверхности коренного палеозоя района Калинового и Северо-Калинового месторождений. (Тищенко Г.И., 1991 г.)

Предшественниками неоднократно делались попытки представления геологического фундамента палеозоя в районе Нюрольской впадины. Следует отметить работы (Г.И. Тищенко, 1991 (рис.1), В.А. Конторовича, 2004, Г.Д. Исаева, 2007). Всеми устанавливается складчатое строение, но формы и размерность складок всеми трактуются по разному, а данная деталь является одним из основных моментов, влияющих на пространственное распределение свойств пород.

По данным В.А. Конторовича [2] для изучаемого района предполагается общее воздымание структур в С - С-З направлении, что можно установить по падению зеркала складчатости. Все это осложняется блоковой тектоникой, в основном сбросового характера с общим трендом в южном направлении.

Методы и результаты исследования

Сотрудниками АО ТомскНИПИнефть была предпринята попытка построения складчатой структуры средне-позднедевонских отложений на двух месторождениях в пределах Нюрольской впадины (рис. 2). Коренные породы (горизонт М1) имеют карбонатный, кремнисто-карбонатный, реже терригенный состав. В верхней части породы преобразованы в кору выветривания, индексируемую как горизонт М. Последний развит не повсеместно и его обозначение как “кора выветривания” несколько условно, так как объединяет в себе различные по генезису образования – выветрелые, трещиноватые, кавернозные известняки, кремнисто-терригенные и кремнисто-карбонатные породы, а также переотложенные терригенные породы, которые могут являться результатом деятельности поверхностных вод в то время.

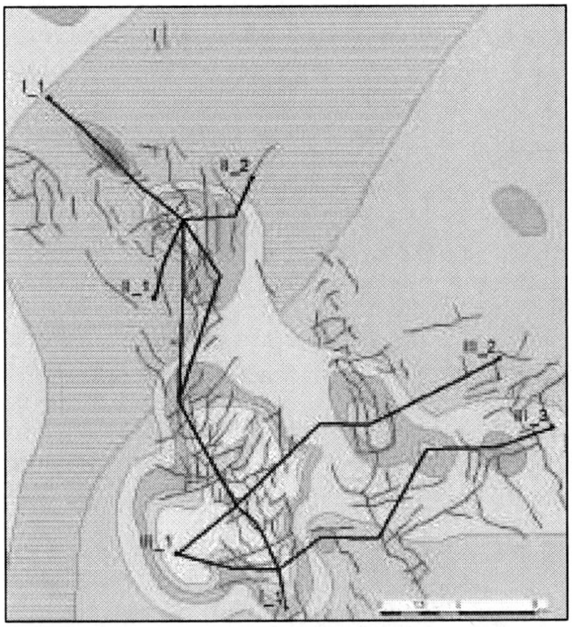

Рис. 2. Схематическая геологическая карта фундамента с нанесенными линиями разрезов.

Для подсчета запасов по одному из месторождений Нюрольской впадины были проведены структурные исследования с использованием данных по биостратиграфии, с целью создания геологической модели, отражающей складчатое строение фундамента ЗСП [3].

В результате комплексного анализа керна, биостратиграфии, были построены разрезы вкрест и по простиранию складчатых структур (рис. 3). Рассматривались варианты с различными углами залегания пород, и

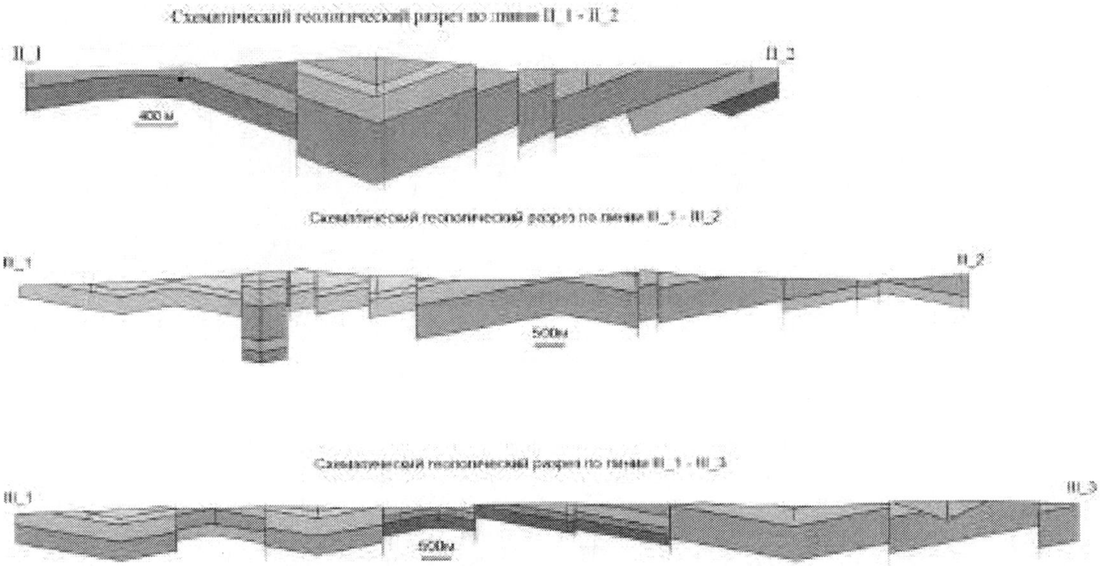

Рис. 3. Схематические разрезы отражающие складчатое строение фундамента. Отложения с возрастом от раннего девона до раннего карбона. Лини разрезов II_1 – II_2, III_1 – III_2, III_1 – III_3,

уменьшением размаха складок для корректного объяснения частой смены углов падения пород на практически вертикальном керне.

В результате комплексного анализа керна, биостратиграфии, были построены разрезы вкрест и по простиранию складчатых структур (рис. 3). Рассматривались варианты с различными углами залегания пород, и уменьшением размаха складок для корректного объяснения частой смены углов падения пород на практически вертикальном керне. Учитывались разрывные нарушения, выявленные при переинтерпретации 3D-сейсмики, проведённой на этих месторождениях. Амплитуда перемещений определялась по смещению границ стратифицированных отложений и пластовых тел основного состава, которые фиксируются по нескольким скважинам на определенном стратиграфическом уровне.

Размерность и ориентировка складок были установлены с помощью методов структурного анализа. За основу были взяты границы свит и подсвит, определенные на основе данных биостратиграфии, выполненных в СПНЦ НИ ТГУ. При анализе углов падения предполагалось, что породы залегают практически моноклинально между двумя ближайшими скважинами.

Достоверность выполненных построений необходимо было подтвердить дополнительными методами, т.к. большинство скважин располагаются по нескольким вытянутым линейным поднятиям, выраженным как в палеозойском фундаменте, так и в мезозойском чехле и соответственно не имеют равномерного площадного распределения. Для подтверждения был использован атрибутный анализ данных сейсморазведки по разным интервалам от отражающего горизонта Ф2 (ОГ Ф2), соответствующего кровле доюрского основания по данным сейсмостратиграфической привязки (рис. 4).

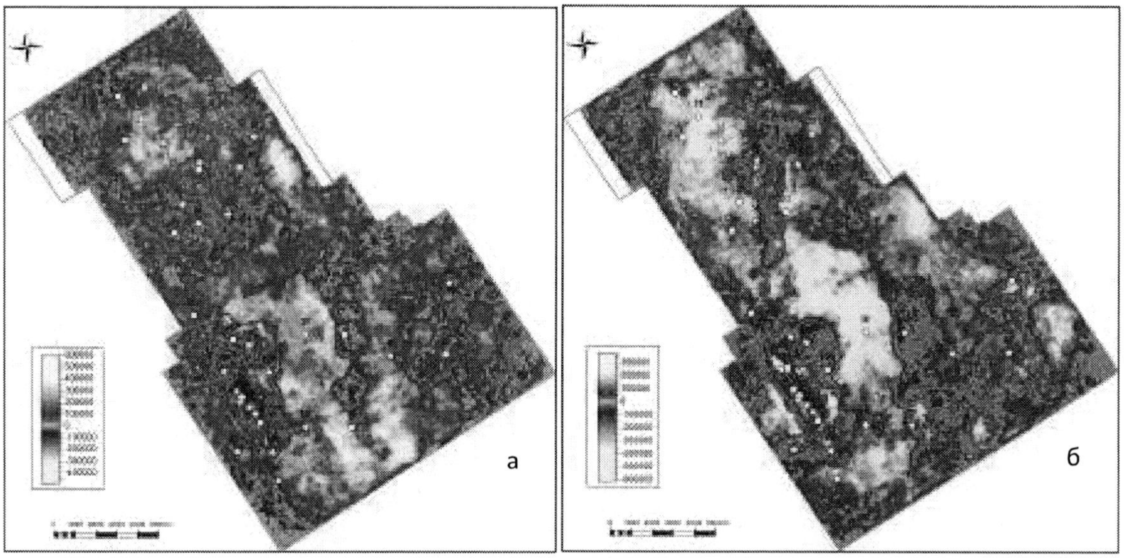

Рис. 4. Атрибутный анализ (динамическая интерпретация). а) - *вдоль отражающего горизонта Ф2, б) ниже отражающего горизонта Ф2 на 20 мсек*

В результате совместного анализа полученных данных, контуры выхода средне-позднедевонских свит и коры выветривания, развитой по ним, примерно совпали с данными атрибутного анализа вдоль и ниже ОГ Ф2. Предполагается, что неоднородностью, зафиксированной в волновом поле, явилось наличие переслаивания пород с различной литологией и соответственно с разной устойчивостью к физическому и химическому выветриванию, что привело к формированию контуров аномалий, подтверждающих структурные построения.

При уменьшении разницы между срезами от отражающих горизонтов, по данным атрибутного анализа возможно определять примерное направление падения пород при наличии пачек пород, отличающихся по своему составу от основного разреза доюрского комплекса.

При интерпретации данных сейсморазведки были спрогнозированы эффективные толщины коры выветривания по данным регрессионного анализа с использованием динамических параметров сейсмики, прогноз которых были подтвержден бурением эксплуатационных скважин на одном из месторождений.

На качественном уровне по данным сейсмики была уточнена граница карбонатной постройки, возможно представляющей собой рифовую постройку, в пределах изученного участка.

Выводы

Данные аттрибутного анализа показывают складчатое строение доюрского фундамента. Фиксируются выходы на поверхность кремнисто-терригенных пород чагинской свиты, формирующей основной объем коры выветривания горизонт М, а также участки с более плотными породами, отвечающими по составу известнякам и их разновидностям (рис.2).

Следует отметить, что наличие качественной 3D интерпретации данных сейсморазведки позволяет по атрибутному анализу на разных уровнях от основных отражающих горизонтов показывать различие в вещественном составе слагающих эти комплексы отложений. В свою очередь, данные по структурному строению, полученные при изучении керна, биостратиграфии будут указывать на более точное структурное положение изучаемых толщ – наличие антиклиналей и синклиналей, их ориентировку.

Комплексный анализ данных интерпретации 3D сейсморазведки и структурных данных, полученных на основе биостратиграфии и структурной геологии позволяет успешно строить геологическую структуру фундамента и в дальнейшем использовать это для построения геологических моделей, используемых в подсчете запасов.

Библиография

1. Исаев Г.Д. Кораллы, биостратиграфия и геологические модели палеозоя Западной Сибири. – Новосибирск: Академическое издательство “Гео”, 2007. – 247с.
2. Конторович В.А. тектоника и нефтегазоносность мезозойско-кайнозойских отложений юго-восточных районов Западной Сибири. Под ред. Акад. В.С. Суркова, Новосибирск, Изд-во СО РАН, Филиала “ГЕО”, 2002. – 250с.
3. The role of biostratigraphy and structural analysis methods in creating a 3D model of a deposit in Paleozoic sediments under conditions of a shortage of initial geological data / B.A. Fedorov, S.V. Maksikov, O.V. Yakovenko // European association of geoscientists and engineers. – 2021. – V. 2021. – P. 1–5.

References

1. Isaev G.D. Corals, biostratigraphy and geological models of the Paleozoic of Western Siberia. - Novosibirsk: Academic publishing house "Geo", 2007. - 247p.
2. Kontorovich V.A. tectonics and oil and gas content of the Mesozoic-Cenozoic deposits of the southeastern regions of Western Siberia. Ed. Acad. V.S. Surkov, Novosibirsk, Publishing House of the Siberian Branch of the Russian Academy of Sciences, GEO Branch, 2002. - 250p
3. The role of biostratigraphy and structural analysis methods in creating a 3D model of a deposit in Paleozoic sediments under conditions of a shortage of initial geological data / B.A. Fedorov, S.V. Maksikov, O.V. Yakovenko // European association of geoscientists and engineers. – 2021. – V. 2021. – P. 1–5.

«Перспективы нефтегазоносности ордовикско-каменноугольных карбонатных отложений слабоизученной зоны Западного Таймыра в условиях ограниченных данных»

А.П. Вилесов (ООО «Газпромнефть НТЦ»), К.А. Перетолчин (ООО «Газпромнефть НТЦ»), Ю.А. Ужегова* (ООО «Газпромнефть НТЦ»), Е.М. Букатова (ООО «Газпромнефть НТЦ»), Н.А. Морозов (ООО «Газпромнефть НТЦ»), С.А.Федоров (ООО «Газпромнефть НТЦ»), С.А. Погребнюк (ООО «Газпромнефть НТЦ»), А.А. Минич (ООО «Газпромнефть-ГЕО»), А.А. Грановский (ООО «Газпромнефть-ГЕО»), В.А. Орлов (ООО «Газпромнефть НТЦ»), Д.А. Севрюков (ООО «Газпромнефть-ГЕО»), М.Н. Николаев (ООО «Газпромнефть-ГЕО»

Введение

В настоящее время вопрос о перспективах нефтегазоносности палеозойских отложений арктических районов России остается актуальным ввиду крайне низкой изученности региона при сложном геологическом и тектоническом строении. Для оценки перспектив нефтегазоносности территории Западного Таймыра были проанализированы новые геолого-геофизические материалы, полученные по результатам бурения на левом берегу р. Енисей, поисковой скважины 1L, пробуренной компанией ООО «Газпромнефть-ГЕО», и параметрической скважины 2RG (АО «Росгеология» по состоянию на 01.01.2022), а также по результатам переобработки всего объема сейсмических профилей на территории работ.

Территория работ расположена на севере Красноярского края, на западной оконечности Таймыра возле р. Енисей. На территории исследования расположено несколько Западно-Таймырских участков, принадлежащих ПАО «Газпром нефть», территория изучена редкой сетью профилей сейсморазведочных работ МОГТ 2D, магнитотеллурическим зондированием и аэрогравимагнитной съемкой.

Ближайшие месторождения – Хабейское, Ладертойское, Дерябинское, Пайяхское, где залежи открыты в отложениях мела и юры. В палеозойских отложениях в настоящее время открытых залежей нет. Глубоким бурением скважинами Хабейская-1 и Гольчихинская-1 вскрыты юрско-меловые отложения и вулканогенно-осадочные отложения триаса соответственно. На палеозойские отложения пробурены 2 скважины на левом берегу р. Енисей.

Литолого-стратиграфический разрез на Западном Таймыре изучен по выходам отложений на дневную поверхность и данным колонкового бурения. В разрезе осадочного чехла выделяются палеозойские, мезозойские и кайнозойские отложения. Потенциально продуктивными сейсмокомплексами являются комплекс между отражающими горизонтами V и VII (D_1e-C_2), VII и VIIa_top (S_2-D_1l), а также VIIa bot и VIIb (O_{2-3}-S) (Рис. 1А), представленные известняками и доломитами, перекрываемые локальными и региональными покрышками.

Метод исследования

При оценке имеющихся данных по региону использовались различные методики, в основе которых лежат комплексные подходы. В качестве основного метода анализа истории геологического развития региона был использован метод палеореконструкций. На основе данных сейсморазведочных работ 2Д была выполнена корреляция основных отражающих горизонтов VIa, VII, VII_bot, VIIa, VIIa_bot, VIIb, что позволило получить структурные карты и карты мощностей для нескольких сейсмофациальных комплексов, характеризующихся возрастом от ордовика до верхнего девона.

Возраст комплексов определялся на основе детального описания керна скважин левого берега р. Енисей, палеонтологических исследований, результатов интерпретации ГИС, а также данных описания выходов обнажений на дневную поверхность на территории Таймыра.

Исходя из полученного сводного литолого-стратиграфического разреза палеозойских отложений для территории исследования, сделаны предположения об условиях седиментации выделенных сейсмостратиграфических комплексов, а на основе карт мощностей подготовлены палеогеографические карты (Рис. 1F). Дополнительно привлекались данные анализа волнового поля, интерпретации методов геофизических исследований и результаты исследований керна в скважинах левого берега (Рис. 1D-E).

Общий тренд погружения палеобассейна – с юго-востока на северо-запад. В этом направлении мелководно-морские фации сменяются шельфовыми глубоководными. По характеру волновой картины в интервале перспективных комплексов на левом берегу р. Енисея выделяются аномалии сейсмической записи, предположительно отождествляемые с барьерными рифами и изолированными платформами. По характеру распределения толщин и сейсмических отражений можно предположительно выделить краевую часть платформы (бровку). Предположение о рифовой природе тел требует подтверждения по результатам бурения и проведения СРР3Д. Качество актуальных сейсмических материалов и сложная тектоника на Западном Таймыре не позволяют на данном этапе проследить рифовые тела, но можно ожидать наличие мелководно-морских карбонатных фаций (Рис. 1F).

Коллекторы представлены известняками и доломитами, формировавшимися в условиях мелководно-морской карбонатной платформы, перекрывающиеся локальными и региональными покрышками мергелей и аргиллитов. В разрезе выделяется 3 комплекса, ордовикско – силурийский (O_{2-3}-S), силурийско-девонский (S_2-D_1l), девонско-каменноугольный (D_1e-C_2). Основные перспективы связаны с отложениями силур-девонского возраста (Рис. 1А).

На основе геохимических исследований керна скважин и данных по обнажениям в окружении района работ на территории Западного Таймыра ожидается развитие нижнесилурийской нефтегазомаетинской породы (ОГ VIIa-VIIa-bot –S_1l-v) с высоким генерационным потенциалом. Толща представлена черными граптолитовыми сланцами, характерными для глубоководного и умеренно глубоководного бассейна (Рис. 1С).

В структурном отношении перспективы Западного Таймыра связаны с крупным поднятием - Нижнепуринским валом, осложненным системой разломов сдвиговой и надвиговой природы. Неопределенности сейсмической корреляции и структурных построений обусловлены редкой сетью 2Д сейсмических профилей низкого качества, отсутствием глубоких скважин на территории Западного Таймыра, и альтернативами в глубинно-скоростной модели. Для учета всего диапазона неопределенностей было рассмотрено три альтернативных структурно-тектонических модели, проработанных тремя проектными командами.

Таким образом, на основе выполненного геолого-геофизического анализа и трех вариантах структурно-геологических моделей, которые легли в оценку ресурсной базы, для территории Западного Таймыра выявлены предпосылки формирования нефтегазоносной системы.

Характеристика нефтегазоносной системы

НГМТ, миграция и признаки насыщения. Согласно обновленным данным по пробуренным скважинам на территории Западного-Таймыра ожидается развитие силурийской НГМТ S1l (ОГ VIIa-VIIa_bot), нефтематеринская толща характеризуется сапропелевым типов ОВ (зрелость МК4), общая мощность прослоев, обогащённых ОВ составляет до 50 м. В интервале НГМТ отобран керн (гл. отбора ~ 4000м), отобран керн, представленный черными граптолитовыми кремнисто-известковистыми сланцами, насыщенными остатками разнообразных форм граптолитов. Содержание органического вещества в отдельных образцах превышает 10%. Условия седиментации – глубоководный бассейн.

По разрезу скважины встречены признаки насыщения, выпоты нефти и характерный запах УВ на свежем сколе керна, обнаружены битумы в шлифах и керновом материале. Данные признаки свидетельствуют о наличии миграции и потенциальном насыщение разреза углеводородами.

Коллектор. Предполагается, что к моменту формирования потенциальных резервуаров на исследуемой территории существовала окаймленная карбонатная платформа с характерной для нее фациальной зональностью карбонатного осадконакопления. Породы-коллекторы представлены кавернозно-пористыми доломитами, развитыми по первично высокоёмким рифогенным известнякам и приурочены к зоне барьерного рифа и изолированных карбонатных построек (Рис. 1B, D). Для этих зон характерны хорошие ФЕС (Рис. 1C). Возраст отложений S_2-D_1l. Так же, по первично низкопористым и плотным породам развиты вторичные коллекторы девон-каменноугольного возраста (D_1e-C_1t-v), подверженные влиянию выщелачивания, кавернообразования, доломитизации и трещиноватости. В связи с активной тектоникой на территории возможно более широкое распространение трещинного типа коллектора.

Покрышки. На территории Западного Таймыра ожидается развитие локальных и региональных покрышек. Для верхнеордовикско-нижнесилурийского комплекса (ОГ VIIa bot-VIIb) региональной покрышкой являются граптолитовые сланцы, являющиеся нефтегазоматеринскими. Для верхнесилурийского- нижнедевонского комплекса (ОГ VII bot-VIIa) региональной покрышкой является толща аргиллитов, переслаивающихся с плотными известковистыми доломитами в верхах толщи. Для нижнедевонского-нижнекаменноугольного комплекса (ОГ VII-VIIa) потенциальной локальной покрышкой для верхнего комплекса могут служить непроницаемые плотные карбонатные породы.

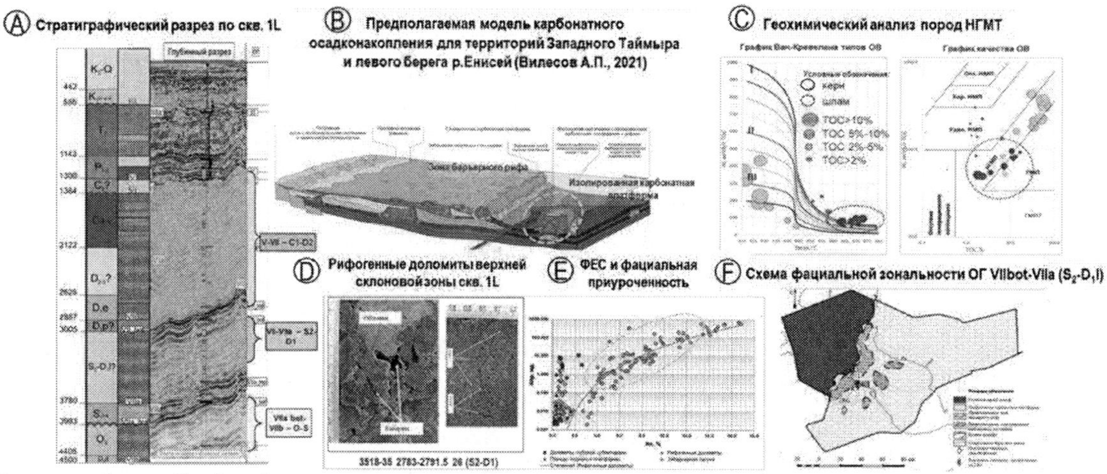

Рисунок 1. *Сводный планшет по результатам геолого-геофизической и геохимической информации по скв 1L.*

Выводы

Выполненные реконструкции дают необходимую основу для выбора приоритетных направлений поисковых работ в пределах потенциально-нефтегазоносного района, а также разработки его достоверной бассейновой модели.

Состав, строение и обстановки осадконакопления палеозойских отложений, вскрытых в пределах территории исследования, подтверждаются данными бурения скв.1L на соседнем поднятии. Влияние седиментационных и постседиментационных факторов на формирование коллекторов-благоприятно. По данным скв. 1L установлено, что наиболее высокие показатели пористости и проницаемости наблюдаются в рифогенных карбонатных породах силур-девона, где наиболее интенсивно прошли постседиментационные процессы выщелачивания. Вопрос развития аналогичного типа коллектора на территории Западного Таймыра остается открытым. Также, ввиду отсутствия достаточного объема информации по региону остаются неопределенности, связанные с сохранностью, миграцией, качеством и зрелостью НГМТ.

Конфигурация ловушки сильно зависит от изученности, на текущем этапе она крайне низкая. В зависимости от принятой структурной модели и разломной тектоники конфигурация ловушки может измениться. Территория Западного-Таймыра испытала 2 основных тектонических этапа активизации, перестройка структурного плана, наличие свиго-надвиговой тектоники, что могло оказать существенное влияние на сохранность потенциальных залежей УВ.

Содержание Сорг. и генерационный потенциал НГМТ на территории Западного-Таймыра, могут оказаться несколько ниже, чем на территории левого берега р. Енисей, основным риском на площади может являться тайминг начала и окончания миграции УВ из НГМТ, а также время формирования ловушки.

На основе вышеизложеннго материала, можно сделать вывод об относительных перспективах нефтегазоносности территории Западного Таймыра. Для снятия рисков существующих в регионе ннеобходимо проведения оптимального комплекса геологоразведочных работ.

Благодарности (на ваше усмотрение)

Авторы статьи выражают благодарность проектной команде ООО «Газпромнефть-ГЕО» и ООО «Газпромнефть НТЦ» за проведение полевых геологоразведочных работ и анализ их результатов, исследовательскому центру г. Тюмень – ООО «Нефтеком» за проведение керновых исследований, а также проектным командам МГУ и СПБГУ за разработку альтернативных тектонических моделей.

Библиография / References

1. Afanasenkov A.P. Evaluation of the resource potential of poorly explored areas of the northern framing of the Siberian platform based on modern geological and geophysical studies, regional volumetric and basin modeling with the selection of objects for parametric drilling. State report. contract No. 8F-14. FGBU VNIGNI, Moscow, 2016
2. Bazhenova T.K. Prospects for the oil and gas potential of the north-west of the Siberian Platform and adjacent territories // Natural Resources of Taimyr. - Dudinka, 2004. - S. 133-160
3. Bazhenova T.K., Kazais V.I. History of oil and gas formation and oil and gas accumulation in the northwest of the Siberian platform (historical_geochemical and structural_historical analysis) // Neftegazovaya geologiya. Theory and practice. - 2011. -T. 6. - No. 2. URL: http://www.ngtp.ru/rub/4/15_2011.pdf (date of access: 03/18/2014).
4. Boldushevskaya L.N., Filiptsov Yu.A., Ladygin S.V., Romanov A.P., Kostyreva E.A., Fomin A.N. "Comparative analysis of the distribution of hydrocarbon biomarkers in Mesozoic oils and Paleozoic bitumens of the Taimyr Autonomous Okrug"
5. Bordyug Anastasia Viktorovna. Geological structure, stages of formation and model of hydrocarbon systems in the junction zone of the Taimyr orogen, West Siberian and Yenisei-Khatanga basins, DISSERTATION for the degree of candidate of geological and mineralogical sciences, Moscow, 2019
6. Drachev, S.S., Malyshev, N.A., Nikishin, A.M., 2010. Tectonic history and petroleum geology of the Russian Arctic Shelves: An overview, in: Petroleum Geology Conference Proceedings. https://doi.org/10.1144/0070591
7. Flhgel E. Microfacies of Carbonate Rocks: Analysis, Interpretation and Application. - Berlin: Springer Verlag Berlin Heidelberg, 2010. - 1006 rubles.

Применение машинного обучения на основе условной вероятности Байеса для интерпретации вероятности появления коллектора в кислых вулканитах Западной Сибири

В.Ю. Руденко*, Д. Е. Гуренцов (ЗАО «МиМГО»)

Введение

С увеличением компьютерных мощностей наука обработки, анализа и использования данных интенсивно развивается. Машинное обучение находит все более широкое применение и в геологии. Каждый день появляется множество новых методов работы с данными, позволяющих на базе современных компьютерных мощностей посмотреть на традиционные проблемы под другими углами. Опираясь на эти технологии, из данных можно получить значительно больше, нежели традиционными методическими решениями, задачи, которые ранее казались нерешаемыми или решаемыми лишь на качественном/экспертном уровне со значительными ограничениями, теперь могут быть решены явно и количественно.

В рамках данной работы рассмотрен подход применения алгоритма машинного обучения определения условной вероятности Байеса для расчёта вероятности коллектора в кислых вулканитах Западной Сибири с последующим определением эффективных толщин.

Метод

Условная вероятность Байеса. Теорема Байеса — одна из основных теорем элементарной теории вероятностей, которая позволяет определить вероятность события при условии, что произошло другое статистически взаимозависимое с ним событие. Другими словами, по формуле Байеса можно более точно пересчитать вероятность, взяв в расчёт как ранее известную информацию, так и данные новых наблюдений. Формула Байеса может быть выведена из основных аксиом теории вероятностей, в частности из условной вероятности.

Формула Байеса имеет вид,

$$P(A|B)=\frac{P(B|A)P(A)}{P(B)}, \tag{1}$$

где

$P(A)$ – априорная вероятность гипотезы A;

$P(A|B)$ – вероятность гипотезы A при наступлении события В (апостериорная вероятность);

$P(B|A)$ – вероятность наступления события B при истинности гипотезы A;

$P(B)$ – полная вероятность наступления события B.

При этом важно, что событие B может рассматриваться в форме вектора.

Примеры

Одна из проблем при определении эффективных толщин для отложений кислых вулканитов Западной Сибири состоит в том, что по результатам комплексного анализа испытаний и профилей притока следует, что на изучаемой территории однозначно бесприточных интервалов не наблюдается, при этом общие дебиты различных интервалов сильно варьируются. Высокая неоднородность, свойственная вулканогенным породам, невысокая в среднем проницаемость пор, множественные вторичные изменения, наличие закрытых пор и трещин разной направленности, генезиса и масштаба, определяют проблематику расчёта эффективных толщин, выражающуюся в том, что на основе данных ГИС однозначная дифференциация коллекторов и не коллекторов невозможна. Решение здесь видится в определении условной пропорции коллекторов, которая определяется из вероятности наличия коллектора по Байесу для разных значений пористости и петротипов.

Для решения проблемы определения эффективных толщин на первом шаге были определены точки коллекторов по данным керна. Коллектором принимались образцы с проницаемостью более 0.1 мД. Это значение установлено из сводного анализа связи проницаемости с данными динамической пористости и условной динамической пористости, пересчитанной из данных Кво и Кно, рисунок. 1.

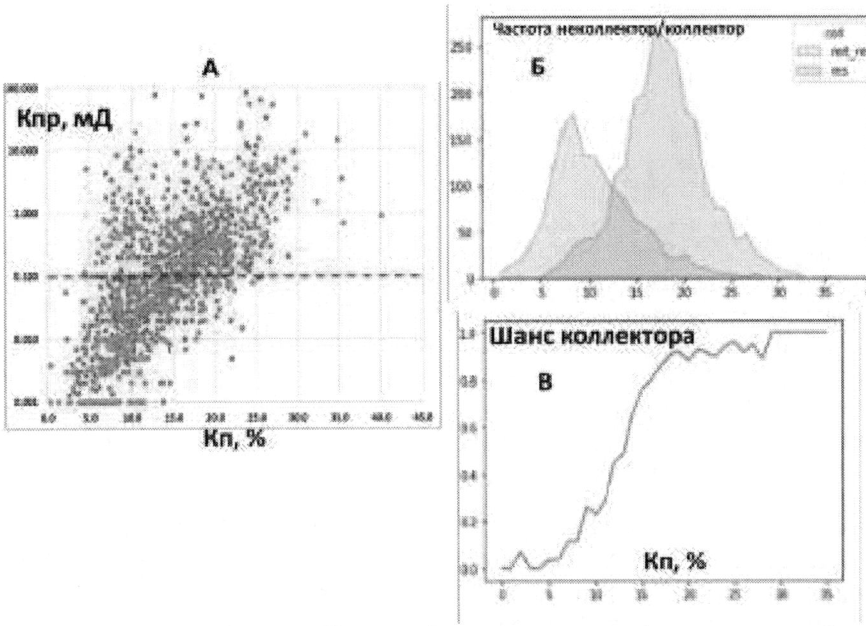

Рисунок 1 – *Распределение данных Кп_керн для коллекторов (а – зависимость коэффициента проницаемости от пористости по данным керна; б – гистограмма распределения пористости по признаку коллектора; в - кривая вероятности коллектора)*

Пористость при проницаемости 0,1 мД по результатам замеров на образцах керна представлена в довольно широком диапазоне 5 – 25 % пористости, со средним значением 15%. При этом нужно помнить, что результаты замеров на образцах, как правило, не включают в себя трещины, масштабом превосходящие либо соотносящиеся с размером образцов, вследствие разрушения материала для замера. Однако такие трещины хорошо заметны на данных каротажа микроимиджеров.

Имея данные коллекторов, была рассчитана условная вероятность по теореме Байеса, вектором условий была выбрана пористость и петротип породы. На рисунке 2 показана условная вероятность коллектора по образцам керна в зависимости от пористости и петротипа.

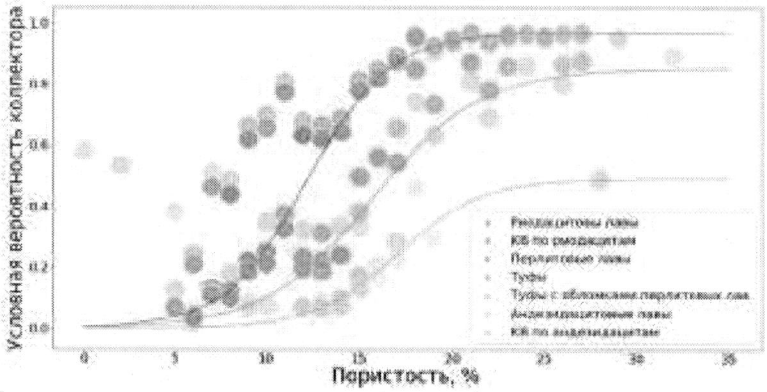

Рисунок 2 – *Условная вероятность коллектора по данным замеров проницаемости керна, линиями показаны функции вероятности порового коллектора*

В результате расчётов петротипы группируются в три отдельных тренда. К первому относятся петротипы «туфы с обломками перлитовых лав» и «перлитовые лавы», во второй тренд входят «туфы», «КВ по риодацитам» и «риодацитовые лавы» и третий тренд представлен данными «андезидацитовые лавы», «КВ по андезидацитам». Можно отметить, что вероятность коллектора монотонно возрастает при пористости более 15%, при этом скорость возрастания различна для различных петротипов, линиями показаны подобранные функции сигмоидов, которые определяют вероятность порового коллектора. При пористости менее 15% монотонность функций нарушается, это связано с влиянием трещин коллектора, вероятность которого возрастает при снижении пористости за счёт повышения хрупкости пород.

На рисунке 3 показана условная вероятность проводящих трещин по данным интерпретации микроимеджеров в зависимости от пористости и петротипа. Можно видеть, что петротипы группируются в четыре отдельных тренда. К первому относится петротип «риодацитовые лавы», ко второму – «туфы с обломками перлитовых лав», «перлитовые лавы» и «КВ по риодацитам», в третий тренд входят «туфы», и четвёртый тренд представлен петротипами «андезидацитовые лавы», «КВ по андезидацитам». С помощью уравнений обратных сигмоидов были подобраны функции условных вероятностей трещин, эти вероятности были объединены с вероятностями порового коллектора, полученными на керне по формуле объединения вероятностей, рисунок 4.

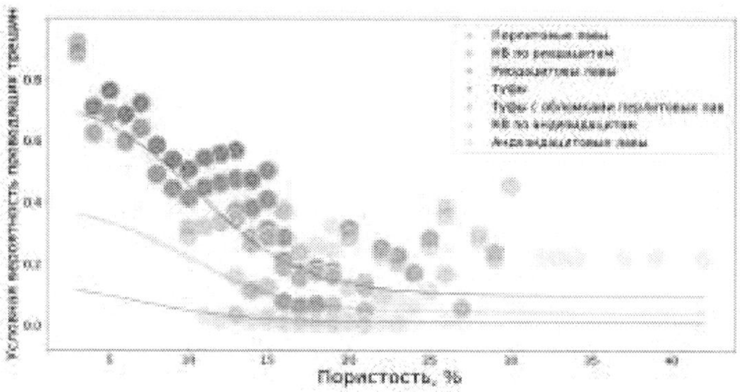

Рисунок 3 – *Условная вероятность проводящих трещин, рассчитанная по данным интерпретации микроимеджеров, линиями показаны функции вероятности трещинного коллектора*

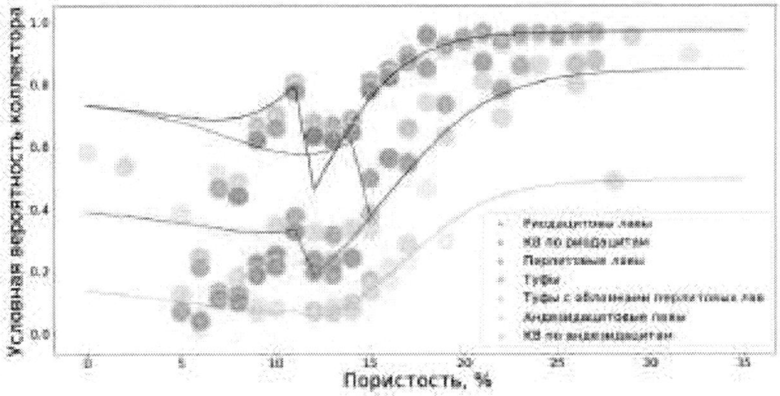

Рисунок 4 – *Условная вероятность коллектора, линиями показаны функции вероятности появления любого возможного типа коллектора*

Из рисунка 4 можно видеть, как функции, полученные путём объединения вероятностей трещинного и порового типа коллекторов, повторяют прерывание монотонности трендов, наблюдаемых на результатах исследования керна. Расхождение с керном в области менее 7 % объясняется эффектом смещенной выборки, так как образцы с трещинами, как правило, разрушаются и не позволяют замерить проницаемость.

Вероятность, рассчитанную таким образом, можно рассматривать как пропорцию коллекторов на каждом шаге глубины. Суммируя её по скважине в нефтенасыщенной зоне, мы получаем суммарную эффективную толщину по скважине. Также, можно выполнять такое суммирование по любому интересующему нас окну глубин, определяя таким образом наиболее предпочтительный интервал для испытаний.

На рисунке 5 показан пример планшета интерпретации ГИС. В первом треке показаны кривые бокового и радиоактивного каротажа; в треках 2 и 3 – кривые Кп и Кн, соответственно; в треке 4 – объемная модель; в треках 5 и 6 - петротипы по керну и ГИС, соответственно; в треке 7 – вероятности трещинного (зеленая) и порового (синяя) коллектора по Байесу; в треке 8 – общая вероятность коллектора по Байесу; в треке 9 – характер насыщения порового коллектора.

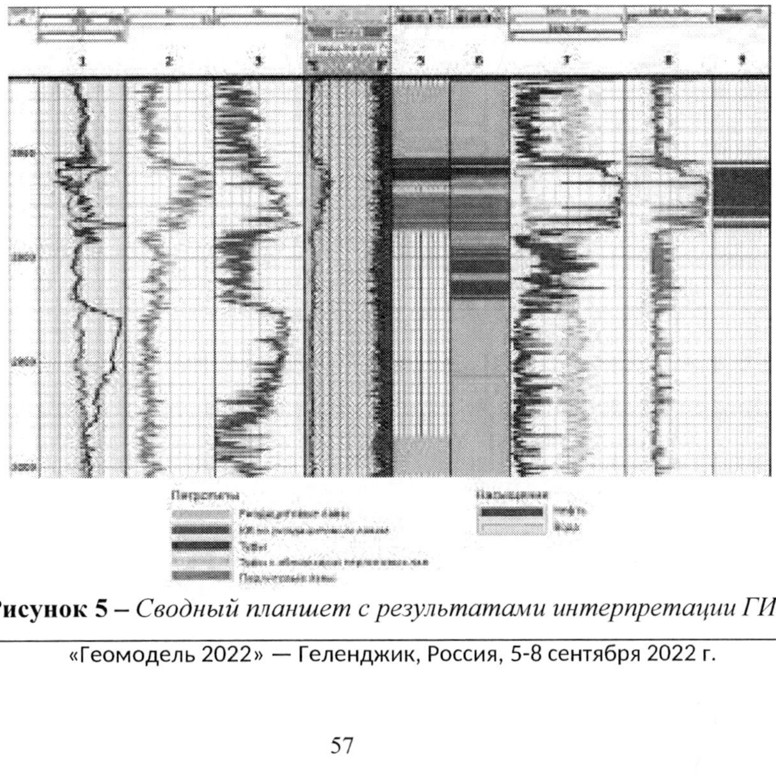

Рисунок 5 – *Сводный планшет с результатами интерпретации ГИС*

Выводы

На основе теоремы Байеса рассчитана пропорция коллекторов, которая соответствует эффективной толщине коллектора для каждого интервала глубин в зависимости от петротипа и пористости.

На примере кислых вулканитов Западной Сибири показано, каким образом можно оценивать эффективные толщины в случае отсутствия однозначных количественных и качественных критериев разделения пород на коллектор/неколлектор.

Полученный алгоритм решения может быть применим к другим отложениям со сложным литологическим строением коллектора для решения задачи уточнения эффективных толщин и расчёта ФЕС.

Библиография / References

1. Gmurman V.E. Teoriya veroyatnostey I matematicheskaya statistika, - M.: Visshee obrazovanie. 2005
2. Judgment under Uncertainty: Heuristics and Biases / Daniel Kahneman, et al. — 21st. — Cambridge University Press, 2005. — 555 p. — ISBN 978-0-521-28414-1.

Экспресс-метод оценки потенциала метаморфических пород палеозоя

А.И. Цепляева* (1, 2) к.г.-м.н. (1- ООО «Газпромнефть-ННГГФ», 2 - Санкт-Петербургский горный университет)

Введение

На сегодняшний день в связи с увеличением объема разработки трудноизвлекаемых запасов, в фокус внимания все чаще попадает комплекс пород доюрского основания, ярким примером которого являются породы палеозоя. Они характеризуются сложным геологическим строением и значительной глубиной залегания. Палеозой характеризуется высокой неоднородностью литологического состава и петрофизических свойств по площади и разрезу.

В работе автор предлагает подход, повышающий достоверность прогноза нефтеперспективных зон в палеозое на основе комплексного анализа имеющегося геолого-геофизического материала. На примере нескольких месторождений Красноленинского свода рассматривается протерозой-палеозойский комплекс, сложенный метаморфическими породами, который подробнее описывается в работах [1,2].

Керновый материал отобран в 8 поисково-разведочных и 3 эксплуатационных скважинах. Проходка по породам фундамента меняется в широких пределах от 11 до 365 метров. Проходка с выносом керна от общей проходки по породам фундамента составляет в среднем 20%. Объект сложен породами динамотермального метаморфизма средних температур, средних и высоких давлений. В породах фундамента, представленных кристаллическими сланцами углеводороды отмечаются по трещинкам, пропитывают гидрослюдистую массу, развивающуюся по полевым шпатам, образуют пленки на стенках пор выщелачивания либо полностью выполняют их. В карбонатизированном серпентините нефтенасыщение наблюдается по границам новообразованных карбонатов, в малоизмененном серпентините характер насыщения – пятнистый. Углеводороды присутствуют в доломит-тальковом агрегате, выполняющем трещины, пропитывая тальк и придавая ему черный цвет (рис. 1). Нефтенасыщение отмечается по нитевидным трещинкам, сохранившимся как реликты петельчатой структуры серпентинита. В целом породы разреза можно объединить в десять петротипов: тальк-магнезиальные метаморфические породы, гнейсы, серпентиниты, карбонатизированные метаморфические породы, кварцитовые и кварц-биотитовые сланцы, сланцы смешанного состава, филлиты, графитизированные глинистые сланцы, биотитовые и двуслюдяные сланцы [3].

а) 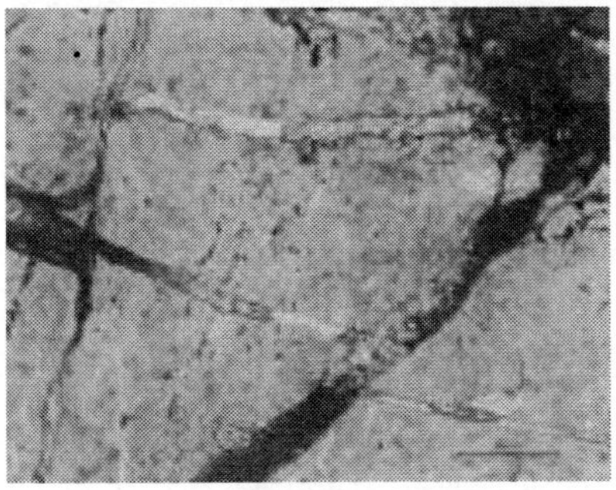 б) 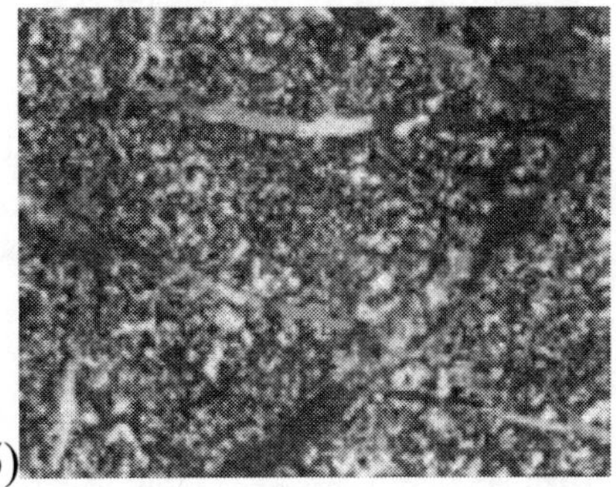

Рисунок 1. *Серпентинит карбонатизированный, слабо нефтенасыщенный. Увеличение десятикратное. Система разнонаправленных трещин со смещением. Фотографии при одном (а) и двух (б) николях*

Снижение изначальной высокой объёмной плотности метаморфических пород палеозоя является как следствием наличия открытой трещиноватости, так и возможным индикатором присутствия углеводородов. На графике приведено сопоставление объёмной и минералогической плотности различных петротипов. Коллекторами углеводородов являются кварцитовые сланцы, серпентиниты и метаморфические породы. Как видно на рисунке (рис. 2) они отличаются пониженной плотностью и расположены в левой части кросс-плота.

Рисунок 2. *Сопоставление объемной и минералогической плотности нефтенасыщенных пород палеозоя*

Анализ фильтрационно-емкостных свойств и характера насыщения по выделенным петротипам показывает отсутствие зависимости пористость-проницаемость, что свидетельствует о существенном влиянии на проницаемость трещинной составляющей. Для определения параметров порово-трещиноватой среды метаморфических пород объекта была проведена интерпретация данных ГИС (алгоритм В.А. Ефимова) по 24 эксплуатационным скважинам с последующим сопоставлением с результатами анализа керна:

- Рассчитанные по АК интервальное время твердой фазы и плотности твердой фазы по ГГК-П при известной пористости пород, определенной по 2ННКТ+ГГК-П, наносятся на график и сравниваются с закономерностью ΔТТВ =f(δТВ) для минералов (справочными данными).

- Если расчетные точки по скважине лежат в пределах поля рассеяния справочных данных, то горные породы характеризуются как горные породы с поровым типом пустотного пространства; если же расчетные точки располагаются выше справочной закономерности, то в горных породах имеет место трещиноватость; а если ниже - кавернозность.

Выделенные проницаемые интервалы были сгруппированы в 3 основных типа, отражающих строение и геометрию пустотного пространства – поровый, трещинный и порово-трещинный. Полученные данные в виде таблиц результатов интерпретации ГИС (РИГИС) использовались в качестве исходных данных для построения литолого-фациальной модели. На рисунке 3 приведено соотношение между коллекторами с различным типом пустотного пространства в скважинах. Установлено, что скважины с преобладанием порового и порового- трещинного типа коллектора отличаются относительной стабильностью эксплуатационных показателей, а скважины, в которых преобладает трещинный тип коллектора работают менее стабильно.

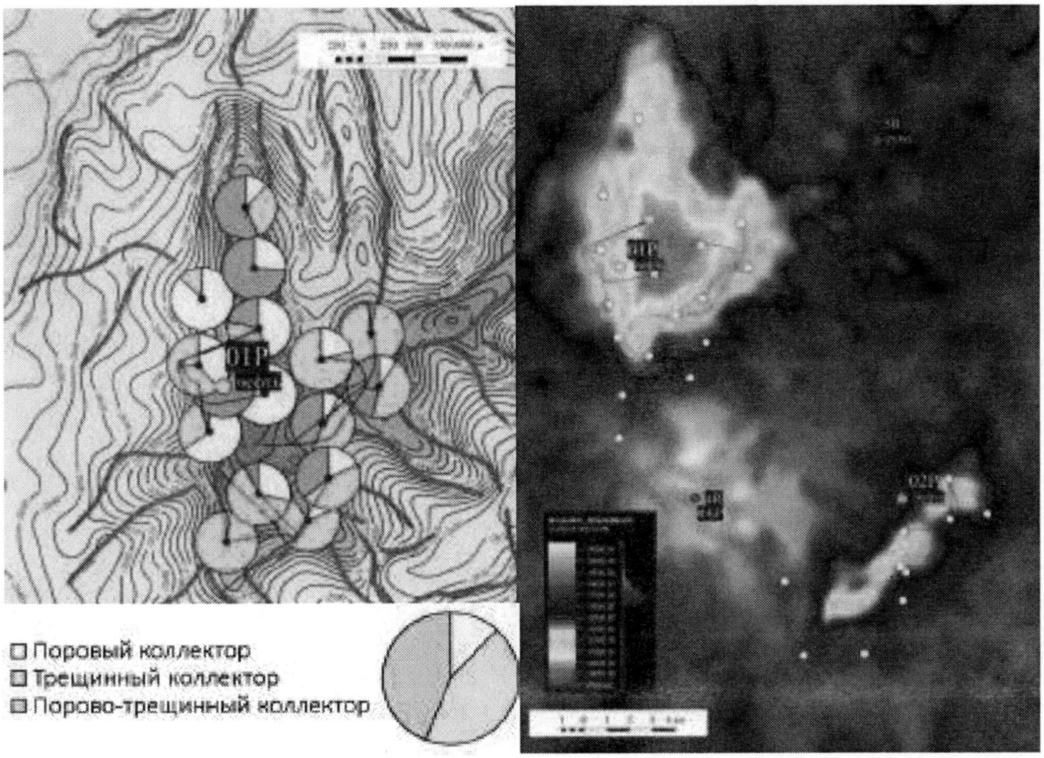

Рисунок 3. *Соотношение между коллекторами с различным типом пустотного пространства и карта средних значений акустического импеданса во временном окне (0–70 мс) ниже ОГ «А»*

Амплитуда сейсмического сигнала может зависеть от целого ряда дополнительных факторов, среди которых наиболее важными являются неоднородный литологический состав рассматриваемых отложений, присутствие тектонической трещиноватости и различные погрешности сейсмических данных. Интервалы коллектора характеризуются пониженными значениями акустического импеданса, что позволяет прогнозировать их в ходе инверсионных преобразований [4]. Таким образом, интервалы коллектора должны проявляться понижением значений акустического импеданса. В процессе работы была установлена зависимость между результатами испытания скважин и их положением относительно зон пониженной плотности на картах акустического импеданса (рис. 3). Учитывая данную зависимость акустический импеданс в дальнейшем используется для прогноза коллекторов при построении модели.

Выводы

Выполнен комплексный анализ геолого-геофизического материала, промысловой информации и их интерпретация на основе данных бурения и сейсморазведочных работ. Разработана и апробирована методика картирования нефтеперспективных зон в палеозое. Предлагаемый метод позволит существенно снизить затраты на геологоразведочные работы и вовлечь в разработку дополнительные объемы запасов нефти. Эффект от предложенной методики заключается в повышении точности прогнозирования перспективных зон и снижения возможного рискового капитала на бурение разведочных скважин.

Библиография / References

1. Tseplyaeva, A. I. Perspectives of oil and gas presence in pre-jurassic sediments on the example of one west siberian deposit. IOP Conf. Series: Earth and Environmental Science 27 (2015) http://iopscience.iop.org/article/10.1088/1755-1315/27/1/012019

2. Tseplyaeva A.I. Modeling of oil deposits in the reservoirs of the Paleozoic foundation based on the integration of geological, geophysical and field data (on the example of one of the deposits of the Krasnoleninsky arch): Dissertation of cand. geol.-miner. sciences. - Tyumen, 2018.

3. Shadrina S.V. New data on the foundation of the northeastern framing of the Krasnoleninsky arch / S.V. Shadrina, A.P. Kondakov // Oil industry. - 2014. - No. 11. - P. 94–99.

4. Khromova, I., Kunin, K. Exploration and Oil Discovery in Pre-Jurassic Section of a Field in Western Siberia – A New Idea for the Mature Basin. SPE-17622-MS, 2012.

Геохимия и фациальные условия формирования нефтематеринских пород палеозоя Юго-Востока Западной Сибири

С.В. Фадеева* (АО «ТомскНИПИнефть», ТПУ), И.В. Гончаров (АО «ТомскНИПИнефть», ТПУ), Л.М. Лаухин (ТПУ), Н.В. Обласов (АО «ТомскНИПИнефть»), В.В. Самойленко АО «ТомскНИПИнефть»), М.А. Веклич (АО «ТомскНИПИнефть»), Р.С. Кашапов (АО «ТомскНИПИнефть»), Н.А. Смирнова (ТПУ)

Введение

Основная часть залежей, открытых в палеозойских отложениях Западно-Сибирского НГБ сосредоточена на юго-востоке, в пределах Чузикско-Чижапской седловины. Несмотря на целый ряд крупных исследовательских работ по палеозою Юго-Востока Западной Сибири (ЮВЗС) до сих пор природа нефтей палеозойских залежей остается предметом многочисленных обсуждений и дискуссий. Еще в большей степени не решены вопросы, связанные с выделением нефтематеринских пород (НМП) в палеозойском комплексе ЮВЗС, уточнением их пространственной локализации. Получение ответов на эти вопросы является очень важным в связи с необходимостью применения современных технологий для выделения перспективных нефтегазоносных территорий (бассейновое моделирование) в условиях снижения добычи. Одним из ключевых методов в технологии бассейнового моделирования являются геохимические исследования, позволяющие на молекулярном и атомном уровнях получить характеристику углеводородных флюидов (УВ), органического вещества (ОВ) пород, выявить условия формирования НМП, установить корреляционные связи по углеводородам-биомаркерам между исходным ОВ и генерированными им нефтями.

Метод (и/или Теория)

Комплекс геохимических исследований включал в себя следующие методы: пиролиз пород Rock-Eval, экстракция из пород с получением битумоидов, хроматомасс-спектрометрия (GC/MS, GC/MS/MS), изотопная масс-спектрометрия (EA-IRMS) экстрактов из пород и фракций. Ранее нами также были проведены геохимические исследования методами GC/MS, GC/MS/MS, EA-IRMS более 120 проб палеозойских нефтей из 15 месторождений ЮВЗС с определением их молекулярного состава (биомаркерный анализ) и изотопного состава углерода (ИСУ) [1].

Дополнительную информацию о типе ОВ и фациальной обстановке, в которой происходило его накопление, можно получить по составу нефтей уже открытых месторождений. Состав биомаркеров нефтей широко используется для реконструкции палеообстановок накопления ОВ НМП. В результате детального исследования палеозойских нефтей региона были выявлены особенности в их молекулярном составе, обусловленные условиями осадконакопления исходного ОВ и уровнем его катагенеза. В регионе были выделены три группы нефтей в пределах палеозойского типа (рисунок 1), что указывает на наличие нескольких НМП в палеозое ЮВЗС. ОВ первой группы нефтей накапливалось в лагунных условиях с высокой соленостью и карбонатным осадконакоплением. В качестве биопродуцентов могли выступать древние формы грибов, подобных по составу современному Corticium saticinum, фитопланктон и цианобактерии. ОВ второй группы нефтей аккумулировалось в менее соленых условиях при участии как прокариотов, так и более сложных форм организмов. ОВ третьей группы нефтей накапливалось в среде с еще меньшей соленостью при минимальном участии прокариотов.

Несмотря на выявленные различия, все нефти палеозоя имеют одну характерную особенность, кардинально отличающую их от нефтей мезозоя – наличие в их составе арилизопреноидов. В нефтях палеозойского типа обнаружен широких спектр арилизопреноидов состава C13 - C22. Наши исследования показали, что в нефтях и отложениях тогурской и баженовской свит арилизопреноиды отсутствуют. Арилизопреноиды являются производными изорениератена – уникального каротиноида, биосинтезируемого зелеными серными бактериями (Chlorobiaceae).

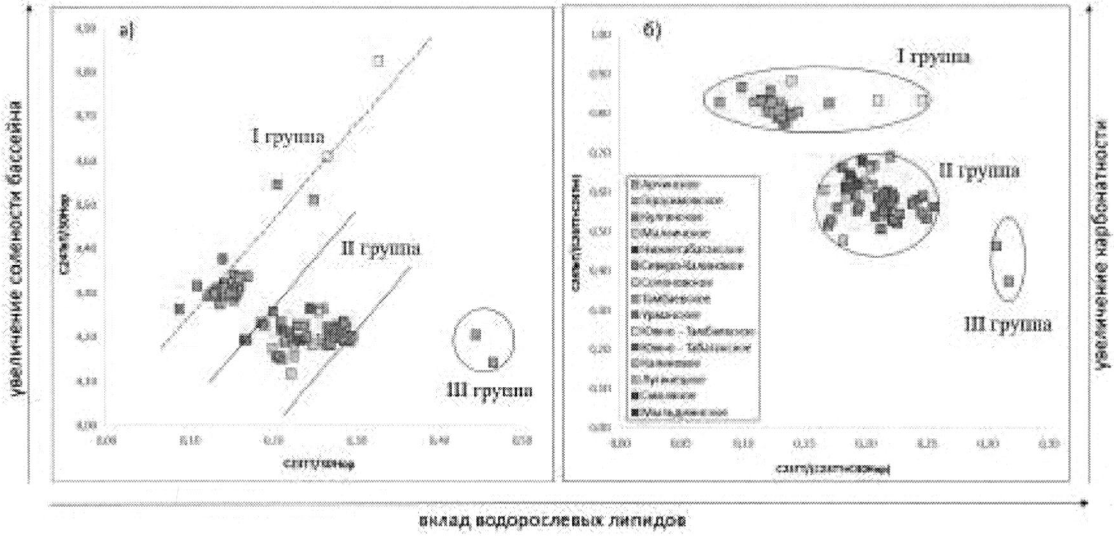

Рисунок 1. *Группы палеозойских нефтей ЮВЗС (на осях – молекулярные параметры: C24TeT/(C24TeT+C26TT)) – отношение площади пика тетратерпана C24 к сумме площадей пиков тетратерпана C24 и трициклического терпана C26; C23TT/C30Hop - отношение площади пика трициклического терпана C23 к площади пика гопана C30)*

Диагенетические и катагенетические производные изорениератена в сырой нефти представляют собой биомаркеры, указывающие на аноксические условия в фотическом слое вод палеобассейна, наличие зоны сероводородного заражения [2]. Поэтому арилизопреноиды часто используются в качестве маркера бескислородных условий в фотической зоне во время осадконакопления нефтематеринских пород. Наличие в составе изученных палеозойских нефтей арилизопреноидов является свидетельством аноксических условий седиментации исходного органического вещества. Согласно Дж. Уилсону [3] такие условия характерны для накопления карбонатных осадков. Выявленные особенности молекулярного состава палеозойских нефтей ЮВЗС позволили детализировать палеообстановку бассейна седиментации: накопление ОВ НМП палеозоя ЮВЗС проходило главным образом в условиях мелководного (до 100 м) теплого бассейна, где формировались преимущественно карбонатные осадки.

Геохимическими методами были изучены более 400 образцов керна скважин ЮВЗС, отобранного в разрезе отложений от силура до карбона Результаты пиролитического исследования палеозойских пород, отобранных из скважин ЮВЗС, показали, что подавляющее большинство из них не обладают нефтематеринскими свойствами. На это указывают современных низкие значения генерационного потенциала S2, водородного индекса HI и содержания органического углерода Сорг в этих образцах. Лишь в единичных скважинах встречены образцы породы с повышенным содержанием современного органического углерода (более 1 %), что может указывать на их нефтегенерационные свойства в геологическом прошлом. Наибольший интерес вызывают породы из отложений палеозоя скважин Боровая-2 и Северо-Калиновая-37р, где значения остаточного Сорг достигают 2 - 6 %, а в некоторых образцах породы из скважины Боровая-2 - 30 %. С учётом их очень высокого катагенеза и почти полностью реализованного генерационного потенциала, начальные величины Сорг могли быть в 1,3-2,0 раза выше текущих и достигать значений 8-16 % и выше в зависимости от величины начального водородного индекса HI. Пиролитические данные изученных образцов пород палеозоя указывают на очень высокую степень преобразованности ОВ палеозойских пород, практически полностью исчерпанный генерационный потенциал. Это обстоятельство не позволяет получить из них в достаточном количестве битумоиды, чтобы корректно определить их молекулярный (биомаркерный) состав для уточнения палеообстановки накопления ОВ и дальнейшей корреляции с изученным составом выделенных групп палеозойских нефтей.

В поиске благоприятных фациальных обстановок для формирования НМП палеозоя могут помочь результаты классических палеогеографических методов, основанных на исследовании литологического состава пород и заключенных в них палеонтологических остатков. Рассмотрены имеющиеся схемы, карты, описания палеообстановок всех временных периодов палеозоя ЮВЗС. Наиболее подходящие условия для формирования карбонатных НМП в условиях аноксии фотического слоя выявлены в девоне. В течение раннего и среднего девона на ЮВЗС был бассейн глубиной до 200 м. Вода была теплой, прозрачной, обладала нормальной соленостью и температурой, которая не опускалась ниже 18–20 °С. Такие условия способствовали развитию обилия различных групп бентосных организмов.

Для уточнения локализации потенциальных НМП в палеозое (девоне) ЮВЗС был проведен детальный анализ палеогеографических схем девонского бассейна осадконакопления на рассматриваемой территории с учетом координат исследованных палеозойских скважин. Также на картах различных геологических временных периодов палеозоя были нанесены координаты Дмитриевского месторождения. Ранее в работе [4] по результатам пиролиза были показаны очень хорошие нефтегазоматеринские свойства горючих сланцев отложений среднего девона (живетский ярус) Дмитриевского месторождения (Кемеровская область). Наши исследования (Rock-Eval) дополнительно отобранных пород из отложений Дмитриевского месторождения подтвердили их отличные нефтематеринские характеристики: высокое содержанием Сорг (1 -11 %), практически нереализованный генерационный потенциал, наличие незрелого керогена I/II типа (ПК–начало $МК_1^1$), который способен генерировать нефть в геологическом будущем. Данные результаты обусловлены существованием в бассейне высокой первичной биопродуктивности и аноксических условий, способствовавших отличному сохранению ОВ, наличием лагунной фациальной обстановки, сочетающей в себе признаки сменяемости озерных и морских условий. Спокойная тектоническая обстановка, характерная для периферии Кузнецкого бассейна обеспечила сохранение нефтегенерационного потенциала пород Дмитриевского месторождения на протяжении геологического времени после прохождения ими стадии диагенеза. Результаты исследования ИСУ пород Дмитриевского месторождения (среднее значение параметра δ13С составляет -33,2 ‰), подтверждают аквагенную (сапропелевую) природу ОВ. Молекулярный состав экстрактов из этих пород подтверждает участие в формировании ОВ этих пород морских биопродуцентов и указывает на слабо-восстановительные условия бассейна седиментации. Важно отметить, что все экстракты из этих образцов пород содержат арилизопреноиды, что обусловлено аноксическими условиями формирования этих отложений.

Анализ палеогеографических схем (рисунок 2) девонского бассейна осадконакопления на рассматриваемой территории с учетом полученных результатов геохимических исследований (пиролитические характеристики ОВ, состав биомаркеров, ИСУ нефтей и ОВ пород) выявил, что наиболее благоприятные обстановки для формирования карбонатных и глинисто-карбонатных НМП характерны для эмсского века раннего девона (D1 em), живетского века среднего девона (D2 g), позднего девона (D3). В вышеуказанные временные периоды девона Западно-Сибирское (территория палеозойских месторождений ЮВЗС) и Салаирское моря (территория Дмитриевского месторождения) сообщались. Это позволяет рассматривать породы Дмитриевского месторождения в качестве аналога одновозрастных потенциальных НМП ЮВЗС на момент начала генерации ими палеозойской нефти.

Выводы

Результаты исследования состава палеозойских нефтей и пород ЮВЗС современными аналитическими методами позволили уточнить фациальные условия осадконакопления НМП палеозоя. По результатам классических палеогеографических методов и геохимическим

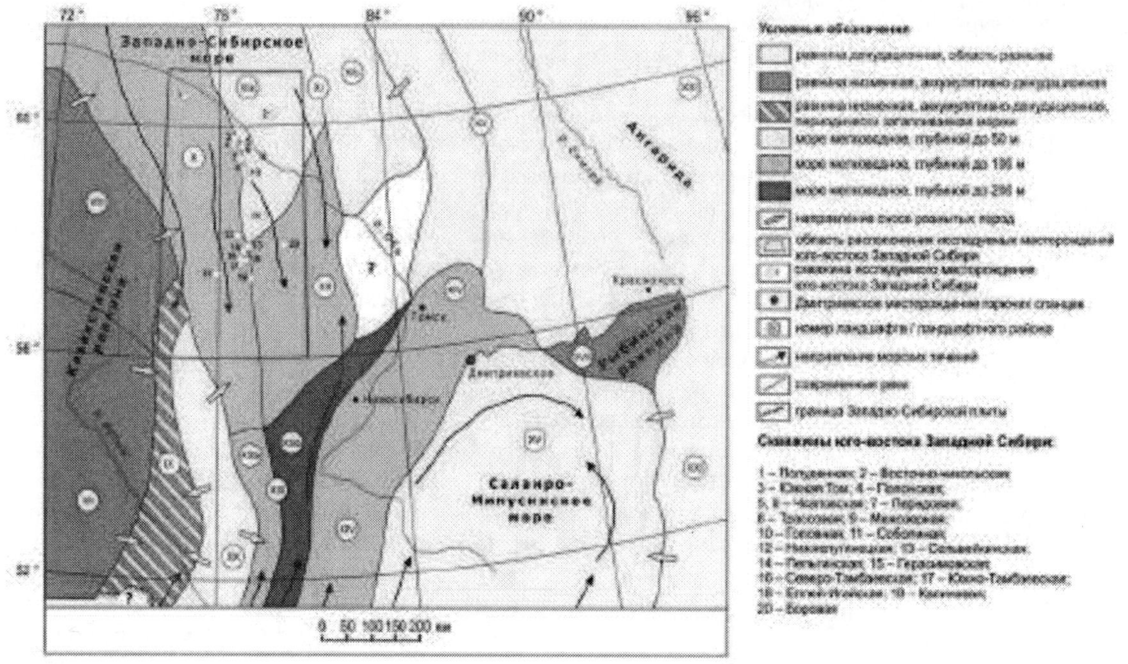

Рисунок 2. *Палеогеографическая карта юго-востока Западной Сибири на живетский век среднедевонской эпохи ([5] – с изменениями)*

показателям выявлены наиболее благоприятные обстановки для формирования карбонатных и глинисто-карбонатных НМП палеозоя ЮВЗС.

Горючие сланцы Дмитриевского месторождения могут рассматриваться в качестве аналога карбонатных и глинисто-карбонатных нефтематеринских пород юго-востока Западной Сибири на момент начала генерации ими нефти.

Полученные результаты являются необходимой геохимической информацией для осуществления моделирования термической и структурной эволюции УВ нефтегазоносного бассейна в палеозое ЮВЗС. Это в конечном итоге позволит улучшить прогноз перспективных участков в палеозойском комплексе ЮВЗС на нефть и газ.

Библиография / References

1. Fadeeva S. V. et al. Genetic types and catagenesis of paleozoic oils in the South-East of Western Siberia (Russia) //29th International Meeting on Organic Geochemistry. – 2019
2. Melendez I. et al. Biomarkers reveal the role of photic zone euxinia in exceptional fossil preservation: An organic geochemical perspective //Geology. – 2013. – Т. 41. – №. 2. – С. 123-126;
3. Уилсон Дж. Л. Карбонатные фации в геологической истории. – М.: Недра, 1980. – 463 с.;
4. Kontorovich A. E., Timoshina I. D., Fomin A. N., Melenevsky V. N. Organic geochemistry of the Devonian bituminous shales and liptobiolithe coals of the Kuznetsk basin // The 28th International meeting on organic geochemistry: Book of abstracts. – Florence, Italy, 2017;
5. Дубатолов В.Н. Палеоландшафты среднедевонских и франских морей Сибири / В.Н. Дубатолов, В.И. Краснов // Стратиграфия. Геологическая корреляция. – 2000. – Т. 8. – № 6. – С. 34–58.

Состав, петротипы и коллекторский потенциал пермско-триасовых кислых вулканитов Западной Сибири

М.Е. Смирнова* (ЗАО «МиМГО»), А.В. Латышев (МГУ им. М.В. Ломоносова, ИФЗ РАН), П.Ю. Куликов (ЗАО «МиМГО»), И.В. Панченко (ЗАО «МиМГО»), В.Ю. Руденко (ЗАО «МиМГО»), А.А. Бакулин (ООО «НК «Югранефтепром»)

Введение

Исследование резервуаров углеводородов (УВ) в вулканогенных образованиях является сложной и нетривиальной задачей. Вулканические породы, по сравнению с осадочными, отличаются более сложной структурой пустотного пространства, которая формируется при сочетании магматических и постмагматических процессов, тектоники и эпигенеза. С учетом этого необходимы комплексные исследования на стыке региональной и нефтегазовой геологии, петрологии, вулканологии и геодинамики, с привлечением целого комплекса геофизических методов (грави-, магнито-, сейсморазведки и каротажных методов (ГИС)).

Данная мультидисциплинарная работа посвящена изучению одного из верхних структурных этажей доюрского комплекса (ДЮК), сложенного вулканогенными образованиями пермско-триасового возраста. Основная цель работы заключалась в выделении таких практически значимых типов пород кислых вулканитов, которые могут быть идентифицированы каротажными и сейсмическими методами. В задачи также входило изучение особенностей распределения фильтрационно-емкостных свойств (ФЕС) и факторов, контролирующих формирование пустотного пространства. Для реализации задуманного изучены морфология залегания, петрофизические свойства, состав и возраст вулканогенных пород, проведено их картирование, а также сопоставление с каротажными и сейсмическими материалами.

Материал и методы

Район исследований охватывает территорию площадью 150 тыс. кв. км, занимаемую Фроловской мегавпадиной, Красноленинским сводом и их окружением. Пермско-триасовый вулканический комплекс распространен не повсеместно [2] и слагает многочисленные линейные рифтогенные структуры и впадины. Детально закартированы и изучены некоторые крупные грабены: Рогожниковский и Даниловский, а также более мелкие, в пределах Полуйского свода, западного борта и центральной части Вынглорской котловины, в зоне сочленения Сыньеганской террасы и Тундринской котловины, в центральной части Южно-Елизаровского прогиба, в районе Заозерного выступа и др.

В основе работы лежит комплекс разномасштабных исследований керна более 20 скважин, который включает детальные макроскопические и петрографические описания, исследования образцов методами рентгенофлуоресцентного анализа (XRF), ИСП-МС (ICP-MS), растровой электронной микроскопии (РЭМ/SEM), рентгенофазового анализа (XRD), а также определение абсолютного возраста горных пород изотопными методами (U-Pb) и изучения пористости и проницаемости. Результаты исследований керна сопоставлены с каротажными и сейсмическими данными.

Теория и результаты

Пермско-триасовый комплекс, выделенный в составе доюрских образований, представлен преимущественно вулканогенно-осадочными и вулканическими породами и сложен двумя типами формаций: 1) базальтоидами с пачками вулканогенно-осадочных пород и 2) кислыми вулканитами. Основной коллекторский потенциал и перспективы обнаружения залежей УВ в пермско-триасовом комплексе приурочены к вулканитам кислого состава, поэтому в данной работе исследования сосредоточены именно на этой формации.

По сейсмическим данным установлено, что все изученные нами кислые вулканиты распространены исключительно в пределах грабенов различного простирания и на профилях характеризуются серией полого залегающих отражающих поверхностей. Максимальная мощность толщи кислых вулканитов по сейсмическим данным превышает 1 км. В большинстве случаев, глубинности сейсмических материалов недостаточно для выявления нижней границы грабенов.

Типизация вулканических пород осуществлялась на основе классификационной TAS-диаграммы [1]. Для более надежного разделения вулканических образований, получения информации об источниках и эволюции магмы и геодинамической интерпретации применялись также бинарные диаграммы Харкера и спайдерграммы распределения элементов-примесей. Пермско-триасовые кислые вулканиты по классификационной диаграмме TAS соответствуют кислым вулканическим породам нормально-щелочного и умеренно-щелочного ряда: риодацитам, риолитам, трахириодацитам, трахириолитам; в подчиненном количестве присутствуют трахидациты и дациты ***(Рисунок 1а)***. Единичные анализы в некоторых скважинах отвечают средним породам – андезитам и трахиандезитам. Близкий состав и распределение несовместимых элементов (обеднение Ta, Nb, Eu, Sr, обогащение Pb) ***(Рисунок 1б)*** вкупе с U-Pb возрастами (диапазон от 254±2 до 248.2±1.3, отвечающий границе перми и триаса), указывают на принадлежность кислых вулканитов всех изученных площадей к единому этапу магматизма и их формирование в единой геодинамической обстановке постколлизионного рифтогенеза.

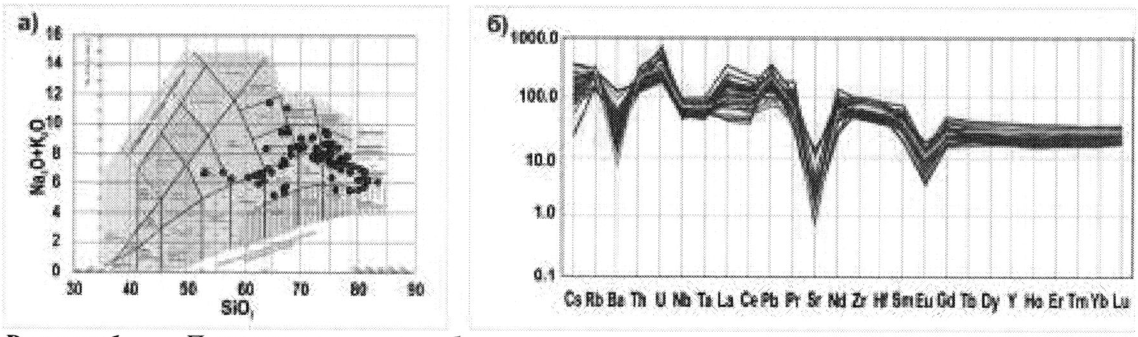

Рисунок 1. *Петрохимические особенности состава изученных кислых вулканитов: TAS-диаграмма (а) и спектры распределения микроэлементов, нормированных на состав примитивной мантии (б).*

Толща кислых вулканитов представлена серией лав и вулканогенно-обломочных образований преимущественно дацит-риолитового состава. Изученные петротипы отличаются друг от друга некоторыми вариациями содержаний SiO_2, K_2O, Na_2O и минералов во вкрапленниках, образуя непрерывный ряд составов от дацитов до риолитов. Учитывая это, далее мы будем использовать термин «риодациты», отвечающий осредненному составу пород этой группы. В отдельную группу выделены андезидациты, отличающиеся по пониженным содержаниям SiO_2, повышенным концентрациям TiO_2, MnO и оксидов железа, а также поведением редкоземельных элементов (обогащение Eu и более высокие отношения Gd/Yb), что говорит об участии в петрогенезе мантийных магм, а также о возможном влиянии интенсивных метасоматических преобразованях пород.

По ГИС пермско-триасовые кислые вулканиты однозначно отделяются от вышележащих терригенных пород триасового и юрского возраста по высоким значениям радиоактивности (GK) и пониженным значениям объемной плотности (RHOB).

По результатам петрографических исследований керна с учетом разнообразия структурных и текстурных особенностей вулканогенных пород в толще кислых вулканитов насчитывается более 25 петрографических разностей. Такое многообразие типов пород затрудняет их применение для решения практических задач нефтегазовой геологии. Поэтому, по совокупности наиболее важных признаков (выраженность на каротажных кривых, структурно-текстурные особенности, степень вторичных изменений) выделено семь результирующих петротипов. Ниже приведем их краткое описание.

Риодацитовые лавы, как правило, обладают порфировой структурой с вкрапленниками плагиоклаза, калиевого полевого шпата, реже кварца. Вкрапленники темноцветных минералов находятся в подчиненном положении, представлены амфиболом, редко биотитом, орто- и клинопироксеном. Содержание вкрапленников варьируется от единичных до 10-15%. Породы обладают разнообразными текстурами (массивной, флюидальной, реже миндалекаменной, трахитоидной, брекчиевидной), которые не находят отражения на каротаже. Риодацитовые лавы по ГИС выделяются по относительно выдержанным и высоким значениям нейтронного каротажа (NKT), плотности (RHOB) и сопротивления (BK), по низким значениям акустического каротажа (DT). Радиоактивность пород, как правило, выдержана по разрезу.

Следует отметить что все типы пермско-триасовых кислых вулканических пород в разной степени подвержены вторичным изменениям, среди которых наиболее распространены выщелачивание, пелитизация, хлоритизация, серицитизация, окварцевание и карбонатизация. В отдельный класс были выделены ***коры выветривания (КВ) по риодацитовым лавам***, которые по петрографии характеризуются наиболее интенсивными вторичными преобразованиями, приводящими к практически полному затушевыванию первично-вулканической структуры и текстуры. На каротажных кривых переход от относительно неизмененных разностей к измененным выражается в плавном изменении свойств: понижение значений нейтронного каротажа и сопротивления пород, повышение значений DT, плотность пород также плавно изменяется в большую или меньшую сторону (в зависимости от характера вторичных изменений и образованных минералов).

Риодацитовые туфы характеризуются чрезвычайным разнообразием, по размерности варьируют от пепловых до бомбово-лапиллиевых, по составу выделяются как витрокластические, так и литокластические, и кристаллокластические разности. Состав кристаллокластов в туфах подобен составу вкрапленников в прочих классах пород. Для данного петротипа характерны самые низкие, но выдержанные в слое, значения сопротивления и нейтронного каротажа, самые высокие значения DT (увеличивающиеся к кровле слоя).

Риодацитовые лавы перлитовые (с перлитовой текстурой), а также существенно литокластические ***риодацитовые туфы с обломками перлитовых лав***, были выделены в отдельные классы на основании значительно отличающихся геофизических параметров. Перлитовые лавы характеризуются специфической текстурой, выраженной концентрическими агрегатами трещин размером 0.2-2.5 мм, заполненных вторичными минералами. По составу вкрапленников перлитовые лавы сходны с риодацитами других текстур. Для перлитовых лав характерны пониженные значения нейтронного каротажа, плотности, повышенные значения DT. Они занимают промежуточное положение между лавами и туфами: сопротивления и значения нейтронного каротажа выше, чем в туфах, и меньше, чем в лавах. Литокластические туфы, сложенные главным образом обломками перлитовых риодацитов, по своему выражению на каротажных кривых сходны с перлитовыми лавами, отличаются лишь невыдержанными значениями сопротивления и нейтронного каротажа, указывающие на неоднородность данного интервала, который слагает данный петротип. Характерна увеличенная мощность, возможно наличие тренда увеличения значений DT к кровле слоя.

Андезидацитовые лавы, обнаруженные в единичных скважинах, по петрографическим и структурно-текстурным признакам близки к риодацитам, но отличаются на каротажных кривых. Для них характерны более низкие значения радиоактивности пород, нейтронного каротажа и сопротивления по сравнению с риодацитовыми лавами. ***Андезидацитовые лавы, подверженные вторичным изменениям (КВ)***, выделяются на каротажных кривых по плавному понижению значений нейтронного каротажа и сопротивления пород, повышению значений DT.

Все семь выделенных петротипов отличаются друг от друга своими фильтрационно-емкостными свойствами, что подтверждает практическую значимость разделения пермско-триасовых кислых вулканитов на отдельные типы пород. Зависимость проницаемости от пористости соответствует поровому типу пустотного пространства, но, несмотря на достаточно высокую пористость, коэффициент проницаемости низкий, до 1 мД, в редких образцах достигает 10 мД и выше. В риодацитовых и андезидацитовых лавах, корах выветривания по ним, а также риодацитовых перлитовых лавах наблюдается общая зависимость проницаемости от пористости при довольно четкой градации по открытой пористости. Так, риодацитовые лавы имеют пористость 5-10%, андезидацитовые лавы – 10-15% и проницаемость меньше 0,1 мД, что указывает на крайне низкий коллекторский потенциал этих разностей. Коры выветривания по риодацитовым и андезидацитовым лавам имеют большой разброс значений коэффициента пористости из-за разнообразия возможных вторичных преобразований, которые могут как ухудшать ФЕС, так и увеличивать их, формируя зоны развития коллекторов, в некоторых изученных образцах пористость достигает 20% и даже выше, а проницаемость до 0,5 мД, что уже можно отнести к низкопроницаемому коллектору. Наилучшим коллекторским потенциалом обладают риодацитовые лавы перлитовые: в подавляющем большинстве изученных образцов пористость 15-25%, редко до 30% и проницаемость выше 0,1 мД, достигая 1 мД и в редких случаях до 10 мД. У риодацитовых туфов зависимость проницаемости от пористости отличается, они обладают наибольшими емкостными свойствами, но меньшей проницаемостью чем перлитовые лавы (при одинаковой пористости). Их тоже можно отнести к относительно хорошим коллекторам по сравнению с другими породами ДЮК. Наличие коллекторов в различных типах кислых вулканитов с высокими ФЕС подтверждено получением притоков пластовых флюидов, за исключением андезидацитовых лав и кор выветривания по ним, интервалы распространения которых не испытаны в изученных скважинах.

Выводы

Пермско-триасовые кислые вулканиты являются одним из перспективных объектов в ДЮК для поисков углеводородов в Западной Сибири. Сложноустроенность и многообразие этих пород затрудняют петрофизические интерпретации и создание геологических моделей. Однако с применением комплексного подхода, с подбором методов, ориентированных на изучение особенностей вулканических толщ, возможно выделение ограниченного числа петротипов, имеющих практическое значение и отличающихся по своим фильтрационно-емкостным свойствам, что согласуется с результатами испытаний.

Библиография

1. Петрографический кодекс. Магматические, метаморфические, метасоматические, импактные образования. — СПб.: Изд-во ВСЕГЕИ, изд. третье — 2009. — 197 с.

2. Цимбалюк Ю.А. и др. Итоговый геологический отчет о результатах и объемах работ выполненных по объекту "Создание геолого-геофизических моделей доюрского основания Западной Сибири с целью выявления нефтегазоперспективных объектов на основе инновационных технологий обработки и интерпретации геолого-геофизических данных". Госконтракт №5/14 от 24.02.2014 г. Тюмень. 2016 [ф].

References

1. Petrographic code of Russia: magmatic, metamorphic, metasomatic, impact formations. – St. Petersburg : VSEGEI, 3d. ed. corr. a. suppl. — 2009. — 176 c.

2. Tsymbalyuk Yu.A. and others. Final geological report on the area and volume of work performed on the object "Creation of geological and geophysical models of the pre-Jurassic basement of Western Siberia in order to identify oil and gas prospects based on innovative technologies for processing and interpreting geological and geophysical data". State contract No. 5/14 dated 24.02.2014, Tyumen. 2016 [f].

Влияние седиментогенеза на распределение запасов УВ и показатели разработки на примере месторождения нефти шельфа Северного моря

А.М. Арифуллин* (РГУ нефти и газа (НИУ) имени И.М. Губкина), Р.Р. Назаренко (РГУ нефти и газа (НИУ) имени И.М. Губкина), М.А. Лобусев (РГУ нефти и газа (НИУ) имени И.М. Губкина)

Введение

В данной работе объектом исследования является пласт свиты Хугин (Hugin) месторождения нефти Йотунхейм (название месторождения изменено в связи с конфиденциальностью информации) норвежского участка шельфа Северного моря. Изучение седиментологических особенностей месторождения и анализ их влияния на распределение запасов углеводородов и разработку залежи выступали основными целями научного исследования. В процессе выполнения работы были изучены теоретические основы седиментологии эстуариев, проанализированы особенности условий осадконакопления отложения свиты, было оценено влияние седиментологических факторов на распределение запасов нефти и растворённого газа и на процесс разработки месторождения.

Месторождение нефти Йотунхейм расположено в НГО Северного Моря Центрально-Европейского НГБ. Месторождение представляет собой небольшую антиклинальную структуру размером 2х3 км с обильно развитыми разломами, образованную в результате движения солей и тектонических растяжений. Разработка месторождения нефти Йотунхейм велась с февраля 2008 года по сентябрь 2016 года. За это время было добыто свыше 8,9 млн. т (10 млн. м3) нефти и 1,4 млрд. м3 газа, что позволяет нам отнести данное месторождение к средним (по величине извлекаемых запасов). На данный момент эксплуатация месторождения завершена.

В составе НГК группы Вестланд породами-коллекторами выступают отложения свиты Хугин среднеюрского возраста, состоящей в основном из песчаников, образовавшихся в условиях эстуария с преобладанием приливно-отливных сил. Резервуар расположен на глубинах от 2750 до 3120 м. Песчаники, в основном, обладают отличными петрофизическими характеристиками: пористость - около 21%, проницаемость - до 1000 мД. Тип коллектора – поровый. Нефтегазоматеринскими породами в данном комплексе являются аргиллиты свит Хетер и Драупне группы Викинг, они же являются и породами-покрышками.

Теория

Для терригенных отложений, к которым относится свита Хугин, факторы седиментации (гидродинамическая обстановка, климат, механическая, химическая и биохимическая дифференциации продуктов гипергенеза и т.д.) играют первостепенную роль, и именно они формируют основу для образования коллекторов нефти и газа. На стадии аккумуляции образуются природные материи с достаточным уровнем коэффициентов пористости и проницаемости, которые в дальнейшем могут быть снижены вплоть до нуля за счет диагенетических и катагенетических процессов, однако, необходимые значения Кп и Кпр могут сохранятся при определенных благоприятных условиях.

Эстуарии являются частично замкнутыми водоемами с впадающей или впадающими в неё реки/реками, имеющий свободный выход к морю. Под эстуариями с приливно-отливными режимами (в иностранной литературе – tide-dominated estuary) понимают затопленные устьевые части рек, в которых активно развиты приливно-отливные силы, окруженные низменно-отливной отмелью с засолёнными маршами (болотами) [1]. Приливно-отливные эстуарии первоначально образуются при трансгрессивных режимах. В таких эстуариях приливные течения служат противодействующими потоками для речного стока.

Среди всех сред осадконакопления приливно-отливные эстуарии являются одними из самых трудных для моделирования в связи с их изменчивостью, основанной на наличии множества сил и законов, влияющих на аккумуляцию и литификацию осадков. Важную роль в распределении осадков играет речная система, которая, впадая в море теряет свою энергию и создает условия для осаждения осадочного материала, причем, не только механическим, но и химическим путем, связанным с процессами коагуляции при смешении пресных речных и солёных морских вод [2]. Приливно-отливные силы служат дополнительным фактором, влияющим на распределении осадков, формах их залегания, отсортированности и глинистости.

В процессе исследования геологической и геофизической информации об отложениях свиты Хугин в пределах месторождения нефти Йотунхейм были выделены следующие литофации (Рисунок 1): шельфовые аргиллиты (offshore mudstones), литоральные алевролиты и песчаники (shoreface), песчаники устьевых баров (mouthbar), приливных баров (tidal bar), приливных каналов (tidal channel), отложения приливных равнин (tidal flat), отложения маршей и болот (marsh).

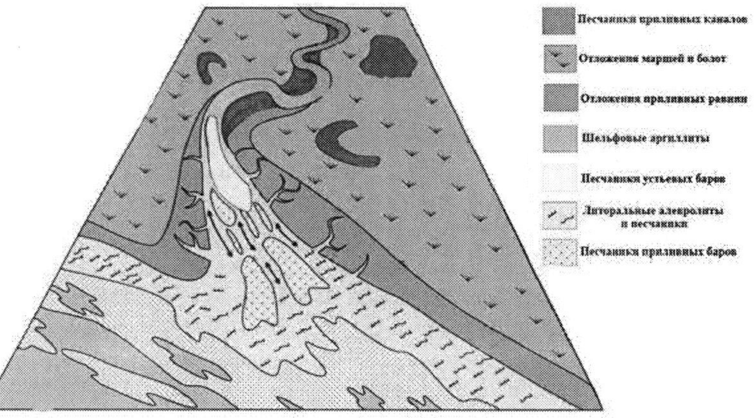

Рисунок 1. *Концептуальная седиментологическая модель эстуария свиты Хугин месторождения Йотунхейм.*

Именно факторы седиментогенеза повлияли на распределение данных литофаций в пространстве и на их фильтрационно-емкостные свойства, которые являются важнейшими в распределении запасов УВ и показателей разработки.

Например, коэффициент проницаемости резко отличается для различных литофаций, для наглядности на Рисунке 2 приведён кросс-плот зависимости пористости от проницаемости отложений добывающей скважины F-1C. Лучшими петрофизическими свойствами обладают песчаники приливных каналов, диапазон колебания показаний Кпр которых равен от 250 до 5000 мД. Приливные бары обладают достаточно высокими показателями ФЭС в среднем от 25 до 750 мД. Менее высокими значениями проницаемости обладают песчаники устьевых баров – от 1 до 250 мД, в среднем. В связи с резкой литологической неоднородностью отложений приливных равнин (оранжевые точки), в состав которых входят чередующиеся прослои песчаников, алевролитов и глин, Кпр для данной литофации может варьировать от 0,001 до 500 мД. Худшими петрофизическими показателями обладают отложения шельфа и латерали (синие и голубые точки) – 0,001-2 мД.

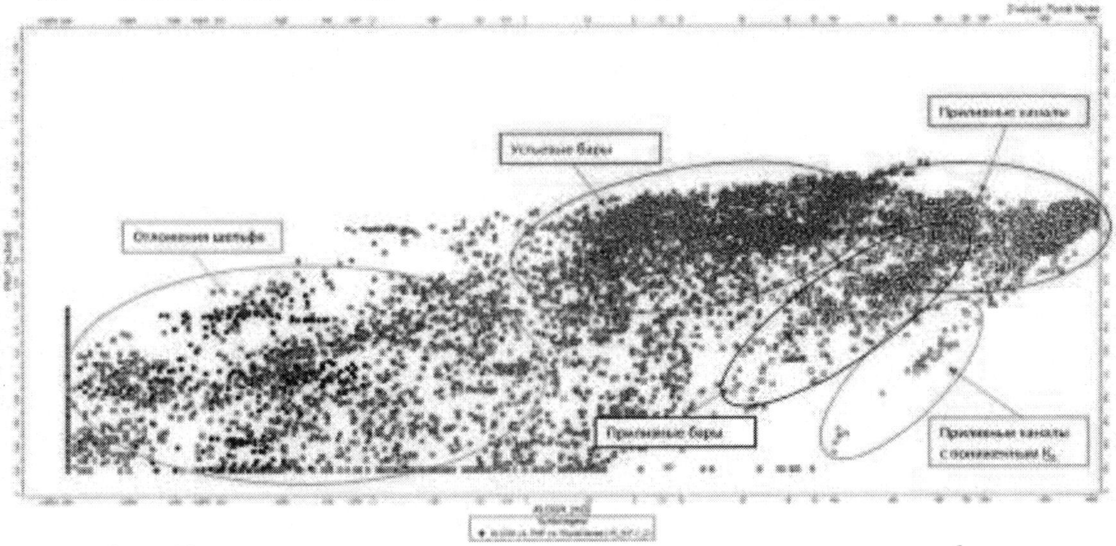

Рисунок 2. *Кросс-плот зависимости пористости от проницаемости с фильтром по литофациям. По оси X – Кпр, по оси Y – Кп.*

Коэффициент пористости, как один из основных показателей, влияющих на значение количества нефти в объеме пород, повлиял на распределение извлекаемых запасов по литофациям. Большая часть запасов нефти приурочены к отложениям приливных каналов и баров – около 85%, остальные запасы сконцентрированы в песчаниках устьевых баров, отложений приливных равнин и песчаников морского шельфа.

На основе цифровой геологической 3D-модели месторождения, построенной с помощью объектно-направленного геологического моделирования, была рассчитана карта коэффициента гидропроводности пласта свиты Хугин, на которой наблюдается развитие нескольких областей с повышенными значениями данного интегрального показателя разработки. Наличие подобных областей связано с повышенным содержанием пород образованных в условиях приливных каналов в объеме пласта. Эти участки необходимо было учитывать при проектировании разработки месторождения, в связи с тем, что фильтрация пластового флюида по областям повышенной гидропроводности происходит активнее, образуя тем самым фронты опережающего заводнения.

На графиках зависимости обводненности продукции эксплуатационных скважин от времени, построенных в рамках выполнения данной работы, видно, что процесс заводнения был неравномерен в различных участках месторождения. Это связано с тем фактом, что нагнетаемая жидкость быстро прорывается в добывающие скважины по высокопроницаемым пропласткам, в то время как по малопроницаемым пропласткам процесс вытеснения нефти водой продолжается.

Основываясь на данных рассчитанной гидродинамическим моделированием прогнозной накопленной добычи нефти по скважинам F-12 и F-14 и на данных реальной накопленной добычи по этим скважинам, были построены графики сравнения этих показателей, которые продемонстрировали, что на первых стадиях разработки добыча нефти даже немного превышала прогнозные значения, однако, обводнение достигло скважин быстрее, чем было рассчитано, тем самым, снизив накопленную добычу относительно прогнозной.

Выводы

В работе было показано, как основные факторы седиментогенеза могут влиять на петрофизические показатели пород-коллекторов, тем самым, внося вклад в распределение запасов нефти и газа по объему месторождения. Особенности литофациального строения месторождения оказали сильное влияние на распределение $К_п$ и $К_{пр}$ в объеме, образуя, тем самым, высокую анизотропию значений ФЭС, создавая множество сложностей в процессе разработки. Высокая неоднородность распространения проницаемости как в горизонтальном, так и в вертикальном направлениях привели к неравномерному продвижению фронта заводнения по продуктивному пласту, приводя к раннему обводнению продукции скважин, уменьшению КИН. Было подсчитано, что эти факторы уменьшили накопленную добычу нефти как минимум, примерно, на 2.1 миллиона м3 (порядка 1.9 миллионов тонн).

Данная научная работа демонстрирует важность учёта седиментологических факторов при построении геолого-гидродинамических моделей и планировании процесса разработки месторождений. Использование 3D-моделей с адекватной седиментологической и основой может позволить более точно оценить распределение запасов углеводородов и возможности их извлечения. В современном нефтегазовом моделировании вопросам седиментологии и тектоники часто уделяется недостаточное внимание, что может создавать значительные экономические потери.

Библиография / References

1. Sedimentology and sequence stratigraphy of the Hugin Formation, Quadrant 15, Norwegian sector, South Viking Graben / R. L. Kieft [и др.] // Petroleum Geology Conference series. – 2010. – № 7. – p. 157-176
2. Shallow-marine sandstone reservoirs, depositional environments, stratigraphic characteristics and facies model / N. A. Siddiqui [et al.] // Journal of Applied Sciences. – 2017. – № 17. – p. 212-237

Эволюция геолого-геофизической концепции выделения и анализа сложно-комбинированных «динамических» объектов (на примере бассейна Салина-дель-Истмо в Мексиканском заливе).

Л.Ф. Гареева* (ООО «ЛУКОЙЛ-Инжиниринг»), А.А. Зарщиков (ООО «ЛУКОЙЛ-Инжиниринг»), Е.А. Кельдюшова (ООО «ЛУКОЙЛ-Инжиниринг»)

Введение

Традиционно выделяются ловушки углеводородов, которые могут рассматриваться как «стационарные» или «стабилизированные» к настоящему времени – структурные, структурно-тектонические и литологические или сочетающие в себе эти типы. Однако, в последнее время при проведении геологоразведочных работ в зоне шельфа и континентального склона со специфическими режимами осадконакопления и тектонического развития выделяются сложные и необычные объекты, которые условно можно назвать «динамическими». Они формируются, например, в областях склонов с лавинной седиментацией, длительно и масштабно развивающимися тектоническими конседиментационными явлениями, такими как гравитационное оползание и изостатическое всплывание соляных и глинистых диапиров. Для таких объектов на настоящий момент формирование всех их параметров (геометрия объектов, ФЕС коллекторов и свойства покрышек, параметры флюидонасыщения) не закончено, они находятся в состоянии «промежуточного равновесия» и контролируются текущей стадией геологической эволюции осадочного бассейна. Такое «нестационарное» состояние объектов требует использования особых подходов при геолого-геофизическом анализе, дальнейшей оценке ресурсной базы и геологических рисков.

Метод

В качестве примера выделения и анализа подобного типа объектов авторами приводятся результаты работ по бассейну Салина-дель-Истмо в Мексиканском заливе. Особые нестационарные характеристики ловушек и их заполнения в данном бассейне связаны с длительной импульсной активностью соляных диапиров на протяжении неоген-четвертичного времени.

Проведен анализ большого объема высококачественных сейсмических данных, а также материалов по скважинам, пробуренным в бассейне к настоящему моменту (Рис.1).

Бассейн Салина-дель-Истмо расположен в южной части Мексиканского залива и характеризуется длительным и активным развитием соляной тектоники (диапиризма). Этот процесс, вероятно, был запущен в середине миоцена сменой компрессионного тектонического режима на режим растяжения и продолжается по настоящее время. Импульсное всплывание групп и одиночных соляных диапиров приводит к формированию между ними сложного пространства аккомодации для осадочного заполнения в виде каскадной системы минибассейнов. Это же явление обеспечивает формирование многоуровневой системы сбросов различных масштабов от субрегиональных с вертикальной амплитудой до 2 км до мелкомасштабных, типа «битой тарелки».

В последнее время основная часть успешных скважин в бассейне Салина-дель-Истмо была пробурена на объекты среднеплиоцен-верхнемиоценового стратиграфического уровня. Формирование данного интервала осадочного бассейна связано с лавинообразным накоплением турбидитовых толщ континентального склона. Периоды бурного накопления потоковых турбидитовых систем чередовались с интервалами более спокойного фонового глинистого осадконакопления. Эти события хорошо синхронизируются в большей части бассейна, что позволяет картировать крупные седиментационные циклы в разных его частях на основе сейсмических данных и проводить на их основе анализ обстановок осадконакопления. При этом в различных минибассейнах одновозрастной разрез может локально существенно изменяться как по мощности, так и по характеру осадконакопления.

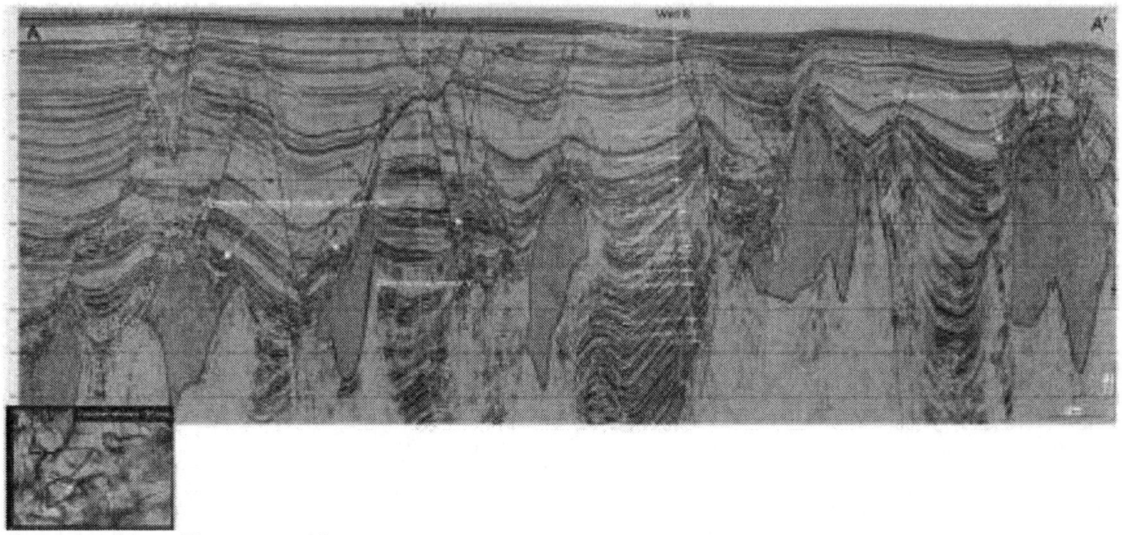

Рисунок 1. *Пример сейсмического разреза через изучаемую территорию и пример структурной карты по среднемиоценовому несогласию с кровлей соляных диапиров.*

Осевая часть турбидитовых потоковых систем тяготеет к депоцентральной части каскада минибассейнов между всплывающими соляными диапирами. В бортовой части минибассейнов часто происходит полное выклинивание значительной части разрезов. В связи с неравномерностью всплывания диапиров и заполнения минибассейнов во времени происходит миграция депоцентров осадочных систем и областей их выклинивания.

Генерация углеводородов в бассейне связывается с юрскими и меловыми комплексами. С карбонатными толщами данного интервала ранее связывались основные перспективы. Однако, на настоящий момент фокус сместился в сторону терригенных объектов верхнего кайнозоя в связи с установленными по результатам бурения ряда скважин низкими ФЕС коллекторов в мезозое. Сложная система разломов обеспечивает, как миграцию углеводородов в ловушки, так и частичное их расформирование, фиксируемое, в том числе, по многочисленным регистрируемым по сейсмическим данным признакам выхода углеводородов (далее УВ) на поверхность. В связи с этим ожидается неполное заполнение ловушек.

На начальном этапе работ проведения структурного и динамического анализа в пределах изучаемого бассейна выделялись различные и многообразные амплитудные аномалии, сопоставимые по интенсивности в различных частях минибассейнов, природа возникновения которых не всегда имела очевидную трактовку. Рассматривались варианты объектов в депоцентральной части минибассейнов, в прибортовых зонах их литологического выклинивания/замещения, в различных сочетаниях тектонического и седиментационного факторов. Различные геологические сценарии тестировались в последние годы компанией ЛУКОЙЛ и партнерами. И уже первые результаты показали, что наиболее перспективными являются приподнятые блоки в висячих крыльях крупных разломов и более мелкие блоки в оперяющей их системе разломов. «Удачным сочетанием» является отсечение блоками фрагментов интервалов разрезов в существенных мощностях (т.е. бывших депоцентральных областях). На выделенных объектах опробовались различные методы динамического анализа и их сочетания. В ходе работы по результатам бурения скважин выполнялся итеративный процесс накопления знаний об особенностях строения бассейна и свойств слагающих его пород, обновление геолого-геофизических подходов к анализу и выделению объектов.

При работе авторы столкнулись с рядом «неожиданностей», характерных для бассейна Салина-дель-Истмо и объектов «динамического» типа.

На начальном этапе работ на основе атрибутного анализа сейсмических данных выделялись значительные по мощности объекты, характеризующиеся яркими амплитудными аномалиями и морфологией, типичной для турбидитовых русловых систем. Однако, результаты бурения скважин показали неполное соответствие полученного результата распределению амплитудных характеристик. Сейсмические амплитудно-частотные характеристики могут формироваться в данном бассейне за счет разнообразных причин – смена свойств глин, появление карбонатного цемента, включения «экзотической» литологии (туффиты), тонкого переслаивания песчаников и глин. При этом мощные водонасыщенные песчаники зачастую не отделяются от вмещающих глин в волновом поле. На дальнейших этапах работ были выработаны подходы для надежного выделения перспективных объектов.

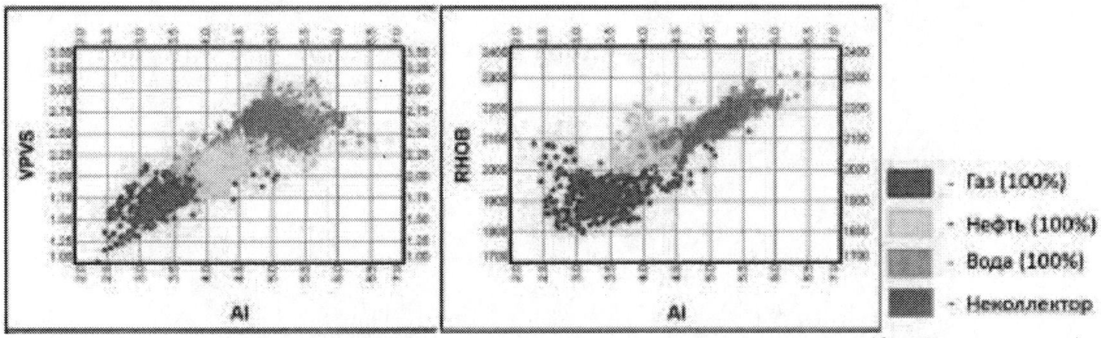

Рисунок 2. *Пример результатов петроупругого моделирования (флюдозамещение) в скважине S-1.*

На основе результатов пробуренных скважин было выполнено петроупругое моделирование. По его результатам была отмечена интересная особенность сильного изменения упругих свойства пород с глубиной, связанная с характерной для бассейна лавинноообразной седиментацией. Это ведет к невозможности применения одинаковых подходов и параметров при выделении объектов на различных гипсометрических уровнях. В связи с тем, что для бассейна Салина-дель-Истмо характерны многочисленные многопластовые объекты, приуроченные к различным глубинам и возрастам, эта проблема является одной из ключевых. Для большей части вскрытых ловушек отмечается хорошее разделение по характеру насыщения и, практически полное, отсутствие сепарации водоносыщенных коллекторов от вмещающих глин по упругим свойствам (Рис.2). С глубиной степень разделения коллекторов по характеру насыщения уменьшается, а с определенной глубины становится невозможной.

Применение авторами анализа изменения амплитуд с удалением (AVO-анализ), выполнение синхронной инверсии с последующей интерпретацией полученных данных с помощью результатов петроупругого моделирования позволило локализовать объекты с вероятным насыщением УВ (Рис.3). Наиболее уверено перспективные объекты выделяются при совместном анализе акустического импеданса и Vp/Vs. На глубинах до 2500 м значительная часть из выделяемых объектов характеризуется прямыми признаками УВ (DHI). Анализ результатов спектральной декомпозиции позволил частично выполнить восстановление условий и особенностей осадконакопления в бассейне.

Выводы

В настоящее время авторами было выделено несколько десятков объектов описанного выше типа. Апробация изложенного подхода на нескольких пробуренных скважинах позволяет считать его применимым для выделения перспективных объектов с высокой вероятностью геологического успеха.

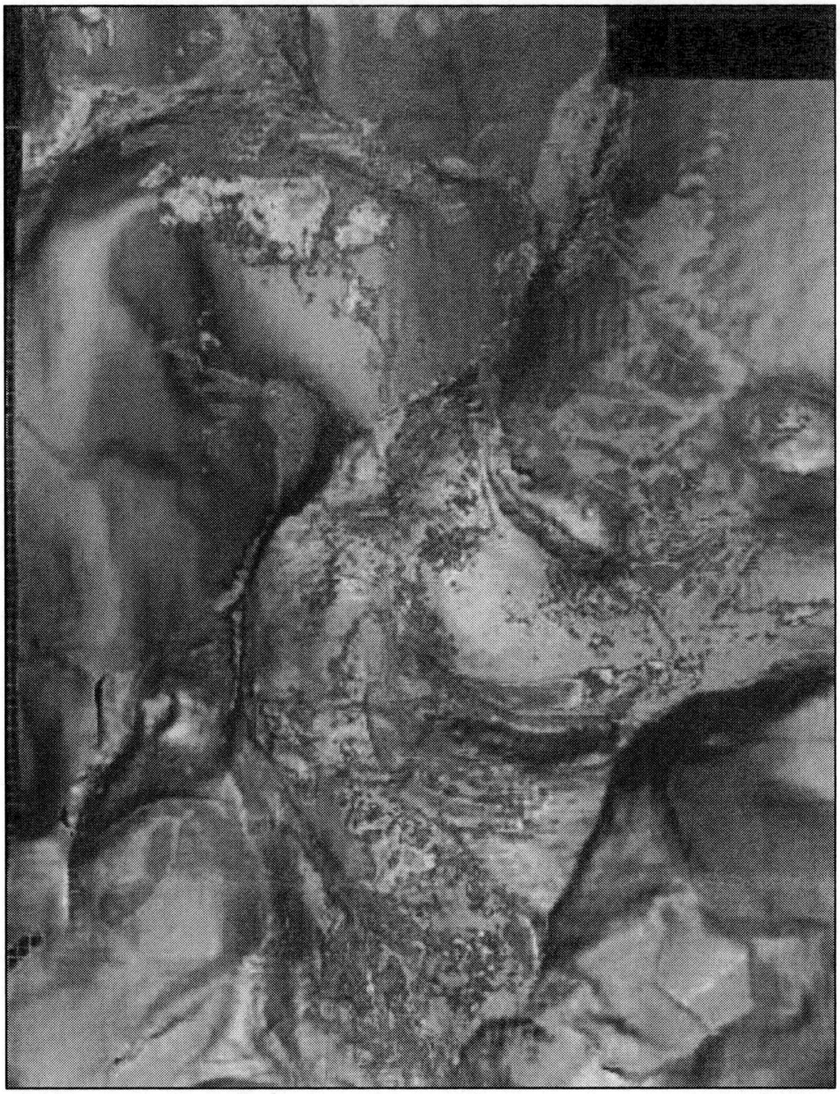

Рисунок 3. *Пример выделения перспективных объектов на различных стратиграфических уровнях миоцен-плиоценового возраста в пределах изучаемой территории (аномалии минимальных значений акустического импеданса, наложенные на структурную карту среднего плиоцена).*

Библиография

1. Baechle, G., F. Obregon, M. Yanez Luciani, M. Gonzalez-Quijano, L. Net, R. Cabrera, and S. Shahbazian, 2019, Using rock physics for de-risking amplitude supported Miocene exploration prospects, offshore southern Gulf of Mexico: Second EAGE Workshop on Deepwater Exploration in Mexico
2. Davison, I., J. Pindell, and J. Hull, 2020, The basins, orogens and evolution of the southern Gulf of Mexico and Northern Caribbean: Geological Society, London, Special Publications, 504, 1–27
3. Hilterman, F., and M. Dunn, 2004, Seismic amplitude attributes for GOM Miocene sediments: 74th Annual International Meeting, SEG, Expanded Abstracts, 1710–1713
4. Manuel González-Quijano, Gregor Baechle, Miguel Yanez, Freddy Obregon, Carmen Vito, Pedro Vieira, 2021 A successful qualitative and quantitative integrated interpretation of Lower Miocene wells and seismic data in Salina del Istmo Basin, Mexico, The Leading Edge, 897-904

Источник сверхвязкой нефти Зерафшанской впадины (Узбекистан)

С.М. Астахов* (ООО «НПК «Контики»)

Успехи геологоразведочных работ по поиску нефтяных залежей в Зерафшанской впадине, рекомендованных ООО «НПК «Контики», поставили вопрос о происхождении сверхвязких нефтей меловых горизонтов.

В конце 2020 года в рамках рекогносцировочных работ в Зиаэтдинских горах сотрудниками ООО «НПК «Контики» было найдено поверхностное нефтепроявление (рис. 1), что указывало на возможность миграции тяжелой нефти к поверхности по проводящим зонам. После этого с учетом переинтерпретации архивных данных была разработана программа на бурение 10 поисковых скважин. Первая же скважина вскрыла продуктивный разрез сеноманских и нижнетуронских отложений. Глубины залегания продуктивных горизонтов составили от 50 до 750 метров от поверхности. Углеводороды представлены, нефтью, сверхвязкой нефтью и битумом. Эффективная толщина нефтенасыщенных пластов колеблется от 2 до 12 метров.

Рисунок 1. *Общий вид тяжелой нефти в сае (район Зиаэтдинских гор)*

В связи с необходимостью расширения ресурсной базы сверхвязкой нефти и битума Зерафшанской впадины, в первую очередь необходима была постановка регионального исследования, которое бы пролило свет на фундаментальные нефтегеологические вопросы открытой новой нефтеносной области Узбекистана. В первую очередь стоит вопрос с источником нефти. Ведь происхождение ее напрямую влияет на методику дальнейших поисков. В частности, палеозойский источник дает возможность поисков залежей по всей впадине, тогда как юрский источник и миграция из впадин Бухаро-Хивинской нефтегазоносной области дает основания сосредоточить поиски только по южному борту Зерафшанской впадины. Кроме этого весьма остро стоит вопрос с литологической изменчивостью основного коллекторского горизонта сеноманских гравелито-дресвитов, для чего были поставлены экспедиционные работы и широкий лабораторно-аналитический комплекс исследований.

Прекрасными материнскими свойствами обладают юрские терригенные, содержащие в значительной мере углистую органику и углистые отложения. Естественно, генерация в них УВ будет способствовать формированию эффективных углеводородных систем только в местах их распространения. Кроме этого, как показывают изотопные и биомаркерные исследования, роль террагенной угольной органики в формировании полужидких углеводородов в сеноман-альбских коллекторах не велика.

В пользу наличия самостоятельного источника УВ в Зерафшанской впадине говорит структурная позиция антиклинальной зоны в районе Зирабулакских высот и р. Ташмечеть-Сай, в которых встречены УВ в сеноманских и палеозойских отложениях. Эта зона находится в пределах впадины, к северу от расположенных гипсометрически выше одновозрастных отложений в седловинах между Зиаэтдинскими, Зирабулакскими и Каратюбинскими выступами. Также рассматриваемая зона поднятия изолирована от Роментанского прогиба. Данный факт указывает на невозможность миграции УВ с юга, со стороны Бухарской ступени, как минимум в альпийский этап складчатости.

По молекулярно-массовому распределению н-алканов можно сделать вывод о достаточно близком распределении в битумоидах насыщенных гравелито-дресвитов сеномана, а также палеозойских отложений в известном нефтепроявлении в Шишкат-сае (2923-2) (Таджикистан, Пенджикентская мульда Зерафшанской впадины) (рис.2). Нельзя исключать наземные источники происхождения УВ.

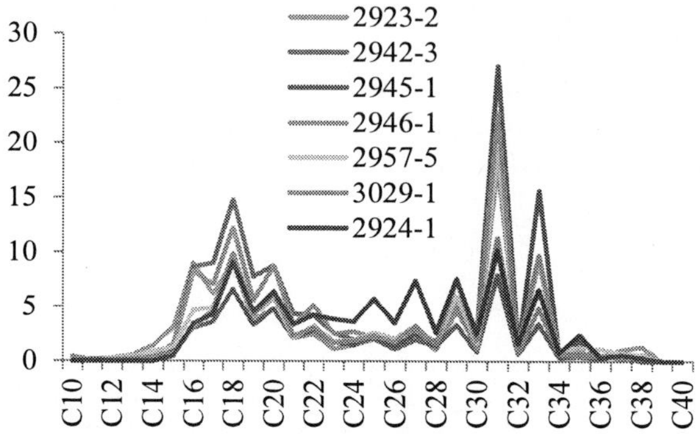

Рисунок 2. *Молекулярно-массовое распределение н-алканов битумоидов образцов Зерафшанской впадины*

Отношение C28/C29 регулярных стеранов (рис.3) как функция геологического времени (Grantham, Wakefield, 1988) может быть использована для разделения групп битумоидов и комплексирования с другими выводами относительно возможных источников УВ в меловых отложениях Зерафшанской впадины. Во всех битумоидах, присутствующих в альбско-сеноманских отложениях и на поверхности (в нефтепроявлении близ к. Сукайты), соотношение C28/C29 = 0,29 – 0,49. При этом битумоиды силурийских углисто-серицитового сланца (2947-6) и насыщенного песчаника (2923-2) обладают аналогичным соотношением 0,43-0,52. Битумоид в угле долины р. Кштут автохтонный и резко отличается по соотношению C28/C29=1,47 от остальных, формировался относительно недавно, предположительно в неогене. Возраст же нефтей и битумов продуктивных отложений – 500-350 млн. лет. Таким образом источник УВ можно связывать с силур-девонскими толщами, широко развитыми в обнажениях п периферии впадины.

В пользу материнских свойств палеозойских отложений выступают данные по описанию керна скважины Конча-1. В многочисленных интервалах палеозойских отложений среди известняков и сланцев встречаются тонкие прослои «битуминозных глин», что, скорее всего, говорит об автохтонности углеводородов и их первичной ремиграции из материнских прослоев in situ.

Результаты исследований изотопного состава углерода (рис.4) керогенов пород (или неподвижной части органического вещества) и совместный анализ с составом подвижных хлороформенных битумоидов дают основание для следующих выводов.

1) В юрских отложениях (пр. №№ 2922-1, 2922-2, 2923-2) в обнажении с нефтепроявлениями по р. Кштут и Шишкат-сай δ13C керогенов и битумоидов близки (от -30 до -32 ‰), что в стандартных условиях обычно интерпретируется как происхождение углеводородов in situ.

2) Близкие значения у керогена и битумоида лудловского известняка (2914-1) -29,41 ..-29,86‰, что однозначно указывает здесь на его происхождение in situ.

3) Близки значения δ13C керогенов с битумоидами пр. гравелито-дресвитов 3029-1 (скв.2) и 2957-5 (с. Карнаб).

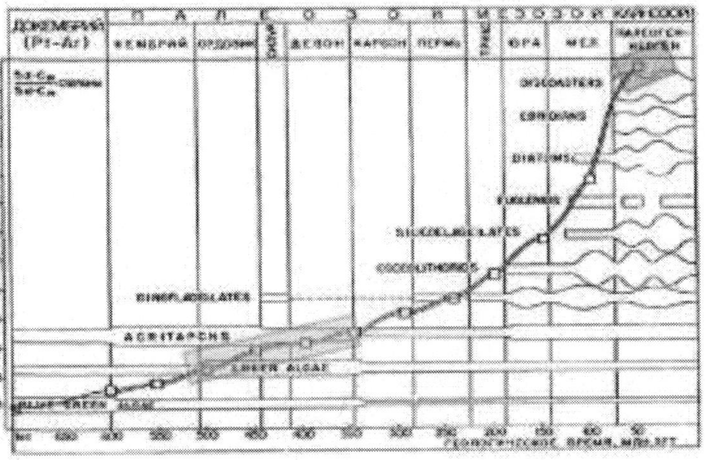

Рисунок 3. *Отношение С28/С29регулярных стеранов как функция геологического времени (Grantham, Wakefield, 1988)*

4) Важно, что «кероген» четвертичной гальки с битумом пр. 2945-1 также близок к битумоиду из этого образца. Но в данном случае все органического вещество, оказавшееся в русле временного потока, является аллохтонным, попавшим на поверхность по разлому. Поэтому «кероген» в данном случае является просто неподвижной частью битумоида при настоящих условиях и сделать вывод о происхождении in situ этого органического вещества не позволяют геологические условия его залегания в породе и в обнажении. В связи с этим близкое соотношение δ13С керогенов и битумоидов (пр. №№ 2922-1, 2922-2, 2923-2, 3029-1, 2945-1, 2957-5) не может однозначно указывать на источник УВ в самих породах.

5) Углистые отложения характеризуются близкими значениями δ13С керогенов между собой, которые отличаются от их битумоидов в сторону более отрицательных значений (-22 .. -23‰).

Таким образом, однозначный вывод об источнике УВ по данным только лишь изотопого анализа углерода сделать невозможно. Однозначно можно утверждать, что источник нефти/битума в отложениях сеномана/турона всей Зарафшанской впадины един. Весьма вероятно смешивание мигрирующих УВ различных источников. δ13С углистого вещества составляет -22 .. -23‰, в палеозойских известняках – до -30‰. При этом δ13С всех продуктивных гравелито-дресвитов сеномана от – 27,97 до – 28,71‰.

Чисто с практической точки зрения, тот факт, что в меловых отложениях Зерафшанской впадины источником флюидов нефтяного ряда в основном являются палеозойские отложения, дает возможности для обоснования возможной нефтеносности погруженных структур в прибортовой и центральной частях впадины, в которые не происходила миграция из карбонатных верхне- и углистых нижне-среднеюрских отложений Бухарской ступени.

Как показало определение кинетических спектров, сами сверхвязкие нефти представляют собой материнские отложения и, по всей видимости, генерируют легкую нефть, которая мигрирует на 10-50 метров вверх через слабую покрышку глинистых алевролитов нижнего турона в маломощные прослои песчаников, что подтверждается результатами бурения. Таким образом, в Зерафшанской впадине выделяются три углеводородные системы различной степени достоверности (рис.5)

Выводы

Таким образом, комплексные геохимические исследования позволили установить: 1) три генерационно-аккумуляционные УВ-системы; 2) Происхождение меловых углеводородов Зерафшанской впадины по результатам исследования биомаркеров и изотопов углерода представляется смешанным с преобладанием аллохтонного битумоида, схожего с тем, который насыщает и палеозойские песчаники и гравелиты в долине р. Кштут. Доля углистого вещества мела и/или юры незначительна.

№ п/п	Полевой №	Площадь	Свита	Литология	Кероген δ13С (VPDB), ‰	Битумоид δ13С (VPDB), ‰
1	2914-2	руч. Майкапта-сай	S_1jc	Известняк с запахом УВ на свежем сколе	-29,86	-29,41
2	2922-1	р. Налут	J_{1-2}	Алевролит битуминозный	-30,98	-30,85
3	2922-2	р. Налут	J_{1-2}	Песчаник битуминозный	-32,59	[illegible]
4	2923-2	руч. Шишкат-сай	S_1w	Песчаник разнозернистый, пропитанный битумом	-30,00	-31,08
5	2924-1	р. Налут	J_{1-2}	Уголь	-23,81	[illegible]
6	3027-1	скв 2 мет, 246-248 м	K_2st	Глина углистая	-22,72	[illegible]
7	3029-1	скв 2 мет. 219-221 м	K_2s	Гравелито-дресвит, насыщенный битумом	-28,10	-28,62
8	2942-5	руч. Таш-мечеть-сай	K_2s	Гравелит песчанистый с мелкой галькой и кальцитовым цементом, со слабым насыщением	-25,37	-28,28
9	2945-1	Сукайты	S_2w/ K_2s (?)	Четвертичная галька с битумом	-26,10	-28,28
10	2946-1	Сукайты (Юрская горка)	J_{1-2}/ K_2al (?)	Глина углистая	-22,01	-28,71
11	2947-6	Сукайты (Юрская горка)	S_2w	Углисто-алевритисто-серицитовый сланец	-17,75	-29,40
12	2957-5	с. Карнаб	K_2s	Дресвит мелкозернистый нефтенасыщенный с запахом нефти	-26,79	-27,97

Рисунок 4. *Результаты изотопных исследований углерода битумоидов и керогенов изученных образцов*

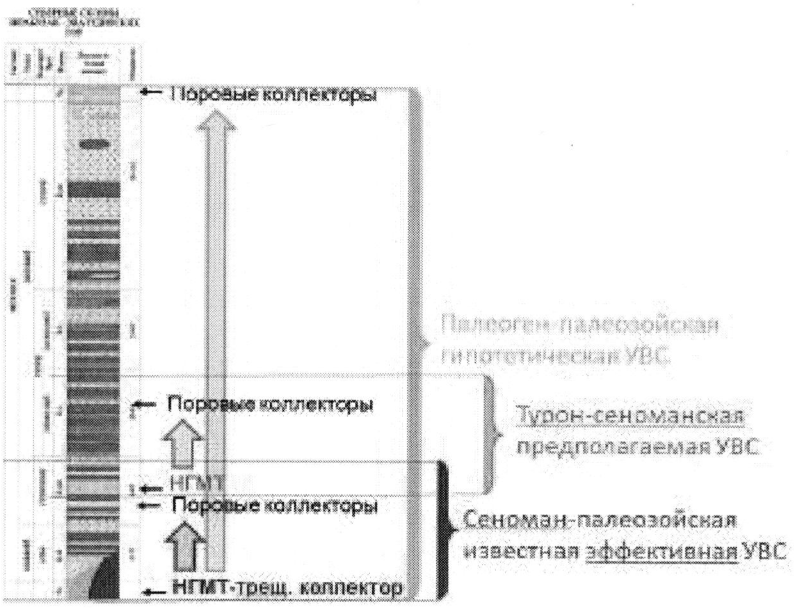

Рисунок 5. *Углеводородные системы Зерафшанской впадины*

Благодарности

Авторы благодарны председателю правления группы Eriell Бахтиеру Шухратовичу Фазылову за оказанную поддержку и доверие в осуществлении геологоразведочных работ на территории республики Узбекистан. Авторы выражают благодарность главе представительства компании «Gas Project Development Central Asia AG» Жамшиду Ахтамовичу Мадиеву за всестороннюю помощь при поисках нефти и газа в РУз.

Библиография / References

Grantham, P., and Wakefield, L., 1988. Variations in the steranes carbon number distributions of marine source rock derived crude oils through geological time. Organic Geochemistry, 12, 61-73.

Выявление перспективных объектов в пределах Косбулакского прогиба и в Восточном Приаралье (бывшая акватория Аральского моря)

С.М. Астахов* (ООО «НПК «Контики»), А.Э. Хардиков (ООО «НПК «Контики»), А.М. Астахов (ООО «НПК «Контики»), Р.Т. Якубов (ООО «НПК «Контики»)

Для выявления перспективных объектов в Восточно-Аральской впадине, Косбулакском прогибе, Кассарминском валу (бывшая акватория Аральского моря) применено комплексирование различных методов: переинтерпретация сейсморазведочных данных, выявление следов миграции УВ на земной поверхности по данным космогеохимических исследований, заверочная полевая геохимическая газовая съемка на наиболее перспективных объектах и радиометрические исследования на БПЛА.

Проблема продуктивности структур бывшей акватории Аральского моря после открытия консорциумом Aral Sea газонефтяного месторождения Западный Арал (рис. 1) упирается в неудачи с бурением ряда поисковых скважин в последующие годы (Умид, Сулама, Шагала, Мерос и др.). Предварительное рассмотрение сейсморазведочных данных указывает на различное геологическое строение продуктивной структуры Западно-Аральского месторождения и структур, расположенных ближе к Арало-Кызылкумскому валу (как с востока, так и с запада). Последние имеют более древнее заложение и развивались конседиментационно, что выразилось в отсутствии в большинстве случаев выраженных замкнутых структур по меловым и более молодым отложениям. Часть разбуренных структур с неподтвержденной нефтегазоносностью заложены не в оптимальных условиях (вне или вблизи внешней границы контура замкнутой структуры). А в некоторых случаях можно предположить переоценку возможных размеров залежи и продуктивность лишь отдельных куполов поднятия, что связанно с разломной тектоникой.

В пределах площади работ по данным сейсморазведки 2Д и 3Д выделяется довольно большое количество поднятий, с которыми могут быть связаны перспективы продолжения геологоразведочных работ. Однако, они выделяются с разной степенью достоверности и различны друг от друга по времени и механизму формирования, что привело к различию в структурном строении.

Наличие мощного источника углеводородов в юрских угленосных толщах как к востоку, так и к западу от Арало-Кызылкумского вала (с которым связано поднятие острова Возрождения) не вызывает сомнения. Причем, такие толщи могут генерировать не только УВ газового ряда, но и газоконденсатные флюиды и даже нефть. Также угленосные отложения присутствуют в нижнемеловой части разреза. Потенциально интерес представляют горючие сланцы эоцена развитые в обнажениях по чинку Устюрта, обнаруженные в ходе полевых маршрутов. Кроме этого в переходном комплексе пермотриасовых отложений и в карбонатных породах девона и карбона выявлены залежи УВ к югу от рассматриваемой территории, что указывает на отдельные палеозойские источники УВ.

Эталонный объект. С целью выявления возможности использования полевой геохимической съемки по подпочвенному воздуху, пиролиза почвогрунтов и радиометрических исследований в условиях исследуемых площадей на эталонном объекте месторождения Западный Арал отработан профиль по линии поперечного сечения структуры через скважину Зап. Арал-2 (WAEX-2). Сопоставление полученных данных по содержанию метана в подпочвенном воздухе указывает на очень точное картирование проекции контуров залежи на дневную поверхность, несмотря на достаточно большую глубину. По контурам залежи, определенных по данным подсчета запасов, выделяются аномалии в виде пиков с содержанием метана, которое в 8 раз превышает фоновые значения. Эти пики являются элементами кольцевой аномалии. Кроме этого, в центральной части также выделяется аномальная зона с превышением значений содержания метана относительно фоновых в 4 раза.

Поисковые объекты. По данным комплексирования методов наиболее перспективными объектами, на которых рекомендовано поисковое бурение считаются: полуантиклиналь Джага в Косбулакском прогибе и центральный купол Кендерлинской группы структур в Восточно-Аральской впадине.

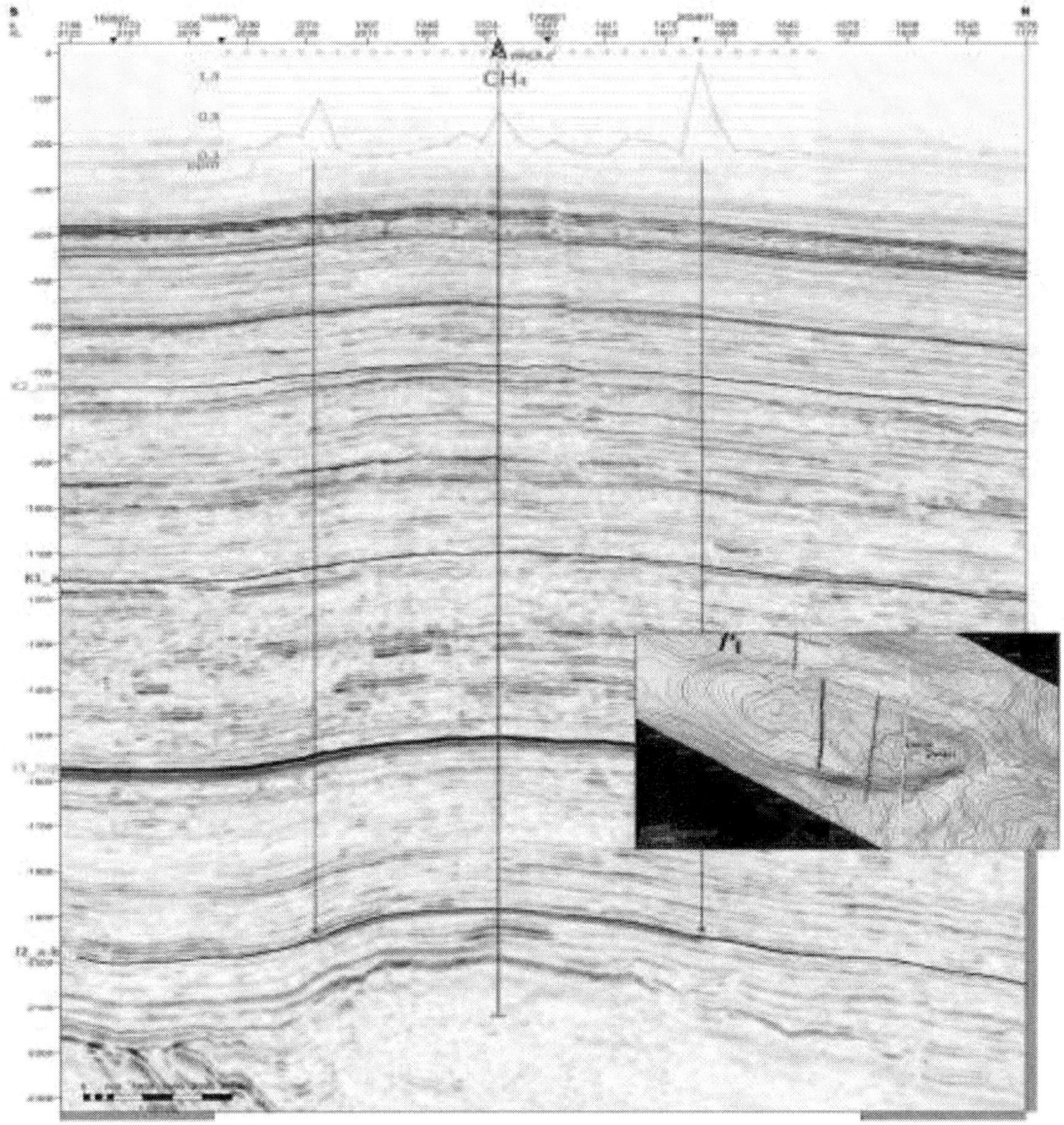

Рисунок 1. *Временной сейсмический разрез 3D по линии профиля геохимического опробования Красной линией обозначен профиль над объектом Джага. Розовая линия – границы залежи*

Объект Джага является западным осложнением структуры Западный Арал, сочленяющимся с месторождением по группе разломов. Вкрест простирания объекта Джага был проложен профиль геохимического опробования, который выявил картину, практически идентичную с той, которая зафиксирована над месторождением Западный Арал. Исключение составляет лишь то, что пики на краях аномалии достигают значительно больших значений (12,54 и 2,36 ppm) по сравнению с Западным Аралом. В одном из вариантов такое увеличение содержания метана объясняется наличием над объектом солончакового слоя, который удерживает мигрирующие к поверхности из залежи термогенные углеводороды. Причем слой соли увеличивается к югу, также как и значения содержания метана в воздухе почвогрунтов. Следует отметить, что частично контуры модели залежи по подсчету запасов покрывают и площадь объекта. Но южный пик выходит на погружение структуры, что косвенно может указывать на наличие дополнительных залежей. Дополнительными залежами могут являться песчаные линзы различного генезиса в средне-нижнеюрских отложениях на бортах объекта.

Другим вариантом, объясняющим столь высокие значения на южном борту профиля через объект Джага является наличие залежи в переходном пермотриасовом комплексе отложений. В контурах аномалийной зоны выделяется взбросо-надвиговая антиклиналь с пропагационным механизмом формирования, разбитая на несколько подблоков с внутренними осложняющими строение поверхностями-детачментами.

Объект Кендерли выделен морскими сейсморазведочными работами прошлого века. Объект имеет несколько куполов. В районе группы кендерлинских складок проходят всего три современных сейсмических профиля. Самый крупный центральный купол расположен на пересечении профилей 020901, 150901 и 080901.

Следует учесть, что нефтегазоносность Восточного Приаралья связывается с получением притоков горючего газа в низах средней юры в скважинах на площадях Коскозак и Кызылтюбе. Также интерес представляет получение пленки нефти с водой при испытании неокомского горизонта в скважине Контюбек-1 на острове Возрождения.

Перспективы нахождения углеводородов нами в первую очередь связываются с молодыми палеогеновыми отложениями. К северу в пределах Казахской части Косбулакского прогиба в одновозрастных эоценовых отложениях аналогов кумской свиты выявлены и разрабатываются газовые месторождения Кызылой и Базой.

На центральном куполе Кендерлинского поднятия глубины залегания горизонта с амплитудной аномалией в своде прогнозируются на уровне 200-250 метров. В пределах изучаемой площади в Косбулакском прогибе на площади Мерос при проходке палеогеновых отложений на глубинах 200-500 метров наблюдались повышенные газопоказания (до 4,8%) по данным ГТИ. В пользу присутствия газовой залежи говорит наличие уверенно выделяемой на всех трех профилях аномалии типа «яркое пятно». Размеры аномалии значительны – 16х16 км. Амплитудная аномалия приурочена к своду структуры по эоценовым отложениям. Положение нижней границы аномалии одинаково для всех трех профилей, что указывает на возможную гидродинамическую границу на этом уровне – газоводяной контакт. Другой вариант интерпретации – диагенетическая граница, связанная, вероятно, с переходом степени преобразованности органического вещества на уровне протокатагенез-мезокатагенез.

Возможность развития пачек тонкого переслаивания алевритовых и пелитовых отложений в аналогах кумской свиты (наподобие продуктивных горизонтов Базойского и Кызылойского месторождений) исключать нельзя. Мощность палеогеновых отложений нарастает в восточном направлении, по профилю 020901 от площади Булак до Кендерли увеличиваясь со 170 мсек до 235. Это сопровождается появлением новых осей синфазности по типу подошвенного налегания и прилегания, местами сопровождаемыми амплитудными аномалиями. Такие зоны, полагаем, содержат алевритовые насыщенные коллекторы.

Проведенные полевые геохимические исследования оправдали надежды на присутствие аномалии над объектом. На рисунке 2 по профилю 150901 прослеживается постепенное нарастание содержания метана с юга и с севера по направлению к центральной наиболее приподнятой части структуры от нулевых значений до 40 ppm. Причем аномалийный участок, также как и на профиле 080901, совпадает с проекцией на поверхность сейсмической аномалии в эоценовом интервале разреза. Протяженность аномалийного участка – 16 км. В центральной части фиксируется снижение значений содержания метана до 10 ppm. Этот небольшой участок (2 км) приурочен к сводовой части меловых перегибов, а также к узкой синклинальной (?) зоне между двух куполов в интервале палеозойских и нижнеюрских отложений. Подобная картина может быть связана как с наличием залежи и инверсией фаз на уровне 800 и 1500 мсек, так и с реально существующим узким синклинальным перегибом без насыщения возможно основных нижне-среднеюрских горизонтов. Аномалия по газовой съемке комплексируется с наличием отрицательной радиометрической аномалии по данным съемки с беспилотного летательного аппарата.

Выводы

Комплексная технология на основе космогеохимического анализа и заверки выявленных полевых объектов методами полевой газовой и радиометрической съемки с применением БПЛА дает на данный момент результат с уверенным выделением перспективных объектов для поискового бурения.

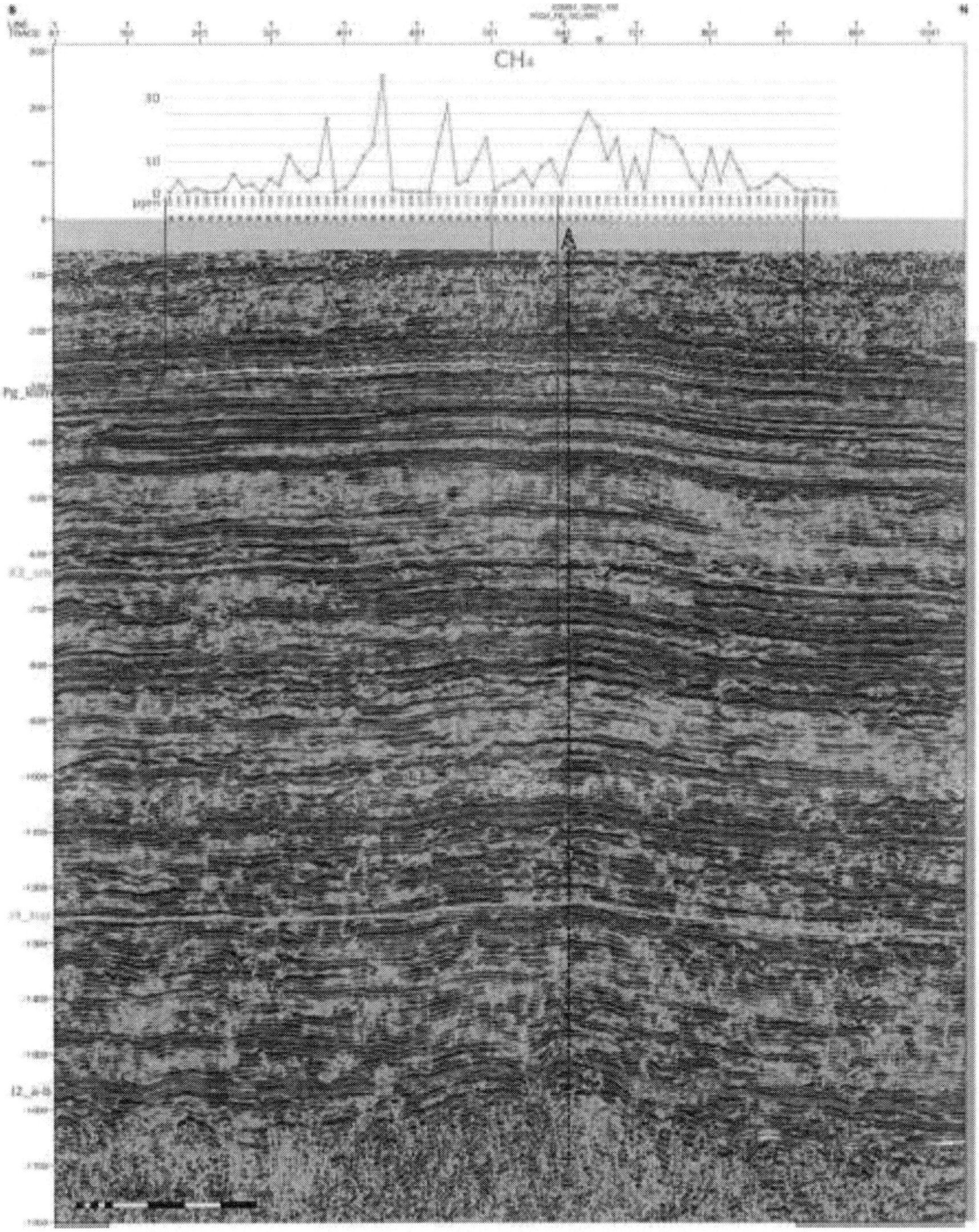

Рисунок 2. *Временной разрез по профилю 150901 с данными геохимического опробования над объектом Кендерли*

Благодарности

Авторы благодарны председателю правления группы Eriell Бахтиеру Шухратовичу Фазылову за оказанную поддержку и доверие в осуществлении геологоразведочных работ на территории республики Узбекистан. Авторы выражают благодарность главе представительства компании «Gas Project Development Central Asia AG» Жамшиду Ахтамовичу Мадиеву за всестороннюю помощь при поисках нефти и газа в РУз.

Алгоритм совместной сейсмической инверсии и глубинной миграции для уточнения глубинно-скоростной модели

М.И. Протасов* (ИНГГ СО РАН), Д.К. Дмитрачков (ИНГГ СО РАН)

Введение

Обычно под сейсмической инверсией понимается алгоритм, который преобразует временной или мигрированный временной сейсмический разрез в разрез акустических импедансов [Russel, 1988; Ampilov et al., 2009]. Т. е. входными данными для инверсии являются результаты временной обработки сейсмических данных, причем как до, так и после суммирования. Однако в областях со сложной геологией требуется глубинная обработка сейсмических данных для построения точного представление о структуре резервуара, а тогда сейсмическую инверсию применяют к результатам глубинной обработки. При этом изображение после глубинной миграции трансформируется во временную область, и применяются стандартные алгоритмы инверсии.

Основным результатом стандартного использования сейсмической инверсии является детальная модель упругих свойств геологической среды, позволяющая прогнозировать свойства резервуаров [Ampilov et al., 2009]. Т. е. инверсия нацелена на восстановление высокочастотной составляющей модели. При этом низкочастотная компонента «остается в тени», хотя логика работы инверсии указывает, что эта часть модели тоже должна уточняться. Если это так, тогда инверсию по результатам глубинной обработки можно использовать для уточнения низкочастотной составляющей модели. Поэтому в рамках данной работы исследуется сейсмическая инверсия с целью определения ее возможностей для восстановления низкочастотной компоненты модели. А далее, когда эти возможности были определены, разрабатывается алгоритм совместной сейсмической инверсии и глубинной миграции для уточнения глубинно-скоростной модели. Исследование проведено с использованием синтетических данных и модели Sigsbee, а также реалистичной модели из Восточной Сибири.

Низкочастотные компоненты результатов сейсмической инверсии

В начале исследования было разработано несколько алгоритмов детерминистической сейсмической инверсии. Далее разработанный алгоритм сейсмической инверсии, основанной на модели, применяется к результатам глубинной сейсмической миграции в истинных амплитудах [Protasov, Tcheverda, 2011]. Поскольку и миграционная скоростная модель, и результат миграции заданы в глубинном масштабе, а сейсмическая инверсия работает во временном масштабе, то дополнительно было использовано преобразование «глубина-время» [Robein, 2010]. Для его осуществления использовалась миграционная скоростная модель. Таким образом посредством этого преобразования были получены исходная и миграционная модели Sigsbee во временном масштабе и дополнительны пересчитаны в значения акустических импедансов (Рисунок 1). Далее инверсия была применена ко всему исследуемому фрагменту модели Sigsbee. Полученный результат в большей части за исключением окрестностей объектов дифракции и зон, содержащих артефакты миграции, демонстрирует удовлетворительную точность восстановления детальной модели импедансов, включая её высокочастотную составляющую (Рисунок 1). При этом видно, что этот результат описывает сейсмическую модель в целом, включая и низкочастотную составляющую.

Конечно, низкочастотная составляющая содержится в начальной модели, которая используется как в инверсии, так и в миграции, однако видно, что происходит её уточнение. Чтобы выявить это более отчётливо далее выделяется низкочастотная составляющая модели посредством сглаживания результата инверсии. При этом аналогичная процедура производится с истинной модельной. Результаты сглаживания показывают, что получаются достаточно гладкие решения, которые заметно отличаются от начальной модели для инверсии (Рисунок 2). Сравнение низкочастотных составляющих истинной модели, результата инверсии «идеальных трасс» и трасс после миграции, показывает, что инверсия определяет эти компоненты с высокой точностью. Относительная среднеквадратичная ошибка результата инверсии трасс после миграции относительно истинной модели для компонент, полученных сглаживанием с различными параметрами составляет 1.78% и 1.35% соответственно. По этим результатам можно сделать вывод, что инверсия действительно определяет низкочастотную составляющую модели, при этом восстанавливает её с достаточно высокой точностью.

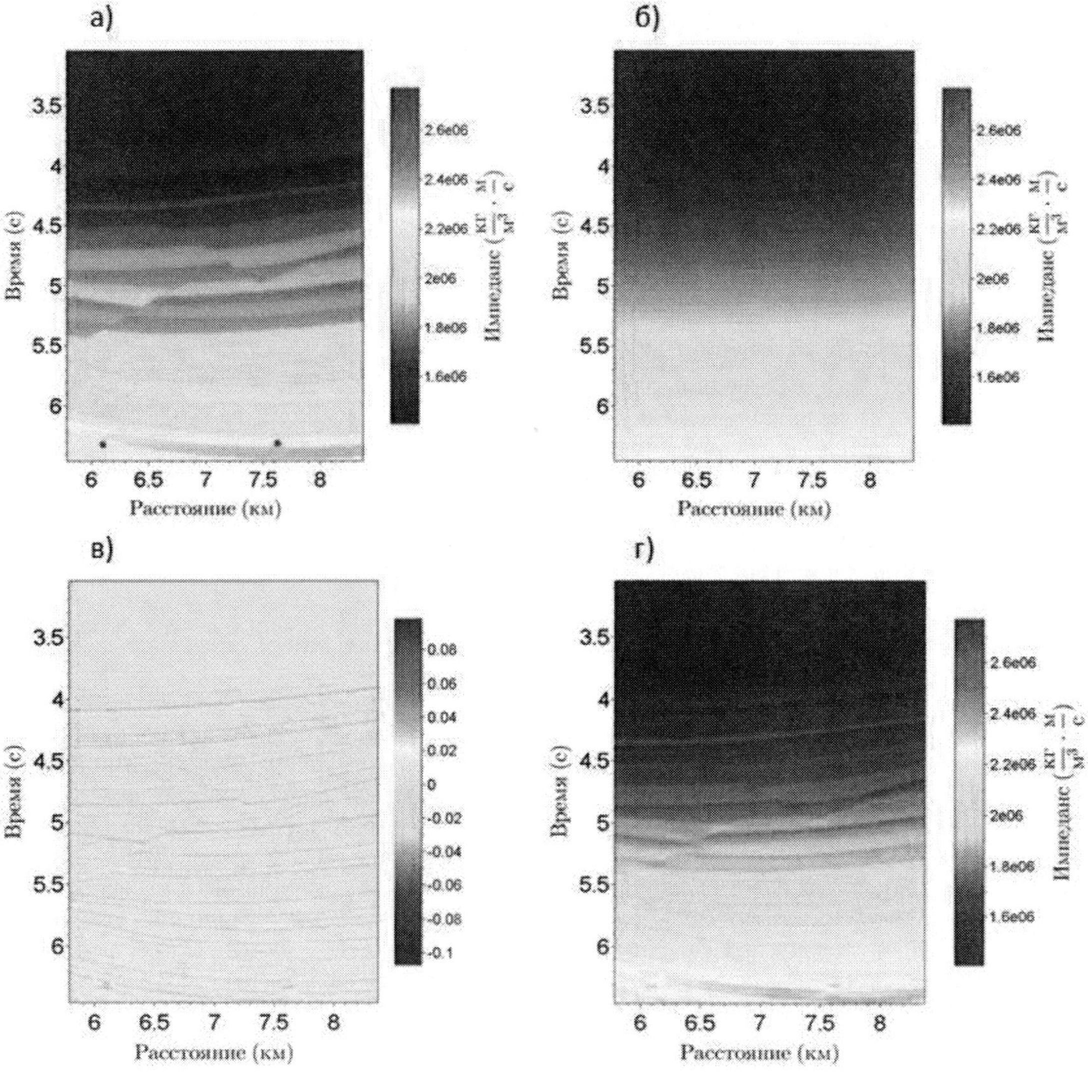

Рисунок 1. *а) Фрагмент исходной модели Sigsbee (акустический импеданс), переведённый во временной масштаб. б) Соответствующий фрагмент миграционной модели Sigsbee во временном масштабе. в) Результат глубинной сейсмической миграции, преобразованный во временной масштаб. г) Соответствующий результат сейсмической инверсии.*

Совместная миграция-инверсия

На следующем этапе, используя численно установленный факт, что сейсмическая инверсия может восстанавливать низкочастотную компоненту модели, разработан итерационный алгоритм совместной сейсмической инверсии и глубинной миграции. На каждой итерации алгоритма реализована следующая последовательность шагов: для текущей модели применяется глубинная миграция в истинных амплитудах, затем результат пересчитывается во временную

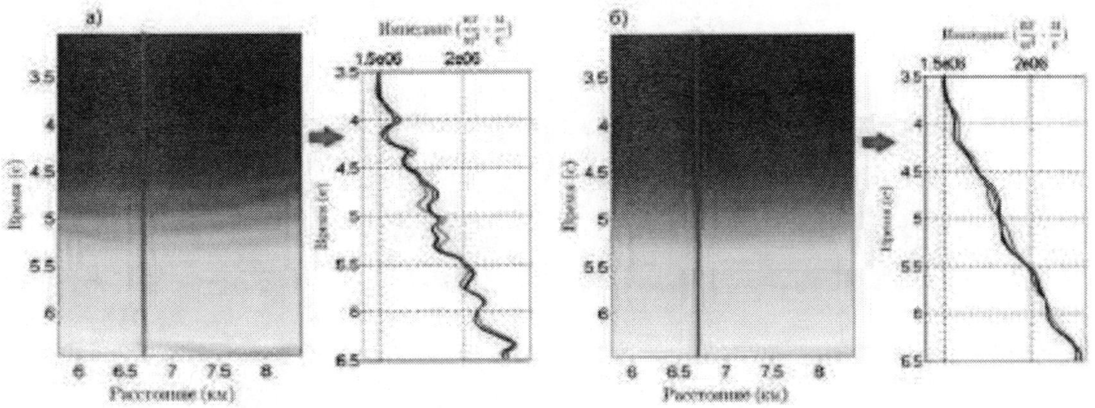

Рисунок 2. *Низкочастотные компоненты моделей, полученные сглаживанием результата инверсии трасс после миграции: а) «слабое» сглаживание; б) «сильное» сглаживание. На соответствующих одномерных профилях при x=6705 м: гладкая составляющая истинных акустических импедансов – черным, результата инверсии по идеальной сейсмической трассе – синим, результата инверсии по сейсмической трассе после миграции – красным.*

область также с использованием текущей модели, далее применяется сейсмическая инверсия, модель обновляется, и на последнем шаге результат пересчитывается обратно в глубинную область. Этот алгоритм был протестирован на реалистичной модели из Восточной Сибири (Рисунок 3а). При этом в качестве начальной модели была взята однородная со значениями из верхней части (Рисунок 3б). В результате уже после трёх итераций применения алгоритма миграции-инверсии получились удовлетворительные результаты: восстановлена с приемлемой точностью и глубинная модели (Рисунок 3в), и глубинное изображение (Рисунок 3г).

Выводы

В работе реализован алгоритм инверсии сейсмических трасс после глубинной миграции. Проведено выделение низкочастотных компонент у модели импедансов и результатов инверсии по идеальным сейсмическим трассам и сейсмическим трассам после миграции. Путём сравнительного анализа низкочастотных компонент исходной модели и результатов инверсии показано, что сейсмическая инверсия может восстанавливать часть гладкой составляющей модели. Руководствуясь такими результатами, реализован новый итерационный алгоритм совместной сейсмической инверсии и глубинной миграции. На реалистичной синтетической модели показано, что разработанный алгоритм позволяет восстанавливать глубинно-скоростную модели в условиях, когда начальная модель далека от истинной.

Благодарности

Данное исследование выполнено при финансовой поддержке РФФИ и ЧНФ в рамках научного проекта №20-55-26003. Acknowledgments: The reported study was funded by RFBR and GACR, project number 20-55-26003.

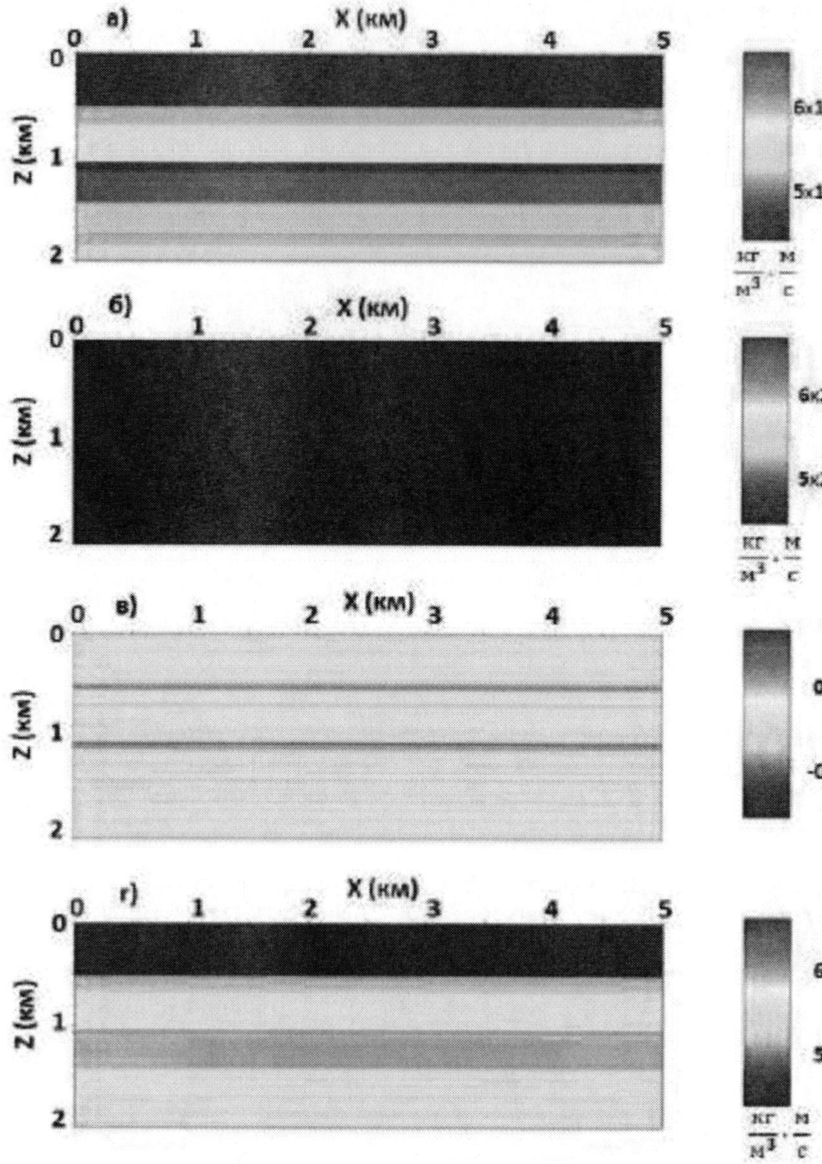

Рисунок 3. *а) Исходная реалистичная модель из Восточной Сибири. б) Начальная модель для алгоритма совместной миграции-инверсии. в) Результат глубинной миграции после трёх итерации миграции-инверсии. г) Сглаженный результат инверсии после трёх итераций миграции-инверсии.*

Библиография

1. Ampilov Yu.P., Barkov A.Yu., Yakovlev I.V., Filippova K.E., Priezzhev I.I. Almost everything is about seismic inversion. Part 1 : Seismic technologies. – 2009. – 4. – P. 3–16. (in Russian)

2. Protasov M., Tcheverda V. True amplitude imaging by inverse generalized Radon transform based on Gaussian beam decomposition of the acoustic Green's function : Geophysical Prospecting. – 2011. – v.59. – p.197–209.

3. Robein, E. Seismic Imaging: EAGE Publications. – 2010.

4. Russell B. H. Introduction to Seismic Inversion Methods: Course Notes Series, Society of Exploration Geophysicists. – 1988. – p. 80–10.

Получение и использование информации об угловых параметрах залегания сейсмических отражающих границ

В. И. Бондарев* (УГГУ), С. М. Крылатков (УГГУ), Н. А. Крылаткова (УГГУ), А. Н. Крылевская (УГГУ)

Введение

Развитие методики сейсморазведки привело к тому, что вот уже более полувека основным способом получения информации о строении геологической среды является сейсмический метод общей глубинной точки (ОГТ) или общей средней точки (ОСТ) [1]. В нем реализуется такая технология сейсморазведки, при которой обеспечивается получение, регистрация и обработка многократных отражений от элементов сейсмических границ, расположенных в пределах изучаемого профиля или площади. Итогом работ являются специальные типы сейсмических изображений геологической среды - временные разрезы, структурные карты и т.д. Угловые характеристики залегания сейсмических границ определяются, при необходимости, по получаемым сейсмическим разрезам или структурным картам

Однако, наклонные отражающие элементы сейсмических границ в методе ОСТ, отображаются по сравнению со своими истинными положениями в разрезе с искажениями, как по глубине, так и по положению на профиле. Степень искажения будет тем выше, чем больше значения углов падения отражающих границ. Поэтому для получения более правдоподобных сейсмических изображений среды применяют различные по технологичности и эффективности дополнительные специальные преобразования временных или глубинных разрезов, которые принято называть миграционными преобразованиями.

Получение объективной информации об углах падения геологических напластований в разрезе является одним из возможных и важных направлений совершенствования и развития сейсмических технологий и открывает новые возможности и перспективы при выполнении обработки и интерпретации экспериментальных данных. Использование такой информации открывает новые пути решения задачи получения более объективных представлений о строении изучаемой среды. На основе количественной информации об угловых характеристиках залегания сейсмических границ могут решаться новые разные геологические задачи, такие, как, например, анализ истории осадконакопления в изучаемых геологических толщах и т.п.

Получение и применение угловых атрибутов сейсмических границ

Авторами предложены несколько способов [2, 3, 4, 5] получения численных значений угловых атрибутов в сейсмическом разрезе на основе комплексирования кинематических и динамических характеристик сейсмических полей.

Решение задачи определения углов падения сейсмических границ обеспечивается тем, что для выбранных на профиле исследований точек получения результатов - ***общих расчетных точек*** (***ОРТ***), по имеющемуся набору трасс сейсмограмм общих точек возбуждения (ОТВ) формируются и анализируются совокупности специально подобранных сейсмических трасс, объединенных общностью их возникновения в конкретных фиксированных точках отражения сейсмических границ. Предложено для целей определения угловых характеристик залегания отражающих границ использовать так называемые фиксированные точки отражения (ФТО).

В качестве фиксированных точек отражения нами предложено широко использовать фиксированные точки отражения второго типа (ФТО2), лежащие на отражающих границах строго по вертикали под общими расчетными точками [2, 6].

Преимуществом использования ФТО2 является то обстоятельство, что при таком положении точки отражения на отражающей границе, свойства годографов волн, отраженных в этих точках от границы, существенным образом зависят от угла падения отражающей границы в точке ФТО2. Для наклонно залегающих отражающих границ годографы волновых полей этого типа существенно отличаются от годографов ОСТ.

Лучевая схема траекторий сейсмических волн такого типа для одной отражающей границы показана на рис.1. На нем показаны: одна из ОРТ на сейсмическом профиле исследований, отражающая граница (ОГ), а также местоположение ФТО2. На профиле наблюдений также показаны положения двух пунктов возбуждения ПВ1 и ПВ2 и соответствующих им двух пунктов приема колебаний ПП1 и ПП2. Показана глубина по вертикали к границе из ОРТ- $z_{\text{ОРТ}}$, угол падения границы φ и удаления l_1 и l_2 пунктов возбуждения и пунктов приема колебаний от ОРТ.

Как было установлено авторами ранее [2], эти величины связаны между собой соотношением:

$$l_2 = z_{\text{ОРТ}} \cdot \frac{z_{\text{ОРТ}} \cdot \sin 2\varphi + l_1 \cdot \cos 2\varphi}{z_{\text{ОРТ}} \cdot \cos 2\varphi - l_1 \cdot \sin 2\varphi} \qquad (1)$$

Все развиваемые нами способы решения задач по определению углов падения отражающих границ [3, 4] базируются на предположении, что всегда с той или иной вероятностью нам известна область нахождения искомых угловых параметров, характеризующих условия залегания каждой из отражающих границ в разрезе. Это позволяет решать поставленные задачи методом последовательного перебора всего спектра искомых значений угловых и глубинных параметров.

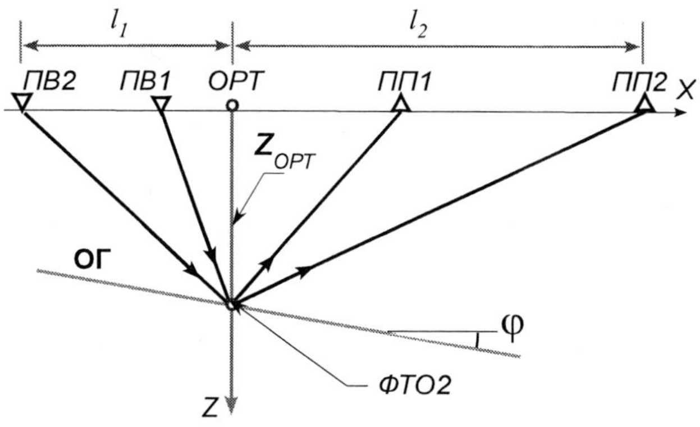

***Рисунок 1**. Лучевая схема, показывающая положение в разрезе точки ФТО2*

Практические трудности решения возникающих таких задач, при этом, сводятся, с одной стороны, к минимизации числа возможных вариантов перебора, а с другой стороны, к выбору наиболее эффективных критериев для оценки оптимальности найденных значений угловых и глубинных параметров. Поэтому для нахождения искомых параметров на начальном этапе решения для каждой ОРТ формируется двумерная сетка узлов с приписанными им значениями перебираемых параметров из заданной допустимой области. Координатами узлов сетки в данной задаче являются глубины нахождения ФТО2 в разрезе и углы падения отражающих границ в фиксированных точках отражения.

Затем для каждого выбранного узла созданной сетки возможных точек ФТО2 рассчитывается время пробега отраженной волны от назначенного пункта возбуждения волн (ПВ) до ФТО2 и далее до рассчитанного по формуле (1) положения пункта приема (ПП).

$$t(l_1, l_2) = \frac{1}{V} \cdot \left(\sqrt{(x_{\text{ПВ}} - x_{\text{ФТО2}})^2 + (z_{\text{ФТО2}})^2} + \sqrt{(x_{\text{ПП}} - x_{\text{ФТО2}})^2 + (z_{\text{ФТО2}})^2} \right), \quad (2)$$

где V – эффективная скорость, определенная по стандартной технологии скоростного анализа.

Это позволяет по рассчитанному времени пробега отраженной волны по любой из сейсмограмм общей точки возбуждения (ОТВ), соответствующей удалению l_1 от выбранной ОРТ выбрать фрагмент трассы, соответствующей удалению от источника до приемника, равному $l_1 + l_2$, найти значения зарегистрированной сейсмической амплитуды волнового поля, характеризующей отражательную способность сейсмической границы в данной точке ФТО2 на заданной глубине с определенном углом наклона. При последующем многократном суммировании специально выбранных таких амплитудных фрагментов сейсмических трасс, полученных при разных положениях ПВ и ПП для соответствующей фиксированной точки отражения (ФТО2) появляется возможность построения такого амплитудного функционала – функции цели (ФЦ), который может быть эффективным динамическим количественным индикатором условий залегания – глубины залегания и углов падения.

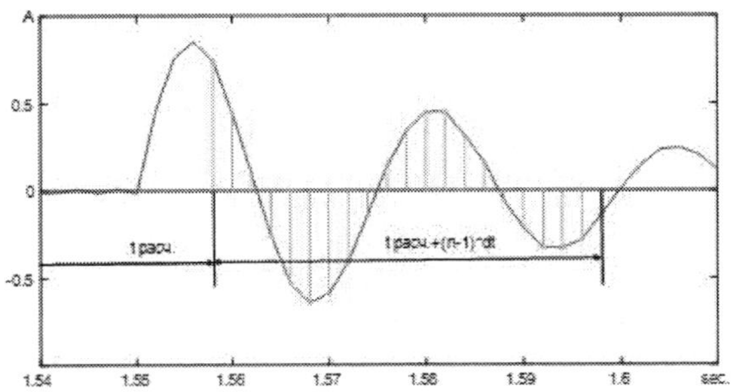

Рисунок 2. *Схема выбора значений амплитуд сейсмической волны в расчетном временном окне для данной ФТО2*

Для ослабления влияния случайных помех и повышения надежности (точности) определения углов падения отражающих границ расчеты следует выполнять с привлечением последовательности (совокупности) зарегистрированных амплитуд, взятых в интервале полутора-двух видимых периодов сейсмической записи после расчетного времени прихода отраженной волны. Для обычного диапазона регистрируемых в наземной сейсморазведке частот сейсмических колебаний отраженных волн, и принятого при этом шага квантования 0,002 сек, это может быть 20 - 30 последовательных значений амплитуд, следующих по времени после расчетного (найденного) времени прихода – $t_{расч.}$ - рассматриваемой конкретной отраженной волны (рис.2).

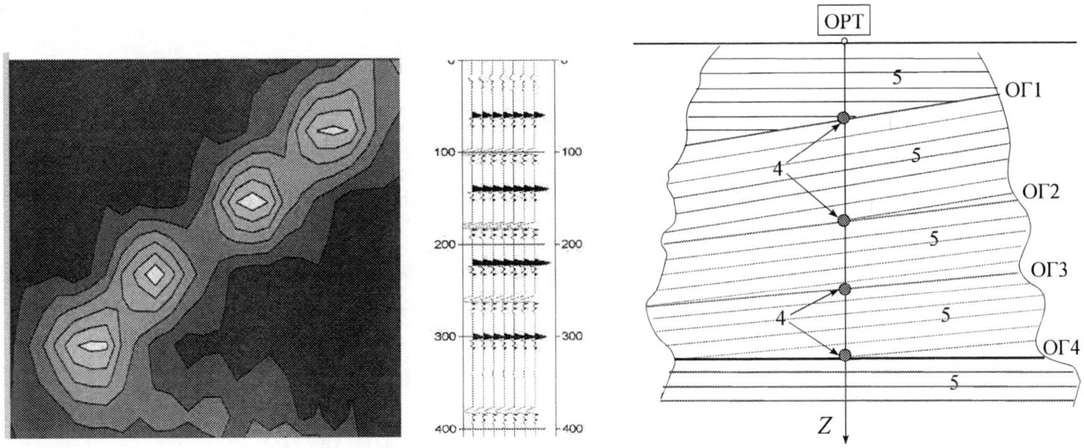

а *б* *в*

Рисунок 3. *Поле значений целевой функции в узлах сетки для модели среды с 4-мя отражающими границами(а), построенные на основе этого поля трассы сейсмического разреза(б) и возможный вид истолкование значений целевой функции(в)*

Полученный массив значений амплитуд отраженной волны для каждой ФТО2 для последующего накапливания следует переносить в предварительно созданный блок ячеек памяти, рассчитанный на хранение выбранного числа значений амплитуд: n = 20–30 (выбирается экспериментально). Такой блок создается и заполняется и для всех других положений ФТО2. В каждый блок ячеек памяти переносят одинаковым образом и накапливают соответствующие массивы амплитуд, полученные по трассам сейсмограмм для различных имеющихся пунктов возбуждения колебаний. Чем больше имеется пунктов возбуждения (чем выше кратность наблюдений), тем более устойчивые результаты могут быть получены.

После сложения амплитуд (с учетом их знаков) в каждом блоке ячеек памяти для всех накопленных на соответствующем времени амплитуд, полученных из разных пунктов возбуждения, вычисляются квадраты всех суммарных амплитуд на каждом времени и, затем, производится их суммирование. Это полученное итоговое численное значение суммы квадратов амплитуд в каждой ФТО2 и есть функция цели (ФЦ). Изучая распределение величин ФЦ на сетке параметров, по максимальным ее значениям определяются геометрические параметры отражающих границ. По этим же параметрам может быть построено сейсмическое изображение среды.

Поле изолиний ФЦ дает наглядное представление как о числе отражающих границ на данном пикете сейсмического профиля (в приведенном примере в выбранном интервале глубин их 4), так и об углах падения всех отражающих границ (рис.3). На рисунке 3 а по ост абсцисс показаны углы падения отражающих границ, по оси ординат- глубины от дневной поверхности по вертикали - z_{OPT} до границы в точках ФТО2. На рис. 3 в показаны результаты возможной интерпретации полученных значений углов наклона границ и глубин. На рис.3 б показаны трассы получаемого сейсмического изображения среды.

Выводы

1. По данным метода многократных перекрытий (МОГТ-2D) возможно определение истинных углов наклона отражающих границ

2. Использование найденных в сейсмическом разрезе углов наклона элементов отражающих границ позволяет получать более правильное представление о структуре и строении изучаемой геологической среды

3. Определение углов наклона ОГ может стать в отечественной сейсморазведке основанием для создания новых технологий обработки данных ОГТ.

Библиография

1. Mayne W. H., 1956, Seismic Surveying. U.S. Patent. No. 2.732.906

2. Бондарев В. И., Крылатков С. М. Новые технологии анализа данных сейсморазведки. - Екатеринбург, Изд-во УГГУ, 2006. 116 с.

3. Бондарев В. И., Крылатков С. М. Способ определения углов наклона отражающих границ в геологической среде по данным профильной сейсморазведки 2D// Патент РФ 2692001. Дата публикации заявки: 19.06.2019. Бюл. № 17

4. Бондарев В. И., Крылатков С. М., Крылаткова Н. А., Крылевская А.Н. Способ определения углов наклона отражающих границ по данным МОГТ 2D// Решение на выдачу патента РФ по заявке № 2020119940/28. Дата подачи заявки 16.06.2020

5. Бондарев В. И., Крылатков С. М. Способ получения мигрированных сейсмических изображений геологической среды по данным сейсморазведки 2D// Патент РФ 2705519. Дата публикации заявки: 14.08.2019. Бюл. № 23

6. Пузырев Н. Н., Временные поля отраженных волн и метод эффективных параметров. – Новосибирск, Изд-во Наука, 1979. – 296 с.

References

1. Mayne W. H., 1956, Seismic Surveying. U.S. Patent. No. 2.732.906

2. Bondarev V. I., Krylatkov S. M. Novye tekhnologii analiza dannyh sejsmorazvedki. - Ekaterinburg, Izd-vo UGGU, 2006. 116 s.

3. Bondarev V. I., Krylatkov S. M. Sposob opredeleniya uglov naklona otrazhayushchih granic v geologicheskoj srede po dannym profil'noj sejsmorazvedki 2D// Patent RF 2692001. Data publikacii zayavki: 19.06.2019. Byul. № 17

4. Bondarev V. I., Krylatkov S. M., Krylatkova N. A., Krylevskaya A.N. Sposob opredeleniya uglov naklona otrazhayushchih granic po dannym MOGT 2D// Reshenie na vydachu patenta RF po zayavke № 2020119940/28. Data podachi zayavki 16.06.2020

5. Bondarev V. I., Krylatkov S. M. Sposob polucheniya migrirovannyh sejsmicheskih izobrazhenij geologicheskoj sredy po dannym sejsmorazvedki 2D// Patent RF 2705519. Data publikacii zayavki: 14.08.2019. Byul. № 23

6. Puzyrev N. N., Vremennye polya otrazhennyh voln i metod effektivnyh parametrov. – Novosibirsk, Izd-vo Nauka, 1979. – 296 s.

Анализ амплитудно-частотных и фазовых характеристик извлеченных импульсов на этапе интерпретационного сопровождения обработки материалов 2D/3D сейсморазведки

А.А. Леонов* (АО «ТомскНИПИнефть»), А.Ю. Чесалов (АО «ТомскНИПИнефть»),
А.В. Бобров (АО «ТомскНИПИнефть»)

Введение

В данной работе представлены результаты интерпретационного сопровождения обработки архивных сейсморазведочных материалов 3D объединенных в единый куб площадью 777 кв. км и 2D-сейсморазведки объемом более 3200 пог. км на одном из лицензионных участков Томской области. Данные 3D включают съемки семи полевых сезонов (съемки 90-х и две съемки: 2011-12, 2014-15 гг) с разными параметрами системы наблюдений, условий возбуждения и регистрации. Отмечаются значительные различия в методике полевых работ даже для съемок 90-х годов. Данные 2D включают материалы девяти полевых сезонов, по большей части параметры системы наблюдений, условий возбуждения и регистрации схожи за исключением последних трех полевых работ (1995-96, 1996-97 и 2006-07 гг). Площадь исследований охарактеризована сложными поверхностными условиями – верховые болота и поймы рек.

При наличии на площади скважин с акустическими исследованиями одним из важных критериев качества при интерпретационном сопровождении на разных этапах обработки: деконволюции, шумоподавления, регуляризации и миграции до суммирования, является оценка формы извлеченных импульсов по результатам одномерного моделирования с сопоставлением синтетических и реальных сейсмотрасс. Анализ амплитудно-частотных и фазовых характеристик сигналов проводится прежде всего для выявления фазового сдвига в результирующих сейсмических данных и оценки изменения АЧХ на площади работ, получения обобщенного импульса для целей акустической инверсии. Рассмотрена методика учета фазового сдвига по результатам анализа АЧХ извлеченных импульсов, которая позволила выявить и устранить принципиальное различие в фазовых характеристиках на площади 3D сейсморазведки, провести сравнительный анализ с данными 2D и получить материал, используемый для дальнейшей кинематической и динамической интерпретации.

Метод

Для анализа АЧХ было использовано 22 скважины, расположенных на площади разных съемок объединенного куба 3D, в том числе 4 скважины в контуре работ 2D. Скважины выбирались с достаточным для статистики интервалом акустического каротажа, кривые АК предварительно были отнормированы и там, где отсутствовал плотностной метод и имелась информация по анализу кернового материала, были синтезированы кривые ГГКп. На первоначальном этапе одномерного моделирования и увязки скважин с сейсмическими данными использовался статистический нуль-фазовый импульс, также рассматривались модельные импульсы Рикера. Для определения амплитудных спектров импульса по статистическому методу используется спектральный анализ самих сейсмических трасс. Интервал извлечения импульсных характеристик по скважинам выбирался исходя из того, что длина оценки при извлечении сигнала (импульса) должна составлять не менее 3-5 его длин [1]. Путем свертки извлекаемых импульсов с коэффициентами отражений, выводятся синтетические трассы и проводится сравнительный анализ скважинных и сейсмических данных.

Для экспресс-анализа при оценке формы извлеченных импульсов по основным этапам обработки использовалась детерминистическая методика оценки сигнала с постоянным фазовым спектром. По данной методике при извлечении импульса оценивается амплитудный и фазовый спектр, где амплитудный спектр определяется с использованием только сейсмических данных, а данные по скважинам используются только для определения сдвига постоянной фазы импульса [2]. Длина извлекаемых импульсов составила 120 мс, интервал извлечения варьировался в зависимости от интервала АК в скважине (от 1000-1700 до 2200 мс).

При анализе данных на разных этапах обработки выявилась следующая особенность: на площади объединенных данных 3D сейсморазведки имеются две устойчивые формы импульсов с около нуль-фазовыми (или меньше 30-40 град.) и минимально-фазовыми характеристиками. Стоит отметить, что само по себе изменение импульсно-фазовых характеристик на площади имеет место быть и может быть также связано с особенностями волнового поля изучаемого разреза, но в данном случае на такое принципиальное различие в фазовых характеристиках извлекаемого сигнала могла повлиять разнородность исходных данных, связанных с полевыми условиями записи.

На рисунке 1 схематично представлены границы разных съемок с полученными формами импульсов, разделенными на две группы по фазовой составляющей. Как видно из представленных результатов, в пределах блоков 3-5 полевой отработки извлеченные по скважинам импульсы имеют отличную от остальных скважин фазу в пределах 3D куба. Следует добавить также, что к блокам 3-5 относятся самые ранние полевые работы по 3D на площади исследований (1994-1997 гг). Причина такого значимого различия по фазовым характеристикам до конца не ясна, поскольку в исходных материалах (заголовках трасс, рапортах оператора и пр.) отсутствует информация об изменении фазовой составляющей сейсмической записи.

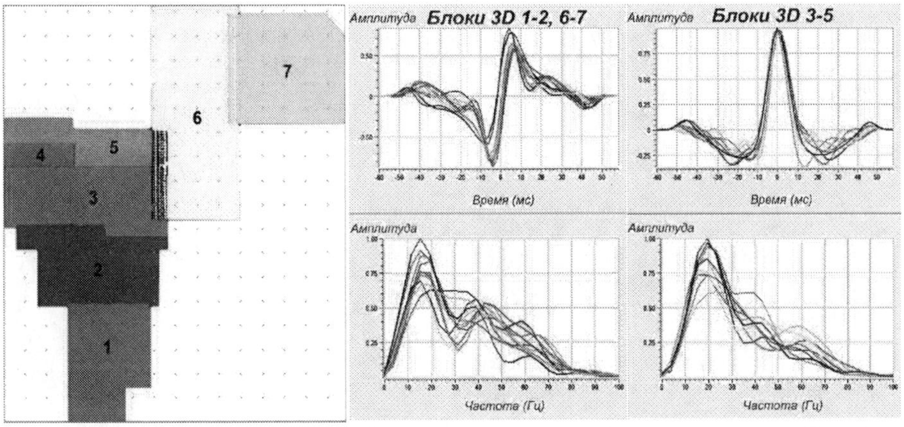

Рисунок 1. *Блок-схема полевой отработки по кубу 3D сейсморазведки и АЧХ извлеченных импульсов по скважинам в пределах куба.*

Разница по динамическим свойствам на площади 3D стала заметна лишь при расчетах в целевом интервале. На картах среднеквадратических амплитуд и частотно-фазовых атрибутах, рассчитанных в широких окнах, явных различий по блокам не отмечалось. Учитывая отмеченную особенность в разделении сигналов на площади 3D по блокам и проведя в интерактивном режиме тесты по ряду инлайнов и кросслайнов, был определен сдвиг фазы для блоков 3-5, равный -90 градусам. Тестирование фазовых сдвигов проводилось в диапазоне от -80 до -100 градусов по результатам ранее полученных фазовых характеристик извлеченных импульсов. В дальнейшем при повторной обработке исходных данных этот сдвиг был учтен, поэтапно проделаны те же процедуры, что и в первом варианте обработки без учета фазового доворота. На этапе постобработки была выполнена процедура нуль-фазовой деконволюции. АЧХ извлеченных импульсов по скважинам на финальных данных после миграции с учетом фазового сдвига на материалах 3D и сравнение полученных результатов с 2D представлены на рисунке 2. Полученные фазовые сдвиги не превышают границы в 30-40 градусов, что говорит об отсутствии необходимости дополнительной фазовой корректировки в результирующих данных [3]. Проведенный динамический анализ с повторной корреляцией реперного отражающего горизонта по 3D данным после внесенного фазового сдвига показал отсутствие амплитудно-фазовых аномалий в целевом интервале (Рис. 3).

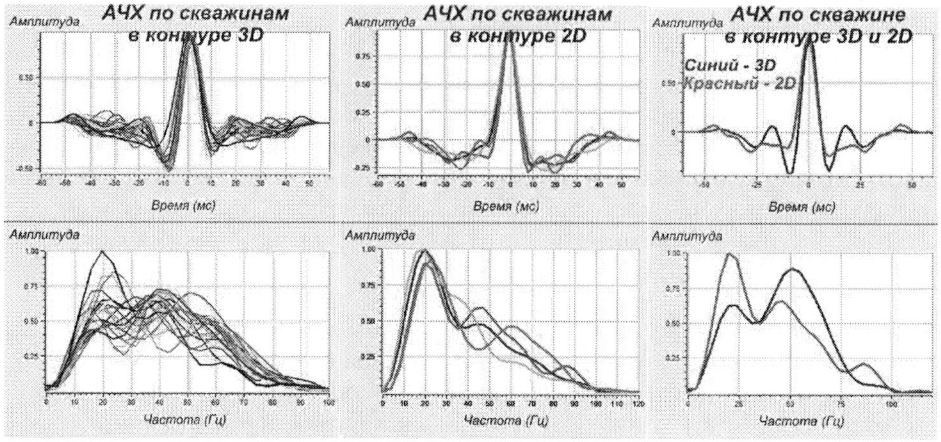

Рисунок 2. *АЧХ извлеченных импульсов по материалам 3D после введенного фазового сдвига и сравнение извлеченных импульсов, полученных по материалам 2D.*

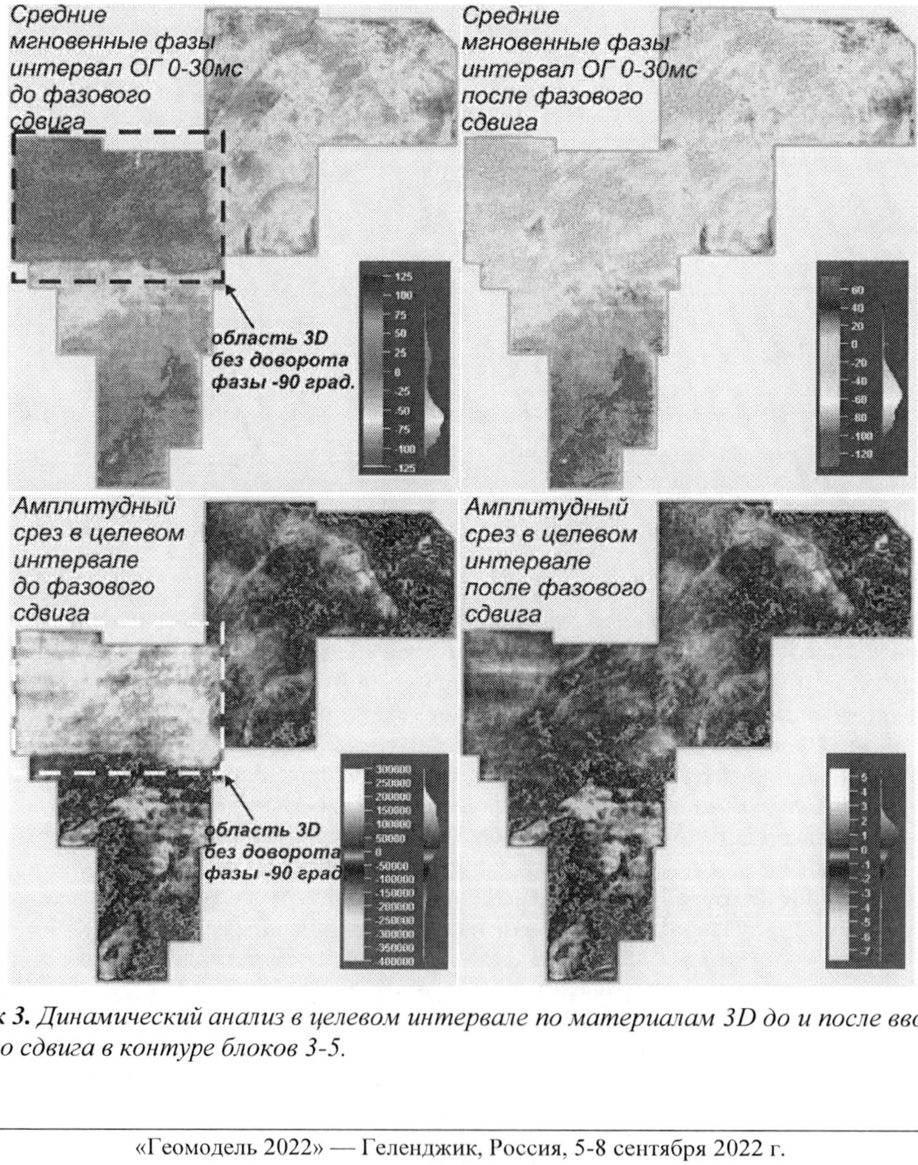

Рисунок 3. *Динамический анализ в целевом интервале по материалам 3D до и после ввода фазового сдвига в контуре блоков 3-5.*

Выводы

В процессе интерпретационного сопровождения обработки была выявлена особенность в разделении АЧХ импульсов по фазе в пределах контуров съемок 3D. Проведено интерактивное тестирование с выбором сдвига фазы в блоках съемок по результатам ранее полученных фазовых характеристик извлеченных импульсов. Последующий ввод сдвига фазы в исходные данные и повторная обработка материалов 3D позволила получить стабильный сигнал по всей площади работ, проведено также сравнение импульсных характеристик с данными 2D сейсморазведки. Анализ фазовых невязок в крестах профилей 2D по реперному отражающему горизонту до и после процедуры минимизации показал, что основной спектр отмеченных фазовых сдвигов находится в допустимых пределах (от 0 до 30-40 градусов), различие по параметру «фазовой корреляции» до и после минимизации незначительное. Примеры АЧХ сигналов по скважинам вблизи профилей 2D также говорят об отсутствии ввода фазовых поправок.

Повторная обработка с доворотом фазы в пределах блоков 3D и проведенный динамический анализ по амплитудно-фазовым параметрам позволили сделать вывод о пригодности результирующих данных для целей динамической интерпретации и инверсионных преобразований.

Библиография

1. Карасевич А.М., Земцова Д.П., Никитин А.А. Нетрадиционные ловушки углеводородов в геофизических полях. – Москва: ВНИИгеосистем, 2016. – 87 с.
2. Ли Цян Разработка помехоустойчивых алгоритмов динамической инверсии сейсмических данных. – Москва: ФГБОУ «РГУ нефти и газа им. И.М. Губкина» 2017. – 35 с.
3. Методические рекомендации по использованию данных сейсморазведки для подсчета запасов углеводородов в условиях карбонатных пород с пористостью трещинно-кавернового типа. Под редакцией В.Б. Левянта. – Москва: ЦГЭ, 2010. – 75 с.

References

4. Karasevich A.M., Zemcova D.P., Nikitin A.A. Unconventional hydrocarbon traps in geophysical fields. – Moscow: VNIIgeosystem, 2016. – 87 p. (in Russian)
5. Li Qian Design of noise-resistant algorithms for dynamic inversion of seismic data. – Moscow: Gubkin University 2017. – 35 p. (in Russian)
6. Guidelines for the use of seismic data for estimation of hydrocarbon reserves in carbonate rocks with fractured-cavernous porosity. Edited by V.B. Levyant. – Moscow: CGE, 2010. – 75 p. (in Russian)

Моделирование сейсмического отклика в частотной области в зависимости от литологии на примере отложений тюменской свиты одного из месторождений Западной Сибири

О.Я. Кирзелёва*, М.Д. Фёдорова; Д.В. Кляжников (ООО «Инджeникс Груп»); Т.Н. Кирьянова (ООО «ЛУКОЙЛ-Инжиниринг»)

Введение

Отложения тюменской свиты, повсеместно развитой на территории Западной Сибири, формировались, преимущественно, в континентальных условиях и в меньшей степени - в прибрежно-морских. Породы представлены переслаиванием песчаников, алевролитов, аргиллитов и углей. Запасы нефти, содержащиеся в отложениях тюменской свиты, относят к трудноизвлекаемым запасам (ТРИЗ).

Наличие палеорусловых отложений в интервале тюменской свиты Западно-Сибирской НГП доказано седиментологическим описанием керна по большому количеству скважин различных месторождений. Основной задачей при подготовке залежей к разработке становится создание детальных трехмерных геологических моделей с учетом лито-фациальных особенностей строения отложений. При этом в основу концептуальной геологической модели должны быть положены выявленные на этапе интерпретации данных сейсморазведки 3D, ГИС и керна различные фациальные объекты: палеорусла, конуса прорыва, пляжи, озерно-болотные зоны и т.д. По опыту выполнения большого количества проектов по тюменской свите палеорусла можно ранжировать на преимущественно песчаные и преимущественно глинистые по данным 3D сейсморазведки и скважинной информации.

Спектральная декомпозиция и RGB-суммирование

Спектральная декомпозиция и технология RGB-суммирования доказала свою эффективность в изучении палеорусловых объектов. В результате спектральной декомпозиции сейсмический куб раскладывается на набор кубов с различными доминантными частотами. И уже из этого ряда выбираются три наиболее информативных куба, которые в дальнейшем совместно визуализируются с использованием алгоритма RGB-blending, когда кубы суммируются каждый в своем «цветокоде»: красном (red-R), зеленом (green-G) и синем (blue-B). В красном цвете – низкие частоты, в синем – высокие. Если все частоты присутствуют в равной мере в каждой точке комбинированного изображения, то изображение будет белым, а его интенсивность пропорциональна амплитуде сигнала. Если одна частота доминирует в некоторой точке, то в данной точке этот цвет будет преобладающим [1].

Подходы к картированию и ранжированию палеорусел

В качестве примера рассмотрим реальный проект, где целевым объектом были продуктивные пласты тюменской свиты. На сегодняшний день на рассматриваемом месторождении, расположенном в Западной Сибири, пробурено более 100 эксплуатационных и разведочных скважин. В 2009 году была проведена съемка 3D площадью 200 км^2. При полевых работах использовался взрывной источник возбуждения, шаг между пунктами приема и пунктами возбуждения равен 50 метров, расстояние между линиями приема и линиями возбуждения -300 метров, кратность = 42.

Обработка сейсмического материала МОГТ 3D проводилась по графу временной и глубинной миграции до суммирования и была ориентирована на выделение полезных волн, подавление волн-помех, сохранение динамических характеристик, построение толсто-слоистой глубинно-скоростной модели среды, получение глубинного динамического мигрированного куба, но главной целью являлось - сохранение в волновом поле отображения объектов руслового типа.

Поставленная цель была достигнута за счет постоянного интерпретационного контроля над процессом обработки.

Изучаемый разрез юрских отложений сформирован в континентальных условиях осадконакопления. Объектами изучения являются пласты Ю6, Ю5, Ю4, Ю3, Ю2. Пласты не выдержаны по латерали и вертикали. Наилучшими ФЕС характеризуется «базальный» пласт Ю6. Он представлен песчано-гравийными осадками конусов выноса и характеризуется значениями Нэфф до 17 м, Кп от 11 до 22%, Кпр до 674 мД в среднем 116 мД. Улучшенными ФЕС обладают русловые песчаники пластов Ю3-Ю4: Нэфф до 15 м, Кп от 10.6 до 25%, Кпр до 213 мД в среднем 6-7 мД. Стартовые дебиты составили от 30 до 90 т/сут. Одной из целей проекта было выявить положение в плане русловых песочников пластов Ю3-Ю4. Далее будет рассмотрен пример по пласту Ю3.

Большую часть территории исследования занимает плоская аллювиально-озерная равнина со сложным характером распространения песчано-алевритовых пород. В скважинах русловые отложения подтверждаются характерной формой кривых ГИС, фотографиями и описаниями керна. Интервал русла сложен песчаниками светло-серыми, мелко- и среднезернистыми. Текстура косая, параллельная (до 75^0 к оси керна), реже (в средней части слоя) субгоризонтальная, слойчатая, в нижней части слоя -массивная. В нижней части интервала отбора керна отчетливо виден контакт с подстилающими глинистыми породами. В керне встречены многочисленные корешки растений, подстилаемые слоем угля толщиной 0,7 м, что является однозначным признаком континентальных отложений [2].

По данным сейсморазведки 3D палеорусла были закартированы по кубам RGB-суммы спектральной декомпозиции. При выявлении фациальных объектов использовался также анализ вертикальных сечений и анализ седиментационных срезов по различным кубам после спектральной декомпозиции. Границы каждого выделенного объекта определялись в ручном режиме и соотносились с выделенными коллекторами и формой кривых ГИС по скважинам. Палеорусла, подтвержденные скважинной информацией, выбирались в качестве эталонных.

На изучаемом месторождении выделено два типа палеорусел, имеющих разные характеристики в волновом поле. Палеорусловые объекты первого типа характеризуются максимальными амплитудами и энергией сейсмического сигнала. Они отчетливо идентифицируются на кубе RGB-суммы, а также на вертикальных сечениях, на картах геометрических атрибутов, на изохронных поверхностях. Палеорусловые объекты второго типа проявляются в разрезе значительным ослаблением энергии. На картах амплитуд и вертикальных сечениях их зачастую невозможно идентифицировать и только анализ срезов вдоль горизонта по кубу RGB-суммы дает возможность выделения таких объектов. На разрезах и картах RGB-суммы в интервале пласта Ю3 русла первого типа выделяются белым цветом, что говорит о том, что данные русла прослеживаются на всех трех частотах, слагающих цветовую сумму, яркость объекта обусловлена высокой энергией сейсмического сигнала [3]. Русла второго типа наоборот, проявляются темными тонами (рис. 1). Скважинами подтверждены русла второго типа и эти русла являются песчаными. Чем же сложены русла первого типа?

Моделирование сейсмического отклика в частотной области в зависимости от литологии

Для проверки различных геологических сценариев строения палеорусел пласта Ю3 на рассматриваемом месторождении было применено моделирование сейсмического отклика в частотной области в зависимости от литологии.

Для проведения моделирования в интервале изучаемых пластов выбирались скважины с характерным строением для русловых и пойменных обстановок осадконакопления, где имелись качественные замеры акустического и гамма-гамма плотностного каротажа. Для изучаемого интервала породы-коллектора (песчаники) характеризуются значениями Vp=3810 м/с и Rhob=2,53 г/см^3. Алевро-глинистые породы имеют значения Vp=3855 м/с и Rhob=2,43 г/см^3. На основе полученных данных было смоделировано несколько сценариев изменения петрофизических свойств.

На первом этапе была построена синтетическая модель на основе скважинных данных. На втором этапе в модель среды был добавлен контур палеоканала, внутри которого можно было менять различные свойства пород. Чтобы получить синтетический отклик, похожий на реальный, перебиралось много вариантов моделей строения русла. В результате заполнения русла свойствами, характерными для углисто-глинистых пород, синтетическая модель стала похожа на реальный сейсмический разрез. Смоделированное русло проявилось яркими амплитудами на синтетическом разрезе. При заполнении русла свойствами, характерными для коллекторов, отклик на синтетической модели проявился в виде ослабления амплитуд, что коррелируется с реальными данными. На сейсмическом разрезе песчаное русло, подтвержденное скважинами, как раз и проявляется ослаблением амплитуд.

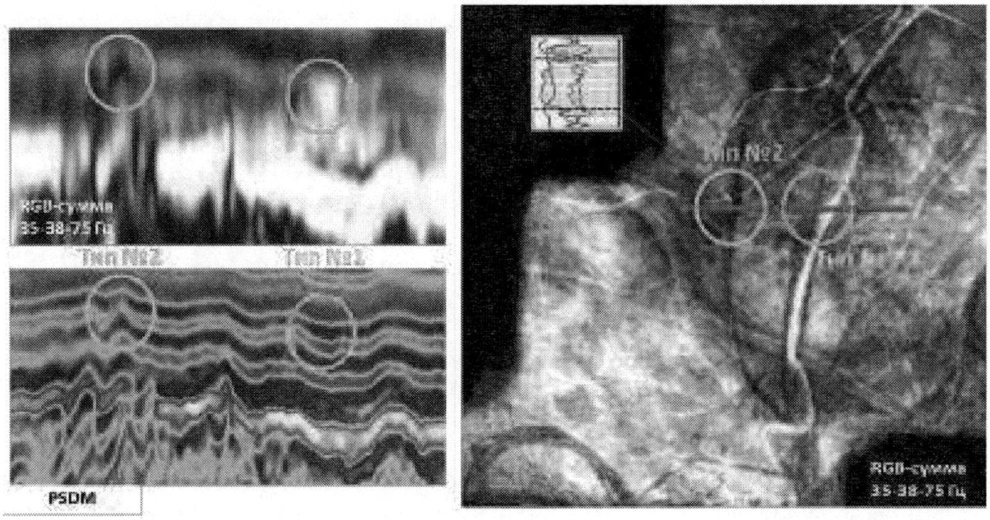

Рис.1 Пример визуализации русел первого типа и второго типа на карте RGB-суммы после спектральной декомпозиции, на вертикальных сечениях куба амплитуд и куба RGB-суммы

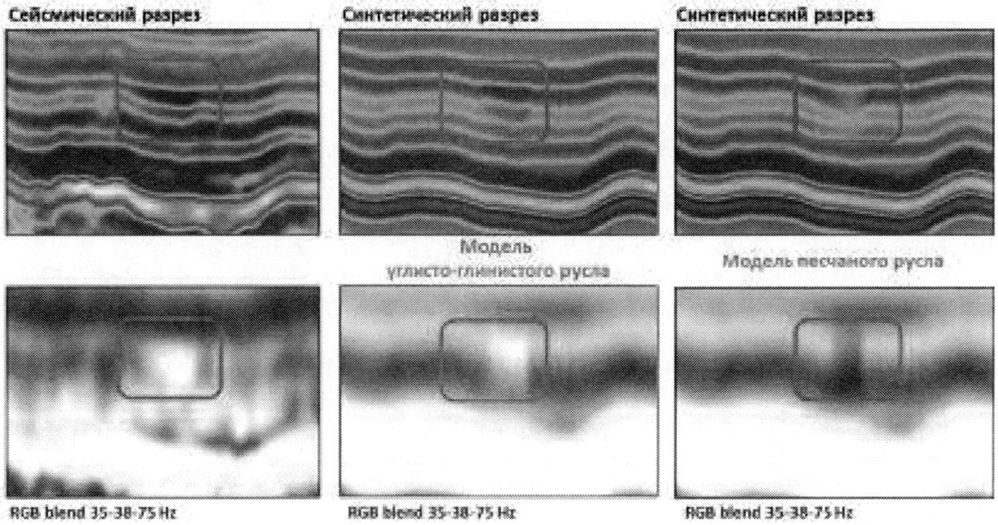

Рис.2 Пример моделирования сейсмического отклика в частотной области в зависимости от литологии

После подбора корректной синтетической модели можно сравнить сейсмический отклик в частотной области, рассчитав RGB-сумму по реальному и по синтетическому разрезу. На вертикальных разрезах RGB-суммы, полученном для синтетической модели углисто-глинистого русла, в частотной области руслу отвечает яркое пятно белого цвета, что коррелируется с реальными данными. Для модели песчаного русла в частотной области мы видим отклик в темной гамме, что также соответствует реальным данным.

Выводы

Моделирование сейсмического отклика в частотной области в зависимости от литологии позволяет интерпретатору проверять различные геологические гипотезы, подбирать условия, которые соответствуют реальной волновой картине и отсекать наименее вероятные геологические сценарии. На рассматриваемом примере моделирование подтвердило гипотезу о двух типах палеорусел, заполненных преимущественно песчаным материалом (и имеющих подтверждение по скважинным данным) и преимущественно глинистым материалом. Ранжирование палеорусел на преимущественно песчаные и преимущественно глинистые помогает планировать успешные скважины. Заглинизированные палеорусла могут служить обоснованными литологическими экранами при геометризации залежей.

Библиография / References

1. О.Я. Кирзелёва, Т.Н. Кирьянова, М.Д. Фёдорова, Р.Ю. Копёнкин, Д.В. Кляжников, О.В. Смирнова, А.А. Калугин, О.В Атанова. Палеорусла и палеореки в сейсмических данных (на примере продуктивного пласта ЮЗ-4 тюменской свиты одного из месторождений Западной Сибири) // Нефть. Газ. Новации. - 2021. - №4 (245). С. 18-25.
2. М. Мазитов, А. Калугин, Т. Кирьянова, О. Кирзелёва, М. Фёдорова. Особенности выявления различных типов палеорусел по данным сейсморазведки 3D и скважин на примере нефтяного месторождения в Западной Сибири // Тезисы докладов конференции, SEG-2020.
3. Р.Ю. Копёнкин, Т.Н. Кирьянова, М.Д. Фёдорова, О.Я. Кирзелёва, Д.В. Кляжников, О.В. Смирнова, А.А. Калугин. Прогнозы по данным сейсморазведки на качественном и количественном уровне (на примере отложений тюменской свиты Западной Сибири) // Геология нефти и газа. - 2021. – № 5. С. 45-54.

References

1. O.Y. Kirzeleva, T.N. Kiryanova, M.D. Fedorova, R.Y. Kopenkin, D.V. Klyazhnikov, O.V. Smirnova, A.A. Kalugin, O.V. Atanova. Paleo-channels and Paleo-rivers in Seismic Data (at the Example of Pay Yu3-4 of the Tyumen Suite at One of the Fields in Western Siberia). [2021] Gaz.Neft.Novation, no. 4, pp. 18-25.
2. M. Mazitov, A. Kalugin, T. Kiryanova, O. Kirzeleva, M. Fedorova. [2020]. Identification of different types of paleochannels using 3D seismic and well log data: special features by the example of oil field in Western Siberia. Abstracts, SEG-2020.
3. R.Yu. Ropenkin, T.N. Kiryanova, M.D. Fedorova, O.Ya. Kirzeleva, D.V. Klyazhnikov, O.V. Smirnova, A.A. Kalugin. Qualitative and quantitative prediction based on seismic data (by the example of Tyumen Formation in Western Siberia). [2021] Russian oil and gas geology, no. 5, pp. 45-54.

Анализ дифракционной компоненты сейсмического поля для характеристики коллекторов ачимовской толщи

Д.И. Матвейчук* (АО «Пангея»), Р.А. Филатов (АО «Пангея»)

Введение

Обнаружение дифрагирующих объектов: разломов и микроразломов, трещиноватых и кавернозных зон, резких смен литологических типов пород — является важной задачей сейсморазведки. Волновые поля, возникающие от таких объектов, характеризуются наличием рассеянной или дифрагированной компоненты энергии. Обнаружение и фокусировка рассеянной компоненты волнового поля рассматривается как основной путь к локализации мелкомасштабных неоднородностей в разрезе.

Фокусировка дифрагированных волн сопряжена с рядом сложностей. Энергия рассеянных волн обычно слабее, чем энергия отраженных, и очень быстро затухает с увеличением расстояния от дифрактора, поэтому данные события зачастую имеют низкое соотношение сигнал/помеха. Дифракционные волны могут быть подавлены на этапе сигнальной обработки МОГТ. Локальные структурные и литологические объекты с размерами, сопоставимыми с длиной волны, обычно игнорируются во время обработки и идентифицируются только во время интерпретации. Стандартные кинематические поправки не всегда позволяют точно определить время прихода дифракции и добиться качественного разделения отраженной и рассеянной компонент, а также оптимально сфокусировать данное событие.

Правильная идентификация событий дифракции может быть важна для более точной оценки скорости и дальнейшей геологической интерпретации результатов (Landa, 2009). Большинство описываемых в литературе методов используют ослабление отражающей компоненты и рассматривают остаточное волновое поле как дифракционную часть общего волнового поля.

В данной работе будет описано применение методики Дифракционный Мультифокусинг (ДМФ), основанной на оптимальном суммировании дифрагированных событий и создании изображения, содержащего в основном энергию дифракции (Berkovitch et.al, 2009). Оптимальное суммирование обеспечивается временной коррекцией, которая точно описывает смещение для событий дифракции.

Полученный по данной методике куб атрибута рассеянной компоненты энергии анализировался с целью поиска аномальных зон и их дальнейшей интерпретации. В исследуемом интервале разреза (ачимовская толща) была обнаружена корреляция повышенных значений энергии дифракции и сейсмических образов различных геологических объектов, таких как палеорусла, оползневые тела и турбидитные потоки. Дальнейшая интерпретация показала, что области развития данных аномалий отражают структурные особенности залегания шельфовых осадков.

Технология Дифракционный Мультифокусинг

Технология Дифракционный Мультифокусинг позволяет проводить накопление и выделение энергетически слабых дифрагированных (рассеянных) волн на фоне сильных отраженных волн и остаточных волн-помех. Дифракционная компонента сейсмического волнового поля формируется на разномасштабных акустических неоднородностях. Выделяемые изображения объектов дифракции на результативном атрибуте ДМФ представляют собой независимую информацию о наличии в среде разного рода локальных геологических объектов, которые отсутствуют, либо слабо проявлены в поле отраженных волн. Такой подход позволяет учесть положение «объектов дифракции» при уточнении параметров геологической модели и оптимизации схемы разработки месторождений.

Дифракция возникает при взаимодействии падающей волны с неоднородностью и более выражена, когда неоднородность сравнима или меньше длины волны. Дифрагированные волны отличаются от отраженных по кинематическим характеристикам. Годограф дифракции обычно имеет более крутой наклон и наблюдается на более узком интервале разносов по сравнению с соответствующим годографом отражения. Отличия не резкие, поэтому выделение дифрагированных волн и связанных с ними неоднородностей, возможно только при точном расчете кинематических характеристик, минимизации «растягивания» годографа на удалении от центральных точек годографа отраженной и дифрагированной волн, в которых годографы совпадают. На разнице поведения годографов волн основан поиск и вычитание отраженных волн по технологии Дифракционный Мультифокусинг.

Формула применяемая для ввода кинематических поправок в данном методе свободна от ограничения, связанного с негиперболичностью годографов отражений (что характерно для сложно построенных геологических сред), и требует знания не одного параметра (скорости), как в традиционной методике, а трех параметров: угла подхода волны и двух радиусов кривизны фундаментальных волновых фронтов (Berkovitch et.al, 2009).

В результате применения технологии Дифракционный Мультифокусинг рассчитывается куб энергии рассеянной компоненты волнового поля на основе временной миграции до суммирования сейсмических данных, полученных при вычитании отраженных волн и когерентного шума.

Объект исследования

При обработке сейсмического куба данных, полученного на месторождении Западной Сибири, и расчёте атрибута энергии рассеянной компоненты по технологии Дифракционный Мультифокусинг, была замечена корреляция повышенных значений атрибута и сейсмических образов русел, конусов выноса и оползневых тел ачимовского интервала разреза.

Ачимовская толща представляет собой серию невыдержанных как по площади, так и по разрезу линзовидных песчано-алевритовых пластов, залегающих в основании неокома. Ачимовские тела относятся к турбидитно-оползневым и авандельтовым образованиям. В разрезе они характеризуются общим моноклинальным залеганием, а в плане образуют сообщество наложенных и частично перекрывающих друг друга линз. С учетом геолого-геофизической и литологической информации образование ачимовских отложений связывают с поступлением к подножиям неокомских террас песчано-алевритовых осадков в виде турбидитных потоков различной плотности и оползней.

Обнаруженная корреляция аномалий поля рассеянной компоненты с местоположением различных геологических объектов в волновом поле может объясняться целым рядом причин. Во-первых, такая корреляция может являться отражением изменённых акустических свойств самих объектов по сравнению с вмещающими породами. Во-вторых, отражать изменение свойств отдельных частей обнаруженных геологических объектов, вызванное, например, флюидонасыщенностью. Кроме того, существует гипотеза дифференциального уплотнения и последующего растрескивания пород над объектами такого рода. Подобная трещиноватость может быть причиной повышенной энергии рассеянных волн.

Детальный анализ атрибутов рассеянных волн проводился на этапе интерпретации в комплексе с результатами структурной и динамической интерпретации и скважинными данными.

Интерпретация

В поле рассеянной компоненты можно выделить 2 основных типа наблюдаемых объектов – это палеоруса и их части, а также площадные волнообразные структуры (Рисунок 1).

а) 

б) 

Рисунок 1. *Типы аномальных объектов, выделяемых на кубе дифракционной компоненты: а) палеорусла, б) турбидиты (слева направо – фрагмент сейсмического среза, фрагмент дифракционного среза, наложение фрагментов).*

Оцененная по спектральной декомпозиции мощность русел составляет 60-80 м, предположительно они относятся к многоточечному песчано-глинистому типу питающей системы.

По классификации, представленной в книге Е.Ю. Барабошкина «Практическая седиментолгия: терригенные коллектора» предполагается, что второй тип аномальных объектов относится в одном случае к турбидитам умеренного склона (Рисунок 2а), а во втором – к удаленным равнинным турбидитам с элементами механического разноса (Рисунок 2б). Это подтверждается структурой аномалий в плане и на вертикальный срезах полноволнового и дифракционного кубов.

а) 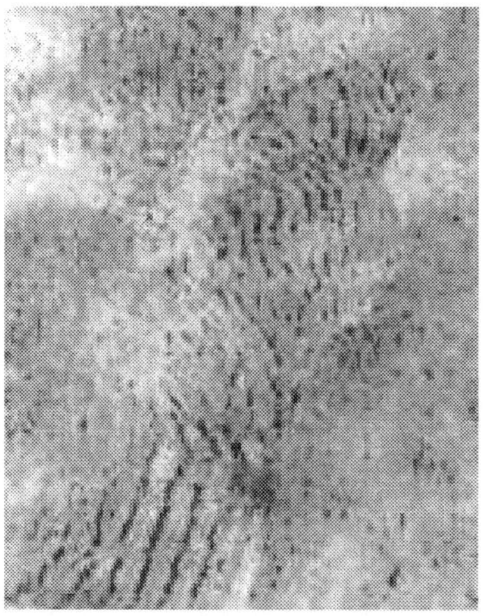 б) 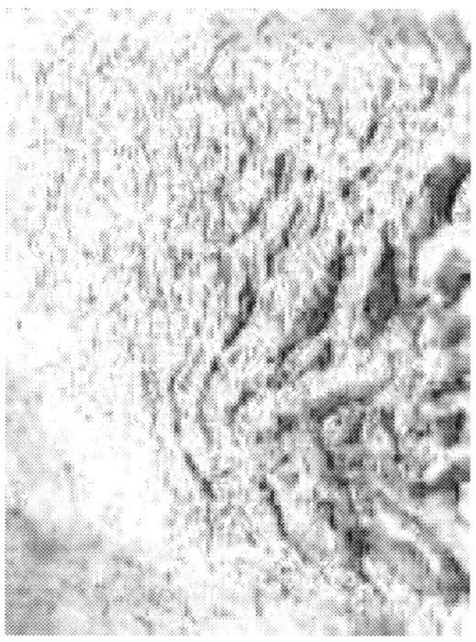

Рисунок 2. *Аномальные объекты второго типа: а) турбидиты умеренного склона; б) удаленные равнинные турбидиты с элементами механического разноса*

Исходя из карт временных мощностей для каждого пласта ачимовской толщи, а также информации из карт динамических атрибутов, на исследуемой территории были выделены следующие фации – шельфовая зона, склоновая часть, переходная часть (уклон сохраняется, но меньше, чем на склоне) и спокойная глубоководная зона.

Были составлены схематические фациальные схемы с нанесенными на них дифракционными аномалиями (Рисунок 3). Анализируя информацию, можно увидеть, что начиная со времени формирования ачимовской толщи на данном месторождении происходило постепенное обмеление бассейна. На территории месторождение мы можем попластово наблюдать смену всех фациальных обстановок. Наибольший интерес представляют зоны наличия дифракционных аномалий, так как они обнаруживаются в толще самых молодых и самых древних пластов, маркируя начало и конец зоны распространения конусов выноса.

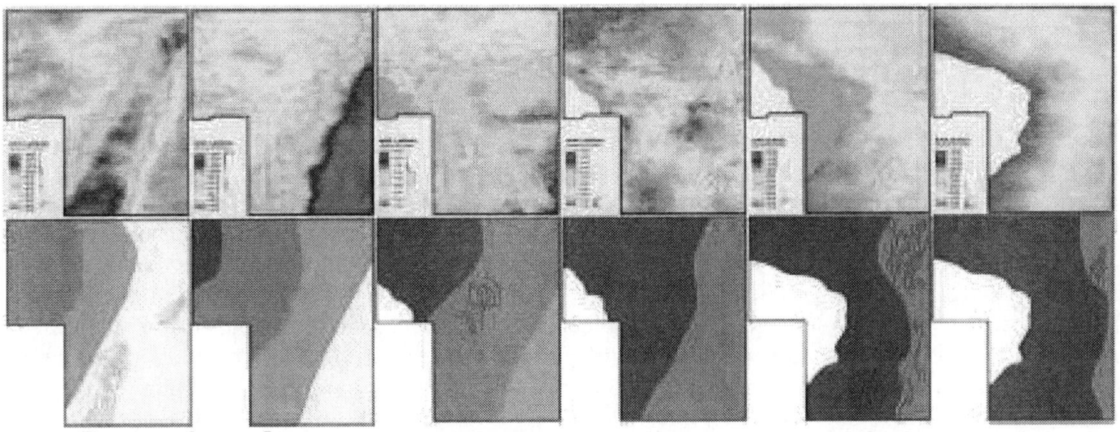

Рисунок 3. *Фациальные схемы ачимовских пластов с нанесенными локальными особенностями строения*

Выводы

В результате выполненного исследования, было установлено, что зоны повышенных значений атрибута рассеянной компоненты энергии соответствуют распространению отложений турбидитных потоков и палеорусел. В первом случае дифракция происходила из-за различной степени уплотненности пород, связанной с морфологией образования объектов. Во втором случае – из-за различной литологии русловых и вмещающих отложений.

На седиментационных срезах дифракционного и сейсмического куба выделяются как дистальные турбидиты, расположенные в непосредственной близости от склона, так и проксимальные, расположенные на максимальном удалении от бровки шельфа и разносимые вдольсклоновыми течениями. Оцененная мощность палеоканалов составляет 60-80 м, предположительно по ним осуществлялась основная транспортировка осадков к конусам выноса, в которых формировались коллектора.

References

1. Baraboshkin E. Practical Sedimentology (Terrigenous Reservoirs). Center for Professional Retraining of Oil and Gas Specialists TPU, Tomsk, 2007, 154 p.
2. Berkovitch A, Belfer I, Hassin Y, and Landa E. Diffraction imaging by multifocusing. Geophysics, vol.74, no.6 november-december 2009.
3. Landa E.I. Role of wave field diffraction component in seismic imaging. Seismic technologies, No 1, 2013, p. 5–31

Когнитивное моделирование в геологии: от продуктивности палеозоя Западной Сибири до засолонения вендских коллекторов Непско-Ботуобинского свода.

В.В. Колесов* (ООО «ОТЭКС»)

Введение

Применение методов машинного обучения и искусственного интеллекта для решения геологических задач в большинстве случае осложняется недостаточным объемом, неоднородностью и зашумленностью обучающих выборок – скважинных данных (hard data). Эти вызовы усугубляются неприемлемым для специалистов сходством прогнозирующего программного обеспечения с «черным ящиком» - системой, выдающей результаты непонятным для пользователя способом и не поддающейся контролю. Такой «черный ящик» использует не поддающееся обзору количество геофизической и геологической информации и выдает прогнозный куб, карту или разрез. Если результат не согласуется с представлениями интерпретатора, ему очень сложно в них поверить и использовать при моделировании, даже если математические оценки надежности прогноза высоки.

Для успешного использования геологами возможностей искусственного интеллекта необходимы:

- обоснованный законами физики и геологическими принципами выбор наиболее информативных наборов геофизических данных для использования в программах машинного обучения в качестве «мягких данных» (soft data), которые посредством обучения на hard data конвертируются в вероятность открытия залежей, а также в карты, в разрезы и в кубы параметров недр;
- интерпретация полученных с применением искусственного интеллекта зависимостей и прогнозов на основе причинно-следственных связей, закономерностей развития геологических процессов и их влияния на параметры резервуаров и измеряемые геофизические поля.
- использование накопленных знаний и опыта специалистов, результатов моделирования процессов образования залежей и моделирования измеряемых в геофизических полях эффектов, отражающих особенности строения месторождений.

Метод

Когнитивное моделирование в геологии [1] - анализ взаимовлияния геологических процессов, параметров залежей и измеренных геофизических/геохимических полей с целью прогнозирования залежей и параметров резервуаров (Рисунок 1)

Когнитивные модели складываются из множества причинно-следственных связей между факторами геологических процессов и их последствиями, к числу которых относятся как характеристики нефтегазовых залежей, так и геофизические/геохимические атрибуты, измеряемые в ходе геологоразведочных работ.

Когнитивная модель прогноза вероятности открытия залежей и/или параметров резервуара базируется на статистических, модельных и экспертных оценках связей геологических процессов с измеренными геофизическими полями и изучаемыми параметрами ФЕС и флюидонасыщения.

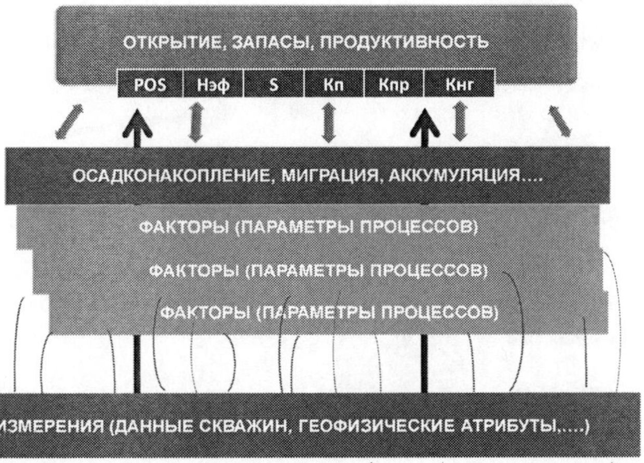

Рисунок 1. *Генерализованная когнитивная карта (схема) геологоразведочных работ. Тонкие дуги символизируют причинно-следственные связи между измерениями и факторами (параметрами) геологических процессов, длинные синие стрелки соответствуют тем случаям, когда геофизический атрибут (например, акустический импеданс) хорошо коррелирует с целевым параметром (например, пористостью). Короткие фиолетовые стрелки изображают влияние геологических процессов на вероятность открытия POS и эффективные толщины Нэф, площадь залежи S, пористость Кп, проницаемость Кпр и коэффициент нефтегазонасыщенности Кнг.*

Когнитивные модели изображаются в виде когнитивных карт (Рисунок 1) и позволяют

- объяснить геологический смысл результатов интерпретации геофизических данных, полученных методами машинного обучения и искусственного интеллекта, и наметить границы их применимости
- формализовать накопленные знания и опыт специалистов и передать их для использования в новых проектах,
- оптимизировать выбор методов геологоразведки и атрибутов геофизических полей для прогноза конкретных параметров и контроля качества получаемых данных

Задача прогноза (моделирования) залежей может рассматриваться как установление весовых коэффициентов, которые при суммировании вкладов от измеренных полей порождают все значимые связи когнитивной модели.

Примеры

На рисунке 2 изображена когнитивная карта выполненного проекта по комплексной интерпретации данных гравимагниторазведки для поисков перспективных зон на обнаружение залежей нефти и газа в доюрском комплексе. В качестве Hard Data для поиска аналогов открытых залежей методами искусственного интеллекта использовались данные о местоположении продуктивных доюрских скважин. В качестве Soft data – атрибуты гравимагнитоазведки. Данные гравиметрических и магнитометрических съемок хорошо отражают латеральные неоднородности фундамента и несут информацию о наличии разуплотнений и глубинных тектонических нарушениях.

Рисунок 2. *Когнитивная карта комплексной интерпретации данных гравимагниторазведки для поисков залежей в ДЮК. На вставке в правой части фрагмент карты прогноза вероятности открытия по аналогии с известными залежами.*

Выбор атрибутов (трансформант гравитационного и магнитного полей) осуществлялся на основании когнитивной модели связи гравимагнитных полей с указанными факторами геологических процессов – миграции флюидов в ловушки, эпигенетических процессов формирования коллекторов, осадконакопления карбонатных пород, благоприятных для образования вторичной пористости.

На рисунке 3 изображена когнитивная карта прогноза зон повышенной галитизации коллекторов Непско-Ботуобинского свода. Процесс кристаллизации солей существенно ухудшает пористость и проницаемость коллекторов крупных и гигантских месторождений нефти и газа Восточной Сибири, причем на сегодня прогноз зон засолонения по данным полевых методов не привел к достаточно точному решению этой важнейшей задачи.

Рисунок 3. *Когнитивная карта комплексной интерпретации данных полевых методов для прогноза зон галитизации. На вставке в правой части фрагмент карты прогноза глубины залегания траппов по данным магниторазведки (заштрихованы выходы траппов на поверхность)*

Следуя результатам работы [2] среди важных факторов галитизации на рисунке 3 указаны влияние осадконакопления (сильнее подвержены галитизации наиболее проницаемые фации), увеличение засолонения вдоль разломов, служащих путями миграции рассолов, влияние палеоВНК. Включено также возможное влияние траппового магматизма, хотя авторы цитируемой работы считают, что влияние траппов на процесс засолонения коллекторов на рассматриваемом ими Верхнечонском НГКМ незначительно. В то же время отметим, что зона выхода траппов на поверхность, изображенная на нижней части карты на вставке в рисунок 3 совпадает с одной из основных зон засолонения коллекторов. Результаты прогноза глубины залегания траппов по данным магниторазведки, приведенные во вставке на рисунке 3, также удовлетворительно коррелируют со степенью галитизации.

Изображение процесса поиска зон галитизации в виде когнитивной карты обеспечивает обзор исследовательского процесса, дает возможность находить новые пути его расширения и углубления. По данным сейсморазведки, керна и ГИС достаточно уверенно прогнозируются такие факторы как палеорельеф, палеоВНК, положение разломов и трапповых полей (изображено красными дугами). Сейсмические атрибуты, линеаменты космоснимков, позволяют с определенной степенью уверенности прогнозировать зоны трещиноватости (желтая дуга). По анализу толщин сейсмокомплексов можно надеяться установить положение источников сноса терригенного материала (синяя дуга). В качестве вызова для моделирования процесса миграции и осаждения солей выступает неизвестное пластовое давление (выделено красным шрифтом), для определения которого пока неясно, какие данные можно использовать. Достаточно уверенная связь между первичной пористостью коллекторов и степенью галитизации (стрелочка Кп-Кгал) требует дальнейшего анализа фактических данных, равно как соотношение фациальной приуроченности и степени эпигенеза коллекторов (горизонтальная фиолетовая стрелка).

Выводы

Наличие достаточного объема достоверных hard и soft data позволяет статистическими методами выполнять анализ многомерных связей геологических параметров и геофизических атрибутов, и методами машинного обучения прогнозировать свойства залежей. Интерпретация полученных результатов с использованием когнитивных карт позволяет выяснить причины и следствия и создать концептуальную модель геологических процессов формирования резервуара.

Когнитивное моделирование обеспечивает технологическую основу для интерактивной работы команды специалистов различных специальностей и программ искусственного интеллекта, в значительной мере отвечая на основные психологические и профессиональные вызовы использования современных компьютерных подходов для используемых в геологии наборов данных.

Список литературы

1. Kolesov,V. [2018] Cognitive Modelling In Oil&Gas Exploration And Reservoir Prediction *80th EAGE Conference & Exhibition*
2. В.С.Воробьев, Я.С.Клиновая [2017] Причины засолонения терригенных пород в пределах Верхнечонского месторождения (Восточная Сибирь) *Газовая промышленность* **4** (751) 36-44

References

1. Kolesov,V. [2018] Cognitive Modelling In Oil&Gas Exploration And Reservoir Prediction 80th EAGE Conference & Exhibition

2. V.S. Vorobiev, Ya.S.Klinovaya [2017] The causes of salinization of terrigeneous rocks within Verkhnechonskoe field (Eastern Siberia) *Gas Industry* **4** (751), 36-44

Применение интеллектуального цифрового помощника для построения тектонической модели участка работ на примере месторождений Пуровского района

А.В. Юрикова* (ООО «ГриПоинт Дайнамикс»), П.А. Авдеев (ООО «ГриПоинт Дайнамикс»), А.К. Базанов (ООО «ГриПоинт Дайнамикс»), И.И. Ефремов (ООО «ГриПоинт Дайнамикс»), Р. Ф. Мифтахов (ООО «ГриПоинт Дайнамикс»), Д.Г. Смолякова (ООО «ГриПоинт Дайнамикс»)

Введение

На сегодняшний день одним из основных способов изучения геологического строения осадочных толщ является сейсмическая разведка, которая позволяет с высокой точностью выявлять принципиальные особенности строения геологического разреза того или иного района.

К числу наиболее важных и в то же время сложных задач интерпретации относится выделение и пространственное картирование тектонических нарушений. Главными осложняющими факторами в данном случае является качество исходных данных и геологическое строение материала. Кроме того, существующие методики не позволяют использовать накопленный опыт с предшествующих работ соседних объектов исследования. Всё это приводит к необходимости поиска решений в смежных областях.

В данной работе предоставлена методика интерпретации с использованием «цифрового помощника» - технология выделения разломов, реализованная на основе искусственного интеллекта. Применение алгоритмов на базе искусственного интеллекта в том числе и для решения блока геолого-геофизических задач уже давно не является уникальной тематикой. На сегодняшний день представлен ряд успешных результатов применения искусственного интеллекта в самых разных задачах обработки и интерпретации геолого-геофизических данных: при подавлении волн-помех, корреляции отраженных волн и каротажных данных, картировании тектонических нарушений, сейсмической инверсии, фациальном анализе и др.

Теория

В основе технологии «Цифрового помощника» лежит использование многослойной свёрточной нейронной сети нового поколения, обученной на больших массивах предварительно размеченных синтетических данных, которые представляют собой модели случайных отражений, осложненных шумовыми эффектами, а также сложными конфигурациями отражающих границ и сдвигами осей синфазности под разными углами наклонов. Обучение сети производится на парах “исходная сейсмика” – “результат предсказания зон разлома”.

Процесс обучения состоит в накоплении библиотеки знаний о признаках и закономерностях наличия разлома и обучении с точностью предсказывать вероятности обнаружения разломов на реальных сейсмических данных. При использовании алгоритма исходные сейсмические данные автоматический разбиваются на серию сегментов, и по набору признаков, сформированных в процессе обучения, автоматически рассчитывается вероятность наличия разлома в каждой точке элементарного сегмента. На выходе получаются специальные объемные атрибуты, детально характеризующие тектоническую модель площади исследований.

Отдельной особенностью методики является наличие расширенной версии «цифрового помощника». Данные о ручной интерпретации разломов на нескольких сечениях сейсмического куба с учетом представлений о регионе исследований добавляются в обучающую выборку, сеть дообучается, результат предсказания изменяется. Таким образом обеспечивается возможность влияния специалиста интерпретатора или геолога на результат расчета атрибута разломов и автоматизации трассирования тектонических разломов в сложной геологической обстановке.

Примеры

В качестве примеров были использованы данные с реальных сейсмических проектов Пуровского района Ямало-Ненецкого автономного округа.

На первом этапе были выполнены построения по кубу Усть-Харампурского месторождения. Участок расположен в пределах Верхне-Пурского крупного вала (структура второго порядка) субмеридионального простирания, в составе которого выделяется Айваседопуровское куполовидное поднятие (структура третьего порядка). По данным сейсморазведки отмечена значительная дизъюнктивная тектоника. Нарушения имеют различную степень проникновения в осадочный чехол - часть затухает в юрских отложениях, часть проникает в меловые отложения. Стоит отметить, что при выполнении работы были использованы архивные обработанные сейсмические данные для которых переобработка с увеличением прослеживаемости геологических объектов не проводилась.

На рисунке 1 представлены результаты расчетов стандартных аналитических алгоритмов – алгоритмов когерентности. Данный алгоритм неустойчив к качеству сейсмических данных, а также к особенностям геологического строения, поэтому картина разломов выглядит несвязно и неоднозначно.

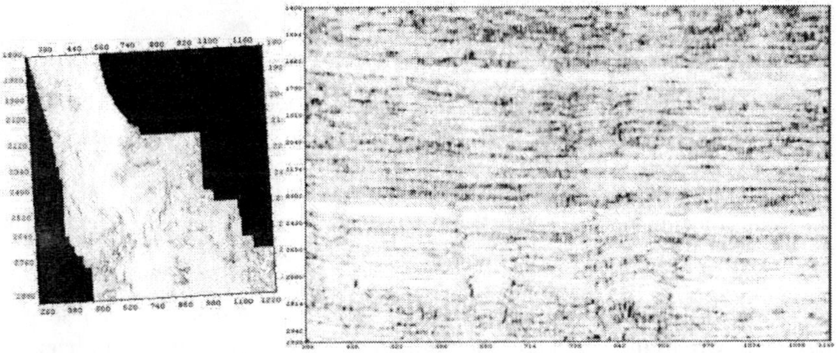

Рисунок 1. *Результаты предсказания разломов алгоритмом когерентности на Усть-Харампурском ЛУ*

Следующим шагом был расчет базовой модели «цифрового помощника». Результат предсказания зон вероятности наличия разломов, представленный на рисунке 2 дает достоверный прогноз: при анализе горизонтальных срезов позволяет получить полное представление о системе разломов, а также устойчивое прослеживание на вертикальных срезах, особенно на фоне неинформативных срезов кубов когерентности.

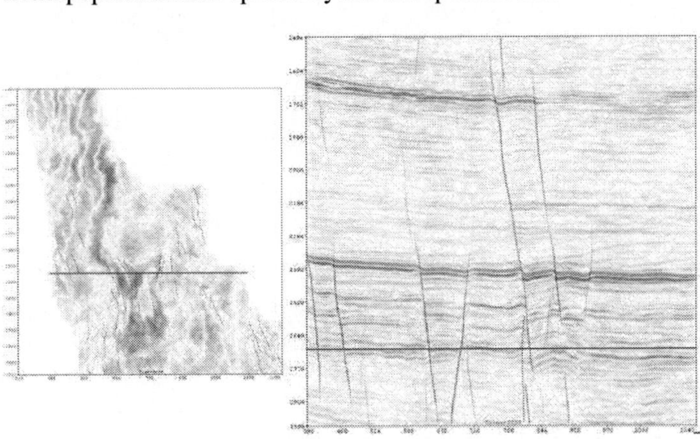

Рисунок 2. *Результаты предсказания разломов базовой версией «цифрового помощника» на Усть-Харампурском ЛУ*

С целью повышения точности прогноза разломов в зонах с низким качеством сейсмического материала, а также неопределённости геологического строения было принято решение об использовании расширенной версии «цифрового помощника» через дообучение нейронной сети. По одному сечению куба была проведена разметка стиков разломов, которая была использована для обучения нейронной сети.

Результатом применения расширенной версии является уточненный куб вероятности разломов. Процедура помощника позволила доуточнить положение разломов, а также повысить качество выделяемых разломов в интервале 1500-2300 мс (Рисунок 3).

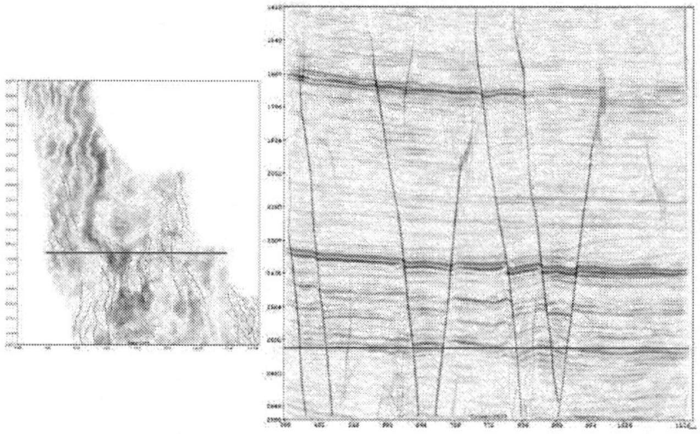

Рисунок 3. *Результаты предсказания разломов расширенной версией «цифрового помощника» на Усть-Харампурском ЛУ*

Полученная расширенная версия цифрового помощника может быть применена для расчета кубов вероятности разломов на соседних площадях или площадях с похожим геологическим строением.

На следующем этапе было выполнено построение атрибута вероятности разломов с использованием полученной ранее расширенной версии «помощника» по данным сейсмического куба Северо-Айваседопурского месторождения, примыкающего к эталонной площади Усть-Харампурского месторождения. Использование «Цифрового помощника» позволило дополнительно повысить качество результатов предсказания атрибута вероятности: выделено большее количество элементов разломов; отчетливо наблюдается связь основной группы разломов с уступами и рельефом жесткого каркаса пород в палеозое; определена стройная система кулисообразных нарушений (расположение параллельных или почти параллельных складок) на разных стратиграфических уровнях (Рисунок 4).

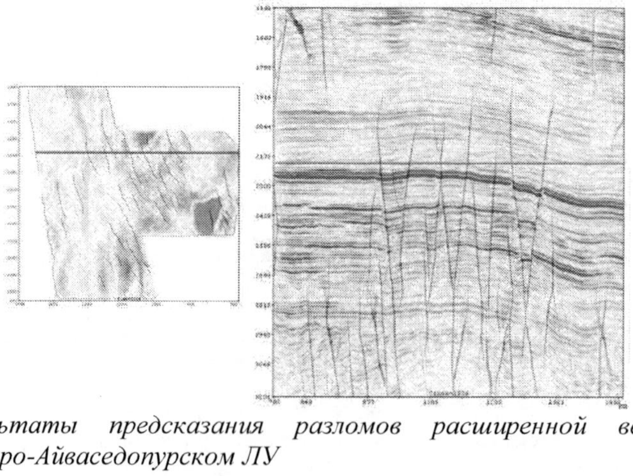

Рисунок 4. *Результаты предсказания разломов расширенной версией «цифрового помощника» на Северо-Айваседопурском ЛУ*

Аналогичные построения были проведены на соседнем участке Еты-Пуровского месторождения. Данные участка имеют ряд отличительных особенностей от предыдущих площадей несмотря на близость расположения: сейсмические данные имеют более низкое качество обработки материала, а также отличную тектоническую картину. Особенностью рассматриваемых данных является потеря прослеживаемости сейсмических отражений и серия артефактов в верхней части разреза.

Ввиду вышеперечисленных особенностей материала результат применения базовой версии сети обеспечил возможность получения качественного результата предсказания только по верхней части разреза. Для повышения качества результата предсказания на данной площади было принято решение о проведении дополнительного дообучения нейронной сети с использованием разметки по одному из сечений Еты-Пуровского куба. Только применение дополнительного дообучения позволило обеспечить качественное решение задачи прогнозирования разломов на данной площади (Рисунок 5).

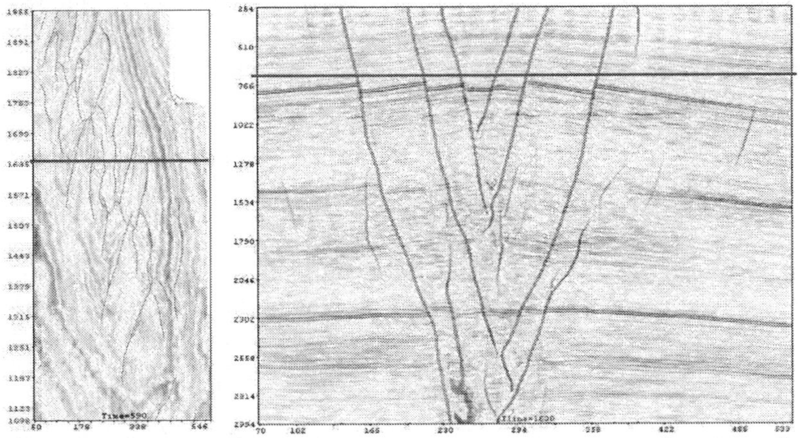

Рисунок 5. *Результаты предсказания разломов расширенной версией «цифрового помощника» на Еты-Пуровском ЛУ*

Выводы

Представленный подход подготовки и использования расширенной версии «цифрового помощника» на базе алгоритмов искусственного интеллекта показал свою эффективность при работе с материалами с соседних площадей. Данный алгоритм наименее чувствителен к особенностям качества сейсмической записи в отличие от стандартных аналитических методик. Применение «цифрового помощника» позволило уточнить положение разломов, а также подтвердить представления об общей картине разломов исследуемых площадей.

Библиография

1. Xiong, W., X. Ji, Y. Ma, Y. Wang, N. M. AlBenHassan, M. N. Ali, and Y. Luo. Seismic fault detection with convolutional neural network: Geophysics, 83, no. 5, O97–O103 – 2018

2. Wu, X., Y. Shi, S. Fomel, L. Liang, Q. Zhang, and A. Yusifov, 2019b, FaultNet3D: Predicting fault probabilities, strikes and dips with a common CNN: IEEE Transactions on Geoscience and Remote Sensing

Новые подходы к постобработке суммированных данных с применением нейросетевых алгоритмов

А.А. Лёвина * (ООО «ГридПоинтДайнамикс), П.А. Авдеев (ООО «ГридПоинтДайнамикс), Р.Ф. Мифтахов (ООО «ГридПоинтДайнамикс), А.К. Базанов (ООО «ГридПоинтДайнамикс), И.И. Ефремов (ООО «ГридПоинтДайнамикс)

Введение

Построение достоверной структурной модели является одним из важнейших этапов интерпретации и напрямую влияет на дальнейшее планирование бурения и подсчет запасов. Для проведения данного этапа важно иметь качественные данные, позволяющие отследить положения опорных горизонтов и тектонических нарушений. Критерии качества включают в себя соотношение сигнал-помеха, ширину спектра и амплитудную и временную разрешенность записи. Несмотря на прозрачность требований, специалисты зачастую сталкиваются с сейсмическими данными после суммирования, осложненными помехами в силу разных причин.

Традиционным и наиболее корректным методом повышения качества сейсмических данных является переобработка с изменением графа. Несмотря на эффективность, такие работы часто не закладываются в плане, т. к. требуют дополнительных временных и финансовых затрат. В связи с этим возникает потребность использования процедур дополнительной обработки уже на стадии интерпретации. На сегодняшний день представлено много аналитических алгоритмов постобработки, позволяющих повысить качество сейсмических данных. Все они представляют собой комбинацию различных фильтров для подавления помех. Однако, подбор оптимальных фильтров зачастую требует значительных временных затрат и не всегда дает желаемый результат. Проведение постобработки зачастую приводит к сужению спектра, и, следовательно, к снижению временной разрешающей способности.

В данной работе рассматриваются новые подходы к повышению качества сейсмических данных на этапе интерпретации, основанные на алгоритме машинного обучения. Использование нейронных сетей позволяет повысить разрешающую способность отраженных волн за счет увеличения соотношения сигнал-помеха, устранить нерегулярные помехи и улучшить качество прослеживания осей синфазности и тектонических нарушений. В работе представлены теоретические основы предлагаемых алгоритмов и продемонстрированы результаты применения на примере площади Каху на шельфе Новой Зеландии.

Теория

В основе предлагаемых технологий лежит использование свёрточной нейронной сети, состоящей из двух частей: кодировщика и декодировщика, соединенных обходящими связями. В качестве кодировщика используется модель, обученная на большом наборе синтетических данных. Отказ от использования на этапе обучения реальных сейсмических данных обеспечивает возможность учета большой и разнообразной выборки моделей волновой картины, а также исключает субъективизм ручной интерпретации. В работе представлено три алгоритма улучшения сейсмических данных, основное отличие которых заключается в моделировании синтетических данных.

Моделирование синтетических данных для первого алгоритма «структурно-ориентированная фильтрация» состоит из четырех этапов. На первом этапе генерируется куб сейсмических отражений для горизонтально-слоистой среды. На втором этапе на созданной модели математически задается смещение трасс. Затем с помощью функции Гаусса или линейной функции генерируются и добавляются к модели структуры разломов. После чего рассчитывается свёртка синтетической трассы с импульсом Рикера. На четвертом этапе к рассчитанной модели добавляют случайных шум. Отличительной особенностью алгоритма является использование на стадии обучения сгенерированных кубов трех компонентов нормального векторного поля, определяющих разрывные нарушения в трёх направлениях.

Моделирование синтетических данных для второго алгоритма «повышение разрешающей способности» основывается на описанной выше методике, однако включает еще один дополнительный этап – повышение вертикальной разрешающей способности синтетических данных. После создания куба отражений для горизонтально-слоистой среды применяется фильтр, который позволяет проследить наиболее тонкие оси синфазности. Дальнейшие этапы моделирования синтетических данных повторяют технологию первого алгоритма.

Третий алгоритм «стратиграфическая фильтрация» при создании модели повторяет четыре этапа первого алгоритма структурно-ориентированной фильтрации, а затем рассчитывает по полученным синтетическим данным куб локального геологического времени (ЛГВ). Разрезы ЛГВ представляют собой цветокодированные изображения, где каждая точка разреза означает относительное время формирование пласта, а точки с одинаковыми значениями соответствуют экстремумам. На последнем этапе происходит осреднение амплитуд вдоль всех экстремумов.

В процессе обучения для всех алгоритмов нейронная сеть идентифицирует на синтетических данных признаки некогерентных шумов, которые чаще всего присутствуют на сейсмическом разрезе при наличии особенностей волновой картины, а также выявляет закономерность появления этих признаков в структурах. Формируется база накопленных «знаний», которая потом применяется на реальных данных для улучшения качества сейсмических изображений. Обученная нейронная сеть учитывает различные особенности волновой картины: низкое качество материала, зоны потери кратности, наличие аномалий в верхней части разреза, сложное строение разреза, слабая прослеживаемость осей синфазности.

Результаты практического применения

В работе представлены результаты практического применения алгоритмов на примере площади Каху на шельфе Новой Зеландии. На рисунке (Рисунок 1) представлены фрагменты исходного сейсмического разреза и результаты трех алгоритмов постобработки. Алгоритмы на основе искусственного интеллекта смогли значительно ослабить нерегулярные шумы, повысить прослеживаемость зон разломов и отражающих границ. Алгоритм повышения разрешающей способности позволил выделить также более тонкие оси синфазности, зашумленные на исходном разрезе.

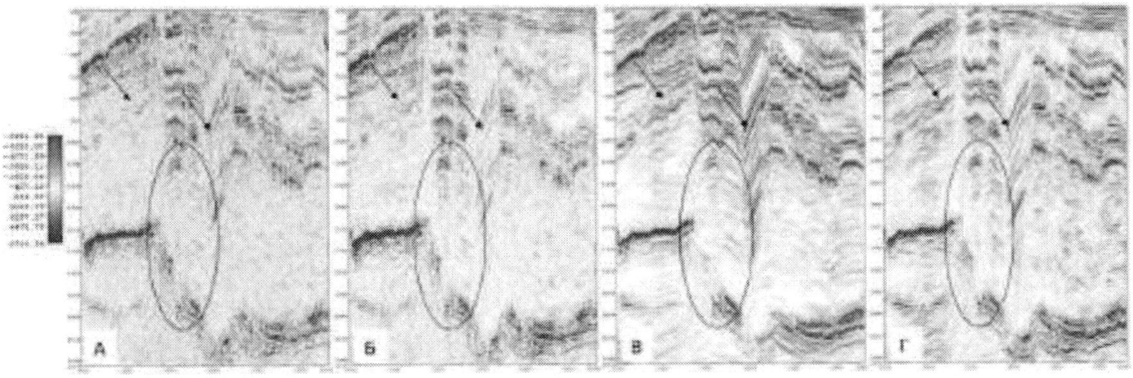

Рисунок 1. *Фрагменты сейсмического разреза до и после процедур улучшения качества на основе искусственного интеллекта. А - исходные сейсмические данные, Б - структурно-ориентированная фильтрация, В - повышение разрешающей способности, Г – стратиграфическая фильтрация.*

Для оценки качества выполненных процедур были получены амплитудные спектры (полный спектр и спектр шума) сейсмических данных (Рисунок 2): исходные (А), после процедуры структурно-ориентированной фильтрации (Б), после процедуры повышения разрешающей способности (В) и после стратиграфической фильтрации(Г). Форма спектра сохраняется на всех результирующих кубах, однако после процедур структурно-ориентированной и стратиграфической фильтраций наблюдается некоторое уменьшение ширины спектра.

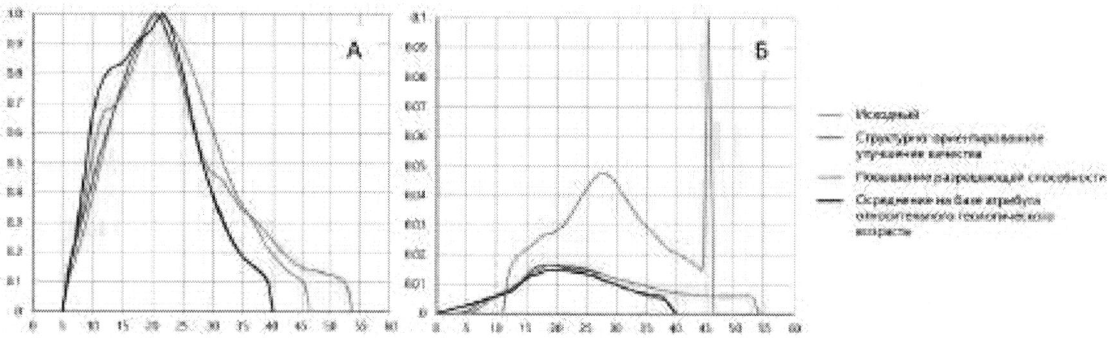

Рисунок 2. *Амплитудные спектры: полные спектры (А) и спектры шума (Б) по исходным данным и данным после улучшения качества технологиями на базе искусственного интеллекта*

Для количественной оценки влияния процедур улучшения на базе искусственного интеллекта были рассчитаны соотношение сигнал-помеха и вертикальная разрешенность (Таблица 1). Для алгоритмов структурно-ориентированной и стратиграфической фильтраций соотношение сигнал-помеха увеличилось в 3 раза, а вертикальная разрешенность при этом уменьшилась на 7-10%. Для алгоритма повышения разрешающей способности соотношение сигнал-помеха увеличилось в 2 раза, но при этом вертикальная разрешенность выросла на 13%. В результате применения всех трех алгоритмов удалось повысить соотношение сигнал-помеха, сохранив форму спектра. Результаты оценки позволяют использовать полученные результаты для построения структурной модели.

	Исходный куб	Структурно – ориентированная фильтрация	Повышение разрешающей способности	Стратиграфическая фильтрация
Сигнал/помеха	15.5	51.7	30.8	44.8
Вертикальная разрешенность	48.1	45	54.5	43.8

Таблица 1. *Сопоставление спектральных характеристик исходных данных и данных после улучшения качества технологиями на базе искусственного интеллекта.*

Помимо повышения соотношения сигнал-помеха описанные подходы позволили значительно улучшить прослеживаемость зон разломов и отражающих границ. Выделение зон разломов особенно проявляется на алгоритмах структурно-ориентированной и стратиграфической фильтраций. На рисунке (Рисунок 3) представлены сейсмические разрезы с наложением кубов когерентности. Использование рассчитанных кубов может упростить работу специалиста на этапе ручной корреляции и уменьшить неоднозначность выделения при наличии нерегулярных помех.

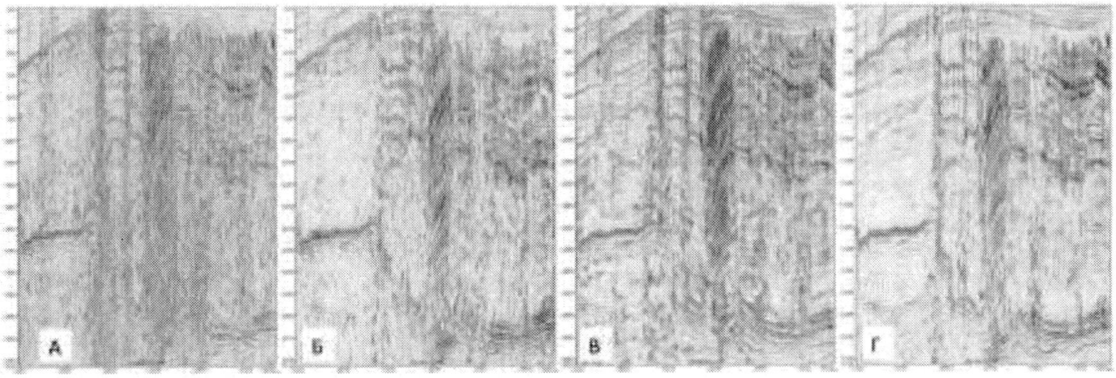

Рисунок 3. *Результаты расчета кубов когерентности на исходных сейсмических данных (А) и после постобработки на основе искусственного интеллекта: структурно-ориентированная фильтрация (Б), повышение разрешающей способности (В), стратиграфическая фильтрация (Г).*

Выводы

Представленные подходы позволяют решить ряд задач, связанных с повышением качества данных, для этапа структурной интерпретации: фильтрацию нерегулярных помех, сохранить вертикальную разрешающую способность и при этом повысить соотношение сигнал-помеха. Все три алгоритма на основе искусственного интеллекта позволяют упростить этап структурной интерпретации и существенно оптимизировать временные затраты на выполнение работ данного этапа. Алгоритм повышения разрешающей способности на площади Каху продемонстрировал улучшение прослеживаемости осей синфазности и выделил тонкие пласты, а алгоритм стратиграфической фильтрации значительно улучшил отображение зон разломов. Структурно-ориентированная фильтрация дало наибольшее соотношение сигнал-помеха, его можно назвать наиболее устойчивым алгоритмом, который показывает эффективность на площадях различных регионов.

Библиография

1. Ballance P. New Zealand geology: an illustrated guide/ Ballance P., Cotterall L.//Geoscience Society of New Zealand. Miscellaneous Publication No. 148
2. Barnes A. A filter to improve seismic discontinuity data for fault interpretation/ Barnes A. E//Geophysics.-2006.-71, no. 3, p.1–4
3. Klochikhina E. Leveraging deep learning for seismic image denoising/ E. Klochikhina, S. Crawley, S. Frolov, N. Chemingui, T. Martin// First Break.-2020.-№38.-p.41-48.
4. Wu Xinming. FaultSeg3D: Using synthetic data sets to train an end-to-end convolutional neural network for 3D seismic fault segmentation/ X. Wu, L. Liang, Y. Shi, S. Fomel//Geophysics.-2019.-№84 no. 3.

Нижнепермские цепочечные холмы севера Тимано-Печорского бассейна

Е.А. Панченко* (ЗАО «МиМГО»), Д.В. Резвухина (ЗАО«МиМГО»), В.А. Машорин (АО «ННК»), А.И. Мурзов (АО «ННК»)

Введение

На протяжении каменноугольно-пермского времени в пределах Печорской плиты располагался обширный полого погружавшийся карбонатный рамп с благоприятными условиями существования разнообразного мелководного бентоса. Впервые органогенные постройки были описаны В.А. Варсанофьевой, Г.А. Дуткевичем и Н.Г. Чочиа в отложениях нижней перми еще в 1930-е годы, также они изучены в обнажениях Урала, Пай-Хоя и гряды Чернышева. Циклическое строение органогенных построек детально исследовано в карбоне и ранней перми Северного Урала и Тимано-Печорского бассейна [9, 6]. Однако кроме специфики внутреннего строения пермско-каменноугольных органогенных построек, вызывает интерес их латеральное распространение. Только благодаря сейморазведке 3D удалось увидеть специфическое сетчатое распространение построек, которое описано в работах по Тимано-Печорскому бассейну с распространением в Печорское и Баренцево моря [7, 4, 2 и др.]. Выявлено, что органогенные постройки ассельско-сакмарского возраста относятся к карбонатным холмам [5], которые отличаются от классических рифов отсутствием типичных массивных каркасных организмов [9]. Так, в нашей работе органогенные постройки нижней перми будут называться холмами.

Методы и результаты

С целью изучения особенностей строения и распространения разнофациальных отложений нижнепермскоко комплекса в пределах северной части Тимано-Печорского бассейна, авторами изучено около 350 м кернового материала, проанализированы петрографические шлифы, результаты лабораторных исследований, каротажные кривые по 62 скважинам, а также материалы 2D и 3D сейсморазведки.

Изученный керновый материал характеризует основные фации карбонатного рампа. В керне скважины 1 вскрыты преимущественно каркасные мшанковые, тубифитесовые, криноидные, криноидно-мшанковые, водорослевые и микробиально-криноидно-мшанковые баундстоуны фации органогенных построек с прослоями межбиогермных и шлейфовых органогенно-детритовых рудстоунов и грейн-пак-вакстоунов [1, 3] с терригенной и глинистой примесью. Скважиной 2 вскрыты микрит-биокластовые известняки (преимущественно пак-вакстоуны [1, 3]) с примесью глинисто-терригенного материала фации карбонатных отмелей с прослоями каркасных известняков В керне скважины 3 вскрыты глины алевритистые известковые комковатые, фация мелководно-шельфовых равнин, внутришельфовых впадин (сезымская свита и её аналоги). Результаты выделения фаций в керне скважин были соотнесены с каротажными данными для дальнейшего распространения фациальной интерпретации в скважинах, не охарактеризованных керном. Таким образом, были выявлены характеристики каротажных кривых, соотносимые с выделенными фациями в керне. Скважинам были присвоены типы, соответствующие преобладающей в разрезе фации (рис. 1). Распространение органогенных построек отчетливо фиксируется в Хорейверской впадине (амплитуды до 150м), где они прослеживаются на сейсмических разрезах и по структурным картам (рис 1).

По региональным фациальным картам нижней перми [8] в пределах севера Хорейверской впадины распространены преимущественно глинисто-карбонатные осадки умеренно-глубоководного шельфа с неравномерно распространенными органогенными постройками. Опираясь на комплексный анализ скважинных и сейсмических данных, с привлечением фациальных моделей окружающий территорий, была сформирована единая карта распространения цепочечных холмов в пределах северных частей Хорейверской впадины,

Колвинского мегавала и Верхнелайской депрессии (рис. 2). В результате определено что цепочечные холмы развивались и сохраняли свое строение, как в пределах инверсионных валов (Колвинский, Лайский, Сорокина), зачастую наследуя положение верхнекаменноугольных построек, так и в пределах пониженных в рельефе участков (Хорейверская впадина, Верхнелайская депрессия) (табл. 1).

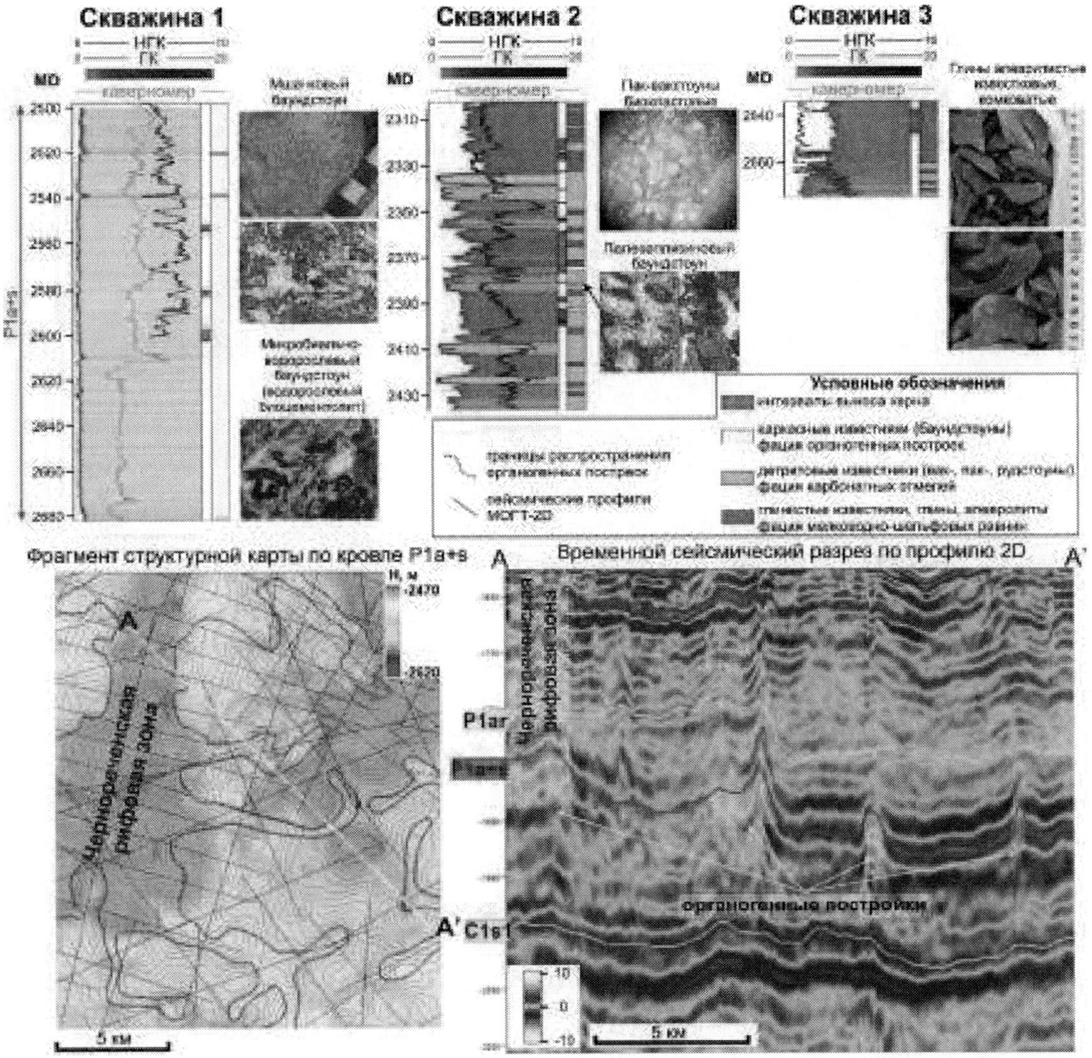

Рисунок 1. *Скважины, вскрывающие различные фации нижнепермского карбонатного комплекса и пример сейсмического разреза, вскрывающего органогенные постройки на севере Хорейверской впадины.*

Анализ фильтрационно-емкостных свойств (ФЕС) и их зависимость от ряда характеристик органогенных построек позволил сделать вывод, что органогенные постройки в пределах Колвинского вала подвергались более активной волновой деятельности, чем постройки Хорейверской впадины. Происходило разрушение каркаса холмов и формирование обломочных шлейфов, что отражается в уменьшении амплитуд и увеличении ширины цепочек (табл. 1).

Прослеженные цепочки холмов могут являться объектом поисковых работ в Хорейверской впадине. Так в пределах зон распространения цепочечных холмов открыты залежи нефти в Хорейверской впадине на Колвинском, Сандивейском месторождениях, недавним открытием и подтверждением нефтеносности цепочечных холмов стала залежь нефти на месторождении им. Р. Требса.

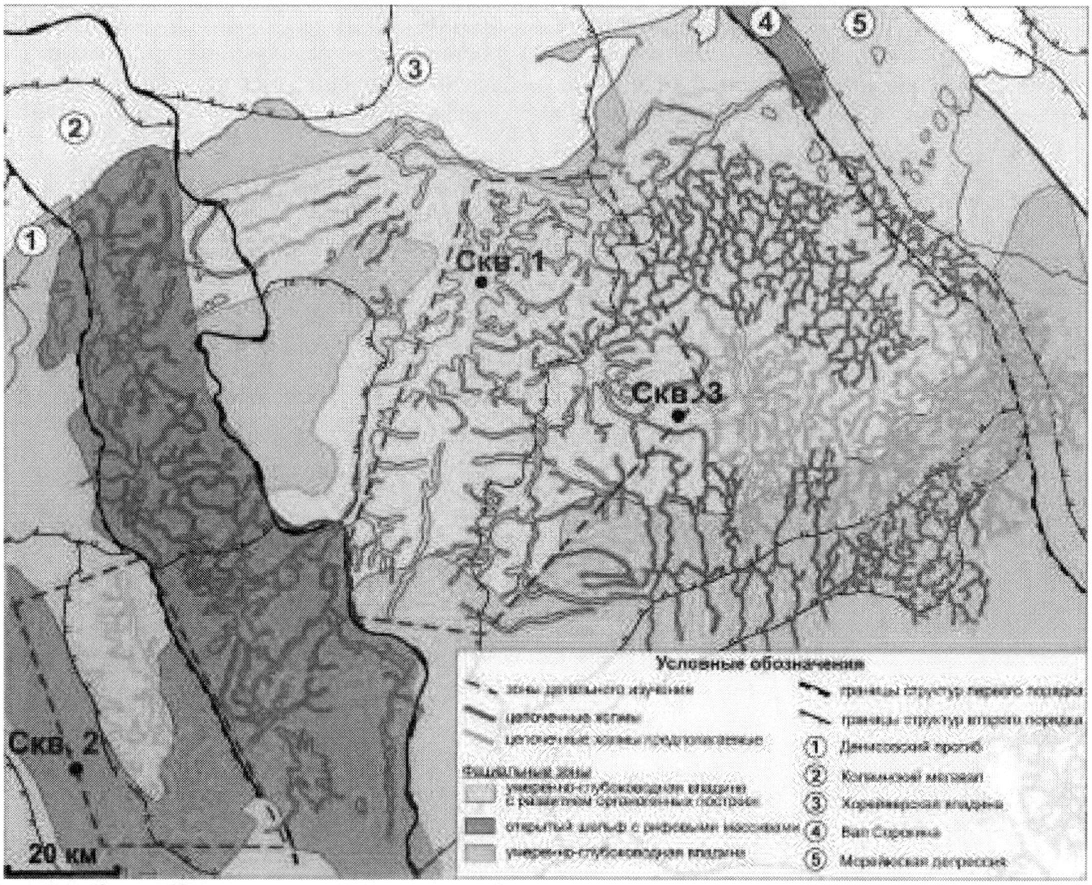

Рисунок 2. *Цепочечные холмы в нижней перми на севере Тимано-Печорского бассейна [8 с изменениями]*

Таблица 1. Характеристика цепочечных холмов в пределах рассматриваемой территории

Тектонический элемент	Абс.отм. залегания кровли, м	Амплитуда холма по ОГ, м	Мощность глинистой сызымской свиты и её аналогов	Ширина органогенных цепочек/ узлов	Нобщ, м	Нэф в скв, м	Нэф.н в скв., м	Кп, %	Кн, %	Дебит нефти, м3/сут
Хорейверская впадина *северная часть*	-2200 -2470	40-100	15-40	250-400 400-700	50-110	5*-13	5*-13	5-9	71-90	13
Хорейверская впадина *Чернореченская рифовая зона*	-2400 -2500	100-140	-	600-800 1000	120-140	5*	5*	6-7	65	-
Центрально-*Хорейверский уступ*	-2080 -2260	40-120	10-25	250-400 500-700	120-80	-	-	-	-	-
Хорейверская впадина *центральная часть*	-2000 -2060	60-150	20-40	250-500 500-700	130-230	19-118	16-90	7	85-90	5-100
Вал Сорокина	-1460 -1550	60-100	30	200-400 300-400	90-100	10-50	10-50	7-15	67	10-100
Колвинский мегавал *северное окончание*	-1920 -2360	30-50	-	350-1000 750-1000	100-140	30-50	3-20	7-9	74-89	5-200

* интерпретация выполнена не на полную мощность органогенной постройки, либо скважина расположена не в апикальной части холма

На Валу Сорокина данные постройки содержат залежи нефти на Наульском, Лабаганском месторождениях. На Колвинском валу цепочки широко распространены и осложняют нефтяные и нефтегазовые залежи на Ярейюском, Хыльчуюском, Южно-Хыльчуюском, Центрально-Сарутаюском, Ненецком и др. месторождениях. Вероятно, в данном случае они будут выступать как изолированные резервуары и только в случае активной трещинноватости цепочечные и одиночные постройки каменноугольно-нижнепермского возраста будут представлять единые гидродинамические резервуары. ФЕС таких органогенных построек невысокие. Коэффициент открытой пористости составляет, как правило, в среднем 7%, с увеличением до 15-20% при вторичных преобразованиях, которые могли развиваться по наиболее трещиноватым зонам. Эффективные толщины изменяются от 10 до 120 м (табл. 1), при этом отмечается увеличение эффективных толщин для скважин вскрывших апикальную часть холма или в узловых точках цепочек.

Выводы

Проведенный комплексный анализ позволил установить повсеместное распространение цепочек холмов и расширить фациальную зону органогенных построек на региональных фациальных картах, где ранее север Хорейверской впадины относился к зоне с преимущественно глинисто-карбонатным осадконакоплением с неравномерно распространенными органогенными постройками. Таким образом, цепочечные холмы в Тимано-Печорской нефтегазоносной провинции могут выступать не только в качестве высокоскоростных аномалий, ухудшающих сейсмический прогноз нижележащих горизонтов, но и в качестве попутного объекта разработки, что особенно оправдано при наличии продуктивных отложений в нижележащих пластах и вовлечении ресурсов возвратным фондом.

References

1. Dunham, R. J. Classification of carbonate Rocks according to depositional texture. In: Ham, W. E. (ed.), Classification of carbonate Rocks: American Association of Petroleum Geologists Memoir, 1962. p. 108-121.
2. Elvebakk G. From isolated buildups to buildup mosaics: 3D seismic sheds new light on Upper Carboniferous–Permian fault controlled carbonate uildups, Norwegian Barents Sea / G. Elvebakk, D. W. Hunt, L. Stemmerik // Sedimentary Geology. 2002. Vol. 152. № 1. P. 7–17.
3. Embry, AF, and Klovan, JE. A Late Devonian reef tract on Northeastern Banks Island, NWT: Canadian Petroleum Geology Bulletin, 1971. v. 19, p. 730-781.
4. From detached to attached carbonate buildup complexes — 3D seismic data from the upper Palaeozoic, Finnmark Platform, southwestern Barents Sea / B. Rafaelsen, G. Elvebakk, K. Andreassen [et al.] // Sedimentary Geology. 2008. Vol. 206. № 1–4. P. 17–32.
5. James N.P., Bourque P.A. Reefs and мounds / R.G. Walker, N.P. James (eds) // Facies Models - Response to Sea-Level Change. Geological Association of Canada. 1992. P. 323 –347.
6. Kaneva N.A. Paleoekologiya i facii organogennyh postroek verhnego karbona severa Urala (na primere skeletnyh holmov r. Shchuger)// Vestnik Instituta geologii Komi NC UrO RAN, Syktyvkar. 2010 №7. P. 2-5.
7. Kerusov I.N., Popova L.A., Kevorkov F.B., Vocalevskaya I.A., Motruk V.D., Rapoport B.I. Nizhnepermskie organogennye postrojki v predelah severo-vostochnoj chasti Kolvinskogo megavala (The lower Permian buildups within NE part of the Kolva ridge) // Materialy mezhdunarodnogo soveshchaniya «Geologiya rifov». Syktyvkar. 2005. P. 73-75.
8. Prishchepa O.M. i dr. Vyyavlenie i okonturivanie zonal'nyh ob"ektov v predelah Severo-Zapadnogo federal'nogo okruga s cel'yu optimizacii regional'nyh geologorazvedochnyh rabot na neft' i gaz i polucheniya maksimal'nyh ob"emov vosproizvodstva zapasov pri vovlechenii ih v izuchenie i dal'nejshee osvoenie. Goskontrakt №L-41.2012.005 ot 11.03.2012. 2014 [f]
9. ZHemchugova V.A., Evdokimov N.V., Poort.J., Ahmanov G.G. Lower Permian Carbonate Buildups of the Timan-Pechora Basin Northern Part as the Main Hydrocarbon Exploration Object // Lithology and Mineral Resources. 2020. 55. P. 245–260. doi.10.1134/S0024490220040069

Определение пористости горных пород по данным бурения в карбонатном разрезе

А.Б. Шакиров* (ООО Арамко Инновейшнз), Л.С. Исмаилова, М. (ООО Арамко Инновейшнз), Мезгани (Сауди Арамко)

Введение

Данные о пористости горных пород необходимы для подсчета запасов углеводородов [5], планирования и оптимизации технологий разработки месторождений [1], математического моделирования физических процессов, происходящих в коллекторах нефти и газа [10] и для многих других прикладных задач. Наиболее надежным способом для получения данных о пористости пород является проведение лабораторных экспериментальных работ на керне [8]. При этом, количество скважин и интервалов скважин, которые бурятся с отбором керна существенно ограниченно экономическими причинами. Альтернативным способом для получения детальной информации о вертикальных вариациях пористости горных пород является обработка и интерпретация каротажных данных [9]. Однако, в ряде случаев, нестабильные технологические условия (кавернозность стенок скважин, недостаточная центровка каротажного зонда, и др.) при проведении каротажа обуславливают высокие неопределенности в данных о пористости пород. Более того, в некоторых скважинах каротаж не проводиться вовсе. Данные проблемы обуславливают необходимость в разработке новых альтернативных подходов для определения детальных вертикальных вариаций пористости пород.

Одним из таких подходов является прогнозирование пористости пород по данным бурения скважин на основе методов машинного обучения. В большинстве опубликованных работ, предложено применение нейронных сетей (различных по архитектуре) для решения поставленной задачи [2, 4, 6, и др.]. Одной из проблем предлагаемых решений является недостаточность тестирования разработанных решений в реальных условиях. Это, в свою очередь, ставит под вопрос степень обобщающей способности разработанных моделей. Для устранения данного недостатка нами был разработан новый алгоритм прогнозирования пористости пород. Разработанный алгоритм включает в себя несколько ключевых шагов обработки данных бурения и применение одного из вариаций метода градиентного бустинга, предложенного [3] и известного как XGBoost. В работе представлены результаты тестирования разработанного алгоритма на данных из пяти скважин, пробуренных в карбонатном разрезе.

Алгоритм определения пористости пород по данным бурения

Разработанный алгоритм определения пористости пород по данным бурения состоит из следующих этапов:

1. Сбор, увязка и анализ данных бурения и данных по пористости пород. На данном этапе формируется массив данных, который будет использован для обучения регрессионной модели градиентного бустинга.
2. Обработка данных по бурению. Обработка данных бурения включает в себя (1) исключение данных из интервалов скважины с проблемами при бурении (прихват бурового инструмента, загрязнение бурового раствора, и т.д.), (2) исключение тренда из данных по нагрузке на крюке в пределах интервалов с одинаковым размером диаметра долота, (3) расчёт разницы в плотности, температуре и расходе потока бурового раствора (4) фильтрация данных бурения методом скользящего среднего, и (5) нормализация данных по бурению (путём вычитания среднего и деления на среднеквадратичное отклонение) в пределах интервалов с одинаковым размером диаметра долота.
3. Обучение, валидация и тестирование регрессионной модели градиентного бустинга. При обучении регрессионной модели градиентного бустинга предполагается применение кросс-валидации для оптимизации гиперпараметров (таких как количество деревьев, их глубина, и т.д.).

4. Применение обученной регрессионной модели для прогнозирования пористости пород в целевых интервалах скважины.

Пример результатов определения пористости пород по данным бурения в карбонатном разрезе

Для оценки обобщающей способности разработанного алгоритма экспериментальные данные четырех скважин нефтяного месторождения были использованы для обучения регрессионной модели градиентного бустинга, которая затем была применена для прогнозирования вертикальных вариаций пористости в пятой скважине.

Исходные данные по бурению включают в себя вес на долоте (WOB), вес на крюке (HKLI), момент на долоте (Torque), давление в напорной трубе (SPP), скорость проходки (ROP), скорость вращения бурильных труб (RPM), размер долота, расход, плотность и температура бурового раствора на “входе” и “выходе” из скважины. Данные об общей пористости пород были получены по результатам обработки и интерпретации плотностного каротажа для всех пяти скважин. Общая пористость карбонатных пород в изученном разрезе варьирует в диапазоне от 0 до 40% при среднем значении 20% и стандартном отклонении 11%. По данным литологического описания образцов шлама изученный разрез сложен известняками, глинистыми известняками, ангидритом, доломитом и аргиллитом. Известняки представляют доминирующий литотип в изученном разрезе.

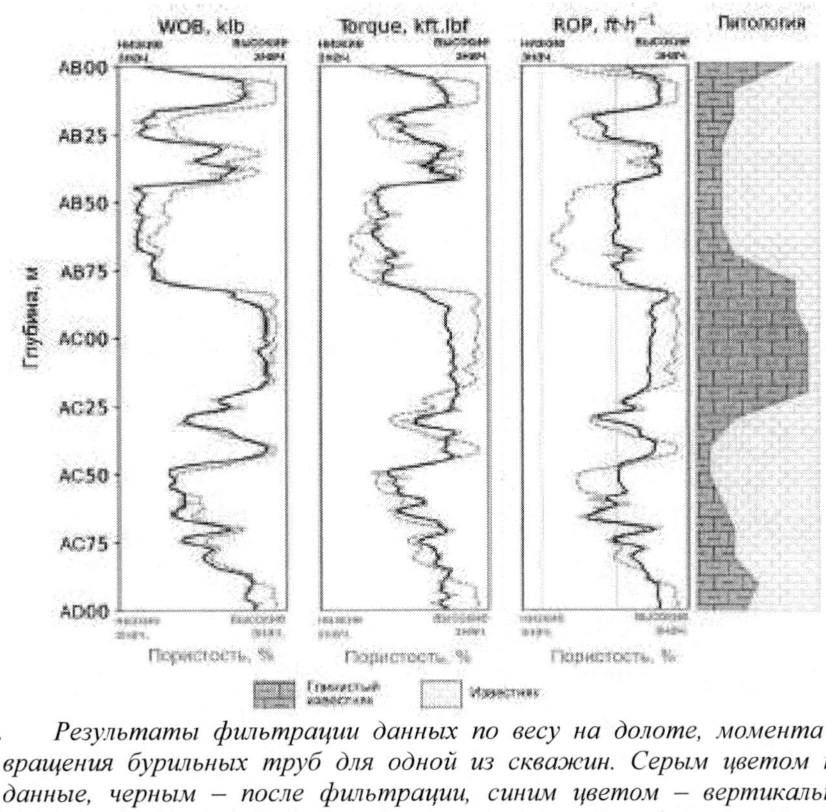

__Рисунок 1.__ Результаты фильтрации данных по весу на долоте, момента на долоте и скорости вращения бурильных труб для одной из скважин. Серым цветом представлены исходные данные, черным – после фильтрации, синим цветом – вертикальные вариации пористости пород. По причине конфиденциальности данных, абсолютные значения глубин, параметров бурения и пористости не представлены.

В соответствии с разработанным алгоритмом, для всех пяти скважин были проделаны сбор, увязка и анализ данных бурения и пористости пород, а также обработка данных по бурению. На рисунке 1 представлен пример фильтрации данных по бурению методом скользящего среднего с размером окна в 0.6 м. На следующем этапе осуществлялось обучение регрессионной модели градиентного бустинга и оптимизация гиперпараметров путём кросс-валидации. Оптимизированными параметрами были количество деревьев решений в ансамбле (n_estimators), максимальная глубина деревьев (max_depth), интенсивность обучения (learning_rate), доля обучающего датасета при построении деревьев (subsample), параметр L1 регуляризации (alpha), и количество признаков при поиске оптимального разбиения в каждом узле дерева (colsample_bytree). В качестве функции потерь при оптимизации значений гиперпараметров использовалась средняя абсолютная ошибка (MAE). По результатам обучения регрессионной модели установлено, что оптимальным набором гиперпараметров применительно к изучаемому разрезу является: learning_rate = 0.1, n_estimators = 100, max_depth = 4, subsample = 0.5, colsample_bytree = 0.5, и alpha = 0.01. По результатам сопоставления значений каротажной пористости и спрогнозированной по данным бурения методом машинного обучения для тестовой пятой скважины установлено, что при уровне доверительной вероятности 0.95 случайная неопределенность прогноза менее 15%, а систематическая близка к нулю. На рисунке 2 представлены результаты сопоставления измеренных и спрогнозированных вертикальных вариаций пористости для тестовой пятой скважины, а также результаты оценки важности параметров бурения методом SHAP предложенный в работе [7].

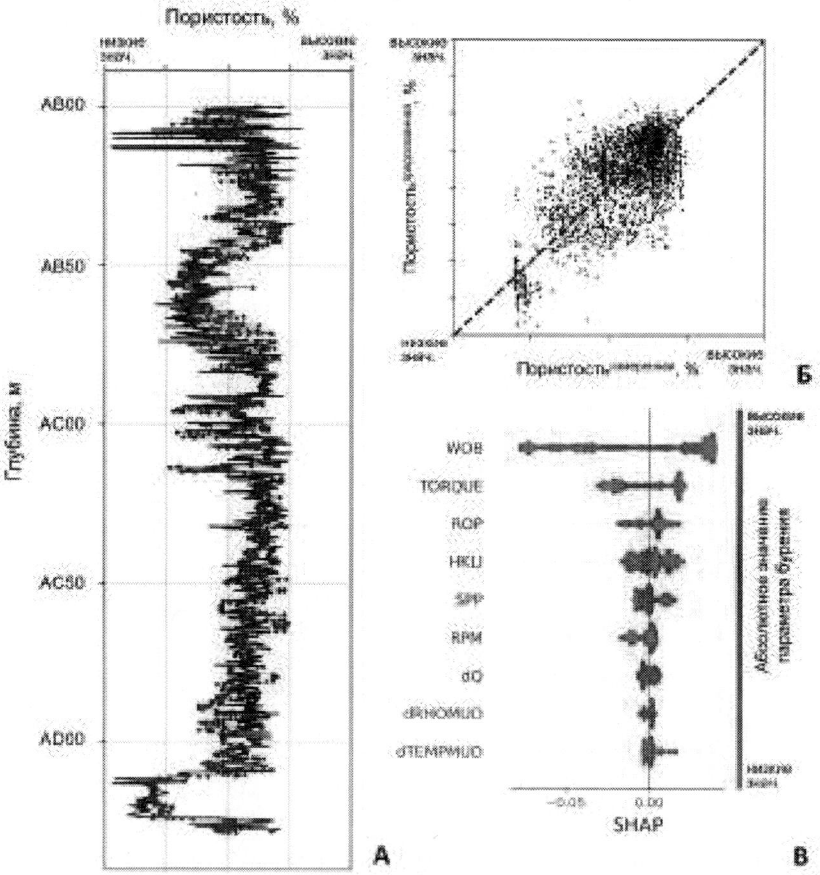

Рисунок 2. *Результаты прогноза общей пористости пород для тестовой скважины и оценки важности параметров бурения при прогнозе (панель В). На панели А черными точками представлена пористость по каротажным данным, синими - предсказанная. На панели Б представлен кросс плот между измеренными и предсказанными значениями пористости. Черная пунктирная линия отражает идеальный прогноз (x = y).*

По результатам оценки важности параметров бурения при прогнозе пористости пород методом SHAP можно заключить, что наиболее важными признаками являются вес и момент на долоте, а также скорость проходки. Данный результат является адекватном с учётом геомеханической природы процесса бурения. Менее значимыми входными параметрами оказались изменения температуры и плотности бурового раствора. Кроме того, полученные результаты свидетельствуют о том, что обученная модель более точно прогнозирует высокие значения пористости в сравнении с более низкими. Это отражается подтверждается тем, что при низких значениях веса и момента на долоте и высоких скоростях проходки соответствуют высокие значения SHAP, что соответствует интервалам с высокопористыми породами.

Заключение

Разработан новый подход для определения детальных вертикальных вариаций пористости пород по данным бурения. Новизна разработанного подхода заключается в обработке данных бурения и применении регрессионной модели градиентного бустинга. Тестирование разработанного подхода осуществлялось с использованием экспериментальных данных пяти скважин, пробуренных в карбонатном разрезе. По результатам тестирования разработанного подхода в реальных условиях можно заключить, что предлагаемое решение обеспечивает достаточный уровень обобщающей способности регрессионных моделей. По результатам сопоставления значений пористости по каротажным данным и предсказанным по данным бурения установлено, что полная неопределенность прогноза не превышает 15% при уровне доверительной вероятности 0.95. По результатам оценки важности параметров бурения при прогнозе пористости методом SHAP установлено, что данные о весе и моменте на долоте, а также скорости проходки вносят наибольший вклад при прогнозе, в то время как, менее значимыми параметрами оказались изменения температуры и плотности бурового раствора.

Библиография / References

1. Ahmed, T. [2018]. Reservoir engineering handbook. Gulf professional publishing.
2. Al-AbdulJabbar, A., Al-Azani, K., and Elkatatny, S. [2020]. Estimation of reservoir porosity from drilling parameters using artificial neural networks. Petrophysics-The SPWLA Journal of Formation Evaluation and Reservoir Description, 61(03), 318-330. doi.org/10.30632/PJV61N3-2020a5.
3. Chen, T. and Guestrin, C. [2016]. Xgboost: A scalable tree boosting system. In: The 22nd ACM SIGKDD International Conference on Knowledge Discovery and Data Mining, Extended Abstract, 785-794. doi.org/10.1145/2939672.2939785.
4. Gamal, H. and Elkatatny, S. [2021]. Prediction model based on an artificial neural network for rock porosity. Arabian Journal for Science and Engineering, 1-11. doi.org/10.1007/s13369-021-05912-0.
5. Garb, F. A. [1985]. Oil and gas reserves classification, estimation, and evaluation. Journal of petroleum technology, 37(03), 373-390. doi.org/10.2118/13946-PA.
6. Kanfar, R., Shaikh, O., Yousefzadeh, M., and Mukerji, T. [2020]. Real-time well log prediction from drilling data using deep learning. In: International Petroleum Technology Conference, Extended Abstract. doi.org/ 10.2523/IPTC-19693-MS.
7. Lundberg, S. and Lee, S. [2017]. A unified approach to interpreting model predictions. 31st International Conference on Neural Information Processing Systems, Extended Abstracts, 4768-4777.
8. Schön, J. H. [2015]. Physical properties of rocks: Fundamentals and principles of petrophysics. Elsevier.
9. Serra, O. [1986]. Fundamentals of Well-Log Interpretation-The Interpretation of Logging Data. Elsevier.
10. Wang, L., Tian, Y., Yu, X., Wang, C., Yao, B., Wang, S., Winterfeld, P., Wang, X., Yang, Z., Wang, Y., and Wu, Y. [2017]. Advances in improved/enhanced oil recovery technologies for tight and shale reservoirs. Fuel, 210, 425–445. doi.org/10.1016/j.fuel.2017.08.095.

Машинное и глубокое обучение в задачах виртуальной расходометрии

А. Н. Грызлов* (ООО Арамко Инновейшнз), С. С. Сафонов (ООО Арамко Инновейшнз), М. Арсалан (Сауди Арамко)

Введение

Управление разработкой месторождения и оптимизация добычи напрямую зависят от доступности измерительной аппаратуры, позволяющей получать расходы добываемых флюидов в реальном времени с достаточной точностью. Такие измерения можно, например, получить при помощи многофазных расходомеров, которые измеряют индивидуальные расходы нефти, газа и воды из добывающей скважины непрерывно, без разделения фаз. В настоящее время на рынке представлены несколько вариантов таких приборов, основанных на различных физических принципах, но ни один из них не может обеспечить требуемую точность в полном диапазоне рабочих условий. Кроме того, стоимость расходомеров достаточно высокая и они дороги в эксплуатации.

Виртуальная расходометрия (VFM) – это вычислительный метод непрямой оценки расходов добываемой нефти, газа и воды. Здесь используются измерения с более доступных точечных и распределенных по стволу скважины датчиков, например давления и температуры, которые аппроксимируют значения многофазных расходов при помощи предсказательных моделей и оптимизационных алгоритмов. Полная классификация методов виртуальной расходометрии приведена в [3].

Целью настоящей работы является применение нескольких методов машинного и глубокого обучения для оценки динамики многофазных расходов в скважине. Предсказательные свойства различных инструментов машинного обучения исследуются на примере синтетических данных добычи, полученных при помощи многофазного симулятора скважины. Полученные результаты показывают, что методы, основанные на данных, достаточно эффективно предсказывают многофазные расходы и такие решения можно использовать как альтернативу многофазным расходомерам.

Метод

Применение алгоритмов основанных на данных для предсказания временных рядов, которые представляют собой данные добычи, может быть сформулировано следующим образом. Вектор входных переменных определяется как $x_i(t)$, в то время как вектор $y_i(t)$ определяет выходные переменные (т.е. расходы), которые надо предсказать. Размерность вектора x определяется доступными измерениями, т.е. количеством датчиков обеспечивающих независимую информацию, а размерность вектора y обычно равняется трем, что соответствует расходам нефти, воды и газа. Оба вектора зависят от времени, с количеством элементов соответствующих числу нестационарных замеров.

Процесс предсказания представляется следующим образом: для заданного момента времени t компоненты временного ряда y_i рассчитываются из некоторой известной последовательности x_i. Обучающая выборка, когда значения расходов известны, разделяется на конечное число пересекающихся последовательностей длинной l, сдвинутыми относительно друг друга на определенное число временных шагов N. Тогда модель VFM определяется как некоторая математическая функция f, которая ставит в соответствие значение y_i в момент t к временному ряду входных признаков длины N, принадлежащих временному интервалу $[t-N, t]$. Эта функция соответствует минимальной невязке между действительными значениями y_i и предсказаниями $f(x_i)$, которая рассчитывается оптимизационным алгоритмом

$$x(t) \xrightarrow{VFM} y(t). \quad (1)$$

Используя специальную процедуру подготовки данных входной и выходной последовательностей, можно реализовать различные сценарии предсказаний. Например, можно сразу оценивать несколько значений из выходного временного ряда с расходами, смещенного относительно текущего значения на величину $[t+l]$. Определяющим же является способ того, как задается вычислительный оператор (1), который в данной работе формулируется посредством различных нейронных сетей, которые детально описываются в этом разделе.

Нейронная сеть с прямой связью (или многослойный перцептрон - MLP) является одним из наиболее часто используемых методов машинного обучения для описания сложных нелинейных зависимостей в данных [2]. MLP представляет собой комбинацию нейронов, расположенных в слоях, каждый из которых характеризуется весами, смещением и функцией активации. Нейроны на соседствующих слоях могут быть частично или полностью связаны друг с другом. Нейрон представляет собой вычислительную единицу, которая получает входной сигнал от других нейронов или внешних источников и рассчитывает преобразованное выходное значение. Кроме того, количество нейронов во входном и выходном слоях соответствует количеству входных и выходных переменных, и для каждого слоя внутренние связи между нейронами отсутствуют. Количество нейронов во внутренних слоях, а также количество внутренних слоев зависит от выбранной проблемы. В обычном перцептроне информация распространяется только в одном направлении – от входного слоя к выходному. Как следствие, этот метод не всегда показывает удовлетворительные результаты, если рассматриваемые процессы существенно нестационарны.

В то же время классические рекуррентные нейронные сети (RNN) позволяют более эффективно находить скрытые зависимости во временных рядах [5]. Ключевой особенностью RNN является использование внутренней памяти, что делает предсказанное значение в момент времени t зависящим не только от текущих значений входных параметров, но и включающие рекурсивные значения с прошлых временных шагов. В то время как RNN наиболее эффективна для оценки краткосрочных изменений в данных, на более длительных интервалах качество предсказаний падает. Проблема затухающих или взрывающихся градиентов при обучении RNN приводит к тому, что сеть теряет информацию для значительного количества прошлых временных шагов. Для предсказания процессов с многомасштабной временной динамикой была разработана рекуррентная сеть с долгой краткосрочной памятью (LSTM). Архитектура этой сети похожа на стандартную рекуррентную, но дополнительно используется специализированная ячейка памяти для учета долгосрочных зависимостей в данных. Главный принцип использования LSTM заключается в регулировании потока информации при помощи специальных структур, называемых фильтрами. Эти фильтры позволяют ограничить поступление входной информации на основании некоторых условий. Кроме этого, LSTM может сохранять ряд значений, которые игнорируются функциями активации и остаются неизменными при прохождении через фильтры. Как следствие, учитывается не только долгосрочная история, но и рабочая память, которая обеспечивает краткосрочную информацию со следующей временной последовательностью.

Сверточные нейронные сети (CNN) — это другой пример продвинутых методов машинного обучения для работы с временными рядами [4]. Изначально они были разработаны для задач распознавания изображений, посредством извлечения локальных структур, которые схожи для разных изображений. Таким образом, CNN рассматривает данные не в виде временных рядов, а как одномерное изображение. Идея использования CNN для предсказания временных рядов заключается в обучении фильтров, которые соответствуют определенным повторяющимся последовательностям в данных, и использовании этих фильтров для предсказания будущих значений. Временная сверточная сеть (TCN) — это специализированное расширение CNN для работы именно с временными рядами [7]. Здесь используются так называемые казуальные свертки, в которых предсказание на текущем шаге по времени определяется не только элементами с текущего же шага, но с предыдущего сверточного слоя. Использование растянутых сверток помогает передать информацию с прошлых временных значений через субдискретные признаки. В отличие от рекуррентных сетей, где информация обрабатывается последовательно, в TCN вычисления проводятся одновременно, поскольку операция свертки можно проводить параллельно, что снижает требуемое время расчетов.

Примеры

Рассмотренный в работе пример использует открытый набор данных, который ранее анализировался в задаче виртуальной расходометрии [1]. Данные представляют собой результаты моделирования течения в скважине во время ее испытания и включают в себя давление, температуру и многофазные расходы для нескольких открытий устьевого штуцера (Рис.1 и 2.). Все данные разбиты на пять непересекающихся интервалов, характеризующихся различной динамикой. Течение в первом и последнем интервале практически стационарное, в отличие от нестационарных режимов течения в остальных интервалах. Для каждого интервала данные равномерно распределены с интервалом в 1 секунду.

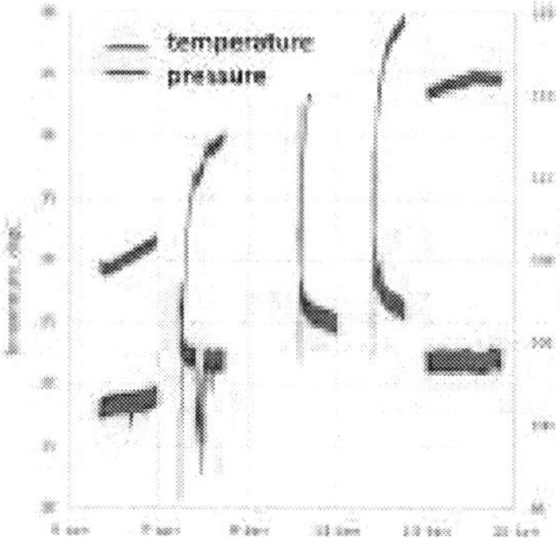

Рисунок 1. Измеряемые давления и температура

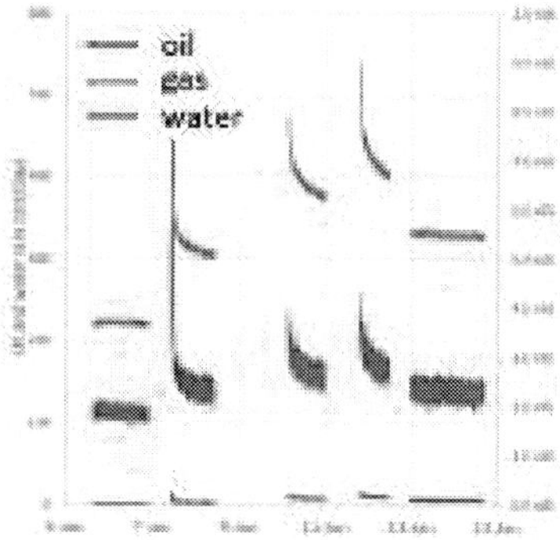

Рисунок 2. Многофазные расходы

Все данные разбиваются на две части: первые три интервала используются для того, чтобы обучить нейронную сеть, оставшиеся два - для ее тестирования. Целью является создание модели, которая использовала бы два признака (давление и температура) для предсказания трех расходов (нефть, вода и газ). Этот процесс начинается с предобработки, на первой стадии которой устраняется шум в данных при помощи фильтра Савицкого-Голея [8], который аппроксимирует ряд соседствующих точек полиномами низкой степени. Результаты показывают, что в отфильтрованных данных нет потери информации, в отличие от использования скользящего среднего или фильтра низких частот. Обучение модели и предсказание расходов было проведено с несколькими видами нейронных сетей. Архитектура MLP представляет собой 3 внутренних слоя с 10 нейронами в каждом. Аналогичная структура использовалась в LSTM. TCN включала в себя 2 скрытых слоя и 100 сверточных фильтров. Для всех сетей рабочая длина обрабатываемой временной последовательности составляла 10 секунд. Сравнение между предсказанными и действительными значениями приведено на Рис. 3, где показаны результаты для MLP и TCN.

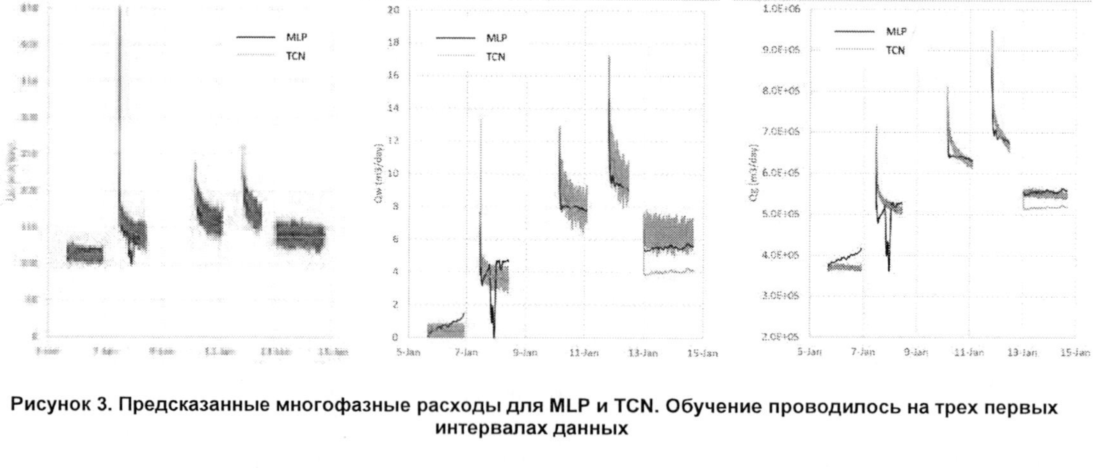

Рисунок 3. Предсказанные многофазные расходы для MLP и TCN. Обучение проводилось на трех первых интервалах данных

Как следует из представленных результатов MLP показывает наименее точные результаты для данной задачи. Даже для тренировочной части данных эта модель не смогла качественно восстановить нелинейные зависимости. Можно также отметить, что полученное при помощи MLP решение повторяет немонотонное поведение характерное для входного давления во втором интервале. Наиболее качественные предсказания были получены при помощи TCN, однако стоит отметить, что для последнего периода результаты значительно хуже, чем для MLP. Возможно, это является следствием малой вариативности в данных, которая плохо воспринимается продвинутыми алгоритмами, предназначенными главным образом для нестационарной информации.

Выводы

Было продемонстрировано, что методы, основанные на анализе данных, в частности, нейронные сети, представляют собой ценный инструмент для предсказания многофазных расходов с использованием доступных измерений. По результатам можно сделать следующие выводы:

1) Были выбраны несколько наиболее известных методов машинного обучения и рассмотрены практические вопросы их программной реализации для предсказания временных рядов.

2) В целом случае, более продвинутые методы предсказывают точнее, но сильно возрастает время необходимое для подготовки и обучения и модели.

3) Зашумленность данных требует особого подхода. В данной работе данные сначала обрабатывались с целью устранения шума, однако в реальных примерах, когда все значения не доступны, такая обработка будет затруднена.

Библиография/References

1. Andrianov, N. [2018] A Machine Learning Approach for Virtual Flow Metering and Forecasting, Proc. of 3rd IFAC Workshop on Automatic Control in Offshore Oil and Gas Production, Esbjerg, Denmark, May 30-June 01, https://doi.org/10.1016/j.ifacol.2018.06.376

2. Basheera, I.A., Hajmeer, M. [2000] Artificial neural networks: fundamentals, computing, design, and application, J. Microbiol. Methods 43 (2000) 3-31, https://doi.org/10.1016/S0167-7012(00)00201-3

3. Bikmukhametov, T., Jäschke, J. [2019] First principles and machine learning virtual flow metering: a literature review. Journal of Petroleum Science and Engineering, vol 184, 106487, https://doi.org/10.1016/j.petrol.2019.106487

4. Dhillon, A., Verma, G.A. [2020] Convolutional neural network: a review of models, methodologies and applications to object detection, Progress in Artificial Intelligence, 9, 85–112 (2020), https://doi.org/10.1007/s13748-019-00203-0

5. Goodfellow, I., Bengio, Y., Courville, A. [2016] Deep Learning. MIT Press;

6. Hochreiter, S., Schmidhuber, J. [1997] Long short-term memory. Neural Computation. 9 (8): 1735–1780. doi:10.1162/neco.1997.9.8.1735.

7. Lea, C., Vidal, R., Reiter, A., Hager, G. [2016] Temporal convolutional networks: A unified approach to action segmentation. In *Computer Vision – ECCV 2016 Workshops,* (Vol. 9915 LNCS, pp. 47-54), Springer Verlag. https://doi.org/10.1007/978-3-319-49409-8_7

8. Savitzky, A, Golay, MJE. [1964] Smoothing and Differentiation of Data by Simplified Least Squares Procedures, Analytical Chemistry, 36(8), 1627-1639.

Нейросетевые технологии прогноза параметров продуктивности нефтегазовых формаций

И.И. Приезжев* (РГУ нефти и газа (НИУ) имени И.М. Губкина, ООО «Лаборатория Приезжева»), Д.А. Данько (РГУ нефти и газа (НИУ) имени И.М. Губкина), Е. Тайкулаков (Satbayev University)

Введение

В докладе описаны технологические и программно-алгоритмические возможности использования машинного обучения, включая нейронные сети при прогнозе свойств изучаемой геологической формации. Предлагаемые технологии основаны на современных алгоритмах машинного обучения для обработки и интерпретации комплексных данных различного масштаба и различной точности (скважинные исследования, сейсморазведка, наземные исследования, аэрокосмические съемки). Разработка технологий на основе таких алгоритмов предполагает использование больших объемов входных данных с целью построения достоверных прогнозов продуктивности пластов для традиционных и нетрадиционных месторождений углеводородов. В пакете используются прогнозные построения без учителя (кластерный анализ, классификация) и с учителем (скважины или точки пластопересечения).

Метод

Для прогноза параметров продуктивности нефтегазовых формаций используются различные алгоритмы машинного обучения, включая нейронные сети. Машинное обучение — это класс методов искусственного интеллекта, для построения которых используется множество математических дисциплин, таких как теория графов, методов оптимизации, математической статистики и другие. Главной особенностью таких алгоритмов является непрямое решение задачи, а обучение на базе решений известного набора похожих задач. Существует два варианта обучения. Индуктивное обучение основано на выявлении общих закономерностей в сведениях. В задачах дедуктивного обучения имеется набор формализованных данных, из которых необходимо вывести правило для решения ранее не рассматриваемых задач.

Предлагаемые технологии и алгоритмы основаны на следующем:

- современных алгоритмов машинного обучения, включая новое поколение нейронных сетей – нейронные сети Колмогорова;
- теории решения неустойчивых задач для прогнозно-инверсионных построений – регуляризация по А.Н. Тихонову;
- многократных прогнозов на основе частичных выборок с оценкой среднего прогноза, разброса прогнозов, статистические оценки P10, P50, P90;
- анализа трещиноватости по сейсмическим данным на основе машинного обучения;
- анализ многомерных данных на основе классификации (нейронные сети Кохонена 1D, 2D, 3D) и ортогональных разложений (компонентный анализ).

Результаты прогноза параметров продуктивности нефтегазовых формаций представлены в виде 3D кубов, карт, кривых на скважинах.

Основная технология для построения прогнозных кубов, карт или кривых на скважинах основана на использовании современных нейронных сетей Колмогорова (Колмогоров, 1957; Приезжев, 2020) с гибридным обучением (Кобрунов и Приезжев, 2016). Нейронные сети Колмогорова используют полнофункциональные нейроны, которые показаны на рисунке 1 в сравнении с классическими нейронами.

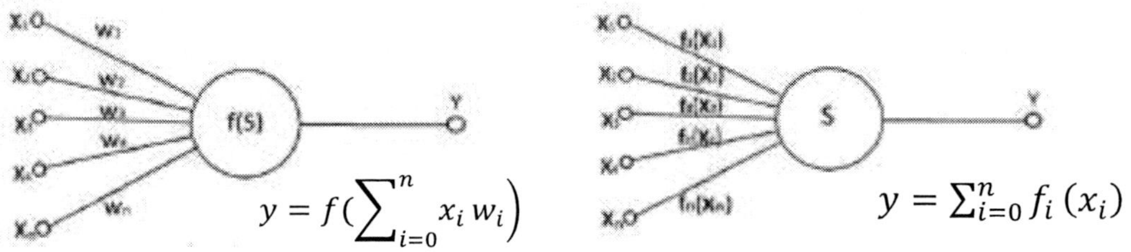

Рисунок 1. Сравнение схемы и формулы классического н

Если сопоставить формулы классического нейрона и нейрона Колмогорова, а также сравнить схемы классических и полнофункциональных нейронов (рисунок 1), то можно заметить, что использование полнофункциональных функций для каждого входа нейронной сети имеет гораздо большую степень свободы и может адаптивно приспосабливаться к различным типам распределений входных параметров. С другой стороны, количество неизвестных в нейронных сетях с полнофункциональными активационными функциями возрастает многократно, так как эти функции могут быть заданы только в табличном виде. Обучение таких нейронных сетей предлагается на основе генетических алгоритмов в комбинации с градиентными алгоритмами (Priezzhev и др., 2008; Kobrunov и Priezzhev, 2016) со стабилизацией по А.Н. Тихонову (Tikhonov и Arsenin,1977).

Пример

Нейронные сети Колмогорова используются в пакете программ IP_Seismic для прогноза кубов свойств (рисунок 2), прогноза карт эффективных параметров (рисунок 3), прогноза кривых каротажа (рисунок 3). На рисунке 4 показан пример выделения разломных элементов по сейсмическому полю с использованием авторского алгоритма «имитация возникновения разломов» (Приезжев и др., 2020; Приезжев, 2020) и его сравнение с результатами применения алгоритма «муравьиных троп». На рисунке 5 показано сравнение получения контрастных RGB изображений типа «спектральная декомпозиция» на основе технологии eXchroma (Schlumberger) и авторской технологии Faults Simulation RGB (Приезжев, 2020).

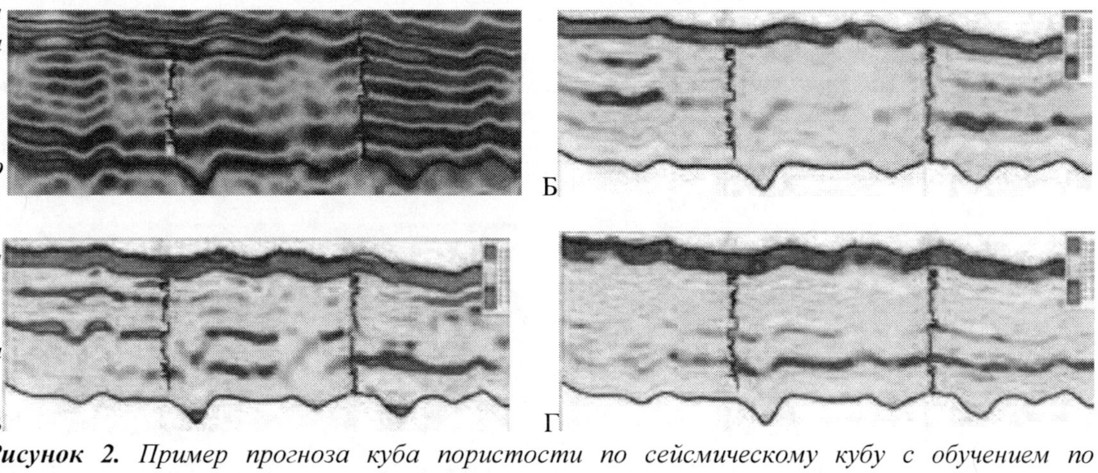

Рисунок 2. *Пример прогноза куба пористости по сейсмическому кубу с обучением по скважинам. Разрез по сейсмическому кубу амплитуд с двумя скважинами с кривыми пористости (А), разрез по кубу с результатом прогнозирования с использованием линейной регрессии (Б), классическая нейронная сеть (В), нейронная сеть Колмогорова (Г). Слева находится скважина, которая не использовалась для обучения.*

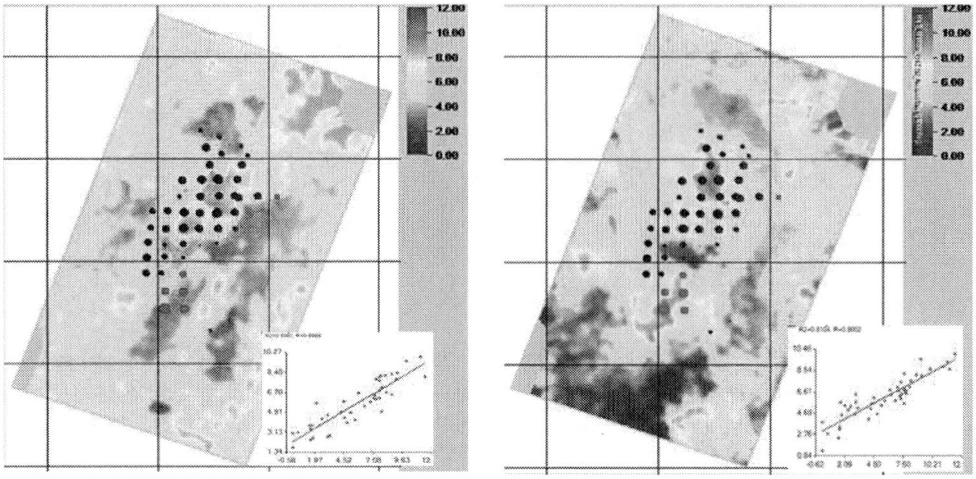

Рисунок 2. *Пример прогноза карт эффективных толщин. Справа прогноз эффективных толщин с использованием традиционной методики и справа прогноз с использованием нейронных сетей Колмогорова. Размер черных точек – величина эффективных толщин в точках пластопересечения, красные точки – скрытые скважины, не использованные при прогнозе.*

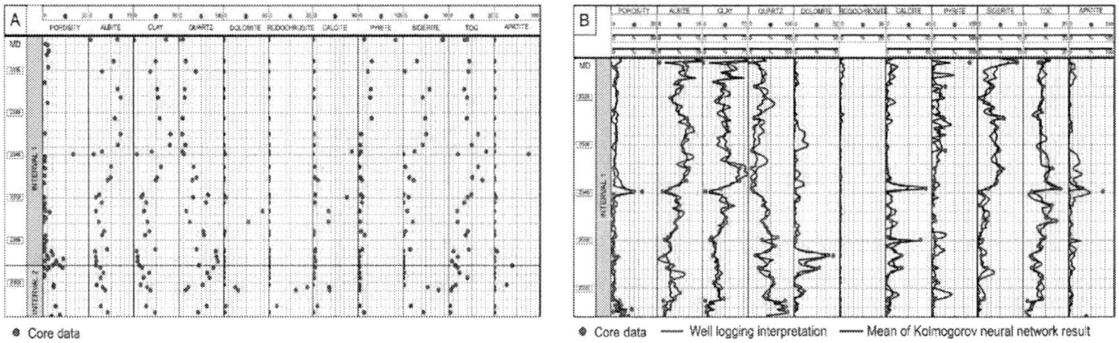

Рисунок 3. *Пример прогноза кривых пористости на основе кривых стандартного комплекса каротажа и исследований керна. Справа пористость по данных исследования керна, справа кривые прогноза по нейронным сетям Колмогорова – средний прогноз по 100 вариантам прогноза с использованием 70% данных керна (черные кривые) и оценка пористости на основе стандартной методики построения объемной петрофизической модели (синие кривые).*

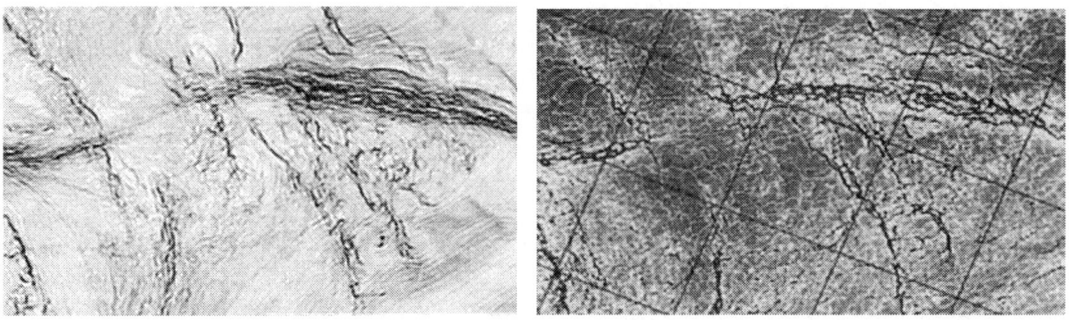

Рисунок 4. *Сравнение результата выделения разломных элементов на основе алгоритма «муравьиных троп» Ant Tracking (слева) и алгоритма «имитация возникновения разломов» (Faults Simulation) (справа).*

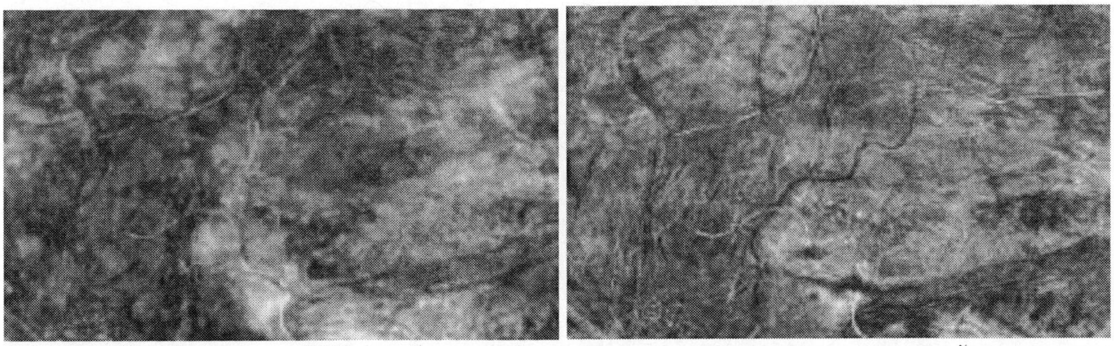

Рисунок 5. *Сравнение RGB изображений в юрских отложениях полученной технологии **eXchroma** (Schlumberger) (слева) и авторской технологии Faults Simulation RGB (справа).*

Выводы

Предложенный метод и программная технология демонстрирует, что высокоточное предсказание свойств коллектора возможно выполнить с помощью нейронной сети нового поколения, основанной на полнофункциональных нейронах Колмогорова, которое имеет следующие преимущества:

(1) лучшее моделируемое вертикальное разрешение по сравнению с основанными на модели алгоритмами сейсмической инверсии или методами нейронной сети с линейной регрессией;

(2) обеспечивает лучшее соответствие деталям формы кривой по скважинам;

Предлагаемая технология не предназначена для замены классической инверсии, но в свою очередь предлагает много дополнительных преимуществ:

- обеспечивает быстрое альтернативное решение для сравнительного анализа и/или оценки неопределенности на основе многократных прогнозов;
- ему не нужно полагаться на извлечение сейсмического сигнала в зашумленных сейсмических данных.

Предлагаемая технология включает множество алгоритмов, использующие машинное обучение для сейсмофациального анализа, выделения разломов, получение контрастных RGB изображений по изучаемым формациям.

Библиография / References

1. Priezzhev, I.I., D.A. Danko, U. Strecker and P.C.H, Veeken, [2020], A new higher-resolution multi-trace seismic discontinuity attribute based on a Dynamic Time Warping algorithm, First Break, Volume 2020, Issue 4, Apr 2020, p. 41 – 46.
2. Priezzhev, I.I., [2020], Faults Tracking Algorithm Using Seismic Data Based on Rock Faulting Simulation, EAGE Conference – Geomodel 2020. Kobrunov, A. and Priezzhev, I. [2016] Hybrid combination genetic algorithm and controlled gradient method to train a neural network, Geophysics, 81, no. 4, 1–9.
3. Колмогоров А.Н. [1957] О представлении непрерывных функций нескольких переменных суперпозициями непрерывных функций меньшего числа переменных. Доклады академии наук СССР. 1957; 14(5):953 – 956.
4. Priezzhev, I., Shmaryan, L. and Bejarano, G. [2008] Non-linear multi trace seismic inversion using neural network and genetic algorithm - "Genetic Inversion": Annual Meeting St Petersburg, EAGE, Extended Abstracts
5. Tikhonov, A. N. and Arsenin V. Y. [1977] Solutions of ill-posed problems, V H Winston and Sons, Washington D.C.
6. Priezzhev I.I., [2020], New age, Kolmogorov full functional neural network usage for nonlinear predictive seismic inversion, EAGE, Saint Petersburg 2020. Geosciences: Converting Knowledge into Resources. Saint Petersburg, Russia, 6-9 April 2020.
7. Приезжев И. И., [2020], Нейронные сети нового поколения на основе теоремы Колмогорова и их применение для прогнозно-инверсионных построений, ГеоЕвразия2020, 3-5 февраля 2020, Москва.

Универсальный алгоритм синтеза 3D геофизических объемов – «3D кубов» с компрессией на нерегулярных сейсмических данных на базисе «Фурье-сплайны» («куб без куба»)

А.С. Горшков*

Введение

В материале настоящего доклада представлено продолжение развития тематики, ранее изложенной на «Геомодели-2008/2009/2016-2021» [2-9].

В докладе на «Геомодели-2016» [4] была представлена инновационная технология автоматического синтеза 3D прогнозных карт на основе 2D откоррелированных горизонтов из 2D профильных проектов, имеющих характерный нерегулярный состав. Настоящий материал представляет альтернативное решение этой же задачи посредством более общего подхода с синтезом 3D куба (иначе 3D-текстуры согласно терминологии в компьютерной 3D графике), который ввиду тенденции к большому объему, несовместимому с доступной памятью видеокарт при необходимой параллельной реализации на GPU, содержится в компрессированом виде из интервалов актуальных данных. Результирующие данные такого «куба» (без куба в обычном представлении) также, как и ранее, являются коэффициентами фурье-сплайн деконволюционной декомпозиции, что дает возможность выполнить автоматическое фазовое коррелирование, эквивалентное обычному коррелированию горизонтов, но более точное и быстрое вследствие отсутствия ручной обработки (доклад на «Геомодели-2009» [3]).

Разработанный метод особенно актуален ввиду того, что сейсмические кубические массивы в настоящее время достигают десятков Гбайт (и более).

Вычислительная эффективность полученного решения обеспечивается благодаря аппаратному GPU-ускорению на видеокартах NVIDIA (параллельные вычисления на платформе NVIDIA CUDA).

Теоретическое содержание метода

В процессе решения прикладных задач преобразования цифровых геофизических данных включая сейсмику, в частности, синтезе прогнозных карт был успешно разработан и применяется наиболее эффективный математический подход аппроксимации на конволюционной базисе специального класса финитных функций, названного автором «Фурье–сплайны», их которых, например, наиболее простой фурье–сплайн 4-го порядка:

$$\phi(x) = cos^4(\frac{\pi x}{4})\theta_0\left(\frac{x}{4}\right) = \{[3 + 4\,cos(\frac{\pi x}{2}) + cos(\pi x)]\;\theta_0(\frac{x}{4})\}/8,$$

(ряд Фурье 4-го порядка с усечением периодом первой гармоники прямоугольной функцией $\theta_0\left(\frac{x}{4}\right)$ с носителем [-2;2]), которому в том числе соответствует ортогональное дополнение (известное иначе как «преобразование Гильберта»):

$$\phi^*(x) = -\{\left[4\,sin(\frac{\pi x}{2}\right) + sin(\pi x)]\theta_0(\frac{x}{4})\}/8,$$

их совместное применение позволяет выполнять автоматическую фазовую корреляцию [3].

Одним из наиболее важных применений нового математического аппарата в геофизической отрасли оказалось решение задачи синтеза геофизических карт при обработке сейсмики. Получено особенно удачное решение в наиболее сложном случае профильных 2D проектов (см. тезисы к «Геомодель-2016» [4]). Решение задачи сводится к аппроксимации рельефной поверхности карты на основе откоррелированных на 2D профилях горизонтов, которые также содержат зоны разломов (Рис.1). Сложность такого решения при этом связана с необходимой обработкой криволинейных координат (Рис.2), также успешно достигутом на том же базисе «Фурье–сплайны».

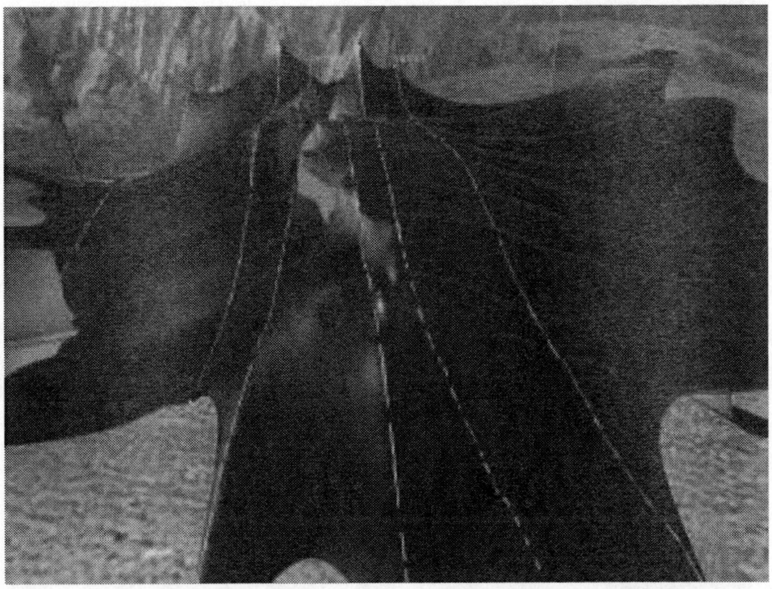

Рис.1. Синтез прогнозной 3D карты с разломами на основе профильных данных.

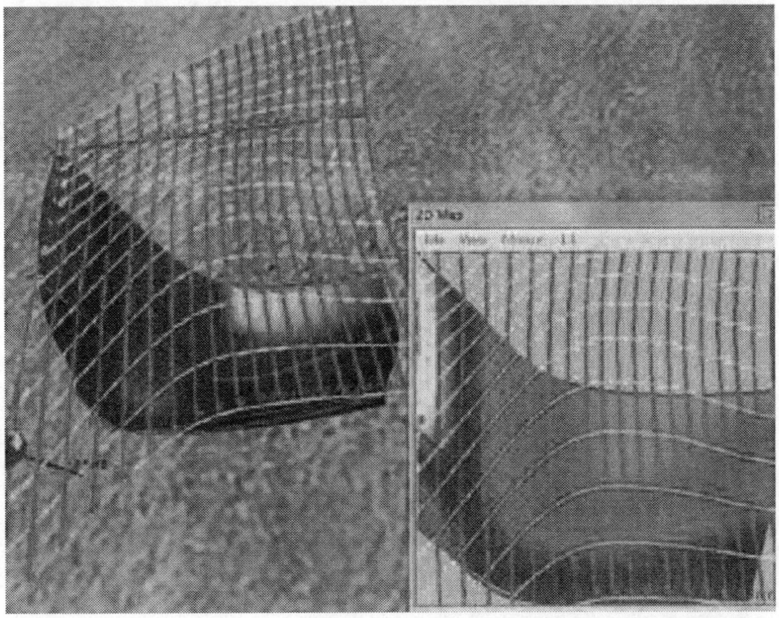

Рис.2. Сплайн-преобразование криволинейных координат.

Новое решение данной задачи реализует полное 3D кубическое восстановление, однако «куб» при этом сдержится в компрессированом виде, что удачно позволяет производить высокопроизводительную обработку в GPU (Рис.3). Решение регрессионой системы в этом случае выполняется с помошью метода сопряженных градиентов, при этом матрица системы также фактически отсутствует, ее эквивалентом являются сплайн-коэффициенты, из которых ее элементы получаются динамически в процесссе решения в форме соответсвующих функциональных комбинаций, чем достигается максимальное сокращение расхода памяти видеокарты (GPU). Необходимость обработки криволинейных координат в этом случае отсутствует.

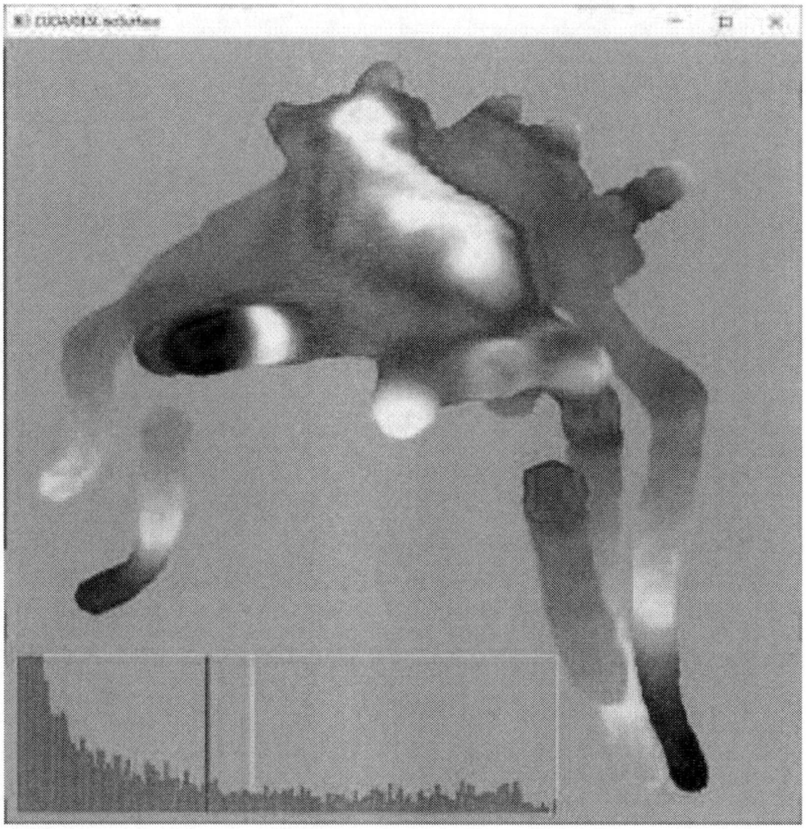

Рис.3. Восстановление 3D куба на основе 2D коррелированных горизонтов.

Следующее по сложности наиболее полное решение задачи далее заключается в полном преобразовании 2D профилей проекта в куб по той же методике (Рис.4).

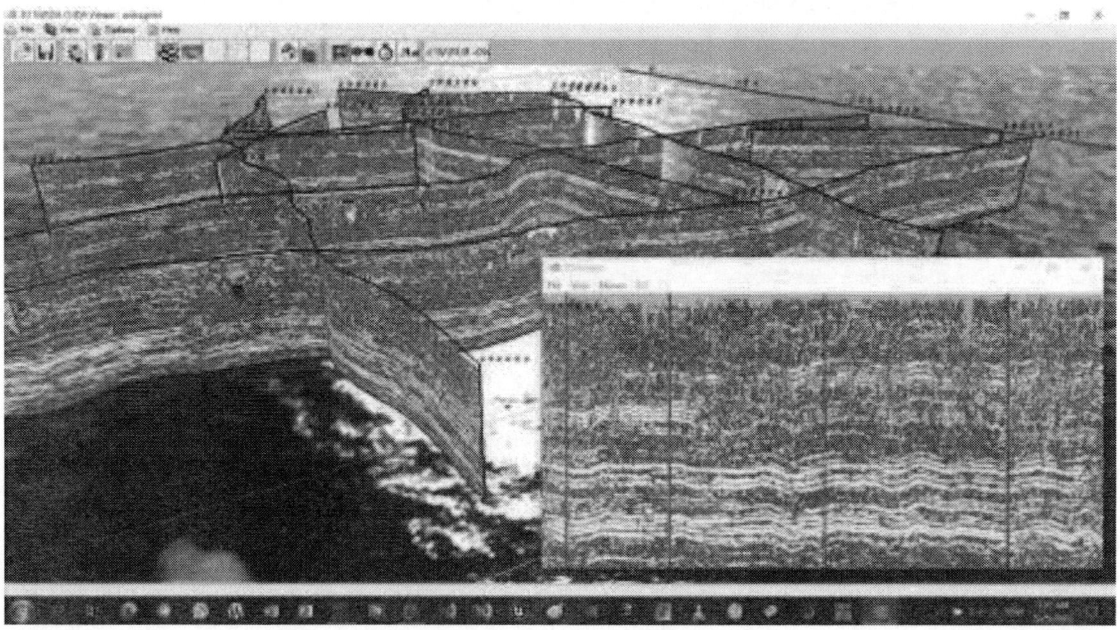

Рис.4. Восстановление 3D куба на профильном проекте.

Оптимизация вычислений в реальном времени в разработанных на основе новой методики программах, как и ранее, базируется на технологии параллельных вычислений компании NVIDIA для видеокарт (GPU-устройств) с поддержкой CUDA (Compute Unified Device Architecture).

Заключение

Материал настоящего доклада представляет дальнейшее прикладное развитие методов цифровой обработки информации применительно к сейсмической отрасли на основе ранее предложенного оригинального подхода, базирующегося на фурье-сплайн аппроксимации. Благодаря этому успешно достигается эффективное решение задачи комплексного картопостроения при наличии нарушений в реальном времени на автоматической основе. Представленный метод эффективно завершает цикл разработок по автоматическому коррелированию на инновационной математической основе.

Библиография

1. **Горшков А.С.** Цифровая обработка сигналов: атомарные функции и теория чисел. Москва: Машиностроение., 1994 г. - 224 с.
2. Универсальный метод обработки и визуализации сейсмического куба данных на основе фурье-сплайн декомпозиции. / **Горшков А.С.** // Тезисы к докладу на конф. «Геомодель-2008».-22-25/9-2008
3. Универсальная система синтеза изоповерхностей сейсмического куба. / **Горшков А.С.** // Тезисы к докладу на конф. «Геомодель-2009».-7-10/9-2009.
4. Универсальный алгоритм параметрического синтеза геофизических карт с нарушениями на основе фурье-сплайнов. / **Горшков А.С.** // Тезисы к докладу на конф. «Геомодель-2016».-11-15/9-2016.
5. Универсальный математический аппарат аппроксимации геофизических объектов на основе нового класса фукций «фурье-сплайны». / **Горшков А.С.** // Тезисы к докладу на конф. «Геомодель-2017».-11-14/9-2017.
6. Метод деконволюционного преобразования геофизических объектов с компрессией на основе фурье-сплайнов. / **Горшков А.С.** // Тезисы к докладу на конф. «Геомодель-2018».-10-14/9-2018.
7. Уточнение классических законов физики применительно к задачам электро-, магнито- и гравиразведки в геофизике. / **Горшков А.С.** // Тезисы к докладу на конф. «Геомодель-2019».-9-13/9-2019.
8. Автоматический поиск и 3D-синтез нарушений в сейсмических данных на основе нового математического аппарата фурье-сплайн функций. / **Горшков А.С.** // Тезисы к докладу на конф. «Геомодель-2020».-7-11/9-2020.
9. Обобщенный математический аппарат представления и обработки геофизических объектов на основе комбинированного преобразования Фурье-Хартли и нового конволюционного базиса «Фурье-сплайны» . / **Горшков А.С.** // Тезисы к докладу на конф. «Геомодель-2021».-6-10/9-2021.

Модель машинного обучения для автоматизации определения литологического состава образцов бурового шлама

Е. В. Толстая*, С. Сафонов (ООО «Арамко Инновейшнз»), М. Мезгани (LLC «Saudi Aramco»)

Введение

Автоматизация определения литологического состава пород в процессе бурения представляет собой актуальную задачу в разработке нефтяных месторождений. Во время бурения ствола скважины вращающееся долото разбивает горные породы в скважине, а буровой раствор вымывает обломки на поверхность. С поверхности раздробленные породы поступают на вибросито, где буровой раствор отфильтровывается от пород для рециркуляции. Остатки породы после фильтрации бурового раствора называются буровым шламом. Буровой шлам дает полезную информацию о геологии ствола скважины, скорости бурения и содержании нефти и газа в породах. Шлам отмывается от бурового раствора, и с помощью различных методик определяются различные свойства горных пород.

На данном этапе большое значение имеет автоматизация процесса анализа шлама, так как это позволяет оперативно оценивать процесс бурения и прогнозировать возможные внештатные ситуации. Точная оценка геологических свойств шлама может позволить, например, получать оперативные данные, аналогичные ГИС. В этой работе мы предлагаем метод, позволяющий оценить литологический состав шлама по цифровым фотографиям шлама. Данные для разработки такого метода представляют собой изображения шлама с хорошим разрешением, с известной глубиной, а также исторические литологические данные для уже пробуренных и изученных скважины. В процессе разработки метода была обучена сверточная модель глубинного обучения, которая по изображению выдает вероятности принадлежности образца к определенному классу пород. Для обучения были выбраны скважины с известными данными литологического состава, необходимые для тестирования и валидации модели. В дальнейшем предполагается, что по изображению отмытых образцов шлама созданная модель машинного обучения сможет предсказать литологический состав образца с определенной вероятностью.

Обзор литературы

В работе [1] предлагается использовать сверточную модель глубинного машинного обучения для выделения вектор-признаков из изображений, далее классифицировать их с помощью метода опорных векторов. В работе [2] литология определяется по изображениям керна. В работе [3] предлагается использовать сравнение векторов-признаков с имеющимися векторами-признаками созданной библиотеки признаков областей изображений. В работе [4] предлагается использовать данные об измерениях элементного состава горных пород, вместе с изображениями.

Данные

Для обучения сверточной модели у нас имеется около 60000 изображений шлама различного состава, сделанных на фиксированной установке с фотокамерой. В процессе фотографирования внешние условия освещения могут меняться, но очень незначительно, так как используются источники искусственного освещения. Параметры камеры тоже фиксируются в ручном режиме и не меняются, таким образом, выдержка и диафрагма остаются постоянными, а цвета на фотографиях не подвергаются значительным искажениям. Глубина, с которой поднимается образец шлама, закодирована в названии файла. Также имеются данные предыдущих исследования скважин, а именно литологический состав пород в зависимости от глубины. Литологический состав образца представлен в виде вектора фиксированной длины, соответствующей количеству различных литотипов в образце. В нашем случае таких литотипов имеется 20. В векторе-литологическом составе каждая компонента равна содержанию соответствующего литотипа в образце, в процентах, округленных до десятков. Таким образом, все компоненты неотрицательны, и их сумма равна 100. Данные сильно несбалансированы, так как в разных скважинах литологический состав может сильно отличаться. Также если просуммировать все образцы из всех скважин, то количество разных литотипов сильно отличается. Поэтому к данным была применена процедура балансировки.

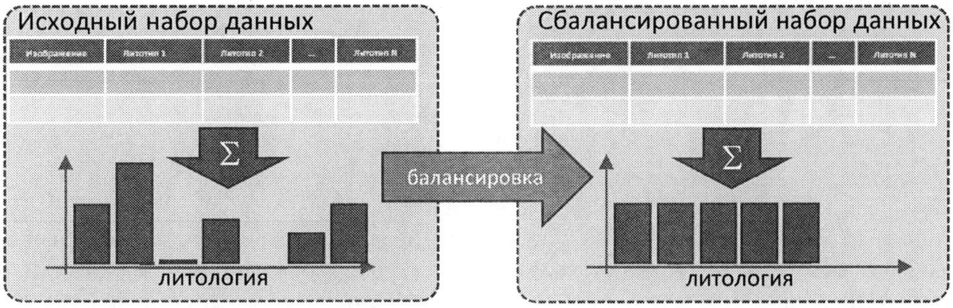

Рисунок 1. *Балансировка набора данных.*

Процесс балансировки данных состоял из нескольких этапов:

1. Выбрать сильно доминирующие литотипы и убрать из рассмотрения набор изображений с такими литотипами;
2. Найти практически непредставленные литотипы и также убрать их из набора;
3. Далее требуется найти величину, сколько раз повторить тот или иной образец в наборе, чтобы в результате количество каждого литотипа было примерно одинаково. Обозначим количество повторений вектором x, где длина x равна количеству оставшихся образцов, а компоненты x являются целыми неотрицательными числами, равными количеству повторений конкретного образца. Далее из векторной разметки оставшихся образцов сформируем матрицу $\mathbf{M}$, где столбцами являются векторы-литологии. Вектор x можно найти с помощью минимизации разброса количества литотипов:
$$\|\mathbf{Mx} - <\mathbf{Mx}>\|_{L2} \overset{\mathbf{x}}{\rightarrow} \min,$$
где $<\mathbf{Mx}>$ – среднее значение вектора $\mathbf{Mx}$. Далее берется абсолютное значение x, нормируется на маленькое число (минимальную ненулевую компоненту) и округляется. В наборе данных каждый образец повторяется в соответствии с вектором повторений x. В случае, если набор становится очень большим, случайно выбирается подмножество размером с исходный набор данных.

Здесь нужно добавить, что в случае несбалансированного набора данных можно обойтись использованием весов классов, однако в таком случае может возникнуть ситуация, когда малопредставленный класс редко попадает в тренировочный набор для сети, и сеть редко «видит» такой класс в процессе обучения. Если же мы повторим изображения малопредставленного класса, то он будет попадать в набор данных с такой же частотой, как и остальные, а дополнительная аугментация изображений поможет разнообразить визуальное представление этого класса.

Модель

В качестве модели была взята одна из известных архитектур, MobileNet2, которая показала хорошие результаты на задаче классификации изображений. Данная архитектура помимо хороших результатов в задачах классификации является достаточно компактной, со сравнительно небольшим числом обучаемых параметров. Выход модели MobileNet2 представляет собой вектор длины 1280. После него был вставлен полносвязный слой, где количество выходных параметров равно количеству классов в задаче распознавания литотипа. Для задачи распознавания литологического состава образца шлама на изображении тренируется две сети: сначала выбираются все изображения, где представлен один литотип, в количестве 100% (на этом наборе тренируется классификатор с использованием категориальной кросс-энтропии в качестве оптимизационной функции потерь); затем тренируется сеть, которая может предсказывать состав смесей из нескольких литотипов. Вторая сеть инициализируется весами первой сети.

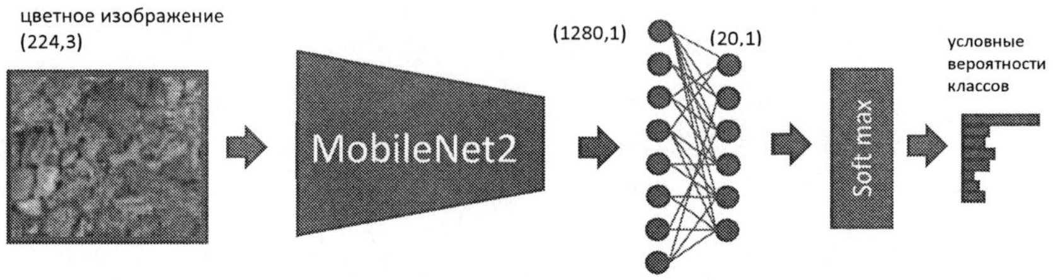

Рисунок 2. *Архитектура модели машинного обучения.*

Выход модели MobileNet2 представляет собой вектор длины 1280. После него был вставлен полносвязный слой, где количество выходных параметров равно количеству классов в задаче распознавания литотипа. Для задачи распознавания литологического состава образца шлама на изображении тренируется две сети: сначала выбираются все изображения, где представлен один литотип, в количестве 100% (на этом наборе тренируется классификатор с использованием категориальной кросс-энтропии в качестве оптимизационной функции потерь); затем тренируется сеть, которая может предсказывать состав смесей из нескольких литотипов. Вторая сеть инициализируется весами первой сети. Для обучения модели сбалансированный набор данных делится на три части: сначала выбираются несколько скважин, образцы из которые не участвуют ни в обучении, ни в валидации модели; изображения образцов из оставшихся скважин перемешиваются и случайно делятся в пропорции 10:1 (обучающая и валидационная выборка).

Результаты

Предложенная модель была натренирована на 11000 изображений в течение 150 эпох (Рисунок 3). Результаты на валидационной выборке показывают хорошую точность, более 90%. Видно, как возрастает кривая точности в процессе обучения.

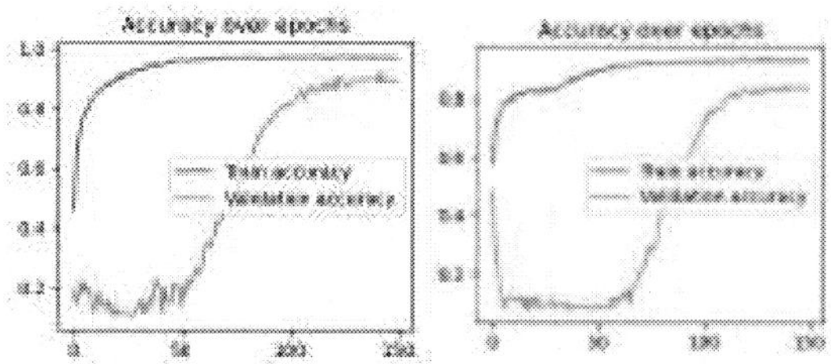

Рисунок 3. *Кривые точности в процессе обучения классификатора (слева) и дообучения на всем наборе (справа)*

Рисунок 4 ниже представляет результаты предсказания литологии по изображениями образцов шлама с разных глубин. На рисунке можно видеть, что оценка литологии достаточно грубая, некоторые литотипы предсказываются хуже, чем другие. Это может быть связано с иными условиями подготовки образцов, измельчения породы, состава бурового раствора, недостаточным разнообразием обучающей выборки. Дальнейшим развитием методологии может быть применение архитектур, работающих с последовательностью изображений (это позволит обеспечить более гладкое изменение литологии); изучение похожести скважин по имеющимся данным (изображениям шлама или параметров ГТИ бурения), добавление параметров бурения в модель, что может увеличить количество входных данных.

Выводы

Определение литологии по фотографическим изображениям образцов шлама – непростая задача. Среди многих сложностей обучения такой модели – несбалансированность обучающих данных, разная геология в различных регионах, различные условия измельчения породы и состава бурового раствора, также различные условия подготовки и разметки образцов. Все это не позволяет пока обучить модель, обладающую большой обобщающей способностью, которая может точно предсказывать литологический состав по изображению. Также, к сожалению, пока не существует открытого набора изображений и литологии образцов шлама для сравнения с другими работами, проведенными в разных компаниях. Серьезную проблему представляет также точность разметки изображений и оценка этой точности. Тем не менее, в существующих условиях мы показали, что можно обучать модели машинного обучения, имеющие ограниченную применимость, и позволяющие ускорять процесс разметки, пользуясь дообучением на новых данных.

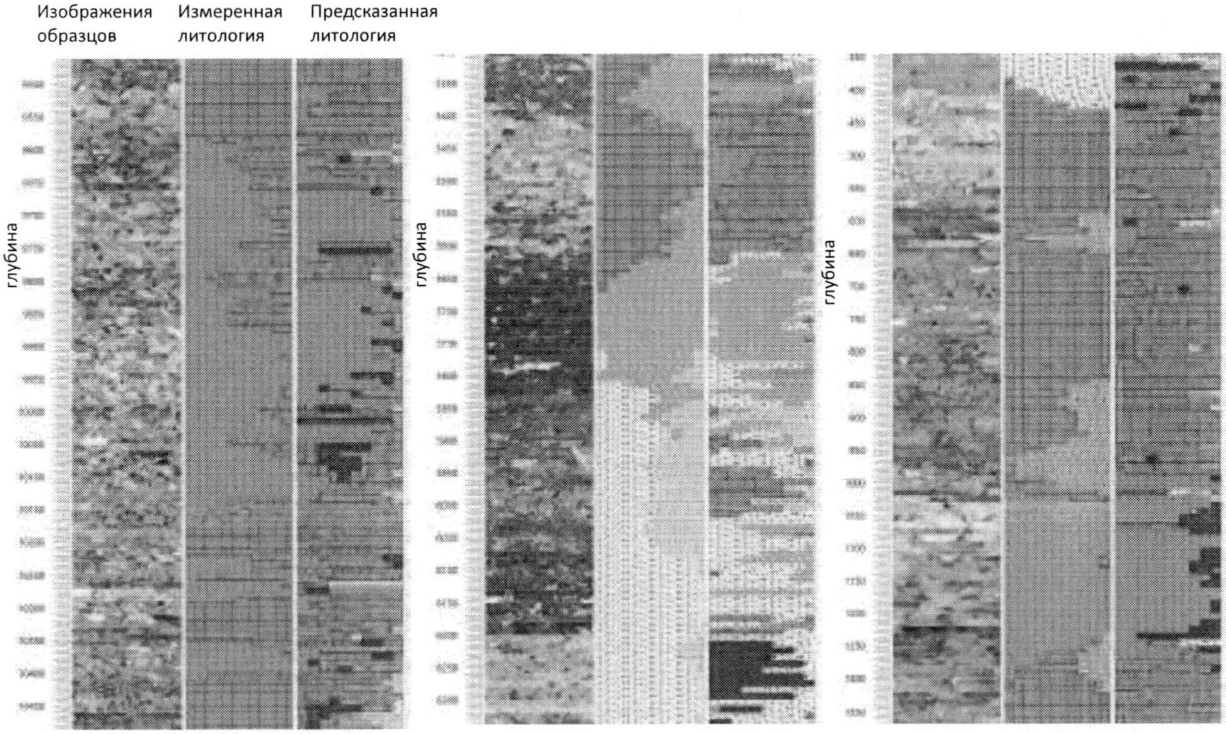

Рисунок 4. *Иллюстрация предсказанного литологического состава образцов для разных глубин. Изображения шлама из этой скважины не были использованы в процессе обучения и валидации.*

Библиография

1. Kathrada, M. and Adillah, B.J., 2019, September. Visual recognition of drill cuttings lithologies using convolutional neural networks to aid reservoir characterisation. In SPE Reservoir Characterisation and Simulation Conference and Exhibition. OnePetro.
2. Alzubaidi, F., Mostaghimi, P., Swietojanski, P., Clark, S.R. and Armstrong, R.T., 2021. Automated lithology classification from drill core images using convolutional neural networks. Journal of Petroleum Science and Engineering, 197, p.107933.
3. Huo, F., Li, A., Zhao, X., Ren, W., Dong, H. and Yang, J., 2021. Novel lithology identification method for drilling cuttings under PDC bit condition. Journal of Petroleum Science and Engineering, 205, p.108898.
4. Xu, Z., Shi, H., Lin, P. and Liu, T., 2021. Integrated lithology identification based on images and elemental data from rocks. Journal of Petroleum Science and Engineering, 205, p.108853.

Повышение достоверности прогноза характеристик коллекторов в зонах эксплуатационного бурения по сейсмическим данным: мультиатрибутный анализ и оценка вероятности встречи коллекторов

В.А. Колесов (АО «ИГиРГИ»), М.Д. Линева (АО «ИГиРГИ»), Д.О. Крючков (АО «ИГиРГИ»), В.Н. Абрашов (АО «Сибнефтегаз»), А.И. Фархетдинов (АО «Сибнефтегаз»), И.К. Галин (АО «Сибнефтегаз»)

В данной работе на примере одного из месторождений ЯНАО представлены результаты применения метода мультиатрибутного анализа для прогноза распространения эффективных мощностей коллектора, а также построение кубов вероятности нахождения коллектора в 3D. Результаты работ применяются как при заложении пилотных/горизонтальных скважин, так и для принятия решений по корректировке направления бурения при активной фазе геонавигации.

Стандартные методы [1], используемые при комплексной интерпретации сейсмических данных, не всегда позволяют выполнить прогноз с необходимой для эффективного бурения горизонтальных стволов степенью детальности, и одним из вариантов решения данной проблемы является применение дополнительных альтернативных методик количественного анализа геолого-геофизической информации.

Объект исследования территориально расположен в ЯНАО. В тектоническом отношении входит в состав Тазовского района и находится в пределах Надым-Тазовской синеклизы. Исследуемыми стратиграфическими единицами являлись пласты средней покурской подсвиты, а именно $ПК_{15}^{1}$, $ПК_{16}^{0}$, $ПК_{16}^{1}$, $ПК_{16}^{2}$, $ПК_{16}^{3}$, $ПК_{17}^{1}$, $ПК_{17}^{2-1}$, $ПК_{17}^{2-2}$, характеризующиеся весьма сложным геологическим строением с высокой латеральной и вертикальной изменчивостью. Формирование пластов происходило в обстановках аллювиальной равнины, надводной части дельты и приливно-отливной равнины. Переходная обстановка осадконакопления обусловила разнообразие коллекторских фаций, сменяющих друг друга: русел, каналов, береговых валов, песков разлива, баров, приливно-отливных каналов, приливно-отливных отмелей, что затрудняло прогноз распространения коллекторов и их свойств.

Согласно разработанной методике, для каждого из рассматриваемых пластов рассчитан набор атрибутов и сняты значения эффективных толщин по данным РИГИС в точках скважин. При анализе данных по каждому пласту рассматривался кросс-плот зависимости набора сейсмических данных и эффективных мощностей. При наличии достаточного количества пробуренных скважин, возможно «лито/петротипизировать» полученные распределения, т.е. создать правила по формированию групп в поле сейсмических атрибутов, для которых будут иметься самостоятельные функциональные связи эффективных мощностей коллектора с сейсмическими атрибутами или группами атрибутов. Процесс поиска связи сейсмических атрибутов с Нэфф и является мультиатрибутным анализом.

В некоторых случаях связь эффективных мощностей с сейсмическими атрибутами удается найти путем линейной связи с атрибутом (стандартный метод построения карт параметров через атрибут) или комбинаций группы атрибутов. В таком случае решение находится путем перебора уравнений и входящих данных в уравнение.

При невозможности найти линейные зависимости или для получения дополнительного альтернативного варианта построений используется кластеризация данных в поле атрибутов. Кластеризация имеет преимущества перед перебором многомерных уравнений. Главным преимуществом является получаемая карта кластеров. Подобная карта зачастую отражает седиментационные особенности целевого пласта или структурный план и может являться критерием качества кластеризации. Вторым преимуществом кластеризации является более высокая теснота связи между опорными и модельными значениями эффективных мощностей. Третье преимущество (вытекает из второго) – успешное прохождение слепых тестов на предмет прогностической способности. Четвертым преимуществом является ограниченный набор входных параметров для прогноза эффективных мощностей, так как при большом количестве параметров в уравнении можно получить искомую величину, однако модель будет обладать слабой прогностической способностью и не иметь ничего общего с геологией изучаемых отложений.

Использование комплексного параметра, состоящего из комбинации атрибутов, не имеет прямого физического и геологического смысла, однако в условиях большой выборки данных (количества изучаемых скважин) позволяет строить эмпирические модели, позволяющие решать задачи с вычисляемой точностью. Точность прогноза эффективных мощностей коллектора с применением мультиатрибутного анализа позволяет получить коэффициент корреляции, заметно превышающий коэффициент корреляции с атрибутами по отдельности, что подтверждает его большую прогностическую способность (Рисунок 1).

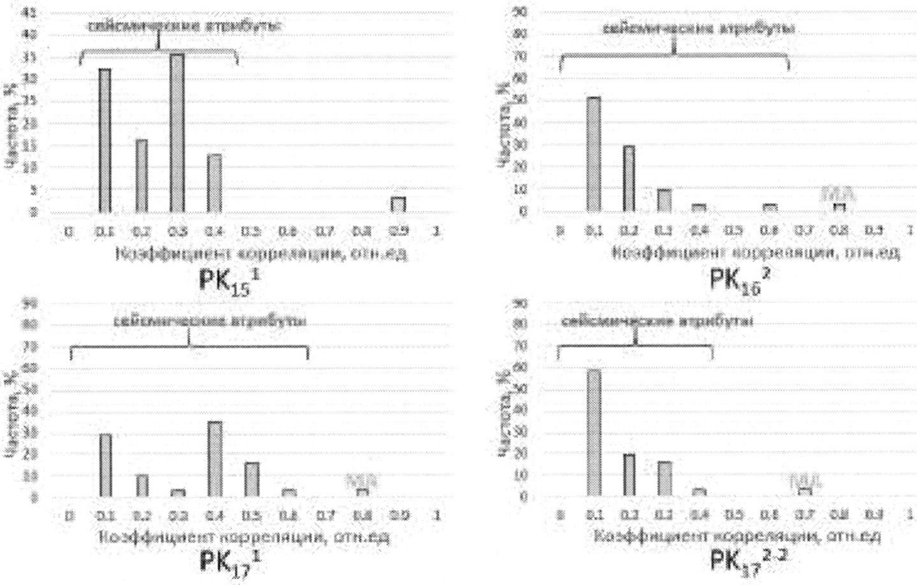

Рисунок 1 Обоснование повышения точности прогноза эффективных мощностей коллектора при применении мультиатрибутного анализа по сравнению с отдельными атрибутами

Пример прогноза эффективных толщин коллектора в пределах района работ с применением метода мультиатрибутного анализа представлен на Рисунок 2**Ошибка! Источник ссылки не найден.Ошибка! Источник ссылки не найден.Ошибка! Источник ссылки не найден.**.

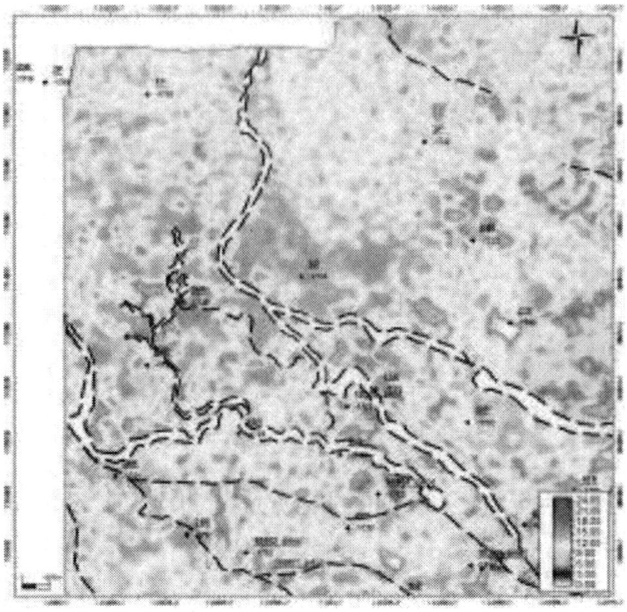

Рисунок 2 Прогноз эффективных мощностей коллекторских отложений, выполненный с применением мультиатрибутного анализа

Контроль качества прогноза эффективных толщин осуществлялся путем определения разницы прогноз/факт в скважинах, не участвующих в построениях. Слепой тест показал (

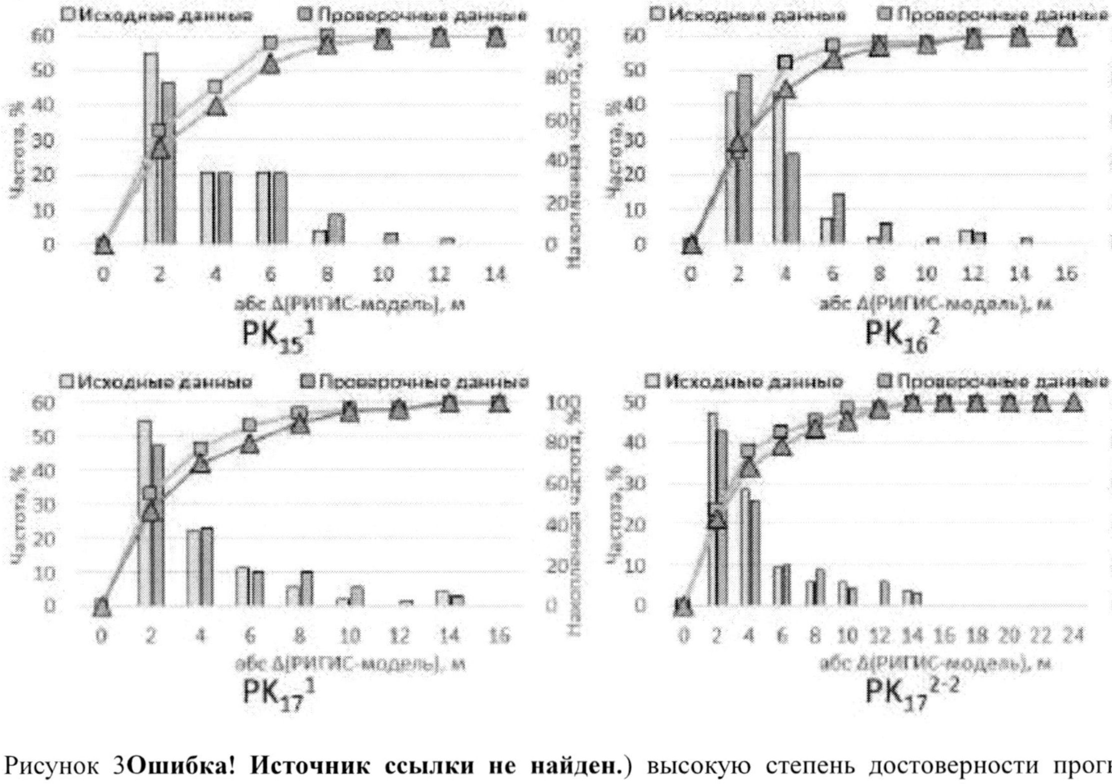

Рисунок 3**Ошибка! Источник ссылки не найден.**) высокую степень достоверности прогноза эффективных мощностей коллектора по данным мультиатрибутного анализа. На рисунке ниже:

- «Исходные данные» – набор скважинных данных, на которых выполнено построение прогнозных карт

- «Проверочные данные» – набор скважинных данных, не участвующих в построении прогнозных карт. Большая часть является транзитными стволами скважин. Доля проверочных скважин составила 50% от исходной выборки скважин.

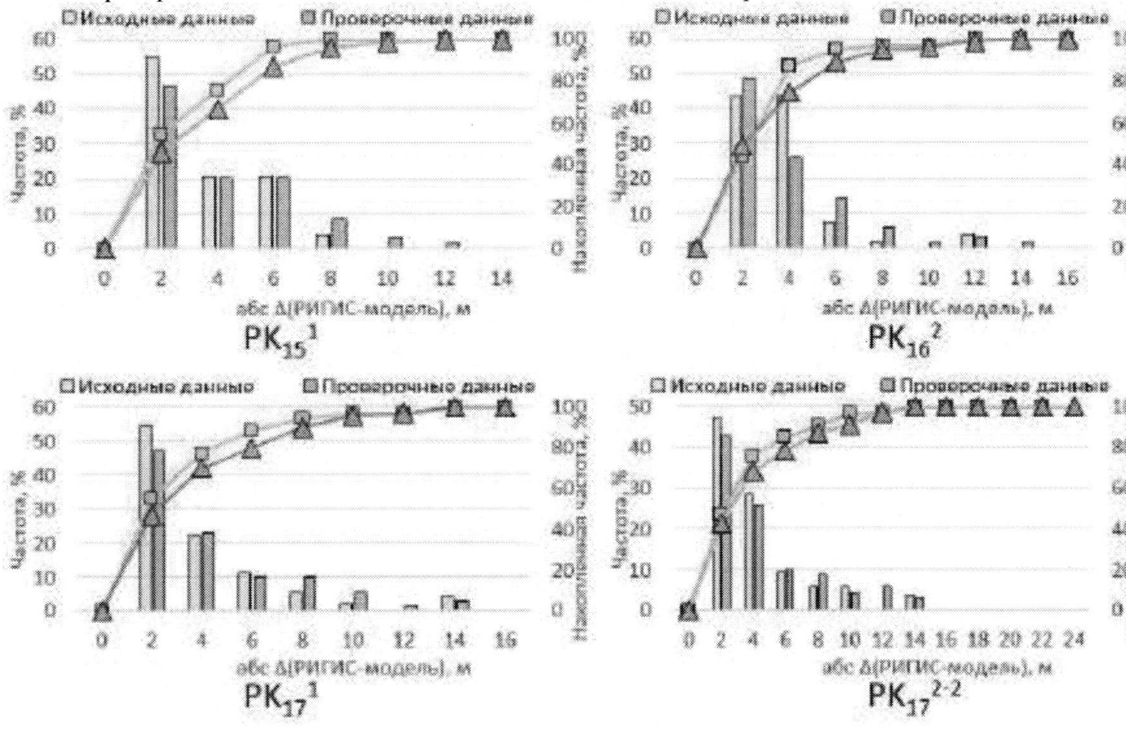

Рисунок 3 Контроль качества прогноза распределения эффективных мощностей коллектора по данным мультиатрибутного анализа

Мультиатрибутный анализ позволяет получить карты распространения эффективных мощностей коллектора на исследуемой территории в 2D. Для уточнения геологического строения коллектора в трехмерном пространстве согласно принятой методике выполнено построение кубов вероятности распределения коллектора.

Процесс создания куба вероятности коллектора по сейсмическим данным основывается на наличии больших массивов фактических данных с флаговой кривой коллектор/неколлектор, которые при благоприятном стечении обстоятельств позволяют в многомерном массиве сейсмических атрибутов выявлять тенденции для пересчета сейсмического куба в куб вероятности коллектора. Важным фактором при расчетах по разработаной методике является наличие данных по горизонтальным скважинам, т.к. именно они позволяют проследить латеральную изменчивость сейсмических атрибутов. Главной особенностью для изучаемых пластов является крайне малое количество пробуренных в их пределах горизонтальных стволов скважин, что накладывает соответствующие ограничения на применение методики. Тем не менее, построения были выполнены, а в качестве опорных данных по распределению свойства коллектор/неколлектор были использованы данные вертикальных и наклонно-направленных скважин.

Для построения кубов вероятности наличия коллектора входными данными послужили значения объемных атрибутов вдоль ствола скважины с шагом дискретизации, данных геофизических исследований скважин (РИГИС), а также сами (РИГИС), а именно коллектор/неколлетор. По полученному набору информации выполнено построение гистограмм распределения для коллектора и неколлектора. Полученные гистограммы вынесены на один график для каждого атрибута в отдельности, с целью оценки возможности разделения их по абсолютным значениям атрибута. В полученных распределениях выявить тенденций для разделения коллектора и неколлектора не удалось, что вероятнее всего связано именно с отсутствием данных по горизонтальным скважинам. Ввиду отсутствия дифференциации коллектора/неколлектора в поле значений отдельных атрибутов, был выполнен совместный многомерный анализ, позволивший выявить определенные тенденции разделения коллектор/неколлектор в многомерном поле. По результатам многомерного (совместного) анализа сейсмических атрибутов выявлены зависимости распределения коллекторов в пространстве. На основе комбинаций значений сейсмических атрибутов, рассчитаны кубы вероятности наличия коллектора для каждого исследуемого пласта. (Рисунок 4).

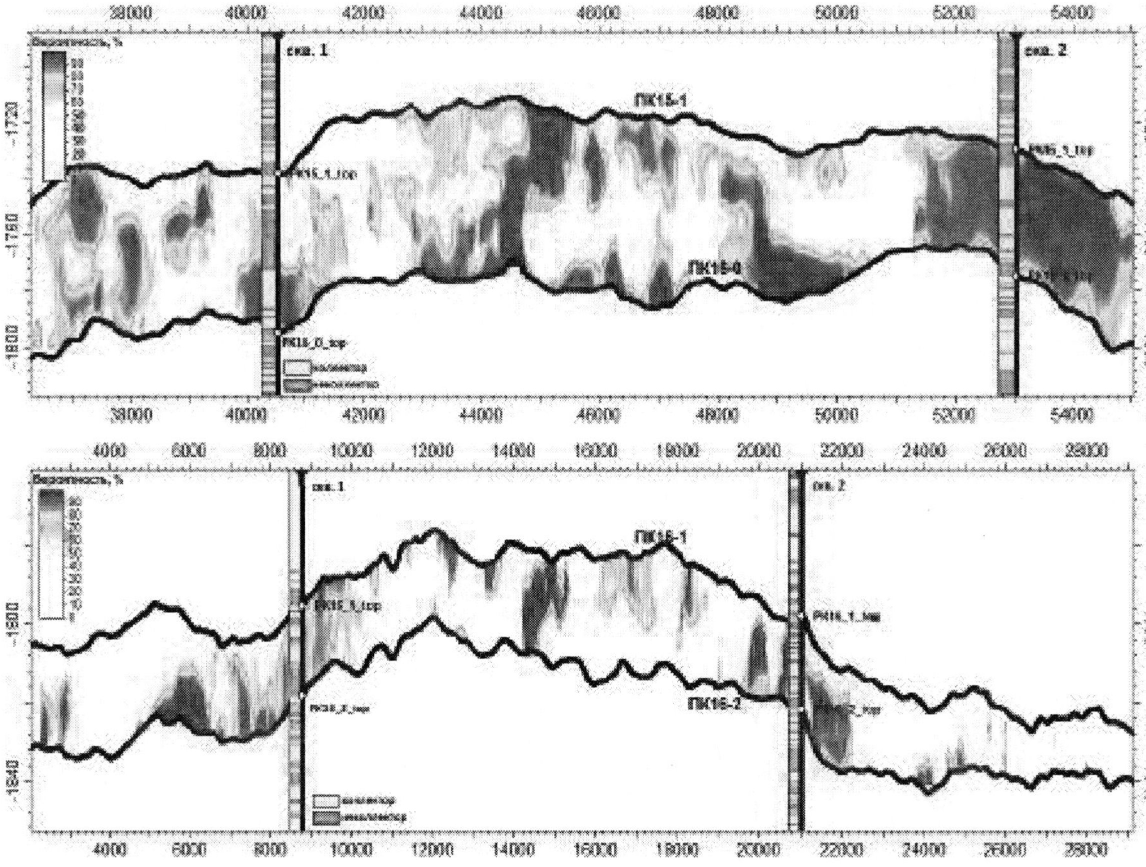

Рисунок 4 Разрезы через кубы вероятности нахождения коллектора

Библиография

1. Левянт В. Б., Ампилов Ю. П., Глоговский В. М., Колесов В. В., Коростышевский М.Б., Птецов С.Н. Методические рекомендации по использованию данных сейсморазведки (2D, 3D) для подсчета запасов нефти и газа. Москва ЦГЭ, 2006, 40 с.

Динамическая модель схожести скважин на основе каротажных данных

Д.Ю. Ковалев* (ООО «АРАМКО ИННОВЕЙШНЗ»), Д.К. Хлюстов (МГУ им. М.В. Ломоносова)

Введение

Литологические и физические свойства горных пород могут изменяться в поперечном направлении по всему бассейну в пределах одной формации из-за изменений условий осадконакопления. Это влияет на каротажные сигналы и усложняет межскважинную корреляцию. Выявление сходства между скважинами в нефтегазовой промышленности является необходимой частью многих процессов [1, 3, 9]. Это помогает понять характеристики скважины, спланировать стратегию разработки месторождения, обнаружить аномалии в процессе бурения, генерировать синтетические данные, близкие к реальным. Решение задачи поиска схожих скважин обычно требует большого объема ручной работы высококвалифицированных специалистов. Более того, результаты работы эксперта не всегда воспроизводимы и повторяемы.

Естественным способом преодоления этих проблем является использование методов, движимых данными. Современный подход к количественной оценке сходства скважин основан на глубоких нейронных сетях (DNN) [6, 8]. Основными преимуществами DNN являются высокое качество предсказания схожих скважин, а также простота использования для новых наборов данных. Среди недостатков использования DNN можно отметить то, что они требуют значительных вычислительных ресурсов, сложно интерпретируемы и для обучения используют большие наборы размеченных данных.

В работе [6] было показано, что проблема количественной оценки сходства может решаться как обучением без учителя (кластеризация), так и самообучением (с использованием эвристик для разметки данных и последующей классификации). В [6] оба подхода исследовались для нескольких постановок задач под названиями “well linking” и “close well linking”. Задача кластеризации скважин состоит в определении для данной пары скважин, принадлежат ли они к одному и тому же набору, заданному экспертной маркировкой. Эту проблему можно рассматривать как “глобальную” в том смысле, что необходимо извлечь информацию, относящуюся ко всей скважине. Другую задачу – для данной пары интервалов определить, поступают ли они из одной и той же скважины или из разных – можно считать локальной. Для решения этой проблемы важными становятся интервальные характеристики скважин, которые могут не совпадать с глобальными. Далее авторами рассматривается только глобальная постановка задачи.

Самообучаемые методы используются для обучения сложных нелинейных моделей, которые создают многомерные представления. Позже они могут быть использованы для других наборов скважин, поскольку внутренняя структура данных фиксируется построенным результирующим представлением. Простые модели не способны к построению векторных представлений, поскольку отображение близко к линейному (в правильно выбранном базисе). Следовательно, для простых методов кластеризация становится единственным выбором. В данной статье производится сравнение простой динамической моделей и DNN в задачах кластеризации скважин для проблемы “well linking”.

Теория. Динамическая модель схожести скважин

Динамическая модель основана на различных движимых данными методами моделирования сложных систем, например, динамического разложения мод [5]. Динамическая модель основана на стохастическом дифференциальном уравнении следующего вида [2]:

$$dX_t = A(t)\, X_t\, dt + B(t) X_t\, dw_t$$

Естественным упрощением для ускорения вычислений является ограничение возможных операторов на линейные подпространства:

$$X_{t+1} = AX_t + \sigma_t B X_t$$

где t – параметр измеренной глубины, матрицы A, B являются квадратными, а σ_t – н.о.р. В качестве предварительной обработки данных используется метод из [6], а также дополнительная фильтрация с использованием фильтра Савицкого-Голея [7]. Это позволило исключить стохастический член в уравнении. Расширение модели до случая, когда B оценивается аналитически не проводилось. Параметр A был оценен с помощью модели динамического разложения мод [5]. Сходство между скважинами было рассчитано как расстояние между соответствующими матрицами:

$$sim(well_i, well_j) = \| A_i - A_j \|_{op} + \lambda \| X_i^0 - X_j^0 \|$$

В приведенной формуле первое слагаемое соответствует оператору перехода, второе слагаемое выражает близость начальных условий, а λ – коэффициент регуляризации.

Пример применения динамической модели и сравнение с DNN

Используется открытый набор данных из новозеландского бассейна Таранаки [4], который служит для сравнения и валидации моделей между собой. Рассмотренные данные каротажа скважин являются репрезентативными, крупномасштабными и пригодными для решения задачи изучения сходства. Всего в наборе 351 скважина, из которых экспертом размечены 189.

Для сравнения моделей используется метрика ARI [6]. Динамическая модель показывает сравнимые с DNN результаты: *0,37*, что на *0,04* выше, чем у модели, основанной на нейронных сетях. Производительность этой модели существенно не изменилась после введения синтетических данных, что говорит о том, что алгоритм стабилен для некоторых видов возмущений входных данных. Однако динамическая модель не продемонстрировала хороших результатов после изменения задачи на локальную, что явно является недостатком по сравнению с моделями DNN.

Наиболее важным параметром модели является длина окна, используемого для оценки матрицы A. Слишком узкое окно приводит к несостоятельной оценке, а слишком длинное - к неоднородности данных. Оптимальная длина окна составляет около 500 точек. Корректируя начальную точку оценки, становится возможным эффективно определить глубину, на которой происходит быстрое изменение литологических свойств пласта, а также интерпретировать точные значения элементов оператора как количественные характеристики геофизических свойств скважины.

Подходящие нормы и коэффициент регуляризации считаются гиперпараметрами модели и оценивается перебором (см. Таблицу 1). Были рассмотрены норма Фробениуса, L_2, L_1, Результаты показывают, что первые два приводят к одинаковому ARI, в то время как последний приводит к значительному снижению оценки.

На рисунке 1 приведены данные гамма-каротажа для скважин #19, #12, #0. Первые две скважины динамической моделью считаются похожими, первая и третья – нет. Нетрудно заметить, что у похожих скважин присутствуют схожие участки (*0 – 280, 1300 – 1600, 1750 – 2000*), а у непохожих такого не наблюдается.

***Таблица 1**. ARI для динамической модели при различных значениях гиперпараметров.*

	Frobenius	L_2	L_1
$\lambda = 0$	0.36	0.36	0.14
$\lambda = 0.1$	**0.37**	0.35	0.13
$\lambda = 0.5$	0.35	0.36	0.14
$\lambda = 1$	0.34	0.34	0.17

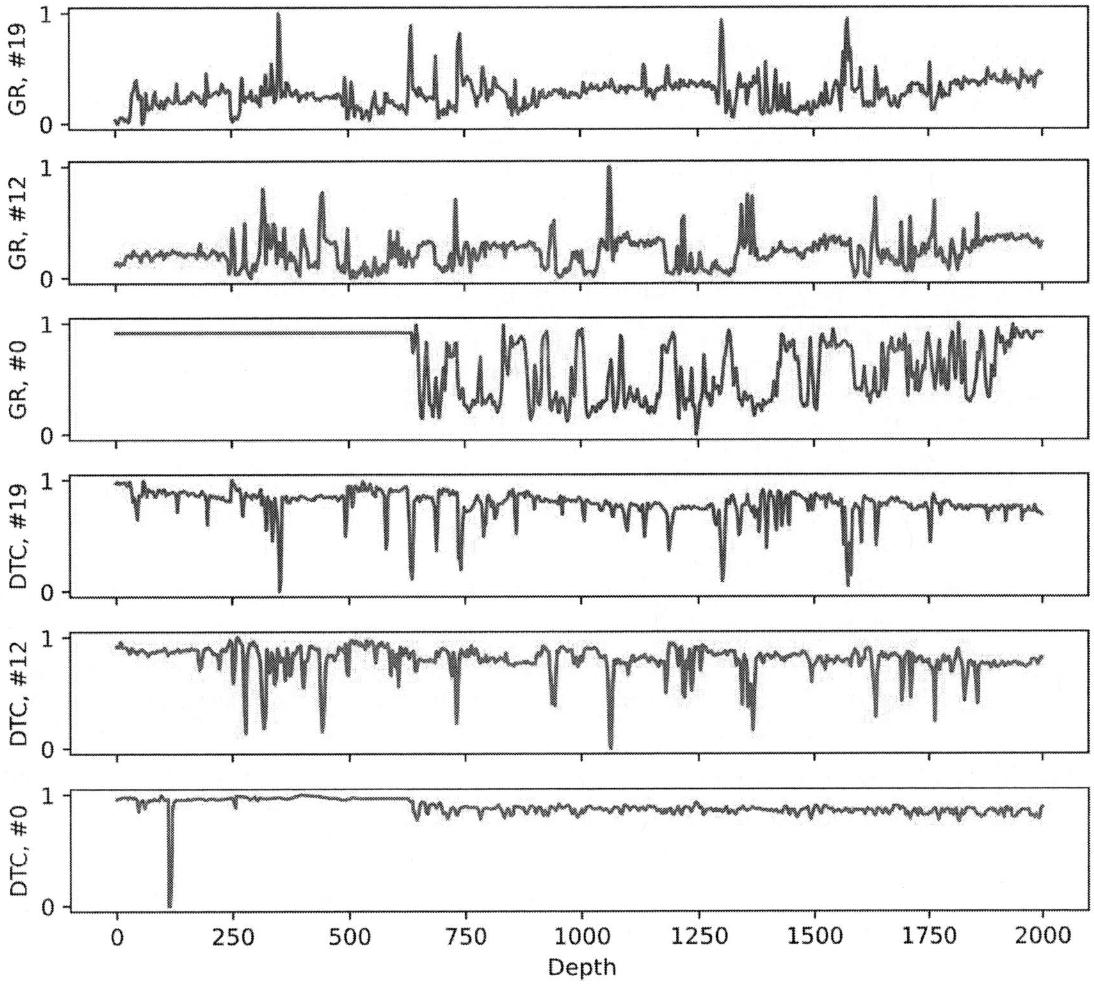

Рисунок 1. *Гамма-каротаж (GR) и акустический каротаж (DTC) для пары похожих (#19 и #12) и непохожих (#0) скважин.*

Дополнительно модель позволяет для данной скважины находить наиболее схожие с ней, например для скважины #19 – это скважины #12, #40, #158, #104, #116.

Выводы

Простая динамическая модель для некоторых задач позволяет добиться сравнимого результата с лучшими существующими нейронными сетями (0.37 против 0.34 по метрике ARI). При этом такая модель является более интерпретируемой и вычисляется значительно быстрее. Динамическая модель позволяет вычисляет схожесть пар скважин по предложенной выше формуле и ранжировать скважины по этой метрике. К недостаткам такой модели следует отнести невозможность обобщения на другие постановки задач, а также неспособность вычислять сложные нелинейные векторные представления скважин или их интервалов. Также, при накоплении большего числа данных нейронные сети постепенно улучшают метрику ARI, чего не происходит с динамической моделью.

В качестве направления дальнейшего развития исследований возможно обозначить следующие: 1) обобщение модели на более широкий класс стохастических дифференциальных уравнений, 2) тестирование на других наборах данных, 3) обобщение модели на локальную задачу, 4) выявление связи конкретных значений оператора с физическими свойствами пласта.

Библиография / References

1. Ali, M., Jiang, R., Ma, H., Pan, H., Abbas, K., Ashraf, U., and Ullah, J. Machine learning-A novel approach of well logs similarity based on synchronization measures to predict shear sonic logs. Journal of Petroleum Science and Engineering. (2020)
2. Cresson, J., and Sonner, S. A note on a derivation method for SDE models: Applications in biology and viability criteria. Stochastic Analysis and Applications, 36(2), 224-239. (2018)
3. Gurina, E., et al. Application of machine learning to accidents detection at directional drilling. Journal of Petroleum Science and Engineering 184 (2020)
4. IBM Research. Taranaki Basin Curated Well Logs. https://developer.ibm.com/technologies/artificial-intelligence/data/taranaki-basin-curated-well-logs/, 2020. [Online; accessed 05-May-2022]
5. Kutz, J. N., Brunton, S. L., Brunton, B. W., Proctor, J. L. Dynamic mode decomposition: data-driven modeling of complex systems. Society for Industrial and Applied Mathematics (2016)
6. Romanenkova, E., et al. "Similarity learning for wells based on logging data". arXiv preprint arXiv:2202.05583 (2022)
7. Savitzky, A., Golay, M. J. Smoothing and differentiation of data by simplified least squares procedures. Analytical chemistry, 36 (1964)
8. Stulov, N., Zaytsev, A., Ismailova, L., Kovalev, D., Katterbauer, K., Marsala, A. Out of Distribution Detection of Well Logs for AI-Assisted Formation Evaluation. International Petroleum Technology Conference. OnePetro. (2022)
9. Verma, A., Aurobinda, R. and William M. Assessment of similarity between well logs using synchronization measures. IEEE Geoscience and Remote Sensing Letters (2014)

Применение алгоритмов машинного обучения для восстановления структурного каркаса по данным потенциальных полей в зонах отсутствия данных сейсморазведки

В.В.Ананьев*(ООО «Газпромнефть НТЦ»), В.Д. Гулин (ООО «Газпромнефть НТЦ»), Г.С. Григорьев (ПАО «Газпром нефть»), Зайцев С.В. (ООО «Газпромнефть-ЦР»), Орлов Р.В. (ООО «Газпромнефть-ЦР»), Киселев К.В. (ООО «ИЦ МФТИ»)

Введение

Сейсморазведка остается наиболее распространенным методом в нефтяной геофизике, тогда как несейсмические методы преимущественно играют роль вспомогательных из-за низкой информативности отдельных методов по сравнению с сейсморазведкой и высокой неопределенностью в нахождении положения структурных границ. Однако, данные несейсмических методов (НСМ) в геофизике являются важным дополнением к классической информации, получаемой из сейсморазведки: при наличии структурного каркаса методы НСМ отлично справляются с восстановлением литологических свойств модели при решении обратной задачи [1]. Применение НСМ на ранних стадиях геологоразведочных работ помогает принимать решения в условиях ограниченной информативности и дает новые знания о геологическом строении исследуемой площади.

Сегодня методы машинного обучения широко применяются в исследовательской области для решения ряда практических задач, где детерминистические модели процессов или явлений сложно, или нельзя сформировать.

Примером такой задачи является восстановление структурных границ по данным НСМ. Восстановление структурных границ особенно актуально для межпрофильного пространства при наличии сейсмической съемки по профилям. Простое решение в виде интерполяции не дает нужной точности прогнозирования, и требуется создание сложной, часто нелинейной модели, что возможно с помощью методов машинного обучения (МО).

Из-за низкой, в сравнении с сейсморазведкой, стоимости работ и для повышения информативности результатов методы НСМ обычно применяются в комплексе: гравиразведка и магниторазведка, разные типы электроразведки и так далее [2]. Как следствие, возникает большое количество признаков в одной точке измерений – значений геофизических полей и их трансформант (производных, фильтров в окне разной ширины).

В данной работе демонстрируется опыт применения алгоритмов машинного обучения для прогнозирования положения структурного горизонта (с применением ПО ТЕНЗОР), разработанного в ООО «Газпромнефть НТЦ», на примере одного из участков в Западной Сибири. Участок изучен неравномерно, имеются данные как 3D, так и 2D, часть территории не покрыто сейсмическими исследованиями. Кроме этого, на территорию исследования имеются данные потенциальных полей. Наиболее актуальной задачей для площади работ является построение структурного каркаса в местах отсутствия данных СРР, которое позволит выделить перспективные зоны для планирования дальнейших геологоразведочных работ.

Метод (и/или Теория)

Дополнительные инструкции для составления тезисов:

Задача восстановления структурных границ по данным НСМ может быть решена методом построения корреляционной зависимости, однако часто недостаточно использование простого линейного или однопараметрического закона из-за сложной связи трансформант потенциальных полей и информации о структурах с различной глубины [3]. Алгоритмы МО предполагают, что каждый исследуемый объект описывается парой <x, y>, где x - данные (многомерный вектор); y - целевое значение, метка. Для контроля качества восстановления глубины до границы используется метрика сходимости по обучающей выборке: root mean squared error (RMS) и сходимость с сейсмическими данными на профилях обучения.

Для построения прогнозной модели глубины сейсмического горизонта в качестве признаков x_i использовались данные аномального магнитного поля (ΔT), гравитационного поля в редукции Буге (Δg), производные первого порядка по оси Z и фильтры Баттерворта с различным радиусом (рисунок 1), в качестве цели прогнозирования y_i – глубина сейсмического горизонта. Обучение и тестирование прогнозной модели происходит на участке площади, где существует пересечение данных сейсморазведки и НСМ (рисунок 2).

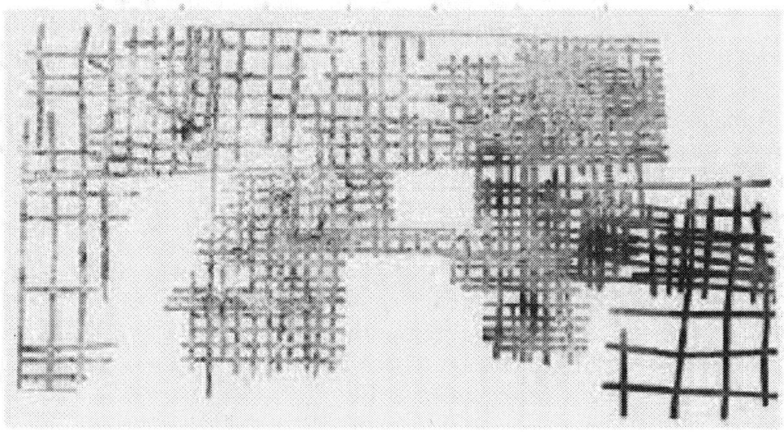

Рисунок 1. *Выборка для обучения – данные СРР 2D*

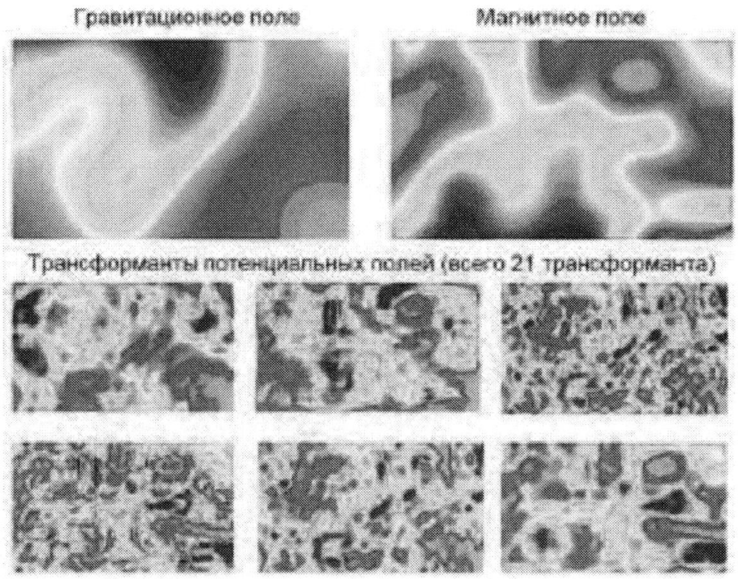

Рисунок 2. *Выборка для обучения – данные потенциальных полей*

В качестве методов классификации использовались два метода:

метод GPR (*Gaussian Process Regression*) непараметрических вероятностный метод, позволяющий не только оценить значение величины, но и вероятность ее распределения. Метод основан на обновлении случайно заданной априорной вероятности распределения величины *Y*. Обновленное распределение, называемое апостериорным распределением, таким образом, включает информацию как из предыдущего распределения, так и из набора данных [4].

ансамблевый метод прогнозирования RF (*Random Forest*). Основная идея «Случайного леса» заключается в использовании большого ансамбля решающих деревьев небольшой глубины, каждое из которых само по себе даёт сравнительно невысокое качество регрессии, но за счёт их большого количества результат получается с высоким качеством [4].

Примеры (не обязательно)

В зависимости от качества данных и размера площади, так, например, из опыта работ метод RF наилучшим образом отрабатывает на региональной стадии изучения, где необходимо оценить тренд структурного каркаса, а метод GPR лучше решает задачи локального прогноза, где результат направлен на выделение перспективных структур в разрезе. По результатам восстановления на территории Западной Сибири получена наилучшая сходимость при комплексировании с данными СРР метода GPR, который позволил наиболее точно восстановить структуру, локальные особенности объекта и наилучшую сходимость по скважинным данным, которые не принимали участие в прогнозе. На рисунке 3 приведено сравнение методов RF и GPR.

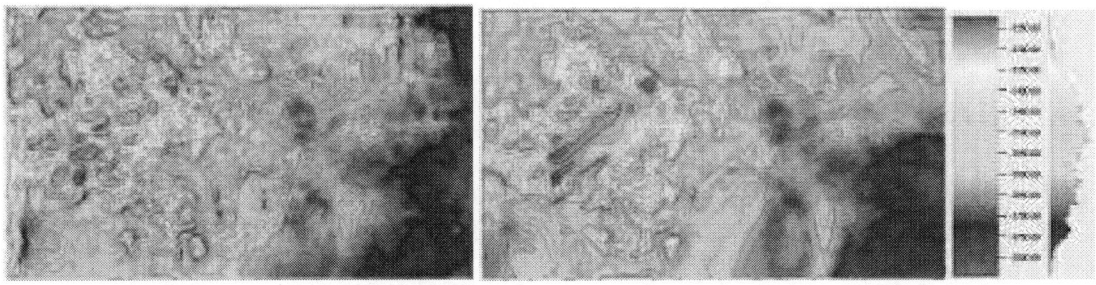

Рисунок 3. *Результаты восстановления структурных построений методами GPR (слева) и RF (справа)*

Для контроля качества восстановления, из эталонной выборки была исключена область СРР в двух вариантах, в первом варианте было исключено 5% площади от всего объема СРР, во втором варианте исключено 10% от объема СРР (рисунок 4), при этом в контрольную выборку вошли как зоны поднятия, прогиба и зоны с высоким перепадом глубин.

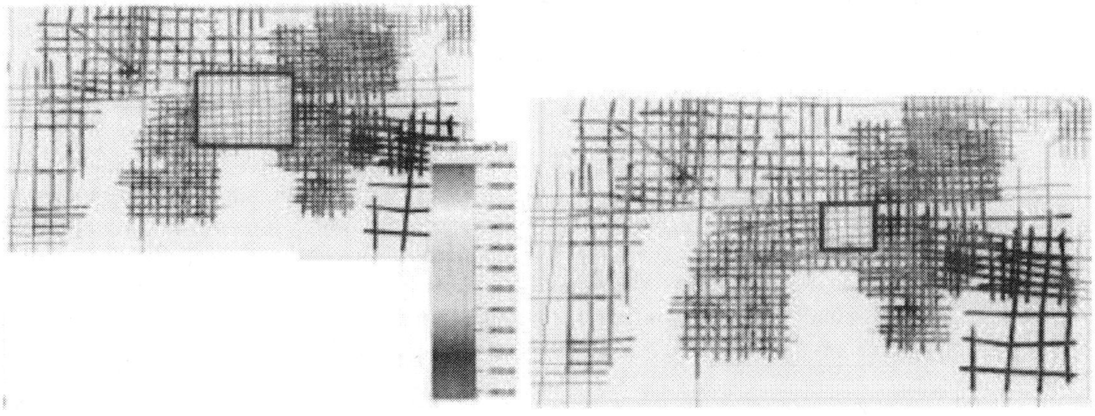

***Рисунок 4.** Исключение из эталонной выборки 10% (слева) и 5% (справа) области значений СРР*

По результатам оценки восстановления структурной поверхности в зоне контрольной выборки для 10% контрольной выборки, погрешность составила в среднем 5,5 м, стандартное отклонение порядка 30 м. Эти же параметры для 5% объема составили: среднее 2,2 м, стандартное отклонение 7 м. На рисунках 5 и 6 представлены гистограммы распределения ошибки восстановления структур. Стоит заметить, что даже при увеличении исключенной зоны с 5% до 10% не привнесло большой ошибки, и результат восстановления структурной поверхности сопоставим с данными СРР в области контрольной выборки.

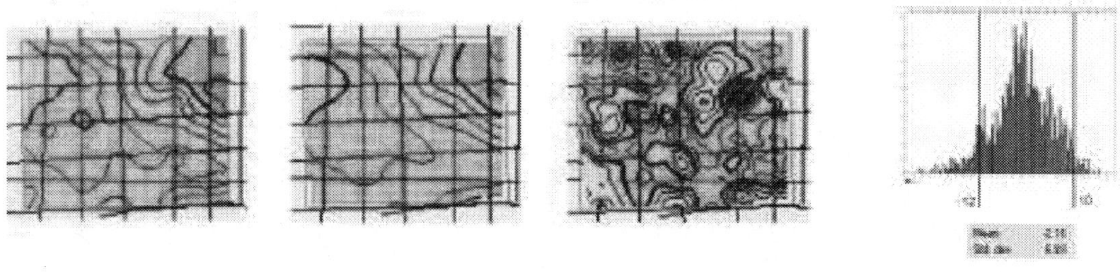

а б в г

***Рисунок 5.** а – данные структурных построений по данным СРР: б – данные структурных построений, восстановленных по данным НСМ, в – разница между структурными построениями СРР и НСМ, г - гистограмма распределения ошибки восстановления структурных построений для 5% контрольной выборки*

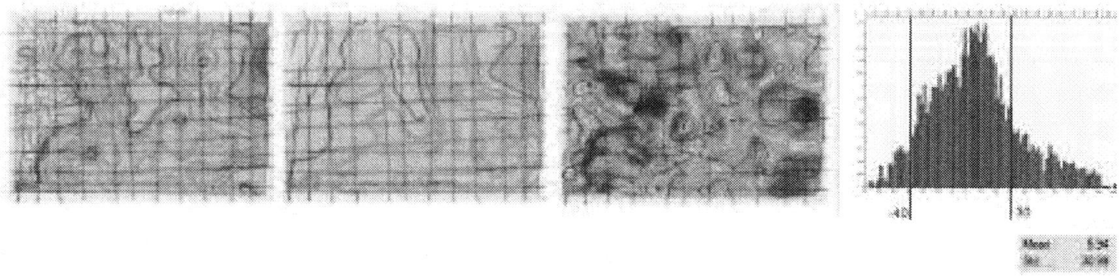

а б в г

***Рисунок 6.** а – данные структурных построений по данным СРР, б – данные структурных построений, восстановленных по данным НСМ, в – разница между структурными построениями СРР и НСМ, г - гистограмма распределения ошибки восстановления структурных построений для 10% контрольной выборки рисунка*

Выводы

В работе оценен потенциал внедрения несейсмических исследований для получения дополнительной информации в сочетании с сейсмическими методами. Продемонстрированный алгоритм требует дальнейшего тестирования и изучения. Так, одним из немаловажных направлений для изучения является исследования информативности каждого признака перед обучением МО алгоритма позволяет повысить точность построенной модели. Методика была также апробирована на двух объектах ПАО «Газпром нефть».

Библиография

1. Это первое предложение раздела «Список литературы». - Пожалуйста, убедитесь, что все цитаты имеют ссылки и наоборот.
2. Докучаева, Н. А., Арефьев, Ю. М., Андреева, Е. Е., & Ионов, Г. М. [2013] Перспективы расширения площади нефтеносности месторождений на поздней стадии их разработки на основе комплексного анализа данных геофизических методов. Георесурсы, (3 (53)), 11-13
3. Богословский В. А., Горбачев Ю. И., Жигалин А. Д., Калинин А. В., Модин И. Н., Попов М. Г., Пушкарев П. Ю., Степанов П. Ю., и Хмелевской В. К. [2015] Геофизика: учебник, под ред. Хмелевского В.К., 4-е издание, КДУ Москва

References

4. Breiman L. [2001] Random forests, Machine learning. T. 45. – №. 1. – С. 5-32.
5. Hultquist C., Chen G., Zhao K. A comparison of Gaussian process regression, random forests and support vector regression for burn severity assessment in diseased forests //Remote sensing letters. – 2014. – Т. 5. – №. 8. – С. 723-732

Анализ эффективности различных оптимизационных алгоритмов в задачах геологического моделирования

А.Ю. Дегтерёв* (ООО «Рок Флоу Динамикс»), А.В. Бондарев (ООО «Рок Флоу Динамикс», РГУ нефти и газа им. И.М. Губкина)

Введение

Обширный класс вычислительных процедур, в том числе и в области геологического моделирования, требует итерационного подбора параметров. Ручное выполнение таких задач, как правило, занимает много времени и не производительно. Современный подход к геологическому моделированию на основе графа моделирования (Workflow), рассматривающий модель как задокументированную последовательность операций, приводящую к получению результатов моделирования из исходных данных, позволяет автоматизировать процесс итерационного подбора необходимых параметров. Для этого большинство пакетов геологического моделирования имеет возможность интеграции с пакетами математической оптимизации, либо имеют встроенные средства для решения таких задач. Как правило, модули оптимизации ориентированы на широкий спектр задач, в том числе и за пределами геологического моделирования, предлагая пользователю на выбор большое количество методов оптимизации, наиболее эффективных в тех или иных случаях. Каждый цикл перестроения геологической модели, даже если для настройки используется её упрощённая огрублённая версия, в типовом случае может занимать от нескольких минут до нескольких десятков минут. По этой причине выбор того или иного оптимизационного алгоритма может существенным образом влиять на общие затраты времени и вычислительных ресурсов. В связи с этим представляет интерес сравнение эффективности различных оптимизационных алгоритмов с точки зрения сходимости и скорости достижения оптимального решения. Сопоставление эффективности оптимизационных алгоритмов является нетривиальной задачей [1], поскольку критерии оценки скорости сходимости могут быть различны, и помимо скорости сходимости алгоритмы могут различаться рядом других важных параметров. Кроме того, полученные результаты существенно зависят от набора задач, на котором проводится тестирование и от принятой методики проведения процесса тестирования. В рамках данной работы на примерах двух разных задач геологического моделирования было произведено сопоставление эффективности ряда популярных методов оптимизации: симплекс-метода, метода дифференциальной эволюции, метода роя частиц, метода на основе нейронной сети и на основе поверхности отклика. Все эти методы одновременно доступны в модуле автоматизированной адаптации и анализа неопределённости (Assisted History Matching) отечественного программного комплекса «тНавигатор», что позволило провести исследование на одних и тех же моделях и рабочих станциях, минимизировав влияние каких-либо внешних факторов.

Теория

Задача оптимизации заключается в минимизации заданной пользователем целевой функции за счёт варьирования в некоторых заданных пределах независимых входных переменных. В качестве целевой функции может выступать любой количественный параметр или комбинация из нескольких параметров. Большинство рассматриваемых методов оптимизации допускает использование в качестве исходных переменных как непрерывных, так и дискретных величин. Какие-то оптимизационные задачи предполагают наличие только одного глобального минимума, в каких-то задачах таких минимумов может быть множество. В некоторых задачах глобальный минимум недостижим, можно лишь в какой-то степени приблизиться к нему. Помимо глобального минимума возможно также наличие локальных минимумов – то есть таких значений входных переменных, комбинация которых даёт минимальное значение для их локальной окрестности. Попадание в локальный минимум при наличии глобального можно рассматривать как ошибочный ответ оптимизационной задачи. Во многих практических случаях заранее неясно, достижим ли глобальный минимум и есть ли в пространстве возможных решений локальные минимумы. По этой причине на практике применяется широкий спектр оптимизационных алгоритмов, использующих принципиально разные подходы к выполнению оптимизации. Не существует одного наиболее эффективного во всех отношениях алгоритма, наилучшим образом подходящего для всех случаев. Скорость сходимости, помимо выбранного алгоритма оптимизации определяется количеством независимых переменных и значений, входящих в состав целевой функции, а также сложностью связей между ними.

Примеры

В первом случае был рассмотрен пример задачи подбора оптимальной величины смещения горизонтов для подготовки структурно-тектонического каркаса бассейновой модели. Рассматриваемый регион осложнён солевой тектоникой, поэтому для реконструкции положения кровли солевого комплекса современные границы солевых диапиров с помощью процедур сглаживания были выровнены. При выполнении этой операции образовалась разница в объёмах как солевого интервала, так и вышележащих горизонтов, требующая внесения корректировок в положение их границ, с тем чтобы минимизировать разницу в объёмах. Величина расхождения объёмов пластов в пределах рассматриваемых границ относительно их современных объёмов была задана в качестве целевой функции, а значения вертикального сдвига этих границ – в качестве независимых переменных.

Во втором случае рассматривалась задача подгонки модели под утверждённые запасы. Целевой функцией являлась величина утверждённых запасов, а варьируемыми переменными – 12 параметров, отвечающих за интерполяцию свойств и подсчётные коэффициенты, варьированием которых было необходимо добиться максимального соответствия величине запасов. Поскольку данная модель была построена стохастическим методом и при подборе параметров интерполяции варьировалось также и случайное значений Seed, отвечающее за выбор той или иной стохастической реализации, потенциально модель могла и не сойтись.

Полученные для обеих задач результаты показали, что обе задачи сходятся, то есть имеют как минимум один глобальный минимум. По этой причине для оценки скорости достижения минимума рассматривалась только скорость минимизации целевой функции. Скорость получения значений отдельных переменных не рассматривалась, тем более что разные методы оптимизации иногда выходили на разные значения переменных, дающих в комбинации нулевое значение целевой функции.

Несмотря на различие числа варьируемых параметров, результаты, полученные в двух рассмотренных примерах, оказались во многом схожи. В обоих случаях наибольшую скорость сходимости показал симплекс-метод, затем – дифференциальная эволюция, затем – метод роя частиц и оптимизация на основе нейронной сети. В случае задачи построения палеоструктурной модели симплекс-метод показал себя явным лидером, остальные методы по сравнению с ним демонстрировали многократное отставание (Рисунок 1). В случае задачи подгонки модели под утверждённые запасы, где число варьируемых переменных и их комбинаций, приводящих к нулевому значению целевой функции достаточно велико, дифференциальная эволюция показала результаты сходимости достаточно близкие к симплекс-методу (Рисунок 2). В случае задачи палеоструктурного моделирования был протестирован также алгоритм поверхности отклика. Он показал скорость схождения даже несколько лучше, чем у дифференциальной эволюции и метода роя частиц, однако оптимизация прекращалась не доходя до околонулевых значений. В случае задачи подгонки модели под утверждённые запасы возможность проверить эффективность работы данного метода отсутствовала, поскольку он не допускает использования на входе дискретных переменных.

Полученные результаты позволяют с некоторой осторожностью рекомендовать симплекс-метод в качестве начального выбора при проведении оптимизационных задач, тестировании скорости схождения новой задачи при неизвестной сложности и сходимости. Для разработки более уверенных рекомендаций безусловно необходимо проведение исследований на более широком спектре задач.

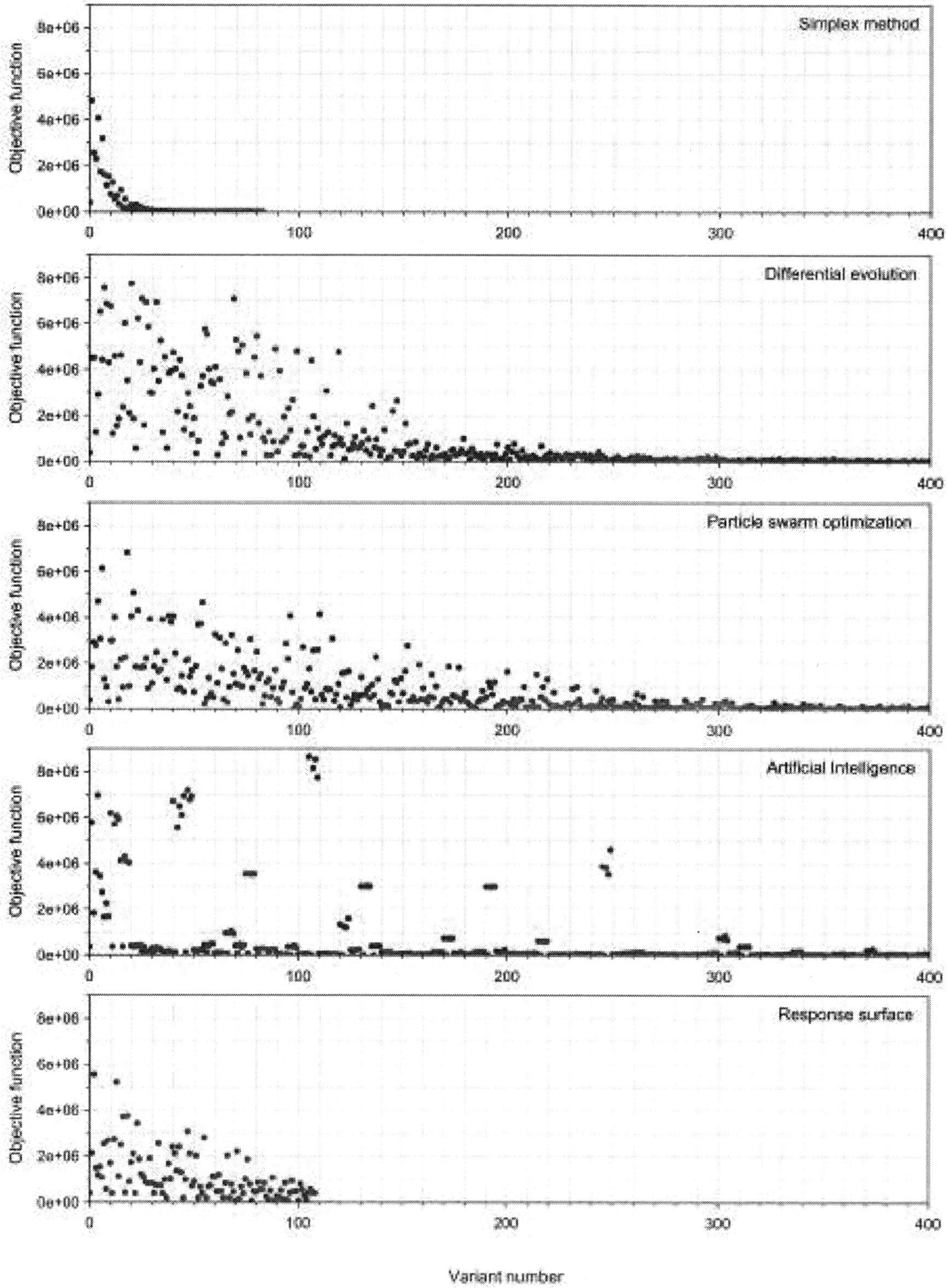

Рисунок 1. *Характер уменьшения целевой функции при оптимизации симплекс-методом, методом дифференциальной эволюции, методом роя частиц, методом на основе нейронной сети и на основе поверхности отклика на примере задачи подбора оптимального смещения горизонтов для построения палеоструктурной модели*

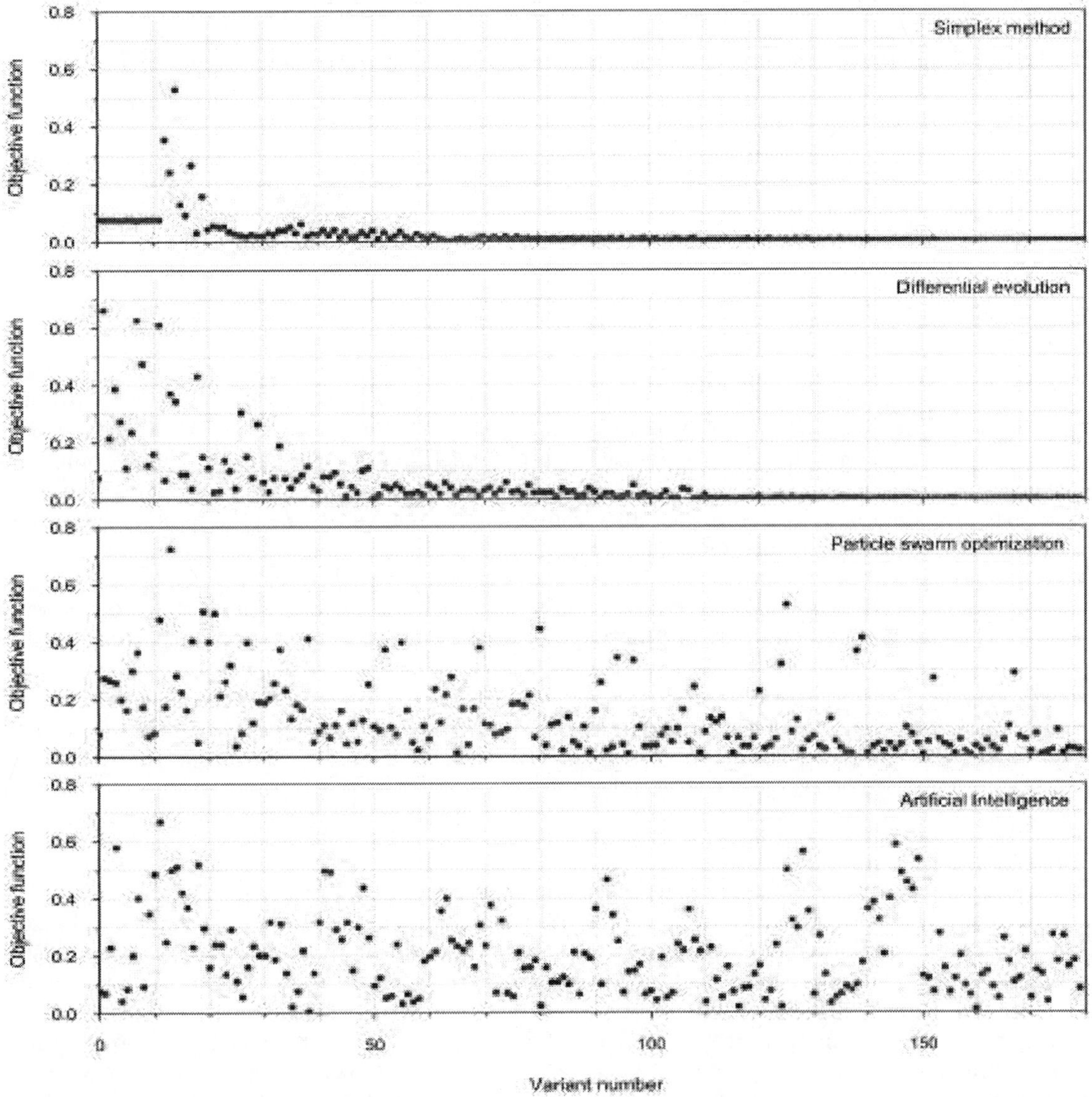

Рисунок 2. *Характер уменьшения целевой функции при оптимизации симплекс-методом, методом дифференциальной эволюции, методом роя частиц, методом на основе нейронной сети на примере задачи подгонки геологической модели под утверждённые запасы*

Выводы

В данной работе на примере двух задач геологического моделирования с разным количеством исходных независимых переменных было проведено сопоставление работы пяти популярных алгоритмов оптимизации. Безусловно, для каких-то серьёзных обобщающих выводов необходимо рассмотреть значительно большее количество задач моделирования и модификаций алгоритмов. В то же время, полученные результаты могут использоваться в качестве отправной точки для самостоятельных исследований или служить примерным ориентиром в ситуации, когда на проведение собственных полномасштабных исследований нет времени.

Библиография

1. Beiranvand, Vahid & Hare, Warren & Lucet, Yves [2017] Best Practices for Comparing Optimization Algorithms. *Optimization and Engineering,* **18**. 10.1007/s11081-017-9366-1

«Выбор и построение оптимальной огибающей кругов Мора. Паспорт прочности породы»

В.А. Вавилин*, пенсионер (Филиал ООО «ЛУКОЙЛ-Инжиниринг» «ПермНИПИнефть» в г. Перми)

Д.С. Миков (Филиал ООО «ЛУКОЙЛ-Инжиниринг» «ПермНИПИнефть» в г. Перми)

Введение

Необходимость написания данной работы возникла в результате сравнения методик определения прочностных и деформационных характеристик горных пород в различных лабораториях. Несмотря на то, что все методики разработаны на основе существующих и действующих ГОСТов, полученные результаты могут значительно отличаться. Причины этого различны, от класса и качества оборудования, до банального недопонимания физики процессов, происходящих в пласте и при измерении.

В работе кратко рассмотрены некоторые проблемные вопросы определения прочностных и деформационных характеристик горных пород, а именно, создание истинных пластовых условий в цилиндрических образцах, выбуренных параллельно и перпендикулярно напластованию, выбор минимально достаточного количества образцов для паспорта прочности, выбор и построение криволинейной линии, огибающей круги Мора. В работе предложена схема программного построения линии степенной функции, оптимально огибающей три круга Мора.

Метод (и/или Теория)

Основы теории прочности горных пород были заложены ещё в XVIII – XIX веке. В 1773 году Шарль Огюстен де Кулон опубликовал статью, ставшую основанием теории прочности горных пород. В 1882 году Кристиан Отто Мор разработал графический метод анализа напряжений при сложном напряжённом состоянии, известный под названием «круг Мора». Гипотеза Мора о зависимости предельных касательных напряжений от величины приложенных нормальных напряжений лежит в основе теории Мора – Кулона. С XIX века теория Мора – Кулона претерпела значительные изменения, появились теории, улучшающие и дополняющие её. Тем не менее, в различных областях науки, в архитектуре, строительстве, горном деле, материаловедении, в обеспечении добычи полезных ископаемых, в том числе, нефти и газа, модифицированные версии теории Мора – Кулона применяются и в настоящее время, и будут применяться ещё долго. В нашей работе эта теория, совместно с лабораторными исследованиями, используется для обеспечения информацией о прочностных характеристиках горных пород – коллекторов нефти и газа, необходимой для оптимизации технологических процессов добычи нефти и газа, ГРП, ремонта скважин.

Порода, под воздействием внешних сил, деформируется, возникают внутренние напряжения, в общем случае эти напряжения можно наглядно представить в образце кубической формы, как показано на рисунке 1 [1].

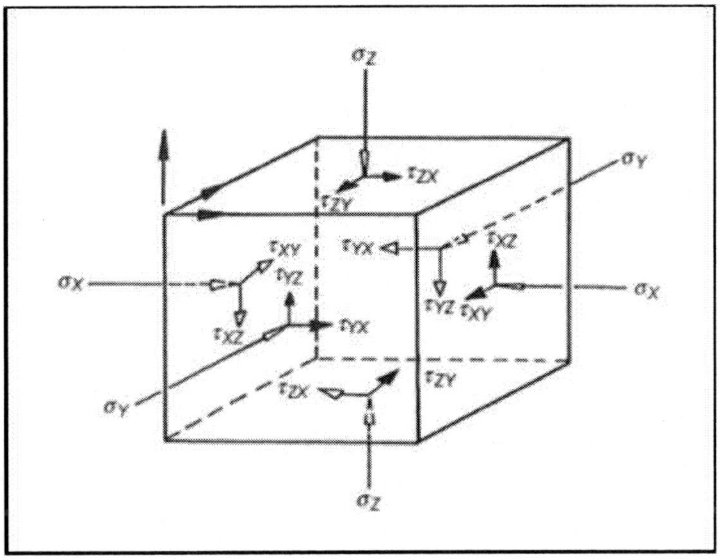

Рисунок 1. *Трёхмерное поле напряжений в кубическом образце породы*

Чтобы корректно решить задачу определения величин и направлений всех напряжений в породе необходимо знать большое количество параметров, большинство из которых практически определить невозможно, или же, очень сложно. Поэтому задачу обычно упрощают, считая породу изотропной в некоторых направлениях (например, в плоскости напластования), а также вводят некоторые дополнительные допущения. Так, например, берут цилиндрический образец керна, выбуренный перпендикулярно плоскости напластования. Тогда соотношение между нормальными, касательными (сдвиговыми) напряжениями и плоскостью разрушения для многих горных пород может быть определено графически с помощью кругов напряжений Мора [1].

Очень важным, в зависимости от объекта и цели исследований, является правильный выбор, выбуривание и подготовка образцов. В большинстве случаев, для выполнения триаксиальных тестов на цилиндрических образцах и построения кругов Мора, нужно учитывать напластование породы. Общепринятой практикой, сокращая до минимума затраты на исследования, является изготовление трёх цилиндрических образцов (выбуренных перпендикулярно напластованию породы) для следующих видов исследований:

- одноосное растяжение (Бразильский тест);

- одноосное сжатие (триаксиальный тест в атмосферных условиях);

- объёмное сжатие или одноосное сжатие в пластовых условиях.

На рисунке 2 показаны направления основных напряжений $\sigma 1$, $\sigma 2 = \sigma 3$, напряжения сдвига τ, нормального напряжения σn, действующих в цилиндрическом образце породы, относительно оси образца и плоскости сдвига AD (скольжения), а также круг Мора, построенный в соответствии с соотношениями между этими напряжениями. Увеличение, действующей на образец осевой нагрузки, приведет к деформированию образца за счет микротрещин, которые, при приложении большей нагрузки, расширяются, и, в конечном итоге, объединяются вместе, чтобы сформировать плоскость скольжения (плоскость сдвига), вдоль которой произойдет разрушение [1].

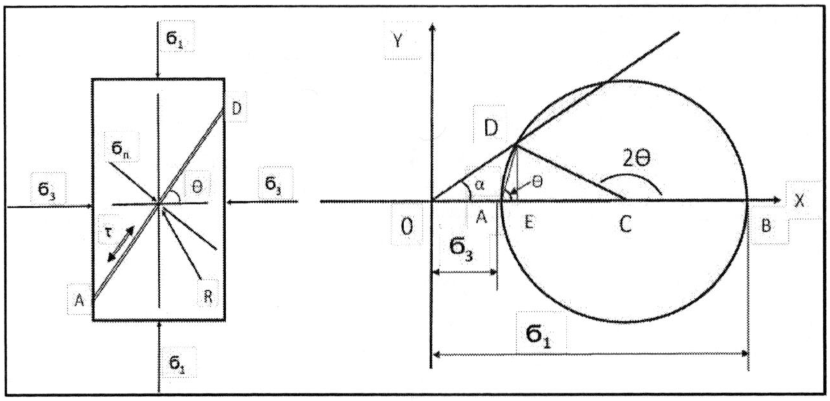

Рисунок 2. *Направления основных напряжений в цилиндрическом образце породы, круг Мора, построенный в соответствии с соотношениями между напряжениями*

В основе теории Мора – Кулона лежит гипотеза Мора о зависимости предельных касательных напряжений от величины приложенных нормальных напряжений.

$$\tau = C_0 + \sigma_n \cdot tg\varphi \qquad /1/$$

где τ – касательное напряжение, C_0 – сцепление, σn - нормальное напряжение, φ – угол внутреннего трения. Эти параметры наглядно показаны на рисунке 3, на котором построены круги Мора, согласно уравнению (1). Линия, касательная ко всем кругам Мора, это «огибающая» кругов Мора.

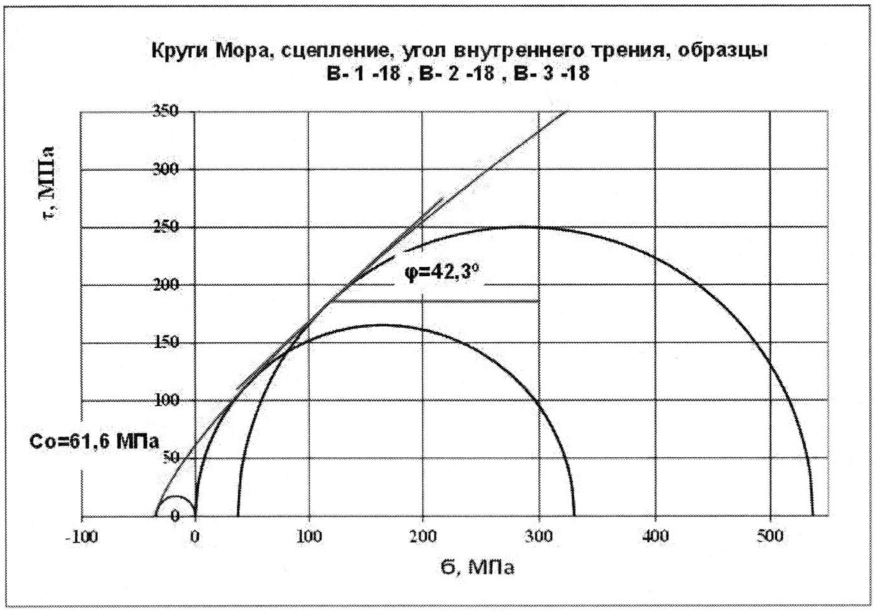

Рисунок 3. *График кругов Мора трёх образцов, огибающая этих кругов - линия, описываемая степенной функцией со степенью b=1,32*

Для исключения субъективного фактора при построении кругов Мора, огибающей кривой, и нахождении этих параметров, авторы предлагают рабочую схему программного подбора и построения линии степенной функции, оптимально огибающей три круга Мора, в которой также автоматически определяются сцепление и угол внутреннего трения. На рисунке 4 показана активная таблица ПО для внесения результатов трёх тестов и автоматического получения графиков и необходимых параметров паспорта прочности.

№ образца	Измеренное значение σ, МПа	Обозначение	Вид исследования	Сцепление, С, МПа	Угол внутреннего трения, φ, °	
В-1-18	35	σпрпр ОО растяж	Одноосное растяжение			
В-2-18	330	σпрпр ОО сж	Одноосное сжатие	61,6	42,3	Авто
В-3-18	500,0	σпрпр Об сж	Объёмное сжатие в пластовых условиях			
Не забудь про Рэфф:						
$Р_{эфф}$=	36,9			27,0	1,32	

Рисунок 4. *Таблица внесения результов трёх тестов (выделено зелёным) и выдачи результатов программной обработки*

Выводы

1. При исследовании прочностных и деформационных характеристик изотропной породы образцы могут быть выбурены в любом направлении.

2. В большинстве нефтегазовых месторождений порода анизотропная. Истинные пластовые условия можно создать только в цилиндрических образцах, выбуренных перпендикулярно напластованию.

3. Для создания паспорта прочности анизотропной породы (допуская, что порода изотропна в плоскости напластования) необходимо определить пределы прочности минимум трёх «перпендикулярных» цилиндрических образцов (тесты на одноосное растяжение, одноосное сжатие и объёмное, или триаксиальное сжатие).

4. В качестве криволинейной линии, огибающей круги Мора, с достаточной точностью, можно взять, оптимально подобранную по трём параметрам, степенную функцию, для построения которой предлагается использовать программу (MS Excel), в которой автоматически строится огибающая и вычисляются величина сцепления породы Co и значение угла внутреннего трения.

Библиография / References

1. Djebbar Tiab, Erle C. Donaldson, Petrophysics. Theory and Practice of Measuring Reservoir Rock and Fluid Transport Properties. Fourth Edition, Elsevier Inc. 2016, P. 485, 499 – 502.

Типизация карбонатных коллекторов со сложной структурой емкостного пространства и оценка их коэффициентов нефтенасыщенности по данным ГИС

Д.В. Кляжников* (ООО «Индженикс Груп»), Т.Ф. Соколова (Высшая школа инновационного бизнеса МГУ им. М.В. Ломоносова)

Введение

В Тимано-Печорской нефтегазоносной провинции (ТПП), расположенной в северо-восточной части Европейской платформы, карбонатные коллекторы занимают важное место по объему геологических запасов и уровню добычи углеводородов в рассматриваемом регионе. Изучение этого типа коллекторов сопряжено с определенными трудностями, обусловленными сложной структурой емкостного пространства и сочетанием коллекторов различных типов, неоднородностью свойств на небольших интервалах разреза и изменчивостью типов пород в пределах одной площади [1, 2].

Объектом изучения в данной работе являются карбонатные отложения ассельско-сакмарского возраста нижней перми (P_1as+s) одного из нефтяных месторождений ТПП.

Проблемы оценки свойств коллекторов по данным ГИС в отложениях P_1as+s связаны с трудностями в оценке коэффициентов нефтенасыщенности (Кн) в скважинах старого фонда, что связано с формированием глубоких зон проникновения фильтрата промывочной жидкости в пласты-коллекторы, и ограничивает использование методов электрометрии для решения этой задачи. Другая проблема связана с существованием переходных зон и сложностями в определении характера насыщенности коллекторов по данным ГИС в этих зонах, в установлении положения ВНК и параметров переходной зоны. В пределах залежи из зон выше принятого положения ВНК из отдельных интервалов разреза получены притоки нефти с водой, или воды с нефтью, что связано с чередованием разнотипных коллекторов в разрезе и характерной степенью насыщения каждого типа в зависимости от удаления от уровня нулевого капиллярного давления (Рк). Различие типов коллекторов обусловлено особенностями распределения пор по размеру в каждом из них. Это своеобразие структуры емкостного пространства породы является определяющим фактором в формировании переходной зоны над зеркалом свободной воды с параметрами, свойственными каждому классу коллектора. Решение этих проблем является чрезвычайно важной задачей, как при подсчете запасов, так и при обосновании оптимального процесса разработки залежи нефти.

Краткая литолого-петрофизическая характеристика пород

Разрез продуктивных отложений P_1as+s сложен, преимущественно, известняками различных структурно-генетических типов – водорослевыми, органогенно-водорослевыми, органогенными и органогенно-детритовыми.

Коллекторы продуктивного пласта относятся к категории сложных, что связано с особенностями структуры емкостного пространства, обусловленной тремя факторами: 1) сложной структурой емкостного пространства матрицы породы; это проявляется в формировании различного количества микрокапиллярных пор в матрице породы, что выражается в широком диапазоне изменения величины водоудерживающей способности матрицы при одном и том же значении коэффициента пористости; 2) развитием вторичной каверновой емкости; 3) в меньшей степени, присутствием трещин различного генезиса.

Пористость пород (Кп) изменяется в пределах от 0,01 до 28,8%, проницаемость (Кпр) от 0,001 до 4937 мД, содержание остаточной воды (Кво) меняется в диапазоне от 0,3 до 86%. Средние значения Кп, Кпр и Кво по всей выборке образцов составляют 9,6%, 48 мД и 27,2% соответственно. Для образцов со значениями Кпр>1 мД средние значения параметров составляют 15,2%, 106 мД и 24,2% соответственно.

Изучаемые породы-коллекторы характеризуются различными значениями Кво при одной и той же пористости, что говорит о различном соотношении мелких и крупных пор в матрице коллектора вне зависимости от диапазона пористости. Так, при значениях Кп, изменяющихся от 15 до 20%, значения Кво могут изменяться от 3 до 47%, то есть при высокой пористости порода может содержать большое количество тонких не фильтрующих пор. Таким образом, различное соотношение тонких и крупных пор в коллекторе является фактором, который объясняет существование различных классов коллекторов в изучаемом разрезе.

Типизация ассельско-сакмарских коллекторов по результатам анализов керна и ГИС

Изучение связей фильтрационно-емкостных и водоудерживающих свойств ассельско-сакмарских отложений показало их существенную неоднородность. Породы-коллекторы представлены несколькими типами, различающимися по значениям коэффициентов пористости, проницаемости, медианному диаметру пор и водоудерживающей способности. В этом случае возникает необходимость разделения их на типы по близким петрофизическим свойствам с целью получения достоверной характеристики объекта при решении обратной задачи ГИС. Разбиение на классы по керновым данным проводилось с помощью программы кластерного анализа по трем признакам: коэффициентам пористости, проницаемости и остаточной водонасыщенности. Кластеризация пород по данным ГИС выполнялась на основании пяти признаков: коду принадлежности прослоя к коллектору или неколлектору, показаниям ГК, НГК, АК. Совместный анализ результатов кластеризации материалов ГИС и керна позволил определить соответствие типов пород по ГИС керновым и охарактеризовать выделенные по данным ГИС классы пород по их составу, типу структуры емкостного пространства и определить петрофизические связи для каждого типа пород [3]. Соответствие классов по ГИС и керну приводится на графике сопоставления Кпр=f(Кп) (рис. 1). Как видно из графика, области отдельных классов перекрываются, что позволяет объединить классы ГИС с номерами 4, 5 и 6 и 1 и 3 (при Кп>9%) в два отдельных класса. Таким образом, в окончательной классификации данных ГИС получилось три класса пород, для каждого из которых получены собственные связи Кпр=f(Кп), что в дальнейшем использовалось при оценке коэффициента водонасыщенности по J-функции.

Оценка коэффициента водонасыщенности с помощью J-функции

Для определения Кв в переходной зоне нефтяной залежи на рассматриваемом месторождении использовалась J-функция Леверетта, позволяющая учесть взаимосвязь фильтрационно-емкостных и водоудерживающих свойств, которая определяется типом структуры емкостного пространства коллектора. В данной работе J-функции рассчитывались для классов коллекторов, выделенных в соответствии с типизацией пород по керну. Основные отличия J-функций состоят в значениях неснижаемой остаточной водонасыщенности, характерной для каждого класса пород, и формы самой кривой.

С целью оценки достоверности расчетов коэффициентов водонасыщенности по данным методов сопротивления и J-функции были привлечены результаты определения Кво на образцах керна, в том числе и данные прямых методов. Примеры сопоставления кривых водонасыщенности, полученных по данным ГИС с результатами определений Кво на образцах керна приводятся на рисунке 2. Анализ этих сопоставлений показывает, что в зоне предельного насыщения отмечается соответствие результатов керна и ГИС. В переходной зоне, в которой помимо остаточной имеется и свободная вода, наблюдается закономерное превышение водонасыщенности, оцененной по материалам ГИС, над величиной Кво, полученной на образцах керна.

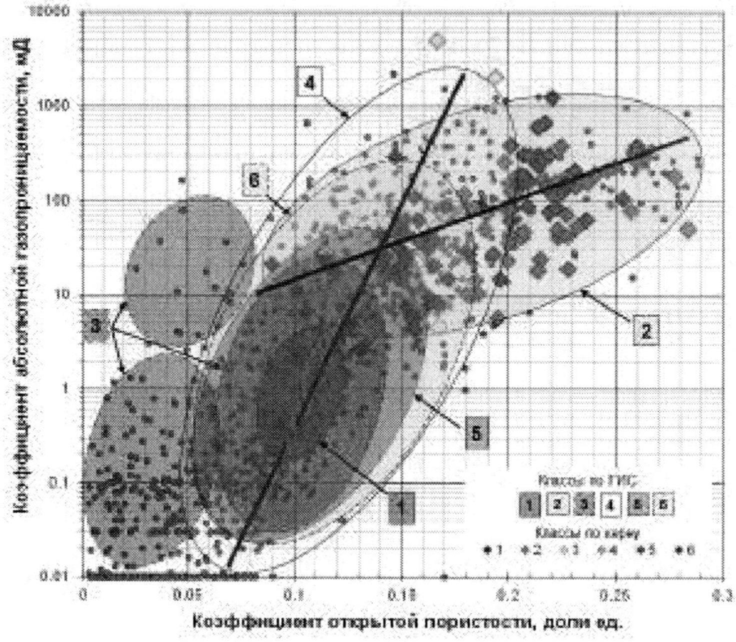

Рис.1. Сравнение классов пород, выделенных по материалам керна и ГИС, в поле графика Кпр-Кп. Условные обозначения: точки – классы по керну, прозрачные эллипсы – классы по ГИС.

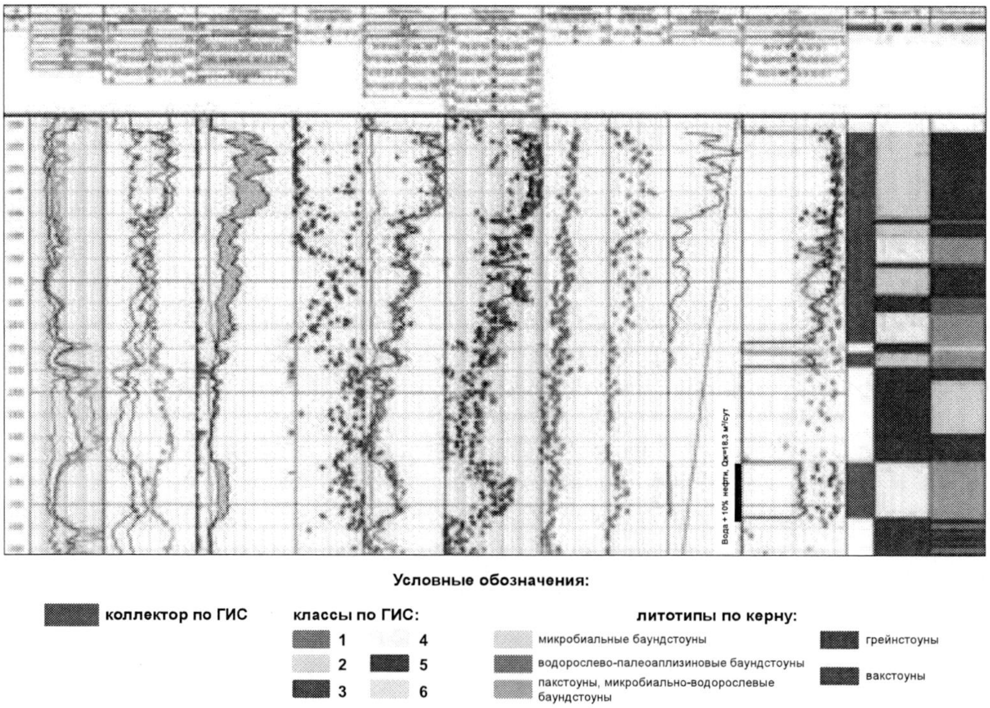

Рис.2. Планшет с результатами определения водонасыщенности, оцененной по данным ГИС через объемную влажность Wв, по J-функции и по керну

Выводы

Рассмотрены литолого-петрофизические свойства и зависимости для карбонатных отложений ассельско-сакмарского возраста одного из месторождений Тимано-Печорской нефтегазоносной провинции; на основании результатов анализа данных керна обоснована методика интерпретации материалов ГИС.

По результатам выполненных исследований отмечены породы-коллекторы с высокой пористостью и остаточной водонасыщенностью, обусловленной большой долей тонких пор в емкостном пространстве коллектора. Эти интервалы встречаются в том числе и в зоне предельного нефтенасыщения, что при отсутствии в комплексе ГИС методов, отражающих содержание остаточной воды, ошибочно относят к переходной зоне пласта.

Капиллярная модель для рассмотренных ассельско-сакмарских отложений базируется на результатах изучения их петрофизических свойств и классификации разнотипных отложений с помощью J-функций, характеризующих каждый класс коллектора. Использование J-функций для оценки коэффициентов водонасыщенности возможно только в коллекторах порового типа, либо каверново-порового типа с преобладанием поровой компоненты.

Библиография

1. Багринцева К.И. Условия формирования и свойства карбонатных нефти и газа. М.: РГГУ, 1999 (II). 285 с.
2. Малышева Е.О., Кляжников Д.В., Соколова Т.Ф., Рабей А.С., Черноглазова Н.Н., Guilloux Y.C. Интеграция геологических данных и сейсмической инверсии при разработке моделей строения продуктивных пластов // Тезисы докладов VIII международной научно-практической конференции "Геомодель-2006". – Геленджик, 2006.
3. Соколова Т.Ф., Кляжников Д.В. Оценка характера насыщения сложных карбонатных коллекторов методами ГИС с применением элементов кластерного анализа // Тезисы докладов VII-ой международной научно-практической конференции «Геомодель-2005», Геленджик, 2005. – С. 59-60.

References

1. K. I. Bagrintseva, Conditions of formation and properties of carbonate oil and gas reservoirs. RGGU, Moscow, 1999.
2. E.O. Malysheva, D.V. Klyazhnikov, T.F. Sokolova, A.S. Rabey, N.N. Chernoglazova, Y.C. Guilloux. Integration of geological data and seismic inversion in the development of models of the structure of productive layers // Abstracts of the VIII International Scientific and Practical conference "Geomodel-2006". - Gelendzhik, 2006.
3. T.F. Sokolova, D.V. Klyazhnikov. Determination of reservoir saturation complex carbonate reservoirs by well log data using cluster analysis // Abstracts of the VII International Scientific and Practical Conference "Geomodel-2005", Gelendzhik, 2005.

К вопросу о дальности миграции углеводородных флюидов на примере месторождений южной части Тюменской области (Уватский район)

П.В. Трушков* (АО «ТомскНИПИнефть»), И.В. Гончаров (АО «ТомскНИПИнефть», Национальный исследовательский Томский Политехнический Университет), В.В. Самойленко (АО «ТомскНИПИнефть»)

Введение

Постепенное исчерпание запасов крупных и уникальных месторождений Западно-Сибирского нефтегазоносного бассейна (НГБ), необходимость восполнения и приращения ресурсной базы, а также развитие методов поисков и разработки месторождений нефти и газа заставили по-новому взглянуть на ряд периферийных территорий, ранее считавшихся малоперспективными. К таковым относится и Уватский район, в пределах которого за десятилетие (2004 – 2014 гг) был открыт ряд месторождений нефти (Урненское, Усть-Тегусское, Пихтовое, Северо-Демьянское, Кальчинское и др.), свидетельствовавший о высоких перспективах новой нефтегазоносной области (НГО). В то же время, этот успех актуализировал вопрос о дальнейшей стратегии доразведки рассматриваемой территории. Однако проведению масштабного поисково-разведочного бурения должен предшествовать этап региональных исследований, направленных на снятие ряда геологических неопределённостей, в том числе связанных с установлением источника углеводородов, местоположения основных очагов генерации и наиболее вероятных механизмов заполнения залежей. На современном этапе данная задача решается путём построения интегральной модели генерационно-аккумуляционной системы в пределах интересующей территории, которая учитывает весь этап эволюции бассейна, начиная от формирования осадочной толщи и заканчивая разрушением залежей углеводородов. Однако первоначальными в региональном прогнозе нефтегазоносности являются вопросы, связанные с оценкой масштабов генерации УВ и закономерностями их регионального распространения в осадочном бассейне, ответы на которые призваны дать геохимические методы исследования нефтегазоматеринских толщ и углеводородных флюидов.

Методы исследований

В рамках настоящей работы была исследована 21 проба нефти среднеюрских залежей (пласты $Ю_2$-$Ю_4$) месторождений Уватского района, а также 24 хлороформенных экстракта из нефтенасыщенных песчаников верхнетюменской подсвиты (пласты $Ю_2$-$Ю_4$). Помимо этого, для генетической типизации пластовых флюидов и оценки региональных закономерностей их распространения в осадочном чехле были привлечены результаты исследования более 200 хлороформенных экстрактов из пород баженовской свиты, нижневасюганской и верхнетюменской подсвит, глинистых пород нижнеюрской части разреза, а также углей и углистых пород юрского возраста. Для всех экстрактов из пород и проб пластовых флюидов был выполнен идентичный комплекс геохимических исследований: определение группового состава с количественным выделением фракций насыщенных и ароматических УВ, смол и асфальтенов, хроматомасс-спектрометрические исследования неразделённых экстрактов из пород и проб нефти (GC-MS/SCAN), а также фракций насыщенных и ароматических УВ (GC-MS/SIM), определение изотопного состава углерода экстрактов, проб нефти и их фракций.

Обсуждение результатов исследований

Согласно имеющимся представлениям генетических типах нефтей Западно-Сибирского НГБ, именно с высокобитуминозными породами баженовской свиты связано более 80 % всех геологических запасов УВ [1]. Сопоставление результатов детальных геохимических исследований проб нефти среднеюрских залежей, экстрактов из нефтенасыщенных песчаников верхнетюменской подсвиты, а также экстрактов из вероятных нефтематеринских пород юрского возраста полностью подтверждает правомерность данного вывода (рис. 1). Причём, судя по закономерностям изменения основных фациально-генетических молекулярных и изотопных параметров, вклад неморского органического вещества (ОВ) юрского возраста, а также вероятных материнских толщ палеозоя в суммарную нефтегазоносность среднеюрских залежей пренебрежительно мал либо полностью отсутствует.

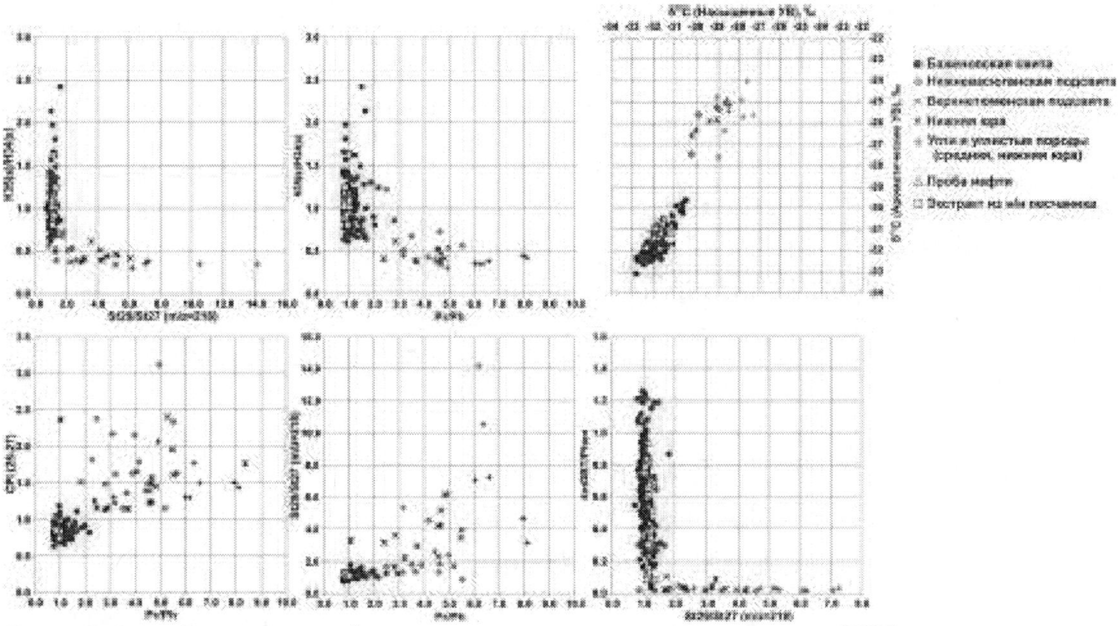

Рисунок 1. *Взаимосвязь фациально-генетических параметров и ИСУ в экстрактах из вероятных нефтематеринских и нефтенасыщенных пород, а также пробах нефти среднеюрских залежей (пласты Ю$_2$-Ю$_4$)*

Важнейший аспект при уточнении перспектив нефтегазоносности интересующей территории связан с оценкой региональных закономерностей нефтей основных продуктивных горизонтов. Оценка региональных трендов изменения основных фациально-генетических молекулярных параметров в нефтях и экстрактах из нефтематеринских пород в совокупности с региональной оценкой катагенеза юрских отложений позволит локализовать основные очаги генерации жидких УВ и даст основания установить наиболее вероятные пути их миграции.

В случае пород баженовской свиты и нефтей, генетически связанных с ними, наиболее информативным параметром является отношение пристана к фитану Pr/Ph. На рисунке 2 представлена региональная схема изменения данного параметра в экстрактах из пород баженовской свиты, а также в пробах нефти среднеюрских залежей (пласты Ю$_2$-Ю$_4$). В пределах рассматриваемой территории, для нефтей среднеюрских залежей характерны невысокие значения этого параметра (0.8…1.0), которые сопоставимы с таковыми для экстрактов из пород баженовской свиты, залегающей в пределах исследованных месторождений. Исключение составляют месторождения северной части Демьянского мегавала: здесь для нефтей всё так же характерны невысокие значения Pr/Ph (0.8…1.0), тогда как в экстрактах из пород баженовской свиты фиксируются существенно более высокие величины данного параметра (1.2…1.7). Столь резкое несоответствие значений этого параметра позволяет высказать предположение о том, что источником УВ среднеюрских залежей месторождений северной части Демьянского мегавала являлись породы баженовской свиты, залегающие на большем погружении и имеющие более низкие значения Pr/Ph.

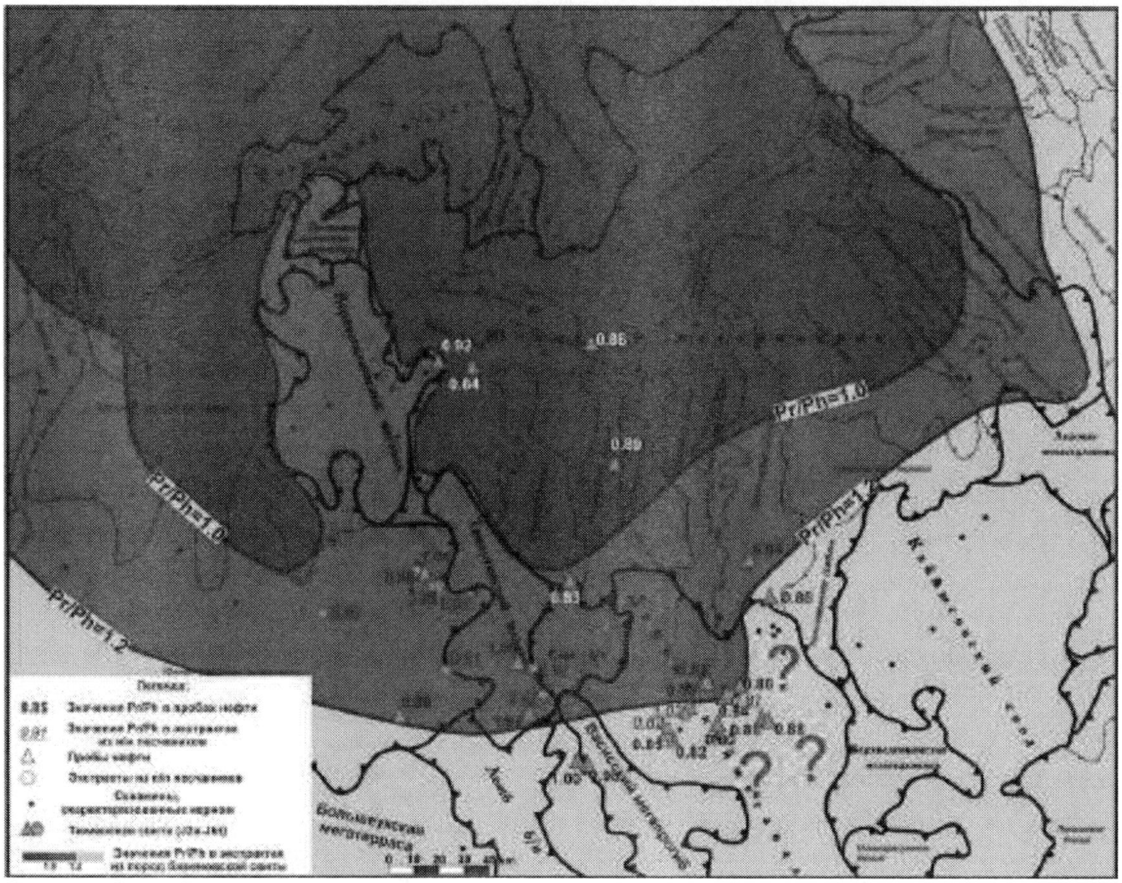

Рисунок 2. *Региональные закономерности изменения параметра Pr/Ph в экстрактах из пород баженовской свиты и пробах нефти верхнетюменской подсвиты (пласты $Ю_2$-$Ю_4$)*

Комплексная оценка катагенеза пород баженовской свиты указывает на то, что на большей части района исследований их ОВ находится на догенерационном этапе термической эволюции (градация катагенеза $ПК_3$) либо только вступило в фазу активной генерации жидких УВ (градация $МК_1^1$) и к настоящему моменту не могло являться источником нефти в количествах, достаточных для формирования промышленных залежей (рис. 3). Для нефтей среднеюрских залежей характерны значения молекулярных параметров катагенеза, соответствующие более высокому катагенезу ОВ пород баженовской свиты (не ниже конца стадии $МК_1^2$-начала $МК_2$). На всей территории исследований сопоставимым уровнем катагенеза обладают породы баженовской свиты, залегающие в пределах Западно-Салымской седловины и ближайших прилегающих структур, в том числе западного борта Юганской мегавпадины (Ямской прогиб). Именно здесь породы баженовской свиты достигли достаточного уровня термической зрелости и стали источником колоссальных количеств преимущественно жидких УВ. Кроме того, в экстрактах из пород баженовской свиты этой части территории характерны невысокие значения Pr/Ph (0.8…0.9), которые сопоставимы с таковыми в нефтях среднеюрских залежей месторождений северной части Демьянского мегавала. Таким образом, совокупность результатов детальных геохимических исследований экстрактов из вероятных нефтематеринских и нефтенасыщенных пород, а также проб пластовых флюидов среднеюрского продуктивного горизонта позволяет сделать вывод о том, что в заполнении ловушек верхнетюменской подсвиты рассматриваемой территории участвовали УВ, мигрировавшие из тела баженовской свиты со стороны Западно-Салымской мегаседловины и ближайших прилегающих структур (Верхнесалымский мегавал, Ямской прогиб). Расстояние миграции УВ флюидов в этом случае составляет 150-200 км, что является уникальным случаем доказанной миграции нефтей на столь значительные расстояния в геологоразведочной практике Западно-

Сибирского НГБ [2]. Одним из дополнительных подтверждений правомерности этих выводов является присутствие нефтей в залежах верхнетюменской подсвиты Чупальского, Полуньяхского и Тайлаковского месторождений, которые по совокупности молекулярных и изотопных характеристик практически идентичны друг другу, хоть и взаимно удалены на значительное расстояние (более 50 км).

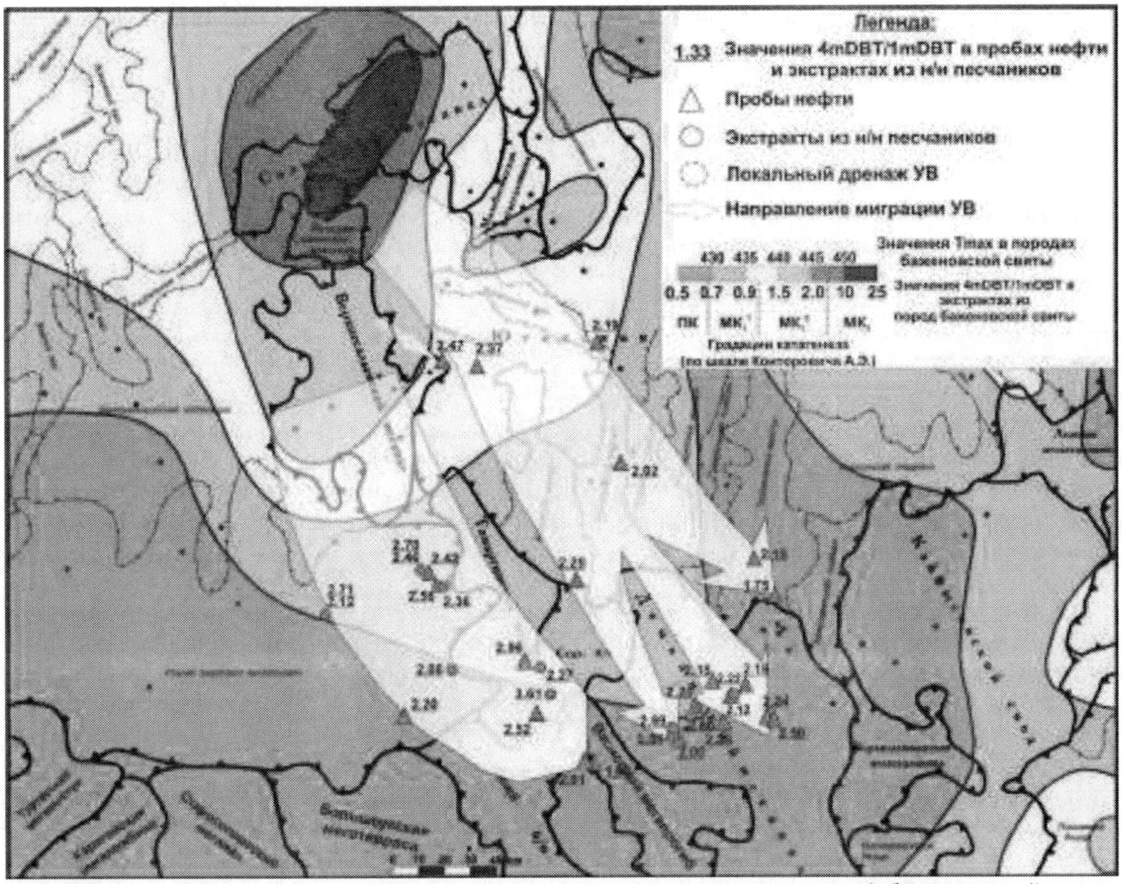

Рисунок 3. *Региональные закономерности изменения катагенеза пород баженовской свиты и пути миграции нефти из очага генерации в ловушки среднеюрских залежей (пласты* $Ю_2$*-*$Ю_4$*) [2]*

Библиография / References

1. Конторович А.Э., Данилова В.П., Костырева Е.А. и др. Нефтематеринские формации Западной Сибири: старое и новое видение проблемы // Органическая геохимия нефтепроизводящих пород Западной Сибири: Тез. докл. науч. совещ. – Новосибирск: изд-во СО РАН, НИЦ ОИГГМ, 1999. – с.10-12. / Kontorovich, A.Eh.; Danilova, V.P.; Kostyreva E.A. et al., Petroleum source rocks of the Western Siberia: old and new sight on the problem // Organic geochemistry of source rocks of Western Siberia: Book of abstracts – Novosibirsk: SB RAS Publishing house, 1999. – pp.10-12.

2. Goncharov, I.V., Samoilenko, V.V., van Graas, G.W., Trushkov, P.V., Oblasov, N.V., Fadeeva, S.V., Veklich, M.A., Kashapov, R.S., Sidorov, D.A. Petroleum generation and migration in the southern Tyumen region, Western Siberia Basin, Russia // Organic Geochemistry. – 2021. – vol. 152. - 104178

Особенности эволюции углеводородных систем северной части Предуральского прогиба

Д.В. Соколов* (ООО «ЛУКОЙЛ-Инжиниринг»), К.О. Соборнов (ООО «Северо-Запад»), А.О. Шуваев (ООО «ЛУКОЙЛ-Инжиниринг»), Р.Р. Сабирьянова (ООО «ЛУКОЙЛ-Инжиниринг»)

Введение

Внедрение современных геотехнологий и применение новых концепций структурной геологии позволяют вносить существенные уточнения, а иногда полностью пересматривать сложившиеся тектонические представления о строении существующих зон нефтегазонакопления и прогнозировать существование новых.

Рассматриваемая в работе часть Предуральского пояса надвигов охватывает различные структурные зоны и в структурном отношении занимает южную часть Коротаихинской впадины Пайхой-Новоземельской складчатой системы, восточную часть Варандей-Адзьвинской структурной зоны, практически весь Северо-Предуральский краевой прогиб, в частности Воркутское поперечное поднятие, Гряду Чернышева, Косью-Роговскую впадину, Большесынинскую впадину, Среднепечорское поднятие и северную часть Верхнепечорской впадины. В административном отношении территория расположена на востоке Республики Коми и административно входит в Воркутинский, Интинский, Печорский, Вуктыльский и Троицко-Печорский районы.

Сравнительный анализ строения различных частей пояса надвигов Предуралья показывает значительную латеральную вариативность структурных стилей деформаций. Подобные различия свойственны многим складчатым поясам и определяются рядом факторов. Соответствующие особенности строения рассматриваемого региона непосредственно транслируются в специфику развития нефтегазовых систем и приводят к изменениям в распределении типов потенциальных ловушек нефти и газа. Они могут иметь существенное значение при оценке нефтегазоносного потенциала региона, определении фазового состава прогнозируемых залежей и разработки методики проведения поисковых работ.

Данные и методы

Для изучения особенностей углеводородных систем северной части Предуральского прогиба нами были проведены комплексные исследования, включающие в себя интерпретацию сейсмических данных, анализ результатов геохимических исследований, палеотектонические реконструкции и двумерное бассейновое моделирование углеводородных (УВ) систем.

На первом этапе, на основе интерпретации сейсмических материалов проводились палеотектонические реконструкции фрагментов региональных сейсмических профилей, что позволило уточнить структурно-тектоническую модель развития региона.

Полученные закономерности тектонического развития, учитывались при восстановлении эволюции элементов УВ систем путем проведения двумерного бассейнового моделирования по трем профилям, наиболее полно характеризующим геологическое строении территории изучения (рис. 1). Построение моделей углеводородных систем складчато-надвиговых зон Предуралья выполнялось в модуле TecLink 2D ПО PetroMod. Данный модуль используется для бассейнового моделирования УВ систем в сложноустроенных геологических структурах, в частности, осложненных соляной тектоникой или надвигообразованием.

Для получения корректных результатов, в основу бассейновых моделей по 3-м профилям был заложен широкий спектр геолого-геофизической информации и проведены следующие основные этапы: построение структурно-тектонического каркаса; выделение элементов нефтегазоносных систем (нефтематеринских пород, коллекторов, покрышек); определение петрофизических и геохимических свойств элементов нефтегазоносных систем (НГС); настройка тепловой эволюции бассейна; моделирование истории погружения исследуемой территории [1]. Дополнительно были учтены эрозии и перерывы в осадконакоплении, которые оказывают существенное влияние на степень катагенеза нефтегазоматеринских толщ (НГМТ). Другой важной особенностью строения региона являются разрывные нарушения, которые влияют как на прогрев нефтегазоматеринских пород, так и на последующую миграцию флюидов.

Рисунок 1. *Схема положения профилей для двумерного бассейнового моделирования*

По результатам анализа геохимических материалов по скважинам, а также по литературным источникам [2] в разрезе исследуемой территории были выделены четыре основные нефтегазоматеринские толщи:

- Визейская – C_1v;
- Среднефранско-турнейская – D_3fr_2- C_1t;
- Среднедевонская – D_2;
- Силурийская - S.

Помимо этого, для оценки возможности генерации УВ в интервалах разреза, не охваченных геохимическими исследованиями, исходя из литературных данных были заданы потенциальные нефтегазоматеринские толщи в ордовикских, нижнедевонских и нижнепермских отложениях.

Для проведения двумерного моделирования для каждой НГМТ были заданы восстановленные значения содержания органического углерода в породе (Сорг) и водородного индекса (HI), полученные по данным из литературных источников по сопредельным территориям [1,2].

Тепловая история региона восстановлена с учетом каждого этапа геологической эволюции изучаемого региона. Для калибровки значений текущего теплового потока были использованы современные пластовые температуры. Анализ пластовых температур по скважинам исследуемого региона показал существование единого тренда. Калибровка палеотеплового потока проводилась на основании пиролитических исследований, в том числе по замерам параметра, характеризующего степень катагенетической преобразованности (Tmax).

Результаты

В результате реконструкций выделено два главных этапа тектонической активизации региона: вторая половина пермского периода и триасовое время. В пермском периоде в результате разгрузки сжимающих напряжений был сформирован специфический структурный облик рассматриваемого региона. В первую очередь можно отметить формирование двух не связанных друг с другом структурных этажей: сильно деформированного надвигообразованием верхнего и незначительно затронутого активизаций нижнего. К триасовому периоду приурочена следующая стадия тектонической активизации региона, при этом источником тектонических напряжений в регионе являлся процесс закрытия северного фрагмента Уральского океана. Передача деформаций в более южные регионы осуществлялась по разломам глубинного заложения. Разгрузка напряжений привела к возобновлению подвижек по древним разломам и к образованию разломов сдвиговой кинематики. Проведение палеотектонических реконструкций, уточнение времени основных этапов тектонических перестроений территории и величин эродированных осадков способствует повышению качества последующего бассейнового моделирования.

В рамках выполнения 2D бассейнового моделирования было рассчитано несколько сценариев изменения теплового потока. Просчет различных сценариев для данной территории связан с неравномерной степенью изученности территории геохимическими исследованиями. В пределах профиля №1, стадии катагенеза органического вещества НГМТ находятся в диапазоне от «главного окна нефтегенерации» до «перезрелых пород». (рис. 2). В наиболее погруженных областях моделируемого профиля НГМТ средне-позднедевонского и раннекаменоугольного возрастов являются перезрелыми. На остальной части профиля, а именно в надвиговых структурах, зрелость органического вещества соответствует поздней зоне нефтеобразования.

По результатам анализа процессов генерации УВ по трем двумерным моделям можно сделать следующие основные выводы:

- реализация генерационного потенциала в различных частях территории изучения происходит по-разному. В районах, затронутых тектоническими активизациями степень выработанности НГМП превышает 90%, тогда как в платформенной части впадин порядка четверти всего объема УВ еще не была сгенерирована. Данный показатель не является абсолютным, потому что смоделированные профили характеризуются различным соотношением длин в складчато–надвиговой и континентальной зоне. Однако, он указывает на то, что в пределах ПСУ катагенетические характеристики резко дифференцированы, а моделирование эволюции УВ систем без учета тектонических событий будет являться некорректным;
- большая часть (более 90 %) сгенерированных УВ в осадочном чехле изучаемой территории эмигрировала из нефтегазоматеринских отложений. Одной из причин данного фактора является длительная история развития УВ систем в регионе;
- основным источником УВ на данной территории являются верхнедевонские отложения (доманиковая толща).

Предварительные результаты аккумуляции УВ на основании проведенного двумерного моделирования отражают лишь общий характер накоплений, ввиду того, что миграция и аккумуляция сгенерированных углеводородов рассматриваются исключительно в плоскости профиля. В связи с накладываемыми ограничениями при проведении двумерного моделирования есть возможность оценить лишь концептуальные механизмы накопления УВ в разрезе исследуемой территории.

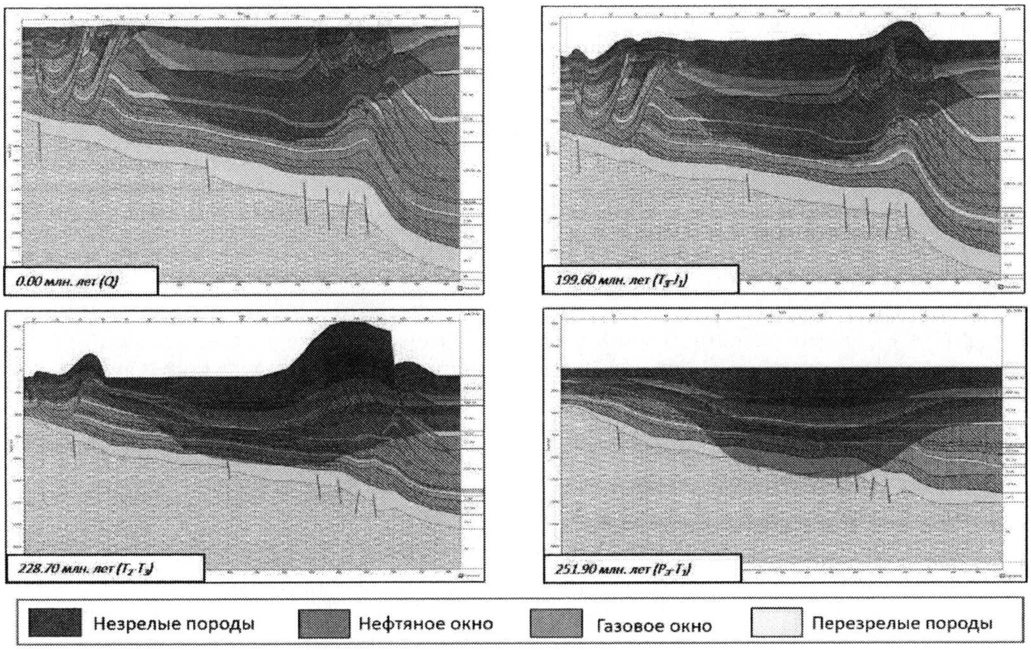

Рисунок 2. *Изменение степени катагенеза по профилю № 1*

Анализ результатов моделирования в части аккумуляции УВ позволяет говорить о том, что:

- основной этап аккумуляции УВ в регионе приурочен к пермскому и триасовому периодам;
- отмечается сходимость этапов разрушение залежей и фаз тектонических перестроек в регионе;
- наиболее перспективными по результатам моделирования являются резервуары перми, карбона и девона.

Таким образом, применение комплексного подхода при исследованиях Предуральского прогиба позволило учесть все тектонические события при оценке эволюции УВ систем. Как показывают расчеты, в результате перестройки структурного плана осадочного бассейна, в том числе взбросо-надвиговых тектонических процессов, происходит переформирование некоторых скоплений углеводородов за счет латерального или вертикального восходящего перетока нефти и газа из первичных ловушек в новые.

Список литературы

1. Анищенко Л.А. Органическая геохимия и нефтегазоносность пермских отложений севера Предуральского прогиба / СПб: Наука, 2004. – 214 с.

2. Беляева Г.Л. Катагенез органического вещества пород глубокопогруженных горизонтов Тимано-Печорской НГП и его связь с нефтегазоносностью/Г.Л.Беляева// Геология, геофизика и разработка нефтяных и газовых месторождений. - 2014. №7. с.36-39

Оценка катагенеза органического вещества баженовской свиты по тригонограммам пиролитических параметров

Э.А. Вторушина* (АУ «НАЦ РН им. В.И. Шпильмана»), Е.В. Козлова (Сколтех), Т.Д. Булатов (Сколтех), М.Н. Вторушин (АУ «НАЦ РН им. В.И. Шпильмана»)

Введение

Для самого масштабного российского нетрадиционного источника углеводородов (УВ) – баженовской свиты – наиболее трудным вопросом оказалась не столько оценка генерационного потенциала, сколько степень и масштабы его реализации в пределах отдельных площадей и месторождений. Многочисленные работы разных геохимических российских школ убедительно показывают возможность образования естественных коллекторов в отложениях, катагенетическая преобразованность которых подходит к концу главной зоны нефтегенерации (МК2-3, МК3 по градации Вассоевича). Таким образом, оценка уровня зрелости органического вещества (ОВ) нефтегазоматеринских пород является одной из основных задач нефтяной геохимии, от достоверных результатов которой во многом зависит правильность определения масштабов генерации УВ.

Однако для керогенонасыщенных отложений баженовской свиты прямое измерение отражательной способности витринита – наиболее достоверного параметра оценки катагенеза – невозможно ввиду отсутствия витреновой составляющей мацералов. Поэтому наиболее оптимальной для таких отложений является оценка степени зрелости по пиролитическим параметрам пиролиза Rock-Eval, обеспечивающего хорошую воспроизводимость и экспрессность анализа.

Цель работы – валидация определения степени зрелости органического вещества «нефтяных сланцев» по комплексу пиролитических параметров на примере баженовской свиты.

Методы и результаты исследований

В основу работы легли результаты лабораторных исследований образцов из более 50 скважин об изменениях пиролитических параметров от степени зрелости органического вещества баженовской свиты и ее стратиграфических аналогов на территории Западно-Сибирского нефтегазоносного бассейна. Для детального изучения были выбраны 5 скважин (144 образца) заведомо разных стадий катагенеза: Малоатлымская 6, Поснокортская 845, Северо-Моимская 23, Восточно-Каменная 621 и Северо-Ендырская 12.

Пиролитический анализ образцов керна до и после исчерпывающей экстракции проводили по технологии Rock-Eval на анализаторе HAWK Resource Workstation (Wildcat Technologies, США) с определением основных пиролитических параметров и индексов (S0, S1, S2, Tmax, PI, GOC, NGOC, TOC, HI, OSI и Kgoc). Образцы подвергались программируемому нагреву в печи в токе инертного газа с последующим дожиганием в потоке воздуха с измерением содержания количества углеводородов, угарного и углекислого газа в различных температурных зонах.

Экстракцию образцов осуществляли хлороформом в аппарате ускоренной экстракции Dionex ASE350 (Thermo Fisher Scientific Incorporation, США).

Содержание общего органического углерода (TOC) по данным пиролитического анализа всех исследованных разрезов изменяется в широких пределах: от единиц до 28 масс.% на породу, в среднем составляя 9,5 масс.%. В большинстве образцов содержание TOC выше 4 масс.%, что соответствует нефтематеринским породам с отличным нефтегазогенерационный потенциалом [4].

Основными пиролитическими параметрами, используемыми для определения степени зрелости (стадий катагенеза) ОВ баженовской свиты являются PI, Tmax, HI и Kgoc [1, 2, 5].

Индекс продуктивности PI определяется как отношение (S0+S1)/(S0+S1+S2), отражает насыщенность пород низкокипящими УВ, свободными либо сорбированными на минеральной матрице или керогене. Для незрелых нефтематеринских пород PI будет низким (0,01), т.к. процесс образования УВ еще не начался. При вступлении в главную зону нефтеобразования (ГЗН) значения PI будут постепенно увеличиваться и в середине зоны достигнут своего максимума (0,4), а к концу ГЗН начнут снижаться. Значение PI > 0,5 будет указывать на естественный коллектор [4]. Однако, использование PI для определения степени катагенеза является не основным, а вспомогательным параметром, так как осложняется множеством факторов (миграционные процессы, литологическая неоднородность, техногенные загрязнения и др.), а для отложений баженовской свиты еще и блокированием свободных УВ смолисто-асфальтеновыми компонентами.

Температура Tmax указывает на температуру максимального выхода УВ при крекинге керогена, определяется на максимуме пика S2. В «нефтяных сланцах» на значения Tmax может влиять присутствие высококипящих компонентов – высокомолекулярных УВ, смол и асфальтенов, приводящих к бимодальности пика S2 или завышению его значений. Некорректные значения Tmax также могут быть получены при пиролизе сильнопреобразованного ОВ вследствие очень низкого и размытого широкого пика S2. Еще одной причиной получения аномальных значений Tmax может служить смешение керогенов разных типов [3]. Таким образом, для отложений баженовской свиты использование только одного параметра Tmax для определения степени зрелости ОВ является некорректным.

Водородный индекс HI представляет собой отношение S2/TOC×100, характеризует нефтегазогенерационный потенциал породы, используется также для характеристики качества и происхождения ОВ. Увеличение степени катагенеза для отложений одного и того же генезиса приводит к уменьшению HI. ОВ морского происхождения будет характеризоваться большими исходными значениями HI, чем вещество терригенной природы.

График, на осях которого расположены значения параметров Tmax и HI, в пиролитических исследованиях называется модифицированной диаграммой ван Кревелена (рис. 1). Использование этой диаграммы позволяет определить не только тип керогена, но также степень зрелости ОВ. Однако, в определении степени термической зрелости ОВ часто возникают неточности, связанные с относительно узким диапазоном значений Tmax в ГЗН. Так, изученные образцы баженовского разреза скважин Малоатлымская 6, Поснокортская 845, Северо-Маимская 23 и Восточно-Каменная 621 формируют вытянутую область, значения Tmax в которой сильно варьируют и малоинформативны (рис. 1).

Доля непреобразованнного керогена Kgoc представляет собой отношение GOC/TOC×100 [5] – отношение пиролизуемого органического углерода к общему органическому углероду TOC, который складывается из пиролизуемого GOC и непиролизуемого (остаточного) NGOC. С увеличением степени катагенеза доля GOC в органическом углероде будет уменьшаться по отношению к TOC вследствие увеличения степени реализации его нефтегенерационного потенциала (рис. 2).

Для корректного установления термической зрелости ОВ баженовской свиты авторами предлагается использовать комплексирование пиролитических параметров путем построения тригонограмм в координатах значений параметров Tmax, HI и Kgoc до и после исчерпывающей экстракции (рис. 3). Для построения тригонограммы для каждого пиролитического параметра был задан свой диапазон значений, установленный, исходя из данных по органическому веществу минимальной и максимальной стадии термической преобразованности. Далее была проведена двухэтапная нормализация значений пиролитических параметров. На первом этапе – нормализация значений используемых параметров в соответствующих диапазонах по методу минимаксной нормализации, заключающейся в приведении диапазона изменения значений каждого параметра от минимального до максимального значения к требуемым границам. На втором этапе – расчет долевых значений каждого параметра от их суммы, т.к. построение треугольной диаграммы предполагает, что сумма значений параметров должна составлять 100%. Полученные нормализованные значения после второго этапа использовались для построения треугольной диаграммы.

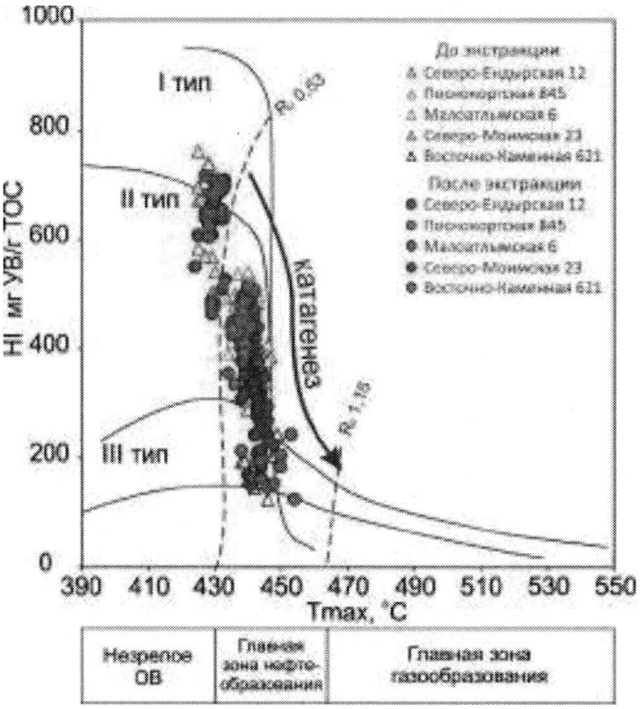

Рисунок 1. *Модифицированная диаграмма ван Кревелена для отложений баженовской*

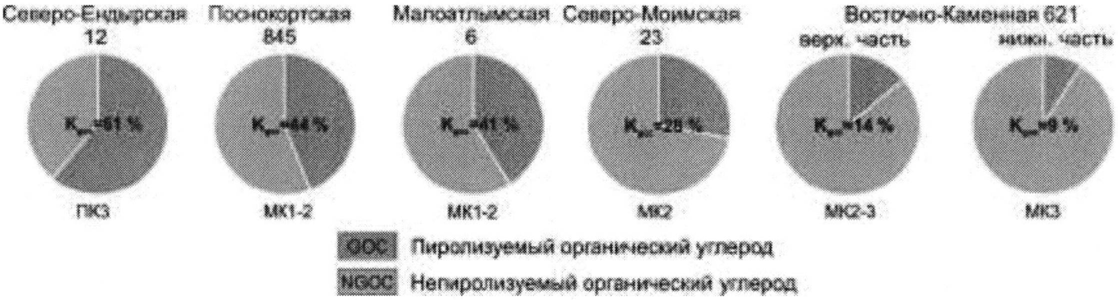

Рисунок 2. *Соотношения GOC и NGOC для отложений баженовской свиты*

По тригонограмме, построенной по данным пиролиза после исчерпывающей экстракции (рис. 3а), видно, что образцы изученных скважин образуют единый тренд, соответствующий увеличению градации катагенеза. Если для построения тригонограммы использовать данные пиролиза до экстракции (рис. 3б), то точки, расположенные не в линию, а кучно, будут указывать на повышенную нефтенасыщенность скважины, что подтверждается индексами PI и OSI. Таким образом, использование тригонограмм также позволяет определять интервалы естественного или технически стимулируемого коллектора. Кроме того, эти точки на тригонограмме до экстракции будут смещены в меньшую, чем в действительности (определенную после экстракции) зону катагенеза (скважины Малоатлымская 6, Северо-Моимская 23 и Восточно-Каменная 621), в то время, как для скважин без нефтенасыщения (Северо-Ендырская 12 и Поснокортская 845) линейный характер и область расположения (по стадиям катагенеза) будут мало отличаться на тригонограммах до и после экстракции (рис. 3).

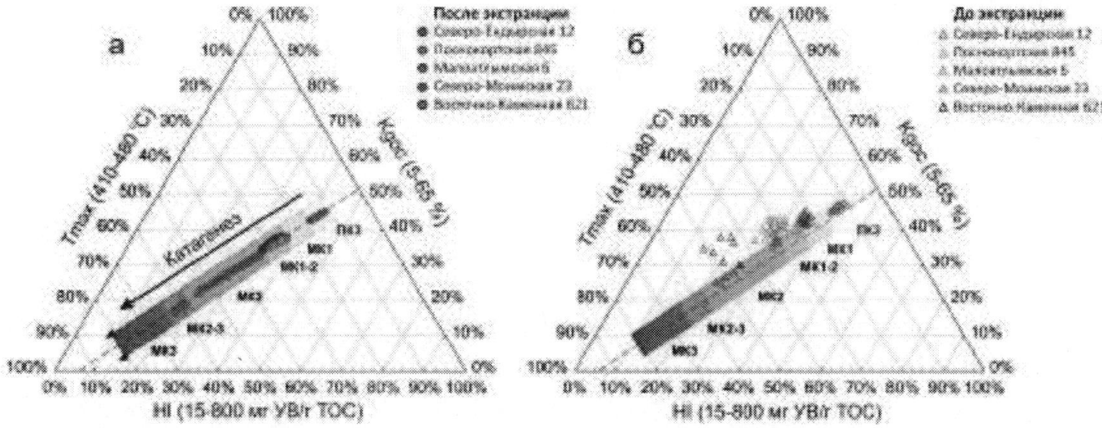

Рисунок 3. *Тригонограммы пиролитических параметров зрелости ОВ баженовской свиты для образцов после экстракции (а) и до экстракции (б)*

Выводы

Согласно современным представлениям, обоснована необходимость применения комплекса пиролитических параметров для оценки степени катагенетической преобразованности отложений, которая может отличаться даже в соседних скважинах одного месторождения. Представлена доступная схема сопоставления пиролитических параметров, определяющая стадию зрелости ОВ, с применением тригонограмм. Показано уменьшение разброса точек при использовании данных после экстракции, доказывающее наличие в отложениях аллохтонных или паравтохтонных битумоидов. Различие зон распределения пиролитических параметров является косвенным подтверждением нефтенасыщения отдельных пластов, а определение стадии катагенеза больше МК2 делает потенциально возможным поиски коллекторских горизонтов внутри баженовских отложений. Предложенный метод может быть успешно применен для определения катагенетической преобразованности ОВ баженовской свиты и качественного подтверждения нефтенасыщенности отдельных интервалов разреза.

Библиография

1. Гутман И.С., Потемкин Г.Н., Батурин А.Ю., Маслянко М.Ю., Козлова Е.В., Спасенных М.Ю., Булатов Т.Д. Изучение баженовской свиты Западной Сибири на различных уровнях по данным пиролитических исследований как основа объективной оценки углеводородного потенциала // Недропользование XXI век, 2019, Т. 79, №3, с. 102-115.
2. Лопатин Н.В., Емец Т.П. Пиролиз в нефтегазовой геохимии. М.: Наука, 1987. 76 с.
3. Bulatov T., Kozlova E., Leushina E., Panchenko I., Pronina N., Voropaev A., Morozov N., Spasennykh M. Alginite-rich layers in the Bazhenov deposits of Western Siberia // Geosciences, 2021, Vol. 11, No. 6, p. 252. DOI:10.3390/geosciences11060252.
4. Peters, K.E., Cassa M.R. Applied Source Rock Geochemistry: in L.B. Magoon, and W.G. Dow, (eds.), The Petroleum System-From Source to Trap. AAPG Memoir 60, 1994, p. 93-120.
5. Spasennykh M., Maglevannaia P., Kozlova E., Bulatov T., Leushina E., Morozov N. Geochemical trends reflecting hydrocarbon generation, migration and accumulation in unconventional reservoirs based on pyrolysis data (on the example of the Bazhenov Formation) // Geosciences, 2021, Vol. 11, No. 8. DOI:10.3390/geosciences11080307.

References

1. Gutman I.S., Potemkin G.N., Baturin A.Yu., Maslyanko M.Yu., Kozlova E.V., Spasennykh M.Yu., Bulatov T.D. Study of the West Siberian Bazhenov Formation at multiple levels according to pyrolysis data as the basis for the unbiased assessment of petroleum potential // Nedropolzovanie XXI vek, 2019, Vol. 79, No. 3, p. 102-115.

2. Lopatin N.V., Emec T.P. Piroliz v neftegazovoj geohimii. M.: Nauka, 1987. 76 s.

3. Bulatov T., Kozlova E., Leushina E., Panchenko I., Pronina N., Voropaev A., Morozov N., Spasennykh M. Alginite-rich layers in the Bazhenov deposits of Western Siberia // Geosciences, 2021, Vol. 11, No. 6, p. 252. DOI:10.3390/geosciences11060252.

4. Peters, K.E., Cassa M.R. Applied Source Rock Geochemistry: in L.B. Magoon, and W.G. Dow, (eds.), The Petroleum System-From Source to Trap. AAPG Memoir 60, 1994, p. 93-120.

5. Spasennykh M., Maglevannaia P., Kozlova E., Bulatov T., Leushina E., Morozov N. Geochemical trends reflecting hydrocarbon generation, migration and accumulation in unconventional reservoirs based on pyrolysis data (on the example of the Bazhenov Formation) // Geosciences, 2021, Vol. 11, No. 8. DOI:10.3390/geosciences11080307.

Новые подходы оценки первичного потенциала высокоуглеродистых отложений доманикового типа (сланцевых толщ) РФ

О.М. Прищепа* (Санкт-Петербургский горный университет), В. С. Никифорова (Санкт-Петербургский горный университет), А. Ю. Комаров (Санкт-Петербургский горный университет)

Введение

Одним из возможных направлений замещения выбывающих в результате добычи нефти и в условиях дефицита подготовленной сырьевой базы традиционных для освоения запасов нефти являются углеводороды, содержащиеся в низкопроницаемых глинистых, глинисто-кремнистых и карбонатно-кремнистых толщах, характеризующихся как нефтегазоматеринские в связи с высоким первичным содержанием в них органических остатков, прошедших все стадии литификации и преобразования на протяжении геологической истории.

Оценка потенциала высокоуглеродистых формаций России продолжает оставаться предметом научных исследований часто без существенной прикладной составляющей, в силу неясности критериев для ее использования при выборе как наиболее значимых участков для проведения ГРР, так и разработке технологий освоения.

Установление корреляции между разнотипными участками с существенно отличающимся углеводородным потенциалом, фильтрационно-емкостными свойствами высокоуглеродистых толщ и возможной продуктивностью (при использовании конкретной технологии) может существенно ускорить прогресс в поиске таких технологий и вовлечению больших территорий в промышленно освоенных районах с широким развитием высокоуглеродистых формаций в лицензирование и опытные исследования.

В настоящем исследовании обсуждаются два подхода, позволившие уточнить подходы к оценке остаточного потенциала подвижных битумоидов (паравтохтонных) основных высокоуглеродистых толщ, распространенных на территории России, на примере доманиковых отложений Тимано-Печорской НГП.

Методы и теория

На территории России высокоуглеродистых формаций, в которых возможно обнаружение углеводородных скоплений непосредственно внутри формации достаточно много, однако лишь некоторые из них имеют значительные площади развития от 30 тыс. км^2 (хадумская и майкопская свиты северного Предкавказья), 200-300 тыс км^2 (доманиковая формация Тимано-Печорской и Волго-Уральской НГП), 250 тыс. км^2 (куонамская свита Ленно-Тунгусской НГП), и 1 млн. км^2 и даже более (баженовская свита Западно-Сибирской НГП) (Рис. 1). Все они, по представлению некоторых авторов, могут быть объединены под одним названием – отложения доманикового типа [7].

Наиболее значительной в России по масштабам распространения и содержания ОВ является баженовская свита верхней юры Западно-Сибирского бассейна, характеризующаяся и наиболее значимыми концентрациями Снк (> 5%). На второе место по вышеупомянутым показателям, т.е. концентрации ОВ и площади развития, следует поставить доманиковую формацию верхнего девона Волго-Уральского и Тимано-Печорского бассейнов Восточно-Европейской платформы. Далее следует куонамская свита кембрия Сибирской платформы. Все формации содержат высокие концентрации Снк (~5%). Для полноты характеристики необходимо назвать еще кумскую и хадумскую свиты палеогена Предкавказья, а также пиленгскую свиту неогена Сахалина. Во всех трех свитах заведомо преобладают доманикоидные концентрации Снк (~ 2%), доманикиты крайне редки (Табл. 1).

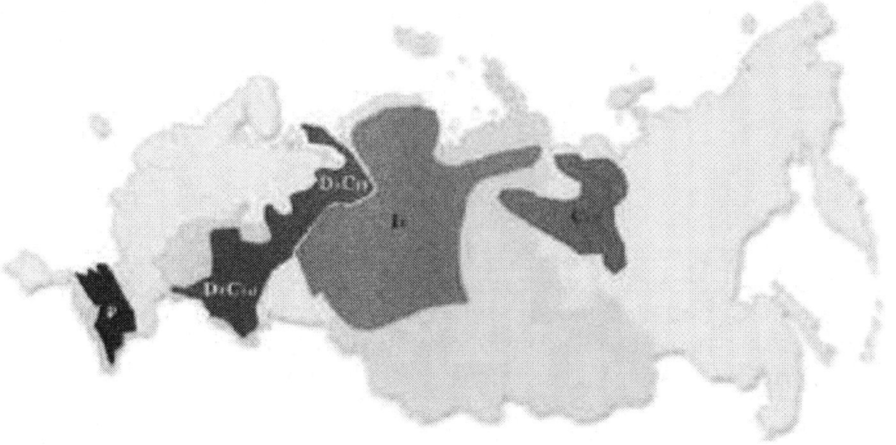

Рисунок 1. *Основные регионы развития высокоуглеродистых отложений доманикового типа*

Таблица 1. *Сравнение оценки ресурсов УВ сланцевых материнских формаций России*

Формация, провинция	Остаточное количество нефти в формации, млрд. т [2]	Технически извлекаемые ресурсы [7, 8]		Возможные нефть и газ нефтегазовой системы [1]	
		нефти, млрд. т	газа, трлн. м^3	нефти, млрд. т	газа, трлн, м^3
Доманиковая формация:					
Тимано-Печорская провинция	176,5	5,3	4,6	2,03	1,67
Волго-Уральская провинция	758,0	6,5	3,5	3,25	2,35
Куонамская формация	250,0	1,7	11,2	-	-
Баженовская формация	1700,0	26,45	9,38	15,7	4,7
Хадумская/Майкопская свита	197,0	-	-	4,5	5,9

Высокоуглеродистые разности приурочены к наиболее погруженным и удаленным от берега участкам седиментационного бассейна, где осаждались в основном глинистые частицы и органическое вещество [8].

Исследование, базирующееся на массиве аналитических данных пиролитических исследований и битуминологических данных ВНИГРИ (Баженова Т.К., Прищепа О.М., Грохотов Е.И., и др. - около 2,5 тыс. определений Сорг.), данные МГУ, ВНИГНИ и полученные в последние три года в Санкт-Петербургском горном университете (около 1 тыс определений) позволили создать детальные схемы распределения Сорг. и схемы катагенеза по литотипам от доманикового горизонта среднего франа до турнейского горизонта нижнего карбона для территории Тимано-Печорской НГП.

Сложнопостроенные, расчлененные и фациально изменчивые толщи доманикоидов в пределах Восточно-Европейской платформы как в Тимано-Печорской, так и Волго-Уральской НГП имеют участки современного высокого содержания обогащенных органическим веществом разностей, представленных сланцеватыми преимущественно глинами и силицитами, находящимися в зонах низкой катагенетической преобразованности и характеризующиеся крайне низкими фильтрационно-емкостными свойствами. И наоборот, выявлены участки с относительно невысоким содержанием органического углерода в зонах значительных глубин (3-4 км), т.е на участках с высокой преобразованностью, где первичный углеводородный потенциал существенно превышал современный (Рис. 2).

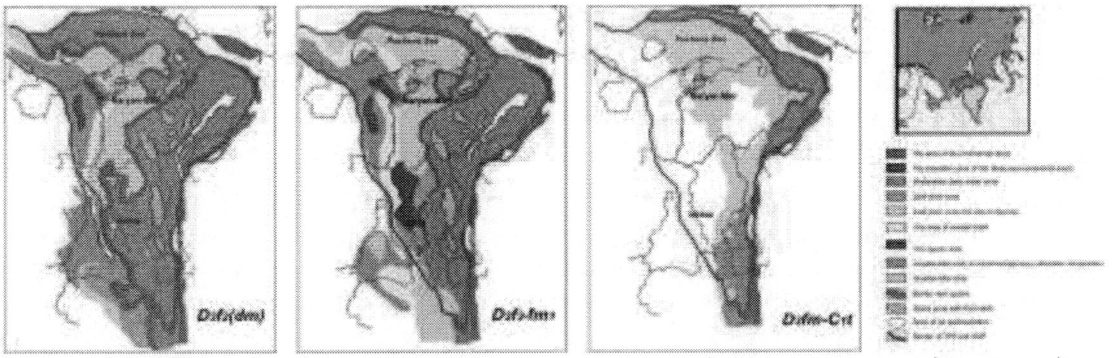

Рисунок 2. *Литолого-фациальная карта развития доманиковых и доманикоидных отложений в Тимано-Печорской НГП [7]*

Последними по времени проведения являются исследования, выполненные ВНИГНИ [4] и МГУ на базе изучения керна неглубоких скважин, образцов из естественных обнажений Ухтинского района и Южного Тимана и глубоких скважин из центральной части провинции, были определены ресурсы кремнисто-карбонатной высокоуглеродистой формации доманика с применением объемно-генетического и объемного метода. Согласно выделенным фациальным зонам, с учетом зональности катагенеза объем генерированной нефти толщей доманика в Тимано-Печорском осадочном бассейне оценен от 150 до 225 млрд. т.

В каждом из исследований в оценках применены существенно разные подходы и оценены разные по смыслу и практической значимости объемы ресурсов – сконцентрированных зон параавтохтонных битумоидов, сохранившиеся в толще генерации или объемы рассеянных битумоидов (нереализованный потенциал). Попытка разделения указанных видов биутмоидов уже делалась в работе [8], где было показано, что величина остаточных ресурсов доманика и его фациальных аналогов ТП ОБ составляет 5,3 млрд. т нефти и 4,6 трлн. м^3 газа, а для Волго-Уральской НГП – составляет 6,5 млрд. т нефти и 3,5 трлн. м^3 газа соответственно. В целом, они оценены в 170,2 млрд. т, что не противоречит полученным ранее результатам [3, 5, 6]. Извлекаемые ресурсы, определенные из расчета КИН = 0,03 и 0,05, составили соответственно 5105,2 млн. т и 8508,6 млн. т [5].

Суммарные ресурсы нефти, оцененные в соответствии с двумя разными способами (оценка порового пространства доманиковых толщ, занятого растворимыми битумоидами и оценка извлекаемой части не эмигрировавших из толщи генерации параавтохтонных битумоидов) отличаются примерно в 1,5 раза (4,91 и 6,39 млрд. т нефти), что вполне закономерно при наблюдаемом большом разбросе данных по фильтрационно-емкостным свойствам и пиролитическим исследованиям отдельных скважин, а также ограниченном количестве использованных кинетических спектров. Полученные объемы также вполне адекватны и ранее оценены по потенциалу сланцевого доманика при использовании технологии выделения наиболее значимых полей в зоне нефтегазообразования доманиковыми толщами [7].

Ранее уже предпринималась попытка без учета корректировки карт среднего содержания органического углерода в доманике ТП ОБ, привязки их к основным литотипам и без учета сравнения данных по фильтрационно-емкостным свойствам и насыщенности выполнить оценку генерированных, первично мигрировавших, но оставшихся в толще генерации «созревших» УВ на основе выявления зональности катагенеза [8].

Результаты и обсуждения

Применение схожей с вышерассмотренной технологией расчетов (метода аналогий с выделением эталонных разрезов доманика скважин для каждой из оцениваемых зон) применительно к доманику Волго-Уральской НГП показало, на наш взгляд, слишком позитивные результаты, при сопоставимой площади с Тимано-Печорским бассейном относительно глубоководных зон обогащенных ОВ, сопоставимых толщин и даже меньших концентраций TOC как на толщу в целом, так и при разделении ее при выделении отдельных литолого-стратиграфических подразделений (от среднего франа до верхнефаменских отложений). Извлекаемые ресурсы, определенные при значении КИН = 0,03 составили 20,1 млрд. т [4]. Объем «остаточных» геологических ресурсов нефти, в целом по Волго-Урльской НГП в высокоуглеродистой толще доманика и вышележащих франско-фаменских глинисто-карбонатно-кремнистых отложениях был оценен в 82 млрд. т, газа – в 29 трлн. м^3, что при коэффициенте извлечения от 0,1 до 0,03 составило 6,5 млрд. т и 3,5 трлн. м^3 [7].

Оценка геологических ресурсов нетрадиционных скоплений нефти в хадумской свите с использованием метода аналогий по восточной части Северо-Предкавказской НГП (Терско-Кумская впадина) составила, согласно исследованиям Фортунатовой Н.К., 8,03 млрд. т, что сопоставимо с оценкой исходя из генерационного потенциала и возможностей сохранения в толще – 0,8 млрд. т [4].

Так, в Тимано-Печорском ОБ потенциал доманиковой высокоуглеродистой формации, оцененный ранее в 5,3 млрд. т нефти, составил, согласно настоящего исследования, от 4,9 до 6,4 млрд. т. По газу оценки составляли, согласно настоящего исследования, от 4,8 трлн. м^3 до 2,83 трлн. м^3, что объясняется уменьшением принятой доли сохранности газа на уровне в два раза ниже, чем ранее в зонах концентрации газа.

Выводы

1. По основным высокоуглеродистым сланцевым формациям России (баженовская свита Западной Сибири, доманиковая формация Тимано-Печорской и Волго-Уральской провинций, хадумской и майкопская свиты Предкавказья, куанамской формации Лено-Тунгуской НГП) оценка ресурсов сохранившейся нефти в высокобитуминозных формациях доманикового типа составила около 40 млрд т, газа – 29,0 трлн м3. Наибольшим остаточным потенциалом обладают, наряду с баженовской свитой Западной Сибири – 26,5 млрд. т, доманиковые отложения Восточно-Европейской платформы – 11,8 млрд. т.
2. При использовании обсуждаемого подхода для оценки небольших по площади участков возможно получение представлений о потенциале углеводородов, сохранившихся в толще генерации в виде «непрерывных» скоплений, в том числе, и в наиболее представительных участках, несмотря на наличие в них низкопоровых коллекторов, не выделяемых по результатам промыслово-геофизических исследовании скважин, но представляющих непосредственный интерес для нефтегазовых компаний в условиях высоких цен на энергоносители.
3. Наиболее перспективным направлением оценки потенциала высокобитуминозных толщ доманикового типа, наряду с расчленением литологического разреза по геохимическим и катагенетическим показателям, является оценка порового (емкостного) пространства и нефтегазонасыщенности в неразрушенных образцах керна до и после экстракции битумоидов, совмещенная с пиролитическими и хромотографическими исследованиями.

Библиография / References

1. Ahlbrandt, T.S. et al [2005]. Global Resource Estimates from Total Petroleum Systems. AAPG Memoir **86**, 324.

2. Averyanova, O.Yu., Morariu, D. [2016]. Variability of estimates of the hydrocarbon potential of oil and gas systems. Petroleum Geology – Theoretical and Applied Studies, 11, 3.

3. Bazhenova, T.K., Shimansky, V.K., Vasilyeva, V.F. et. al. [2008]. Organic Geochemistry of the Timan-Pechora basin, VNIGRI: St.Petersburg, Russia.

4. Fortunatova, N.K., Varlamov, A.I., Kanev, A.S., Poroskun, V.I., Baranova, A.V., Bushueva, M.A. [2021]. Structure and assessment of the oil potential of carbonaceous carbonate-siliceous domanik depositsin the Volga–Ural oil and gas province. Geology and Geophysics, 8(62), 1132-1152.

5. Kiryukhina, T.A., Bolshakova, M.A., Stupakova, A.V. Lithological and geochemical characteristics of domanic deposits of the Timan-Pechora basin. [2015]. Georesources, 61, 87-100.

6. Neruchev, S.G., Bazhenova, T.K., Smirnov, S.V., Andreeva, O.A., Klimova, L.I. [2016]. Assessment of potential hydrocarbon resources based on modeling of their generation, migration and accumulation. Nedra, St. Petersburg, Russia.

7. Prischepa, O.M., Averyanova, O.Yu. Approaches to assessing the hydrocarbon potential of shale strata on the example of domnik deposits of the Timan-Pechora province [2017]. Oil province, 1(9), 19-49

8. Prischepa, O.M., Averyanova, O.Yu., Ilinsky, A.A., Morariu, D. [2014]. Oil and gas of low-permeable shale strata-reserve of the raw material base of hydrocarbons in Russia. VNIGRI: St. Petersburg, Russia.

Примеры визуализации антиклинали по данным глубинной георадиолокации

О.А. Гулевич* (ИЗМИРАН, ООО «Таймер»), Л.Б. Волкомирская (ИЗМИРАН), А.Е. Резников (ИЗМИРАН), В.В. Варенков (ИЗМИРАН)

Введение

Современная глубинная георадиолокация отличается от традиционного малоглубинного метода рядом технологических особенностей, в том числе: способом генерации и формой зондирующего сигнала, высоким динамическим диапазоном аппаратуры, более широкой полосой рабочих частот, технологией регистрации сигнала в приемном устройстве и т.д. [1,2]. Развитие технологии метода отраженных электромагнитных волн на базе технологии георадаров ГРОТ позволяет проводить исследования на глубину свыше 500 метров [3].

Метод классической георадиолокации применяется для исследования подповерхностной среды на глубину от нескольких первых метров до 10-30 метров в слабо поглощающих электромагнитные волны породах в широком круге задач, в том числе и при исследовании неглубоких антиклинальных складок. Например, при исследовании структуры Бенморской антиклинали в Новой Зеландии с канадским георадаром pulseEKKO с антеннами 50 МГц была достигнута глубина около 10 метров [4].

Скорость георадиолокационных исследований превосходит скорость полевой малоглубинной сейсморазведки на порядок. В сравнении с методами электроразведки георадар отличает высокая разрешающая способность, достигаемая за счет локализации подповерхностных границ прямыми измерениями с высокой точностью. Главным преимуществом георадарной съемки по сравнению с бурением является непрерывность исследования с требуемой точностью по профилю, которая позволяет проследить подповерхностные границы и оконтурить рудные тела и включения техногенного характера, а также сокращенные сроки и стоимость работ.

В настоящей работе приводятся примеры исследований на относительно небольших глубинах до 40-80 м, в ходе которых были получены георадарные образы антиклинальных складок в низкоомных средах.

Метод

Геофизические исследования проводились с использованием георадаров серии ГРОТ 12, производства ООО «Таймер», г. Москва, Россия. Устройство георадаров основано на ударном возбуждении излучающей антенны газовым или твердотельным генератором высоковольтных наносекундных импульсов. В спектре зондирующего импульсного сигнала присутствуют и существенная высокочастотная и низкочастотная составляющие, что обеспечивает и хорошее пространственное разрешение, и большую глубину зондирования [1]. Регистрация сигнала происходит единовременно на всю глубину временных задержек, то есть без использования частотного или временного стробирования, без частотного преобразования и полосовой фильтрации. Работы проводились методом профилирования. При профилировании радар перемещается вдоль трассы, при каждом измерении передающая и приемная антенны находятся в одной точке трассы, расстояние между ними постоянно и значительно меньше длины трассы. Выбор длины антенн, которые являются резистивно нагруженными диполями, производился исходя из требуемых глубины исследования и разрешающей способности.

Примеры

На рисунке 1 представлена исходная радарограмма профиля, пройденного от береговой линии озера в ста пятидесяти километрах от г. Салехард, Ямало-Ненецкого автономного округа. В качестве аппаратуры применялся георадар ГРОТ 12Н с антеннами длиной 2 м (центральная частота рабочего диапазона 75 МГц).

Рельеф участка исследований слабовсхолмленный, на момент проведения работ покрыт снегом, под которым наблюдается мёрзлый почвенно-растительный слой мощностью 0,30 м. По данным бурения (глубиной до 10 м) ниже почвенно-растительного слоя грунты находятся в растепленном состоянии: слой суглинков криогенной структуры до глубин 1-1,7 м, ниже, до глубин 10 м, расположен слой увлажненного гравийного грунта с суглинистым заполнением, уровень грунтовых вод находится на глубине около 5 м.

На радарограммах слева показана шкала глубин в метрах, по горизонтали – расстояние по профилю от начальной точки измерений в метрах, справа – шкала временных задержек сигнала в наносекундах. Значения амплитуд регистрируемого сигнала представлены в цветовом представлении в соответствии с выбранной палитрой (приводится справа).

Без дополнительных процедур обработки на радарограмме видна структура антиклинальной складки, которую пересекает георадарный профиль, пройденный в направлении от береговой линии локального озера. На радарограмме выделяется уровень грунтовых вод, который немного поднимается при приближении к береговой линии на глубинах 3-6 м; выделяется верхний слой снега и мерзлого грунта, который имеет локальную неоднородность с 40 по 60 метр профиля (появляется дополнительный прослой); выделяется слой с низким УЭС в диапазоне глубин с 4-5 до 13-16 метров, который соответствует характеристикам пластично-мерзлых пород (отображается концентрацией желто-зеленого цвета палитры).

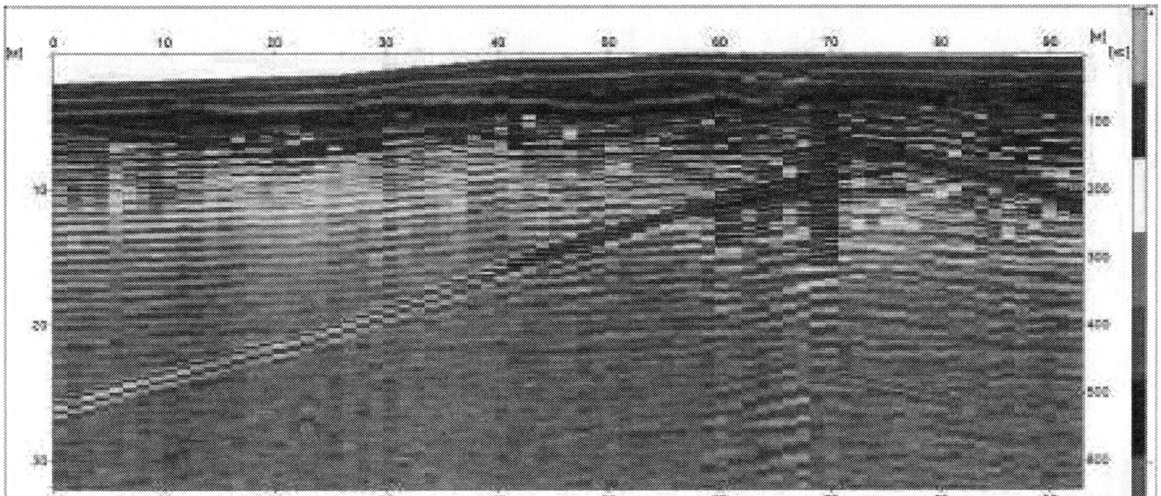

Рисунок 1. *Исходная радарограмма профиля в палитровом представлении амплитуды сигнала при диэлектрической проницаемости* $\varepsilon = 9$.

Наиболее ярко на по данным георадара проявляется структура антиклинальной складки. Исходя из общего анализа радиообразов, собранных при исследовании по карте пройденных георадарных профилей, участок имеет в основании структуру, обладающую признаками погребенной моренной гряды. На радарограмме ярко выделяются ее морфологические особенности: левое, более пологое, и правое крылья гряды; границы слоев, более контрастные в кровле гряды, и менее контрастные внутренние границы напластований; разрушенная структура приповерхностной части купола (рис. 1). Подповерхностная гряда на участке обследования расположена вдоль береговой линии и повторяет ее форму в сглаженном виде. По своему составу погребенная гряда представляет собой неоднородную смесь обломочного материала, который находится в границах обследуемой толщи в пластично-мерзлом состоянии (не входит в состав многолетнемерзлых пород). Подповерхностные границы определяются до глубин свыше 30 м.

На рисунке 2 представлен фрагмент полевой съемки на месторождении антрацита в окрестностях г. Новосибирск с последующей геологической интерпретацией – подведены некоторые линии синфазности, образующие радиообраз антиклинальной складки с осью в районе 56 метра по профилю [5]. По георадарным данным определяется пространственное положение слоёв горных пород под ровной поверхностью земли и их характерные отличия по электрическим свойствам. В данном примере использовался глубинный георадар ГРОТ 12 с антеннами 10 метров (центральная частота широкополосного спектра импульса – 15 МГц). Работы проводились по ровному горизонтальному рельефу.

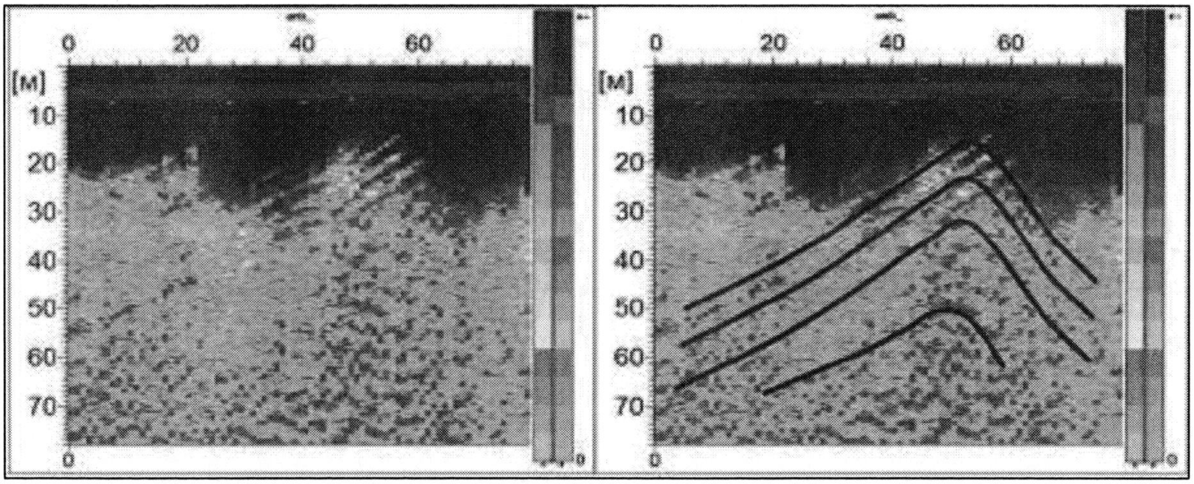

Рисунок 2. *Радарограмма профиля в палитровом представлении амплитуды сигнала без дополнительной обработки (слева) и с некоторыми выделенными линиями синфазности (справа),* $\varepsilon = 5$.

Угол падения левого крыла антиклинальной складки по данным георадара составляет примерно 41°, правого крыла – 57°.

При интерпретации данных (рис. 2) принималось во внимание, что удельное сопротивление антрацита (от 10^{-4} до 10^{-2} Ом*м) ниже чем у вмещающих пород. Несмотря на высокую электропроводность продуктовых слоев с содержанием антрацита, на георадарных данных получены характерные отражения границ до глубин 80 м. Результаты интерпретации заверены данными геологического разреза угольной компании.

Выводы

Приведенные примеры относительно неглубоких для современной глубинной георадиолокации сканирований антиклиналей показывают возможности метода по описанию подповерхностных структур с высокой детализацией.

Особенности применяемой технологии возбуждения и приема зондирующего сверхширокополосного импульса позволяют проводить георадиолокационные исследования в тяжелых низкоомных средах, в которых классическая георадиолокация или малоинформативна, или не работает.

Данные глубинной георадиолокации могут использоваться как самостоятельно, для решения широкого круга задач, так и в дополнение к традиционным методам геологоразведки для детализации описания верхней части разреза в короткие сроки.

Библиография / References

1. Volkomirskaya L.B., Gulevich O.A., Lyakhov G.A., Reznikov A.E. Deep georadiolocation, Zh. Radioelektron., 2019, No. 4, pp. 1–15. https://doi.org/10.30898/1684-1719.2019.4.6 (In Russian)
2. Gulevich O.A., Volkomirskaya L.B., Reznikov A.E., Krivosheev N.V., Varenkov V.V., Impact of signal registration technology on GPR data. EarthDoc Conference Proceedings: Engineering and Mining Geophysics 2021 17th Conference and Exhibition. (Gelendzhik, April 2021). Vol. 2021 DOI: https://doi.org/10.3997/2214-4609.202152005
3. Gulevich O.A., Kaigorodov E.P., Lyakhov G.A., Reznikov A.E., Varenkov V.V., Volkomirskaya L.B. Experimental Study of a Deep Oil and Gas Deposit by the Method of Reflected Electromagnetic Waves, ISSN 1541-308X, Physics of Wave Phenomena, 2021, Vol. 29, No. 4, pp. 312–322.
4. Shamus C. Wallace, David C. Nobes, Kenneth J. Davis, Douglas W. Burbank, Antony White, Three-dimensional GPR imaging of the Benmore anticline and step-over of the Ostler Fault, South Island, New Zealand, Geophysical Journal International, Volume 180, Issue 2, February 2010, pp. 465–474. https://doi.org/10.1111/j.1365-246X.2009.04400.x
5. Volkomirskaya L.B., Gulevich O.A., Reznikov A.E., Varenkov V.V. Deep GPR in The Exploration of Coal Deposits. Conference Proceedings, Engineering and Mining Geophysics 2021, Apr 2021, Volume 2021, pp.1 – 8. DOI: https://doi.org/10.3997/2214-4609.202152006

Открытие новых месторождений УВ на региональной стадии работ по комплексу геофизических полей в районе Оурьинского месторождения УВ

Н.Н. Яицкий (филиал Газпром недра НТЦ ООО Газпром Недра)

Введение

Систематическое изучение западной части Западно-Сибирской плиты начиналась с конца 20-х годов прошлого века. В пределах "открытого" Урала и в северном Приуралье ЗС с середины 30^{x} годов известны многочисленные проявления нефти в осадочных породах различного возраста (от карбона до силура). Начиная с 1953 года, т.е. со времени, когда из опорной скважины в поселке Березово был получен газ, геолого-поисковые работы в северо-западной части Западно-Сибирской плиты приобрели первостепенное значение. В середине 60^{x} годов, были открыты небольшие месторождения газа Шухтунгортской группы, приуроченные к отложениям вогулкинской толщи и корам выветривания доюрского основания. В пределах листа О-41 в середине 60^{x} годов на Ереминской разведочной площади было выявлено нефтепроявление, приуроченное к песчаникам викуловской свиты. В 1960 году восточнее, в пределах Мулымьинской разведочной площади (Шаимский нефтеносный район) скважиной 6-Р, было обнаружено месторождение нефти, и все поисковые работы на нефть и газ были перенесены в центральную часть ЗС. Приуральская часть ЗС на долгие годы была признана бесперспективной на промышленные залежи углеводородов.

Метод и Теория

Начиная с 1987 г. Баженовская геофизическая экспедиция в рамках регионального этапа исследований, проводила комплексные геофизические работы (сейсморазведка МОГТ, высокоточные профильные гравиразведка и магниторазведка) с целью создания каркасной сети региональных профилей в Приуральской части ЗС и выделения площадей для последующих поисковых работ на нефть и газ [1-9, 13]. Современными сейсмическими исследованиями территория изучена неравномерно и в целом слабо. Детальная сейсморазведка МОГТ 2D проведена только в районе Северо-Сосьвинской депрессии, Иусской группы месторождений УВ и Оурьинского месторождения. На данной территории еще не завершен региональный этап исследований.

Последовательность работ при прогнозе нефтегазоносности по комплексу полей на региональном этапе исследований иллюстрируется Рис.1.

В Приуральской части ЗС с начала производили уточнение структурного плана. Структурные построения в пределах Западной Сибири в последнее время производят в основном по данным сейсморазведки с опорой на результаты бурения, но в слабоизученных районах для прогноза структурного плана необходимо использовать другие подходы. Наилучшим выходом в таких условиях для построения структурных поверхностей является использование гравитационного и магнитного полей в комплексе с имеющимися данными поискового бурения и региональной сейсморазведки. Для решения структурных геологических задач с использованием гравиметрических данных предложен корреляционный метод разделения поля [10-11]. Авторами разработана схема прогноза структурных поверхностей кровли доюрского основания и низов платформенного чехла с использованием данной методики [5, 12, 14]. По этой схеме в течение последних тринадцати лет в Приуральской части ЗС автором последовательно строились структурные карты по кровле доюрского основания и в результате получили обобщающую карту от границы с Казахстаном до Обской губы.

Данная модель не позволяет выделить малоамплитудные локальные структуры, местам предполагаемого их развития в основном соответствуют структурные носы. С позиций

Рисунок 1.

Рисунок 1. *Схема прогноза структурных поверхностей по гравитационному полю с использованием метода КОМР.*

перспективности для обнаружения промышленных залежей углеводородов ее можно разделить на три крупные зоны:

1.Малоперспективная область малых глубин в западной части

2. Высокоперспективная северо-восточная часть в пределах которой открыто большое количество месторождений нефти и газа

3. Перспективная малоизученная область переходных глубин в пределах которой открыты газовые месторождения Березовской группы, Оурьинское и Иусская группа нефтяных и газовых месторождений.

После проведенных обобщающих работ. Авторы в свое время в пределах третьей зоны выделили 13 перспективных участков по комплексу преобразований потенциальных полей и структурной карты, построенной по гравитационному полю. В районе этих перспективных участков предполагалось отработать серию региональных сейсмических работ, а по их результатам определить места для первоочередных площадных детальных сейсморазведочных и гравитационных работ и провести поисковое бурение. Но удалось отработать только 99 региональный профиль [1]. В районе динамической аномалии по 99 профилю в отложениях викуловской свиты. было открыто Оурьинское нефтегазовое месторождение, расположенное на границе Тюменской и Свердловской областей.

Исходя из схемы, изображенной на рис. 1 авторы доклада в районе Оурьинского месторождения нефти и газа произвели прогноз продуктивности по комплексу полей.

На первом этапе был осуществлен прогноз структурного плана доюрского основания по гравитационному полю. Структурная поверхность фундамента, построенная просто по скважинам, представляет собой моноклиналь с падением на восток. Тогда как прогнозная структурная карта кровли фундамента, построенная методом КОМР гравитационного поля в районе Оурьинского месторождения УВ имеет гораздо более сложное строение и выделяется ряд локальных структур. Структурная поверхность, увязанная с данными по скважинам очень схожа с прогнозной, что доказывает его надежность.

После этого перешили к прогнозу продуктивности по гравитационным данным с порой на 20 скважин. Получили прогноз продуктивности, полученный методом «Линейная регрессия» с использованием: а) двух атрибутов (преобразования гравитационного поля и структурной карты по фундаменту) коэффициент корреляции с опорными скважинами - 0,89 б) одного атрибута гравитационного поля коэффициент корреляции с опорными скважинами - 0,79. Высокие коэффициенты корреляции доказывают надежность обоих вариантов прогноза.

Основные перспективные участки расположены к югу от Оурьинского месторождения УВ в пределах Свердловской области. На карте вещественного состава доюрского основания приурочены к области развития гранитов и гранито-гнейсов, а на прогнозной структурной карте доюрского основания, они приурочены к структурному носу. На структурной карте, полученной авторами два участка приурочены к локальным поднятиям, а один приурочен к склону, где не исключено развитие малоамплитудной структуры, не выделяемой по гравитационному полю. По результатам этого прогноза к югу от Оурьинского месторождения УВ выделено несколько перспективных участков.

Для тех кто не верит в прогноз по потенциальным полям авторы провели проверку прогноза по результатам сейсмических работа в районе Оурьинского месторождения нефти и газа. Динамические аномалии по кровле пластов ВК1 (викуловская свита) и АС2 (леушинская свита) легли на два отдельных перспективных участка, выделенных по гравитационному полю. Хотя, как опорные использовались только четыре продуктивные скважины (G1, G3, K3, K4), а если бы прогноз не имел под собой реальной основы, то он должен был отрисоваться шариком.

Авторами было проведено сравнение прогнозной структурной карты по доюрскому основанию, построенной по гравитационному полю с результатами детальных сейсмических работ по ОГ А в районе Оурьинского месторождения УВ. По гравитационному полю в районе Оурьинского месторождения выделился структурный нос, как и по результатам сейсморазведки.

Выводы

- К югу от Оурьинского месторождения УВ отработать три региональных профиля (один субмеридиональный и два широтных)
- На основании интерпретации результатов по региональным профилям выбрать первоочередной участок для постановки площадных сейсморазведочных работ МОГТ 2D и определить места заложения 2-3-х поисковых скважин.
- В случае положительных результатов бурения это может привести к открытию новой группы месторождений нефти и газа в районе ранее открытого Оурьинского.

Список литературы

1. Близнецов М. Т., Меньшиков Ю. П. Яркое пятно в нижнемеловых отложениях Шаимского нефтегазоносного района Западной Сибири. М., Геофизика, 2002. №4. С. 11-14.

2. Кузменков С.Г., Задоенко Л.А., Судат Л.Г., Яицкий Н.Н., Сегаль Ю.З.,. Пьянов С.Н, Шебухова С.В., Дмитриева О.Б., Задоенко А.Н. Перспективы нефтегазоносности Сибирского Приуралья в свете новых геолого-геофизических данных // Вторая научно-практическая конференция. Пути реализации нефтегазового потенциала ХМАО // Ханты-Мансийск, 1999. С. 161-172

3. Сегаль Ю.З., Яицкий Н.Н., Колечин А.А., Хоронжин В.В., Зерчанинова Л.А. Новые данные о геологическом строении приуральской части Западно-Сибирской плиты // М., Отечественная геология, 1992. № 12. С.81-83.

4. Сегаль Ю.З., Яицкий Н.Н., Зерчанинова Л.А., Хоронжин В.В. Комплексирование геофизических методов при региональном и локальном прогнозе на углеводороды в Приуральской части Западно-Сибирской плиты // М., Геология нефти и газа, 1993. №3. С. 35-38.

5. Сегаль Ю.З., Яицкий Н.Н., Пьянов С.Н. Локальный прогноз залежей углеводородов в слабоизученных регионах // М., Геофизика, 1996. №2. С. 41-44

6. Сегаль Ю.З., Шебухова С.В., Никишев Ю.А., Яицкий Н.Н. Новая потенциально нефтегазоносная провинция как результат комплексных геофизических исследований // Международная геофизическая Конференция и Выставка SEG-ЕАГО, Москва'93, 16-20 августа 1993 г. // М., Тезисы. 1993. С.

7. Сегаль Ю.З., Шебухова С.В., Яицкий Н.Н. Сибирское Приуралье – новая нефтегазоносная провинция ?!!. Международная геофизическая конференция и выставка Санкт-Петербург'95 // Санкт-Петербург, Тезисы, 1995. С. 9-10.

8. Сегаль Ю.З., Шебухова С.В., Казачихин В.А., Яицкий Н.Н., Пьянов С.Н. Хисматуллин Т.М., Таганов С.А. Перспективы нефтегазоносности Свердловской области по результатам региональных геофизических исследований // Региональная конференция геологов Европейской территории России и Урала // Екатеринбург, Тезисы, 2000. С. 77

9. Сегаль Ю.З., Пьянов С.Н., Яицкий Н.Н., Джафаров И. С., Хафизов С.Ф. Пути повышения надежности прогноза залежей углеводородов. //Международная геофизическая конференция и выставка, посвященная 300-летию горно-геологической службы России// г. Санкт-Петербург, 4-6 октября 2000 г. // Сакт-Петербург, тезисы, 2000. С. 15

10. Шрайбман В.И., Жданов М.С., Витвицкий О.В. Корреляционные методы преобразования и интерпретации геофизических аномалий. М., Недра, 1977. 125 с.

11. Шрайбман В.И., Жданов М.С., Витвицкий О.В. Комплексная интерпретация данных полевой геофизики, основанная на корреляционных преобразованиях – М., Геология нефти и газа, 1980. № 7. С. 15-17.

12. Яицкий Н.Н., Сегаль Ю.З. Эффективность совместной интерпретации геолого-геофизической информации в слабоизученных районах. М., Геофизика, 2006. №1. С 26-28

13. Яицкий Н.Н., Сегаль Ю.З., Шебухова С.В. Потенциальная нефтегазоносность осадочных бассейнов доюрского фундамента в Северном Приуралье ЗСП с позиции тектоники литосферных плит по результатам новейших геофизических исследований// XVIII тектоническое совещание "Тектоника осадочных бассейнов Северной Евразии г. Москва 31 января – 3 февраля 1995 г.// М., Тезисы, 1995. С. 13-14.

14. Яицкий Н.Н. Прогноз структурного плана кровли доюрского основания в Приуральской части ЗС по гравитационному полю и оценка перспектив нефтегазоносности на его основе// Тюмень, Горные ведомости, 2010. №7. С. 52-59

Применение метода ЕИЭМПЗ для оценки геодинамической активности массивов горных пород и картирования тектонических нарушений

К.В. Романевич* (ОАО «Научно-исследовательский, проектно-изыскательский институт «Ленметрогипротранс», г. Санкт-Петербург)

Введение

Метод естественного импульсного электромагнитного поля (ЕИЭМПЗ) основан на возникновении локальных электромагнитных полей при механоэлектрических преобразованиях горных пород под воздействием механических нагрузок. Частота электромагнитных импульсов является индикатором процессов деформации в скрытой стадии их развития, позволяя локализовать места подготавливаемых нарушений сплошности горных массивов. Об основах метода и теории ЕИЭМПЗ опубликовано достаточно много работ в нашей стране и за рубежом, наиболее полный обзор выполнен в 2021 году в работе [1].

В ходе инженерно-геологических изысканий для строительства метод ЕИЭМПЗ успешно применяется в составе комплекса геофизических методов в качестве вспомогательного для решения задач локализации мест нарушения сплошности массивов горных пород, а также задач обнаружения и оконтуривания зон повышенной трещиноватости, тектонических нарушений и активных разрывных структур.

Метод ЕИЭМПЗ используется нами для оценки геодинамической активности массивов горных пород и устойчивости подземных выработок при строительстве и эксплуатации горных тоннелей. Также метод ЕИЭМПЗ применяется и для региональных задач, в частности для картирования тектонических нарушений.

Методика регистрации и обработки

В ходе проведения полевых работ методом ЕИЭМПЗ регистрируется естественное электромагнитное излучение (ЕЭМИ). Для регистрации параметров ЕЭМИ используется переносная аппаратура «ЭМИ-3К» (аппаратура типа «Ангел») (разработка ОАО «НИПИИ «Ленметрогипротранс») с записью электромагнитного сигнала в полосе частот 1-150 кГц в виде отдельных файлов в память прибора для последующей камеральной обработки. Общий вид прибора с трехкомпонентной антенной показан на рис.1.

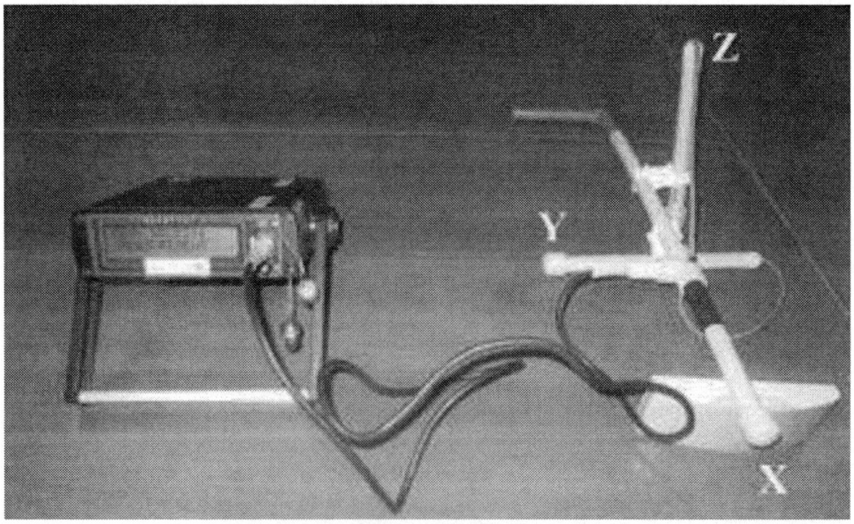

Рисунок 1. *Общий вид прибора регистрации ЕИЭМПЗ с трехкомпонентной антенной XYZ.*

Регистрация проводится на три взаимно ортогональные магнитные антенны непрерывно в фиксированный интервал времени для последующей оценки количества импульсов и их распределения по частоте следования, амплитуде, длительности и форме сигналов. Работы проводятся в режиме площадной съемки по сети геофизических профилей. Привязка точек измерений методом ЕИЭМПЗ проводится с помощью глобальной навигационной спутниковой системы ГЛОНАСС.

Рисунок 2. *Рабочие моменты при регистрации ЕИЭМПЗ по сети профилей на рассматриваемой площади. Выполняется регистрация ЕЭМИ на рядовой точке профиля.*

В ходе полевых работ на каждой точке измерений записывается в память прибора ряд сигналов ЕИЭМПЗ. Камеральная обработка данных регистрации заключается в расчете спектральных характеристик сигналов и построении спектрограмм наблюдений по профилям с помощью специализированных программ. Для наглядного представления результатов работ строятся карты интенсивности ЕИЭМПЗ для частот 10 – 70 кГц с шагом 10 кГц.

Пример такой карты показан на рис.3, а ниже на рис.4 показан совмещенный результат в виде интегральной карты интенсивности ЕИЭМПЗ на участке исследований на геологической карте с указанием прогнозного положения тектонических нарушений. Красными линиями показаны выделенные тектонические нарушения, синими линиями показано прогнозное положение продолжения тектонических нарушений (прогноз положения нарушений на рассматриваемом участке выполнялся до проведения работ методом ЕИЭМПЗ).

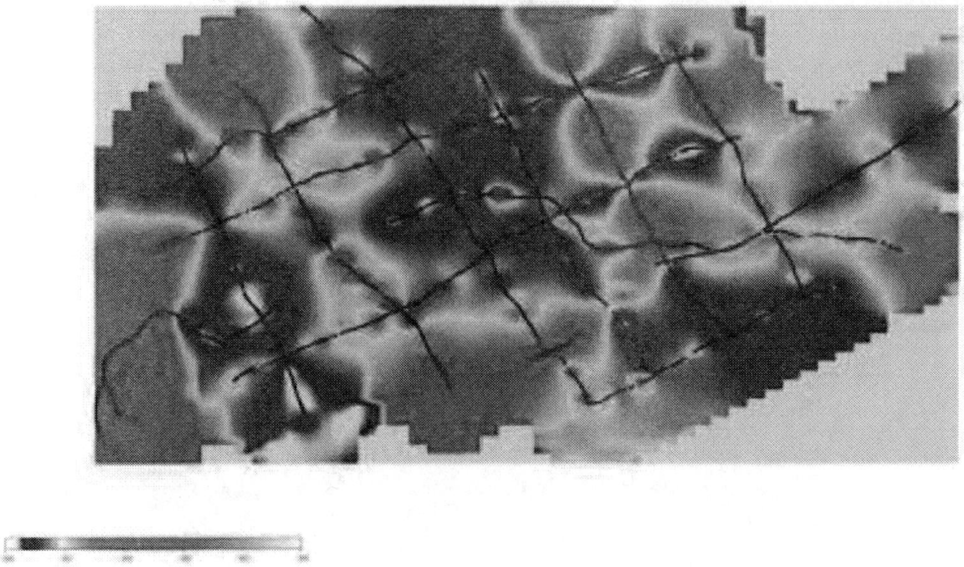

Рисунок 3. *Карта интенсивности ЕИЭМПЗ, построенная по профилям (черные линии на рисунке). Шаг по профилю составлял 10 метров, расстояния между профилями в пределах 500 – 700 метров.*

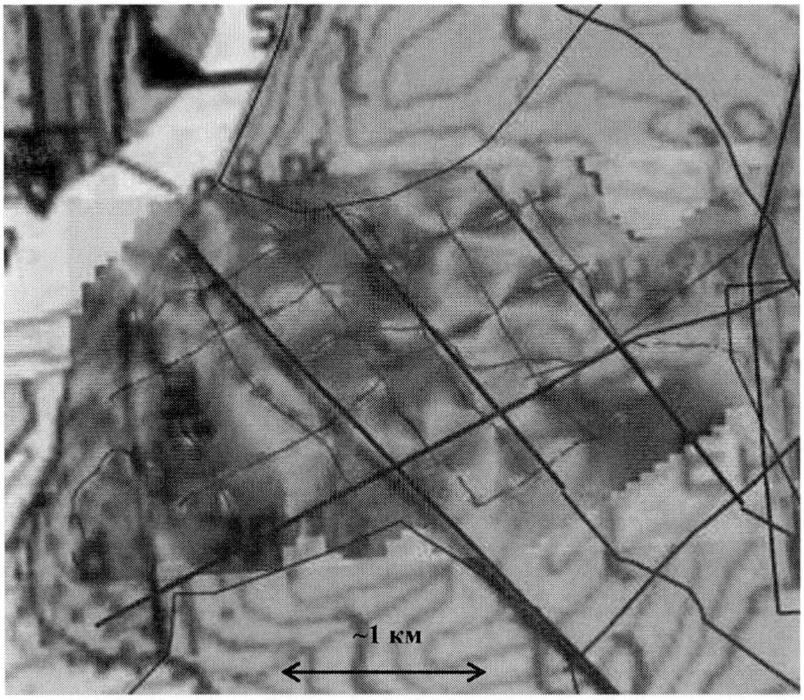

Рисунок 4. *Интегральная карта интенсивности ЕИЭМПЗ на участке исследований на геологической карте с указанием прогнозного положения тектонических нарушений (прогноз положения разломов на участке выполнялся до проведения геофизических работ).*

Рассматриваемый участок находится в пределах крупного гранитоидного плутона, коренными породами являются породы архейско-протерозойской группы. Перекрывающим комплексом выступают алевролиты, аргиллиты, песчаники, прослои и линзы песчаников известковистых, редко конгломератов (мощность 0-260м).

Аномалии ЕИЭМПЗ достаточно четко совпадают с выделенными ранее трассами тектонических нарушений (по геологической карте данного района) и прогнозным положением продолжения разломов, выделенных по данным магниторазведочных исследований прошлых лет на данном участке. По результатам работ методом ЕИЭМПЗ можно говорить, что прогноз положения продолжения разломов на участок работ в целом был сделан верно, однако, линии разломов в восточной части участка должны быть смещены соответственно аномалиям ЕИЭМПЗ. Динамическая активность массива горных пород в период проведения измерений в местах тектонических нарушений характеризовалась как очень слабая – параметр Анорм находится в пределах 1-1,5 отн.ед. Крупные геодинамические события сопровождаются аномалиями ЕИЭМПЗ превышающими фон в 500 раз и более (параметр Анорм 500 отн.ед.).

С учетом данных ЕИЭМПЗ положение тектонических нарушений были скорректированы, после чего проводилась их заверка стандартными геофизическими методами.

При производстве полевых работ методом ЕИЭМПЗ необходим учет суточных вариаций естественного электромагнитного излучения (ЕЭМИ), для этих целей при производстве работ необходима группа как минимум из двух регистраторов – один используется в качестве маршрутного прибора, второй – в качестве вариационной станции. Результаты регистрации вариаций ЕИЭМПЗ за один рабочий день на рассматриваемом участке представлены на рис.5.

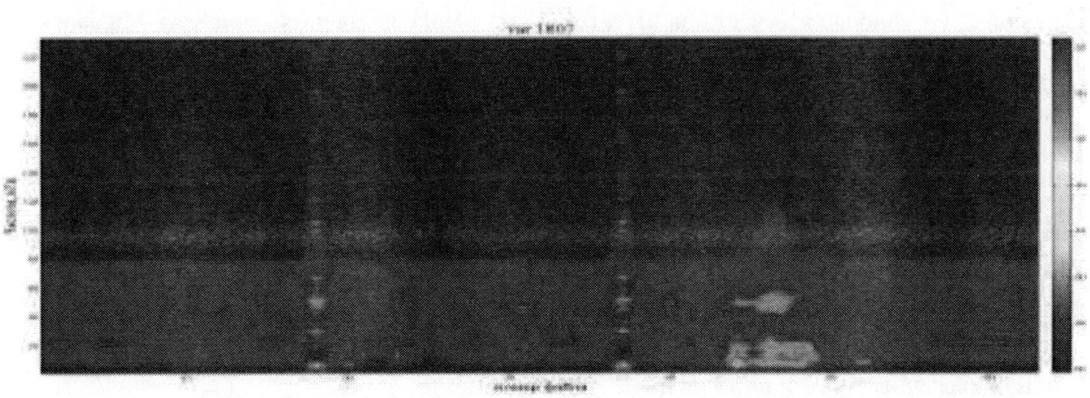

Рисунок 5. *На спектрограмме представлены результаты регистрации вариаций ЕИЭМПЗ при параллельном выполнении маршрутной съемки на участке за один рабочий день.*

Запись вариаций ЕЭМИ должна производиться постоянно в течение нескольких суток до, после и непосредственно во время проведения измерений для оценки реальных вариаций в области проведения работ и нормирования результатов на суточный ход интенсивности ЕИЭМПЗ. Полученные данные учитывались при обработке маршрутных измерений.

Выводы

Метод ЕИЭМПЗ может успешно применяться для оценки геодинамической активности массивов горных пород и картирования тектонических нарушений. Точность метода очень сильно зависит от наличия и уровня промышленных и природных помех, поэтому необходимо при выполнении наблюдений по профилям также учитывать вариации поля ЕИЭМПЗ на участке измерений.

Библиография / References

1. Sharma, Sumeet & Chauhan, Vishal. (2021). A review on deformation-induced electromagnetic radiation detection: history and current status of the technique. Journal of Materials Science. 56. 10.1007/s10853-020-05538-x.

Генерационные и емкостные свойства бажено-абалакского комплекса в связи с подсчетом в нём запасов нефти

М.Ю. Зубков* (ООО «Западно Сибирский Геологический Центр»)

Введение

Отложения, богатые органическим веществом (ОВ), названные Ф.Г. Гурари баженовской свитой (БС), первоначально считались нефтегенерационной свитой. Однако получение из неё притоков нефти в конце 60-х годов прошлого века, вызвало к ней интерес и как нефтевмещающим отложениям. Поэтому возникла необходимость выяснить причины и механизм формирования в свите емкостного пространства. Сформировались две модели коллекторов в БС. Первая объясняла образование вторичной пустотности в БС в результате флюидоразрыва, вызываемого генерацией из исходного ОВ (ОВисх) нафтидов. Этот тип коллектора был назван листоватым [1, 2, 7, 9] или по И.И. Нестерову «баженитом» [7]. Поскольку основная площадь, занимаемая БС находится в «нефтяном окне», то есть продуцирует нафтиды, то исходя из этой модели можно было бы ожидать, что она окажется повсеместно нефтеносной, однако это совсем не так. БС нефтеносна лишь в пределах небольших по площади участков. Поэтому эту модель нельзя признать правильной. Последователи второй модели считали, что коллектор в БС является трещиноватым и образуется в зонах тектонического дробления [9, 11]. Однако эта модель являлась лишь декларативной и не позволяла прогнозировать зоны развития этого типа коллекторов в БС.

Абалакская свита (АС) долгое время находилась в «тени» от своей знаменитой соседки и часто высокодебитные притоки нефти, получаемые из неё, относились к подошвенной части БС. Однако постепенно было окончательно доказано, что помимо БС продуктивной часто является и АС. Причем на Красноленинском месторождении АС - это главная продуктивная толща.

Появление и активное использование пиролитического метода в комплексе с методом материального баланса позволило оценить генерационные свойства БС [5]. Пример такой оценки приведен на рис. 1 и в таблице.

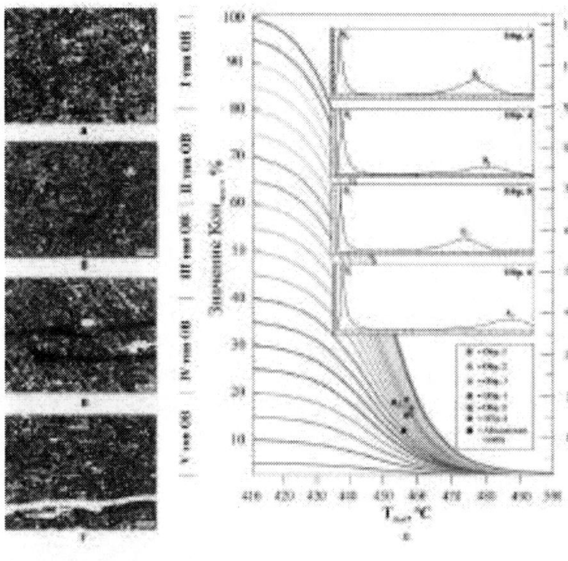

Рис. 1. Фотографии прозрачных петрографических шлифов образцов, отобранных из БС (а-г) и диаграмма T_{max}-HI(Кон$_{исх.}$) с их пирограммами (е)

В таблице расчетные генерационные параметры расшифровываются следующим образом: $Кон_{исх.}$ – остаточный нефтегенерационный потенциал в термически (катагенетически) не преобразованном, или исходном ОВ (ОВисх); $Кпревр._{отн.}$ – относительная величина коэффициента превращения ОВисх в нафтиды; Сг – количество образовавшихся нафтидов; Сэ – количество эмигрировавших нафтидов и Кэ – коэффициент эмиграции нафтидов.

Таблица

Результаты пиролитических исследований и полученные на их основе расчетные генерационные параметры БАК (Салымское месторождение)

Порода	№ Обр.	Возраст (Свита)	Исходные данные					Расчетные генерационные параметры					$S_1/S_2 \cdot 10^{-2}$
			Сорг, %	S1, мг УВ/г	S2, мг УВ/г	T_{max}, °C	HI, мг УВ/г Сорг	$К\ он_{исх}$, %	$К\ превр._{отн.}$, %	Сг, %	Сэ, %	Кэ	
1	2	3	4	5	6	7	8	9	10	11	12	13	14
Слабо битуминозный кремнистый аргилит	-	абалакская свита	2,4	1,1	2,69	456	112	43,2	84,4	1,541	1,429	93	41,6
Битуминозно-карбонатный силицит	1	баженовская свита	13,4	7,7	21,96	458	163	67,8	90,7	26,500	25,700	97	35,1
Битуминозно-карбонатный силицит	2	баженовская свита	9,1	14,9	13,91	458	153	61,0	87,5	11,100	9,600	83	107,2
Битуминозный силицит	3	баженовская свита	9,2	9,6	14,34	455	156	58,2	87,9	10,570	9,570	91	67,0
Битуминозный слабо карбонатный силицит	4	баженовская свита	6,8	12,2	10,76	456	158	61,1	86,8	8,100	6,900	85	113,6
Битуминозно-карбонатный силицит	5	баженовская свита	7,8	7,8	13,99	457	180	68,5	90,2	13,183	12,416	94	54,8
Битуминозный силицит	6	баженовская свита	12,6	3,1	18,94	457	150	62,2	89,3	16,368	16,057	98	16,4

Проведенные исследования позволили оценить среднюю удельную генерацию и эмиграцию нафтидов в пределах Салымского месторождения с 1 км^2 при условии её средней толщины 25 м и плотности 2.2 г/см^3. Расчеты показали, что при принятых условиях с площади 1 км^2 БС генерировала около 7,15 млн. т нафтидов. Из которых 5,7 млн. т эмигрировало, а в ней осталось порядка 1,45 млн. т нефтебитума, то есть около 20% от всего количества образовавшихся нафтидов. Причем доля «подвижных» УВ в рассматриваемом объеме БС составляет около 0,65 млн. т, или порядка 9% от всего объема образовавшихся нафтидов, а «неподвижного» битума – 0,8 млн. т, или около 11% от всего объема образовавшихся нафтидов.

Детальные исследования вещественного состава бажено-абалакского комплекса (БАК) позволили установить, что коллекторами в БАК являются преимущественно трещиноватые (кремнистые) и трещинно-кавернозные (карбонатные) литотипы (рис. 2, 3). Поэтому эти типы пород были названы автором потенциально продуктивными или сокращенно ППП [3, 4, 6].

Благодаря их петрофизическим свойствам они легко выделяются по данным ГИС (рис. 4), поэтому используя эти данные можно построить карту суммарных мощностей этих пород на той или иной площади. Но чтобы ППП превратились в продуктивные породы (ПП) необходимо, чтобы исходные кремнистые и/или карбонатные породы были подвержены тектоно-гидротермальному воздействию (ТГВ) [3, 4, 6].

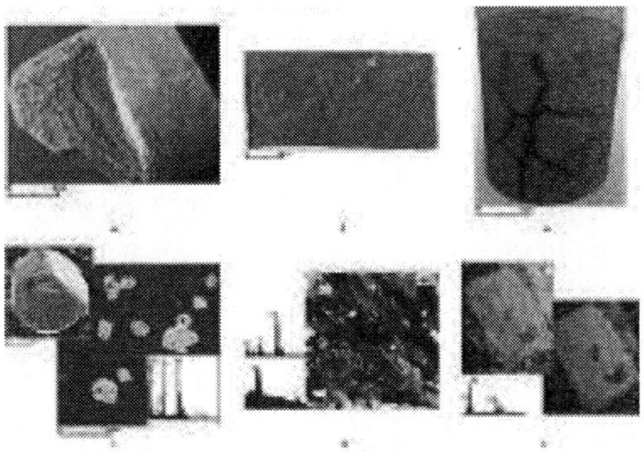

Рис. 2. Фотографии трещиноватых пород-коллекторов кремнистого состава (силициты) с пленками тиобитума (а, б, г-е) и гидротермальных минералов, представленных баритом (г), магнезиальным кальцитом (д) и гармотомом (е) [3, 4, 6]

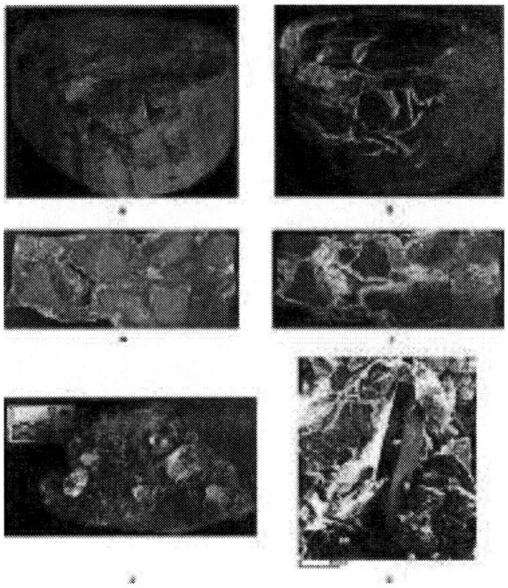

Рис. 3. Фотографии пород-коллекторов карбонатного состава и вторичных гидротермальных минералов, отложившихся на поверхности трещин и каверн, представленных кварцем (д) и кварцем (Кв), кальцитом (Кц), доломитом (Дл) и баритом (Ба) (е) [3, 4, 6]

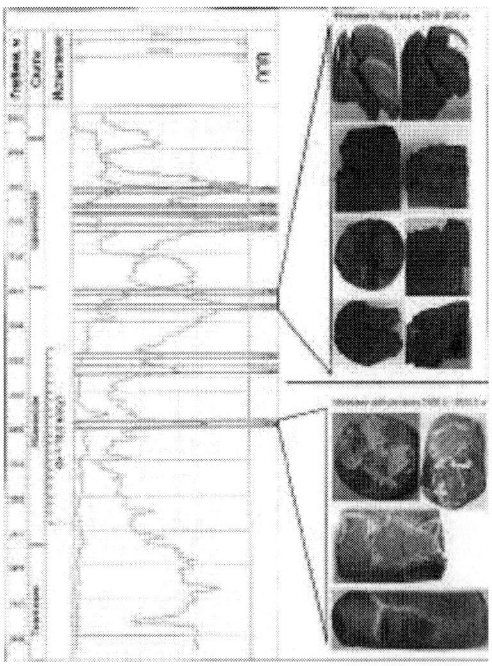

Рис. 4. Пример выделения потенциально продуктивных пластов (ППП) в отложениях баженовской и абалакской свит по данным ГИС, Назымский ЛУ, скв. 3000Р [3, 6]

Для этого используется комплексирование данных сейсморазведочных работ и выполненное на их основе тектонофизическое моделирование (ТМ) [3, 4, 6] (рис. 5).

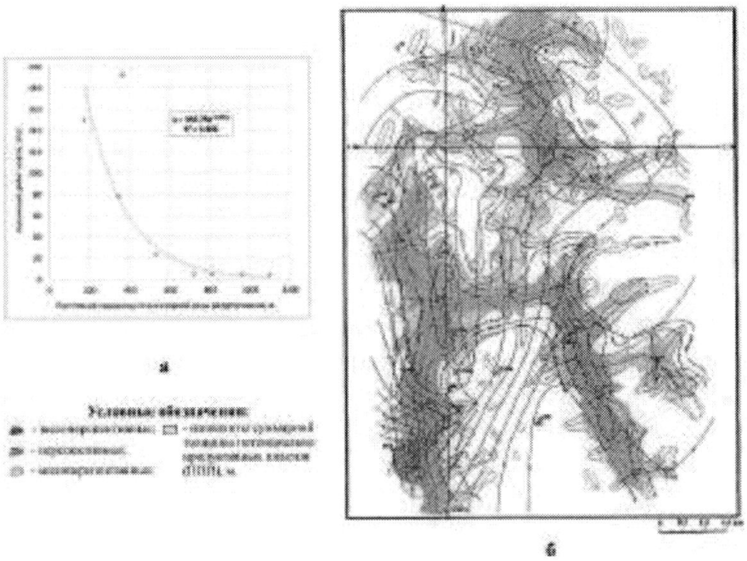

Рис. 5. Зависимость величин начальных дебитов скважин, вскрывших БАК от расстояния до оси главной зоны разуплотнения (а) и прогнозная карта перспектив нефтегазоносности БАК, построенная на основе комплексирования данных сейморазведки и результатов проведенного на их основе тектонофизического моделирования [4, 6]

Выводы

Проведенное тектонофизическое моделирование позволило также оценить величину вторичной трещинной пористости, возникающей в ППП в результате ТГВ [3, 4, 6].

Библиография / References

1. Gurari F.G., Gurari I.F. Formation of oil deposits in mudstones of the Bazhenov formation in Western Siberia. Geology of oil and gas. 1974. No. 5. S. 36-40.
2. Dorofeeva T.V., Lebedev B.A., Petrova T.V. Features of the formation of reservoir properties of the Bazhenov formation of the Salym field. Geology of oil and gas. 1979, No. 9. S. 20-23.
3. Zubkov M.Yu. Reservoirs in the Bazheno-Abalaksky complex of Western Siberia andmethods for their prediction. Geology of oil and gas. No. 5. 2014. p. 58-72.
4. Zubkov M.Yu. Assessment of regional and local oil-bearing prospects of the Bazhenov and Abalak formations in Western Siberia. Geology and mineral resources of Siberia. No. 3. 2016. S. 51-67.
5. Zubkov M. Yu. The use of a modified material balance method in combination with pyrolysis to assess the oil generation properties of the Bazhenov formation (Western Siberia). Geochemistry. 2021. Volume 66, No. 2. P. 1 - 22.
6. Zubkov M.Yu. Calculation of oil reserves in the Bazheno-Abalak complex. Problems and ways to solve them. Geology and subsoil use. - 2021. No. 2 (2). S. 106-141.
7. Nesterov I.I. A new type of oil and gas reservoir. Geology of oil and gas. 1979. No. 10. S. 26-29.
8. Prozorovich G.E., Sokolovsky A.P., Malykh A.G. New data on fractured reservoirs of the Bazhenov formation. Problems of oil and gas in Tyumen. Tyumen. 1979. no. 18.P. 7-9.
9. Skorobogatov V.A., Krasnov S.G. Some criteria for the prospects for oil-bearing Bazhenov formation in Western Siberia. Geology of oil and gas. 1984. No. 3. S. 15-19.
10. Khalimov E.M., Melik-Pashaev V.S. On the search for industrial accumulations of oil in the Bazhenov formation. Geology of oil and gas. 1980. No. 6. S. 1-10.

Литолого-седиментологические особенности отложений склона Муханово-Ероховской впадины франского возраста

М.Н. Лемешко*, Д.И. Лемешко (АО «ТомскНИПИнефть), В.А. Шакиров (ООО «СамараНИПИнефть»)

Введение

История разработки месторождений южной части Камско-Кинельской системы прогибов в Волго-Уральской провинции имеет длительный характер, но территория самих впадин и их прибортового обрамления остается малоизученной. В связи с открытием последних лет в разрезе доманиковых отложений Муханово-Ероховской впадины залежей углеводородов на территории Самарской области, исследование данного нетрадиционного объекта весьма актуально [1]. Внутришельфовая впадина характеризуется весьма сложным геологическим строением с различными структурно-фациальными зонами и собственными условиями седиментации. В представленной работе приводятся новые седиментологические данные о строении прибортовой части склона впадины франского возраста.

Методы и результаты исследования

Исследование керна по скважине №68 Ильменевского месторождения выполнялось в лабораториях АО «ТомскНИПИнефть». Целью выполненных исследований являлось выделение литологических типов отложений доманикового типа, их коллекторских свойств, оценка содержания органического вещества, а также изучение их условий осадконакопления.

В процессе литологического изучения отложений было выявлено широкое распространение специфических обломочных и деформационных текстур склоновых осадков, отличных от депрессионных пород доманикового типа. Склоновые отложения, относительно бортовой и депрессионной части впадины, по причине низкой перспективности, характеризуются наименьшей изученностью керном. Возможно, пониженный поисковый интерес к склонам, неоправданно занижает их потенциал. Поэтому данный тип разреза вызывает повышенный интерес к их особенностям литологического состава, пустотного пространства и условий осадконакопления. Одним из главных методов выделения основных литологических типов отложений франского яруса являлся литолого-седиментологический анализ, для которого были использованы результаты количественного минералогического анализа, петрографического анализа шлифов и макроописания керна, пиролиз методом Rock-Eval, а также определение пористости и проницаемости.

В ходе детального описания керна и петрографического анализа шлифов составлена общая характеристика разреза, выделены литологические типы пород и реконструированы условия их накопления, а также определены их физико-химические характеристики и содержание органического вещества (таблица 1).

Отложения с отбором керна представлены следующими горизонтами: речицким, воронежским и евлано-ливенским. Карбонатные доломитовые породы представлены только в самой верхней части изученного разреза евлано-ливенского возраста. В отличие от нижележащих отложений, евлано-ливенский этап формирования осадков происходил на этапе значительного снижения уровня моря. В разрезе речицкого и воронежского отложений преобладают породы смешанного состава (известково-доломитовые кремнистые, доломитово-известковые, кремнисто-известково-доломитистые), наибольшее их распространение отмечается в верхней половине и в средней части разреза. В целом, в распределении и чередовании различных литотипов нет закономерностей, что характерно для склоновых отложений.

Таблица 1

Литологические типы и их физико-химическая характеристика

Литотипы	Количество образцов	Фильтрационно-емкостные свойства		Средние содержание Сорг, %
		Кп (по газу), %	Кпр, мД	
1.Породы смешанного состава (известково-доломитовые кремнистые, доломитово-известковые, кремнисто-известково-доломитистые)	61	0,3	0,2	**4,33**
2.Силицит известковый и известковистый	26	0,35	0	**4**
3.Известняк	17	0,23	0	0,55
4.Известняк кремнистый	16	0,09	0,05	0,66
5.Доломит известковистый и известковый	15	0,95	0,07	1,71
6.Известняк кремнистый доломитистый	10	0,45	0,33	3,59
7.Известняк доломитовый	5	0,8	0,01	1,11

В таблице 1 показаны значения органического углерода (С орг.), коэффициентов пористости и проницаемости в образцах пород. Можно отметить, что во всех литотипах отмечается содержание С орг. Наименьшее содержание наблюдается в известняке, а больше всего в породах смешанного состава и силицитах, которые формировались в глубоководных отложениях впадины и на ее склонах. Вероятно, этому способствовали повышенная биопродуктивность, накопление сапропелевого органического вещества и восстановительные условия накопления.

Отложения, изученные по керну по литологическому составу и структурно-текстурным признакам можно условно разделить на три зоны осадконакопления: мелководного шельфа, относительно глубоководные отложения склона и глубоководные отложения депрессионной впадины.

Отложения евлано-ливенского горизонта представлены доломитом и отмечаются в кровле разреза в виде слоя толщиной 52 см. Текстура доломита однородная тонкокристаллическая, отмечается кавернозность и слабое нефтенасыщение. Можно предположить, что первичная текстура породы была благоприятная для образования кавернозного коллектора, вероятно, органогенная, что позволяет отнести доломит к относительно мелководным отложениям. (рис. 1а).

Отложения речицкого и воронежского горизонта образовались на склоне впадины, где могло быть влияние как относительно мелководных условий, так и глубоководных. Отложения склонов впадины распространены по всему разрезу так как скважины находятся в прибортовой зоне Муханово-Ероховского прогиба и представлены чередованием силицитов известковых и известковистых, пород смешанного состава, известняков и доломитов. Для них характерны обломочные, деформационные, брекчиевидные текстуры. Гравитационные деформации являются подтверждением формирования осадков в условиях крутого склона впадины или уступа (рис 1б,в).

Такое разнообразие пород в склоновой части впадины, где отмечается влияние мелководного шельфа бортовой палеоструктурной зоны и депрессионных осадков с высоким содержанием органики, может быть объяснено высокой сейсмической активностью. Франский период, это этап активной вулканической деятельности на Южном Урале [2]. По всей видимости, именно в периоды вулканизма, которые сопровождаются землетрясениями и происходили основные перемещения осадков с мелководья верхней части склона в сторону депрессии. В периоды отсутствия землетрясения в склоновой зоне усиливалось влияние депрессионной части впадины с характерными глубоководными отложениями доманикового типа. Это хорошо видно в разрезе в виде чередований прослоев разных литотипов с различным содержанием органики.

Глубоководные отложения депрессионной впадины речицкого и воронежского горизонта отличаются преобладанием силицитов известковых и известковистых. Отложениям характерна субгоризонтальная слойчатость, подчеркнутая изменением окраски, реже однородные массивные текстуры. Отличие темно-серых силицитов от светло-серых в разном содержании органического вещества, в темно-серых разностях его больше (рис. 1с).

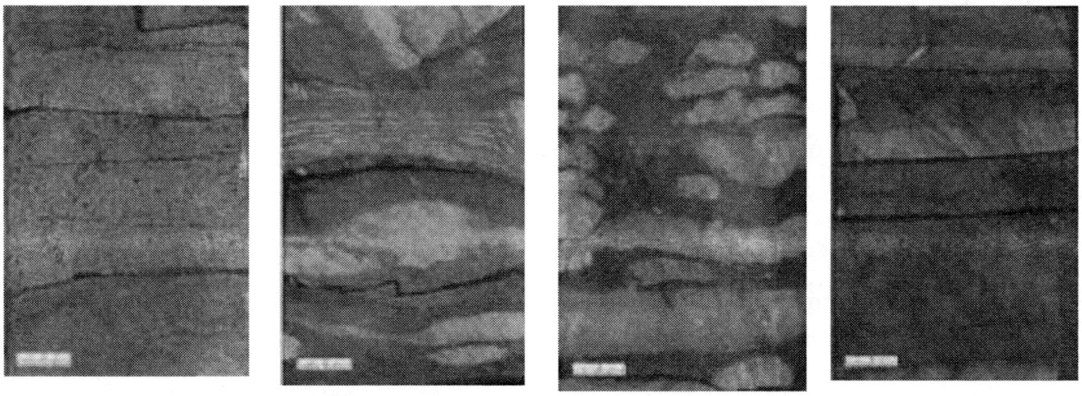

а. Доломит слабонефтенасыщенный мелководной части бассейна	б. Деформационные породы смешанного состава склона впадины	в. Обломочные породы смешанного состава склона впадины	с. Силицит известковый глубоководной зоны впадины

Рис. 1 (а,б,в,с) Фото вертикальных срезов керна склона Муханово-Ероховской впадины франского возраста (ширина масштабной линейки 2 см)

Выводы

Таким образом, можно закрепить следующие особенности отложений, вскрытых новой скважиной на Ильменевском месторождении:

- Отложения речицкого и воронежского горизонтов формировались на более крутом склоне впадины морского бассейна, где преобладали гравитационные процессы, что подтверждают обломочные, брекчеивидные, деформационные текстуры, почти повсеместно распространенные в породах. Это подтверждает авторское виденье концептуального геологического строения Муханово-Ероховского прогиба, представленного в статье В.А. Шакирова, А.П. Вилесова и др. [1]

- Евлано-ливенский горизонт представлен отложениями доломита, что указывает на снижение уровня моря в это время и преобладание относительно мелководно-морских условий.

- Повсеместно в отложениях встречаются примеси калиевого полевого шпата (КПШ) до 30% и глинистого материала до 10%, но больше всего их содержат смешанные породы (литотип 1). Наибольшее содержание КПШ в составе смешанных пород отмечается в воронежском горизонте. На основании этого, можно сделать предположение, во-первых, о близости источника сноса, а во-вторых, о том, что привнос данного материала мог усиливаться в результате эрозионных процессов в континентальных зонах Восточно-Европейской платформы. Также можно предположить, что значительное содержание КПШ может быть связано с вулканическими породами, именно в воронежский этап осадконакопления отмечается наибольшая активность вулканизма. По данным керна содержание КПШ в туффитах занимает третью позицию и составляет в среднем 15%[2].

- Распространение доломита и кальцита на склонах и во впадине указывает на влияние бортовой части Муханово-Ероховского прогиба с мелководным осадконакоплением.

- Отложения франского яруса скважины №68 Ильменевского месторождения формировались в относительно глубоководных условиях морского бассейна, где распространены отложения склонов впадины (рис.2).

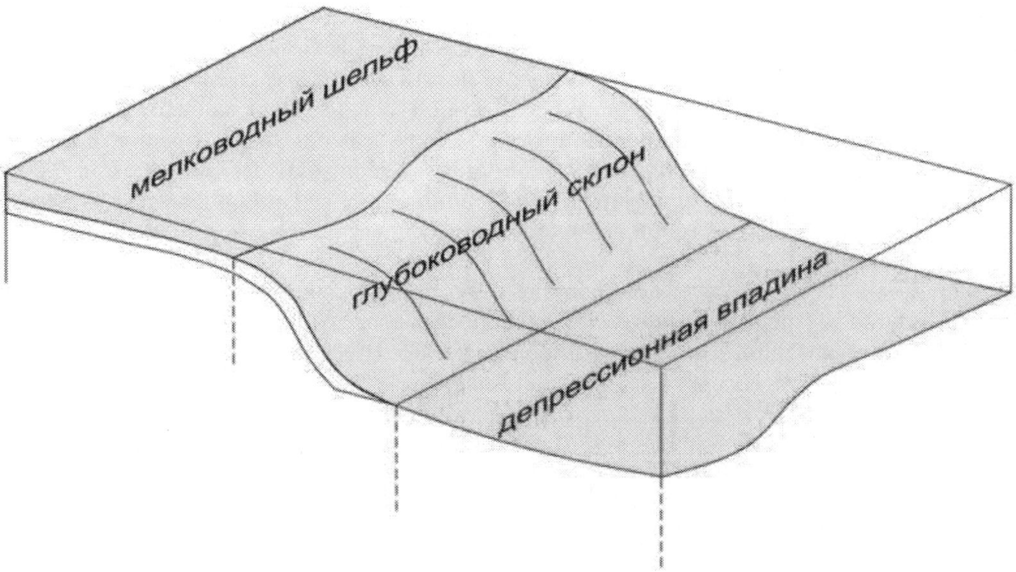

Рис. 2. Обобщенная схема-модель структурно-фациальных зон Муханово-Ероховской впадины.

Библиография

1. Особенности геологического строения и развития Муханово-Ероховского прогиба в пределах Оренбургской области / В.А. Шакиров, А.П. Вилесов [и др.] // Геология, геофизика и разработка нефтяных и газовых месторождений. – 2021. – № 6(354). – С. 5–16. – DOI: 10.33285/2413-5011-2021-6(354)-5-16
2. Породы-вулканиты в конденсированных доманиковых фациях Муханово-Ероховской внутришельфовой впадины / В.А. Шакиров, А.П. Вилесов, В.П. Морозов, А.С. Хаюзкин, О.Ю. Андрушкевич, Е.Б. Сосновская, И.П. Немков, А.П. Лопатин, Г.Г. Гилаев // Геология, геофизика и разработка нефтяных и газовых месторождений. – 2022. – № 2(362). – С. 14–26. – DOI: 10.33285/2413-5011-2022-2(362)-14-26

Геохимическая модель нетрадиционного коллектора в палеогеновых отложениях Предкавказья

Е.В. Козлова* (Сколтех), Т.Д. Булатов (Сколтех), Е.А. Леушина (Сколтех), А.Ю. Мальцева (Сколтех), А.Е. Бажанова (Сколтех), Я.Ю. Ермаков (Сколтех), И.С. Гутман (ООО ИПНЭ), А.М. Бондина (ООО ИПНЭ), В.И. Кочикьянц (ООО "НДП "Чепаковское"), З.Х. Моллаев (ООО "НДП "Чепаковское"), М.Ю. Спасенных (Сколтех)

Введение

Предкавказье является старейшим нефтедобывающим районом на юге России с хорошо развитой нефтегазовой инфраструктурой. В настоящее время большинство традиционных залежей, открытых еще в прошлом веке месторождений, выработаны, однако существует значительный потенциал добычи углеводородов не только из глубоких подсолевых горизонтов, но и из нетрадиционных коллекторов в низкопроницаемых керогенонасыщенных толщах палеогеновых отложений.

Аналогом нефтяных сланцев баженовской свиты Западно-Сибирского НГБ в Центральном и Восточном Предкавказье являются эоценовые кумские и олигоценовые хадумские отложения. Они также характеризуются низкими фильтрационно-емкостными свойствами, но отличаются от баженовских по литологии, и представлены глинистыми, глинисто-карбонатными и карбонатными породами. Органического вещества в них значительно меньше, чем в баженовской свите — 3÷4 вес. % (кумская свита) и 1÷3 вес.% (хадумская свита), но даже с такими содержаниями они относятся к «богатым» нефтематеринским свитам по классификации Тиссо и Вельте [Tissot, Welte, 1984]. Изучение их как нефтяных сланцев и нетрадиционных источников углеводородов актуально как с точки зрения расширения сырьевой базы, так и для правильного понимания специфики их разработки. Наличие нетрадиционного глинистого или карбонатно-глинистого низкопроницаемого коллектора требует нестандартного подхода к поискам, оценке и эксплуатации палеогеновых залежей.

Целью данной работы является обоснование продуктивности кумских и хадумских отложений Восточно-Предкавказского нефтегазоносного бассейна (НГБ) на основе анализа геохимической информации. По данным пиролитических (пиролиз Рок-Эвал) исследований в высокоуглеродистых палеогеновых толщах выделены коллекторские интервалы, что подтверждено данными молекулярного и изотопного анализа флюидов, определены геохимические критерии их выделения. Для нефтегазометринских пород изучены степень зрелости, потенциал нефтегенерации и кинетические характеристики.

Методы и результаты исследований

В осадочном MZ-KZ разрезе Восточно-Предкавказского НГБ выделяется несколько нефтегазоматеринских толщ, среди которых для палеогеновых отложений наиболее обогащены органическим веществом отложения кумской и хадумской свит [Яндарбиев и др., 2017]. Несмотря на доказанную нефтегазоносность, коллекторы в пределах этих свит характеризуются сложным строением и низкой продуктивностью выявленных залежей [Сова и др., 2016]. В настоящей работе исследован 200-м разрез палеогеновых отложений скважины Прасковейской площади, включающий свиту горячего ключа, черкесскую, кумско-керестинскую, белоглинскую и хадумскую.

Для выделения коллекторских горизонтов в палеогеновом разрезе изучаемой скважины, после литологического и минералогического изучения пород, были проведены детальные (более 5 образцов на метр) исследования органического вещества (ОВ) методом пиролиза Рок-Эвал (HAWK RW, Wildcat Technologies) (рисунок 1). Для одного и того же образца анализ проводился дважды до и после исчерпывающей экстракции хлороформом. На основании пиролитических параметров в керогенонасыщенных частях разреза выделены нефтенасыщенные интервалы, из которых были отобраны образцы для изучения изотопногеохимическими методами, в том числе проведены химико-битуминологический анализ, молекулярный и биомаркерный анализ, а также изотопный анализ C,H,N,S. Изотопные характеристики пород и выделенных из них экстрактов получены на приборе Delta V, Thermo Fisher Scientific. Молекулярный и биомаркерный состав экстрагируемого вещества породы изучен путем термической десорбции - пиро-ГХхГХ-МС при температуре 350°C на приборе Pegasus 4D (LECO).

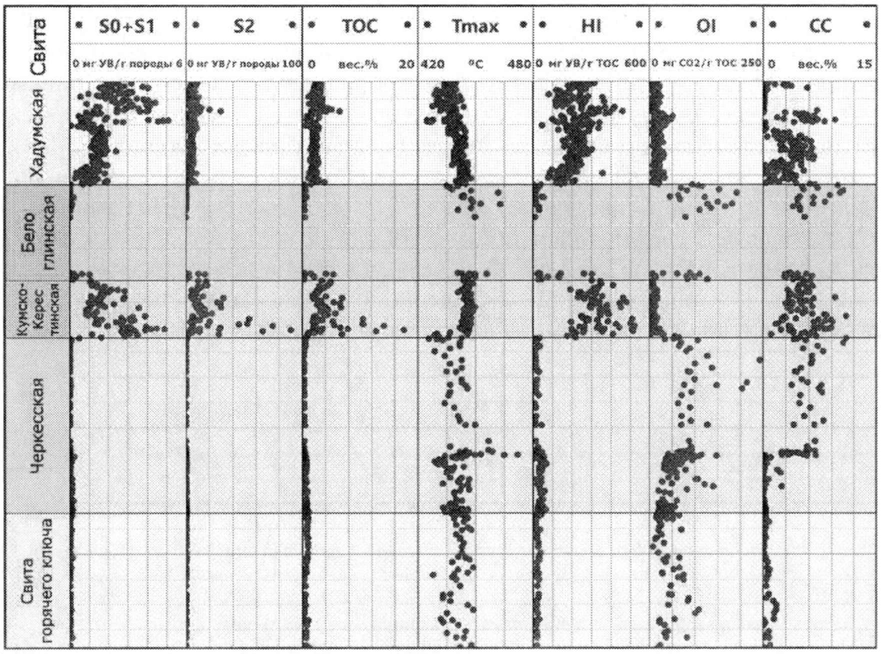

Рисунок 1. *Пиролитические характеристики органического вещества палеогенового разреза скважины Прасковейской площади.*

По пиролитическим признакам в разрезе выделяются два интервала керогенонасыщенных отложений, подчеркнутые темной, почти черной окраской аргиллитов, мергелей и известняков.

Нижний керогенонасыщенный интервал стратиграфически соответствует отложениям кумской свиты. Содержание TOC в них достигает 17,71 вес.% при средних значениях 4,31 вес.%. Органическое вещество (кероген II типа) послойно насыщает породу. В разрезе чередуются более и менее обогащенные прослои, что находит отражение в количестве органического углерода. В прямой корреляции с этим количеством находится и генетический потенциал отложений. Наиболее обогащенным прослоям соответствуют более высокие водородные индексы, достигающие 500 мг УВ/г TOC. Степень термической зрелости ОВ пород представленного в данной работе разреза соответствует градации катагенеза МК2-3.

Верхний интервал отвечает олигоценовым хадумским отложениям, в составе которых выделяются три горизонта (снизу вверх) — пшехский (терригенно-глинистый), полбинский (карбонатный) и Морозкиной балки (терригенный с карбонатными прослоями). Количество органического вещества, в среднем, изменяется от 1 до 2 вес.%, редко достигая более высоких значений (6,5 вес.%) TOC. Генерационный потенциал хадумских отложений высокий, по пиролитическим характеристикам ОВ характеризуется как кероген II типа. Породы находятся в главной зоне нефтеобразования (стадия катагенеза МК2).

По комплексу пиролитических параметров образцов до и после экстракции можно судить о нефтенасыщении отдельных интервалов кумско-керестинских отложений [по методике Spasennykh et al., 2021]. Среди этих параметров необходимо отметить высокие количества S0+S1 (более 2 мг УВ/г породы); высокий индекс нефтенасыщенности OSI (выше 100 мг УВ/г

ТОС; большая разница (дельта) при сравнении образцов до и после экстракции для таких параметров, как Тмах и Kgoc=GOC/TOC×100%; большие значения индекса продуктивности PI (более 0,5 для коллектора и более 0,3 для смешанного типа (керогенонасыщенная породы с повышенным нефтенасыщением). Произведено выделение двух типов коллекторских горизонтов внутри керогенонасыщенной толщи: «коллектор I типа», где нефть находится в свободном состоянии и «коллектор II типа (смешанный)», содержащий переслаивание нефтематеринских и нефтенасыщенных интервалов (рисунок 2), где можно добиться притоков при техногенном воздействии на пласт (например, ГРП, тепловые МУН и др.). Коллектор II типа характеризуется значительным количеством связанной сингенетичной нефти, которая была сгенерирована на месте, но не ушла из пласта из-за низких фильтрационных характеристик минеральной матрицы и большого количества твердой органики (керогена). Косвенными признаками потенциального нефтенасыщения являются пониженные значения ТОС (менее 3 вес.% для керогенонасыщенного разреза кумско-керестинских низкопроницаемых отложений и менее 2 вес.% - для хадумских). Имея данные до и после экстракции, представляется возможным подсчитать еще и количество «тяжелых», смолисто-асфальтеновых соединений ($\Delta S2=S2-S2ex$). Такая характеристика чрезвычайно важна для разработки пластов — при высокой насыщенности тяжелыми компонентами, у нефти повышается вязкость и понижается миграционная способность.

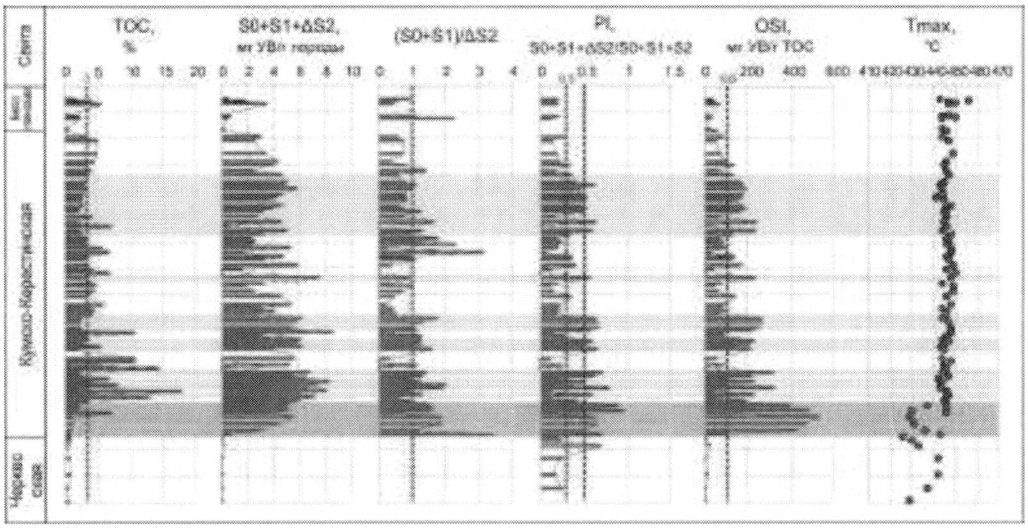

Рисунок 2. *Пример выделения нефтенасыщенных интервалов по пиролитическим характеристикам. Кумско-керестинские отложения скважины Прасковейской площади (оливковый — коллектор I типа, салатовый — коллектор II типа).*

Коллекторы I типа содержат свободные углеводороды (УВ), которые были сгенерированы ОВ нефтематеринских пород в интервале единой толщи. Сингенетичность подтверждается данными химико-битуминологических, молекулярных и изотопных исследований. Для хадумской свиты коллектор (часть полбинского горизонта) находится между двумя нефтематеринскими горизонтами. Однако, по молекулярным параметрам, в карбонатный полбинский горизонт преимущественно переходит микронефть из вышезалегающих отложений горизонта Морозкиной балки. Для кумско-керестинских отложений есть признаки нисходящей миграции легкой нефти в нижележащий слой, очевидно, с улучшенными ФЕС (коллектор I типа).

Коллекторы II типа также содержат повышенное количество новообразованных УВ. Экстракты в этих интервалах отличаются молекулярными параметрами, указывающими на более ранние этапы нефтегенерации, по сравнению с сингенетичными нефтематеринскими породами. Это свидетельствует о том, что генерация началась раньше, и новообразованные легкие углеводороды перераспределились внутри генерирующего пласта в горизонты с повышенными фильтрационно-емкостными свойствами или пониженным содержанием керогена. Косвенно это находит отражение и в результатах кинетических исследований. Наблюдается разница между гистограммами энергий активации нефтегенерящих и коллекторских интервалов при сходстве молекулярных и изотопных характеристик.

Выводы

Проведены исследования керогенонасыщенных хадумской и кумской свит палеогенового разреза Восточно-Предкавказского нефтегазоносного бассейна и нетрадиционных коллекторов в их составе с использованием комплекса современных изотопно-геохимических методов анализа с учетом опыта изучения нетрадиционных коллекторов Западной Сибири [Spasennykh et al., 2021].

Выявлено наличие двух интервалов керогенонасыщенных пород, содержащих значительное количество ОВ керогена II типа, охарактеризован их остаточный нефтегенерационный потенциал. Определена катагенетическая преобразованность ОВ и кинетические параметры его преобразования в УВ. Отмечены признаки миграции углеводородов внутри нефтематеринских керогенонасыщенных толщ и отсутствие следов вертикальной миграции по всему разрезу с ультранизкими фильтрационными характеристиками.

Создана геохимическая модель и определены критерии выделения продуктивных интервалов внутри керогенонасыщенных толщ, включающих:

- Продуктивные интервалы I типа (естественные коллекторы) — в нижней части кумско-керестинских отложений и в полбинском горизонте хадумской свиты;
- Продуктивные интервалы II типа (технически приобщаемые коллекторы) — в кумско-керестинских и хадумских отложениях;

Благодарности

Работа поддержана Министерством науки и высшего образования Российской Федерации по соглашению № 075-10-2022-011 в рамках программы развития НЦМУ.

Библиография

1. Сова, В.Э.; Сова Э.В.;, Титоров М.Ю. Петрофизическая модель насыщения глинистых коллекторов Журавско-Воробьевской зоны нефтегазонакопления Ставропольского края // Нефтегазовое дело. 2016. Vol. 3. P. 31–39.
2. Яндарбиев Н.Ш., Н.П. Фадеева; Е.В. Козлова. Геология и геохимия хадумской свиты Предкавказья – как потенциального источника «сланцевых» // Георесурсы. – 2017. – № 2. – С. 208–226.
3. Spasennykh M., Maglevannaia P., Kozlova E., Bulatov T., Leushina E., Morozov N. Geochemical trends reflecting hydrocarbon generation, migration and accumulation in unconventional reservoirs based on pyrolysis data (on the example of the Bazhenov Formation) // Geosciences, 2021, Vol. 11, No. 8. DOI:10.3390/geosciences11080307.
4. Tissot B.P., D.H. Welte. Petroleum Formation and Occurrence // Petroleum Formation and Occurrence. Springer-V. 1984. 700 p.

References

1. Sova V.E.; Sova E.V., Titorov M.Yu. Petrophysical model of saturation of clay reservoirs of the Zhuravsko-Vorobyevskaya oil and gas accumulation zone of the Stavropol Territory // Oil and Gas Business. 2016. Vol. 3. P. 31–39.
2. Yandarbiev N.Sh., N.P. Fadeeva; E.V. Kozlova. Geology and geochemistry of the Khadum suite of Ciscaucasia as a potential source of "shale" // Georesources. - 2017. - No. 2. - P. 208–226.

3. Spasennykh M., Maglevannaia P., Kozlova E., Bulatov T., Leushina E., Morozov N. Geochemical trends reflecting hydrocarbon generation, migration and accumulation in unconventional reservoirs based on pyrolysis data (on the example of the Bazhenov Formation) // Geosciences, 2021, Vol. 11, No. 8. DOI:10.3390/geosciences11080307.
4. Tissot B.P., D.H. Welte. Petroleum Formation and Occurrence // Petroleum Formation and Occurrence. Springer-V. 1984. 700 p.

«Решение задачи определения подсчётных параметров сложнопостроенных кавернозно-трещинных коллекторов в условиях ограниченного комплекса ГИС на примере месторождения Восточной Сибири»

Авторы:

А.М.Кирсанов (ФГБУ «ВНИГНИ»), П.Г. Терентьев (ФГБУ «ВНИГНИ»), С.Н.Лаврова (ФГБУ «ВНИГНИ»)

В работе приводится комплексная интерпретация данных керна и ограниченного комплекса ГИС в сложнопостроенных, частично засолоненных кавернозно-трещинных коллекторах усть-кутского горизонта на примере одного из месторождений Непско-Ботуобинской нефтегазоносной области. На основе литологических исследованйи проводится типазация разрезов по литологическому составу и сохранности ёмкостного пространства.

Ключевые слова: Восточная Сибирь, Усть-Кутский горизонт, сложны коллектор, каваерносность, трещиноватость, петрофизика, ГИС

Проблема определения подсчётных параметров сложнопостроенных кавернозно-трещинных коллекторов рассматривается на примере одного из месторождений Непско-Ботуобинской нефтегазоносной области в интервале усть-кутского продуктивного горизонта. На рассматриваемой территории усть-кутский горизонт не является основным объектом исследований, в его интервале не проводился специальный комплекс ГИС, необходимый для работы со сложнопостроенными коллекторами.

Усть-кутский продуктивный горизонт делится на два пласта Б3 и Б5, разделенных перемычкой, сложенной аргиллитами, ангидритами, мергелями, глинистыми доломитами или. На рассматриваемом участке данная перемычка является флюидоупором. В разрезе выделяются две наиболее распространенных литотипа - доломиты зернистые и доломиты биогенного происхождения. Подчиненное значение имеют доломиты глинистые, иногда переходящие в мергели и доломито-ангидриты [1].

Формирование пустотного пространства пород усть-кутского горизонта произошло на постседиментационной стадии эволюции бассейна (позднего диагенеза). При этом процессы перекристаллизации и выщелачивания наиболее положительно повлияли на коллекторские свойства пород-коллекторов [2].

Усть-кутский горизонт в коллекции представлен доломитами разнокристаллическими, неравномерно перекристаллизованными, тонко-микрокристаллическими до средне-мелкокристаллических, засолоненными (галит, сильвин), в разной степени ангидритизированными, с незначительной примесью хлорита и кремнезема, с единичными остатками раковин. Пустотное пространство трещинно-каверново-поровое. Исследованная коллекция образцов показывает крайнюю неоднородность структуры и пустотного пространства в связи с неравномерной перекристаллизацией, развитием процессов растворения, засолонения, окремнения доломитов. Вниз по разрезу снижается интенсивность засолонения и увеличивается количество незалеченных пор.

Для установления минералогического состава и количественных соотношений содержания минералов в породе использовался метод рентгенофазового анализа (РФА), поскольку из всех методов определения минерального состава горных пород рентгеновский анализ является наиболее информативным. При анализе исследований выделяется доломит со средним содержанием 84.1 %, глинистые компонента со средним значением 0.4 %, ангидрит со средним содержанием 8.2 % и галит со средним содержанием 5.11 %. Также с малым содержанием встречается кальцит, кварц, полевые шпаты и единичные зерна пирита. На диаграммах представлены содержания компонент по скважинам.

Из анализа исследований компонентного состава, фильтрационно-емкостных свойств и фотографий шлифов сделан вывод о присутствии двух типов разреза.

I тип разреза представлен фактически чистым доломитом с незначительным содержанием ангидрита и редким засолонением каверн в разрезе. Породы обладают высокой проницаемостью за счет микротрещин и достаточно высокой емкостью. Результаты исследования шлифов (Рисунок 1.) подтверждают другие исследования, а также наглядно демонстрируют структуру порового пространства.

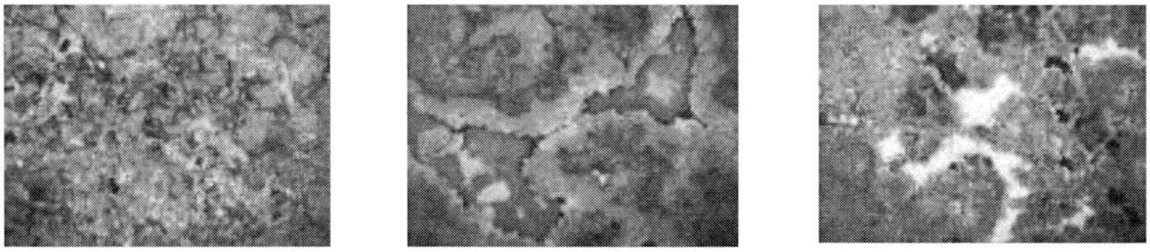

а б в

Рисунок 1. *Примеры фотографий шлифов для скважин I типа а) большое скопление каверн, сообщающихся с помощью микротрещин б) крупные каверны, сообщающиеся микротрещинами в) частичное засолонение разреза*

II тип разреза представлен доломитом со значительным содержанием ангидрита и галита в разрезе. Каверны и макротрещины залечены солью, что значительно снижает фильтрационно емкостные свойства. Исследования фотографий шлифов (Рисунок 2.) подтверждают другие исследования, а также наглядно показывают наличие единичных несообщающихся каверн и микротрещиноватости. При подобном строении пустотного пространства промыщленные дебиты недостигаются.

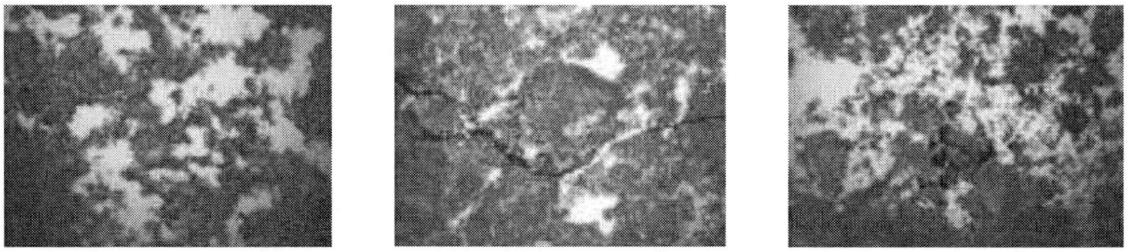

а б в

Рисунок 2. *Примеры фотографий шлифов для скважин II типа а) интенсивное засолонение б) сохраненная микротрещиноватость в) единичная не сообщающаяся каверна*

Появление даже незначительных объёмов галита крайне негативно сказывается на филтрационно-емкостных свойствах разреза. В условиях низкой ёмкости различить засолонённые интервалы от коллекторов по методам литологии невозможно (Рисунок 3).

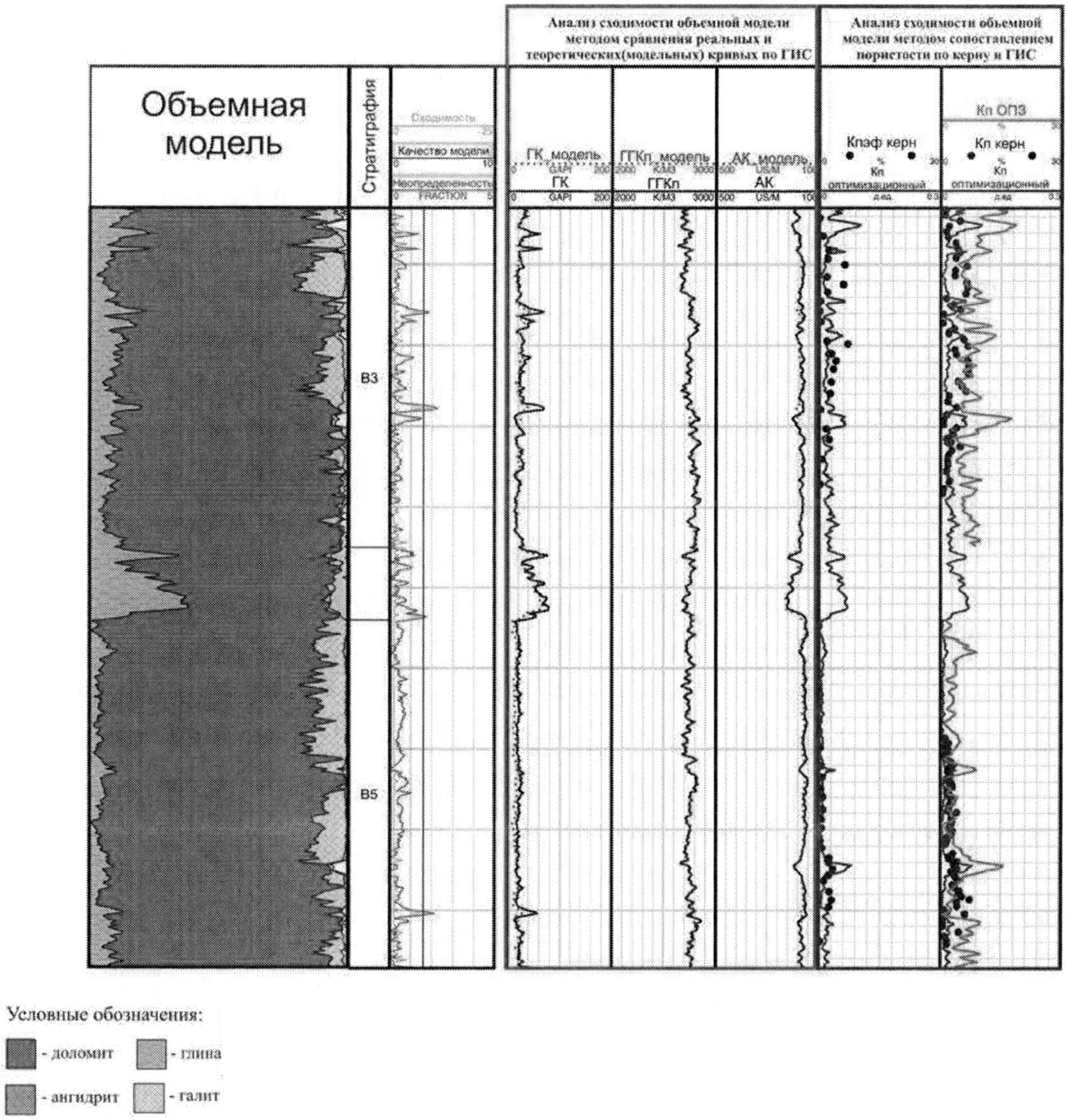

Рисунок 3. Сопоставление пористости по керну, по ГИС (метод АК по методике ОПЗ) и по объёмной модели с учётом засолонения

Для идентификации наиболее значимых зон развития межблоковой пористости использовалось удельное электрическое сопротивление. В зонах с глинистостью ниже 10%, снижения УЭС на фоне постоянных показаний методов глинистости (ГК) и литологии (АК, ГГКп, НК) говорит о развитие каверн и трещин.

Для оценки общей пустотности в интервале карбонатных отложений усть-кутского горизонта возраста использовался оптимизационный подход.

Оптимизационный подход основан на построение объемной минералогической модели отложений. Вещественный состав пород представлен, в основном, доломитом, с различным объемом ангидрита, галита и глинистого вещества. Отсутвие данных по аппаратуре для нейтроннго каротажа усложнило переход к водородосодержанию, что не позволило по ряду скважин решить задачу разделения выделеняи засолонения с должной точностью. Поэтому в разных скважинах применялись разные минералогические модели, в зависимости от описания керна, шлифов, РСА и самосогласованности моделей.

Всего использовались три модели: доломит+ангидрит+глина+Кп для I типа разреза и доломит+галит+глина+Кп для II типа разреза, доломит+ангидрит+глина+галит+Кп для скважин с аппаратурным водородосодержанием. В построении объемных моделей участвовали методы ГК, ГГКп и АК (+/-НК).

Выводы

1. На рассматриваемой территории, в интервале усть-кутского горизонта, выделяются два типа разреза: I тип с каверно-трещинным типом пустотного пространства и II тип со значительным засолонением и наличием отдельных незалеченных каверн и микротрещин.

2. Появление даже незначительных объёмов галита крайне негативно сказывается на филтрационно-емкостных свойствах разреза. В условиях низкой ёмкости различить засолонённые интервалы от коллекторов по методам литологии невозможно.

3. Задача определения подсчётных параметров сложнопостроенных кавернозно-трещинных коллекторов в усть-кутском горизонте решена может быть решена без привлечения специальных методов, по компклксу электрометрия, ГК, ГГК-п, АК.

4. При решении задачи определения подсчётных параметров сложнопостроенных кавернозно-трещинных коллекторов в Усть-Кутском горизонте, в условиях засолонения пустотного пространства, на рассматриваемом месторождении, наиболее информативнм показали себя методы электрометрии (УЭС) в комплексе с естественной радиоактивностью.

Благодарности (на ваше усмотрение)

Авторы выражают огромную благодарность коллективу ФГБУ «ВНИГНИ»

Библиография / References

1. Губина Е.А. Венд-нижнекембрийский карбонатный нефтегазоносный мегакомплекс непско-ботуобинской нефтегазоносной области//Нефтегазовая геология. Теория и практика – 2011 – Т.6. - №4

2. Лемешко М.Н. Литолого-геохимические критерии локализации карбонатных коллекторов усть-кутского нефтеносного горизонта центральных районов непско-ботуобинской антеклизы // Диссертация на соискание ученой степени кандидата геолого-минералогических наук, Томск 2016.

3. Мельников Н.В. Венд-кембрийский соленосный бассейн Сибирской платформы (Стратиграфия, история развития) [Текст]//Издательство СО РАН, 2009. -148 с.

4. Бурова И.А. Усть-кутский горизонт Верхневилючанской площади и влияние вторичных процессов на пористость карбонатов. // Стратиграфия позднего докембрия и раннего палеозоя Сибирской платформы. - Л.-ВНИГРИ.- 1985,-С. 108-114.

5. Бурова И.А. Методы прогноза эффективных коллекторов - ловушек углеводородов в карбонатных толщах Сибирской платформы // Геология, методы поисков, разведки и оценки месторождений топливно-энергетического сырья: Обзор. - М.: АОЗТ «Геоинформмарк», 1997. - С. 46-50.

Типизация отложений баженовского горизонта на основе комплексного анализа керна, каротажных и сейсмических данных Фроловской НГО

О.С. Генераленко* (ООО «Газпромнефть НТЦ»), А.Ю. Колцун (ООО «Газпромнефть НТЦ»), С.И. Исаева (ООО «Газпромнефть НТЦ»)

Введение

Области развития аномального разреза баженовской свиты (АРБ) – это достаточно локальные участки с увеличенной мощностью интервала относительно «классического» разреза. Увеличенная мощность может быть связана как с прослоями терригенных осадков, расщепляющих битуминозные глинисто-кремнистые породы, так и за счет толщины самих «баженитов».

В настоящее время существует несколько гипотез формирования АРБ, одна из которых – «подводно-оползневая», подразумевает движение более поздних по времени формирования оползней, которые внедряются в подстилающие образования, раскалывают их на отдельные пачки (циклиты), и заполняют песчаным и алевритоглинистым материалом, поступающим с оползневыми массами [3].

Для построения качественных геологических моделей залежей на месторождениях с областями развития АРБ важно понимать природу формирования аномальных разрезов, уметь картировать эти зоны, а также знать состав вмещающих пород.

Сейсмогеологическая характеристика разреза

Для типизации разреза изучен керн и шлифы из 9 скважин изучаемой площади (вынос керна составил 357 метров), увязаны и проанализированы данные профильной площадной съемки (9000 пог. км 2D сейсморазведки и 2157 км^2 площадных исследований МОГТ 3D), выполнена петрофизическая литотипизация по 78 поисково-разведочным скважинам.

Увеличение концентрации органического вещества в породах относительно вмещающих толщ достаточно четко диагностируется по таким методам ГИС как боковой, радиоактивный и индукционный каротажи, и характеризуется повышенными показаниями этих методов, что позволяет однозначно определить границы баженовского горизонта по скважинным данным. Сейсмическая корреляция горизонта выполнялась по верхней отрицательной фазе, следующей за неокомским клиноформным комплексом, подошве интервала соответствует отражающий горизонт кровли абалакской свиты.

По основным диагностическим признакам, которые включали структурно-текстурные особенности, а также соотношение минералов кремнезема, глинистых, карбонатных минералов и пирита, в результате изучения выделено 6 литотипов пород: глинисто-кремневая обогащенная керогеном порода (литотип 1), глинисто-кремневая обогащенная керогеном порода с прослоями известняка (литотип 2), глинисто-кремневая карбонатная сильно углеродистая порода (литотип 3), кремнево-карбонатная низкоуглеродистая порода с терригенной составляющей (литотип 4), силицит низкоуглеродистый (литотип 5) и алевритоглинистая кремневая порода (литотип 6). Выделенные литотипы сопоставили с каротажными диаграммами и выполнили петрофизическую интерпретацию в скважинах без керна (рис. 1).

По результатам петрофизической интерпретации выявлена следующая особенность: в одних скважинах комплекс литотипов образует так называемый «классический бажен», а в ряде других скважин по разрезу наблюдается цикличность, т.е. «задвоение или затроение» выделенных пачек. Например, на рис. 1 мы наблюдаем разрез скважины, состоящий из трех циклитов. Отдельно выделяется собственно «аномальный» разрез, в составе которого, помимо классических пород баженовского горизонта, присутствуют прослои песчаных и алевритоглинистых прослоев.

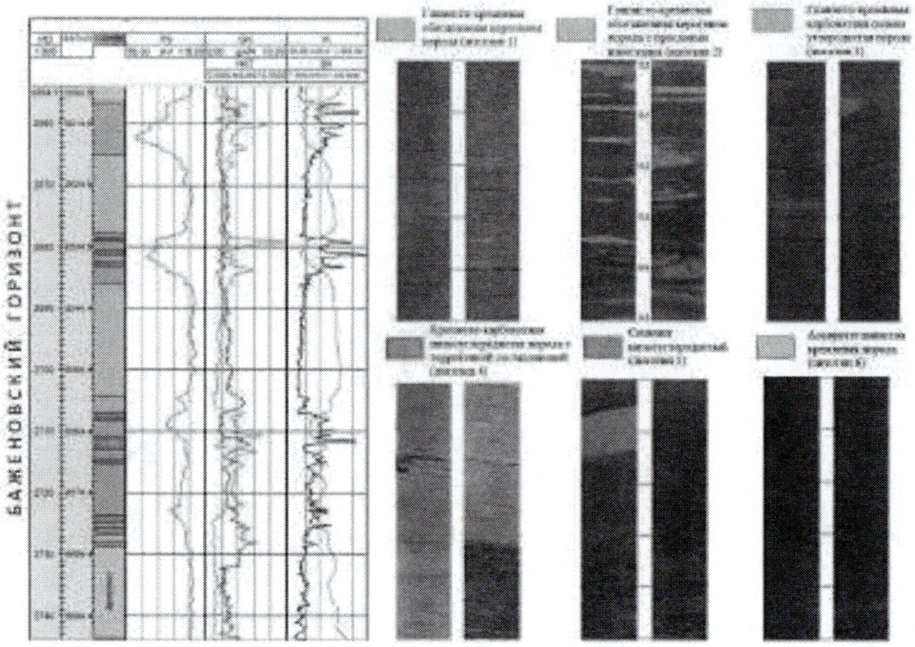

Рисунок 1 *Слева – геолого-геофизический разрез с литологической интерпретацией каротажных диаграмм. Справа – литотипы пород в интервале баженовского горизонта с характерными каждому типу фотографиями керна в дневном свете*

Далее, различные типы разреза по скважинным данным были увязаны с результатами сейсмических построений и объединены в 4 группы. На карты амплитуд RMS (среднеквадратичные) и срезы RGB-суммирования вынесены скважины с «задвоенным», «затроенным» разрезами, классическим строением, а также скважины с прослоями песчано-алевритовых пород в пределах интервала баженовского горизонта (рис. 2).

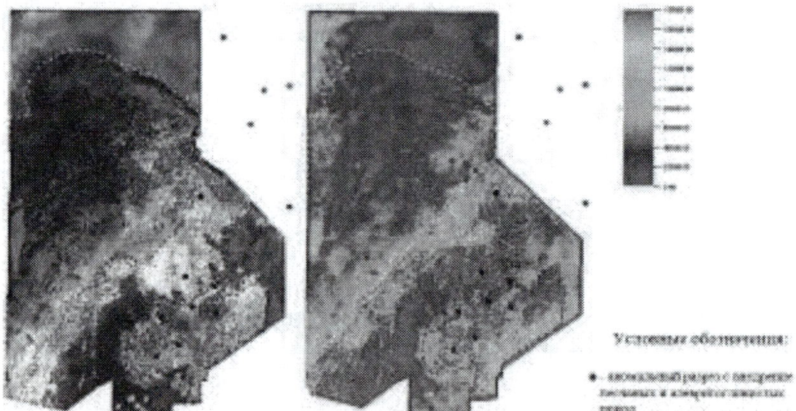

Рисунок 2 *Картирование различных типов разреза на сейсмических атрибутах. Черный пунктир – внедрение песчаных пород, синий контур – внедрение алевритоглинистых пород в интервал баженовского горизонта, белый – «классический оползень»*

Как видно из рисунка, в юго-восточной части на карте RMS амплитуд оконтуривается зона максимальных толщин, которая имеет характерный рисунок записи на RGB срезе, а также характеризуется появлением двух фаз на сейсмических разрезах (черный и синий контур на рис. 2). В данную область попадают скважины, в разрезе которых появляются достаточно мощные отложения алеврито-песчаных, реже глинистых пород, и соответствуют типу 1 «Аномальный разрез».

Тип 2 «Переходный» соответствует развитию двух циклитов («задвоение») по скважинным данным и на сейсмических материалах не выделяется в отдельную зону. Скважины располагаются на границах перехода между участками увеличенных толщин или за пределами сейсмики 3D. В северо-западной части на картах амплитуд достаточно четко оконтуривается зона деформации или трещиноватости, куда попадают скважины, в разрезе которых выделяется 3 циклита (белый контур на рис. 2) – это тип 3 «Классический оползень». Тип 4 «Классический бажен» соответствует нормальному разрезу баженовского горизонта, толщина которого не превышает 40-60 м.

Описанные выше типы образуют своеобразную зональность в пределах одного геологического тела, которая выражается в уменьшении толщин в северо-западном направлении и смене типов от «Аномального» до «Классический оползень». На карте временных толщин (рис. 3) в интервале баженовского горизонта отчетливо выделяются три зоны увеличенных толщин, каждая из которых формирует вытянутое в северо-западном направлении геологическое тело. Подобное расположение и морфология геологических тел, а также внутренняя зональность может свидетельствовать о внедрении вышележащих отложений ачимовской толщи в интервал баженовского горизонта. Вниз по склону в результате механической дифференциации происходило распределение обломочного материала внутри каждого оползневого тела следующим образом: ближе к «бровке» откладывались песчаные породы, затем алевритоглинистые и к краю оползня - кремнево-глинистые разности.

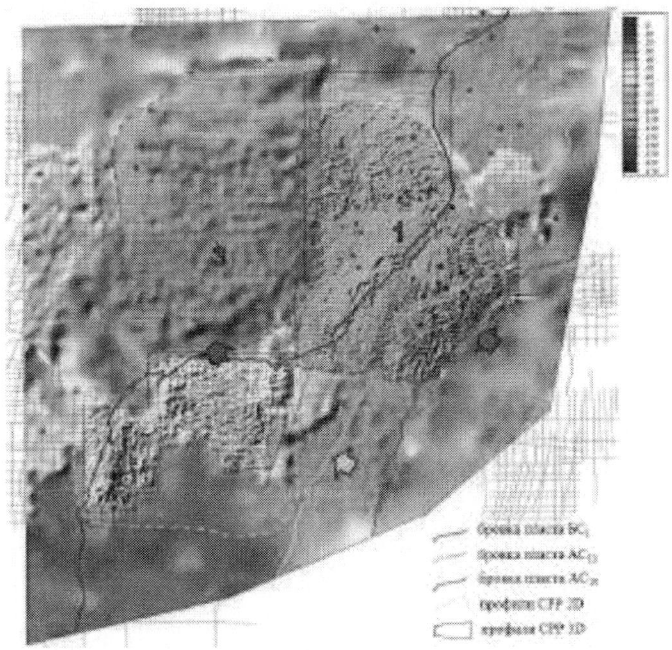

Рисунок 3 *Карта временных толщин в интервале баженовского горизонта. Цветные стрелки показывают направление движения оползневых тел. Цветным пунктиром оконтурены границы оползней, соответствующие определенным пластам*

Выводы

В результате комплексного изучения керновых данных, сейсмической интерпретации материалов 2D и 3D, а также анализа данных геофизических исследований скважин, в отложениях баженовской свиты были выделены 4 типа отложений. Атрибутный анализ, выполненный в пределах сейсмики 3D, позволил не только оконтурить геологические тела, но и совместно со скважинными данными проследить зональность внутри каждого тела.

Таким образом, кроме уточнения геологического строения баженовского горизонта на территории исследования, был объяснен генезис формирования отложений. Согласно «подводно-оползневой» модели, крупные оползневые тела из вышележащих пластов поочередно, вслед за проградацией «бровки», внедрялись в отложения баженовского горизонта, образуя АРБ.

Список литературы

1. Бембель С.Р, Цепляева А.И. Геологическое строение и некоторые особенности формирования аномальных разрезов баженовской свиты в Западной Сибири. Вестник ПНИПУ. Геология. Нефтегазовое и горное дело, 2014. №10. – с.7-17
2. Нежданов А.А, Кулагина С.Ф, Корнев В.А, Хафизов Ф.З. Аномальные разрезы баженовской свиты: взгляд через полвека после обнаружения. Нефть и газ. – 2017, №6. – с. 34-41
3. Нежданов А.А., Туманов Н.Н., Корнев В.А. Аномальные разрезы баженовской свиты и их сейсмогеологическая характеристика // Сейсморазведка для литологии и стратиграфии: тр. ЗапСибНИГНИ. – Тюмень, 1985. – с. 64–71
4. Решение 6-го Межведомственного стратиграфического совещания по рассмотрению и принятию уточненных стратиграфических схем мезозойских отложений Западной Сибири, Новосибирск, 2003 г. – Новосибирск: СНИИГГиМС, 2004. – 114 с., прил. 3 на 31 листе
5. Фомин М.А., Саитов Р.М. Типы разрезов и перспективы нефтеносности баженовской свиты в Надым-Обском междуречье. Георесурсы, 22(3), с. 2–11

References

1. Bembel S.R, Tseplyaeva A.I. Geological structure and some features of the formation of anomalous sections of the Bazhenov formation in Western Siberia. Bulletin of PNRPU. Geology. Oil and gas and Mining, 2014. No. 10. - pp.7-17
2. Nejdanov A.A., Kulagina S.F., Kornev V.A., Hafizov F.Z. Anomalous sections of the Bazhenov formation: a look half a century after discovery. Oil and gas. - 2017, No. 6. - pp. 34-41
3. Nejdanov A.A., Tumanov N.N., Kornev V.A. Anomalous sections of the Bazhenov formation and their seismogeological characteristics // Seismic exploration for lithology and stratigraphy: tr. ZapSibNIGNI. - Tyumen, 1985. - pp. 64-71
4. Decision of the 6th Interdepartmental Stratigraphic Meeting on the Review and adoption of refined stratigraphic schemes of Mesozoic deposits of Western Siberia, Novosibirsk, 2003 - Novosibirsk: SNIIGGiMS, 2004. - 114 p., adj. 3 on 31 sheets
5. Fomin M.A., Saitov R.M. Types of sections and prospects of oil content of the Bazhenov formation in the Nadym-Ob interfluve. Georesources, 22(3), pp. 2-11

Анализ применения GRI и вспомогательных методов при изучении керна низкопроницаемых глинистых пород верхнеюрских отложений

Н.Г. Костин (ООО «ЛУКОЙЛ-Инжиниринг»)

Введение

Изучение кернового материала является необходимым условием при оценке свойств низкопроницаемых пород. Реализация такого процесса стандартными подходами, использующими образцы цилиндрической формы, осложнена. Основные неопределенности в проведении исследований связаны с неполной экстракцией образцов, заниженными значениями пористости и искусственной трещиноватостью. Обозначенные особенности учитываются при GRI анализе в сопровождении вспомогательных методов. Рассмотренные исследования проведены для верхнеюрских отложений одного из зарубежных проектов Компании. Технологии являются новыми для отечественных центров изучения керна и представляют интерес с точки зрения их внедрения.

Метод

GRI анализ предполагает использование частиц пород вместо цилиндров керна сохраненного диаметра или плагов. Применим для низкопроницаемых пород, и не ограничен только сланцами. После дробления площадь взаимодействия растворителя с породой значительно увеличивается, что позволяет эффективнее внедряться растворителю в поровое пространство при экстракции, облегчает проникновение газа при замерах Кп, Кпр. Измельчение породы позволяет минимизировать эффект искусственной трещиноватости. Метод был представлен в 1996 г. институтом изучения газа (Gas Research Institute) в финальном отчете GRI-95/0496 [1].

В рамках данной работы отдельные фрагменты каждого образца использованы для определения объемной плотности при погружении в ртуть [2]. После дезинтеграции и просеивании через сито 0.85-0.5 мм образцы разделялись на два направления: экстрагирование и определение эффективной проницаемости. Проницаемость определялась сразу после подготовки образца во избежание испарения жидкости. Схема анализа согласно GRI-95/0496 показана на Рисунке 1.

Замер проницаемости проводился согласно методике, представленной в отчете GRI-93/0297 [3]. Образец помещается в герметичную ячейку. После нагнетания около 30 см3 гелия при 1.4 МПа производится запись снижения давления с приращением в 0.25 секунд и максимальной продолжительностью до 2000 секунд. Кпр рассчитывается по давлению и времени замера. Определяемое значение ограничено и не может быть более 0,1 мкм2·10-3.

Пористость (Кп) и плотность матрицы установлены при замере объема твердой фазы в стандартных условиях по закону Бойля согласно методическим рекомендациям API RP-40 [4]. Общий объем образца рассчитывается исходя из веса до экстрагирования и объемной плотности оригинального фрагмента керна. Плотность матрицы рассчитывается при прямом замере объема твердой фазы и взвешивании высушенных дезинтегрированных образцов.

GRI анализ должен проводиться с оценкой наличия, количества керогена по шлифам и геохимическим методам изоляции. Также обязательно устанавливаются свойства трещин. К вспомогательным методам отнесены компьютерная томография с двумя уровнями рентгеновского энергетического спектра (ДЭКТ) и ртутная порометрия.

ДЭКТ применена для сканирования керна до его извлечения из керноприемных труб, оценки плотности, пористости и других параметров. Рентгеновское излучение двух уровней энергии, проходя сквозь керн, теряет мощность пропорционально плотности и регистрируется матрицей приемника, формируя цифровое изображение. Второй уровень спектра позволяет разделять материю через калькуляцию плотности и эффективный атомный номер. Также для дополнения

GRI анализа выполняется ртутная порометрия измельченных образцов. Эксперимент предусматривает закачку ртути в очищенный и высушенный образец керна (25-50 гр.) при заданных значениях давления. Объем закачки ртути при каждом значении давления определяет насыщенность несмачивающей фазой. Ртуть обеспечивает заполнение всего объема сообщающихся пор. Кривые закачки системы «воздух-ртуть» широко используются для характеристики вытеснения и являются инструментом для количественного определения размеров пор и их представленности в образце. На уровне поровых каналов оценивается проницаемость матрицы. Второй особенностью является возможность типизации пород, поскольку зачастую размерность преобладающих поровых каналов связана с условиями осадконакопления и вторичных преобразований.

Рисунок 1. *Схема GRI исследований согласно финальному отчету GRI-95/0496.*

Результаты

GRI анализ, а также вспомогательные работы, проведены для 64 глинистых образцов керна. Поровое пространство в пластовых условиях насыщено жирным газом / летучей нефтью, для которых проницаемость рекомендуется оценивать до проведения экстракции [5]. Свойства образцов на дезинтегрированных образцах представлены на Рисунке 2.

Для пород с коэффициентом пористости до 4% характерно преобладание плотных глинистых известняков. К наиболее пористым в основном относятся глинистые породы с большим содержанием органического вещества, а также глинистые породы, включающие в состав алевролит и кремний. GRI позволил получить данные исключив искусственные трещин, характерные для плагов. Также стало возможным типизировать породы. Исследования показывают, что значительно влияние на результирующие значения Кпр оказывают количество кислорода при осадконакоплении, соответствующая представленность и активность организмов, сортировка частиц, наличие неподвижных углеводородов.

К минусам метода можно отнести объем материала, необходимого для единичного образца. При наличии тонких прослоев отдельных типов пород не всегда возможно отобрать репрезентативную навеску в 300 грамм. Таким образом свойства разреза усредняются в секторе отбора образца, в результате чего информация из тонких слоев может быть утрачена.

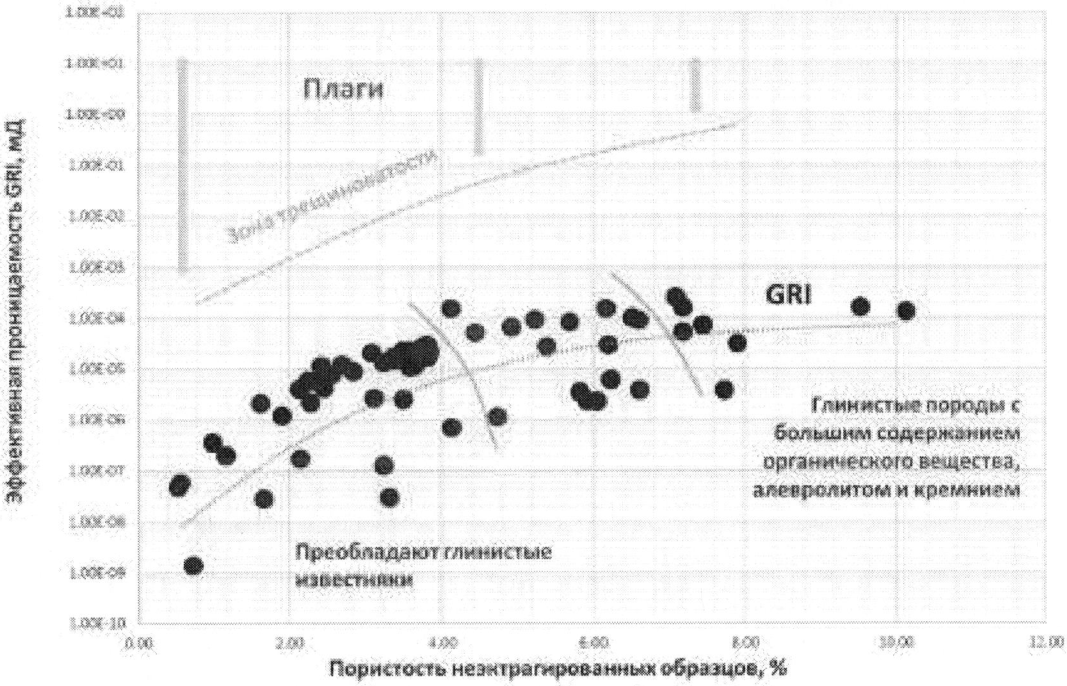

Рисунок 2. *Результаты определения пористости и эффективной проницаемости, полученные при GRI анализе раздробленных образцов.*

ДЭКТ проведена для всей колонки керна. По результатам расчетов плотность (RHOB) и эффективный атомный номер (Zeff) представлены для секций высотой 3 мм и диаметром колонки вдоль оси скважины. Результаты приведены на Рисунке 3. Каждая точка соответствует 3 мм секции, которые отсортированы по значениям Кп с градацией цвета от темно-серого до темно-красного.

Образцы, прошедшие GRI анализ, выделены белым цветом. При этом они привязаны к секциям ДЭКТ с осреднением значений Zeff, RHOB. Анализ изображения дает прямое представление об охарактеризованности разреза исследованиями, литологическом составе. Границами обозначены следующие породы: A – кремнистый сланец; B – глинистая, богатая органическим веществом; C – кремнисто-глинистая; D – алевритово-глинистая; E – слабо известковистая, глинистая; F – известково-глинистая; G – глинистый известняк; H – пиритизированный известняк. Также обозначены зоны: I – артефакты бурового раствора; J – тяжелые минералы.

Результаты ртутной порометрии использовались для характеризации пород. Метод позволяет выделить на уровне поровых каналов закономерности изменения свойств, оценить проницаемость матрицы. Перед инициацией исследований проведен рентгеноструктурный анализ на наличие глин и их состав. Введены поправки на примыкание ртути к частицам пород, где значительно выражено отношение между площадями поверхности и внешним объемом, поскольку использовались раздробленные образцы. Учтены поправки на напряжение, связанную воду глин, смачиваемость и межфазное натяжение.

Выводы

GRI анализ позволяет справиться с основными трудностями, возникающими при изучении плагов низкопроницаемых пород. Становится возможным проведение исследований в зонах, где отбор плагов из колонки невозможен. Получаемые результаты соответствуют свойствам матрицы и исключают эффект влияния искусственных трещин. Метод рекомендуется более активно внедрять в отечественной лабораторной практике.

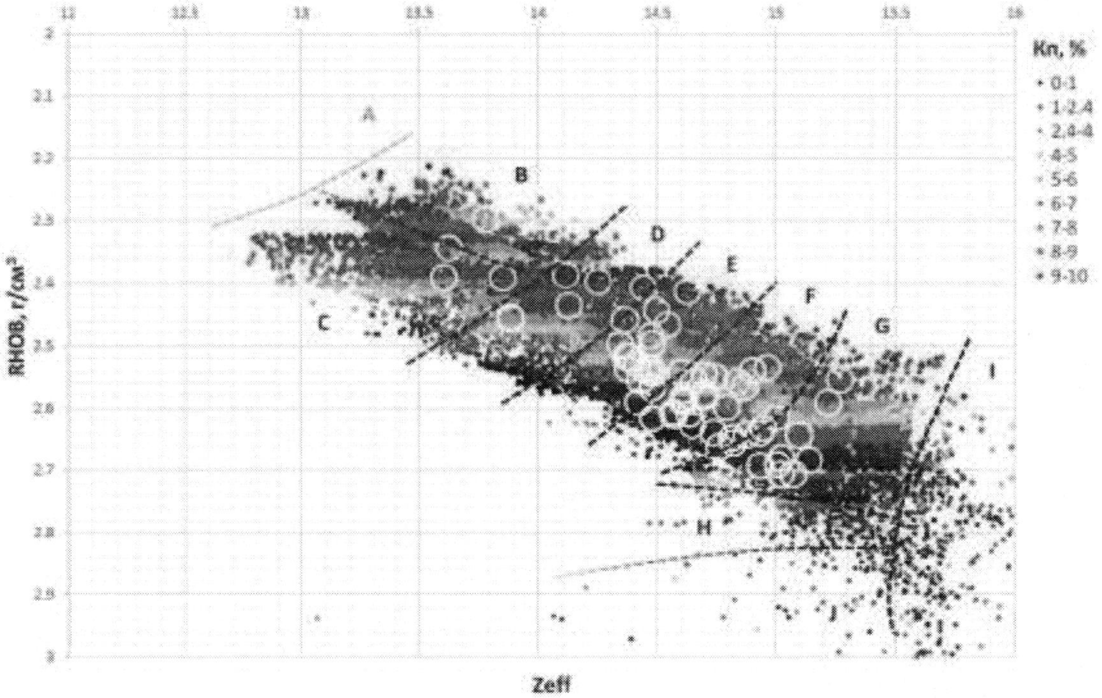

Рисунок 3. Связь «Zeff-RHOB» для колонки керна с выделением образцов, исследованных по методике GRI, диапазонов пористости и литологической характеристики от «A» до «J».

ДЭКТ дает возможность получить широкий набор параметров в объеме колонки керна, что позволяет значительно расширить и ускорить оценку геологических и петрофизических свойств породы. В России технология активно применяется в медицинских целях и представляет интерес для внедрения в центрах изучения керна. В свою очередь адаптированный метод ртутной порометрии эффективно сопровождает GRI анализ. При этом проводится дополнительная проверка Кпр расчетным методом, выделяются типы пород и закономерности изменения свойств на уровне поровых каналов. Необходимо внедрение практики типизации пород по результатам ртутной порометрии.

Библиография

1. Guidry K., Luffel D. and Curtis J. [1995]. Development of Laboratory and Petrophysical Techniques for Evaluating Shale Reservoirs. GRI Final report. GRI-95/0496 (Des Plaines) pp. 1–49.

2. Kamath J. [1992]. Evaluation of Accuracy of Estimating Air Permeability From Mercury Injection Data, SPE Formation Evaluation, p.310.

3. Luffel D., Hopkins C., and Schettler P. [1993]. Matrix Permeability Measurement of Gas Productive Shales: SPE 26633, p. 261-269.

4. McPhee C., Reed J., Zubizarreta I. [2015]. Core Analysis. A Best Practice Guide. Amsterdam, Netherlands: Elsevier.

5. Tinni A., Fathi E., Agarwal R., et.al. [2012] Shale Permeability Measurements on Plugs and Crushed Samples. SPE CURC. https://doi.org/10.2118/162235-MS

Метрологические аспекты исследования фильтрационных шумов в пористых средах

Е.А. Марфин* (ФИЦ КазНЦ РАН, КФУ), М.Н. Овчинников (КФУ), Р.А. Натфуллин (КФУ), А.А. Абдрашитов (ФИЦ КазНЦ РАН)

Введение

Генерация упругих колебаний при механическом нагружении и деформации твердых тел - акустическая эмиссия используются для мониторинга характеристик усталости материалов и процесса разрушения технических систем. В геологических средах акустическая эмиссия предшествует землетрясениям, оползням, селевым потокам, снежным лавинам. При фильтрации газов или жидкостей в продуктивных пластах углеводородных месторождений также регистрируются шумы звукового и ультразвукового диапазонов (Dryagin, 2013; Marfin et al., 2017; Nagimov et al., 2018). Изучение этого явления привело к разработке и развитию геофизического метода скважинной спектральной шумометрии (Spectral Noise Logging). Метод состоит в регистрации с помощью глубинного прибора акустических шумов внутри скважины и последующей интерпретацией их спектральной картины. В скважинах различные источники шума имеют свои характерные спектры. Например, турбулентный шум потока жидкости или газа в насосно-компрессорных трубах характеризуется низкочастотными колебаниями (порядка сотен Гц), шумы фильтрации флюидов в пористых средах – частотами килогерцового диапазона и выше. Использование этих данных может быть использовано для выявления интервалов работающих пластов и решения ряда других геофизических и технологических задач (Ipatov et al., 2016; Metelev et al., 2019; Muzipov et al., 2018; Sergeev et al., 2019; Yarullin et al., 2021).

Однако, несмотря на очевидную практическую значимость и широкую область применения в науках о Земле отсутствует систематическое описание акустической эмиссии как метода изучения геологических сред. Отсутствуют единые представления о механизме звукообразования при течении флюидов через пористые среды. Встречаются противоречивые данные о взаимосвязи спектров акустической эмиссии и фильтрационных свойств пористых сред. Одни авторы предполагают, что поток внутри пористой среды турбулизируется вследствие вихреобразования, что приводит к генерации шума, который усиливается на резонансных частотах и поглощается на других частотах, формируя таким образом спектр акустической эмиссии (Ivanova and Mikhailov, 2019; Metelev et al., 2019). В работе (Lebedev, 2020) представлена численное моделирование генерации звука, основанной на развитии неустойчивости на контактах внутри структурных элементах породы. В работах (Mikhailov and Sergeev, 2019; Mutovkin et al., 2020) при исследовании характеристик звука, генерируемого в образцах известняка и песчаника установлена зависимость регистрируемых амплитуд от проницаемости и предложена модель, описывающая генерацию звука. Показано, что образцы известняка генерируют шум в диапазоне от 2 до 30 кГц, а песчаники в диапазоне от 1 до 5 кГц. Установлено, что генерация шума начинается, когда число Форхгеймера превышает значение 0,3-0,4. Результаты моделирования акустических полей в скважине (Mutovkin et al., 2020) свидетельствуют о наличие резонансных частот килогерцовом диапазоне, не связанных с частотным спектром фильтрационных шумов, что необходимо учитывать при интерпретации данных акустического каротажа. Обобщая литературные данные можно отметить отсутствие общепризнанной теории фильтрационного звукообразования, которое приводит к различным интерпретациям данных, регистрируемых скважинным шумомером. Целью настоящей работы является рассмотрение метрологических аспектов лабораторного исследования фильтрационных шумов низкопроницаемых пористых сред.

Объект и метод исследования

Проводимые ранее эксперименты (Marfin et al., 2018; Metelev and Marfin, 2019; Marfin et al., 2020) обнаружили закономерность увеличения характерных частот в спектре фильтрационных шумов при увеличении проницаемости пористой среды в частотной диапазоне до 10 кГц. Образцы проницаемостью от 200 до 450 мД имели характерные частоты в спектре от 3 до 8 кГц. В настоящей работе была поставлена задача максимально возможно изучить акустическую эмиссию при фильтрации газа в низкопроницаемом образце в более широком частотном диапазоне. Для этого была модернизирована используемая ранее лабораторная установка, и сам исследуемый пористый образец. Схема установки и расположение акустических датчиков представлены на рис.1. Пористый образец 6 изготовлен путем прессования в цилиндрическом стальном корпусе смеси кварцевого песка размером фракции 0,2-0,25 мм, цемента в пропорции 10:1 и воды. Один из пьезоэлектрических датчиков располагался внутри образца, провода выведены наружу. Внутренний датчик на 7% перекрывает поперечное сечение пористого образца диаметром 21 мм и длиной 45 мм. Наружный датчик контактирует со стальным корпусом плоской поверхностью. При фильтрации воздуха через пористый образец генерируемые звуковые колебания преобразуются датчиками в электрические сигналы, которые через усилитель 10 поступают на звуковую карту компьютера 11. Обработка и анализ сигнала осуществляется на компьютере в программе CoolEditPro.

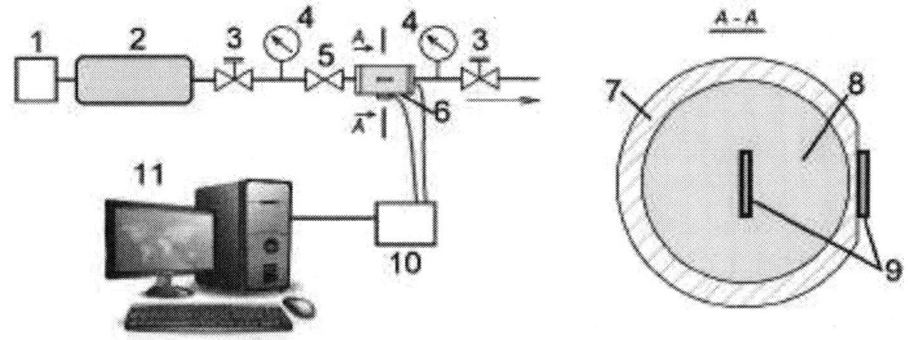

Рисунок 1. *Схема лабораторной установки и размещение акустических датчиков в пористом образце. 1 – компрессор, 2 – баллон объемом 50 л, 3 – редуктор давления, 4 – манометр, 5 – вентиль, 6 – пористый образец, 7 – цилиндрический корпус, 8 – пористая среда, 9 – пьезоэлектрический датчик, 10 – микрофонный усилитель, 11 – компьютер.*

Результаты

При открытии вентиля 5 через образец начиналась фильтрация газа и давление в баллоне 2 падало. По временной зависимости падения давления перед образцов было рассчитано значение проницаемости образца, которое составило 272,5 мД. В процессе фильтрации газа происходила также генерация шума спектр которого имел выраженные пики на разных частотах. С наружного датчика при измерении в диапазоне частот до 10 кГц, характерный пик был на частоте 6 кГц, что соответствует предыдущим исследованиям. Однако, исследование в более широком частотном диапазона (до 96 кГц) выявило наличие значительно более выраженных пики на частотах 25, 33, 35, 38 и 40 кГц, амплитуда который в несколько раз была больше, чем на частоте 6 кГц. С уменьшением перепада давления (скорости фильтрации) амплитуда этих пиков снижается, что также находится в согласии с предыдущими исследованиями. Полученные данные свидетельствует о том, что предыдущие исследования были не полными и возможно эти объясняются результаты работ (Metelev et al., 2019), в которых отсутствует взаимосвязь между спектрами фильтрационных шумов и фильтрационно-емкостными свойствами пористых образцов, полученных из реальных кернов терригенных и карбонатных коллекторов.

Еще более поразительным оказались записи сигналов фильтрационных шумов, полученные с помощью датчика, расположенного внутри пористого образца. На рис.2 оранжевая кривая демонстрирует, что в спектре дополнительно появляется сильный пик на частоте 58 кГц, который не регистрируется внешним датчиком. Амплитуда колебаний на этой частоте в 5,5 раз больше, чем амплитуда максимального пика, зарегистрированного внешним датчиком. Пики на других частотах (25, 33 и 40 кГц) в спектре также проявляются, но амплитуда их значительно меньше. На частоте 35 кГц амплитуда по сравнению с другими частотами, фиксируемыми внешним датчиком, больше в три раза. Сравнивая спектры шумов, полученных при других перепадах давления, можно выявить зависимость уменьшения амплитуды пиков с уменьшением скорости фильтрации. Конечно, возникает вопрос являются ли фильтрационные шумы аналогом акустической эмиссии в твердых телах. Для ответа на этот вопрос проведен дополнительный эксперимент, в котором перед пористой средой в образце была размещена тонкая силиконовая пленка, препятствующая течению газа, но оказывающая на образец давление от баллона. Оказалось, что давление на торцевую поверхность образца действительно приводит к акустической эмиссии, но без выраженных пиков в спектре. Однако при увеличении этого давления интенсивность акустической эмиссии практически не менялась, в то время как при фильтрации газа с увеличением давления перед образцов интенсивность шума начиная с давления 2 атм увеличивается по степенному закону (рис.3).

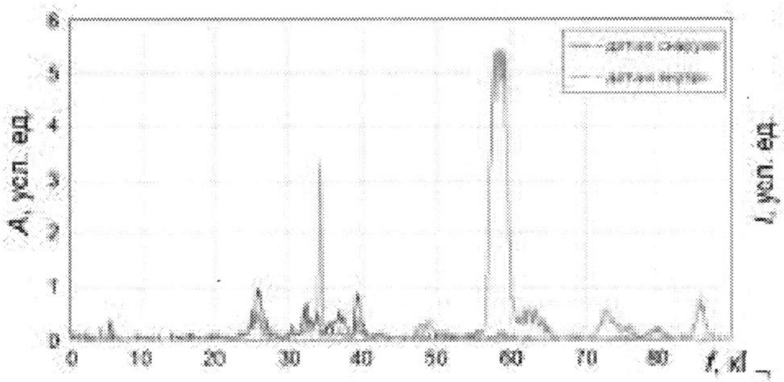

Рисунок 2. *Сравнение спектров фильтрационных шумов с разных датчиков при перепаде давления 6 атм.*

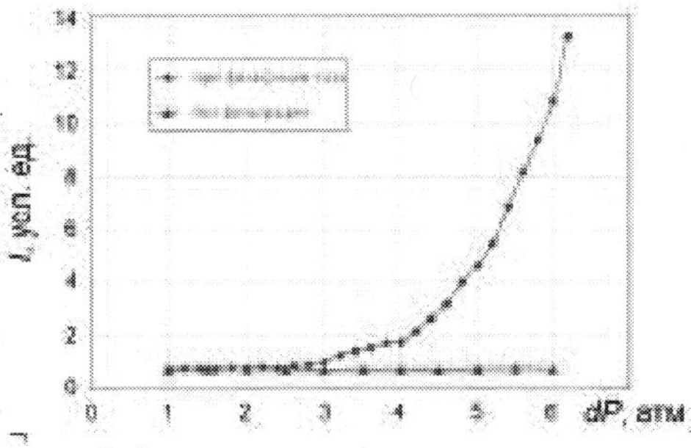

Рисунок 3. *Зависимости интенсивности регистрируемых шумов от давления при фильтрации и без фильтрации газа.*

Анализируя полученные результаты можно утверждать, что основным источником фильтрационных шумов является течение флюида через пористую среду. Вопрос о появлении пиков в спектре фильтрационных шумов на частоте 58 кГц остается открытым. Возможно, это частота собственных колебаний самого датчика; возможно на этой частоте происходят некоторые контактные явления, инициатором которых является течение газа; возможно также, что форма пористого образца оказывает влияние на регистрируемые сигналы за счет собственных резонансных колебаний.

Для ответа на последний вопрос был поставлен еще один дополнительный эксперимент. Поскольку используемые датчики представляют собой пьезоэлектрическую пластину, то они могут использоваться не только для преобразования механических колебаний в электрический сигнал, но и на оборот – выступать в качестве излучателя. В работе на один из датчиков был подан белый шум, имеющий равномерную амплитуду по всему диапазону частот. Другой датчик в это время регистрировал эти колебания. Оказалось, что спектр белого шума при прохождении через порисую среду и стальной цилиндрический корпус образца искажается, усиливаясь на одних частотах и поглощаясь на других. Причем, было не важно, где был расположен излучатель внутри образца или на поверхности, спектр был одинаковым. Что характерно, этот спектр был похож на спектр фильтрационных шумов, регистрируемого внешним датчиком.

Таким образом, проведенные экспериментальные исследования фильтрационных шумов в широком частотном диапазоне показали важность метрологических аспектов как постановке экспериментов, так и по интерпретации полученных данных. Дальнейшее развитие тематики видится в установлении взаимосвязи спектров регистрируемых фильтрационных шумов с фильтрационно-емкостными свойствами пористых сред, так и резонансными свойствами самих образцов.

Библиография / References

1. Dryagin, V.V. [2013] Seismoacoustic emission of an oil-producing bed. Acoustical Physics, **59** (6), 694-701. doi: 10.1134/S1063771013050060.

2. Ipatov, A.I., Nemirovitch, G.M., Nikolaev, M.N., Shigapov, I.N., Aslanyan, A.M., Aslanyan, I.Y. and Petrova, I.A. [2016] Multiphase inflow quantification for horizontal wells based on high-sensitivity spectral noise logging and temperature modelling. Society of Petroleum Engineers - SPE Russian Petroleum Technology Conference and Exhibition 2016, 1806-1819. doi: 10.2118/181984-ms.

3. Ivanova, E.A. and Mikhailov, D.N. [2019]. Modeling the spectral features of acoustic noise produced by gas flow in rock samples based on the theory of ensemble of interconnected pore resonators. Izvestiya, Physics of the Solid Earth, **55** (3), 509-516. doi: 10.1134/S1069351319030054.

4. Lebedev, A.V. [2020] Numerical Simulation of Filtration Noise. Radiophysics and Quantum Electronics, **63** (2), pp. 142-156. doi: 10.1007/s11141-020-10042-y.

5. Marfin, E., Abdrashitov, A. and Galimzyanova, A. [2020] Spectral characteristics of acoustic noise during air filtration in highly permeable porous samples. Saint Petersburg 2020 - Geosciences: Converting Knowledge into Resources. doi: 10.3997/2214-4609.202053121.

6. Marfin, E.A., Abdrashitov, A.A., Metelev, I.S. and Kirpichnikova, T.A. [2017]. Spectral characteristics of acoustic emission in porous media. Engineering Geophysics 2017. doi: 10.3997/2214-4609.201700401.

7. Marfin, E.A., Gaifutdinov, R.R. and Metelev, I.S. [2018]. Investigation of the intensity of acoustic emission during gas filtration through porous media. Geomodel 2018 - 20th Conference on Oil and Gas Geological Exploration and Development. doi: 10.3997/2214-4609.201802405.

8. Metelev, I. and Marfin, E. [2019]. Changes in the properties of a porous medium by ultrasound exposure. Tyumen 2019: 6th Conference. doi: 10.3997/2214-4609.201900559.

9. Metelev, I.S., Ovchinnikov, M.N., Marfin, E.A., Gaifutdinov, R.R. and Sagirov, R.N. [2019]. Study of acoustic noise during gas filtration through a porous medium. Acoustical Physics, **65** (2), 200-207. doi: 10.1134/S1063771019020088.

10. Mikhailov, D. and Sergeev, S. [2019] Investigation parameters for sound induced by fluid displacement in rock samples. Water Resources Research, **55** (5), 4220-4232. doi: 10.1029/2018WR024168.

11. Mutovkin, N.V., Mikhailov, D.N. and Sofronov, I.L. [2020] Modeling Acoustic Fields Induced by the Flow Noise in the Near-Wellbore Zone. Mathematical Models and Computer Simulations, **12** (1), 70-76. doi: 10.1134/S2070048220010068.

12. Nagimov, V., Alekseev, A., Tolmachev, E., Maslennikova, Y. and Shigapov, I. [2018] Prospects for the spectral noise logging application in the analysis of stimulated reservoir volume in horizontal wells with multistage fracturing. Society of Petroleum Engineers - SPE Russian Petroleum Technology Conference 2018, RPTC 2018. doi: 10.2118/191488-18rptc-ms

13. Sergeev, S., Ryzhikov, N. and Mikhailov, D. [2019]. Laboratory investigation of sound induced by gas flow in porous media. Journal of Petroleum Science and Engineering, 172, 654-661. doi: 10.1016/j.petrol.2018.08.018.

14. Yarullin, R.K., Valiullin, R.A., Yarullin, A.R., Mihailov, D.N., Shako, V.V. and Bikkulov, M.M. [2021] Informative value and interpretation reliability of wide frequency range acoustic noise technique in operating horizontal wells. Society of Petroleum Engineers - SPE Russian Petroleum Technology Conference 2021, RPTC 2021. doi: 10.2118/SPE-206619-MS.

Практические аспекты экспериментального определения относительных проницаемостей для расчета продуктивности газоконденсатных скважин

А.Н. Бетехтин* (ООО «Газпромнефть НТЦ»), С.А. Федоровский (ООО «Газпромнефть НТЦ»), Е.В. Тихомиров (ООО «Газпромнефть НТЦ»), Л.В. Федоровская (ООО «Газпромнефть-Заполярье»)

Введение

Продуктивность скважин является важным вопросом при разработке газоконденсатных месторождений. Когда давление на забое снижается ниже давления начала конденсации, вокруг ствола скважины количество конденсата растет, что в подавляющем большинстве случаев сопровождается значительным уменьшением коэффициентов продуктивности. Монотонное увеличение насыщенности коллектора жидкостью по мере приближения к скважине сменяется некоторым ее уменьшением в непосредственной близости от скважины и изменяет общую картину уменьшения продуктивности скважин при накоплении ретроградного конденсата. В области, наиболее удаленной от скважины, накопления конденсата незначительно снижают относительную проницаемость по газу, но этот эффект не играет важной роли.

Относительные проницаемости в наиболее близкой зоне от скважины являются доминирующим фактором и определяют добычные характеристики. Насыщенность жидкостью может достигать значений до 60%, а продуктивность скважины может уменьшиться на порядок. Снижение продуктивности скважин вызывает не только целый комплекс проблем при их эксплуатации, но и значительные осложнения в управлении разработкой залежей и в конечном счете снижение технико-экономических показателей. И наконец, уменьшение продуктивности газоконденсатных скважин зачастую является одной из основных причин их полной остановки и вывода из эксплуатации [1]. Таким образом, проблема влияния неравновесности массообменных процессов на накопление ретроградного конденсата в прискважинных областях пласта требует объемных самостоятельных как экспериментальных, так и теоретических исследований.

В работе приведены экспериментальные методики и представлены результаты для образцов керна песчаника из газоконденсатного пласта Западной Сибири, использованы рекомбинированные пробы флюида, отобранные из сепаратора на устье скважины. Результаты показывают явное увеличение подвижности с увеличением капиллярного числа, при скоростях потока, характерных для области вблизи скважины.

Метод

Для экспериментов, моделирующих условия вблизи скважины, преимущество использования пластовых проб заключается в том, что это позволяет избежать необходимости точных измерений вязкости жидкости, которые не выполняются при обычном PVT-анализе проб газового конденсата. Прогноз продуктивности газоконденсатной скважины довольно чувствительны к вязкости жидкости. Однако, если измерения относительной проницаемости выполняются с одной и той же жидкостью, ошибками в расчете вязкости можно пренебречь, поскольку они одинаково повлияют на моделирование пласта и экспериментальную интерпретацию.

Экспериментальная методика предназначена для определения относительных фазовых проницаемостей в условиях, аналогичных околоскважинной области газоконденсатного пласта. Традиционно используют проточные системы фильтрации, для которых, необходимо применять значительно большие объемы флюидов, поскольку после фильтрации через керн они утилизируются.

В начале эксперимента определяют PVT-свойства, рекомбинированный пластовый флюид приводится к пластовой температуре и давлению. Процесс проводится с периодическим извлечением газовой фазы из PVT-ячейки, имитирующим добычу пластового газа. Изотермы контактной конденсации и контактно-дифференциальную конденсацию наглядно демонстрирует поведение системы при снижении давления (рисунок 1).

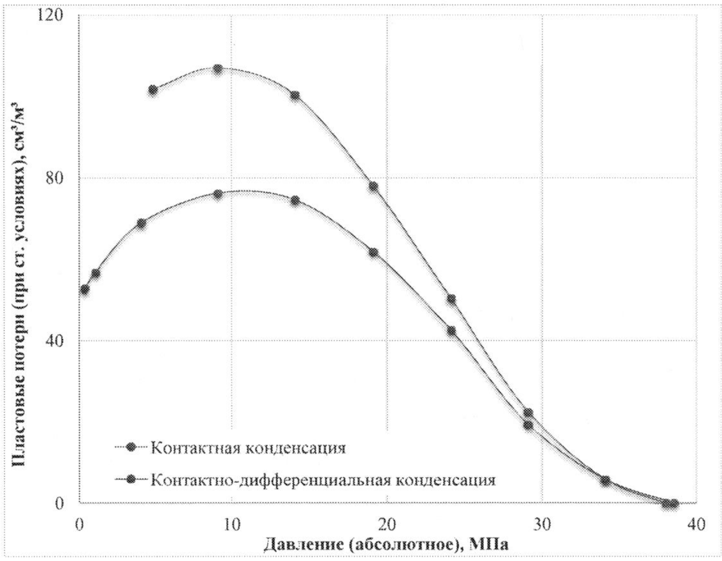

***Рисунок 1** – PVT-исследования контактной и контактно-дифференциальной конденсации.*

Для фильтрационных испытаний в PVT-ячейке большого объема создают равновесную газоконденсатную смесь с 30-40 % содержанием конденсата в объеме. Полученная в рабочей ячейке двухфазная смесь прокачивается через образец и замеряется перепад давления в зависимости от времени. В любое время эксперимента возможно измерить выпавшую жидкость из смеси, используя пластовый сепаратор со смотровым окном (рисунок 2). Давление в образце выбирается так, чтобы соответствовать условиям потока в призабойной зоне скважины, когда скважина находится на стадии снижения дебита - то есть гидродинамическое давление в призабойной зоне скважины минимально. Для большинства исследований используется давление 8-15 МПа. В лабораторных условиях предпочтительно использовать те же давления и скорости потока (или капиллярные числа), которые предполагается использовать при опытно – промышленной эксплуатации скважин данного месторождения. Согласно методики моделируется процесс формирования «конденсатной блокады», когда обогащенный газ поступает в область более низкого давления, конденсируя жидкость и увеличивая насыщение жидкости до тех пор, пока она не станет подвижной. Через некоторое время достигаются установившиеся условия, когда состав дренируемой смеси на выходе из образца керна совпадает с составом на входе. Для определения состава извлекаемого из PVT-ячейки пластового газа проводится стандартная сепарация с отбором проб для определения составов хроматографическим методом.

Большая часть падения давления из-за закупорки конденсатом происходит в нескольких метрах от ствола скважины, где очень высокие скорости потока. В результате лабораторных экспериментов по фильтрации многими авторами отмечается, что относительная проницаемость газового конденсата увеличивается при высоких скоростях потока, и что эти изменения могут быть соотнесены с капиллярным числом [3, 4]. Капиллярное число – это безразмерный коэффициент, который показывает соотношение вязких и капиллярных сил.

***Рисунок 2** – Сепаратор высокого давления со смотровым окном.*

Существует ряд примеров газоконденсатных месторождений, где моделирование с применением обычных моделей относительных проницаемостей привело к недооценке продуктивности скважины [2, 5, 6]. Чтобы получить хорошее соответствие между результатами моделирования и данными испытаний скважины, необходимо было увеличить подвижность в околоскважинной области. Высокоскоростной поток может значительно повысить производительность скважины, а в некоторых случаях может устранить большую часть эффекта «конденсатной блокады».

Примеры

Потеря продуктивности из-за эффекта «конденсатной блокады» может быть значительной даже при низком содержании конденсата. На примере продуктивного объекта неокомских отложений, благодаря данному фактору продуктивность снизилась в три раза, поскольку давление упало ниже точки росы, несмотря на то, что пластовый флюид был очень бедным с максимальным значением выпадения конденсата около 2-3 %. Результаты определения относительной фазовой проницаемости в системе газ-конденсат показаны на рисунке 3.

Анализируя результаты проведенных исследований, можно сделать вывод, что эффект от влияния капиллярного числа на относительные фазовые проницаемости коллектора может оказать определенное воздействие и на характер распределения насыщенности пористой среды в призабойной зоне скважин. Результаты показывают явное увеличение подвижности с увеличением капиллярного числа, при скоростях потока, характерных для области вблизи скважины.

Выводы

Получены экспериментальные данные о влиянии скорости фильтрации на фазовые проницаемости и критические насыщенности фаз при двухфазной фильтрации жидкости и газа. Более детально изучено влияние на динамическую конденсацию скорости фильтрации как фактора, вызывающего изменение фазовых проницаемостей коллектора. Учет влияния капиллярного числа на относительные проницаемости в системе газ-конденсат существенно совершенствует определение относительной проницаемости по газу, таким образом, может быть снижено негативное воздействие «конденсатной блокады».

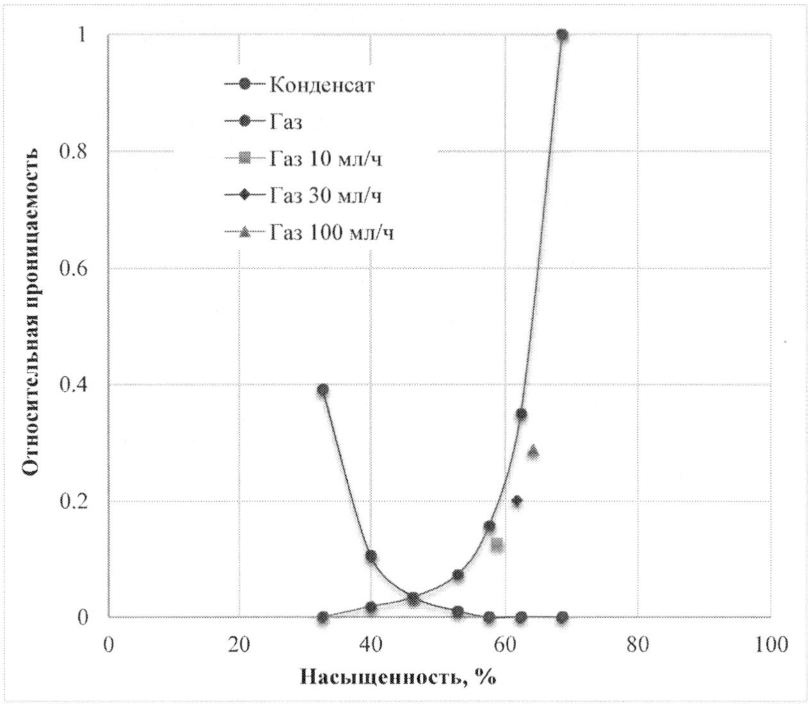

Рисунок 3 *- Результаты определения относительных фазовых проницаемостей по газу и конденсату в стационарных условиях.*

References

1. Vyakhirev R.I., Gritsenko A.I., Ter-Sarkisov R.M. Development and Exploitation of Gas Fields, 2002
2. Afidick, D., et al.: "Production Performance of a Retrograde Gas Reservoir: A Case Study of the Arun Field," paper SPE 28749, presented at the SPE Asia Pacific Oil and Gas Conference, Melbourne, November 1994.
3. Henderson, G.D. et al.: "Measurement and Correlation of Gas Condensate Relative Permeability by the Steady-State Method," SPEJ, June 1996.
4. Ali, J.K. et al.: "The Effects of High-Velocity Flow and PVT Changes near the Wellbore on Condensate Well Performance," paper SPE 39823, presented at the SPE Annual Technical Conference and Exhibition, San Antonio, 5-8 October 1997.
5. Diamond, P.H. et al.: "Probabilistic Prediction of Well Performance in a Gas Condensate Reservoir," paper SPE 36894, presented at the SPE European Petroleum Conference, Milan, 22-24 October 1996.
6. Salino, P.A.: "Modelling Gas Condensate Reservoirs - Reconciling Laboratory and Welltest Data," IBC UK Conference Optimisation of Gas Condensate Fields, London, 28-29 January 1999.

Модель гистерезиса проницаемости пласта по данным промысловых исследований

М.С. Турбаков (ФГАОУ ВО ПНИПУ), В.В. Поплыгин (ФГАОУ ВО ПНИПУ), Е.В. Кожевников* (ФГАОУ ВО ПНИПУ), М.А. Гузев (ФГАОУ ВО ПНИПУ), Ч. Ци (Пекинский университет гражданского строительства и архитектуры)

Введение

Проницаемость пород является важным свойством, характеризующим скорость и полноту добычи нефти и газа [1]. Проницаемость горных пород зависит от различных геологических факторов, которые определяются условиями осадконакопления [2]. Также при добыче нефти проницаемость пластов может снижаться по разным причинам, в том числе при снижении порового давления [3]. Снижение порового давления приводит к увеличению эффективного давления, которое обычно представляет собой разницу между горным и поровым давлениями. В многочисленных научных работах, посвященных изучению влияния эффективного давления на проницаемость горных пород, показано, что при снижении порового давления проницаемость породы снижается. Однако, при снижении и последующем повышении порового давления [4-7] наблюдается гистерезис проницаемости – неполное восстановление проницаемости. Проявление гистерезиса проницаемости также не зависит от типа породы, вида пористости, трещиноватости, характера воздействия (изменение эффективного давления из-за порового или горного давления). В данной работе проведен анализ результатов гидродинамических исследований (ГДИ) скважин на месторождениях севера Пермского края. Установлен гистерезис проницаемости от эффективного давления, получена модель изменения проницаемости от эффективного давления, модель показала свою высокую сходимость с фактическими данными.

Гистерезис проницаемости на основе анализа данных ГДИС

Нефтяные залежи месторождений севера Пермского края представлены терригенными и карбонатными коллекторами. Терригенные коллекторы представлены переслаивающимися разнозернистыми песчаниками, алевролитами и аргиллитами. Глубина залегания составляет от 2030 до 2350 м, пористость – от 14 до 18 %, проницаемость – от 0,239 до 0,522 мкм^2. Начальное пластовое давление изменяется от 19,8 до 24,4 МПа. Карбонатные коллекторы представлены мелкозернистыми известняками, частично доломитизированными. Глубина залегания составляет от 1734 до 2400 м, пористость – от 7,1 до 16 %, проницаемость – от 0,009 до 0,111 мкм^2. Начальное пластовое давление – от 19,8 до 25 МПа.

В рамках данной работы был проведен анализ результатов ГДИ скважин на месторождениях севера Пермского края. На основании анализа были отобраны результаты ГДИ только тех скважин, в которых в процессе эксплуатации пластовое давление менялось циклически – снижалось и повышалось. Также критериями выбора являются следующие условия: пластовое давление в районе скважины в период эксплуатации не должно опускаться ниже давления насыщения; состав скважинной продукции должен быть постоянным – в течение всего рассматриваемого периода эксплуатации скважины, обводненность не должна превышать 5 %. Всего было отобрано 11 скважин, соответствующих заданным условиям. Для сравнительной оценки проницаемость и эффективное давление приведены в безразмерном виде: k/k_o – относительная проницаемость; P/P_o – относительное эффективное давление. k и P – измеренные при разработке нефтяного пласта, проницаемость и эффективное давление соответственно, индекс o означает начальные давление и проницаемость. На рис. 1 приведен пример изменения проницаемости и эффективного давления в районе скважины, эксплуатирующей терригенный нефтяной пласт, по данным ГДИ с 2005 по 2010 гг.

В результате анализа ГДИ был установлен гистерезис проницаемости. При незначительном увеличении эффективного давления проницаемость быстро снижается и не восстанавливается даже при повышении пластового давления выше начального (рис. 1). Аналогичное явление наблюдается и при исследованиях изменения проницаемости керна от эффективного давления

[4-7]. Не во всех литературных источниках дается исчерпывающее объяснение этого явления, также мы не нашли данных по изучению изменения проницаемости нефтяных пластов по данным ГДИ скважин при циклическом изменении эффективного давления, за исключением редких работ [8,9]. Модель изменения проницаемости по данным ГДИ скважин, предложенная в работе [10], показывает, как изменяется проницаемость при снижении пластового давления, и не может быть использована для прогнозирования проницаемости при повышении пластового давления.

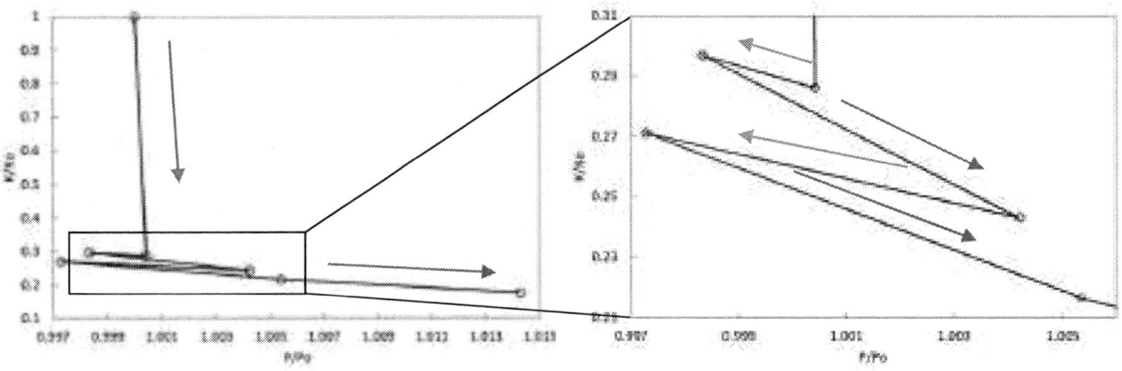

(a) (b)

Рисунок 1 *Изменение эффективного давления и проницаемости в районе скважины, эксплуатирующей терригенный пласт. Проницаемость была получена по данным ГДИ. Стрелки указывают направление изменения эффективного давления в хронологическом порядке, синие – снижение эффективного давления, красные – увеличение.*

Модель изменения проницаемости с учетом гистерезиса

Для оценки изменения проницаемости пород нефтяных коллекторов при изменении эффективного давления использовалась модель, учитывающая упругость скелета и наличие порога раскрытия трещины (рис. 2), аналогичная модели, указанной в работе [11]. Выбор модели основывается на следующих соображениях:

1. Из горной механики известно, что на начальном этапе нагружения деформирование горных пород происходит нелинейно за счет уплотнения пород и закрытия микротрещин и дефектов. Далее при увеличении нагрузки после залечивания микроструктуры порода проявляет упругие свойства - зависимость деформации от напряжения линейная. Эластичность сохраняется до тех пор, пока не будет достигнуто разрушающее напряжение. По такому же принципу происходит изменение проницаемости горных пород. Снижение проницаемости пород от эффективного давления, независимо от их состава и типа пористости, происходит в два этапа: на первом проницаемость резко снижается при незначительном увеличении эффективного давления, а на втором зависимость проницаемости от эффективного давления принимает линейный вид. Модель, основанная на принципе разложения деформации горных пород под напряжением на две составляющие, называется двухчастной моделью Гука – Two-part Hooke's Model (TPHM) [12].

2. Было решено не учитывать в модели влияние ползучести горных пород, так как между испытаниями скважины прошло достаточно времени для релаксации остаточных напряжений.

3. Предполагается, что основное снижение проницаемости происходит за счет закрытия микротрещин в породе, при этом предполагается, что микротрещины гладкие, это позволяет не учитывать влияние шероховатости трещин, которая присуща макротрещинам [13].

4. Предполагается, что неполное раскрытие микротрещин связано с порогом раскрытия, который невозможно преодолеть даже при повышении порового давления до начальных

значений. Наличие порога раскрытия микротрещин обусловлено когезией берегов микротрещин, и в том числе присутствующего на них цемента.

Механическая модель пласта учитывает нелинейность изменения проницаемости при начальном снижении пластового давления и состоит из двух упругих элементов 1 и 4 и фрикционного элемента 2 (рис. 2а). Элемент 3 характеризует изменение порового давления. Параллельное соединение элементов 1 и 2 характеризует закрытие микротрещин и может быть описано одним из уравнений: экспоненциальным, степенным или логарифмическим [1]. Включение фрикционного элемента 2 характеризует наличие порога напряжения для раскрытия микротрещин при снижении эффективного давления. Физический смысл элемента 2 – когезия берегов микротрещин. Для раскрытия микротрещин при повышении порового давления требуется дополнительная энергия, что может быть достигнуто при динамическом воздействии [11].

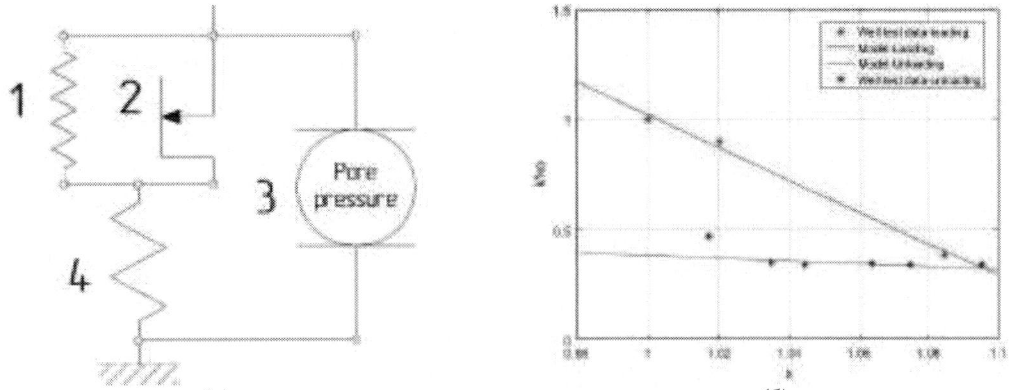

(а) (б)

Рисунок 2 *(а) – механическая модель нефтяного пласта. (б) - сравнение расчетных и фактических значений изменения проницаемости от эффективного давления терригенного пласта одного из месторождений севера Пермского края.*

Элементы 1 и 2 соединены последовательно с упругой пружиной 4, обладающей большей жесткостью и характеризующей сжимаемость скелета породы. Поскольку в пределах изменения эффективных давлений сжимаемость скелета породы крайне мала, мы предполагаем, что элемент 4 имеет линейную зависимость от эффективного давления [11], то в общем случае модель изменения проницаемости с изменением эффективных давление записывается следующим образом:

$$\frac{k}{k_o} = A \cdot \left(\frac{P}{P_o}\right)^{-n} + 1 - K_{per} \cdot \frac{P}{P_o} + \frac{k_{II}}{k_o} \qquad (1)$$

где, A и n – коэффициент и показатель степени степенного уравнения, определяемые эмпирическим путем, K_{per} – модуль, характеризующий чувствительность проницаемости к сжимаемости пласта.

Степенной член правой части уравнения (1) может быть заменен экспоненциальным или логарифмическим уравнением; при циклах разгрузки проницаемость не восстанавливается до исходного значения, поэтому в расчетах ею можно пренебречь. k_{II} – проницаемость, соответствующая максимальному значению эффективного давления, достигаемому за цикл нагрузки.

Выводы

Апробация предложенной модели проводилась по результатам испытаний скважин на месторождениях севера Пермского края с помощью ПО MATLAB (рис. 2б). Определены значения коэффициентов и показателей в уравнении (1). Используемый подход на основе двухчастной модели Гука позволил точно оценить изменение проницаемости от циклического изменения эффективного давления с учетом гистерезиса.

Благодарность

Это исследование выполнено при финансовой поддержке Правительства Пермского края, научно-исследовательский проект № С-26/628 от 05.04.2021

Библиография / References

1. Kozhevnikov EV, Turbakov MS, Riabokon EP, Poplygin VV. Effect of Effective Pressure on the Permeability of Rocks Based on Well Testing Results. Energies. 2021; 14(8):2306. https://doi.org/10.3390/en14082306.

2. Wiercigroch, M., Kozhevnikov, E. V., Turbakov, M. S., Poplygin, V. V., & Riabokon, E. P. (2021). Effective pressure and bedding depth influence on the oil fields reservoir properties (on the example of the northern perm region oil fields). Paper presented at the 7th Scientific Exploration Conference - Tyumen 2021: Natural Resources Management as a Cross-Functional Process, doi:10.3997/2214-4609.202150044.

3. Bennion, B. (1999). Formation Damage-The Impairment of the Invisible, By the Inevitable And Uncontrollable, Resulting In an Indeterminate Reduction of the Unquantifiable! Journal of Canadian Petroleum Technology, 38(02). doi:10.2118/99-02-da

4. David C., Menendez B., Zhu W., Wong T.F. Mechanical compaction, microstructures and permeability evolution in sandstones. Phys Chem Earth (A). 2001;26(1-2):45-51.

5. Zhang Y., Wang L., Li H., Zhang Y., Fu G. Experimental study of the permeability of fractured sandstone under complex stress paths. Energy Sci Eng. 2020;00:1–11. https://doi.org/10.1002/ese3.728.

6. Zhang D.M., Yang Y.S., Chu Y.P., Zhang X,. Xue Y.G. Influence of loading and unloading velocity of confining pressure on strength and permeability characteristics of crystalline sandstone. Results Phys. 2018;9:1363-1370.

7. Selvadurai, A. P. S., Zhang, D., & Kang, Y. (2018). Permeability evolution in natural fractures and their potential influence on loss of productivity in ultra-deep gas reservoirs of the Tarim Basin, China. Journal of Natural Gas Science and Engineering, 58, 162–177. doi:10.1016/j.jngse.2018.07.026

8. Pourciau, R. D., Fisk, J. H., Descant, F. J., & Waltman, B. (2005). Completion and Well Performance Results, Genesis Field, Deepwater Gulf of Mexico. SPE Drilling & Completion, 20(02), 147–155. doi:10.2118/84415-pa.

9. Cheng An, John Killough, Xiaoyang Xia, Investigating the effects of stress creep and effective stress coefficient on stress-dependent permeability measurements of shale rock, Journal of Petroleum Science and Engineering, Volume 198, March 2021, 108155.

10. Kozhevnikov E, Riabokon E, Turbakov M. A Model of Reservoir Permeability Evolution during Oil Production. Energies. 2021; 14(9):2695. https://doi.org/10.3390/en14092695.

11. Xing Li, Yi-Feng Chen, Kai Wei, Ran Hu & Zhi-Bing Yang (2018): A thresholdstresses-based permeability variation model for microcracked porous rocks, European Journal of Environmental and Civil Engineering, DOI: 10.1080/19648189.2018.1424650.

12. J. Zheng et. al. Relationships between permeability, porosity and effective stress for low-permeability sedimentary rock, International Journal of Rock Mechanics & Mining Sciences, 78, (2015), 304–318, doi.org/10.1016/j.ijrmms.2015.04.025.

13. Gavrilenko, P., & Gueguen, Y. (1989). Pressure dependence of permeability: a model for cracked rocks. Geophysical Journal International, 98(1), 159–172. doi:10.1111/j.1365-246x.1989.tb05521.x.

Причины снижения проницаемости терригенных пород при фильтрационных исследованиях

Е.П. Рябоконь* (ФГАОУ ВО «ПНИПУ»), М.С. Турбаков (ФГАОУ ВО «ПНИПУ»), Е.В. Кожевников (ФГАОУ ВО «ПНИПУ»), М.А. Гузев (ФГАОУ ВО «ПНИПУ»), Х. Цзин (Китайский горно-технологический университет)

Введение

Снижение продуктивности и приемистости скважин обусловлено различными факторами, основным из которых является снижение проницаемости пластов. С уменьшением порового давления происходит увеличение эффективного давления, возникает деформация порового пространства и проницаемость пласта снижается [1]. В работе выполнен анализ изменения проницаемости пласта при циклическом изменении пластового давления, в результате анализа установлен гистерезис проницаемости. Установлено, что после снижения и увеличения порового давления проницаемость пород не восстанавливается до исходных значений, данная тенденция подтверждается как лабораторными исследованиями [2], так и промысловыми наблюдениями [3]. Природа гистерезиса проницаемости остается малоизученной, основными причинами, по мнению некоторых исследователей [4, 5], являются эффект ползучести, наличие порога раскрытия микротрещин и миграция мелких частиц. В данной работе для определения причин снижения проницаемости были проведены лабораторные исследования образцов терригенных пород. Результаты исследований позволяют сделать вывод, что причиной снижения проницаемости является закупорка порового пространства породы вследствие миграции частиц коллоидного размера.

Причины снижения проницаемости при изменении эффективного давления

Для описания снижения проницаемости в работе [4] представлена модель, учитывающая влияние ползучести, в основе модели лежит экспоненциальная зависимость проницаемости от эффективного давления. Модель применима к горным породам с вязкоупругими свойствами, с высоким содержанием пластичных материалов, например глин. В работе [6] авторы делают вывод, что в песчаниках с высоким содержанием частиц кварца - более 90 % пористость за счет ползучести изменяется незначительно даже при эффективном давлении более 50 МПа, то есть при содержании малопрочных частиц в породе менее 10 % эффектом ползучести можно пренебречь.

Причиной деградации проницаемости является не только ползучесть, поскольку известны исследования песчаника *Vosges*, в которых также наблюдается необратимое снижение проницаемости [7, 8]. В работе [7] установлено, что, в отличие от проницаемости, пористость песчаника *Vosges* не проявляет гистерезиса во время цикла нагружения и разгрузки. Пористость песчаника практически полностью восстанавливается при снижении эффективного давления, а проницаемость снижается значительно. В работе [8] были проведены лабораторные исследования песчаника *Vosges*, использование компьютерной томографии одновременно с нагружением позволило установить, что при увеличении нагрузки в образцах песчаника часть микротрещин закрывается, а размер и форма пор существенно не изменяются. При увеличении эффективного давления до 36 МПа изменение пористости составило 0,3 %, а проницаемость уменьшилась в 6,7 раза. Кроме того, деформации могут способствовать разрушению минеральных зерен породы в местах их контактов и образованию множества мелких частиц и последующей миграцией их в поровое пространство.

Еще одной причиной гистерезиса проницаемости является закупорка порового пространства, вызванная миграцией свободных мелких частиц коллоидного размера. Коллоидные частицы в породе могут появляться как снаружи, так и образовываться внутри породы. Закачка воды, содержащей механические примеси, приводит к загрязнению пласта за счет закупорки поровых каналов, поэтому закачиваемая вода перед закачкой должна быть хорошо очищена. Менее контролируемым процессом ухудшения проницаемости является образование и миграция мелких частиц в горных породах. Отрыв коллоидов, адсорбированных на стенках пор и их миграция могут быть вызваны за счет изменения состава фильтруемой жидкости. Другой причиной образования коллоидов может быть разрушение горных пород. Из-за изменения порового давления в породе возникают микродеформации, которые приводят к разрушению контактов зерен друг с другом. Особенно это относится к терригенно-обломочным породам. Все вышеперечисленные причины снижения проницаемости всегда проявляются вместе, и лишь в некоторых случаях одни причины ухудшения проницаемости могут преобладать над другими.

Методология

Для исследования был выбран керн из терригенных отложений одного из месторождений севера Пермского края. Образцы горных пород представлены мелко-крупнозернистыми алевролитами имеют цилиндрическую форму, без сколов, искусственных трещин, неровностей. Перед фильтрационными исследованиями образцы насыщались деионизированной водой под вакуумом в течение 24 часов. Насыщенный образец помещался в фильтрационную установку AFS 300, поровое давление и давление обжима постепенно повышались до 18 и 45 МПа, соответственно. Образец выдерживался под давлением в течение не менее 24 часов до восстановления состояния, близкого к естественному. Определение проницаемости проводили при стационарной фильтрации деионизированной воды. В ходе фильтрационных исследований эффективное давление изменялось за счет изменения порового давления и давления обжима. Поровое давление устанавливалось исходя из расхода жидкости, который варьировалась от 0,1 до 0,75 мл/мин. Структура порового пространства образцов оценивалась с помощью компьютерной томографии в атмосферных условиях до и после фильтрации. Для минимизации влияния капиллярных эффектов на структуру порового пространства томографию до и после фильтрации проводили на насыщенном образце. Для исследованных образцов диаметром 30 мм и длиной 30 мм разрешение томографии составило 20,1 мкм.

Результаты фильтрационных исследований керна

Фильтрационные исследования показали значительное снижение проницаемости. Установлена экспоненциальная зависимость проницаемости от эффективного давления, при увеличении давления обжима (рис. 1а). Снижение проницаемости при увеличении давления обжима происходит за счет деформации порового пространства и согласуется с результатами исследований, представленных в работах [1,3]. При изменении порового давления проницаемость не имеет четкой зависимости от эффективного давления, наблюдается ее гистерезис (рис. 1б). Циклическое изменение порового давления могло привести к нарушению внутренней структуры породы, тогда снижение проницаемости с большой вероятностью могло произойти за счет миграции мелкодисперсных частиц. В пользу такого вывода свидетельствует линейная зависимость снижения проницаемости от количества отфильтрованной жидкости (рис. 1в).

Результаты компьютерной томографии керна

При томографии образцов были получены изображения пустотного пространства (рис. 2), карты порового пространства (рис. 3) и определено количественное изменение пустотного пространства. Изображения пустот позволили визуально сравнить и оценить изменения в образце после фильтрации. На рисунке 2б видно, что наблюдается общая сглаженность пустотного пространства в центральной части образца после фильтрационных испытаний, при этом крупные поры, расположенные в нижней части образца, стали менее выраженными, что может свидетельствовать об их частичном закупоривании. Поровое пространство образца подвергается наибольшему изменению со стороны входа жидкости при фильтрации; со стороны выхода жидкости поровое пространство визуально менее изменено.

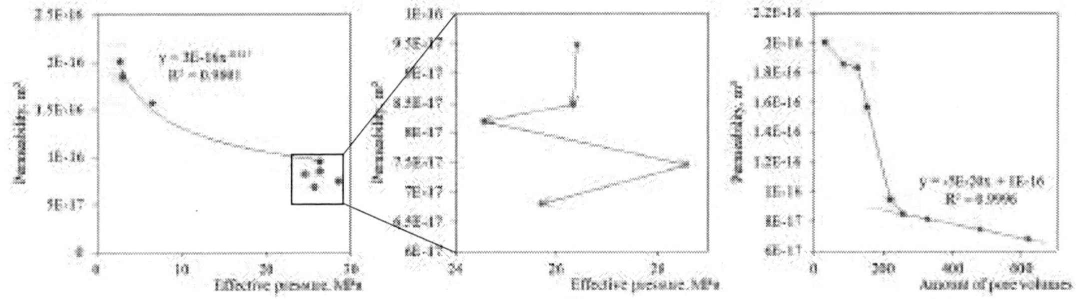

(а) (б) (в)

***Рисунок 1** Зависимость проницаемости керна от эффективного давления (а, б) и количества отфильтрованной жидкости, выраженной в поровых объемах (в). Стрелками показана последовательность изменения эффективного давления. Красные точки соответствуют изменению эффективного давления за счет увеличения давления обжима, синие точки – за счет порового давления.*

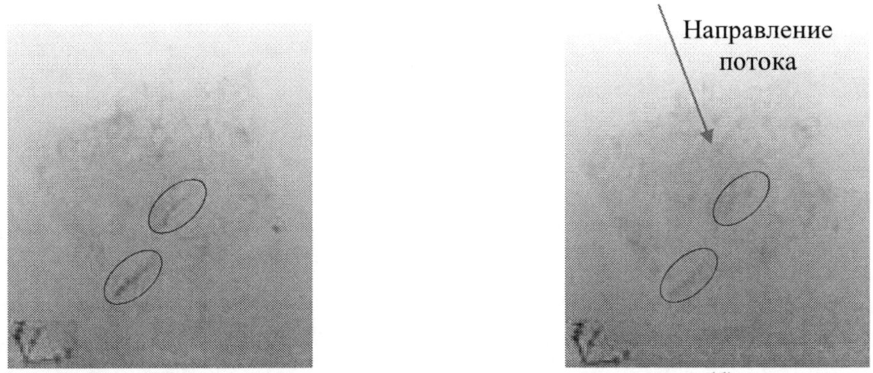

(а) (б)

***Рисунок 2** Пустоты в керновом образце. Оттенки синего — пустоты, матрица не показана, (а) — до фильтрации; (б) – после фильтрации.*

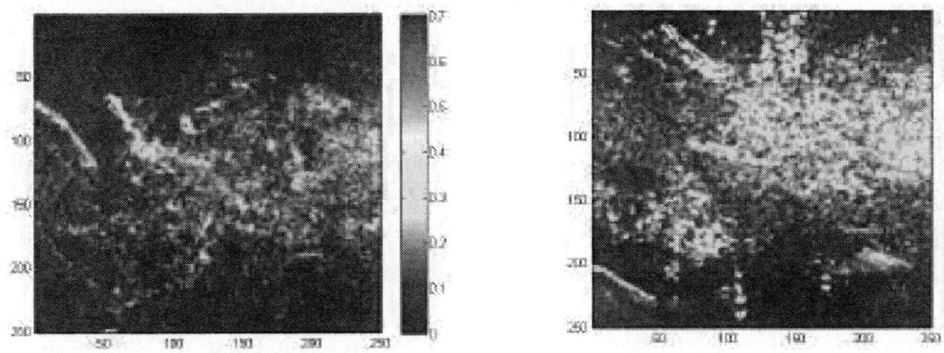

(а) (б)

***Рисунок 3** Карты накопленной раскрытости пор одного образца (а) — до испытания, (б) – после испытания (направление движения жидкости при фильтрации справа налево). Цвет показывает накопленную раскрытость пор в мм.*

Для оценки изменения порового пространства была построена карта накопленной раскрытости пор (рис. 3), отражающая накопленное раскрытие пор в объеме образца. Грань области, по которой строится карта пор, параллельна преобладающему направлению раскрытости пор. При измерении параметров трещиноватого пустотного пространства выявлено увеличение раскрытия пустот, преимущественно в центральной части керна, и установлено закрытие пор и трещин, выходящих на поверхность образца (рис. 3б).

В результате сравнительного томографического анализа установлено увеличение количества пор среднего размера (46-254 мкм) и уменьшение количества мелких (23-46 мкм) и крупных пор (254-531 мкм). В керне общее количество пустот увеличилось на 4,70 %, а их среднее раскрытие увеличилось на 5,76 %.

Выводы

При фильтрационных исследованиях кернов терригенных пород установлено снижение проницаемости с изменением эффективного давления, что обусловлено деформацией порового пространства и миграцией мелкодисперсных частиц. Компьютерная томография исследованных образцов до и после фильтрации показала значительное изменение структуры порового пространства. Существенное изменение структуры порового пространства свидетельствует о разрушении матрицы образца, и приводит к образованию частиц коллоидного размера внутри порового пространства. Миграция коллоидных частиц приводит к снижению проницаемости, что подтверждается ее линейной зависимостью от количества отфильтрованной жидкости.

Благодарность

Это исследование выполнено при финансовой поддержке РОССИЙСКОГО НАУЧНОГО ФОНДА, проект №. 22-19-00447

Библиография / References

1. Kozhevnikov E.V., Turbakov M.S., Riabokon E.P., Poplygin V.V. Effect of Effective Pressure on the Permeability of Rocks Based on Well Testing Results. Energies. 2021; 14(8):2306. https://doi.org/10.3390/en14082306.

2. Gavrilenko, P., & Gueguen, Y. (1989). Pressure dependence of permeability: a model for cracked rocks. Geophysical Journal International, 98(1), 159–172. doi:10.1111/j.1365-246x.1989.tb05521.x.

3. Kozhevnikov E.V., Riabokon E.P., Turbakov M.S. A Model of Reservoir Permeability Evolution during Oil Production. Energies. 2021; 14(9):2695. https://doi.org/10.3390/en14092695.

4. Cheng An, John Killough, Xiaoyang Xia, Investigating the effects of stress creep and effective stress coefficient on stress-dependent permeability measurements of shale rock, Journal of Petroleum Science and Engineering, Volume 198, March 2021, 108155.

5. Xing Li, Yi-Feng Chen, Kai Wei, Ran Hu & Zhi-Bing Yang (2018): A thresholdstresses-based permeability variation model for microcracked porous rocks, European Journal of Environmental and Civil Engineering, DOI: 10.1080/19648189.2018.1424650.

6. E.D. Pittman and R.E. Larese (1991). Compaction of Lithic Sands: Experimental Results and Applications (1). AAPG Bulletin, 75. doi:10.1306/0c9b292f-1710-11d7-8645000102c1865d.

7. C. Hu, F. Agostini, F. Skoczylas, L. Jeannin, P. Egermann & Y. Jia (2020): Transport property evolution during hydrostatic and triaxial compression of a high porosity sandstone, European Journal of Environmental and Civil Engineering, DOI: 10.1080/19648189.2020.1763854.

8. C. Hu, F. Agostini, Y. Jia, Porosity and Permeability Evolution with Deviatoric Stress of Reservoir Sandstone: Insights from Triaxial Compression Tests and In Situ Compression CT, Geofluids, Volume 2020, Article ID 6611079, https://doi.org/10.1155/2020/6611079.

Влияние микроструктурных и микротекстурных особенностей горных пород на геомеханические свойства на примере терригенных отложений тюменской свиты.

Б. Е. Андреев* (Сколтех), В. И. Стукачев (Сколтех), С. А. Станчиц (Сколтех), Н. Н. Богданович(Сколтех)

Введение

При бурении и разработке месторождений стоит серьезная задача определения механических свойств породы для обеспечения стабильности ствола скважины и расчета допустимых депрессий в процессе разработки месторождений, решение которой опирается на оценку геомеханических свойств по данным ГИС с их определением по керну и выполнением последующей калибровки «ГИС/керн». Однако при проведении лабораторных исследований на образцах керна зачастую ограничиваются определением минерального состава, плотности и пористости пород без учета микроструктурных характеристик и изменений образцов, которые даже при внешних схожих макротекстурных особенностях могут давать серьезные различия в определяемых геомеханических параметрах, характеризующих геолого-технические условия бурения и разработки, поэтому детализированный анализ микроструктуры и микротекстуры породы улучшает качество интерпретации лабораторных геомеханических исследований горной породы.

Методы и описание коллекции

Геомеханические свойства зависят от плотности, минерального и фракционного составов, глинистости, насыщения [1,2,4]. Поэтому для наиболее полного исследования влияния минералогического состава, микроструктуры и микротекстуры на геомеханические свойства в сильно неоднородных разрезах была подобрана коллекция из 49 образцов (размером 60х30 мм) терригенных пород (песчаники и алевролиты) тюменской свиты, на которых определены литолого-петрографические и геомеханические параметры. Геомеханические свойства измерялись с использованием многофункциональной системы для проведения испытаний горных пород и осадочных отложений на прочность MTS 815/S-ATM с воссозданием пластовых условий. При проведении эксперимента на образцы устанавливались деформометры для измерения продольной и поперечной деформации, а также ультразвуковые датчики продольных и поперечных волн для проведения динамических замеров. Для определения минерального и фракционного состава использовались следующие методы: рентгенофазный, гидравлико-ситовой, определение карбонатности с раздельной оценкой содержания кальцита, доломита и нерастворимого остатка. Особенности микротекстуры и микроструктуры породы изучались с помощью петрографических шлифов. Фильтрационно-емкостные свойства (ФЕС) определялись по газу.

Анализ и результаты

Литологический состав и строение тюменской свиты в Западной Сибири сильно неоднородны [3]. По результатам структурно-текстурного анализа коллекция образцов была разделена на 3 литотипа: песчаники алевритистые массивные, с редкими глинистыми прослоями; алевролиты песчанистые массивные, с редкими глинистыми прослоями; и алевролиты глинистые массивные микрослоистые, с редкими алевритовыми прослоями (таблица 1). В текстурно-структурном отношении образцы, относящиеся к одному литотипу, однородны и не имеют существенных внешних макролитологических различий, однако некоторые их физические параметры характеризуются значительным диапазоном изменения. Так как для связи материалов ГИС и лабораторных исследований керна используют корреляционные связи «$E_д$(статика)/ $E_у$(динамика)», то исследование влияния различных характеристик породы проводилось в рамках этой зависимости. В таблице 1 приведены диапазоны ФЕС, мин. составов, измеренных модулей упругости для рассматриваемых литотипов, где даже в пределах одного литотипа наблюдается серьезный разброс в измеренных характеристиках. На рисунке 1 изображены сопоставления $E_д$-$E_у$, где были получены статистически значимые корреляционные связи.

Таблица 1 – Характеристика литотипов отложений тюменской свиты

Литотипы	Кп, %	Сгл, %	С, %	δ, г/см^3	$E_д$ (стат.), ГПа	$E_у$ (динам.), ГПа
Песчаники адевритистые массивные	1.4-15.8 10.5	5.4-12.2 8.9	2.0-35.0 10.9	2.3-2.6 2.4	19.2-51.4 28.9	35.4-72.3 46.8
Алевролиты песчанистые массивные	9.0-15.8 12.0	10.1-22.9 14.7	1.0-32.0 8.5	2.3-2.5 2.4	16.5-28.6 21.2	34.1-47.5 40.1
Алевролиты глинистые массивные микрослоистые	8.0-11.9 9.6	20.1-34.9 29.6	2.00-10.00 4.1	2.4-2.6 2.5	13.1-18.5 16.6	29.9-37.6 33.4

При исследовании влияния карбонатности на модули упругости выделена тенденция увеличения $E_д$ и $E_у$ с увеличением карбонатности (С), однако, если в песчаниках с увеличением С до 15% и выше, модули упругости растут выше 30 ГПа по $E_д$ и выше 50 ГПа по $E_у$, то в литотипе алевролитов даже при увеличении С до 32 % модули упругости не превышают 30 ГПа по статическим и 50 ГПа по динамическим замерам. При рассмотрении влияния глинистости при выполнении измерений в термобарических условиях было зафиксировано снижение $E_д$ и $E_у$ при увеличении глинистости ($C_{гл}$) в случае, если С пород меньше 10 %. Однако, при увеличении содержания карбонатов в породе выше 10 %, влияние $C_{гл}$ (содержание более 10% в песчаниках и алевролитах) нивелируется увеличением модулей упругости за счет присутствия карбонатного материала в составе породы.

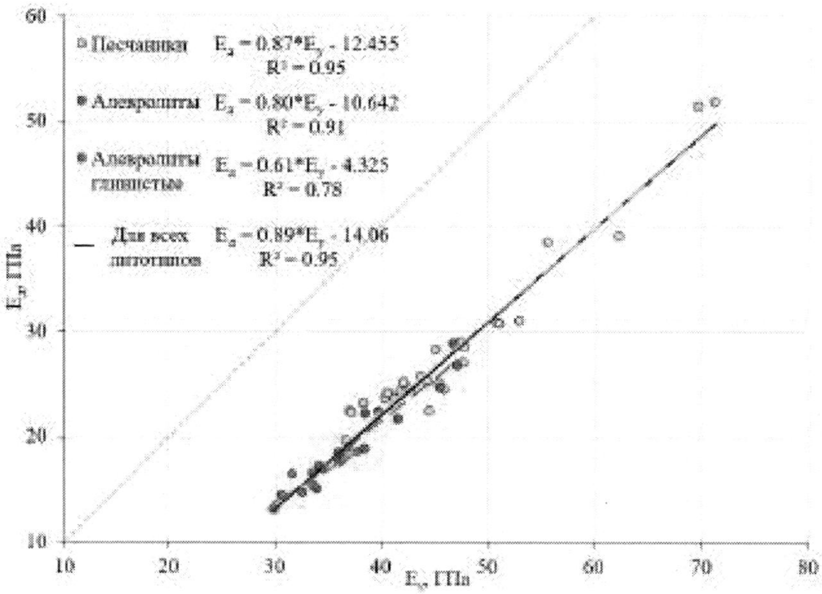

Рисунок 1. *Сопоставление модуля общей деформации $E_д$ и $E_у$ в приведенных термобарических условиях*

При этом измерение статических ($\mu_{стат}$) и динамических ($\mu_{дин}$) коэффициентов поперечной деформации дает серьезный разброс по полученным значениям, и статистически значимых корреляционных связей между ними не выявлено (рисунок 2). Поэтому для рассмотрения различного влияния микроструктурных и микротекстурных особенностей распределения глинистых и карбонатных минералов в породе на коэффициент поперечной деформации, были рассмотрены петрографические шлифы для выделенных на рисунке 2 образцов, литологические характеристики и коэффициенты поперечной деформации которых представлены в таблице 2.

Таблица 2 – Литологические и геомеханические характеристики образцов литотипов отложений тюменской свиты

Литотипы		Кп, %	Сгл, %	С, %	δ, г/см^3	μ(статич.), д.е.	μ(динамич.), д.е.
Песчаники адевритистые массивные	№1	3.8	6.6	26.0	2.57	0.30	0.23
	№2	4.6	9.2	23.0	2.55	0.26	0.25
Алевролиты глинистые массивные и микрослоистые	№3	9.4	31.5	6.0	2.51	0.20	0.22
	№4	10.6	25.0	3.0	2.42	0.33	0.21

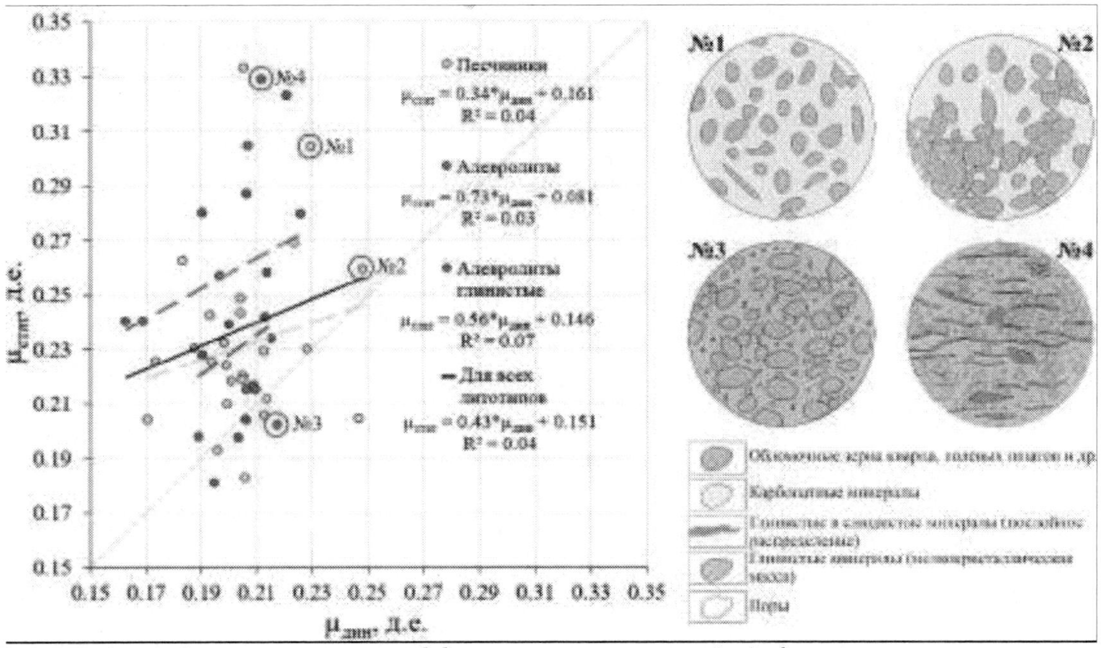

Рисунок 2. *Сопоставление коэффициентов поперечной деформации $\mu_{стат}$ и $\mu_{дин}$ в приведенных термобарических условиях с приведением микроструктуры выделенных образцов*

При наличии цемента типа базального в песчаниках, где отмечается минимальное количество контактов между зернами кварца, полевых шпатов и др., а карбонатный цемент обволакивает зерна, коэффициенты поперечной деформации выше (рисунок 3, №1), так как взаимодействие между частицами в породе во время проведения эксперимента происходит по карбонатному цементу. При увеличении количества контактов между зернами как в средне-мелкозернистом песчанике (рисунок 3, №2), а также наличие пятнистого распределения цемента в породе, коэффициент поперечной деформации снижается и различие между ними может достигать 15 % и более. Различное влияние глинистости (как в сторону увеличения, так и в сторону уменьшения геомеханических параметров) объясняется формой нахождения глинистых минералов в породе для рассмотренных глинистых алевролитов (рисунок 3, №3-4). Так, при близком расположении образцов и их внешних макротекстурных соответствиях, микротекстура образцов резко отличается. Было установлено, что однородное распределение глинистости по типу образца №3 и ее послойное распределение в образце №4, дает разницу в коэффициенте поперечной деформации до 65 % при статическом замере, однако при сопоставлении динамических замеров коэффициента поперечной деформации разница несущественна. Также, было отмечено, что поведение образцов при содержании глинистых минералов в виде интракластовых зерен в породе (когда они выступают в роли обломочной части породы), даже при высоких содержаниях по РСА до 20-25%, идентично песчаникам без карбонатной и глинистой примесей.

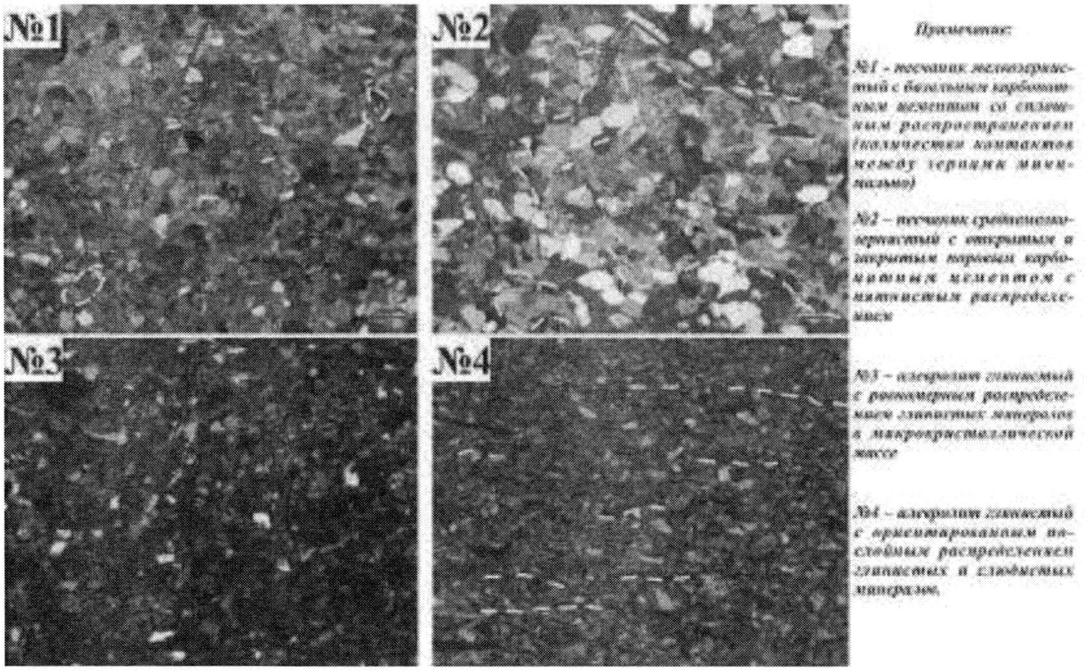

Рисунок 3. *Сопоставление микроструктурных и микротекстурных особенностей литотипов песчаников алевритистых (№1 и 2) и алевролитов глинистых (№3 и 4) в петрографических шлифах, с анализатором.*

Выводы

В работе было экспериментально подтверждено сильное влияние микроструктурных и микротекстурных особенностей образцов горных пород на коэффициенты поперечной деформации. Было показано, что при отсутствии существенных внешних макролитологических различий образцов, с близкими значениями пористости, глинистости, карбонатности, микротекстурные и микроструктурные особенности их распределения в породе могут давать серьезные различия в измеренных коэффициентах поперечной деформации до 65 %. Также были экспериментально подтверждены зависимости влияния карбонатности и глинистости в породах на модули упругости при статических и динамических замерах. При раздельной оценке влияния глинистости и карбонатности на модули упругости подтверждено, что с увеличением глинистости модули упругости снижаются, а при увеличении карбонатности – увеличиваются.

Работа поддержана Министерством науки и высшего образования Российской Федерации по соглашению № 075-10-2022-011 в рамках программы развития НЦМУ.

Библиография/References

1. Fereidooni, D. (2018). Assessing the effects of mineral content and porosity on ultrasonic wave velocity. *Geomechanics and Engineering*, *14*(4), 399–406. https://doi.org/10.12989/gae.2018.14.4.399
2. Sharma, P. K., & Singh, T. N. (2008). A correlation between P-wave velocity, impact strength index, slake durability index and uniaxial compressive strength. *Bulletin of Engineering Geology and the Environment*, *67*(1), 17–22. https://doi.org/10.1007/s10064-007-0109-y
3. Ulmishek, G. F. (2003). Petroleum geology and resources of the West Siberian Basin, Russia. *US Geological Survey Bulletin 2201-G*. https://doi.org/10.3133/b2201G
4. Yasar, E., & Erdogan, Y. (2004). Correlating sound velocity with the density, compressive strength and Young's modulus of carbonate rocks. *International Journal of Rock Mechanics and Mining Sciences*, *41*(5), 871–875. https://doi.org/10.1016/j.ijrmms.2004.01.012

Изменение пустотного пространства карбонатных пород в результате внутрипластового горения

А.З. Мухаметдинова* (Сколтех), Т.И. Карамов (Сколтех), Е.Ю. Попов (Сколтех), А.А. Бурухин (Сколтех), А.Н. Черемисин (Сколтех)

Введение

Эксперимент по внутрипластовому горению (ВПГ) является важным инструментом для оценки пластов для потенциального применения технологии добычи нефти на основе закачки воздуха. [1] Нагнетание воздуха приводит к распространению фронта окисления (горения) по пласту, вызывающему вытеснение нефти в добывающие скважины. На фронте горения потребляется топливо, получаемое из исходной сырой нефти в результате физических и химических реакций, которые определяются природой фронта горения. Для получения надежных экспериментальных данных для оценки эффективности процесса, для проектирования и для численного моделирования реакций окисления необходимо проведение экспериментальных исследований внутрипластового горения, учитывая особенности строения конкретного месторождения. [2]

Фильтрационно-емкостные свойства (пористость, проницаемость) и структура пустотного пространства являются важнейшими характеристиками месторождения, определяющими эффективность применения технологии ВПГ. В нашей работе мы обобщаем результаты изучения изменений этих свойств для образцов карбонатных пород в результате лабораторного моделирования процесса горения. Карбонатные породы являются наименее устойчивыми при высоких температурах среди большого разнообразия осадочных пород. Высокие температуры вызывают многочисленные физические и химические процессы в карбонатах. [3-5] Это объясняет, почему изменение свойств карбонатных пород в процессе внутрипластового горения должно быть тщательно изучено.

Нашим объектом исследования являются карбонатные отложения ханинской и шуровской свит (турнейский ярус C1t), расположенные в Волго-Уральской нефтегазоносной провинции. Карбонаты представлены тонкозернистыми светло-серыми доломитами и известняками, реликтово-обломочно-биотермальными, реликтово-обломочно-тонкопереслаивающимися прослоями, с включениями ангидрита и каолинита. Породы характеризуются кавернозной, трещинно-кавернозной и межкристаллической пористостью. В работе приведены изменения фильтрационно-емкостных свойств и структуры пустотного пространства образцов горных пород в результате термического воздействия; использован комплекс стандартных и передовых экспериментальных методов (газовая порозиметрия, сканирующая электронная микроскопия, ядерный магнитный резонанс (ЯМР) и микрокомпьютерная томография (мКТ). Результаты исследований выявили увеличение общей пористости, проницаемости и позволили визуализировать изменения в распределении пор по размерам на нано- и микроуровнях.

Методы

Эксперимент на установке трубы горения среднего давления (MPCT, Hot-Tec, Канада) проводится на насыпной керновой модели пласта в условиях пластовых температур и давлений. Этот подход позволяет максимально приблизить параметры модели и условия эксперимента к реальным пластовым условиям. Для стандартных тестов в трубе горения проводится подготовка насыпной модели из измельченного кернового материала, но подобный эксперимент с насыпной керновой моделью не позволяет полноценно исследовать изменение свойств породы при высокотемпературном воздействии. В связи с этим, в данной работе дополнительно к измельченному керну в кернодержателе были помещены неразрушенные образцы породы для изучения изменения структуры и состава горной породы, тепловых и фильтрационно-емкостных свойств.

Для изучения фильтрационно-емкостных свойств образцов горных пород и визуализации пустотного пространства был использован комплекс современных методов и оборудования. Определение ФЕС проводилось объёмными методами на стандартных цилиндрах (30×30 мм): пористость — методом ЯМР на приборе Geospec 2-53 (Oxford Instruments Inc., Великобритания); пористость и проницаемость по газу (азот) — с использованием прибора ПИК-ПП (Геологика, Россия) как аналога прибора AP-608 (Coretest, США) на основе нестационарного метода спада импульса давления (pressure-pulse decay). В данных исследованиях был использован набор интерпретационных схем и подходов при анализе данных времен T_2 релаксации, полученных на ЯМР-релаксометре Geospec 2-53 с индукцией постоянного магнитного поля, соответствующей частоте прецессии ядер водорода в 2 МГц с магнитным полем 0,05 Тл. Структура пустотного пространства (СПП) оценивалась по данным методов прямой визуализации: оптическая микроскопия с петрографическим описанием шлифов, компьютерная рентгеновская микротомография (мКТ), сканирующая электронная микроскопия (СЭМ). Трёхмерная (3D) визуализация микроструктуры образцов горных пород осуществлялась посредством КТ и мКТ. Для этой цели использовался прибор GE phoenix v|tome|x L240. Реконструкция набора 1 000÷2 400 двухмерных (2D) рентгенографических проекций в 3D-изображения включала применение программного обеспечения (ПО) GE datos|x 2.6.1-RTM. Для 2D-визуализации морфологических особенностей породы на микро- и нано- уровнях использовался метод СЭМ. На установке Quattro S (Thermo Fisher Scientific) анализировались небольшие (2÷5 мм) полированные фрагменты породы. Дополнительно были использованы геохимические характеристики органического вещества в изучаемых породах, полученные методом Rock-Eval на приборе HAWK RW (Wildcat Technologies), и результаты литологической типизации по тонким шлифам на поляризационном микроскопе Axio Imager A2m (Carl Zeiss).

Результаты

Было проведено три эксперимента с разной начальной нефтенасыщенностью модели, обусловившей разные скорости прохождения фронта горения в модели. Таким образом, длительность ВПГ для каждого из тестов составила от 17 до 35 часов. Температура на фронте горения в керновой модели изменялась в диапазоне 500–650°C. После завершения эксперимента была проведена поэтапная выгрузка, экстракция керна, сбор флюидов и анализ отобранных образцов. Детали эксперимента по лабораторному моделированию процесса ВПГ в трубе горения опубликованы в работе [6].

В первую очередь, были проведены измерения пористости и проницаемости по газу методом pulse decay для всей коллекции образцов до эксперимента в трубе горения. Результаты показали, что пористость всей коллекции варьируется в диапазоне 0,5–16 %, средняя проницаемость составляет около 0,6 мД, а максимальная – 4,5 мД. После эксперимента ВПГ в трубе горения были отобраны целые цилиндры и повторно направлены на измерения. По результатам визуального осмотра, было выявлено значительное увеличение объема пор и общей пористости образцов, что было подтверждено увеличением пористости и проницаемости по результатам газовой порозиметрии. Это объясняется появлением новых микропор, образованием трещин, а также удалением органического вещества и преобразованием доломитов в процессе теплового воздействия. Таким образом, пористость образцов по газу увеличилась в среднем в 3 раза, а проницаемость – на 2–3 порядка.

Сканирование при увеличении 10–20к (масштаб 10 мкм) показало, что образцы карбонатов изначально умеренно пористые и не трещиноватые. Изображения СЭМ образца после эксперимента иллюстрируют значительные изменения поверхности кристаллов, контактов кристаллов и общей целостности образцов. Наиболее важным изменением является рекристаллизация плоских поверхностей в мелкие продолговатые агрегаты размером 0,2–3 мкм (Рисунок 1). Наблюдаемые преобразования поверхности кристаллов приводят к значительному увеличению удельной поверхности породы, вызывая существенные изменения в структуре пустотного пространства и общей пористости образцов. Кроме того, наблюдается появление новых трещин, вызванных и сопровождаемых разрушением контактов зерен в результате термического воздействия, что характерно для большинства образцов после горения. Ключевым изменением является изменение поверхности кристалла, которое можно наблюдать во всех трех масштабах.

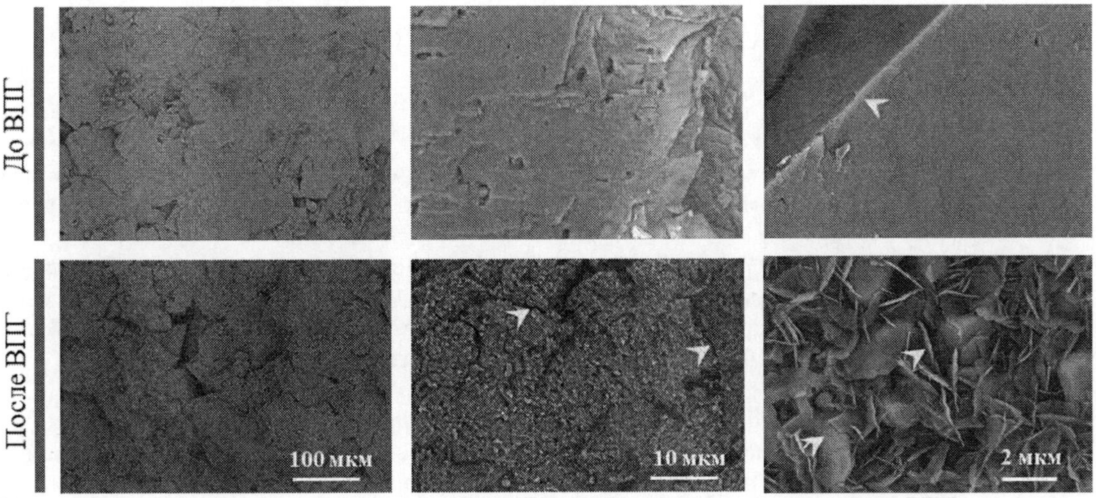

Рисунок 1. *Изменение микроструктуры образца до и после эксперимента ВПГ.*

Для оценки изменения насыщенности и пористости образцов были построены кривые T_2 релаксации (методом ЯМР релаксометрии). Образцы исследовались в состоянии 100%-водонасыщенности, до и после эксперимента ВПГ. Распределение пор по размерам было определено по результатам T_2-релаксации с использованием значения коэффициента поверхностной релаксации 10 мкм/с. Результаты выявили увеличение пористости по ЯМР в среднем в 1,5–2 раза, на 7% абс. в среднем, что также объясняется образованием новых пор и трещин в образце. Распределение размера пор по данным кривой T_2 для образцов иллюстрирует изменение: для исходных образцов мобильный флюид был расположен в порах размером 0,1–10 мкм и 0,1–100 мкм, что характерно для карбонатов. После эксперимента ВПГ, значительное количество свободной жидкости (воды) заполняет микропоры (до 1 мкм) и макропоры в диапазоне от 10 до 100 мкм.

Для анализа изменений в СПП образцов после ВПГ, был также использован метод мКТ. Анализ срезов и 3D-моделей показал, что исходные образцы характеризуются порами и кавернами неправильной формы с большим количеством трещин и значительным количеством закрытых пор. Общая пористость для исходных образцов по данным мКТ варьируется от 5,4% до 21,2%, включая в том числе закрытую пористость от 0,6% до 5,4%. После эксперимента ВПГ фиксируется значительное увеличение открытой пористости с 9,2% до 12,1% в среднем и уменьшение закрытых пор (от 0,6% до 3,9%). Результаты микротомографии при заданном разрешении также обеспечивают дополнительную информацию о распределении пор по размерам (до 5–10 мкм) для выбранных образцов: мы наблюдаем заметное увеличение количества и объема мелких пор в диапазоне 100–200 мкм после термического воздействия. Таким образом, согласно данным мКТ, большинство вновь открывшихся трещин и микропор находится в этом диапазоне размеров и образует новую пористую систему.

Для части образцов были сопоставлены результаты пористости по ЯМР и по газу. Для исходных образцов оба метода показывают хорошую сходимость; значения по газу чуть выше, чем по жидкости, что объясняется наличием каверн в породе. Та же тенденция сохраняется и для образцов после эксперимента ВПГ, показывая общее увеличение пористости в результате появления новых микропор и снижения закрытой пористости.

Выводы

В рамках данной работы, были проведены исследования петрофизических свойств образцов карбонатной породы (пористость, проницаемость, размер пор) до и после термического воздействия (ВПГ) с использованием современных методов (ЯМР, мКТ, СЭМ и др.). Были выделены основные результаты:

- Пористость образцов по газу (pulse decay) после горения увеличилась до 3 раз, проницаемость возросла на 2–3 порядка. Изучение образцов после ВПГ методом ЯМР также выявило увеличение пористости для большинства образцов – в среднем на 5,5 абс. %; поры в образцах после горения можно классифицировать как микропоры (до 1 мкм) и макропоры (от 10 до 100 мкм).

- По результатам мКТ, после термического воздействия наблюдается значительное увеличение открытой пористости в среднем с 9,2% до 12,1% и уменьшение закрытых пор (0,6–3,9%). Появление новых пор и трещин приводит к заметному увеличению объема мелких пор в диапазоне 100–200 мкм в образцах после горения.

- По данным СЭМ мы наблюдаем изменения в минеральной матрице пород: происходит изменение поверхности, контактов зерен и общей целостности скелета породы, вызванное разложением доломита в процессе внутрипластового горения.

Благодарности

Авторы выражают благодарность Елене Козловой (Сколковский институт науки и технологий) за помощь в пиролитических исследованиях, а также Николаю Тараскину, Валентину Соломатину, Инне Чапановой и Сергею Бузову (Сколковский институт науки и технологий) за поддержку в проведении всего комплекса исследований.

Библиография / References

1. Benham, A. L. and Poettman, Fred H. 1958. The Thermal Recovery Process - An Analysis of Laboratory Combustion Data. Journal of Petroleum Technology 10 (09): 83-85. https://doi.org/10.2118/1022-G.

2. Gutierrez, Dubert, Moore, R Gordon, Ursenbach, Matthew G et al. 2012. The ABCs of in-situ-combustion simulations: from laboratory experiments to field scale. Journal of Canadian Petroleum Technology 51 (04): 256-267.

3. Dehghani, Kaveh and Kamath, Jairam. 2001. High-Temperature Blowdown Experiments in a Vuggy Carbonate Core. SPE-75128-PA 6 (03): 283-287. https://doi.org/10.2118/74136-PA.

4. Yavuz, H., Demirdag, S., and Caran, S. 2010. Thermal effect on the physical properties of carbonate rocks. International Journal of Rock Mechanics and Mining Sciences 47 (1): 94-103. https://www.sciencedirect.com/science/article/pii/S1365160909001531.

5. Belousov, M. V., Selivanov, E. N., Gulyaeva, R. I. et al. 2016. Thermodynamics and kinetics of thermal dissociation of dolomite. Russian Journal of Non-Ferrous Metals 57 (3): 180-186. https://doi.org/10.3103/S1067821216030032.

6. Popov, Evgeny, Askarova, Aysylu, Mukhametdinova, Aliya et al. 2021. Evaluation of the applicability of in-situ combustion in a heavy oil carbonate field with high initial oil saturation. Journal of Petroleum Science and Engineering 207: 109146. https://www.sciencedirect.com/science/article/pii/S0920410521008019.

«Ньютоновская полноволновая инверсия как задача оптимального управления»

А. Н. Оразбаев, М. С. Маловичко, Н. И. Хохлов

Московский физико-технический институт

Аннотация

Работа посвящена новому методу Ньютоновской полноволновой инверсии, предложенному авторами. Каждый шаг Ньютоновской инверсии можно представить в виде задачи оптимизации уравнений в частных производных. Решение этой задачи обычно записывают в виде нормальной системы линейных алгебраических уравнений (СЛАУ). Суть нового метода заключается в другом способе решения задачи оптимизации– в виде системы уравнений Каруша – Куна – Таккера (ККТ). В работе рассматривается эффективное итерационное решение возникающей СЛАУ. В ходе численных экспериментов на модели Мармузи было продемонстрировано значительное времени выполнения инверсии по сравнению со стандартным методом.

Введение

Настоящая работа посвящена новому численному методу Ньютоновской полноволновой инверсии, предложенному авторами в работе [1]. Каждый шаг Ньютоновской инверсии можно представить в виде задачи оптимизации уравнений в частных производных. Решение этой задачи обычно записывают в виде нормальной системы линейных алгебраических уравнений (СЛАУ). Основная проблема заключается в том, что эта система большая, плотная, и её очень сложно предобусловить.

Суть нового метода заключается в другом способе решения задачи оптимизации, возникающей на каждом шаге Ньютоновской инверсии – в виде системы уравнений Каруша – Куна – Таккера (ККТ). Возникающая при этом матрица больше нормальной системы, но она разреженная и обладает блочной структурой. Это позволяет построить эффективный предобусловленный итерационный алгоритм для её решения.

Было предложено два предобуславливателя. Оба предобусловливателя имеют блочно-треугольный тип. В одном случае для вычисления предобуславливателя используется полное LU разложение, в другом случае – неполное LU разложение (ILU). Продемонстрировано значительное сокращение времени выполнения по сравнению со стандартным методом полноволновой инверсии.

Центральным результатом этой работы является то, что продемонстрирована возможность ускорения Ньютоновской полноволновой инверсии за счёт переходу к ККТ системе.

Теория

Задача полноволновой инверсии ставится как задача безусловной минимизации

$$\underset{\gamma}{\text{minimize}} \|d - \phi(\gamma)\|^2 + \varepsilon I\,, \tag{1}$$

где γ – это искомый параметр (в данном случае квадрат медленности, $\gamma = c^{-2}$), d – измеренные данные, ϕ – нелинейный оператор прямой задачи, ε – параметр регуляризации, I – единичная матрица.

В данной работе рассматривается акустическое уравнение в области временных частот (двумерное уравнение Гельмгольца):

$$-\Delta U - \frac{\omega^2}{c^2} U = F, \text{в } \Omega,\;\; U = 0 \text{ на } \partial\Omega, \tag{2}$$

где U – монохроматическое давление в области Ω, $\partial\Omega$ – граница области, F – правая часть, ω – круговая частота. На верхней и боковых сторонах присутствуют PML слои, см. [2] (в уравнении (2) они опущены для упрощения записи). После дискретизации уравнение (2) имеет вид

$$Au = f. \tag{3}$$

Пусть после дискретизации задачи (1) искомому параметру γ соответствует вектор s. В стандартном варианте метода Гаусса-Ньютона на каждой нелинейной итерации вектор модели s обновляется как $s_{n+1} = s_n + \delta s$, где поправка δs вычисляется как решение нормальной СЛАУ:

$$H\ \delta s = \ g, \tag{4.1}$$

где

$$\mathrm{H} = \left(\sum_{j=0}^{K-1} J_j^* W_j^T W_j J_j + \varepsilon I\right), \quad g = \sum_{j=0}^{K-1} W_j^T J_j^* r_j - \varepsilon s_n. \tag{4.2}$$

Здесь J_j – это матрица Якоби для j-го источника. Система (4), как правило, не помещается в память, и должна решаться итерационно, например, методом сопряжённых градиентов (CG). Прямые и сопряженные задачи (то есть умножение векторов на матрицы J_j и J_j^*) для каждого источника можно решать параллельно.

Мы предлагаем альтернативный метод вычисления поправок δs. Используя формализм Лагранжа, можно вывести [1] систему Каруша-Куна-Таккера (ККТ):

$$\underbrace{\begin{bmatrix} F & O & A^* \\ O & \varepsilon I & -P^* \\ A & -P & O \end{bmatrix}}_{M} \underbrace{\begin{bmatrix} \delta u \\ \delta s \\ \lambda \end{bmatrix}}_{\xi} = \underbrace{\begin{bmatrix} Q^* W^T W r \\ -\varepsilon s_n \\ 0 \end{bmatrix}}_{b}, \tag{5}$$

где λ – вектор множителей Лагранжа, $F = Q^* W^T W Q, P = \omega^2 diag(u_n), u_n$ – решение прямой задачи на предыдущей итерации. Можно показать, что поправки δs, вычисляемые в результате решения системы (4) и (5) эквивалентны. При этом матрица системы M разрежена, и может быть эффективно предобусловлена. Мы предлагаем два предобуславливателя, записанные ниже:

$$P := \begin{bmatrix} O & O & A^* \\ O & \varepsilon I & -P^* \\ A & -P & O \end{bmatrix}, \qquad \tilde{P} := \begin{bmatrix} O & O & \tilde{A}^* \\ O & \varepsilon I & -P^* \\ \tilde{A} & -P & O \end{bmatrix}. \tag{6}$$

Обращение предобуславливателя P подразумевает два точных решения прямой и сопряжённой задачи. В предобуславливателе $\tilde{P}$ точные решения с матрицами A^* и A заменены на приближённые решения. Мы использовали ILU-аппроксимацию этих матриц, но возможны и другие способы.

Численные эксперименты

Оптимизация полноволновой инверсии была реализована на Python. Прямая и обратная задача решались на C++. В качестве тестового примера мы брали часть модели Мармузи. В задаче было 25 источников и 100 приёмников. Шаг расчетной сетки равнялся 5 метрам. Расчётная область и распределение скорости приведено на рисунке 1.

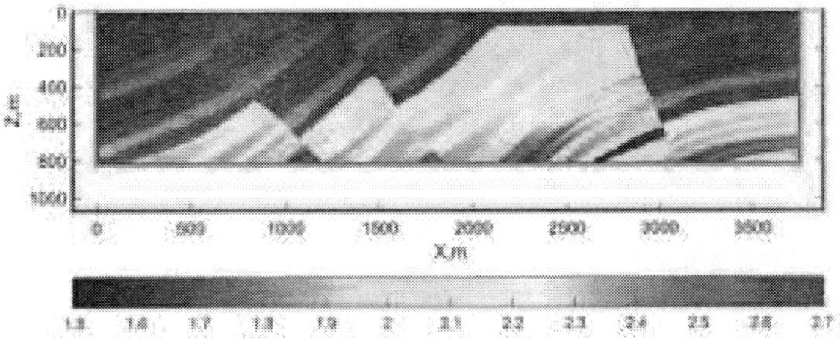

Рисунок 1. *Модель, которую восстанавливали в данной работе. Это часть модели Мармузи. темно-бордовым цветом отмечена зона PML*

Было выполнено сравнение времени вычисления одного Ньютоновского шага при помощи стандартного метода (CG) и путём решения ККТ системы с предобусловленным алгоритмом GMRes. Предобуславливатель $\widehat{P}$ был получен неполным LU разложением с fill-in параметром 21.

Таблица 1. *Сравнение линейных солверов. CG – метод сопряженных градиентов применяемый к нормальной системе. GMRes-full – GMRes для ККТ системы предобусловленной с P. GMRes-approx – то же для* $\widehat{P}$

	CG	GMRes-full	GMRes-approx
Итерации	19	16	30
Время на итерацию, с	264	267	19
ILU инициализация, с	0	0	121
Время полное, с	5391	4800	834

Как видно на рисунке 3 поправки к скоростной модели вычисленные при помощи CG и GMRes практически идентичны. Скорость сходимости у CG и GMRes-full одинаковая, но GMRes достиг нужной невязки на 3 итерации быстрее. Сходимость GMRes-approx медленнее, но время каждой итерации меньше. Сравнение алгоритмов приведено в таблице 1. Мы видим значительное ускорение GMRes-approx по сравнению с CG.

Выводы

В работе предложен новый метод выполнения Ньютоновской сейсмической полноволновой инверсии. Приведено сравнение двух способов вычисления поправки скоростной модели. В первом способе используется стандартный подход с решением нормальной системы. Во втором способе задача сводится к блочной разреженной матрице 3×3. Мы использовали два вида предобуславливателей: с полным и неполным LU разложением (P и $\widehat{P}$ соответственно). Использование предобуславливателя $\widehat{P}$ существенно ускоряет работу программы.

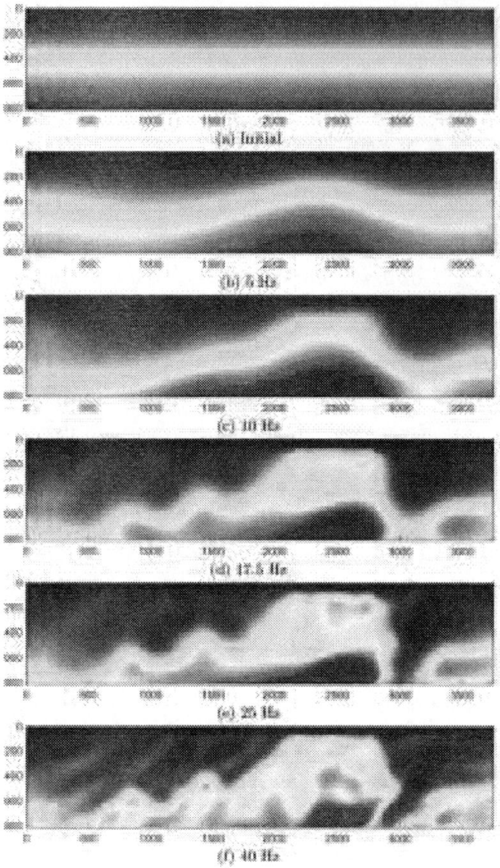

Рисунок 2. *Начальное распределение скорости(a) и изменение распределения после Ньютоновских итераций (b)-(f).*

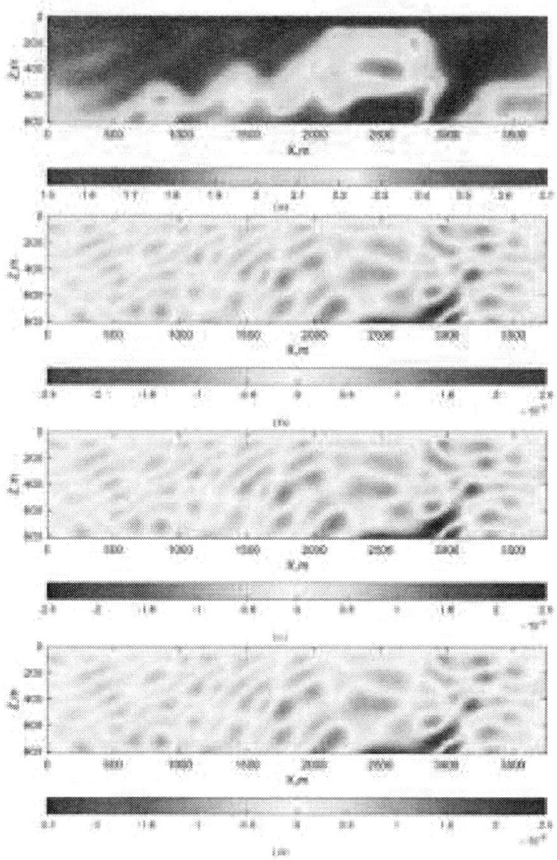

Рисунок 3. *Сравнение поправок к медленности, вычисленных на одной Ньютоновской итерации. (a) стартовое распределение скорости для данной итерации, (b) – поправка к медленности, вычисленная путём решения нормальной СЛАУ. (c) - поправка к медленности, вычисленная путём решения ККТ системы с предобуславливателем P. (d) – то же с предобуславливателем $\hat{P}$.*

Благодарности

Проект осуществлён при финансовой поддержке Российского научного фонда, грант 21-11-00139.

Библиография

[1] M. Malovichko, A. Orazbayev, N. Khokhlov, Iterative PDE-constrained optimization for seismic full-waveform inversion, 2022, https://doi.org/10.48550/arXiv.2204.06489

[2] N. Yavich, N. Khokhlov, M. Malovichko, and M.S Zhdanov. Contraction operator transformation for the complex heterogeneous Helmholtz equation. Computers and Mathematics with Applications, 86:63–72, 2021.

Исследование ледовых структур на Арктическом шельфе на термическую и механическую устойчивость численными методами

Д.С. Конов* (МФТИ), М.В. Муратов (МФТИ), Е.К. Гусева (МФТИ), И.Б. Петров (МФТИ)

Введение

Запасы полезных ископаемых в том числе углеводородов на Арктическом шельфе Российской Федерации оцениваются различными экспертами в десятки миллиардов тонн нефти и сотни триллионов кубометров газа. Освоение шельфа – технически сложный процесс, рентабельность не всех месторождений позволяет использовать классический методы, такие как, например, ледостойкие платформы. Различные ледовые структуры призваны сократить стоимость экономической деятельности, в том числе разведки и добычи углеводородов на шельфе.

Эволюция ледовых структур со временем – фактически задача теплопроводности с фазовыми переходами, а также задача механической устойчивости структур произвольной, изменяющейся в следствии таяния, формы с найденными температурными распределениями. Подобные задачи могут возникать не только для ледовых структур в Арктике, но и при эксплуатации оборудования в зонах вечной мерзлоты, сейсморазведке в этих областях и другой деятельности.

Сначала сформулируем задачу Стефана – задачу об эволюции температурного распределения с учетом фазовых переходов. Затем обсудим подходы для ее численного решения. Обсудим методы исследования вопросов механической устойчивости. Далее, для образцовой структуры – ледового острова, поставим и решим эти задачи численно.

Теория

Рассматриваем произвольную область Ω в трехмерном пространстве. На основе закона теплопроводности Фурье, определения теплоемкости (при постоянном давлении), закона сохранении энергии можно сформулировать уравнения:

$$\frac{\partial C_i^V T}{\partial t} = \vec{\nabla}_r\left(k_i \vec{\nabla}_r T\right), \qquad \vec{r} \notin \Gamma(t)$$

$$\lambda^V \frac{\partial \overrightarrow{r_\Gamma}}{\partial t} \cdot \overrightarrow{dS} = (\vec{q}_L - \vec{q}_S) \cdot \overrightarrow{dS}, \qquad \overrightarrow{r_\Gamma} \in \Gamma(t)$$

$$\left(\alpha T + \beta \frac{\partial T}{\partial n}\right)\Big|_{\partial\Omega} = \gamma$$

$$T(\vec{r}, t)|_{t=0} = T_0(\vec{r})$$

Считаем, пока, что фазы две, $i \in \{L, S\}$ (жидкая и твердая соответственно), а теплота фазового перехода единицы объема составляет λ^V. Данные уравнения включают два уравнения теплопроводности (для каждой фазы i), условие Стефана на границе, граничные и начальные условия. Приняты данные обозначения: $\vec{r}$ – радиус вектор, t – время. Поле температур обозначено $T = T(\vec{r}, t)$, оно зависит от времени. $\vec{\nabla}_r = \vec{e}_x \frac{\partial}{\partial x} + \vec{e}_y \frac{\partial}{\partial y} + \vec{e}_z \frac{\partial}{\partial z}$ – дифференциальный оператор набла, C_i^V- теплоемкости единицы объема вещества в состоянии i, k_i – теплопроводность. $\Gamma(t)$ – граница между областями разных фаз i. Тепловой поток обозначен $\vec{q}$. Задача может быть приведена к одному уравнению параболического типа, если заменить температуру на энтальпию (теплосодержание). Соответствующее отображение:

$$H = \begin{cases} \rho_S C_S T, & T < T_p \\ \rho_L C_L (T - T_p) + \rho_S C_S T_p + \rho_S \lambda, & T > T_p \end{cases}$$

Здесь перешли к удельным характеристикам C_i, λ, ввели плотность ρ_i. Температура фазового перехода принята равной T_p. Фазовый переход происходит в диапазоне:

$$C_s^V T_p = H_- < H < H_+ = C_s^V T_p + \lambda^V$$

Нетрудно перейти и от энтальпии к температуре. Далее, доопределяя теплопроводности в промежуточной области, можно получить квазилинейное уравнение теплопроводности:

$$\frac{\partial H}{\partial t} = \vec{\nabla}_r \left(k(H) \vec{\nabla}_r T(H) \right)$$

$$\left(\alpha T(H) + \beta \frac{\partial T(H)}{\partial n} \right) |_{\partial \Omega} = \gamma$$

$$H(\vec{r}, t)|_{t=0} = H\left(T_0(\vec{r})\right)$$

Аналогичные выкладки можно повторить для двумерных областей. Решение уравнения численно выполняем на равномерных сетках. Численные схемы для перехода между временными слоями могут быть явными и неявными. Для оптимальной производительности предлагается использовать неявные абсолютно устойчивые методы, допускающие прогонку. В двумерном случае будем использовать продольно-поперечную схему (схему Писмена-Рекфорда), а в трехмерном – схему Дугласа-Ганна. Коэффициент теплопроводности в прогонке используем с предыдущего слоя, а для перехода на следующий временной шаг используем итерационный алгоритм, пока не достигнем требуемой точности. Продольно-поперечная схема:

$$\frac{\tilde{u}_{ml} - u_{ml}^n}{\tau/2} = \Lambda_{xx} u_{ml}^{n+1/2} + \Lambda_{yy} u_{ml}^n$$

$$\frac{u_{ml}^{n+1} - \tilde{u}_{ml}}{\tau/2} = \Lambda_{xx} u_{ml}^{n+1/2} + \Lambda_{yy} u_{ml}^{n+1}$$

Дугласа-Ганна:

$$\frac{\tilde{u}_{mlp} - u_{mlp}^n}{\tau} = \frac{1}{2} \Lambda_{xx} \left(\tilde{u}_{mlp} + u_{mlp}^n \right) + \Lambda_{yy} u_{mlp}^n + \Lambda_{zz} u_{mlp}^n$$

$$\frac{\tilde{\tilde{u}}_{mlp} - u_{mlp}^n}{\tau} = \frac{1}{2} \Lambda_{xx} \left(\tilde{u}_{mlp} + u_{mlp}^n \right) + \frac{1}{2} \Lambda_{yy} (\tilde{\tilde{u}}_{mlp} + u_{mlp}^n) + \Lambda_{zz} u_{mlp}^n$$

$$\frac{u_{mlp}^{n+1} - u_{mlp}^n}{\tau} = \frac{1}{2} \Lambda_{xx} \left(\tilde{u}_{mlp} + u_{mlp}^n \right) + \frac{1}{2} \Lambda_{yy} (\tilde{\tilde{u}}_{mlp} + u_{mlp}^n) + \Lambda_{zz} (u_{mlp}^{n+1} + u_{mlp}^n)$$

Дифференциальные операторы (в трехмерном случае и для других направлений операторы аналогичны):

$$\Lambda_{xx} u = k_{m+\frac{1}{2} l} \frac{t_{m+1\,l} - t_{ml}}{h_x^2} + k_{m-\frac{1}{2} l} \frac{t_{m-1\,l} - t_{ml}}{h_x^2}$$

$$k_{m+\frac{1}{2} l} = k_{m+1-\frac{1}{2} l} = \frac{k_{m+1\,l} + k_{m\,l}}{2}$$

Задача о механическом устойчивости решается с использованием сеточно-характеристического метода [1]. Гиперболическое уравнение, описывающее упругие воздействия, может быть переписано в канонической форме (приведем трехмерные выкладки):

$$\frac{\partial \vec{u}}{\partial t} + \sum_{i=1,2,3} A_i \frac{\partial \vec{u}}{\partial \xi_i} = 0.$$

$$u = \left(v_x, v_y, v_z, T_{xx}, T_{yy}, T_{zz}, T_{xy}, T_{xz}, T_{yz}\right)$$

Переходя к инвариантам Римана, выражаем исходную систему в виде набора независимых уравнений, которые возможно решать с помощью модифицированной схемы Русанова третьего порядка [2]. Более подробное описание способов решения термодинамической задачи, начальных и граничных условий представлено в работе [3].

Примеры расчетов

Используем разработанные методы на практике. Рассмотрим ледовую структуру, изображенную на рисунке 1. Для нее сначала поставим задачу о таянии с течением года. Считаем, что остров построили в зимний период времени, когда температура окружающего воздуха составляла $T_a = -40°C$. Далее, она изменяется каждый месяц согласно закону, указанному в таблице 1. Температура воды принимается постоянной и равной $T_w = 5°C$. Считаем, что морское дно промерзает не более чем на 5 метров вглубь и тепловые потоки в ее глубине незначительны. Таким образом, для массива донного грунта формулируем условие на нулевой тепловой поток на нижней и боковых границах.

Месяц	Январь	Февраль	Март	Апрель	Май	Июнь	Июль	Август	Сентябрь
T_a	−28	−28	−27	−20	−9	−1	2	1	−2

Таблица 1. *Температура воздуха в различные месяцы.*

Рисунок 1. *Схема области интегрирования. Индексы веществ соответствуют таблице 2.*

№	Вещество	$\rho, \frac{кг}{м^3}$	$k, \frac{Вт}{м \cdot К}$	$C, \frac{Дж}{кг \cdot К}$	$S_p, \frac{м}{с}$	$S_s, \frac{м}{с}$
1	Лед	917	0.591	2100	3550-3600	1920-1940
2	Донный грунт	2500	0.8	750	1806	316
3	Вода	1000	2.22	4180	1500	–
4	Воздух	–	–	–	–	–
5	Осадочные породы	2500	–	–	2250	1000

Таблица 2. *Характеристики веществ на рисунках 1, 2.*

Используем результаты моделирования тепловых процессов, результаты которых приведены на рисунках 3 для проверки устойчивости острова. Его форма не соответствует изначальной из-за таяния и приведена на рисунке 2. В таблице 2 буквами S_s и S_p обозначены скорости продольная и поперечная скорости звука. Для льда значения завесили от температуры.

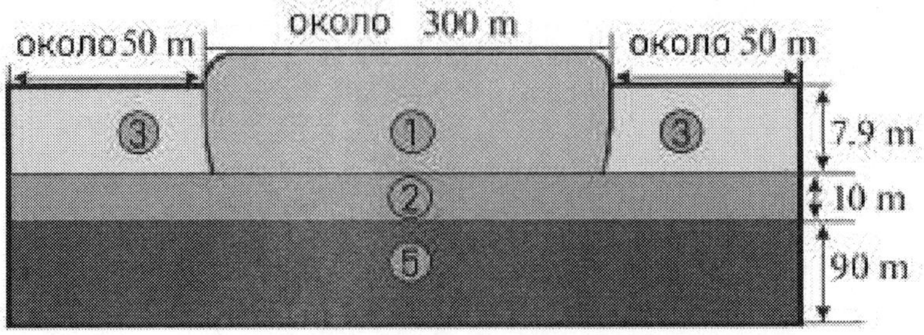

Рисунок 2. *Область для моделирования для задачи механической устойчивости.*

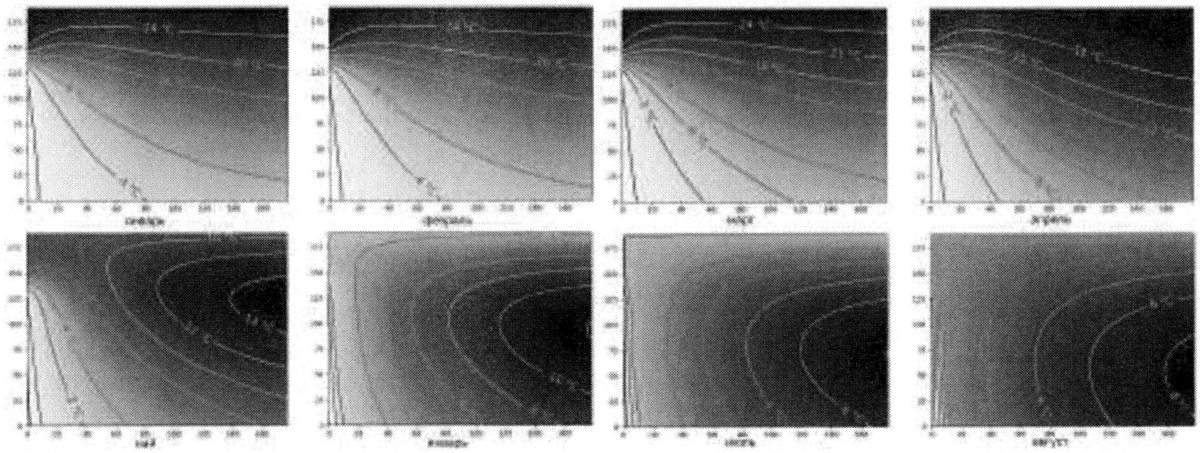

Рисунок 3. *Тепловые распределения в толще льда от месяца.*

Для проверки устойчивости острова будем считать, что на верхней поверхности расположено некоторое оборудование. Разрушение острова происходит для разных силовых воздействий в зависимости от месяца. Для января максимальная сила составляет $F = (2.175 \pm 0.025) \cdot 10^6$ Н, а для августа $\mathrm{F} = (2.125 \pm 0.025) \cdot 10^6$ Н.

Выводы

Таким образом, разработаны численные методы и ПО для исчерпывающего исследования ледовых структур различных назначений. Произведены расчеты для образцовой структуры.

Благодарности

Работа выполнена в рамках проекта Российского научного фонда № 21-71-10015.

References

1. K. M. Magomedov, A. S. Kholodov Grid-Characteristic Numerical Methods // Nauka, Moscow, 1988
2. V. Rusanov The calculation of the interaction of non-stationary shock waves with barriers // J. Comput. Math. Phys. USSR 1, 267–279 (1961)
3. V. I. Golubev, M. V. Muratov, E. K. Guseva, D. S. Konov I. B. Petrov Thermodynamic and Mechanical Problems of Ice Formations: Numerical Simulation Results // Lobachevskii Journal of Mathematics, 2022, Vol. 43, No. 4, pp. 975–984.

CRS - технология улучшения изображения среды. Результаты применения технологии на примере реальных данных.

Т.Р. Шамсутдинов* (ООО «ПетроТрейс Сервисиз»), А.З. Недоступов (ООО «ПетроТрейс Сервисиз»), Т.Р. Шарафутдинов (ООО «ПетроТрейс Сервисиз»)

Введение

CRS является продолжением хорошо известного уравнения суммирования в средней точке, путем ввода приповерхностных элементов в решение, описываемое их кривизной и наклонами. Обработка CRS основана на предположении, что глубинная модель состоит из небольших площадок отражения, а не точек отражения. Преимуществами процедуры являются:

- Сигнальная обработка без искажения сигнала.
- Высоко регуляризованные сейсмограммы равных удалений (предпочтительны в качестве входных данных для миграции Кирхгофа до суммирования).
- Улучшенное соотношение сигнал /помеха.
- Интерполяция трасс в области ОСТ и/или удалений для заполнения пропусков съёмки.
- Интерполяция до более плотного расстояния между бинами.
- Сведение воедино съемок разных типов.
- Кинематические модели высокой детализации.

В случаях, когда стандартные методики обработки не справляются с поставленными задачами прослеживания отражающих горизонтов в зонах сложного геологического строения, имеет смысл использовать математически более комплексные методы работы с сейсмическими данными, которые применяются для описания сложных геологических сред.

Теория

Принципиальным отличием технологии является вовлечение в суммирование большего количества трасс за счет представления рефлектора не как точки в методе ОГТ, а как отражающей поверхности. Этому сопутствует более сложное по сравнению с ОГТ волновое уравнение, учитывающее от 3 до 9 параметров (в зависимости от конкретной реализации метода) [2].

CRS суммирование предполагает модель с криволинейными границами, которые характеризуются расположением, локальной направленностью уклона и локальной кривизной. В двумерном случае эти характеристики геологического строения связаны с тремя кинематическими атрибутами волнового поля. В сейсмических данных с многократным перекрытием, записываемых на поверхности, отраженная волна может характеризоваться углом возникновения и двумя радиусами кривизны волнового поля, а именно α (угол подхода на поверхности луча между вертикалью и радиусом кривизны), RNIP (радиус кривизны волны из точечного источника, который можно представить в качестве результата точечного источника на рефлекторе в точке нормального падения), RN (радиус кривизны так называемой нормальной волны, которую можно представить как модель со взрывающимися границами на рассматриваемом рефлекторе) [3].

Три параметра волнового поля определяют поверхность суммирования в наборе сейсмических данных с многократным перекрытием, который не сводится к геометрии ОГТ. Оптимальный набор параметров (α, RNIP, RN) для каждой точки (X,T) в секции разреза с нулевым удалением характеризуется максимальной энергий вдоль соответствующей поверхности суммирования.

Таким образом, эти параметры могут быть получены одновременно сканированием трехмерного пространства параметров для нахождения максимальной энергии [1]. Теория технологии CRS представлена на Рисунок 1.

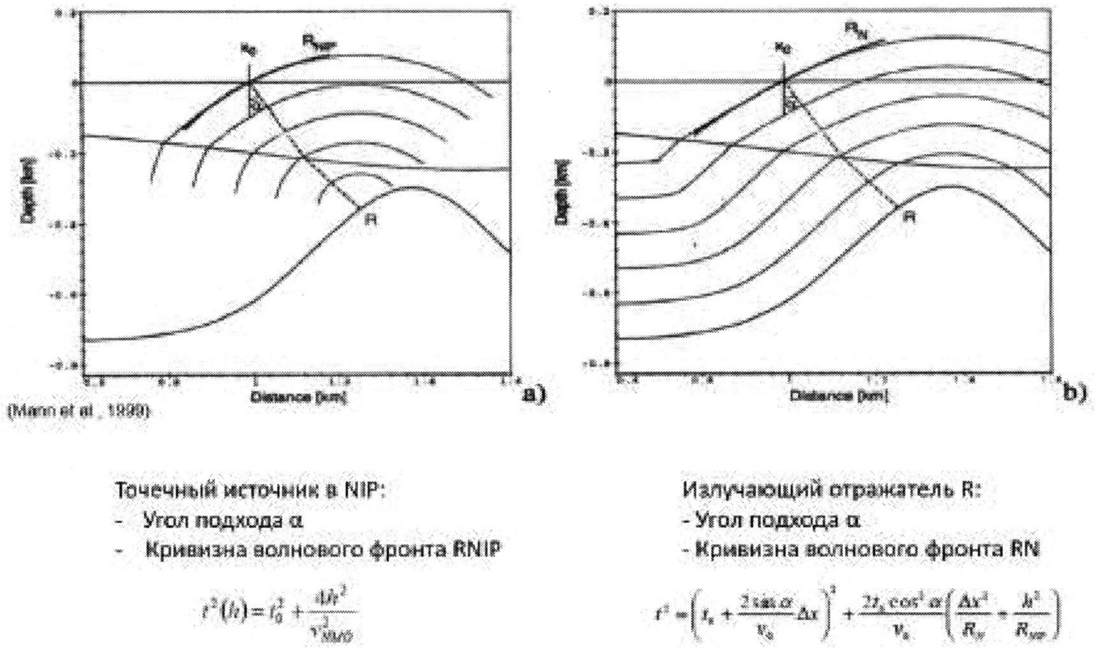

Рисунок 1. Теория технологии CRS (основное). Различия использования общей глубинной точки ОГТ и отражающей поверхности

Граф обработки CRS делится на два условных этапа, необходимых для достижения оптимальных результатов:

Подготовка данных:

- Сигнальная обработка без искажения сигнала.
- Подавление шумов без жестких двумерных фильтров (FK и т.п.). Только в крайних случаях.
- Коррекция амплитуд.
- Финальная коррекция статических поправок.

Специальная обработка CRS

- Выбор апертуры средних точек CRS

В качестве графа обработки, удовлетворяющего условиям эффективного выполнения обработки CRS являлся следующий список процедур:

- Сигнальная обработка без искажения сигнала
- Подавление шумов без жестких двумерных фильтров (FK и т.п.). Только в крайних случаях
- Коррекция амплитуд
- Финальная коррекция статических поправок

Нужно отметить, что при подготовке данных формируются наборы сейсмограмм с набором процедур обработки, которые не влияют на динамические характеристики сигнала [4].

Входные данные для CRS:

Сейсмограммы CMP после препроцессинга

- Формат SEG-Y (также поддерживаются форматы Focus / Promax / OpenCPS)
- Стандартные заголовки: CMP или Инлайн-Кросслайн, коррдинаты ПВ и ПП, TRC_TYPE=1
- Предпочтительная сортировка: CMP-Удаление (2D) / Инлайн-Кроссклайн-Удаление, или Кроссклайн-Инлайн-Удаление (3D)

Лучшие скорости суммирования как направляющие функции

- Коррекция амплитуд
- Полный объём, включающий в себя все локации CMP по сейсмограммам CMP
- Идентичный формат, дискрет, длина трассы равная длине трасс сейсмограмм CMP
- Предпочтительная сортировка: CMP (2D) / Инлайн-Кросслайн, или Кросслайн-Инлайн (3D)

Примеры

Классическая обработка данных 2D проекта не позволяли достичь должного качества прослеживаемости отражающих горизонтов по причине сложных сейсмогеологических условий. Было принято решение выполнить тестирование методики обработки CRS, для которой были подготовлены данные в специальной ветке проекта, удовлетворяющие условиям успешного использования технологии.

В качестве примера работы технологии CRS, ниже представлены временные разрезы 2D профилей. Рисунок 2 – временные разрезы со статическими поправки по профилям проекта до специальной обработки CRS, Рисунок 3 - временные разрезы со статическими поправки по профилям проекта до специальной обработки CRS и PSTM.

Рисунок 2. Временные разрезы 2D-профилей до специальной обработки CRS

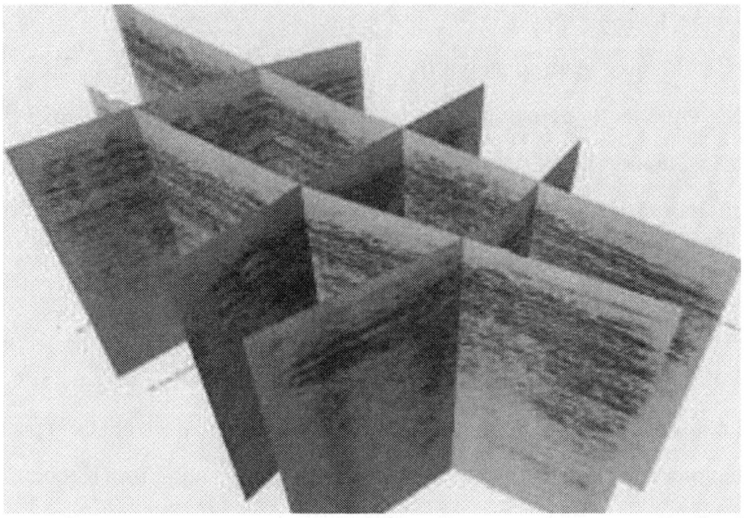

Рисунок 3. Временные разрезы 2D-профилей после специальной обработки CRS

Выводы

Основываясь на представленных результата, смело можно говорить о положительных результатах технологии CRS для целей улучшения сейсмического изображения. Среди заметных улучшений стоит выделить:

- Улучшение прослеживаемости горизонтов в зонах, где силами стандартной обработки не удалось добиться корректного результата;
- Улучшение качества суммирования в верхней части разреза (до 400 мс);
- Уменьшение уровня шумов;
- Удаление фут-принтов.

References

1. G. Gierse, H. Endres, G. Eisenberg-Klein and J. Pruessmann, 2011, CRS Shot Gather Reconstruction and Regularization for Improved Prestack Imaging, 73rd EAGE Conference and Exhibition incorporating SPE EUROPEC 2011, May 2011, cp-238-00203
2. Hubral, P., Hoecht, G., and Jaeger, R., 1999, Seismic illumination. Leading edge, 1268–1271
3. Jäger, R., Mann, J., Höcht, G., and Hubral, P. (2001). Common-reflection-surface stack: Image and attributes. Geophysics, 66:97–109, doi: 10.1190/1.1444927.
4. Tygel, M., Gamboa, F., and Freitas, L., 2006, Processamento Sísmico Pelo Método Crs, II Simpósio Brasileiro de Geofísica, Sep 2006, cp-198-00095

Результаты совместной обработки наземных данных нескольких съемок Центральной Колумбии.

Давыдов А.Н. (ООО «ПетроТрейс Сервисиз»), Т.Р. Шамсутдинов* (ООО «ПетроТрейс Сервисиз»), А.З. Недоступов (ООО «ПетроТрейс Сервисиз»), Т.Р. Шарафутдинов (ООО «ПетроТрейс Сервисиз»)

Введение

Данный проект представляет из себя совместную обработку трех съемок разных лет, с последующим объединением для временной и глубинной миграции Кирхгофа до суммирования.

В ходе выполнения проекта предстояло решить следующие задачи:

- Подавление повышенного фона помех, вызванных близостью объектов инфраструктуры
- Объединение съемок с разным азимутом и их регуляризация/интерполяция на общий грид
- Интерполяция трасс в сложных участках съемки – населенные пункты и т.п.

Обработка производилась в пакете Schlumberger Omega с использованием каскадов процедур адаптивного подавления случайных и когерентных помех (AAA, NUCNS, Adaptive NA, процедуры 5Д регуляризации и интерполяции – MPFI (Matching Pursuit Fourier Interpolation) [2].

Проблематика

Одной из основных проблем при обработке данных на данном проекте были пропуски полевых данных, которые были вызваны сложными поверхностными условиями, такими как высокая заселённость исследуемой территории. На ряду с проблемой неполного отстрела полевых данных, стоит также отметить наличие проблем с «интербед» и кратными помехами, которые значительно осложняли процесс обработки.

Решение

До этапа деконволюции каждая из съемок обрабатывалась отдельно, обеспечив таким образом некоторую степень параллелизации стадий проекта [1]. Кроме повышенного фона помех, удалось проблему объединения съемок с разным гридом [3]. Для этого был выбран единый грид с азимутом 315 градусов, на которой была проведена регуляризация и интерполяция всех съемок.

Примеры

Примеры результатов работы подавления помех и интерполяции представлены ниже. Рисунок 1, Рисунок 2 и Рисунок 3 – временные разрезы до, после шумоподавления и модель шума, соответственно. Рисунок 4 и Рисунок 5– временные разрезы до и после интерполяции и регуляризации.

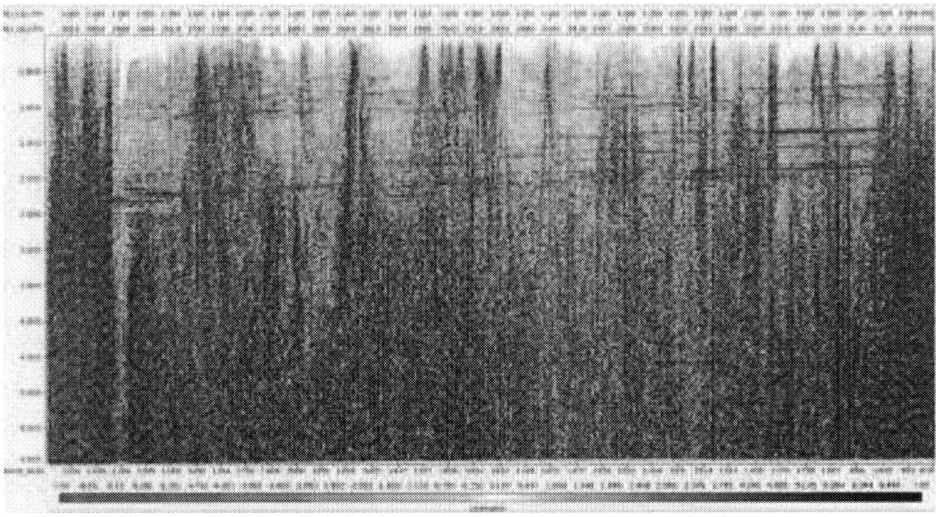

Рисунок 1. Временной разрез ОГТ до первичного подавления помех

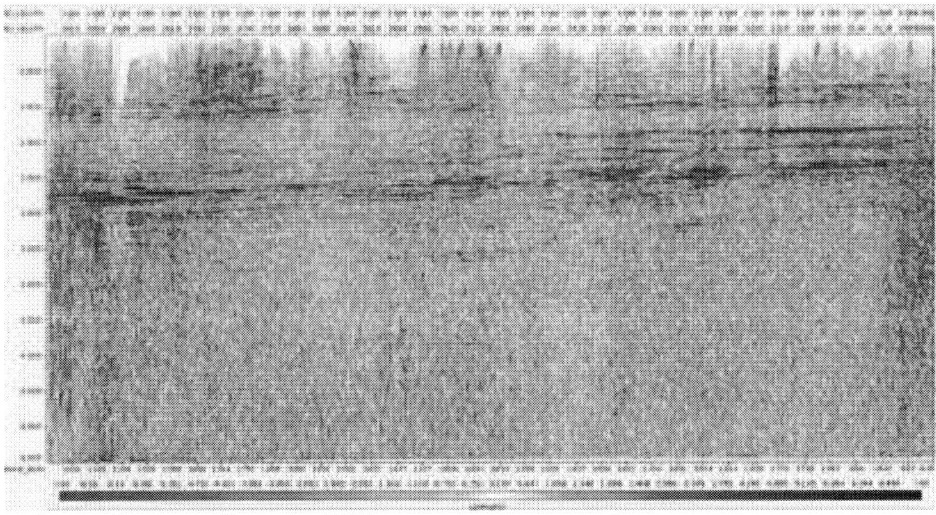

Рисунок 2. Временной разрез ОГТ после первичного подавления помех

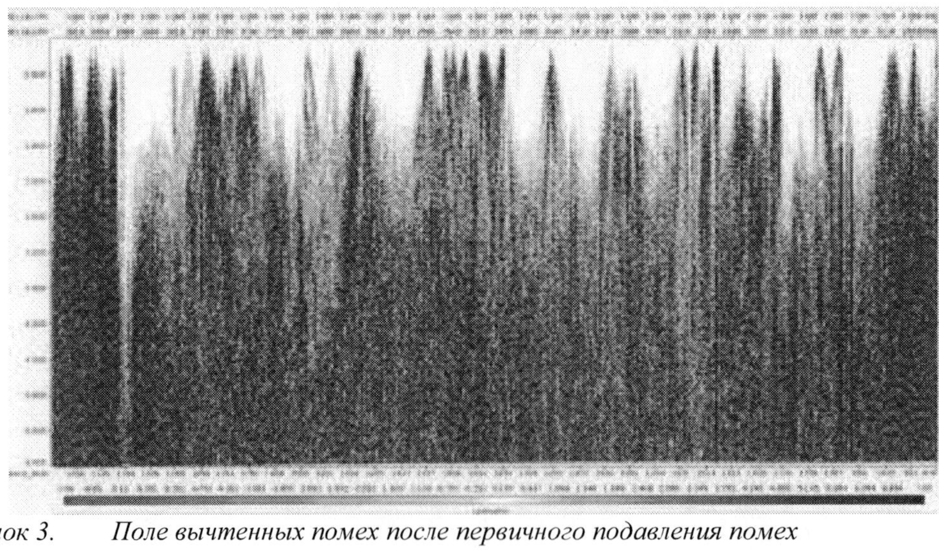

Рисунок 3. Поле вычтенных помех после первичного подавления помех

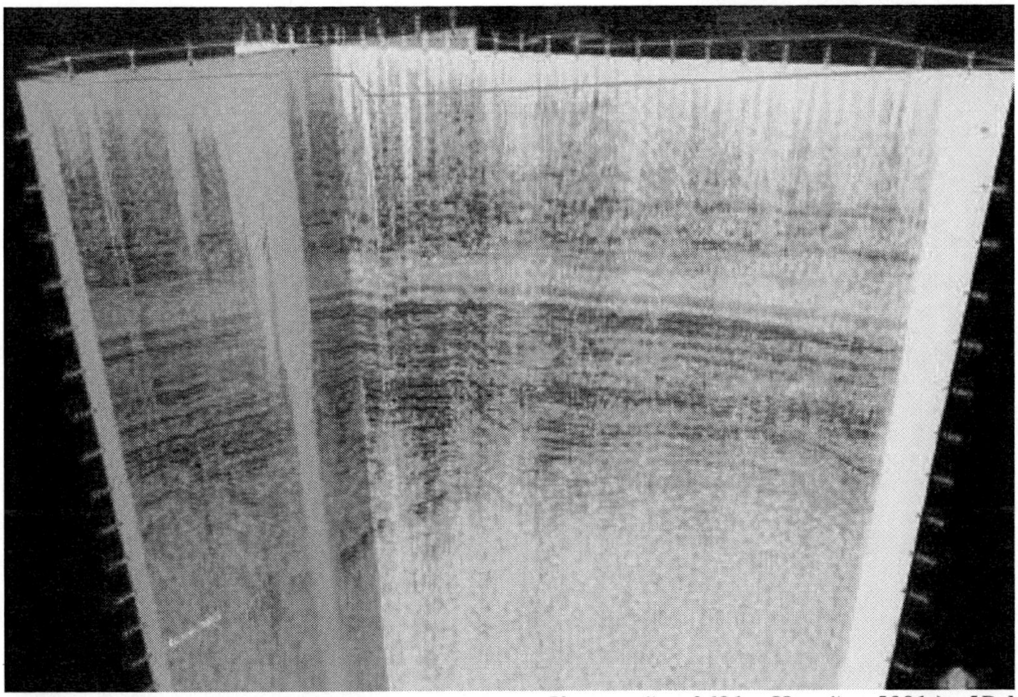

Рисунок 4. Временные разрезы на пересечении Кросслайна 3681 и Инлайна 5981 до 5D MPFI

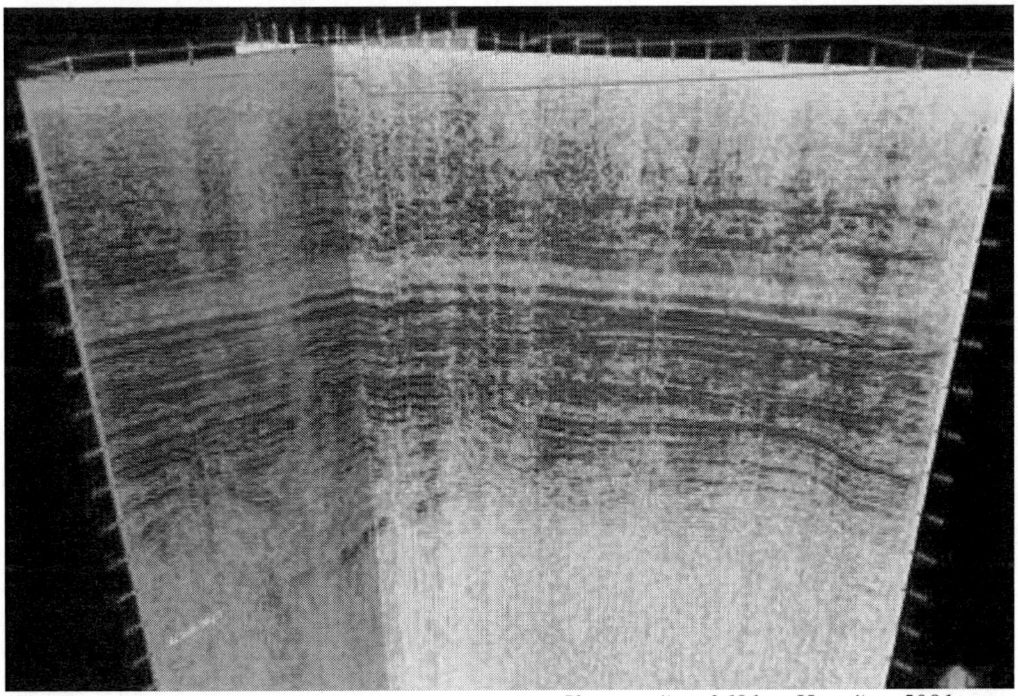

Рисунок 5. Временные разрезы на пересечении Кросслайна 3681 и Инлайна 5981 после 5D MPFI

Выводы

По результатам проекта заказчиком была отмечена высокая эффективность примененных процедур и улучшение сейсмического изображения в целевых горизонтах.

Заказчик получил рекомендации использования подобного графа обработки в качестве базового для последующих работ в данном регионе.

References

1. A. Svetlichny, G. Wittmann and A. Kovács, 2012, 3D Land Seismic Multisurveys Merge, 2nd EAGE International Conference KazGeo, Oct 2012, cp-315-00050
2. Schonewille, M., Kłaedtke, A., Vigner, A., Brittan, J., Martin, T., 2009, Seismic data regularization with the anti-alias anti-leakage Fourier transform: First Break Issue 9, vol. 27
3. Xu, S., Zhang, Y., and Lambaré, G., 2010, Antileakage Fourier transform for seismic data regularization in higher dimensions: Geophysics 75, 113-120 (2010)

Нелинейная пост-обработка сейсмических данных в парадигме линейных и нелинейных сред на примере «nSeis»

А.А. Архипов* (ООО «Геошельф-Сервис»), Г.Ю. Кобзарев (ООО «ТП НИЦ Нефтегаз»), И.Ю. Хромова (ИП «Хромова И.Ю.»)

Введение

В силу ограничений, обусловленных аппаратурой для сейсмической съёмки, условиями возбуждения и регистрации, естественным затуханием сигнала и последующей обработкой данных, спектр результирующей полезной записи (суммы) ограничен полосой, в ряде случаев не позволяющей проведение геологической интерпретации с требуемой детализацией и точностью. При условии сохранения методик полевых работ и последующей обработки, методы компенсации обеднённых диапазонов спектра (деконволюция, Q-компенсация и пр.) основаны на применении частотных коэффициентов (усиление). С одной стороны, простота их реализации существенно экономит ресурсы при значительном улучшении сейсмического изображения, с другой стороны у данных методов есть непреодолимое ограничение: в случае отсутствия полезной записи на усиливаемых частотах результатом применения любого метода деконволюции/Q-компенсации будет интенсивная шумовая/неинтерпретируемая картина.

Наряду с методами расширения спектра сейсмической записи при интерпретации сейсмоданных широко применяется атрибутный анализ, основанный, как правило, на регрессионном подходе. При этом глубокого анализа причин высокой информативности того или иного атрибута при решении геологической задачи не проводится, но часто упоминается о возрастающей информативности волнового поля после расчёта атрибутов.

Настоящая работа – первый шаг к пониманию физических предпосылок информативности атрибутивного анализа в парадигме линейных и нелинейных сред.

Теория

Многие методы обработки данных сейсморазведки разрабатывались десятки лет назад при соответствующем им уровне развития вычислительной техники, что являлось первой причиной их упрощения и во многих случаях линеаризацией исходно нелинейных задач. Второй причиной линеаризации нелинейных задач было стремление повышения устойчивости применения алгоритмов (снижение количества степеней свободы) для решения ряда прикладных вопросов (часто – некорректно поставленных задач).

На современном этапе развития и стоимости вычислительной техники возможно вернуться к пересмотру методов аппроксимации некоторых ранее линеаризованных задач с компенсацией увеличившегося количества степеней свободы. Тем самым при прочих равных получить более точные решения поставленных задач.

О нелинейности при сейсморазведочных работах

Линейными средами принято называть среды, в которых выполняется линейный закон Гука для малых деформаций (участок 0А – до предела пропорциональности, рис. 1а). С этой точки зрения *нелинейные (физическая нелинейность)* эффекты могут возникать при больших напряжениях и, соответственно, при больших энергиях воздействия (участок АЕ). Помимо *физической нелинейности* – нелинейности зависимости деформации и напряжения, необходимо упомянуть о *геометрической нелинейности*, обусловленной нелинейностью уравнений теории упругости и *механической нелинейности*, вызванной при передаче нагрузок среде сейсмическим источником. Далее будет рассмотрен частный случай физической нелинейности, как наиболее интенсивно проявляемый при сейсморазведочных работах.

В современной сейсморазведке существует конфликт мнений: с одной стороны взаимодействия среды с зондирующим сигналом – малоамплитудные (малые деформации и напряжения) и должны описываться линейным законом Гука, с другой стороны существует ряд экспериментальных работ, неопровержимо доказывающих нелинейность геологической среды. Объясняется это тем, что пористые/трещиноватые/анизотропные горные породы обладают свойством бимодульности (рис. 1б) (или разномодульности) [Владов М.Л., Капустин В.В., 2014], что характеризуется существенным различием модуля Юнга и коэффициента Пуассона при сжатии и растяжении образца. Для осадочных пород-коллекторов (песчаники, известняки) модули и коэффициенты на сжатие и растяжение при малых энергиях воздействия могут отличаться в 4 раза.

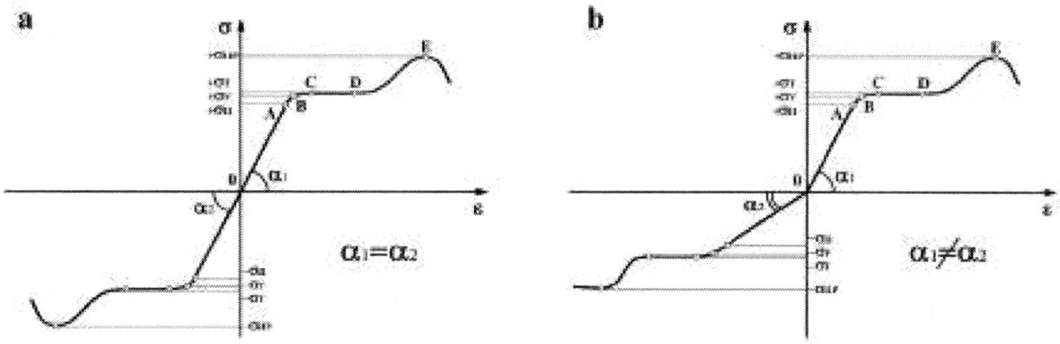

Рисунок 1. *a) мономодульность, b) бимодульность связи напряжения и деформации.* ε *- относительные деформации,* σ *- нормальные напряжения.*

При выполнении условия нелинейности спектр отклика среды обогащается кратными и комбинационными (аддитивными) составляющими, что наглядно доказано в работе по физическому моделированию нелинейных явлений в сейсморазведке [Зейгарник В.А., Ключкин В.Н., Кузнецов А.Н., 2009] (рис.2).

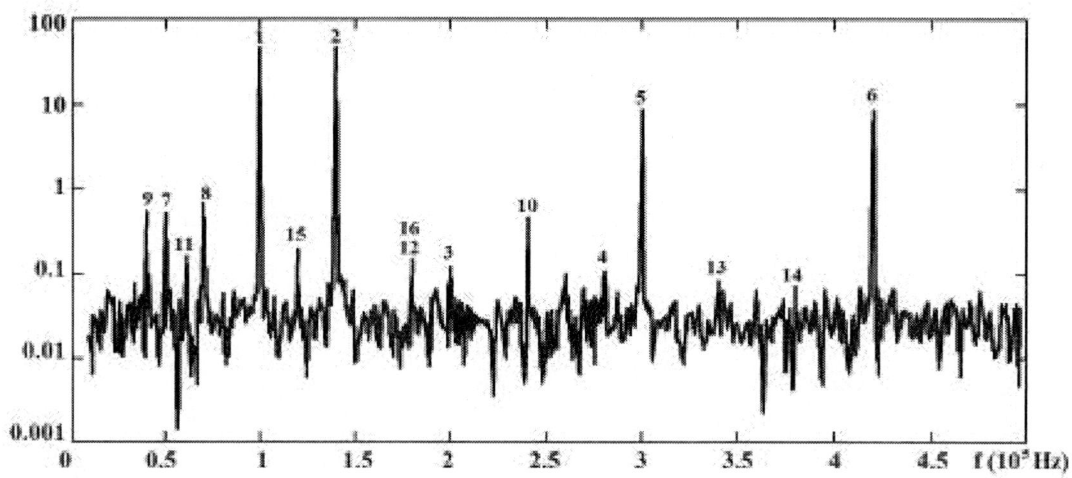

Рисунок 2. *Акустический эксперимент (физическое моделирование). Генерируемый сигнал (источник) – первичные частоты (1) и (2), частоты (3) – (16) – порождённые кратные, аддитивные гармоники (оцифровка и реставрация графики).*

Известен ряд работ, в которых описывается эффект модуляции сигнала при прохождении через пористую насыщенную среду. Таким образом для этих условий применение расчёта атрибута «огибающая» (демодулятора) эквивалентен восстановлению низкочастотной волновой записи, обеднённой в силу инструментальных особенностей регистрации сейсмического отклика и возбуждающей аппаратуры.

В итоге атрибут «огибающая» для нелинейных сред имеет вполне обоснованный физический смысл, но, в силу многообразия строения геологической среды, не стоит исключать существование пород свойства, которых близки к линейным.

На каком базисе может быть основана эффективность применения атрибутов в случае линейных сред?

Формирование спектра отклика линейной среды

Упрощённо оператор отражения от границы упругого раздела можно считать дифференцирование, таким образом спектр отклика среды при широкополосном воздействии можно представить суммой спектров ортогонального семейства меандров. В 2015 году автором работы [А.А. Архипов] предложен термин «кажущейся» или «фиктивной» нелинейности и приведён наглядный пример среды с чередованием пластов малой и большой мощности с соответствующим спектром (рис.3).

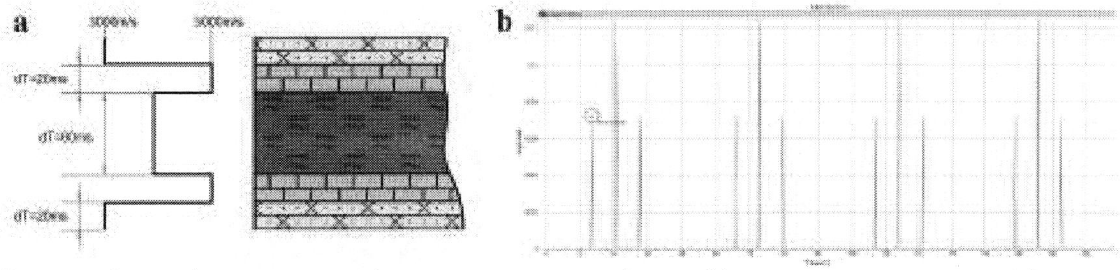

Рисунок 3. *a) скоростная/литологическая модель, b) спектр отклика среды при широкополосном воздействии.*

Приведённый спектр в правой части рис.3 неотличим от спектра нелинейного оклика среды при воздействии на среду двумя монохроматическими сигналами и совпадает со спектром модулятора.

Таким образом расчёт атрибута «огибающая» для линейных сред, равно как и для нелинейных, имеет физическую обоснованность и может применяться, с некоторыми допущениями, как оператор продолжения (не восстановления) низкочастотного диапазона волновой записи.

Нелинейные преобразования в линейной и нелинейной парадигме

Из приведённых выше примеров следует, что технология «nSeis», в случае нелинейных сред, применима как оптимальный оператор *восстановления* волнового поля [А.А. Архипов, Г.Ю. Кобзарев, И.Ю. Хромова], а в случае линейных – его оптимального *продолжения*. Пример результата применения технологии «nSeis» в сопоставлении с традиционной деконволюцией Винера (линейным алгоритмом) к материалам сейсморазведки месторождения «Poseidon», распространяемой на некоммерческой основе, изображен на рис.4.

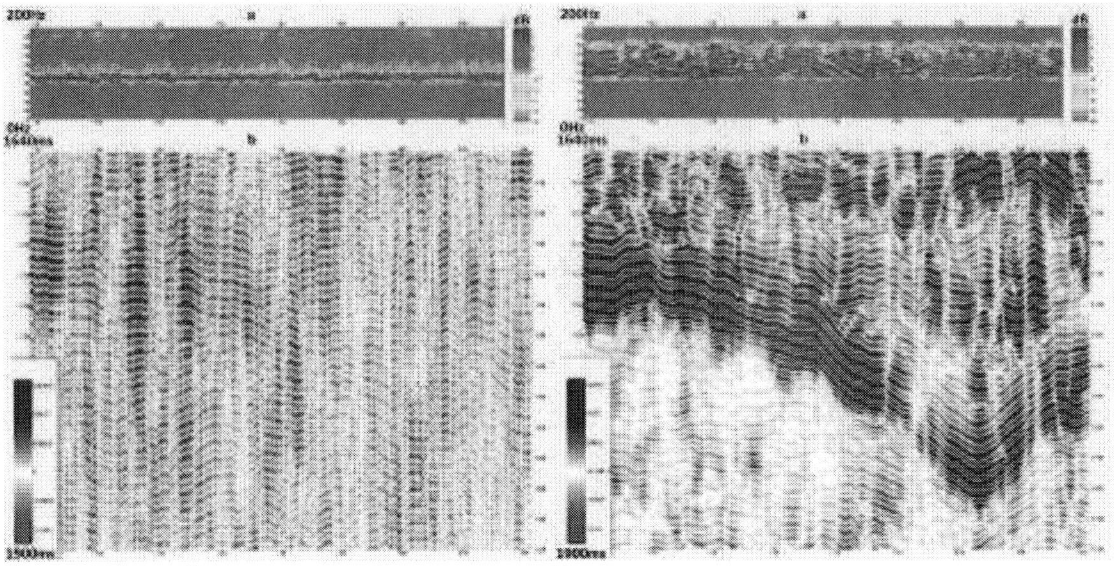

Рисунок 4. *Сопоставление деконволюции Винера и результата применения технологии «nSeis» в области ВЧ в целевом окне по линии XL2333; a) Fx-разрезы (спектры), b) разрезы в окнах*

Выводы

Применение атрибутного анализа в некоторых случаях позволяет получить дополнительную геологическую информативность как для случая линейных, так и нелинейных сред.

Наиболее перспективным, с нашей точки зрения, является разработка новых технологий продолжения (для линейных сред) и восстановления (для нелинейных сред) волновых полей, основанных на оптимизационных алгоритмах углублённого нелинейного анализа спектральных составляющих, к которым относится технология «nSeis».

Библиография

1. Владов М.Л., Капустин В.В., О проблемах инженерной сейсморазведки // Технологии сейсморазведки, №2, 2014, С.104-112
2. Зейгарник В.А., Ключкин В.Н., Кузнецов А.Н., Аппаратура для физического моделирования нелинейных явлений в сейсморазведке // Сейсмические приборы, 2009
3. Архипов А.А., Кажущаяся или фиктивная нелинейность. Практика применения при широкополосном воздействии на среду // Приборы и системы разведочной геофизики, №01, 2015, С.57-62
4. Архипов А.А., Кобзарев Г.Ю., Хромова И.Ю., Теоретические основы и практика применения технологии расширения спектра сейсмической записи нового поколения «nSeis» // Геофизика, №4, 2021, С.71-80

References

1. Vladov M.L., Kapustin V.V., O problemakh inzhenernoy seysmorazvedki // Tekhnologii seysmorazvedki, №2, 2014, P.104-112

2. Zeygarnik V.A., Klyuchkin V.N., Kuznetsov A.N., Apparatura dlya fizicheskogo modelirovaniya nelineynykh yavleniy v seysmorazvedke // Seysmicheskiye pribory, 2009

3. Arkhipov A.A., Kazhushchayasya ili fiktivnaya nelineynost'. Praktika primeneniya pri shirokopolosnom vozdeystvii na sredu // Pribory i sistemy razvedochnoy geofiziki, №01, 2015, P.57-62

4. Arkhipov A.A., Kobzarev G.YU., Khromova I.YU., Teoreticheskiye osnovy i praktika primeneniya tekhnologii rasshireniya spektra seysmicheskoy zapisi novogo pokoleniya «nSeis» // Geofizika, №4, 2021, P.71-80

Неоправданность проектов по декарбонизации для сдерживания глобального потепления в свете нарастающей эндогенной активности планеты

Хромова И.Ю.* (ИП "Хромова И.Ю.", Международный проект «Созидательное общество»), Хромова Е.В. (Международный проект «Созидательное общество»), Механтьева Н.П. (Международный проект «Созидательное общество»)

В последние 40 лет глобальные климатические изменения на планете приобрели беспрецедентный характер. Причинами этих изменений Межправительственной группой экспертов ООН по изменению климата (МГЭИК) рассматривает только антропогенный фактор, то есть увеличение парникового эффекта вследствие эмиссии парниковых газов в ходе индустриальной деятельности человека. Наибольшая роль отводится выбросам углекислого газа, для снижения которых предлагается сокращение производства углеводородного сырья и переход к так называемой "зелёной" энергетике. Благодаря широкой пропаганде данной теории МГЭИК в средствах массовой информации, природные, геологические и астрономические факторы изменения климата полностью игнорируются, в то время, когда на планете кроме роста глобальных температур наблюдается непредсказуемый рост эндогенной активности.

Антропогенная теория изменения климата не выдерживает никакой критики, базируясь на предположении, о том, что чем больше СО2 в атмосфере, тем больше растёт температура. Данный вывод базируется только на теоретическом предположении, не доказанном экспериментально наукой. Рассмотрим наиболее очевидные "дыры" в теории глобального потепления в результате антропогенных выбросов СО2.

Углекислый газ — прозрачный газ без запаха и вкуса, который представляет собой микрокомпонент — его концентрации в атмосфере критически малы. По официальным данным, собранным в обсерватории на вулкане Мауна-Лоа, сейчас концентрации СО2 составляют 419 ppm (измерения мая 2021 года), то есть 0,0419% атмосферы. 419 ppm — parts per million — миллионная часть в единице объема воздуха, то есть содержание СО2 составляет 4 молекулы на каждые 10 000 других молекул атмосферы. Предполагается, что именно эти 4 молекулы должны создать парниковый эффект, то есть задержать и передать тепло для остальных 10 000 молекул. Одно это уже должно вызывать вопросы у здравомыслящих людей.

Известно, что с 1958 года концентрация СО2 с 315 ppm (0,0315 %) выросла до 400 ppm в 2015 году, то есть за это время добавилась всего 1 молекула на 10 000 молекул атмосферы. Однако бОльший объём этого СО2 был выброшен естественными источниками, такими как океаны, вулканы, деревья и болота. Количество двуокиси углерода, выброшенное человечеством с 1750 года, за всю индустриальную эпоху, оценивается разными исследователями от 1 до 12 %, то есть, от 0,0004 % до 0,0048 % общего содержания в атмосфере по объему [5]. То есть человек за всё время добавил от 4 до 48 молекул на миллион других молекул атмосферы. Очевидно, что такой небольшой рост СО2, созданный человеком, не способен вызвать никаких климатических изменений и глобальных катаклизмов на планете. Содержание других парниковых газов в атмосфере еще на три порядка меньше, чем углекислого газа. Метан составляет всего несколько миллиардных частей в единице объема воздуха (0,00018%), что в 220 раз меньше общего содержания СО2.

Природными источниками углекислого газа в атмосфере являются растения и разложение органических веществ, лесные пожары, извержения вулканов и океан. Крупнейшим резервуаром СО2 является именно океан, в его глубинных водах растворено около 95% всего земного углекислого газа (МГЭИК, 1996). Океан является главным арбитром содержания СО2 в атмосфере Земли. При нагревании Мирового океана даже на полградуса происходит мощнейший выброс этого газа в атмосферу. А когда океан охлаждается, он лучше поглощает СО2, и его концентрация в атмосфере снижается. В то время, как от некомпетентных людей можно услышать, что океан нагревается из-за повышения парникового эффекта в результате нарушенного человеком хрупкого равновесия, всё происходит полностью наоборот.

Сначала нагреваются воды океана, и только через 11-12 месяцев в атмосфере повышается концентрация CO2 (рис. 1) [2].

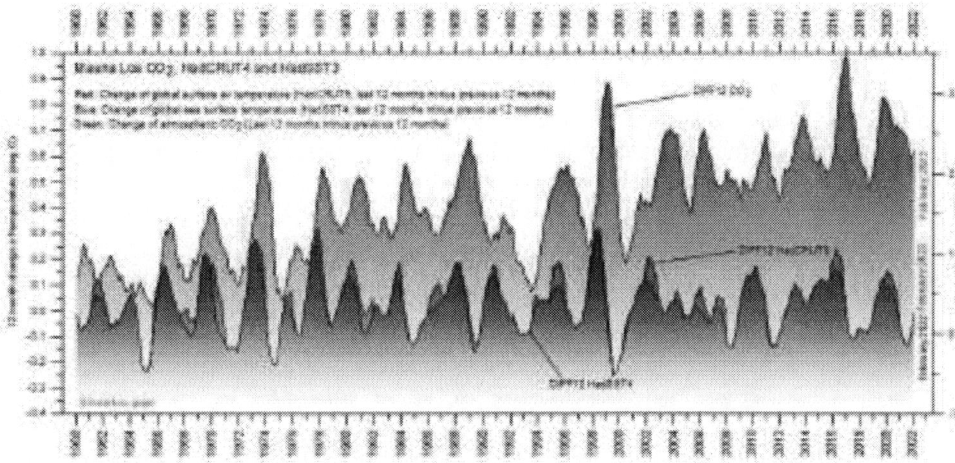

Рисунок 1. *Месячные изменения глобальной концентрации CO2 в атмосфере (Mauna Loa; зеленый), глобальной температуры поверхности моря (HadSST4; синий) и глобальной температуры воздуха у поверхности (HadCRUT5; красный пунктир).*
http://www.climate4you.com/GreenhouseGasses.htm

На графике синим показан нагрев поверхности океана, который имеет достаточно устойчивый тренд и не нагревается сверх нормы, красным — нагрев поверхности суши с отставанием, и после с задержкой на 11-12 месяцев — рост и закономерное падение концентрации CO2. Поверхность океана, которая составляет 70% поверхности Земли, сезонно нагревается от солнечной энергии, а нагрев глубоких вод происходит по причине аномальной магматических процессов на дне в наши дни (зафиксированы многочисленные факты нагрева океана на глубине более 4 км, где температуры обычно постоянны и близки к нулю градусов Цельсия). Потепление океана увеличилось на 450% за последние 30 лет [1], а средние глубины океана за последние 60 лет нагрелись в 15 раз быстрее, чем за предыдущие 10 000 лет [4]. Именно по причине аномального нагрева глубинных вод сейчас на планете растёт температура океана, количество водяных паров (рисунок 2, [3]) и концентрация CO2. Лучистая энергия солнца способна прогревать только верхние 200 метров толщи мирового океана.

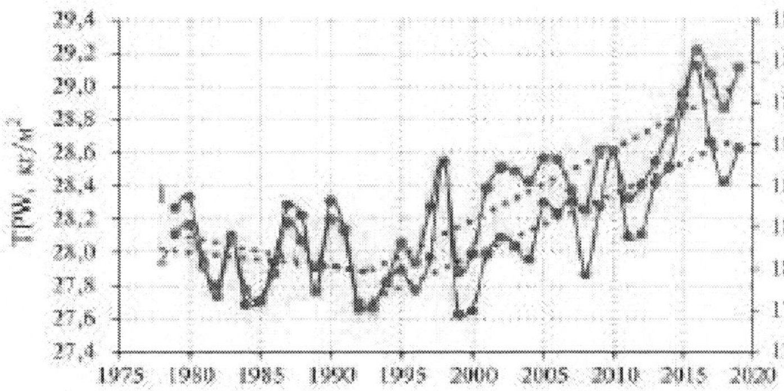

Рисунок 2. *Межгодовой ход годовых значений влагосодержания атмосферы (1) (кг/м2) и температура воздуха (2) (оС), над Мировым океаном в течение 1979-2019гг [3].*

И именно водяной пар является основным парниковым газом на Земле. Его содержание в среднем составляет около 2% и может достигать 4% в единице объема воздуха, то есть в 50, а иногда и в 100 раз больше концентрации СО2, и в 5000 раз больше выбросов антропогенного углекислого газа.

Водяной пар удерживает приблизительно 76 – 80% длинноволновой радиации, именно таков его вклад в парниковый эффект. В то время как вклад СО2 (суммарно природного и антропогенного происхождения) в парниковый эффект составляет не более 3-4%. А общий вклад человека в парниковый эффект выбросами углекислого газа составляет 0,117%.

В свете озвученной выше информации очевидным становится несостоятельность внедрение проектов по декарбонизации в нефтегазовую отрасль ввиду микроскопического эффекта данных мер.

По прогнозу учёных содержание СО2 к 2050 году составит 466 ppm. То есть добавится 66 ppm относительно уровня 2015 года. Наибольший объем данных выбросов будет создан естественными источниками, поскольку 99% общего содержания СО2 имеет естественное происхождение. Предусмотренные Парижским соглашением мероприятия по сокращению выбросов СО2, направленные на борьбу с глобальным потеплением, могут уменьшить содержание двуокиси углерода антропогенного происхождения приблизительно на одну сотую от 0,04%. В случае полного перехода на зеленую энергетику все усилия по сокращению СО2 в атмосфере к 2050 году дадут снижение ВСЕГО на 0,655 ppm. Сокращение антропогенной составляющей из общего объема СО2 на 0,0004% атмосферы, или меньше чем на 1 ppm, не будет иметь никакого климатического эффекта. При этом расходы на это сокращение, по разным данным будут составлять от 100 до 150 триллионов долларов США, взятых из средств налогоплательщиков. Антропогенное потепление — это грандиозная финансовая, научная и геополитическая афера современности, которая не имеет ровным счётом никакого отношения к происходящему сегодня глобальному изменению климата.

Вопиющим фактом данной аферы является то, что климатические и геодинамические изменения на планете нарастают в катастрофической прогрессии и имеют совершенно другие причины, в то время как внимание и ресурсы мировой общественности отвлекается на микроскопические концентрации СО2.

Кроме очевидного роста глобальных температур, нагрева океана и таяния ледников в последние десятилетия, разные исследователи отмечают неестественный рост эндогенных процессов, вулканической и сейсмической активности. Растёт энергия землетрясений, их магнитуда и глубина. С 2014 года регистрируется рост числа землетрясений на глубине более 700 километров. Ранее сейсмологи предполагали, что на такой глубине землетрясения будут невозможны. Параллельно с ростом сейсмической активности растёт и число, и сила извержений вулканов, что фиксируется по объему извергнутой лавы. Растёт активность подводных вулканов и аномальная магматическая активность на дне мирового океана. Причинами данных глобальных изменений в последние десятилетия являются процессы внутри Земли, а никак не человеческая деятельность, не способная повлиять на глубокофокусные землетрясения и извержения вулканов на дне океана.

Факты изменений внутри планеты хорошо известны и зафиксированы спутниковыми данными. В 1995 году было зафиксировано резкое ускорение дрейфа северного магнитного полюса в 3,5 раза, с 15 км в год до скорости 50–55 км в год. Электромагнитное поле генерируется за счёт динамо-механизма в ядре Земли, и поэтому очевидно, что изменения магнитного поля указывают на изменения в ядре. В 1998 году учёные зафиксировали резкое скачкообразное смещение ядра, наблюдая с помощью спутников за центром масс Земли [6]. В результате скачка ядро резко сместилось на север по направлению к полуострову Таймыр. Сейчас наблюдается асимметричная кристаллизация ядра. Из-за смещения ядра ускоряется вращение планеты, растёт её центробежная сила и деформация по экватору. Из-за увеличения центробежной силы магматические очаги в мантии начинают резко подниматься к поверхности, увеличивая выход эндогенной энергии из недр. Подъем магматических очагов под ледниками Западной Антарктиды и центральной Гренландии ускоряет таяние ледников снизу вверх. Зафиксированы многочисленные факты роста геотермальных аномалий, таяния вечной мерзлоты снизу в таких хорошо известных регионах, как например Западно-Сибирский нефтегазоносный бассейн.

Глобальное изменение климата на Земле – это в основном производная от астрономических процессов и их цикличности. Геологическая история нашей планеты свидетельствует о том, что Земля уже неоднократно переживала подобные фазы глобального изменения климата и геодинамики. В.Б.Бубненков, В.В.Бушуев, А.М.Батурин, И.П.Копылов, Н.В.Петров, Дуглас Вогт и многие другие исследователи пришли к пониманию цикличности глобальных катаклизмов на Земле с периодом приблизительно в 12-13 тысяч лет, и сейчас человечество переживает вход в активную фазу данного цикла. В геологии, палеонтологии и археологии известен целый ряд свидетельств прошлых катастроф этого цикла. Каждое из этих катастрофических событий характеризовалось резкими изменениями не только климатической ситуации, но полной геодинамической перестройки: ослаблением и экскурсом магнитного поля, катастрофическими повсеместными извержениями вулканов, тектоническими перестройками, перепадами температур атмосферы на 10-15 градусов, изменением уровня мирового океана на 20-50 метров, последующими масштабными оледенениями.

В условиях глобальных климатических и геодинамических изменений необходима глобальная консолидация научного и технического потенциала. Это возможно только в условиях изменения формата общества с потребительского на Созидательный, в котором жизнь каждого человека становится главной ценностью, а свобода, безопасность, и благополучие всех людей обеспечивается самим обществом. Построение такого формата общества возможно только при активном участии каждого человека.

References:

1. Cheng, L., and Coauthors, 2020: Record-setting ocean warmth continued in 2019. Adv. Atmos. Sci., 37(2), 137−142, https://doi.org/10.1007/s00376-020-9283-7.
2. Humlum, O., Stordahl, K. and Solheim, J-E. 2012. The phase relation between atmospheric carbon dioxide and global temperature. Global and Planetary Change, online version August 30, 2012.
3. Malinin V. N., Gordeeva S. M., Naumov L. M., Total precipitable water of the atmosphere as a climate forcing factor, Sovremennye problemy distantsionnogo zondirovaniya Zemli iz kosmosa, 2018, Vol. 15, No. 3, pp. 243–251 (in Russian), DOI: 10.21046/2070-7401-2018-15-3-243-251.
4. Pacific Ocean heat content during the past 10,000 years. Science. 2013 Nov 1;342(6158):617-21. doi: 10.1126/science.1240837.
5. Skrable, Kenneth; Chabot, George; French, Clayton1 World Atmospheric CO2, Its 14C Specific Activity, Non-fossil Component, Anthropogenic Fossil Component, and Emissions (1750–2018), Health Physics: February 2022 - Volume 122 - Issue 2 - p 291-305 doi: 10.1097/HP.0000000000001485
6. Smolkov GY. Exposure of the solar system and the earth to external influences. *Phys Astron Int J.* 2018;2(4):310–321. DOI: 10.15406/paij.2018.02.00104

Нагрев океана и таяние ледников Арктики и Антарктики, обусловленные эндогенной активизацией планеты

Хромова Е.В. * (Международный проект «Созидательное общество»), Хромова И.Ю. (ИП "Хромова И.Ю.", Международный проект «Созидательное общество»), Механтьева Н.П. (Международный проект «Созидательное общество»)

Современный этап изменения климата характеризуется не только ростом глобальных температур, но и непредсказуемым ростом эндогенной активности. Исследователи наблюдают факты многочисленных температурных геотермальных аномалий по всему миру, объединенных единым процессом глобальной эндогенной перестройки планеты.

Одним из самых известных фактов изменения климата называют таяние ледников Антарктиды, Арктики и Гренландии. Рассмотрим геологию и последние научные данные о процессах в этих регионах.

Исследования последних лет показывают, что с 1992 года Антарктида потеряла почти три триллиона тонн льда. За последние три десятилетия скорость таяния льда в Антарктиде выросла на 65%. До 2012 года Антарктида теряла лед со скоростью 76 миллиардов тонн в год, но за последние пять лет этот показатель увеличился до 219 миллиардов тонн в год. Ледник Пайн-Айленд, который считается самой уязвимой точкой Антарктиды, ежегодно теряет около 45 миллиардов тонн льда. Вторым самым известным ледником Антарктиды является гигантский шельфовый Ледник Туэйтс. Если ледник Туэйтса и соседний с ним Пайн-Айленд растают полностью, их вклад в повышение уровня мирового океана составит примерно 10%.

Самые сильно тающие ледники Антарктиды располагаются в западной её части. Удивительным является тот факт, что только в западной части материка и тают ледники. В отличие от Восточной Антарктиды, сложенной большим массивом суши, где толщина земной коры достигает 40 километров, Западная Антарктида — это молодой в геологическом отношении регион, состоящий из нескольких небольших и тонких блоков земной коры, которые отделены друг от друга системами разломов и траншей — рифтовыми зонами. В результате большая часть суши Западной Антарктиды находится на один-два километра ниже уровня моря. Важно понимать, что Западная Антарктида — это один из самых больших вулканических регионов на Земле. Подо льдами найдено более 140 вулканов.

На основе данных аэромагнитных наблюдений ученые из Германии и Британской антарктической службы составили карту геотермального теплового потока в Западной Антарктиде и обнаружили под льдами ледника Туэйтса зону поступления из недр Земли большого количества геотермального тепла. По мнению авторов, это связано с тем, что ледник лежит в тектонической впадине, где земная кора значительно тоньше. Геотермальный поток Западной Антарктиды коррелируется с зонами повышенного таяния ледников. Таким образом, ледник Туэйтса тает из-за геотермального тепла от тонкой коры.

Группа ученых из Университета Род-Айленда и Университета Восточной Англии опубликовала статью в Nature Communications, где заявили, что они обнаружили новый фактор быстрого таяния ледника Пайн-Айленд в Антарктиде - ранее неизвестного активного вулкана, погребенного глубоко подо льдами. Повышенные уровни газообразного гелия-3, обнаруженные в водах вокруг ледника Пайн-Айленд, указывают на вулканическую активность под ледниковым щитом, демонстрируя в 25 раз больше тепловой энергии, чем у спящего вулкана. Учёные обнаружили большое количество изотопа гелия, который поступает почти исключительно из мантии, что является прямым доказательством вулканизма.

Новое международное исследование показало, что Земля поднимается в некоторых частях Западной Антарктиды с одним из самых быстрых темпов, когда-либо зарегистрированных.

Скорость подъема пород в море Амундсена напротив ледника Пайн-Айленд составляет 41 миллиметр в год, что в три раза быстрее, чем на других участках. Даже в таких местах, как Исландия и Аляска, где наблюдается быстрые темпы подъема, обычно измеряется рост на 20–30 миллиметров в год. Учёные пришли к выводу, что мантия в районе Западной Антарктиды более горячая и текучая, чем они ожидали ранее.

Вулканы появились в Антарктиде из-за магматического очага в результате прорыва из него глубинных расплавов. Эксперты NASA, Хелена Серусси и Эрик Айвинс из Лаборатории реактивного движения на основе данных со спутников NASA ICESat и Icebridge пришли к выводу, что под поверхностью Западной Антарктиды находится мантийный плюм Мари Бёрд, площадью почти миллион квадратных километров [1]. Глубоко, под почти двухкилометровым слоем льда и относительно тонким слоем земной коры расположена область раскаленной магмы. Как показывают расчеты ученых, эта область прогревает расположенные над ней породы и слои льда почти с такой же силой, как и Йеллоустонский супервулкан, то есть 150 милливатт на квадратный метр и 180 в районе разломов. Это примерно в три раза больше тепла, чем соседние слои горных пород.

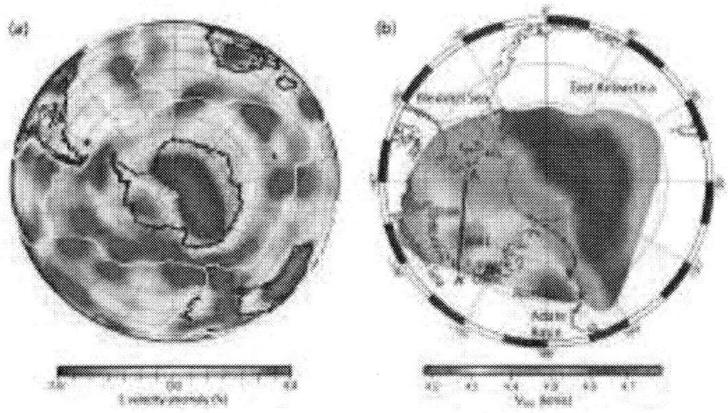

Рисунок 1. *(a) Map of S velocity at 150 km depth from Shapiro and Ritzwoller [2002] and (b) map of S wave velocity at 130 km depth in Antarctica from regional Rayleigh wave phase velocity inversion [Heeszel et al., 2016].*

По словам профессора Карена Хейвуда, геотермальное тепло от Западно-Антарктического рифта нагревает океанскую воду, что, в свою очередь, приводит к постепенному таянию ледяного покрова быстрее, чем обычно. Таким образом именно повышение геотермального тепла от магматических процессов способствует быстрому таянию ледникового щита Антарктиды, а не глобальное потепление.

Прямо у берегов Западной Антарктиды происходит аномальный нагрев глубоких вод моря Уэдделла. В то время как верхние 700 метров вод почти не нагреваются, в более глубоких регионах наблюдается постоянное повышение температуры. С одной стороны море Уэделла обрамляет Западно-Антарктический рифт с другой — подводный вулканический хребет с Южными Сандвичевыми островами. Заметим, что район Южных Сандвичевых островов является одним из самых сейсмически активных регионов на Земле. Здесь стремительно растет активность землетрясений, что может быть признаком поднятия магмы.

Рассмотрим таяние льдов Гренландии. Исследования октября прошлого года показали, что сейчас лед в Гренландии тает быстрее, чем когда-либо за последние 12 тыс. лет. Когда весь лед Гренландии растает, уровень моря поднимется более чем на 7 м. Только в июле 2019 года ледяной покров Гренландии потерял 197 миллиардов тонн льда.

На поверхности Гренландского ледяного щита текут реки и озера, однако удивительно, что реки и озера текут и под поверхностью ледника, толщина которого 1.5 километра. На сегодняшний день известно о 60 подлёдных озерах. Причиной формирования озёр является геотермальное тепло и стекающая по трещинам талая вода. Озера появляются потому, что сегодня ледники тают и сверху, и снизу.

Группа американских ученых под руководством профессора Ральфа фон Фрезе из университета штата Огайо нашли новые причины ускоренного таяния ледникового покрова Гренландии. Оказалось, что сокращение ледникового покрова Гренландии связано не только с изменениями климата, но и с ростом количества тепла “снизу”. Используя гравитационные исследования, учёные оценили толщину земной коры Гренландии. Учёные увидели, что наибольшее таяние ледников наблюдается в северной части острова, где наиболее тонкая земная кора. В этом регионе наблюдается повышенный геотермальный поток из-за поднимающегося мантийного плюма.

К тому же выводу пришли и учёные междисциплинарного коллектива под руководством сотрудников Института физики Земли имени Шмидта Ирины Рогожиной и Алексея Петрунина. По данным сейсмической томографии исследователи обнаружила в недрах Гренландии мантийный плюм. Поток магмы поднимается от границы ядра и мантии, его край подбирается к поверхности Земли как раз под центральной частью острова, растапливая лед. Именно в этой области располагается наибольшее количество подледных озер. Учёные рассчитали теоретический тепловой поток, который соответствует данному магматическому очагу и выяснили, что этого тепла достаточно, чтобы нагреть подошву ледника до плавления льда. Подобные результаты получались после у многих исследователей, в том числе и с применением машинного обучения. Последние исследования ученых из университета Тохоку в Японии опубликованные Journal of Geophysical Research в двух частях, уточнили строение магматического очага под Гренландией.

Очевидно, что два самых крупных ледниковых региона мира — Антарктида и Гренландия, тают из-за повышения геотермального тепла из недр.

Дно Северного Ледовитого океана является активной в геологическом отношении зоной, рассеченной срединно-океаническим рифтом с множеством подводных вулканов.

Одним из факторов нагрева вод Арктики являются выделения метана. На дне северных морей находятся огромные запасы метана в виде газогидратов (клатраты). Под действием геотермального нагрева эти скопления плавятся и высвобождают метан в виде газа. Такие выбросы метана происходят вспышками, и их называют метановые шлейфы или мегавспышки. Аномальная вспышка метана в Арктическом регионе была зафиксирована в атмосфере в апреле 2014 года спутниками NOAA. Согласно геологическому строению дна области повышенной концентрации метана совпадают с линиями срединно-арктических разломов. Землетрясения говорят об активности разломов, сдвигах в магматических очагах и выбросах тепловых потоков.

На этом перечень климатических аномалий, вызванных исключительно геологическими причинами, не заканчивается. Такие явления, как например остановка Гольфстрима, усиления Эль-Ниньо, увеличение энергии Тихоокеанских тайфунов, рост числа аномально нагретых на 5-7 градусов Цельсия областей на поверхности океана (“блобов”) — все они находят своё обоснование в геологическом строении и увеличении эндогенной активности планеты.

Потепление океана увеличилось на 450% за последние 30 лет, а средние глубины океана за последние 60 лет нагрелись в 15 раз быстрее, чем за предыдущие 10 000 лет. Зафиксированы многочисленные факты нагрева океана на глубине более 4 км, где температуры обычно постоянны и близки к нулю градусов Цельсия. Для прогрева такого объема океана необходимы энергозатраты, эквивалентные энергии всех ядерных запасов на земле, умноженным на 3. Эти факты невозможно объяснить теорией нагрева парниковыми газами антропогенного происхождения, которые задерживают тепло от солнечного нагрева. Нагрев верхнего слоя воды от Солнца или парникового эффекта таким образом должен происходить только с поверхности на глубину до 200 м, а перемешивание возможно лишь до глубины 700 м.

Профессор Артур Витерито фиксирует увеличение сейсмичности на дне океана в районе срединно-океанических хребтов в последние десятилетия. Более того, с коэффициентом корреляции 0.7 данный график соответствует росту глобальных температур с отставанием в 2 года. Сейсмическая и вулканическая активность вдоль срединно-океанических хребтов приводит к увеличению темпов гидротермальных выбросов и нагреву вод. Это говорит о росте активности недр планеты. Однако не только вулканическая активность вдоль срединно-океанических хребтов является источником нагрева океана. Причины колоссального нагрева океана в последние десятилетия располагаются глубже.

Кроме роста глобальных температур, нагрева океана и таяния ледников в последние десятилетия, разные исследователи отмечают неестественный рост эндогенных процессов, вулканической и сейсмической активности. Растёт энергия землетрясений, их магнитуда и глубина. С 2014 года регистрируется рост числа землетрясений на глубине более 700 километров. Причём, за последние 7 лет их количество выросло более чем в 12 раз. Ранее сейсмологи предполагали, что на такой глубине землетрясения будут невозможны. Параллельно с ростом сейсмической активности растёт и число, и сила извержений наземных и подводных вулканов, что фиксируется по объему извергнутой лавы.

На сегодняшний день наблюдается активизация геодинамических процессов Земли и ряд беспрецедентных изменений в её ядре. В 1995 году было зафиксировано резкое ускорение дрейфа северного магнитного полюса в 3,5 раза. Несколькими годами после в 1998 году учёные зафиксировали резкое скачкообразное смещение ядра, наблюдая с помощью спутников за центром масс Земли [2].

Одновременно с этим наблюдалось резкое изменение формы Земли, измеренное с помощью системы лазерной дальнометрии со спутников США. Сейчас наблюдается асимметричная кристаллизация ядра. Во внешнем жидком ядре с 2015 года ускоряется поток расплавленного железа. Из-за смещения ядра ускоряется вращение планеты, растёт её центробежная сила и деформация по экватору. Из-за увеличения центробежной силы магма в мантии начинает резко подниматься к поверхности Земли, подмывая и нагревая литосферу изнутри больше обычного. Океаническая кора более тонкая, поэтому она более уязвима перед натиском поднимающейся магмы. Внедрение магмы происходит повсеместно по всему океаническому дну. Растёт теплосодержание вод океана, появляются аномальные области с повышенной температурой морской воды. Подъем магмы приводит к увеличению геотермального потока из недр, подъему магматических очагов под ледниками Западной Антарктиды и центральной Гренландии, что ускоряет таяние ледников снизу вверх. Растёт температура подземных вод в Западной Сибири и других регионах с тонкой земной корой. Это же служит причиной масштабных лесных пожаров по разломам, таяния вечной мерзлоты снизу, подземных взрывов метана в приполярных широтах, изменения флоры и фауны мирового океана, и прочее.

Консолидация всего научного потенциала, междисциплинарные и международные исследования позволят найти выходы по адаптации, прогнозированию и решению проблематики глобальных катаклизмов на планете.

References

1. Seroussi, H., E. R. Ivins, D. A. Wiens, and J. Bondzio (2017), Influence of a West Antarctic mantle plume on ice sheet basal conditions, J. Geophys. Res. Solid Earth, 122, 7127–7155, doi:10.1002/2017JB014423.

   Smolkov GY. Exposure of the solar system and the earth to external influences. *Phys Astron Int J.* 2018;2(4):310–321. DOI: 10.15406/paij.2018.02.00104

Геосинклиналь – новое понимание по данным Таймырского геофизического полигона

Кушнир Д.Г.* (АО “Таймыргеофизика”, группа компаний “Башнефтегеофизика”)

Введение

В последние десятилетия на Таймыре создан не имеющий аналогов геофизический полигон, осветивший строение глубоких горизонтов земной коры с небывалой детальностью и шириной охвата. Этот полигон предоставляет уникальную возможность изучения литосферы и закономерностей, определяющих её формирование, непосредственно на фактическом материале, без опоры на существующие концепции.

Согласно полученным данным, глубинное геологическое строение, помимо горизонтальных стрессов, вызванных движением континентов, объясняется вертикальными напряжениями. На границе коры и мантии отмечаются контрастные аномалии, которые свидетельствуют об обширных изменениях плотности, электропроводности и температуры, совпадающих в плане с самыми значимыми тектоническими элементами севера Центральной и Западной Сибири. Уплотнённая кора под депрессиями и облегчённая под горными районами демонстрируют ключевую роль изостатического выравнивания при становлении крупнейших структурных элементов, а повышенная пластичность высокоплотной эклогитизированной коромантийной смеси говорит о возможности её течения и перераспределения корового вещества, что обуславливает постоянное смещение опускания и роста, связанных с изостазией.

В свою очередь, запечатлённые в осадках неоднократные смены прогибания воздыманием и наоборот, доказывают циклическое изменение направления изостатических движений крупных континентальных блоков, которые предполагают соответствующий периодический характер физико-химических процессов, обуславливающих необходимые для этого плотностные трансформации. Следовательно, континентальная кора во всём своём объёме испытывает непрерывные колебательные вертикальные движения [1-3], связанные с термобарическими изменениями в её основании и осложняемые горизонтальным перемещением континентов.

Самый заметный след оставляют нисходящие движения, обуславливающие появление наиболее крупных прогибов с мощным осадочным выполнением, которое в той или иной степени сохраняется вне зависимости от последующих деформаций, поскольку его мощность измеряется километрами и десятками километров (рис. 1). Также достаточно отчётливо проявляются поверхности регионального размыва, связанные с инверсионным воздыманием и орогенезом, которые наступают по всей площади седиментационного бассейна после формирования прогибов при изменении направления тектонических движений. Становление горных систем, в свою очередь, завершается пенепленизацией, за которой часто следует повторная инверсия тектоники и новое опускание, что опять приводит к накоплению мощных осадочных толщ.

Импульсом для появления крупнейших впадин служит уплотнение в низах коры под действием мантийных флюидов, которое приводит к эклогитизации возникающей коромантийной смеси и создаёт условия для изостатического опускания. Основной причиной смены опускания воздыманием является разрушение высокоплотного слоя эклогитизированной коромантийной смеси под депоцентрами вследствие её повышенной плотности по отношению не только к коре, но и к верхней мантии, что провоцирует внедрения мантийных гипербазитов. Интрузии вытесняют высокоплотное эклогитизированное вещество, сначала, из осевой части депрессий, обуславливая появление центральных поднятий, а затем, и дальше, за пределы седиментационного бассейна. Тем самым, состоящий преимущественно из осадков депрессионный блок лишается наиболее значимой части своих масс и переходит к изостатически обусловленному воздыманию [1-3].

Обсуждение

Подобные прогибы, в пределах которых происходит чередование опускания и воздымания традиционно называются геосинклиналями, а их становление – геосинклинальным циклом, включающим ряд этапов и стадий, от собственно геосинклинального до орогенного. Как показали новые данные, кора континентов целиком формируется из таких сложно взаимодействующих геосинклиналей. Инверсировавшие прогибы разного возраста – от байкальского до альпийского – составляют основу, как подвижных поясов, так и платформ (рис. 1). Исходя из этого, уплотнение и разуплотнение континентальной земной коры, с которыми связаны её вертикальные колебательные движения, распространены не только в складчатых областях, и ранее относимых к геосинклиналям, но и на платформах, где также из-за термобарических изменений в основании коры формируются наиболее крупные депрессии и горные системы.

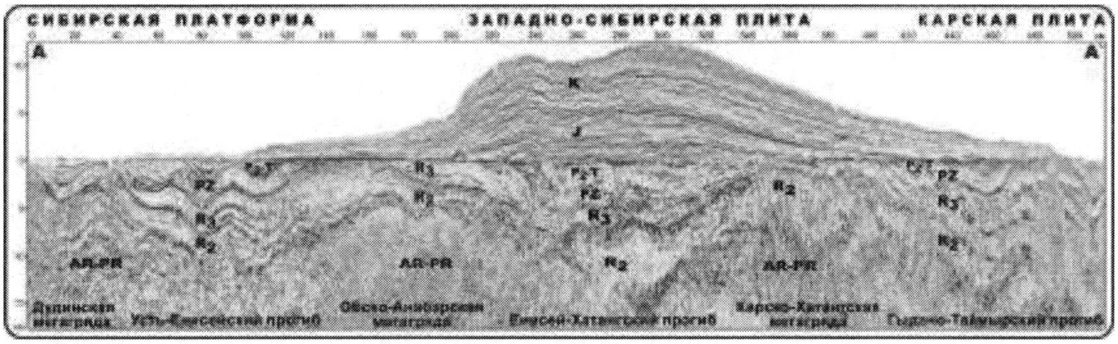

Рисунок 1. *Крупнейшие рифейско-палеозойские геосинклинали Приенисейской полосы Таймыра в сопоставлении с осложняющей их геосинклиналью мезо-кайнозойского возраста (палеовыравнивание по подошве юрско-меловых отложений, положение профиля на рис. 3)*

Главное отличие платформ заключается в большей площади и меньшей интенсивности деформаций, вследствие чего в их пределах возникают щиты – участки континентов, на протяжении длительного времени не подверженные нисходящим движениям, но, в конечном счёте, тоже вовлекающиеся в геосинклинальные циклы. Примером могут служить погребённые щиты в основании западносибирского осадочного бассейна, где на некоторых участках толщи юры залегают прямо на кристаллическом основании. Наличие подобных корневых континентальных массивов, распространённых как на материковой части бассейна, так и в акватории современного Карского моря, с учётом маркируемого сейсмическими отражениями единства седиментационных процессов в рифее и палеозое на обширных пространствах Западной и Восточной Сибири [3-5], свидетельствует о существовании единого Сибирского континента уже в неопротерозое. Причём, современные щиты существенно моложе погребённого Карского, на склонах которого фиксируются расходящиеся сейсмические горизонты, начиная с рифея (рис. 2). На границах Анабарского щита, например, рифейские и нижнепалеозойские толщи не сокращают свою мощность, демонстрируя только размыв, что позволяет предполагать их широкое распространение в его пределах и более позднее воздымание, повлёкшее за собой появление антеклизы. Вполне вероятно, что в будущем она также будет вовлечена в опускание, о чём свидетельствуют неотектонические движения в её пределах (рис. 3).

Поскольку разрез континентов формируется из сложно взаимодействующих геосинклиналей разного возраста, закономерно предположить, что современное состояние вертикальных колебательных тектонических процессов проявляется в новейших, мезо-кайнозойских, тектонических движениях, которые, по-видимому, служат прямым отображением текущего геосинклинального цикла (рис. 3). Области опускания соотносятся с эклогитизацией в низах коры и становлением седиментационных бассейнов, воздымание – с инверсией прогибов и орогенезом в условиях отсутствия эклогитового слоя. Соответственно, динамикой геосинклиналей во многом определяется существующий рельеф и поверхностная геология: размыв формирующихся горных систем приводит обнажению более древних уровней и к сносу осадочного материала во впадины, где, в свою очередь, накапливаются наиболее молодые осадки.

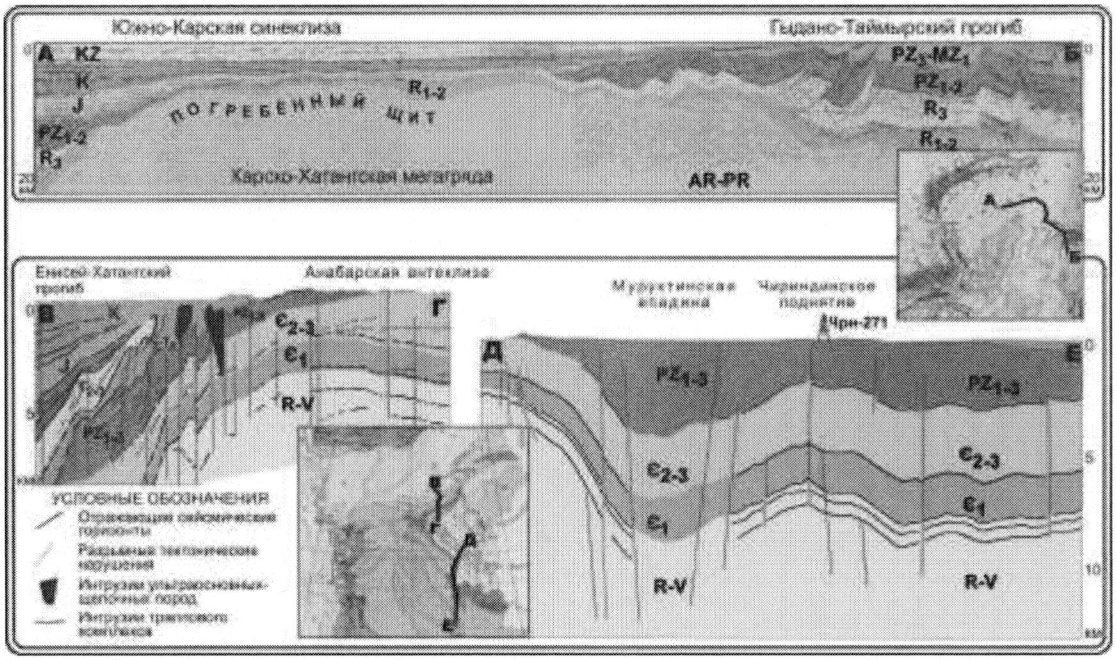

Рисунок 2. *Сопоставление сейсмогеологических разрезов через погребённый древний щит Карско-Хатангской мегагряды (разрез А-Б) и более молодую Анабарскую антеклизу Обско-Анабарской мегагряды – разрезы В-Г (Мельник А.И., 2001) и Д-Е (Щадин П.Ю., 1998)*

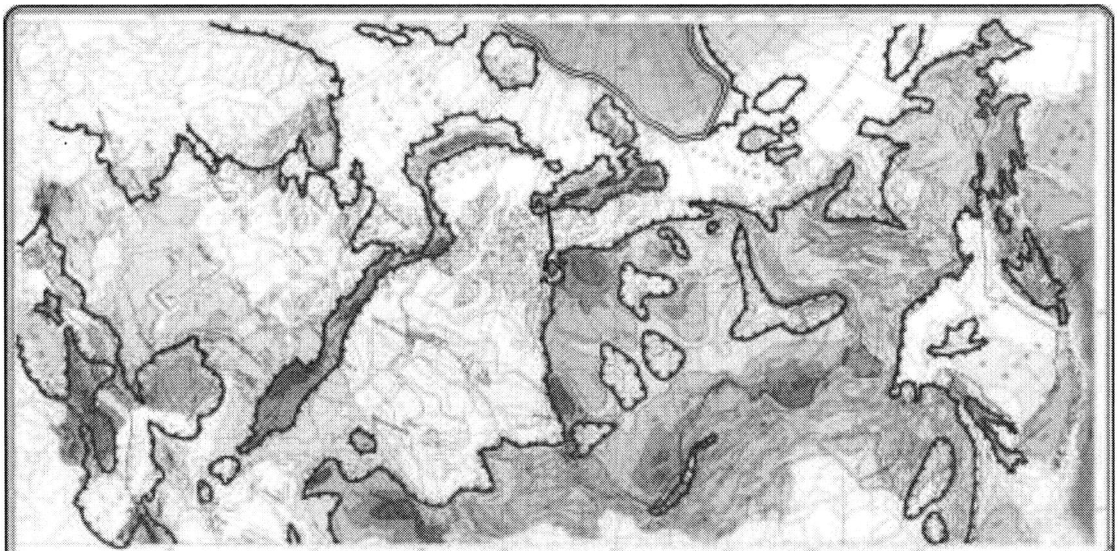

Рисунок 3. *Отображение текущего геосинклинального этапа в новейшей тектонике (новейшая тектоника приводится по материалам Физико-географического атласа мира [6])*

Выводы

Таким образом, состоявшийся благодаря геофизическим данным, полученным в последние десятилетия на Таймыре, симбиоз тектоники плит и геосинклинальной теории становления глубинной геологии континентов приводит к новому пониманию геодинамики, когда основная роль при формировании крупнейших структур отводится изостазии. Текущее направление изостатических движений определяет стадию геосинклинального цикла, характеризующуюся опусканием, активными процессами седиментации и формированием осадочного бассейна или, напротив, орогенезом, магматизмом, метаморфизмом и размывом осадков, что соответствующим образом сказывается на распределении месторождений полезных ископаемых.

Так, в случае погружения, в зону образования нефти и газа будет постепенно попадать толщи, всё более обогащённые органическим веществом и ещё не реализовавшие или не в полной мере реализовавшие потенциал генерации, что обусловит миграцию и аккумуляцию нефти и газа. И наоборот, воздымание приведёт к попаданию в эту зону всё более обеднённых органикой пород, что сократит, а со временем и совсем прекратит поток углеводородных флюидов вверх по разрезу; одновременно, инициирующие и постоянно сопровождающие орогенез магматические процессы обеспечивают формирование рудных месторождений. Стало быть, новейшие тектонические движения являются одним из важнейших критериев оценки нефтегазо- и рудоносности.

Библиография / References

1. Кушнир Д.Г. Геодинамика полуострова Таймыр по геофизическим данным // Геодинамика и тектонофизика. 2018. № 9, С. 81-92. https:// http://www.gt-crust.ru/jour/article/view/521/358.
2. Кушнир Д.Г. Гипербазиты как фактор геодинамики по результатам исследований на Таймырском геофизическом полигоне // Актуальные проблемы нефти и газа. 2020. № 2(29). С. 3-27. http://oilgasjournal.ru/issue_29/kushnir.pdf.
3. Кушнир Д.Г. Новая геодинамика: геосинклинальная тектоника плит // Актуальные проблемы нефти и газа. Вып. 3(34) 2021. С. 3-20. https://doi.org/10.29222/ipng.2078-5712.2021-34.art1
4. Павлухин И.С., Фатеев А.В. К вопросу о западной границе Сибирской платформы. Труды Международной геолого-геофизической конференции ГеоЕвразия-2020. Т. 1. Москва. 2020. С. 31-34.
5. Рудкевич М.Я. Тектоника и генезис Западно-Сибирской плиты в свете новых геолого-геофизических данных. Тектоника Сибири. Т. IX. Новосибирск. Наука. 1980. С. 23-30.
6. Физико-географический атлас мира. Академия наук СССР и Главное управление геодезии и картографии ГГК СССР. Москва. 1964. С. 195. http://geochemland.ru/index.php?page=фгам

«Аэрогеофизика – изучение Земли без границ

А.Л. Мейснер (*АО «ГНПП «Аэрогеофизика»*) *, О.Р. Контарович (*АО «ГНПП «Аэрогеофизика»*), А.В. Колмаков (*АО «ГНПП «Аэрогеофизика»*)

Введение

В условиях современных реалий отчетливо формируется запрос на сокращение продолжительности геологоразведочного цикла. Это обусловлено резкими колебаниями цен на углеводороды, перераспределением рынка сбыта УВ и растущим интересом к «зелёной» энергетике.

Одним из наиболее затратных и продолжительных этапов геологоразведочных работ является поиск месторождений и оценка их углеводородного потенциала. Кроме того, в настоящее время наблюдается смещение разведки углеводородов в сторону малоизученных площадей, более глубоких литостратиграфических комплексов и объектов со сложным строением. В таких случаях для получения геологической модели и прогноза нефтегазоносности, проведение на ранних стадиях только сейсморазведочных работ, часто, либо не отвечает оптимальному объему информации на данном этапе, либо методологически недостаточно для решения поставленных задач

Метод

В последние годы в геологоразведке на УВ наблюдается растущий интерес к аэрогеофизическим съемкам. За 10 лет в пределах нашей страны аэрогравимагнитными съемками с целью поисков углеводородов покрыто около 2 млн. км^2. Включение легких дистанционных методов в геологоразведочный процесс на УВ способствовало ускорению производства геологоразведки и сокращению финансовых затрат. Такая оптимизация достигается за счет скрининга больших площадей в достаточно короткий срок. Площадь в 50 тыс. км^2 покрывается аэрогеофизической съемкой масштаба 1:50 000 (расстоянием между рядовыми маршрутами 500 м) за 5 месяцев одним самолетом. Эти типы исследований часто проводятся перед сейсмической съемкой с целью определения структурных тенденций, чтобы сейсморазведочные работы могли быть спланированы экономически эффективным образом для получения максимальных результатов. Скрининг включает в себя покрытие площади равномерной сетью метрически однородных измерений с использованием летательного аппарата, комплексную интерпретацию полученных данных с априорной геолого-геофизической информацией и дальнейшее целевое позиционирование наземных геофизических работ на наиболее привлекательных для поисков УВ участках.

В дополнение к экспрессной оценке углеводородного потенциала и фокусировке наземных геофизических работ на данный момент активно применяется интеграция разных типов геолого-геофизических данных в единую интерпретационную модель. Такая синергия, прежде всего, геофизических методов с развитием цифровизации и внедрением алгоритмов машинного обучения получила огромный потенциал и поле для развития.

Интеграция данных в единую модель позволяет дополнить слабые места каждого отдельного сета данных и получить модели, наиболее приближенные к геологической реальности. Данные, полученные с помощью аэрогеофизической съемки, имеют наибольшую ценность на ранних стадиях геологоразведочных работ на УВ. Но и на последующих этапах, когда уже получены данные сейсморазведки проводится комплексирование данных в единую интерпретационную модель, что существенно снижает неопределенность структурных построений.

Имея большой опыт аэрогеофизичеких съемок, мы для себя выделяем три основных группы проектов, где происходит интеграция данных разного типа: 1. Практически полное отсутствие или фрагментарное распространение данных сейсморазведки либо данные сейсморазведки плохого качества; 2. Более или менее равномерное покрытие площади редкой сетью сейсморазведочных профилей 2D; 3. На площади аэрогеофизической съемки имеются данные сейсморазведки 3D или участки густой сети профилей 2D, а также есть скважины глубокого бурения с современным комплексом ГИС (Рисунок 1).

По сути, эти типы интеграции данных могут рассматриваться как три этапа геологоразведочного цикла одного проекта.

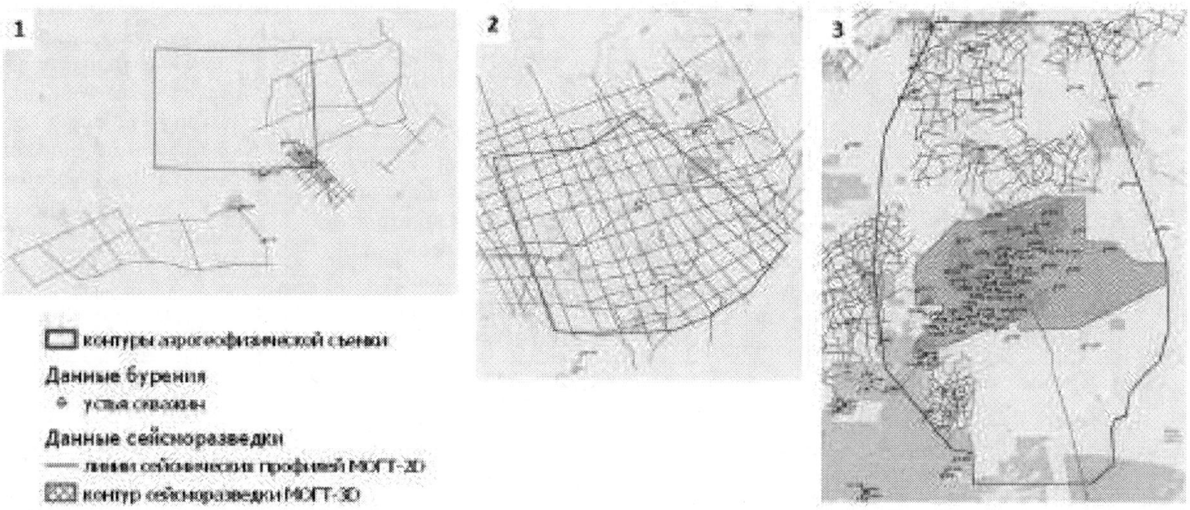

Рисунок 1. *Примеры площадей, покрытых аэрогравимагнитной съемкой и их изученность данными сейсморазведки и бурения. 1-Южный склон анабарского свода, 2-участок в Енисей-Хатангском региональном прогибе, 3-Ангаро-Ленская ступень, район Ковыктинского ГКМ.*

Описание основных результатов для каждого типа проекта приведены в таблице 1.

В целом, методика комплексирования геолого-геофизических данных и получения единой интерпретационной модели включает в себя следующие ключевые этапы:

1. Подготовка концептуальных моделей геологического строения и нефтегазоносности исследуемого региона.
2. Изучение строения фундамента, включающее структурную и петрофизическую характеристику
3. Изучение осадочного чехла, включающее моделирование морфологии горизонтов осадочного чехла в пространстве между сейсморазведочными профилями 2D, прослеживание разрывных нарушений, а также, выявление зон разуплотнения, зон распространения магматических и соленосных образований
4. Установление связи структурных форм фундамента и осадочного чехла
5. Подготовка тектонической основы для нефтегазогеологического районирования, включающей в качестве главной части, структурно-тектоническую схему с выделением структурных элементов различного порядка

6. Оценка перспектив нефтегазоносности, базирующаяся на комплексной интерпретации материалов аэрогеофизической сьемки, данных сейсморазведки и бурения

Таблица 1.

	Этап 1	Этап 2	Этап 3
Данные	Аэрогеофизика, мало/плохое качество сейсмики 2D, геол. съемка, спутниковые снимки.	Аэрогеофизика, сеть сейсмических профилей 2D, электроразведка, геол. съемка, спутниковые снимки.	Аэрогеофизика, сейсмическая съемка 2D и 3D, электроразведка, данные бурения, геол. съемка, спутниковые снимки.
Результаты	Подготовка основы для дальнейших ГРР. Концептуальная модель осадочного бассейна, определения структурных особенностей, границы распространения осадочного чехла. Структурно-тектоническая и петрофизическая карта поверхности фундамента. Разрывные нарушения. Магматические и соляные тела. Моделирование морфологии 1-2 горизонтов осадочного чехла.	Локализация перспективных объектов. Снижение неопределенности на участках намеченных перспектив.Структурно-тектоническая и петрофизическая карта поверхности фундамента. Магматические и соляные тела. Детализация геологического строения осадочного чехла (уточнение морфологии горизонтов, до 6 горизонтов).	Локализация перспективных объектов. Аналоги известных месторождений в потенциальных полях. Структурно-тектоническая и петрофизическая карта поверхности фундамента. Магматические и соляные тела. Разрывные нарушения. Моделирование морфологии до 6 горизонтов осадочного чехла.
Применение	Фокусировка сейсморазведочных работ на наиболее перспективных участках.	Рекомендации по целевому изучению локализованных объектов. Рекомендации по сгущению сети профилей 2D, постановке 3D, бурению поисковой скважины.	Изучение УВ потенциала площади, прилегающей к месторождению и локализация перспективных объектов. Рекомендации по постановке сейсморазведки 2D/3D, бурению поисковой скважины.

В процессе комплексного анализа геолого-геофизических данных часто возникает необходимость в решении нестандартных и плохоформализуемых задач, в рамках которых невозможно найти их аналитическое решение. Наиболее эффективный подход решения подобного рода задач заключается в интеграции в интерпретационных процесс методов машинного обучения, за счет которых, в настоящее время, наблюдается существенный прирост информативности несейсмических методов в комплексе с априорными данными. Эффективность методов машинного обучения, в первую очередь, обусловлена возможностью выявления сложных нелинейных закономерностей в данных даже при наличии шумовой компоненты.

Алгоритмы машинного обучения могут применяться на всех ранее упомянутых этапах геологоразведочных работ. Объем априорных данных, в свою очередь, может влиять на выбор конкретного алгоритма машинного обучения (от простых, до гибких моделей на основе ансамблей и глубоких искусственных нейронных сетей). Использование алгоритмов машинного обучения на этапе комплексной интерпретации геолого-геофизических позволяет решать такие задачи, как: восстановление морфологии отражающих горизонтов в межпрофильном пространстве сейсмических данных, картирование тектонических нарушений, петрофизическая классификация пород фундамента и т.д. Данный подход применим на различный стадиях геолого-разведочного процесса, и проиллюстрирован на примере реальных проектов, выполненных компанией (Енисей-Хатангский региональный прогиб, Ковыктинская зона нефтегазонакопления, Анабарский свод и др.).

Таким образом, использование методов машинного обучения, компьютерного зрения и эволюционных (генетических) алгоритмов при решении сложных интерпретационных задач, позволяет получить индивидуальное оптимальное решение с учетом специфики конкретного проекта. Подготовка рекомендаций для поисково-разведочного этапа работ, обоснованных выделенными и ранжированными по перспективности на нефть и газ объектами.

Выводы

Экспрессность аэрогеофизических методов и расширяющиеся возможности интеграции различных типов геолого-геофизических данных способствуют внедрению аэрогеофизических технологии в процесс ГРР. Это приводит к уменьшению временных затрат на проведение наземных геолого-геофизических исследований и повышению экономической эффективности геологоразведочных проектов.

Скрининг больших площадей в короткий срок равномерной сетью метрически однородных измерений позволяет проводить дальнейшие ГРР на наиболее привлекательных для поисков УВ участках.

Интеграция в интерпретационный процесс методов машинного обучения дает существенный прирост информативности и позволяет решать такие задачи, как восстановление морфологии отражающих горизонтов в межпрофильном пространстве сейсмических данных и за пределами сейсмической съемки, картирование тектонических нарушений, петрофизическую классификацию пород фундамента и т.д. Это существенно снижает неопределенности геологической модели изучаемой площади и, в особенности, ее структурной составляющей.

Данный подход хорошо зарекомендовал себя на проектах с различными сейсмогеологическими условиями (Енисей-Хатангский региональный прогиб, Ковыктинская зона нефтегазонакопления, Анабарский свод, Западная Сибирь и др.).

Библиография / References

1. Babayanc P.S., Kontarovich R.S. Vozmozhnosti sovremenny`kh ae`rogeofizicheskikh metodov pri izuchenii neftegazoperspektivny`kh territorij // Osvoenie resursov nefti i gaza rossijskogo shel`fa: Arktika i Dal`nij Vostok. M-ly` III Mezhdunarodnoj konferenczii. M., VNIIGAZ, 2010 g., s. 47-58

2. Shrajbman V.I., Zhdanov M.S., Vitviczkij O.V. Korrelyaczionny`e metody` preobrazovaniya i interpretaczii geofizicheskikh anomalij. M: Nedra.- 1977.- 237

3. Meisner A.L. Tekhnologicheskij prory`v v ae`rogeofizike pri poiskakh uglevodorodov // GeoEvraziya 2021 g.

4. Kolmakov A.V., Meisner A.L., Trusov A.A. Sovremenny`e tekhnologii postroeniya strukturno-tektonicheskoj modeli geologicheskoj sredy` na osnove danny`kh ae`rogravimagnitnoj s`emki i sejsmorazvedki MOGT-2D // GeoSochi 2022

Применение асимптотических решений в полноволновом обращении

М.И. Протасов* (ИНГГ СО РАН), К.Г. Гадыльшин (ИНГГ СО РАН), Д.А. Неклюдов (ИНГГ СО РАН), Л. Кляймс (Карлов университет)

Введение

Требуемые вычислительные ресурсы для моделирования сейсмических данных для типичной системы наблюдения можно оценить примерно в 10^8 ядро часов (при расчете на центральных процессорах). Эти оценки верны для изотропной упругой среды. При усложнении модели значительно возрастет потребность в вычислительных ресурсах. Поэтому разработка методов численного моделирования волновых сейсмических полей и ускорение алгоритмов такого моделирования является чрезвычайно актуальной задачей.

Асимптотические методы работают намного быстрее, чем методы, основанные на конечных разностях или конечных элементах, которые используются в большинстве разработанных алгоритмов обращения. Асимптотические решения существуют в акустических и изотропных, анизотропных и вязкоупругих средах, что позволяет учитывать эти сложные особенности геологической среды, при этом вычислительные затраты не увеличиваются [Lomax, 1994]. Здесь, конечно, стоит отметить, что решение, полученное асимптотическим методом, отличается от классических подходов к решению волнового уравнения. В данной работе решается задача исследования возможностей применения асимптотических решений уравнения Гельмгольца в методе полноволнового обращения в двумерной постановке в частотной области данных [Pratt, 1999] и в области изображений.

Асимптотическое обращение в частотной области данных

Пусть функция $u(x, z; \omega)$ (полное волновое поле в частотно-временной области) удовлетворяет уравнению Гельмгольца:

$$(\Delta + \omega^2 m)u = -f(\omega)\delta(x - x_s)\delta(z - z_s), \quad (1)$$

где $f(\omega)$ – спектральная характеристика сигнала в источнике, ω – временная частота, (x_s, z_s) – координата источника, $m = c^{-2}(x, z)$ – квадрат медленности, и $c(x, z)$ – скорость распространения волны. Введем оператор, вычисляющий волновое поле от одного точечного источника для фиксированной временной частоты в точках, соответствующих расположению приемников. Таким образом получается следующий оператор прямого моделирования:

$$F: M \to D, \quad (2)$$

где D – пространство данных, M – пространство моделей. В этих обозначениях обратная динамическая задача построения скоростной модели по сейсмическим данным сводится к решению нелинейного операторного уравнения:

$$d^{obs} = F(m_{true}), \quad (3)$$

здесь d^{obs} – наблюдённые данные, m_{true} – истинная скоростная модель.

При полноволновом обращении применяется нелинейный метод наименьших квадратов к уравнению (3). Общая формулировка полноволнового обращения состоит в том, чтобы найти точку минимума функционала невязки, характеризующего среднеквадратичное отклонение наблюдённых данных от рассчитанных для текущей скоростной модели [Tarantola, 1987]:

$$m_* = arg\left(\min_{m \in M} \|F(m) - d\|_D^2\right). \quad (4)$$

Обычно для минимизации целевого функционала (4) применяются методы локальной оптимизации [Gadylshin, Cheverda, 2017], такие как метод сопряженных градиентов:

$$m_{k+1} = m_k + \mu_k S_k,\ S_0 = \nabla_0, \quad (5)$$

$$S_k = -\nabla_k - \frac{\langle \nabla_k, \nabla_k - \nabla_{k-1} \rangle}{\langle \nabla_k, \nabla_{k-1} \rangle} S_{k-1}, \quad (6)$$

где m_k – модель на k-ой итерации. Градиент ∇_k рассчитывается следующим образом:

$$\nabla_k = \mathrm{Re}\{\textstyle\sum_{s,r,\omega} 2\mathrm{G}(x_s, z_s; x, z; \omega; m_k)\mathrm{G}(x, z; x_r, z_r; \omega; m_k)\, \overline{\delta \mathrm{d}_{s,r}}\}, \quad (7)$$

где $\mathbf{Re}$ – вещественная часть, $\mathbf{G}(\mathbf{x_s}, \mathbf{z_s}; \mathbf{x}, \mathbf{z}; \boldsymbol{\omega}; \mathbf{m_k})$ – функция Грина, рассчитанная в модели $\mathbf{m_k}$ для источника, расположенного в точке $(\mathbf{x_s}, \mathbf{z_s})$, $\mathbf{G}(\mathbf{x}, \mathbf{z}; \mathbf{x_r}, \mathbf{z_r}; \boldsymbol{\omega}; \mathbf{m_k})$ – функция Грина, рассчитанная в модели $\mathbf{m_k}$ для точки приемника $(\mathbf{x_r}, \mathbf{z_r})$ и точки источника $(\mathbf{x}, \mathbf{z})$, $\boldsymbol{\delta}\mathbf{d_{s,r}}$ – невязка данных, зарегистрированная в точке приемника $(\mathbf{x_r}, \mathbf{z_r})$ и сгенерированная в точке источника $(\mathbf{x_s}, \mathbf{z_s})$. Таким образом, расчет градиента сводится к расчету функций Грина для всех положений источников и приемников, а значит, большой интерес представляет ускорение расчетов именно этой части. В этом подходе используется асимптотический метод, основанный на частотно-зависимом трассировании лучей [Lomax, 1994]. Функции Грина рассчитываются на основе времени прохождения, амплитуды и геометрического расхождения в результате частотно-зависимого трассирования лучей.

Асимптотическое обращение в области изображений

При полноволновом обращении в области изображений минимизируется модифицированный функционал, который строится в этой области:

$$m_* = arg\left(\min_{m \in M} \| M < F(m) - d > \|_I^2\right). \quad (8)$$

Здесь M – это оператор миграции, которые переводит данные в область изображений I, где и происходит минимизация. Для этого мы используем миграцию на Гауссовых пучках [Protasov, Tcheverda, 2011]. При использовании методов локальной оптимизации, также ключевым шагом является расчёт градиента, который в этом случае выражается следующим образом:

$$\nabla_k(x) = Re\left\{\textstyle\sum_{y,p} \delta Image_k(y,p) \cdot \frac{\partial \delta Image_k(y,p)}{\partial m_{\kappa}(x)}\right\}. \quad (9)$$

Здесь $\delta Image_k(y,p) = M < F(m_{\kappa}) - d > (y,p)$ – невязка в области изображений. А её производная выражается следующим образом:

$$\frac{\partial \Delta Image_k(y,p)}{\partial m_{\kappa}(x)} = \textstyle\sum_{s,r,\omega}\{T_{gbs}^{m_k}(x_s; y, p; \omega) \cdot T_{gbr}^{m_k}(x_r; y, p; \omega) \cdot \frac{\partial F(m_{\kappa})(x_s, x_r, \omega)}{\partial m_k(x)} +$$

$$+ [\frac{\partial T_{gbs}^{m_k}(x_s; y, p; \omega)}{\partial m_k(x)} \cdot T_{gbr}^{m_k}(x_r; y, p; \omega) + \frac{\partial T_{gbr}^{m_k}(x_r; y, p; \omega)}{\partial m_k(x)} \cdot T_{gbs}^{m_k}(x_s; y, p; \omega)] \cdot \delta \mathrm{d}_{s,r}\}. \quad (10)$$

Здесь $T_{gbs}^{m_k}(x_s; y, p; \omega), T_{gbr}^{m_k}(x_r; y, p; \omega)$ – это веса суммирования в операторе миграции [Protasov, Tcheverda, 2011]. Получается, что градиент в области изображений представляет из себя сумму двух составляющих: аналог градиента в области данных и часть, связанная с зависимостью оператор миграции от модели. Поэтому с одной стороны обращение в области изображений должно быть более «информативным». А с другой стороны более устойчивым, поскольку изображения обладают лучшим отношением сигнал/помеха по сравнению с данными.

Численные примеры

Для тестирования предложенного подхода асимптотического полноволнового обращения используется модель Marmousi, которая является эталоном для тестирования алгоритмов обращения. Целевые размеры исследуемого участка составляют 9200 м по ширине и 3000 м по глубине (первые 500 м скоростной модели – слой воды, который считается известным). В качестве начального приближения используется сглаженное по Гауссу распределение истинной скорости (Рисунок 1). Наши численные эксперименты направлены на определение границ применимости асимптотического метода FWI. Мы проводим численное сравнение градиентов на основе асимптотического решения и конечно-разностного решения в исходной модели. Затем мы приводим эксперименты, сравнивающие результаты инверсии на основе асимптотических и конечно-разностных решений. С помощью следующего численного эксперимента мы демонстрируем возможность применения асимптотического подхода к полноволновому обращению для уточнения макроскоростной модели на частоте 3 Гц. Результаты обращения представлены на Рисунке 2. Как видно, модель, восстановленная с использованием асимптотического решения уравнения Гельмгольца, в целом аналогична результату классической инверсии. На основании этого сравнения можно сделать вывод, что даже для такой сложной модели, как Marmousi, уточнение макроскоростной модели на низких частотах может быть достигнуто за счет использования асимптотического приближения.

Выводы

В работе исследован метод полноволнового обращения для двумерных акустических сред в двух постановках: классической в частотной области данных и асимптотической в области данных и в области изображений. Классическое решение состоит в реализации нелинейного метода наименьших квадратов применительно к обратной динамической задаче сейсморазведки и основано на дорогостоящей в вычислительном отношении процедуре конечно-разностного решения уравнения Гельмгольца. В асимптотическом подходе используются частотно-зависимые лучи для решения этого уравнения, а для перехода в область изображений используется миграция на Гауссовых пучках, что позволяет на порядок ускорить процедуру построения градиента – наиболее сложной части решения обратной задачи. Решения обратной задачи на низких частотах показывают, что асимптотический результат сравним с результатом классического алгоритма обращения, а значит появляется возможность восстановить макроскоростную модель за разумное время вычислений без потери точности восстановления. Серия численных экспериментов на тестовом материале демонстрирует возможность применения предложенной модификации метода полноволнового обращения даже для сложных моделей геологических сред.

Благодарности

Данное исследование выполнено при финансовой поддержке РФФИ и ЧНФ в рамках научных проектов РФФИ №20-55-26003 и ЧНФ № 21-15272J. Acknowledgments: The reported study was funded by RFBR and GACR, RFBR project number 20-55-26003 and GACR project number 21-15272J.

Библиография

1. Gadylshin, K. G., Cheverda, V. A. Reconstruction of a depth velocity model by full-waveform in-version: Doklady Earth Sciences. – 2017. – v.476. – p. 1233–1237.
2. Lomax A. The wavelength-smoothing method for approximating broad-band wave propa-gation through complicated velocity structures: Geophys. J. Int. – 1994. – v.117. – p. 313–334.
3. Pratt R.G. Seismic waveform inversion in the frequency domain, part 1: Theory and verifi-cation in a physical scale model: Geophysics. – 1999. – v. 64. – p. 888–901.
4. Protasov M., Tcheverda V. True amplitude imaging by inverse generalized Radon transform based on Gaussian beam decomposition of the acoustic Green's function : Geophysical Prospecting. – 2011. – v.59. – p.197–209.
5. Tarantola A. Inverse problem theory: Methods for data fitting and model parameter estima-tion. Elsevier Science Publ. Co., Inc. – 1987.

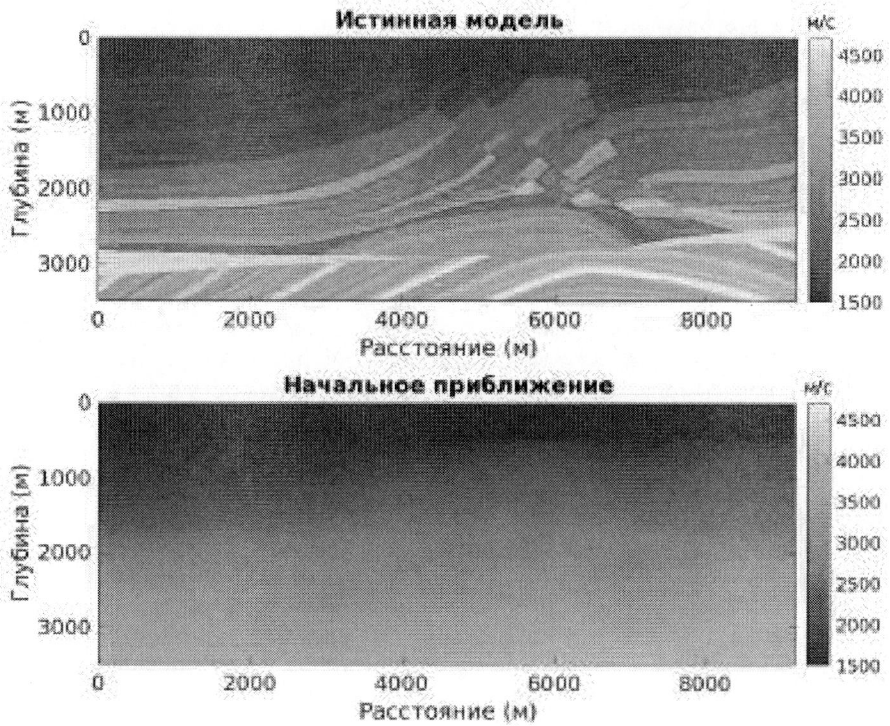

Рисунок 1. *Истинное распределение скоростей в среде (модель Marmousi) и начальная модель для полноволнового обращения.*

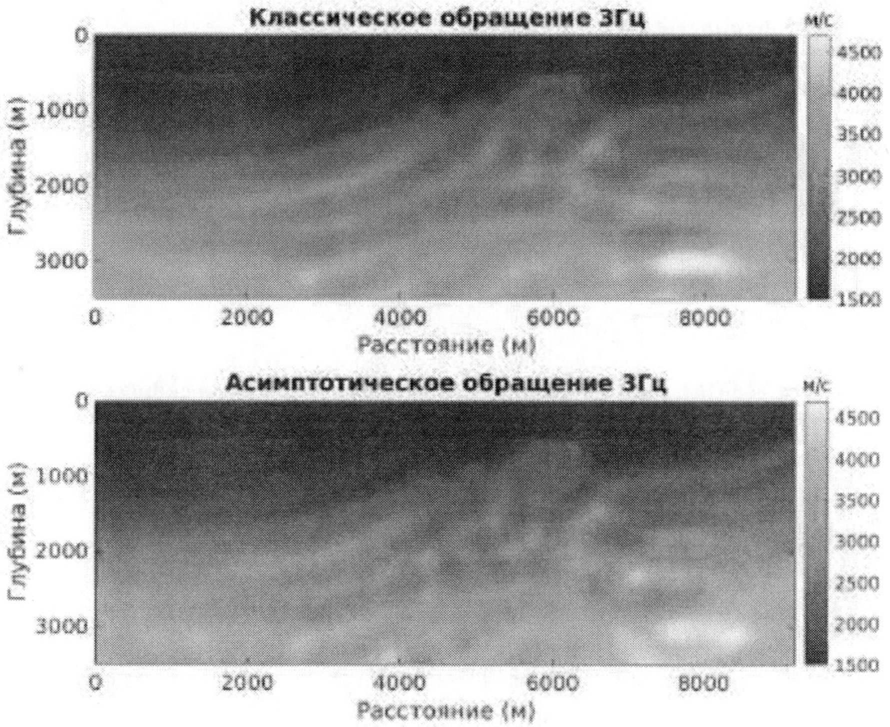

Рисунок 2. *Результат классического полноволнового обращения для частоты 3 Гц (вверху) и разработанного асимптотического метода обращения (внизу).*

Построение ГСМ на основе алгоритмов SWI и FWI в Волгоградской области: особенности, оценка достоверности, преимущества

В.С. Коробкин *, А.С. Плешкова, К.Ю. Кудрявцев (ООО «СЖЖ-Восток»), Е.А. Кучканов, Т.И. Кучканова (ООО «Ритэк»), А.Ю. Андреев (ПАО «Лукойл»)

Введение

Одними из наиболее важных этапов восстановления изображения среды являются построение глубинно-скоростной модели (ГСМ) и глубинная миграция. Для большинства наземных данных корректность ГСМ зависит в том числе и от точности построения модели ВЧР, которая может быть весьма сложной. Учитывая интегральный характер распространения волнового поля, любой недоучет в ВЧР будет влиять на нижележащие интервалы, а игнорирование этого влияния может приводить к критическим ошибкам на этапе интерпретации и прогноза [1, 2].

Изучаемый участок в Волгоградской области имеет характерное для региона строение с очень ранним выходом к поверхности высокоскоростных мезозойских отложений, наличием скоростных инверсий, поверхностей размыва и локальных неоднородностей. Это создает трудности при расчете статических поправок и влияет на точность восстановления структурного плана. Традиционные методы построения ВЧР и ГСМ имеют свои ограничения и не позволяют снять все неопределенности.

В рамках данной работы показано, как применение методов инверсии поверхностных волн (SWI) и полноволновой инверсии (FWI) может помочь эти неопределенности уменьшить и построить ГСМ, хорошо согласующуюся со скважинными данными. Дается общее описание исходных данных, рассматривается алгоритм построения ГСМ, предлагаются варианты контроля качества получаемых результатов, приводятся результаты глубинной миграции до суммирования и сравнение с предыдущими результатами.

Проблематика и особенности исходных данных

Изучаемый участок находится в Волгоградской области. Полевые 3Д работы отвечали современным стандартам качества: широкая азимутальность, кратность 256, наличие низких частот. В рамках камеральных работ была выполнена временная и глубинная обработка, после чего данные были переданы на интерпретацию. Тем не менее в полученных результатах присутствовали неопределенности, связанные с:

1) неоднозначностью статического решения, в первую очередь основанного на МСК

2) отсутствием скважин с прямыми замерами АК

3) толстослоистой ГСМ, нормированной на среднеинтервальные скорости, определенные по восстановленным кривым АК

Это накладывало ограничения на точность и достоверность структурных построений и прогноз перспективных объектов. С целью минимизации описанных неопределенностей было решено опробовать методики SWI и FWI.

Построение модели ВЧР

Общая схема построения модели ВЧР представлена на Рисунке 1. Построение начальной модели основывалось на комбинации моделей МСК, МПВ и SWI. Такой подход был призван учесть плюсы каждой из них: МСК – это прямой метод и точно определяет скорости в приповерхностном слое, МПВ лучше описывает скорости в подстилающих интервалах, а модель SWI характеризуется высокой детальностью и дает информацию о скоростях для первых 100 м в каждой точке на площади. Объединенная модель уточнялась с помощью томографии по преломленным волнам. Построенная модель ВЧР использовалась для расчета статики и полностью подходила для дальнейших работ по построению ГСМ. Дополнительным преимуществом предлагаемой методики построения является то, что на выходе мы также имеем куб Vp/Vs для верхних интервалов, который может быть использован при будущих работах.

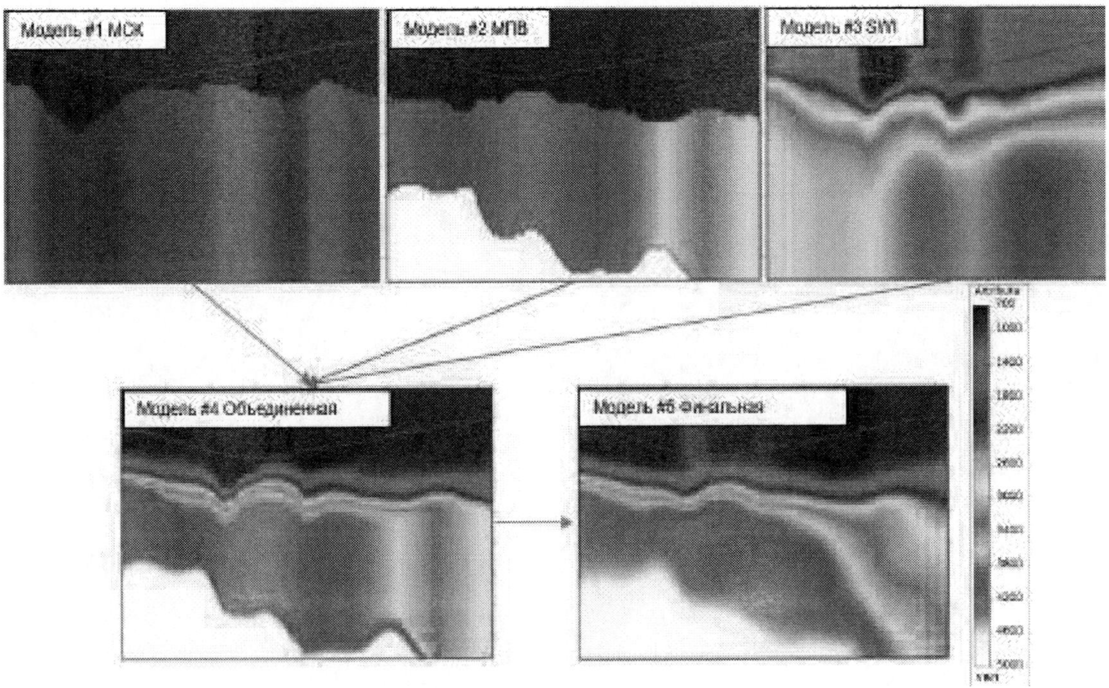

***Рисунок 1**. Построение комплексной модели ВЧР*

Построение ГСМ

Построение ГСМ проводилось в 5 этапов:

1. Построение начальной ГСМ (объединялись модель ВЧР и предыдущая ГСМ)
2. Изотропный FWI по рефрагированным волнам (5-10 Гц, обновление до горизонта C2b1)
3. Расчет анизотропии и томография
4. Анизотропный FWI по рефрагированным волнам (10-12 Гц)
5. Анизотропный FWI и томография по отраженным волнам (12-20 Гц)

Построение модели выполнялось классически «сверху-вниз», хотя уточнения верхних интервалов на более поздних этапах также допускалось. Было отмечено, что FWI на рефрагированных волнах позволяет уточнить ГСМ до горизонта C2b1. Полноценное использование FWI на отраженных волнах для уточнения более глубоких интервалов было затруднено сильным влиянием кратно-рефрагированных помех. Тем не менее применение 3Д FK фильтрации внутри модуля fwi позволило эту проблему частично решить и выполнить обновление до горизонта D3zm. Важно отметить, что для построения ГСМ FWI и стандартная томография использовались поочередно, что дает возможность обойти ограничения каждого из методов и найти наиболее корректное решение.

Использование FWI позволило не только уточнить ГСМ, но и добавило новые атрибуты для контроля качества получаемых результатов: сравнение реальных и модельных сейсмограмм, расчет атрибута вероятности схода на фазу, расчет атрибута perturbation (степени изменения скоростной модели) и др. (Рисунок 2). Вместе со стандартными методами это расширяет возможности оценки и проверки достоверности выходной ГСМ.

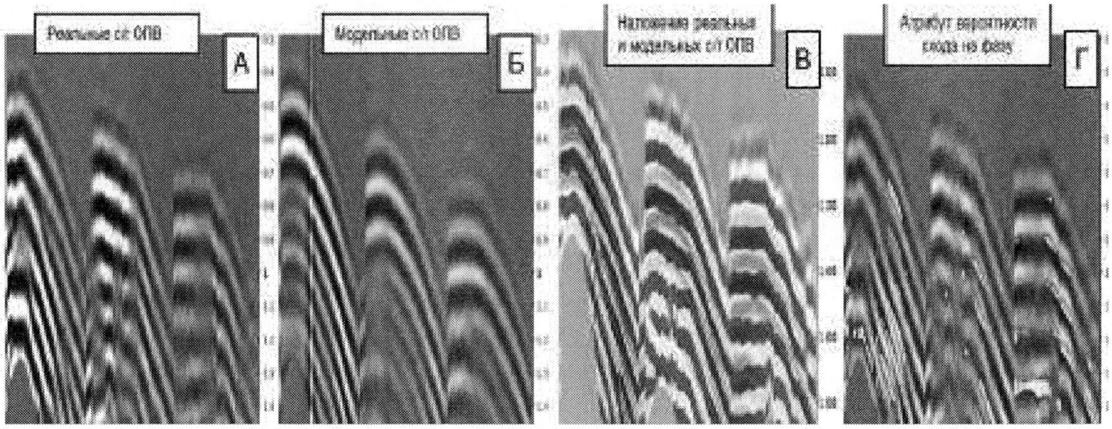

Рисунок 2. *Дополнительные инструменты контроля качества обновления ГСМ. А и Б – сравнение реальных и модельных сейсмограмм; В – наложение сейсмограмм: чем больше красного видно, тем менее точная текущая ГСМ; Г – наложение атрибута вероятности схода на фазу: в зонах, где есть желтая маркировка, вероятность схода на фазу выше*

Оценка полученных результатов

Построенная ГСМ использовалась для расчета глубинной миграции Кирхгоффа. Сопоставление полученных результатов с предыдущими показало (Ошибка: источник перекрёстной ссылки не найден):

1) ВЧР стала более дифференцированной, что согласуется с трендами в скважинах

2) Новое статическое решение основано на качественной модели ВЧР, что приводит к лучшей компенсации аномалий и влияет, в том числе, на геометрию целевых объектов

3) Новая ГСМ вариативна не только по вертикали, но и в пределах конкретных интервалов, и отражает латеральные изменения скоростей, наблюдаемые от скважины к скважине, тогда как в старой ГСМ эти вариации выражены не явно в силу ее слоистого характера и нормировки на среднеинтервальные скорости

4) На финальном сейсмическом кубе изображение лучше сфокусировано, наблюдаются более четкие разломные нарушения

5) Поменялась геометрия, фокусировка и границы целевых объектов

Использование предлагаемой в работе методики позволило построить детальную ГСМ, согласующуюся со скважинными данными, и проверенную большим количеством инструментов контроля качества на этапе обработки и интерпретации. Хороший признак – общее сходство с предыдущими результатами, что говорит о стабильности решения и наличии целевых объектов. Уточнение положения и границ объектов уменьшает неопределенности и риски при выборе точки постановки скважины и бурении, что соответствует заявленным целям работы и подтверждает эффективность опробованного подхода с включением SWI и FWI в процесс построения ГСМ. Хотя, безусловно, ключевым индикатором будет только результат бурения новой скважины.

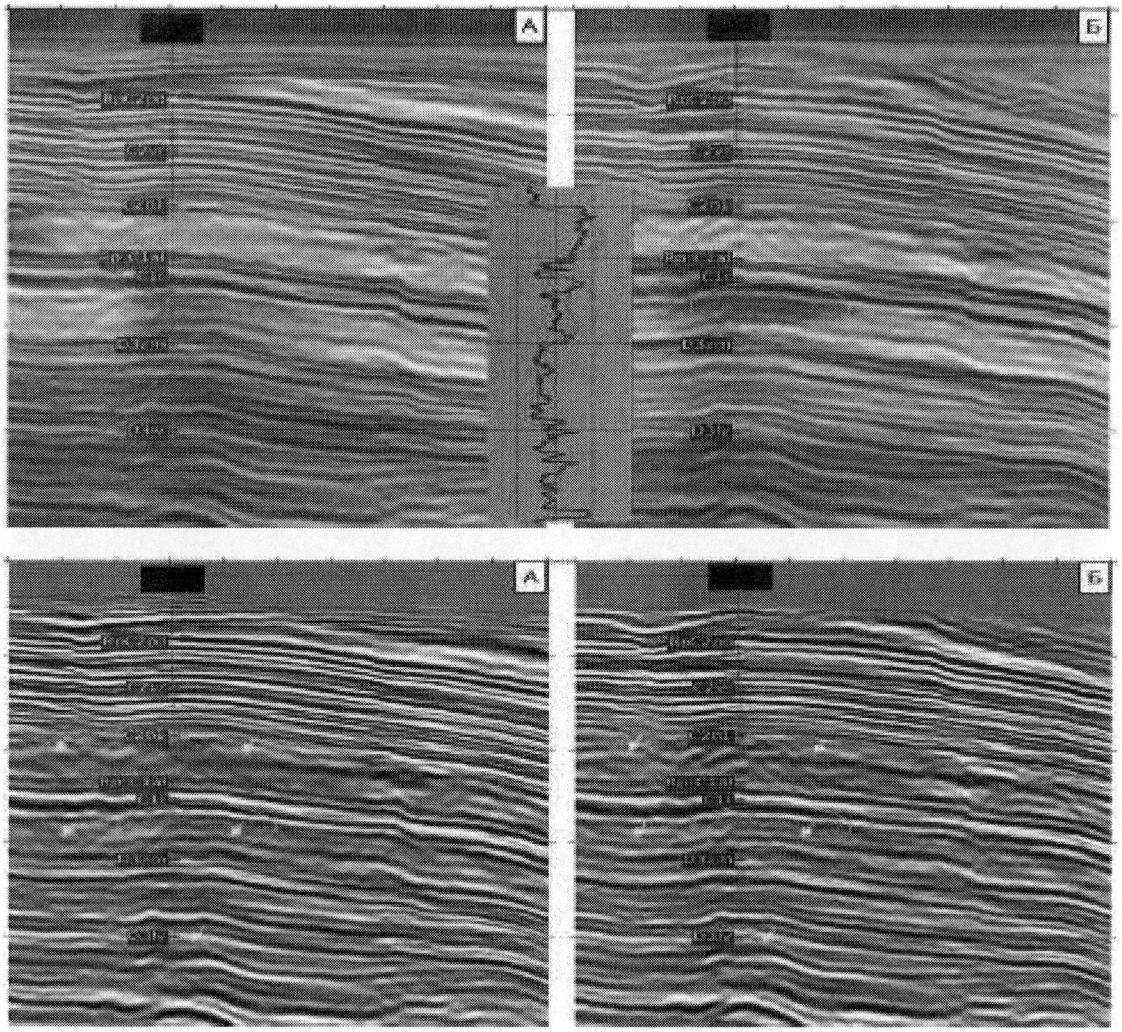

Рисунок 3. ГСМ и суммарные разрезы после PSDM: А – старые результаты, Б – новые

Выводы

Впервые была опробована методика построения ГСМ с использованием методов SWI и FWI на данных из Волгоградской области. Полученные результаты позволяют сделать вывод об эффективности методики. Авторы работы считают, что предлагаемый подход может быть рекомендован к использованию как на данных из Волгоградского региона, так и на участках из других регионов России со схожим сейсмогеологическим строением.

Список литературы / References

1. Tverdokhlebov D., Korobkin V. et al. FWI as an effective solution for land near-surface model building into the area with complex geological settings: Eastern Siberia case study. First Break, Vol. 37, No 10, October 2019, pp. 39-47.

2. Korobkin V.S., Novikov Ye.I., Nakatsukasa M., Petrova M. QFWI as a key technology to build hi-resolution orthorhombic velocity model and restore image below gas cloud on Sakhalin offshore // Conference Proceedings, Saint Petersburg 2020, Nov 2020.

Алгоритм оптимизационной рекурсивной фильтрации для подавления гармоник на вибросейсмических данных

А.А. Зыков* (ООО «ГЕОЛАБ»), М.С. Денисов (ООО «ГЕОЛАБ»)

Введение

В вибрационной сейсморазведке сигнал всегда сопровождается более или менее интенсивными гармоническими искажениями, которые создают интенсивные артефакты после корреляции виброграммы с контрольным свип-сигналом. Ослабление гармонического шума по-прежнему остается проблемой, особенно в случае сбора данных по методу slip-sweep. Здесь мы не рассматриваем вопрос происхождения гармоник, поскольку цель работы - удалить гармоники независимо от их природы. Для этого нужно создать модель гармонического шума и разработать алгоритм ее обращения, то есть подавления шума.

Известные подходы предполагают либо изменение условий возбуждения сигнала при проведении полевых работ [Wei et al. 2010], либо применение специальных процедур при обработке данных. Некоторые популярные методы основаны на применении фильтров с фазовым сдвигом с последующим мьютингом данных над первыми вступлениями [Li et al. 1995]. Хотя схема может быть изменена для применения к данным sleep-sweep, она позволяет устранить только гармонический шум, создаваемый неглубокими отражениями, а гармонический шум, связанный с глубокими отражателями, все еще остается в данных. Несколько исследователей также предлагают применять последовательную генерацию нескольких свип сигналов с различными фазовыми характеристиками [Rietsch 1981] или разной длины [Dean et al. 2016].

Текущее исследование направлено на создание и совершенствование алгоритмов обработки для отделения сигнала от гармонического шума. В работе описывается основанный на статистической оптимизации метод, который способен удалять гармонический шум из коррелированных вибросейсмических трасс. Этот алгоритм не включает в себя никакого интерактивного выбора данных или мьютинга и позволяет вычитать гармонический шум, связанный со всеми событиями на трассах, даже с глубокими целевыми отражателями. Прогнозируется набор моделей гармонического шума, после чего он вычитается из необработанных данных адаптивным образом.

Модель вибросигнала

Обычно модель дискретного вибросейсмического сигнала $q(t)$ записывается как сумма основного свипа, $q_1(t)$, и его гармоник:

$$q(t)=\sum_{m=1}^{\infty} a_m q_m(t)\,, \quad q_m(t)=\sin 2\pi m(f_{\min}+\mu t)t\,, \qquad t\in(0,T)\,, \qquad \mu=(f_{\max}-f_{\min})/2T\,,$$

где m обозначает порядок гармоники. Основной свип или “гармоника первого порядка” имеет относительную амплитуду, равную единице: $a_1 \equiv 1$. T - длина свип сигнала, $f_{\min}$ и $f_{\max}$ – нижняя и верхняя частоты возбуждения сигнала, μ скорость изменения частоты.

После корреляции с теоретическим свипом получается коррелограмма, которая в области Фурье принимает вид:

$$Z_1(\omega)=R(\omega)P(\omega)(C_{11}(\omega)+\sum_{m=2}^{\infty} a_m C_{1m}(\omega))\,,$$

где $R(\omega)$ – спектральная характеристика последовательности коэффициентов отражения, $P(\omega)$ – спектральная характеристика фильтра, описывающего затухание высокочастотных компонент излучаемого сигнала в зоне ВЧР, $C_{11}(\omega)$ - спектральная характеристика автокорреляции гармоники первого порядка (импульса Клаудера), $C_{1m}(\omega)$ – спектральная характеристика взаимной корреляции гармоник первого порядка и m -го порядка. Индекс 1 в $Z_1(\omega)$ подчеркивает, что он был вычислен путем корреляции исходной виброграммы с теоретическим свип сигналом.

Многочисленные попытки устранить гармонический шум с помощью этой модели оказались безуспешными. После анализа амплитуд гармоник при помощи СВАН анализа было обнаружено, что амплитуды гармоник могут довольно значительно варьироваться в зависимости от частоты (см. [Денисов и др., 2021]). Поэтому нужно использовать частотно-зависимые амплитуды гармоник, $a_m(\omega)$, и оценивать эти операторы, используя оптимизационную задачу, описанную ниже. Во временной области функциям соответствуют фильтры $a_m(t)$, а не коэффициенты.

Оптимизационная рекурсивная фильтрация

Поскольку цель состоит в том, чтобы получить желаемую трассу $\tilde{Z}_1$, свободную от искажений гармонического шума, т.е. $\tilde{Z}_1(\omega) = R(\omega)P(\omega)C_{11}(\omega)$ должен быть применен следующий фильтр:

$$F(\omega) = \frac{C_{11}(\omega)}{C_{11}(\omega) + \sum_{m=2}^{\infty} a_m(\omega) C_{1m}(\omega)}$$

в пределах полосы частот $\omega \in (\omega_{\min}, \omega_{\max})$, $\omega_{\min} = 2\pi f_{\min}$, $\omega_{\max} = 2\pi f_{\max}$. Разделив числитель и знаменатель на C_{11}, можно представить выражение для $F(\omega)$ на каждой частоте как сумму геометрической прогрессии. Предполагая, что гармоники слабые, получаем:

$$F(\omega) = 1 + \sum_{k=1}^{\infty} \left[-\sum_{m=2}^{\infty} a_m(\omega) \frac{C_{1m}(\omega)}{C_{11}(\omega)} \right]^k, \ |a_m(\omega)| < 1, \ \forall \omega .$$

На практике достаточно ограничить как максимальный порядок, M, гармоники, подлежащей ослаблению, так и количество членов, K. Обозначим такой фильтр как $F^{(KM)}$. Например, запишем оператор первого порядка (K=1) для ослабления как 2-й, так и 3-й гармоник (M=3):

$$F^{(13)}(\omega) = 1 - a_2(\omega) \frac{C_{12}(\omega)}{C_{11}(\omega)} - a_3(\omega) \frac{C_{13}(\omega)}{C_{11}(\omega)} .$$

Умножив выражение на Z_1, получим:

$$F^{(13)}(\omega) Z_1(\omega) = Z_1(\omega) - a_2(\omega) Y_{12}(\omega) - a_3(\omega) Y_{13}(\omega) ,$$

где $Y_{12} = C_{12} Z_1 / C_{11}$, $Y_{13} = C_{13} Z_1 / C_{11}$. Фактически, каждая из трасс Y_{12} и Y_{13} может рассматриваться как модель шума, а умножение Z_1 на C_{12} или C_{13} означает прогнозирование шума для его последующего вычитания. Присвоив порядковые номера трассам шума, т.е. Y_{12}, Y_{13} и т.д., приходим к задаче многоканальной оптимальной фильтрации.

Вполне разумно предположить, что энергия трассы без гармоник меньше энергии трассы с гармониками. Поэтому задача ослабления гармонического шума формулируется как задача оптимизации относительно набора фильтров, которые для удобства оставим во временной области:

$$\hat{s}_m = \arg\min_{\tilde{s}_m} \sum_t \left(z_1(t) - \sum_m \tilde{s}_m(t) * y_{1m}(t) \right)^2 ,$$

где $\hat{s}_m$ - оптимальные фильтры, y_{1m} - временные характеристики спрогнозированных моделей помех. Эта процедура адаптивного вычитания аналогична адаптивному вычитанию кратных волн с использованием многоканальных оптимальных фильтров [Robinson and Treitel 1978]. Здесь, в описании алгоритма, основанного на оптимизации, мы следуем работе [Денисов и др. 2019].

Примеры полевых данных

На рис. 1а показана сейсмограмма slip-sweep после корреляции с теоретическим свипом. Она содержит сильный корреляционный шум (показан стрелками), который в основном расположен над первыми вступлениями на второй сейсмограмме и мешает слабым отражениям на первой сейсмограмме. Этот шум проявляется на СВАН-колонках в виде прямых линий (выделенных пунктирными линиями разных цветов: красный для второй гармоники, зеленый для третьей и фиолетовый для четвертой) – см. рис. 1*b* и 1*c*.

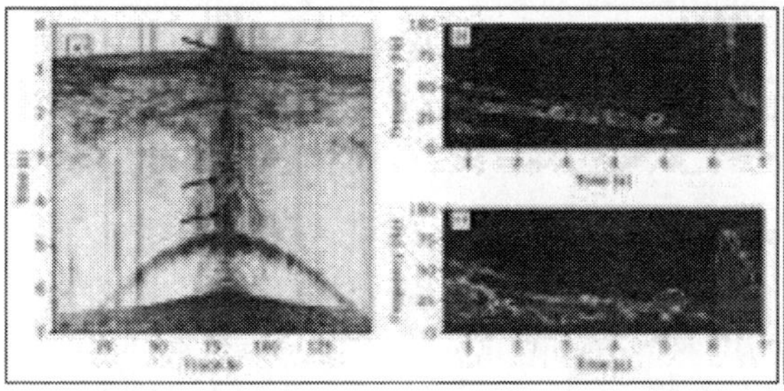

Рисунок 1. *Сейсмограмма ОПВ выбранная из площадных данных (a). СВАН-колонки для двух трасс: ближние удаления(b), средние удаления (c).*

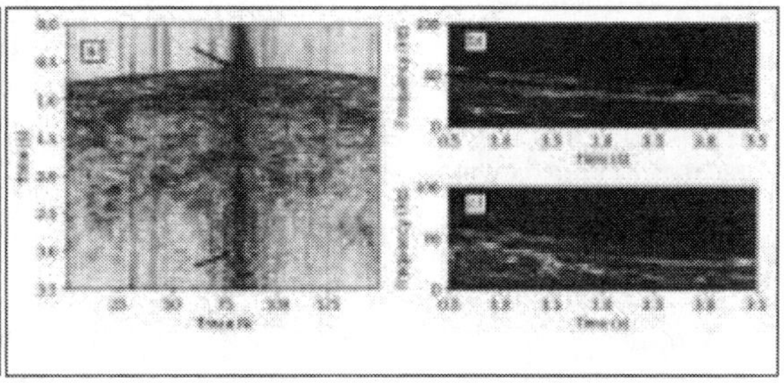

Рисунок 2. *Увеличенная сейсмограмма ОПВ, выбранная из площадных данных (a). СВАН-колонки для двух трасс: ближние удаления(b), средние удаления (c).*

Для более детального анализа волнового поля увеличенный фрагмент исходного изображения показан на рис. 2а. Стрелки указывают на фрагменты интенсивного шума, которые мешают интерпретации сигнала. Поскольку этот увеличенный вид дает четкое представление о помехах, мы показываем только увеличенные фрагменты моделей шума ниже. СВАН-колонки на рис. 2b и 2c доказывают, что шум, отмеченный стрелками, является гармоническим.

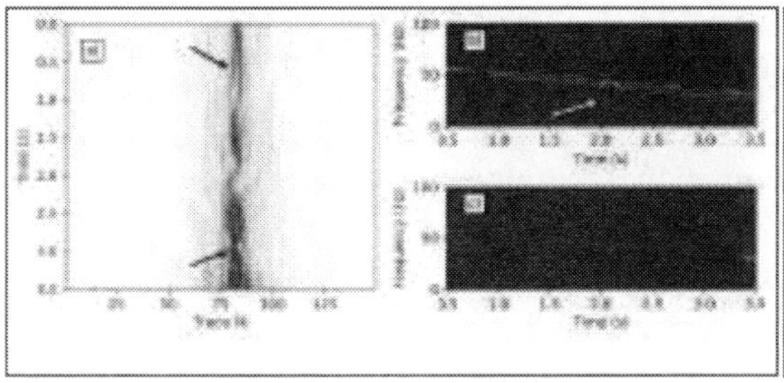

Рисунок 3. *Фрагмент предсказания 2-ой гармоники (a). СВАН-колонки для двух трасс: ближние удаления(b), средние удаления (c).*

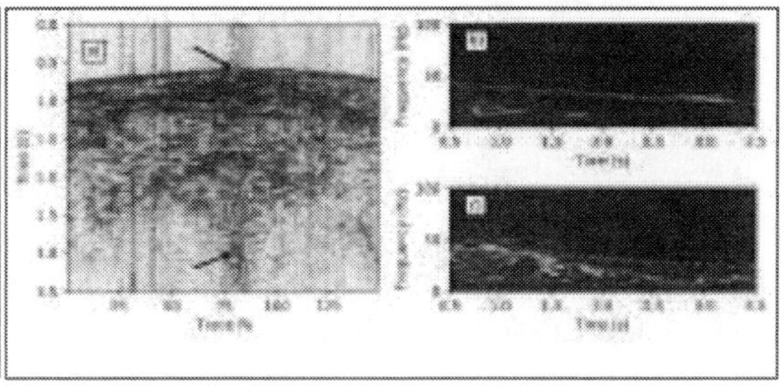

Рисунок 4. *Увеличенная сейсмограмма ОПВ выбранная из площадных данных после подавления шума (a). СВАН-колонки для двух трасс: ближние удаления(b), средние удаления (c).*

На рис. 3 показана спрогнозированная вторая гармоника. Хотя прогнозирование довольно точно воспроизводит шум, представленный на рис. 2a, необходимо выполнить адаптацию, чтобы учесть частотно-зависимый характер разности между амплитудами прогнозируемых гармоник и гармониками в полевых данных. Предсказанная третья гармоника и четвертая гармоника (здесь не показаны) обладают схожими свойствами.

В результате одновременного адаптивного вычитания трех моделей шума из исходных данных, получаем сейсмограмму, представленную на рис. 4a. Энергия помех хорошо ослабляется, а также не искажается полезный сигнал. Может показаться, что волновое поле все еще содержит некоторый фоновый шум. Чтобы правильно интерпретировать волновое поле, проанализируем СВАН-колонки и сравним их с изображениями на рис. 1b, 1c, 2b и 2c и сделаем вывод, что линии, соответствующие второй и третьей гармоникам, исчезли. Таким образом, оставшийся шум имеет иную природу. Как и ожидалось, предложенный алгоритм устранил только гармонический шум.

Выводы

Была представлена математическая модель вибросейсмического сигнала, искаженного гармониками. Основываясь на этой модели, разработан алгоритм удаления гармоник путем обращения этой модели. Алгоритм состоит из двух этапов: предсказания шума и адаптивного вычитания. В процессе вычитания выполняется статистическая оценка фильтров. Эти фильтры учитывают частотно-зависимый характер разности между амплитудами прогнозируемых гармоник и гармоник в полевых данных.

Благодарности

Благодарим Р.М. Гафарова и И.Р. Ягудина (Башнефтегеофизика) за разрешение показать полевые данные и А.А. Егорова за плодотворные обсуждения и сотрудничество в исследовательской работе.

Литература

1. Denisov M.S., Egorov A.A., Kurin E.A. and Shneerson M.B. [2019] Vibroseis harmonic noise elimination based on optimized recursive filtering. 81st EAGE Conference and Exhibition, Expanded Abstracts.

2. Denisov M.S., Egorov A.A., and Shneerson M.B. [2021] Optimization-based recursive filtering for separation of signal from harmonics in vibroseis. Geophysical Prospecting 69, 779-798.

3. Dean T., Iranpour K., Clark M. and Poole A. [2016] Dithered sweep lengths - a new technique for attenuating harmonic noise in vibroseis data. 78th EAGE Conference and Exhibition, Expanded Abstracts.

4. Li X.P., Sollner W. and Hubral P. [1995] Elimination of harmonic distortion in vibroseis data. Geophysics 60, 503–516.

5. Rietsch E. [1981] Reduction of harmonic distortion in vibratory source records. Geophysical Prospecting 29, 178-188.

6. Robinson E. A. and Treitel S. [1978] Digital signal processing in geophysics. Applications of Digital Signal Processing. Prentice-Hall Englewood Cliffs.

7. Wei Z., Phillips T.F. and Hall M.A. [2010] Fundamental discussions on seismic vibrators. Geophysics 75, W13-W25.

«Альтернативный метод процедуры дегостинга на участках с предельным мелководьем»

С.О. Суслов* (ООО «Пангея»), Р.А. Филатов (ООО «Пангея»), Е.А. Соколов (ООО «Пангея»), В.И. Свяжина (ООО «Пангея»), И.Г. Алексеев (ООО "Каспийская нефтяная компания")

Введение

Тема влияния волн-спутников на сейсмические данные на данный момент достаточно широко освещена в геофизическом сообществе. Процедура дегостинга является неотъемлемой частью современного графа обработки сейсмических данных. Разработано множество различных способов подавления волн-спутников как во время полевых, так и камеральных работ. Однако, вопрос воздействия на сейсмические данные волн-спутников в условиях предельного мелководья (0 - 4 м) остается слабоосвещенным ввиду малого количества исследуемых площадей с подобными характеристиками. В данной работе анализируется влияние волн-спутников при сверхмалых глубинах моря, а также предлагается альтернативный экспресс-метод их подавления на примере одного из мелких морей, находящегося на стыке Европы и Азии.

Теория

Ключевым примером для понимания влияния волн-спутников на сейсмические данные является одномерный случай – приемник находится в экстремальной близости от границы вода-воздух. В реальности сейсмическая коса всегда несколько погружена. Рассмотрим эксперимент, в котором приемник заглублен на 0.5 м, представляет из себя гидрофон и измеряет, соответственно, давление. Уравнение волны-спутника за приемник в частотной области в одномерном варианте имеет следующий вид:

$$G_{-_r}(z) = 1 - \exp(2ikz_r) \qquad , k = \frac{2\pi f}{c} \qquad (1),$$

где G_{-_r} – спектр волны-спутника за приемник, i – мнимая единица, k – волновое число, z_r – заглубление приемника, f – частота, c – скорость звука в воде

При разложении уравнения (1) в ряд Тейлора, в случае пренебрежения третьим и последующими членами, уравнение приобретает вид:

$$G_{-_r}(z) = -2ikz \qquad (2)$$

При сверхмалых глубинах в сейсмической полосе частот аппроксимация (2) достаточно хорошо приближает формулу (1). На Рисунке 1а представлен амплитудный спектр волны-спутника приемника для заглубления 0.5 м, рассчитанный с помощью уравнений (1) и (2). Так как в формуле (2) переменной является только волновое число, можно констатировать квазилинейную форму АЧХ волны спутника за приемник для сверхмалых глубин погружения косы.

Уравнение волны-спутника за источник в частотной области имеет вид:

$$G_{-_s}(z) = 1 - \exp(2ikz_s) \qquad , k = \frac{2\pi f}{c} \qquad (3),$$

где G_{-_s} – спектр волны-спутника за источник, i – мнимая единица, k – волновое число, z_s – заглубление источника, f – частота, c – скорость звука в воде

Так как уравнения (1) и (3) идентичны, то выводы про квазилинейный характер АЧХ волны-спутника за источник можно с уверенностью экстраполировать и на спутник от источника. Общее влияние волн-спутников на спектральный состав записи описывается произведением спектров спутника за приемник и спутника за источник.

Таким образом можно констатировать, что общий спектр волн-спутников пропорционален $\sim f^2$. Проведенное одномерное моделирование показывает, что при глубинах заглубления источника на 3 м и приемника на 4 м ошибка аппроксимации общего поля волн-спутников на частоте 40 Гц ~ 1 %, 60 Гц ~ 15% (Рисунок 1б).

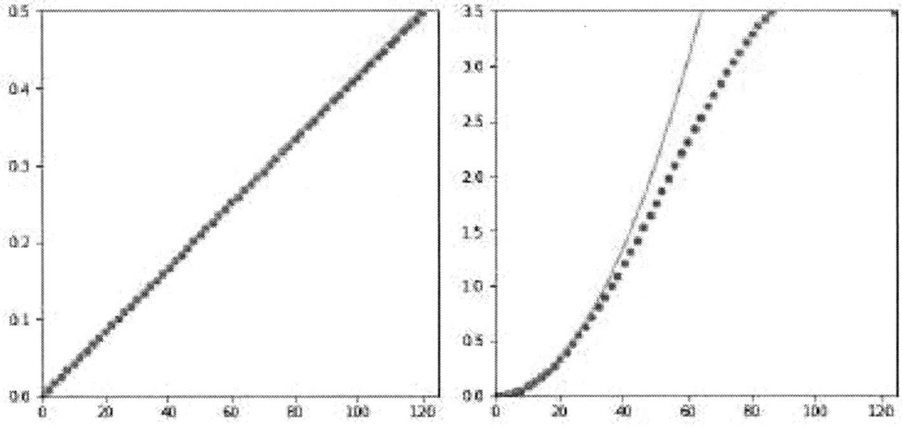

а б

Рисунок 1. *а) АЧХ волны-спутника за приемник (0.5 м), рассчитанное через стандартное уравнение (пунктирная линия) и его аппроксимацию (сплошная линия), б) Комплексное АЧХ волн-спутников за источник (3 м) и приемник (4 м), рассчитанное через стандартное уравнение (пунктирная линия) и его аппроксимацию (сплошная линия)*

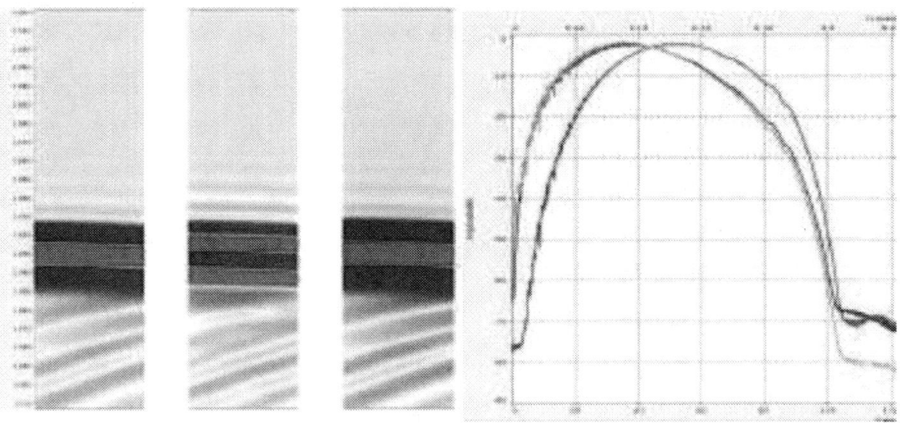

а б в д

Рисунок 2. *Результаты двумерного моделирования. а) без моделирования спутников, б) с моделированием спутников, в) подавление спутников методом двойного интегрирования, д) АЧХ (синий – без спутников, красный– со спутниками, зеленый – после подавления спутников)*

Метод

В качестве альтернативы стандартным методам дегостинга предлагается обратный фильтр, основанный на предположении пропорциональности спектра волн-спутников на гидрофоне квадрату частоты. Во временной области аналогом такого фильтра является двойное интегрирование. Данный метод является упрощением подхода, описанного в трудах [1,2]. Стоит отметить, что использование метода двойного интегрирования, как простого и быстрого способа восстановить низкочастотный состав записи, нашло свое применение в алгоритмах FWI [3], реализованных во многих коммерческих пакетах обработки данных.

Ошибки аппроксимации на высоких частотах оказываются малозначительными для сейсмической записи при малых глубинах в силу наличия эффектов поглощения и затухания, связанных с фазовой дисперсией скоростей. Одномерный случай возможно экстраполировать на многомерные при условии малых глубин моря, так как в таком случае излучение от источника до дна корректно описывается параксиальным приближением. Вышеописанные тезисы подтверждаются двумерным моделированием сейсмограммы с помощью метода конечных разностей (Рисунок 2). Для моделирования использовался импульс Рикера с доминантной частотой 40 Гц с ограничением расчета до 100 Гц. Источник и приемник погружены на 2.5 м.

Безусловно, исходя из уравнений (1) и (3), применение одинакового потрассного фильтра внесет амплитудные искажения из-за различий в глубинах погружения источников и приёмников. Однако, данные искажения будут являться поверхностно-согласованными и могут быть компенсированы коррекцией амплитуд.

Пример

Устранение волн-спутников (дегостинг) на предельном мелководье является достаточно нетривиальной задачей. Существует несколько причин, по которым этот этап обработки сейсмических данных занимает значительное время:

- Несформированный импульс на записи в ближней зоне
- Переменный из-за климатических условий уровень моря
- Сложность калибровки данных для PZ-суммирования
- Повышение фона низкочастотных помех в процессе адаптивного дегостинга

Исследуемая площадь работ характеризовалась предельным мелководьем, на 90% процентах площади глубина моря 3 м и менее. Полевые работы проведены с использованием донных кос (OBC). P- и Z-компоненты волнового поля значительно осложнены различными видами помех (Рисунок 3). PZ-калибровка была осложнена неоднозначной идентификацией восходящего поля и однократных событий на сейсмограммах, значительные помехи на ближних удаления осложняли процедуру кросс-гостинга. Вкупе эти факторы делали процесс дегостинга одним из самых трудоемких этапов сигнальной обработки. На данной площади был опробован подход двойного интегрирования для подавления волн-спутников и произведено сравнение с классическим подходом, включавшим PZ-суммирование и адаптивный дегостинг (Рисунок 4). Стоит отметить, что дополнительный эффект от PZ-суммирования в виде подавления частично кратных событий практически незаметен. Данный эффект на мелководье описан в работе [4]. Результаты после стандартного подхода и метода двойного интегрирования имеют крайне высокую степень схожести между собой.

Выводы

Предложен альтернативный метод дегостинга на предельном мелководье. Алгоритм является простым и может быть быстро реализован практически на любом наборе данных и в любом обрабатывающем пакете. Несмотря на теоретические ограничения, метод показывает хорошие результаты на сверхмалых глубинах в основном сейсмическом диапазоне частот. В классических условиях погружения источника/приемника на 8-12 м алгоритм может быть использован для экспресс-оценки сейсмической записи в районе низких и средних частот.

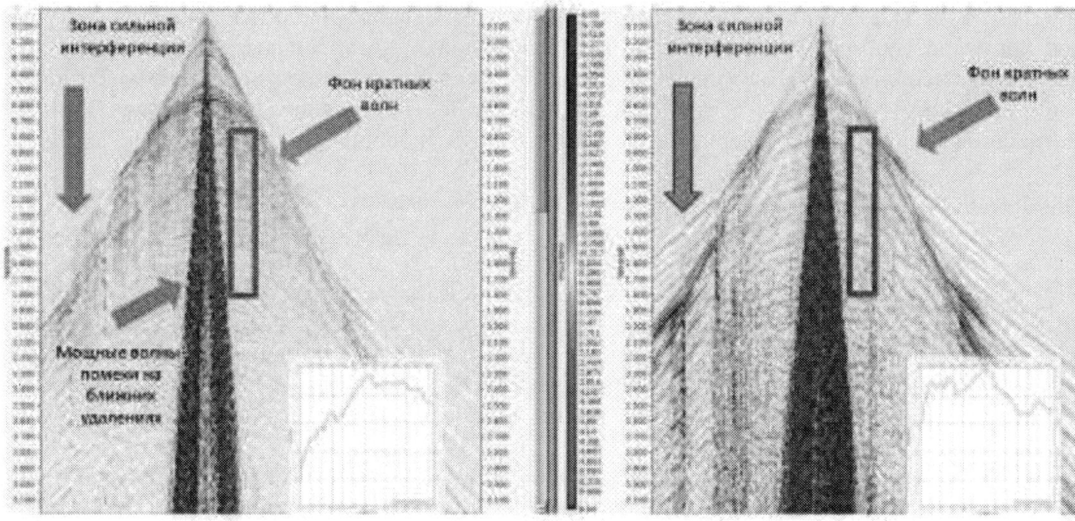

Рисунок 3. *Пример волнового поля гидрофона (слева) и геофона (справа)*

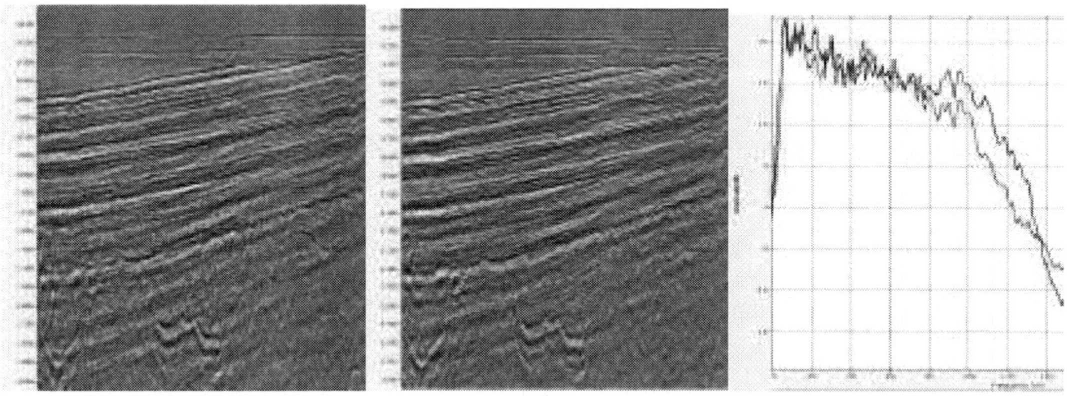

а *б* *в*

Рисунок 4. *а)фрагмент разреза после стандартного подхода, б) после двойного интегрирования, в) АЧХ (синий – стандартный подход, красный – двойное интегрирование)*

References

1. 2013 L. Amundsen,H. Zhou “Low-frequency seismic deghosting”,
2. 2017 Y. Wang , A. Citlali Ramirez, A. Osen“A low-frequency deghostingmethod: Analysis and numerical tests”
3. 2015 Dong Sun,Kun Jiao,Xin Cheng,Denes Vigh ”Compensating for source and receiver ghost effects in full waveform inversion and reverse time migration for marine streamer data”
4. 2004 J.Singh&K.Subramanyam“Deghostingof OBC Data: Two Approaches”

Получение и использование информации об угловых параметрах залегания сейсмических отражающих границ

В. И. Бондарев* (УГГУ), С. М. Крылатков (УГГУ), Н. А. Крылаткова (УГГУ), А. Н. Крылевская (УГГУ)

Введение

Развитие методики сейсморазведки привело к тому, что вот уже более полувека основным способом получения информации о строении геологической среды является сейсмический метод общей глубинной точки (ОГТ) или общей средней точки (ОСТ) [1]. В нем реализуется такая технология сейсморазведки, при которой обеспечивается получение, регистрация и обработка многократных отражений от элементов сейсмических границ, расположенных в пределах изучаемого профиля или площади. Итогом работ являются специальные типы сейсмических изображений геологической среды - временные разрезы, структурные карты и т.д. Угловые характеристики залегания сейсмических границ определяются, при необходимости, по получаемым сейсмическим разрезам или структурным картам.

Однако, наклонные отражающие элементы сейсмических границ в методе ОСТ, отображаются по сравнению со своими истинными положениями в разрезе с искажениями, как по глубине, так и по положению на профиле. Степень искажения будет тем выше, чем больше значения углов падения отражающих границ. Поэтому для получения более правдоподобных сейсмических изображений среды применяют различные по технологичности и эффективности дополнительные специальные преобразования временных или глубинных разрезов, которые принято называть миграционными преобразованиями.

Получение объективной информации об углах падения геологических напластований в разрезе является одним из возможных и важных направлений совершенствования и развития сейсмических технологий и открывает новые возможности и перспективы при выполнении обработки и интерпретации экспериментальных данных. Использование такой информации открывает новые пути решения задачи получения более объективных представлений о строении изучаемой среды. На основе количественной информации об угловых характеристиках залегания сейсмических границ могут решаться новые разные геологические задачи, такие, как, например, анализ истории осадконакопления в изучаемых геологических толщах и т.п.

Получение и применение угловых атрибутов сейсмических границ

Авторами предложены несколько способов [2, 3, 4, 5] получения численных значений угловых атрибутов в сейсмическом разрезе на основе комплексирования кинематических и динамических характеристик сейсмических полей.

Решение задачи определения углов падения сейсмических границ обеспечивается тем, что для выбранных на профиле исследований точек получения результатов - ***общих расчетных точек*** (***ОРТ***), по имеющемуся набору трасс сейсмограмм общих точек возбуждения (ОТВ) формируются и анализируются совокупности специально подобранных сейсмических трасс, объединенных общностью их возникновения в конкретных фиксированных точках отражения сейсмических границ. Предложено для целей определения угловых характеристик залегания отражающих границ использовать так называемые фиксированные точки отражения (ФТО).

В качестве фиксированных точек отражения нами предложено широко использовать фиксированные точки отражения второго типа (ФТО2), лежащие на отражающих границах строго по вертикали под общими расчетными точками [2, 6].

Преимуществом использования ФТО2 является то обстоятельство, что при таком положении точки отражения на отражающей границе, свойства годографов волн, отраженных в этих точках от границы, существенным образом зависят от угла падения отражающей границы в точке ФТО2. Для наклонно залегающих отражающих границ годографы волновых полей этого типа существенно отличаются от годографов ОСТ.

Лучевая схема траекторий сейсмических волн такого типа для одной отражающей границы показана на рис.1. На нем показаны: одна из ОРТ на сейсмическом профиле исследований, отражающая граница (ОГ), а также местоположение ФТО2. На профиле наблюдений также показаны положения двух пунктов возбуждения ПВ1 и ПВ2 и соответствующих им двух пунктов приема колебаний ПП1 и ПП2. Показана глубина по вертикали к границе из ОРТ- $z_{\text{ОРТ}}$, угол падения границы φ и удаления l_1 и l_2 пунктов возбуждения и пунктов приема колебаний от общей расчетной точки (ОРТ).

Как было установлено авторами ранее [2], эти величины связаны между собой соотношением:

$$l_2 = z_{\text{ОРТ}} \cdot \frac{z_{\text{ОРТ}} \cdot \sin 2\varphi + l_1 \cdot \cos 2\varphi}{z_{\text{ОРТ}} \cdot \cos 2\varphi - l_1 \cdot \sin 2\varphi}. \quad (1)$$

Все развиваемые нами способы решения задач по определению углов падения отражающих границ [3, 4] базируются на предположении, что всегда с той или иной вероятностью нам известна область нахождения искомых угловых параметров, характеризующих условия залегания каждой из отражающих границ в разрезе. Это позволяет решать поставленные задачи методом последовательного перебора всего спектра искомых значений угловых и глубинных параметров.

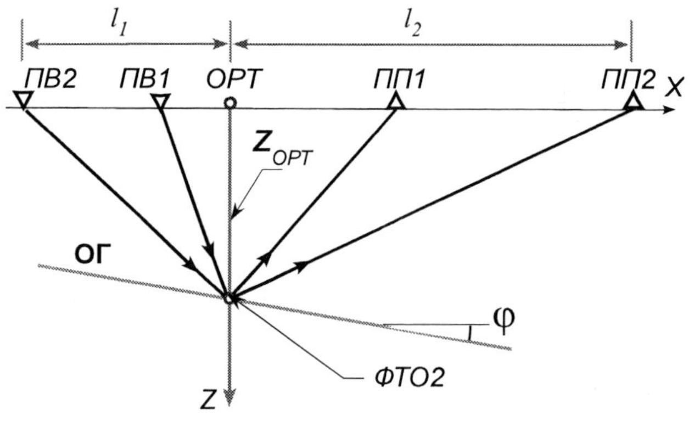

***Рисунок 1**. Лучевая схема, показывающая положение в разрезе точки ФТО2*

Возникающие практические трудности решения таких задач, при этом, сводятся, с одной стороны, к минимизации числа возможных вариантов перебора, а с другой стороны, к выбору наиболее эффективных критериев для оценки оптимальности найденных значений угловых и глубинных параметров. Поэтому для нахождения искомых параметров на начальном этапе решения для каждой ОРТ формируется двумерная сетка узлов с приписанными им значениями перебираемых параметров из заданной допустимой области. Координатами узлов сетки в данной задаче являются глубины нахождения ФТО2 в разрезе и углы падения отражающих границ в фиксированных точках отражения.

Затем для каждого выбранного узла созданной сетки возможных точек ФТО2 рассчитывается время пробега отраженной волны от назначенного пункта возбуждения волн (ПВ) до ФТО2 и далее до рассчитанного по формуле (1) положения пункта приема (ПП).

$$t(l_1, l_2) = \frac{1}{V} \cdot \left(\sqrt{(x_{\text{ПВ}} - x_{\text{ФТО2}})^2 + (z_{\text{ФТО2}})^2} + \sqrt{(x_{\text{ПП}} - x_{\text{ФТО2}})^2 + (z_{\text{ФТО2}})^2} \right), \quad (2)$$

где V – эффективная скорость, определенная по стандартной технологии скоростного анализа.

Это позволяет по рассчитанному времени пробега отраженной волны по любой из сейсмограмм общей точки возбуждения (ОТВ), соответствующей удалению l_1 от выбранной ОРТ выбрать фрагмент трассы, соответствующей удалению от источника до приемника, равному $l_1 + l_2$, найти значения зарегистрированной сейсмической амплитуды волнового поля, характеризующей отражательную способность сейсмической границы в данной точке ФТО2 на заданной глубине с определенном углом наклона. При последующем многократном суммировании специально выбранных таких амплитудных фрагментов сейсмических трасс, полученных при разных положениях ПВ и ПП для соответствующей фиксированной точки отражения (ФТО2) появляется возможность построения такого амплитудного функционала – функции цели (ФЦ), который может быть эффективным динамическим количественным индикатором условий залегания – глубины залегания и углов падения.

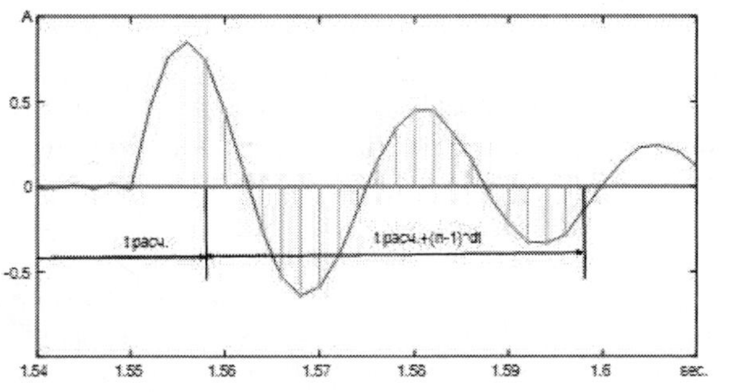

***Рисунок 2.** Схема выбора значений амплитуд сейсмической волны в расчетном временном окне для данной ФТО2*

Для ослабления влияния случайных помех и повышения надежности (точности) определения углов падения отражающих границ расчеты следует выполнять с привлечением последовательности (совокупности) зарегистрированных амплитуд, взятых в интервале полутора-двух видимых периодов сейсмической записи после расчетного времени прихода отраженной волны. Для обычного диапазона регистрируемых в наземной сейсморазведке частот сейсмических колебаний отраженных волн, и принятого при этом шага квантования 0,002 сек, это может быть 20 - 30 последовательных значений амплитуд, следующих по времени после расчетного (найденного) времени прихода – $t_{\text{расч.}}$ - рассматриваемой конкретной отраженной волны (рис.2).

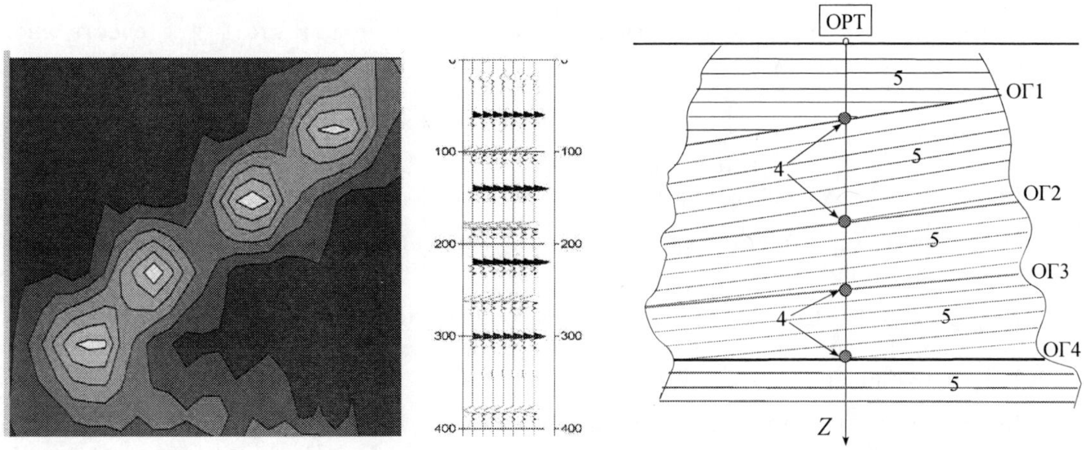

***Рисунок 3.** Поле значений целевой функции в узлах сетки для модели среды с 4-мя отражающими границами(а), построенные на основе этого поля трассы временного сейсмического разреза(б) и схема, поясняющая возможный вид истолкование значений экстремумов целевой функции(в)*

Полученный массив значений амплитуд отраженной волны для каждой ФТО2 для последующего накапливания следует переносить в предварительно созданный блок ячеек памяти, рассчитанный на хранение выбранного числа значений амплитуд: n = 20–30 (выбирается экспериментально). Такой блок создается и заполняется и для всех других положений ФТО2. В каждый блок ячеек памяти переносят одинаковым образом и накапливают соответствующие массивы амплитуд, полученные по трассам сейсмограмм для различных имеющихся пунктов возбуждения колебаний. Чем больше имеется пунктов возбуждения (чем выше кратность наблюдений), тем более устойчивые результаты могут быть получены.

После сложения амплитуд (с учетом их знаков) в каждом блоке ячеек памяти для всех накопленных на соответствующем времени амплитуд, полученных из разных пунктов возбуждения, вычисляются квадраты всех суммарных амплитуд на каждом времени и, затем, производится их суммирование. Это полученное итоговое численное значение суммы квадратов амплитуд в каждой ФТО2 и есть функция цели (ФЦ). Изучая распределение величин ФЦ на сетке параметров, по максимальным ее значениям определяются геометрические параметры отражающих границ. По этим же параметрам может быть построено сейсмическое изображение среды.

Поле изолиний значений функции цели дает наглядное представление как о числе отражающих границ на данном пикете сейсмического профиля (в приведенном примере в выбранном интервале глубин их 4), так и об углах падения всех отражающих границ (рис.3). На рисунке 3 а по оси абсцисс показаны значения углов падения отражающих границ, по оси ординат- значения глубин от дневной поверхности по вертикали - z_{OPT} до границы в точках ФТО2. На рис. 3 в показаны результаты возможной интерпретации полученных значений углов наклона границ и глубин. На рис.3 б показаны трассы получаемого сейсмического изображения среды.

Выводы

1. По данным метода многократных перекрытий (МОГТ-2D) возможно определение истинных углов наклона отражающих границ

2. Использование найденных в сейсмическом разрезе углов наклона элементов отражающих границ позволяет получать более правильное представление о структуре и строении изучаемой геологической среды

3. Определение углов наклона отражающих границ может стать в отечественной сейсморазведке основанием для создания новых технологий обработки данных ОГТ.

Библиография

1. Mayne W. H., 1956, Seismic Surveying. U.S. Patent. No. 2.732.906

2. Бондарев В. И., Крылатков С. М. Новые технологии анализа данных сейсморазведки. - Екатеринбург, Изд-во УГГУ, 2006. 116 с.

3. Бондарев В. И., Крылатков С. М. Способ определения углов наклона отражающих границ в геологической среде по данным профильной сейсморазведки 2D// Патент РФ 2692001. Дата публикации заявки: 19.06.2019. Бюл. № 17

4. Бондарев В. И., Крылатков С. М., Крылаткова Н. А., Крылевская А.Н. Способ определения углов наклона отражающих границ по данным МОГТ 2D// Решение на выдачу патента РФ по заявке № 2020119940/28. Дата подачи заявки 16.06.2020

5. Бондарев В. И., Крылатков С. М. Способ получения мигрированных сейсмических изображений геологической среды по данным сейсморазведки 2D// Патент РФ 2705519. Дата публикации заявки: 14.08.2019. Бюл. № 23

6. Пузырев Н. Н., Временные поля отраженных волн и метод эффективных параметров. – Новосибирск, Изд-во Наука, 1979. – 296 с.

Полноволновая инверсия на отраженных волнах как инструмент повышения детальности скоростной модели для архивных морских данных

И.С. Слипченко*, А.С. Корнев (ООО «СЖЖ-Восток»)

Введение

В последнее время этап построения глубинно-скоростной модели среды все чаще включает полноволновую инверсию исходных данных (Full Waveform Inversion). Технология уже зарекомендовала себя как метод, позволяющий получить достаточно точные и детальные не только изотропные скоростные характеристики среды, но и модели поглощения Q и анизотропии.

Увеличение вычислительных мощностей позволяет развивать эту технологию дальше, в направлении моделирования, включающего, помимо инверсии преломленных волн, инверсию отраженных волн. Совместное использование преломленных и отраженных волн позволяет повысить детализацию глубинно-скоростных моделей, а в дальнейшем, с повышением частоты обновления – перейти к расчету псевдоакустического импеданса из скоростного поля (FWI imaging) [1].

Помимо увеличения требований к вычислительным мощностям также необходимо бороться и основной проблемой технологии FWI – переход через фазу (cycle-skipping). Для этого уже существует несколько методов расчета весовой функции, которые позволяют уменьшить вероятность перехода через фазу, таких как OT (optimal transport) [2], DW (dynamic warping) [3] и TL (time-lag) [4].

В данной работе будет рассмотрено уточнение глубинно-скоростной модели методом TL-FWI по отраженным и преломленным волнам, полученное для неглубоководных трехмерных узкоазимутальных морских данных

Теория

Классический метод FWI (Tarantola, 1984) по преломленным волнам направлен на получение детальных скоростных моделей только в верхней части разреза. Это ограничение по глубинности связано с ограничениями систем наблюдения, которые зачастую не имеют достаточно больших удалений для более глубокого проникновения преломленных волн.

Чтобы обойти такое ограничение, было предложено использовать отраженные волны (Chavent и др., 1994; Xu и др., 2012). Отражения добавляют две дополнительные компоненты в градиент: коротковолновую компоненту, известную как миграционный фактор (migration term) и длинноволновую компоненту, известную как томографический фактор (tomographic term). Длинноволновая компонента движется по направлению распространения отраженной волны и содержит в себе большое количество информации о кинематических свойствах скоростной модели, при этом проникает глубже чем преломленные волны. На ***Рисунок 1*** показаны три компоненты FWI градиента. В случае FWI по преломленным волнам используется только a-компонента градиента, в то время как при использовании FWI по отраженным волнам в формировании градиента участвуют еще и b и c -компоненты, которые проникают гораздо глубже. В этом процессе c-компонента привносит наибольший вклад в изменение модели (***Рисунок 2***) [5].

Если вопрос глубинности FWI можно решить с помощью отраженных волн, то проблема перехода через фазу при сопоставлении модельных и реальных данных решается труднее. Если входная на FWI модель имеет неточности, то необходимо наличие низких частот в исходных данных, чтобы правильно уловить низкочастотных тренд модели, которая затем будет уточняться и детализироваться с повышением частоты обновления FWI. Зачастую в полевых данных эти частоты (~2 Гц) не регистрируются, или регистрируется сильно зашумленный сигнал. В таком случае решение проблемы перехода через фазу зависит от выбранного метода построения весовой функции. В данной работе применялся метод time-lag (Zhang и др., 2018). Если в классическом least-square методе в весовой функции учитывается как временной сдвиг, так и амплитудные несоответствия между реальными и модельными данными, то в TL-FWI учитывается только временной сдвиг. Это позволяет уменьшить вероятность перехода через фазу, а также делает FWI менее чувствительным к шумам в исходной записи – появляется возможность начинать обновление с более низкой частоты, если там помимо шума присутствует полезный сигнал.

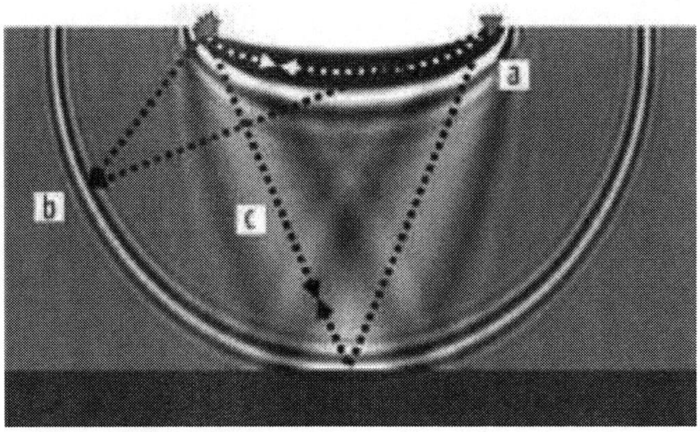

Рисунок 1 *Три компоненты FWI градиента.*

FWI на архивных морских данных

Данный подход был опробован на неглубоководных узкоазимутальных морских 3D данных, которые были переобработаны в 2020м году. Расстановка включала 4 косы, а максимальные удаления составляли порядка 6-ти км. В таких условиях FWI не всегда позволяет получить качественные модели в связи с узкой азимутальностью данных, а большое количество шумов и отсутствие очень низких частот создает дополнительные сложности.

В качестве исходной модели была взята анизотропная (VTI) глубинно-скоростная модель PSDM, полученная методом томографии. Сейсмограммы на FWI необходимо подавать с минимальным количеством сигнальной обработки, то есть максимально близкие к полевым. Была выполнена минимальная обработка, направленная на подавление высокоамплитудных помех: подавление шума волн, высокоамплитудных выбросов и сильного линейного шума, секущего отраженный сигнал. Данные должны быть минимально фазовыми. Подавления кратных волн не требуется, так как FWI способен моделировать кратные волны. Мьютинг данных также не требуется, на сейсмограммах должны быть сохранены как преломленные, так и отраженные волны. В качестве исходного импульса рассматривалось два варианта – синтетичекая сигнатура дальнего поля, и сигнатура, извлеченная из данных. Оба варианта оказались очень схожи, и предпочтение было отдано второму варианту.

Контроль качества моделей FWI производился несколькими способами. Сходимость обновления проверялась по значению ошибки после каждой итерации. Но уменьшение ошибки не гарантирует правильность модели, оно указывает лишь на то, что модель сходится, а сходиться она может и к неправильному результату. Для контроля корректности модели на начальных этапах проводились сравнения реальных и синтетических сейсмограмм (***Рисунок 3***). Но на более высокочастотных итерациях это сравнение становится неинформативным. Самым надежным методом проверки является миграция моделей FWI и сопоставление полученной скоростной модели и скважинных данных.

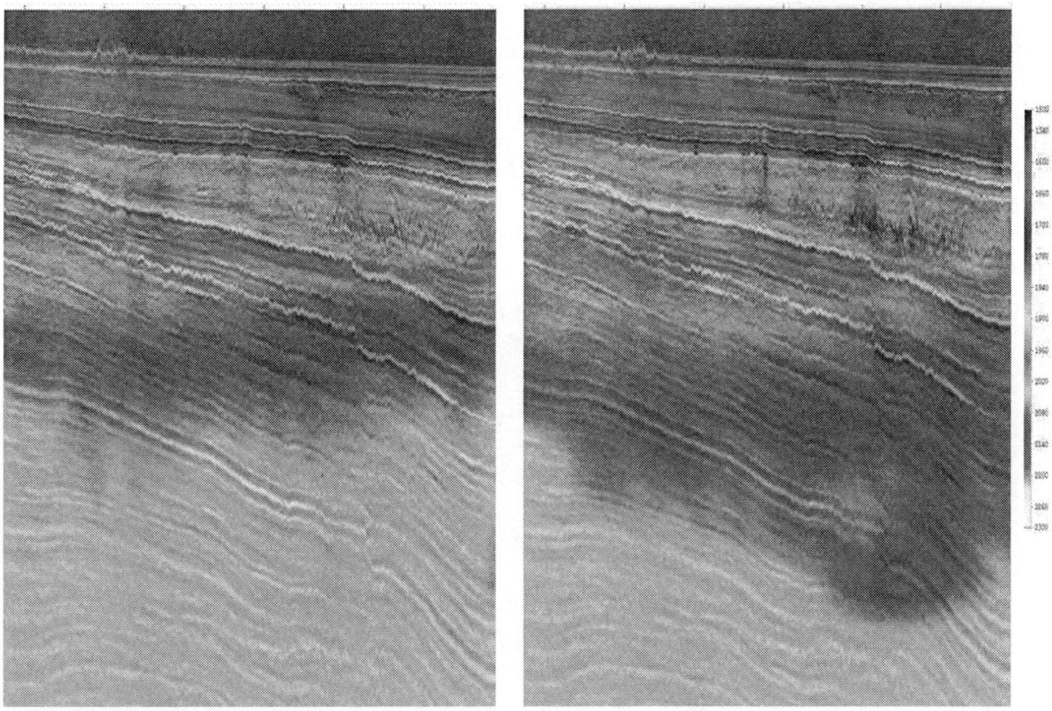

Рисунок 2 *Скоростная модель после обновления только по преломленным волнам (слева) и по отраженным и преломленным волнам (справа).*

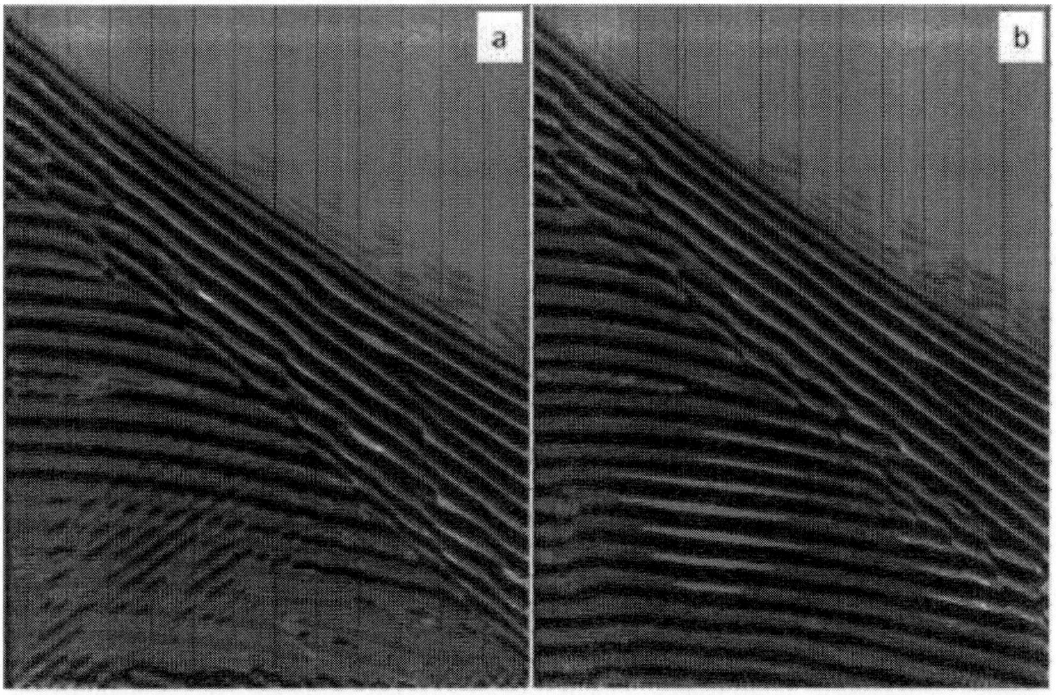

Рисунок 3 *Синтетические сейсмограммы, наложенные на реальные: а – по исходной модели, b – после обновления 8 Гц. Частотный диапазон 0 – 8 Гц. (Красно-синяя палетка соответствует реальным данным, черно-белая – синтетическим данным FWI).*

В данной работе обновление моделей производилось до частоты 29 Гц. Основными сложностями являлись обильные артефакты в верхней части модели, которые были вызваны узкой азимутальностью данных и большим расстоянием между косами. Чтобы побороть эти артефакты, обновление производилось по каждой сейсмограмме ОПВ. Время счета также являлось проблемой, увеличиваясь в разы с каждой итерацией, так как при повышении частоты необходимо уменьшать размер ячейки модели. В результате обновлений методом FWI по преломленным и отраженным волнам удалось значительно увеличить детальность скоростной модели как в верхней, так и в нижней части. Это положительно сказалось на структурном плане мигрированного сейсмического разреза за счет учета вариаций скоростей в мелких объектах (***Рисунок 4***). На изображении можно видеть, как увеличилась разрешенность модели, учлись низкоскоростные газовые аномалии в нижней части разреза и высокоскоростные в придонной части, а также выделился разлом.

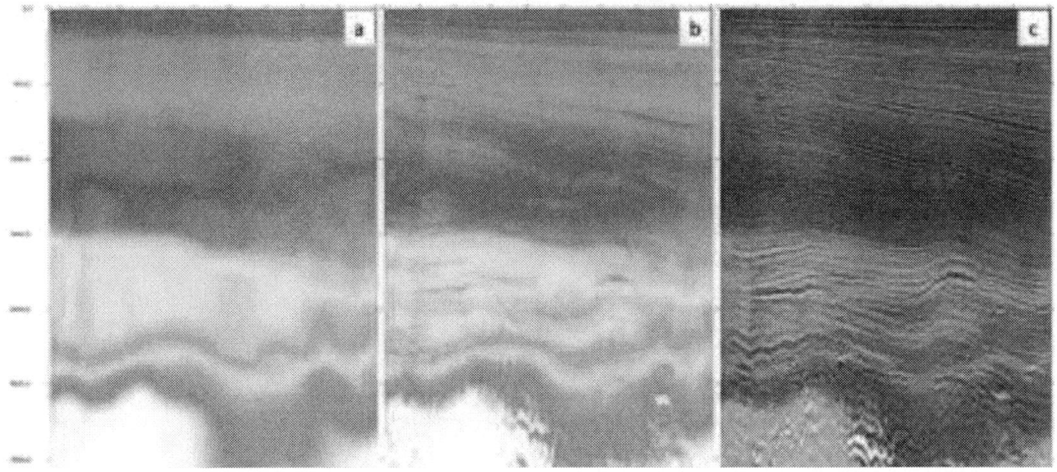

Рисунок 4 *Исходная скоростная модель (a), модель после обновления TL-FWI 29 Гц (b), модель с наложенным мигрированным разрезом (c).*

Выводы

Использование метода TL-FWI по отраженным и преломленным волнам позволяет получать качественные детализированные скоростные модели даже на архивных данных, полученных в условиях узкой азимутальности и с низким соотношением сигнал/помеха на низких частотах. Привлечение отраженных волн в обновление FWI позволяет добиться детализации модели на больших глубинах и ее уточнения в верхней части. Увеличение максимальной частоты обновления позволяет учесть даже самые мелкие контрастные по скоростям объекты в придонной части, что положительно сказывается на структурном плане. При дальнейшем увеличении частот обновления возможен переход к FWI imaging, который имеет преимущества даже перед самыми передовыми алгоритмами миграции (например RTM миграцией) в виде улучшенной прослеживаемости разломов, отсутствия артефактов миграции и остаточных кратных волн.

Список литературы / References

1. Wei Z., Mei J., Wu Z., Zhang Z., Huang R., Wang P. [2021] Revealing unprecedented seismic resolution with FWI Imaging. 82nd EAGE Conference and Exhibition

2. Carotti D., Hermant O., Masclet S., Reinier M., Messud J., Sedova A., Lambaré G. [2020] Optimal Transport Full Waveform Inversion – Applications. 82nd EAGE Conference and Exhibition

3. Wang T., Xie Y., Wang M., Guo Y., Wu S., Ding X., Wolfarth S., Supriatna Y., Santoso P. [2019] Enhance Dynamic-Warping for FWI to Mitigate Cycle-Skipping. 81st EAGE Conference and Exhibition

4. Vandrasi V., Al-Waily M., Mothi S., Vasquez A. [2020] Time-lag FWI based velocity model and image of a coarse shallow water OBC data set. SEG International Exposition and 90th Annual Meeting
5. Peng C., Wang M., Chazalnoel N., Gomes A. [2018] Subsalt imaging improvement possibilities through a combination of FWI and reflection FWI. The Leading Edge 37(1):52-57

Построение глубинного изображения с помощью комплексного подхода к определению параметров среды на мелководье Каспийского моря

Е.И. Новиков*, В.С. Коробкин (ООО «СЖЖ-Восток»), А.В. Аристархов, А.А. Оболенская, Н.В. Харитонов (ООО «ЛУКОЙЛ-Инжиниринг»)

Введение

На сегодняшний день построение глубинных изображений является неотъемлемой составляющей графа обработки сейсмических данных. Находясь на стыке двух этапов, временной обработки и интерпретации, глубинная обработка привлекает к себе все больше внимания, а ожидаемого ранее результата в виде улучшенного изображения во временной области уже недостаточно. Все чаще в качестве результатов привлекаются глубинные изображения и полученные в результате работ атрибуты – интервальные скорости Vp и Vs, поля рассеивающей компоненты, изображение среды после полноволновой инверсии («imaging»). Помимо развития новых подходов к глубинной миграции, бурно развиваются методы построения корректных ГСМ. Еще недавно такие слова как RTM, FWI, Joint/Q-Tomography можно было встретить преимущественно в работах западных коллег, но ничто не стоит на месте. Выполнение современных полевых съемок, сложные технические задания для обработки, наличие вычислительных мощностей и доступность современных методов в наше время – всё это приводит к необходимости выполнять комплексное построение ГСМ, чередую и объединяя различные инструменты.

В данной работе будет рассмотрен процесс и результат комплексирования нескольких методов для получения корректного изображения в глубинной области и решения задач, которые не под силу временной обработке данных.

Участок работ и проблематика

Участок работ имеет достаточно сложное геологическое строение и расположен в акватории Каспийского моря. Верхняя часть имеет большое количество аномалий различных размеров. Но ключевым объектом, создающим неопределенность, является палеорусло Волги, находящееся непосредственно над целевым объектом исследований и искажающее ниже залегающие горизонты (рисунок 1). Целевой объект исследования располагался на глубинах около 3,5 км.

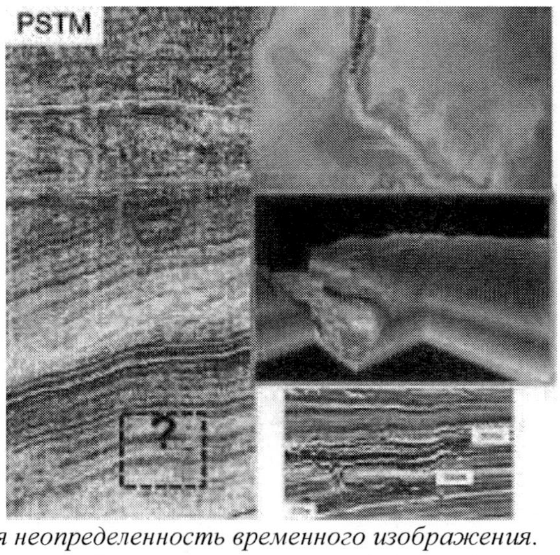

Рисунок 1. *Основная неопределенность временного изображения.*

С точки зрения методики работ и особенностей съемки необходимо отметить, что участок расположен на мелководье (глубина 4–9 метров) и не содержит скважин (ближайшая скважина в 65 км). Съемка была отстреляна по методике OBN с максимальными удалениями до 3500 метров. Данные достаточно хорошего качества с уверенной НЧ составляющей с 4–5 Гц.

Используемые методы, построение ГСМ

Для решения поставленных задач уже на этапе временной обработки были привлечены современные технологии. Здесь стоит отметить мультисенсорный дегостинг вместо классического PZ-суммирования и методики подавления кратных волн.

На этапе же глубинной обработки были привлечены следующие инструменты – томография по преломленным волнам, FWI (по рефрагированным и отраженным волнам), томография по отраженным волнам, совместная томография (Joint tomography) для извлечения параметров анизотропии (рисунок 2) и QPSDM (глубинная миграция с учетом поглощения).

Алгоритм построения ГСМ базировался на полноволновой инверсии и заключался в комбинировании перечисленных выше методик.

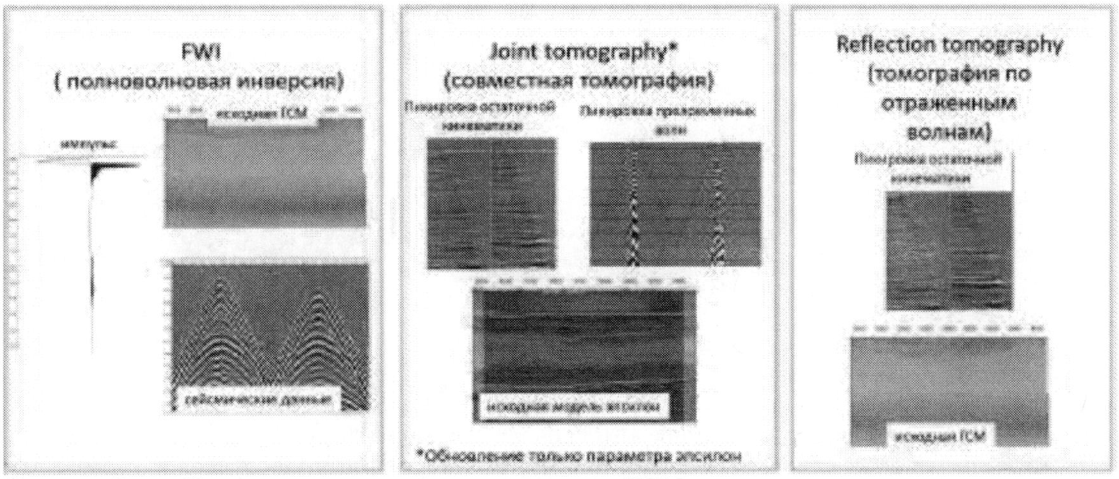

Рисунок 2. *Используемые методики построения ГСМ.*

Последовательность построения и обновления ГСМ учитывала особенности входных данных и включала следующие основные этапы:

1. построение исходной ГСМ (модель ВЧР после томографии по преломленной волне + модель VRMS);

2. обновление с помощью FWI по рефрагированным волнам + томография по отраженным волнам в изотропном приближении;

3. переход к анизотропной модели + Joint Tomography;

4. анизотропное уточнение с помощью FWI по рефрагированным и отраженным волнам + томографии по отраженным волнам;

5. обновление анизотропии с помощью дополнительных данных (удаленные скважины, информация с других ЛУ);

6. уточнение скоростей ниже целевого интервала с помощью перебора значений.

На первом этапе была получена достаточно детальная модель верхней части разреза, которая хорошо сопоставлялась с сейсмическим кубом и позволила получить хорошее высокочастотное статическое решение.

Дальнейшее обновление уже по исходной ГСМ выполнялось в изотропном приближении с помощью классической томографии по отраженным волнам и полноволновой инверсии. На данном этапе обнаружился недостаток входных данных для FWI в виде малых удалений. Это накладывало ограничения на глубинность обновления скоростей с помощью инверсии по рефрагированным волнам. Исходя из этого ключевым моментом обновления ГСМ стал переход от изотропной к анизотропной модели посредством совместной томографии (Joint Tomography) по отраженным и преломленным волнам.

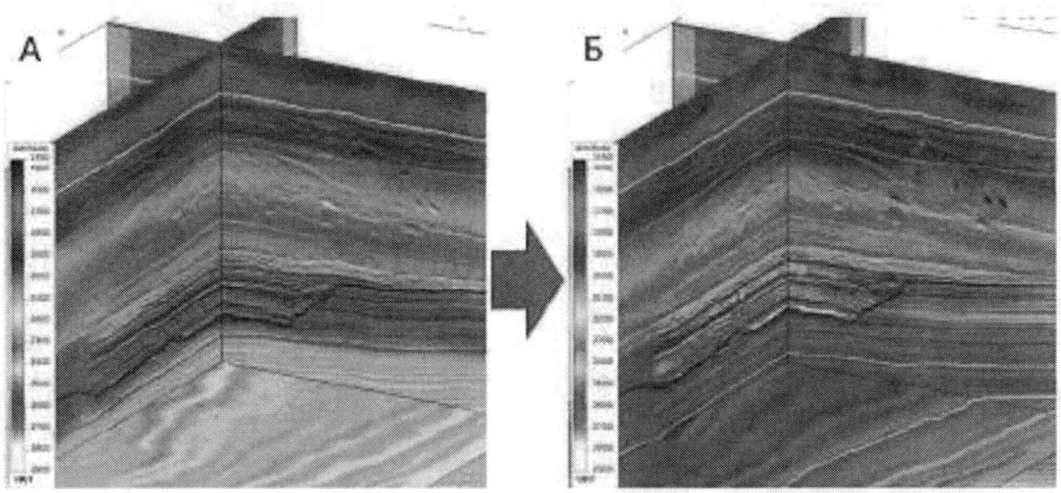

Рисунок 3. *Исходная (А) и финальная ГСМ (Б).*

Особенностью совместной томографии является возможность извлечение параметра эпсилон с привлечением только сейсмических данных (нет необходимости в наличии скважин). Так как Joint tomography использует информацию об остаточной кинематике по отраженным волнам и , что более важно, первые вступления преломленных волн, то ее глубинность также ограничена проникновением последних. В процессе выполненных действий была получена анизотропная ГСМ, которая позволила включить в обновление отраженные волны и значительно увеличить глубинность FWI.

Использование анизотропной модели позволяет не только значительно увеличить глубинность метода, но и получить корректную ГСМ в процессе обновления (рисунок 3). На данном участке FWI был посчитан до 18 Гц. В процессе обновления отдельное внимание уделялось палеоруслу. Результаты обновлений сопоставлялись неоднократно со скоростями, полученными из акустического импеданса от интерпретационного сопровождения. В итоге была построена достаточно детальная модель, которая позволила выделить мелкие объекты на кубе интервальных скоростей и добиться дифференциации скоростей в Палеоволге.

Результат глубинной миграции

Результатом выполненных работ стало корректное изображение в глубинной области. Как было отмечено выше применялась классическая миграция Кирхгоффа с учетом поглощения в объектах приповерхностных аномалий. На рисунке 4 представлено сопоставление изображений во временной и глубинной областях, где заметен эффект компенсации влияния палеорусла на целевой интервал. Горизонты под искажающим объектом выглядят более выдержанными и не имеют наследования от вреза в отличие от результата PSTM. Помимо этого, удалось компенсировать мелкие флуктуации ниже палеовреза.

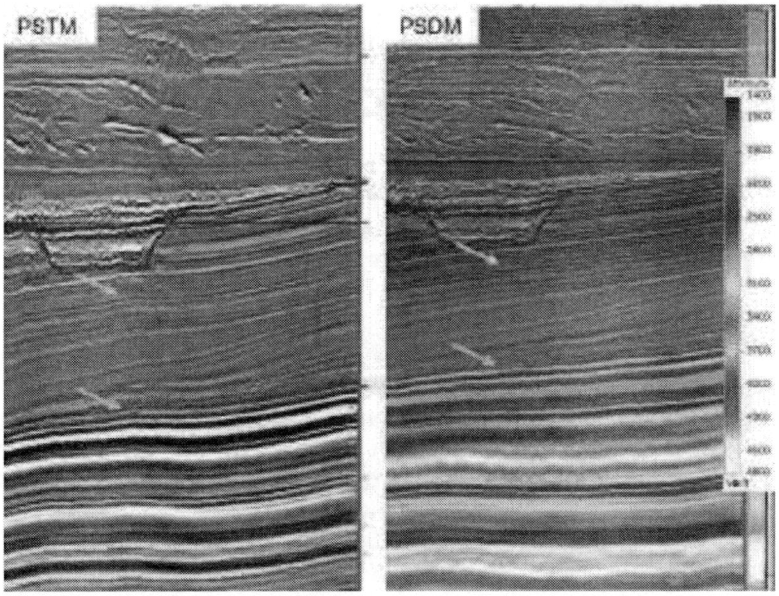

Рисунок 4. *Финальное изображение во временной области (слева) и в глубинной области (справа).*

Выводы

В рамках выполненных работ был использован комбинированный подход к построению ГСМ в сложных геологических условиях. Применение FWI позволило выделить различного рода объекты в ГСМ и проверить результаты через сопоставление реальных и синтетических данных. Данная процедура имеет значительный потенциал для участков с подобными условиями как в плане увеличения детальности, так и в плане получения изображения FWI. Выбранная методика зарекомендовала себя с хорошей стороны и позволила выполнить поставленные перед глубинной обработкой задачи. Стоит отметить, что все работы выполнялись при интенсивном взаимодействии с отделами интерпретации и геологии, что, помимо всего прочего, позволило получить согласованный с геологической точки зрения результат.

Список литературы / References

1. Allemand T., Sedova A., Lambaré G.,Guillaume P. [2020] Full Waveform Inversion in an Anisotropic Earth: A Practical Workflow – Applications. 82nd EAGE Conference and Exhibition.

2. Carotti D., Hermant O., Masclet S., Reinier M., Messud J., Sedova A., Lambaré G. [2020] Optimal Transport Full Waveform Inversion – Applications. 82nd EAGE Conference and Exhibition.

3. Korobkin V.S., Novikov Ye.I., Nakatsukasa M., Petrova M. QFWI as a key technology to build hi-resolution orthorhombic velocity model and restore image below gas cloud on Sakhalin offshore // Conference Proceedings, Saint Petersburg 2020, Nov 2020.

4. Tverdokhlebov D., Korobkin V. et al. FWI as an effective solution for land near-surface model building into the area with complex geological settings: Eastern Siberia case study. First Break, Vol. 37, No 10, October 2019, pp. 39-47.

Анализ ультразвукового воздействия на высоковязкую нефть

А.Р. Галимзянова (ФИЦ КазНЦ РАН), Р.Н. Гатауллин (ФИЦ КазНЦ РАН), А.А. Абдрашитов (ФИЦ КазНЦ РАН), Е.А. Марфин* (ФИЦ КазНЦ РАН)

Введение

В связи с ростом спроса на нефть и природный газ большое внимание уделяется развитию технологий освоения нетрадиционных источников углеводородов – высоковязких нефтей и природных битумов. Их ресурсы значительно превышают запасы «легкой» нефти. Для примера, в Венесуэле - стране, обладающей наибольшим количеством доказанных запасов нефти (41,3 млрд. тонн), на долю тяжелых нефтей и природных битумов приходится 87,8%. В России запасы таких углеводородов превышают 7 млрд. тонн. Высокие значения вязкости нефти приводят к тому, что течение ее в пласте сопряжено большим фильтрационным сопротивлением и традиционные методы разработки месторождений работают плохо. Поэтому основным направлением освоения месторождений высоковязкой нефти является снижение ее вязкости. В основном разработка осуществляется за счет закачки в пласт пара. Однако, при закачке пара в пласт из-за большой разности в подвижности пара и нефти образуются каналы прорыва пара, что значительно снижает эффективности добычи. Кроме того, длительная закачка пара вызывает изменения в структуре коллектора и осаждение асфальтенов, снижающих проницаемость пласта. Использование химических реагентов для уменьшения вязкости нефти имеет такой недостаток, как недостаточный контакт используемого средства с нефтью. Кроме того, закачка химических реагентов в пласт приводит к загрязнению и экологическим последствиям. Технологии внутрипластового горения, испытанная на Мордово-Кармальском месторождении в Татарстане, пока не рентабельна (Marfin and Abdrashitov, 2014). Повысить эффективность существующих методов разработки месторождений высоковязких нефтей можно за счет воздействия на пласт упругими волнами на различных частотах - от низкочастотных до ультразвуковых (Gataullin and Kadyirov, 2020; Hamidi et al., 2021; Marfin et al., 2016; Mullakaev et al., 2017).

В нефтяной промышленности ультразвуковые технологии применяются с середины прошлого столетия для решения таких задач как деэмульгирование; предотвращение выпадения парафинов; очистка призабойной зоны скважины; повышение проницаемости коллектора и снижение вязкости нефти (Shafiai and Gohari, 2020). Технология ультразвукового снижения вязкости нефти основана на таких физических явлениях как кавитация, механическая вибрация и тиксотропия. При кавитации образуются локальные зоны высокой температуры, высокого давления и сильных физических возмущений. Данная технология обладает высокой эффективностью, низкой стоимостью и экологической безопасностью. В настоящее время ультразвуковая технология снижения вязкости тяжелой нефти достигла определенного прогресса. Исследования в основном сосредоточены на оптимизации режимов ультразвукового воздействия; анализе внутренних механизмов воздействия (Cui et al., 2020); влиянии упругих волн на свойства асфальтенов (Taheri-Shakib et al., 2018) и др. Сравнительно мало исследований, посвященных оценке степени раздельного влияния ультразвука на снижение вязкости нефти за счет физического встряхивания и кавитации (Liu et al., 2021), а также влиянию состава нефти на эффективность ультразвуковой обработки. Целью настоящей работы является исследование влияние ультразвукового воздействия на высоковязкую нефть при изменении ее состава.

Объект и метод исследования

В качестве объекта исследования была использована нефть Ново-Шешминского месторождения, характеризуемая плотностью 0,907 кг/м^3 и вязкостью 128 Па·с при температуре 20°C. Для изменения состава в образцы этой нефти добавлялся в различных количествах битум, содержащий асфальто-смолистые вещества (АСВ). Проведенные анализ свойств образцов нефти месторождений Татарстана дает нам представление о распределении количества образцов по содержанию парафина и АСВ (рис.1). Эти данные использованы при приготовлении образцов нефти. Для примера, у нефти Мордово-Кармальского месторождения при 35% содержании АСВ вязкость при температуре 20°С составляет 381 Па·с. В данной работе было приготовлено восемнадцать образцов нефти. Массовое содержание дополнительного количества АСВ в образцах составляло от 0 до 25%.

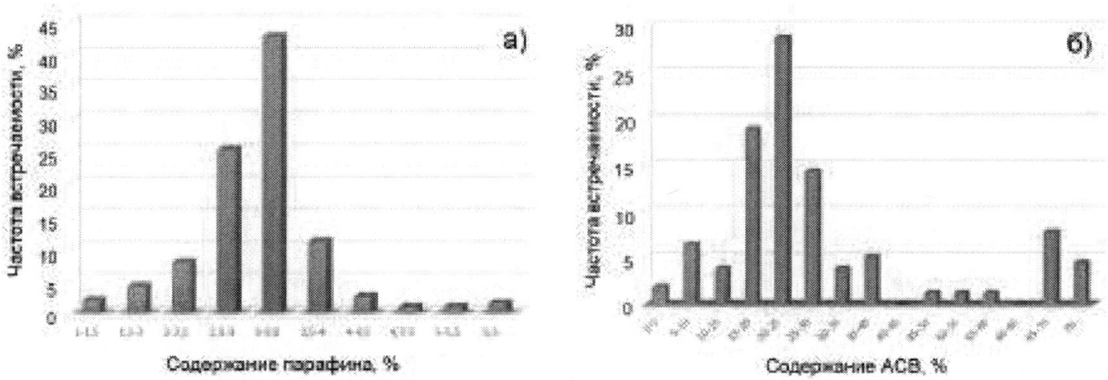

Рисунок 1. *Распределение образцов нефти малых месторождений Татарстана по содержанию парафина (а) и асфальто-смолистых веществ (б).*

Измерение вязкости полученных образцов производились на синусоидальном вибрационном вискозиметре компании A&D серии SV-10 с диапазоном измерения вязкости 0,3 мПа·с – 10000 мПа·с. Экспериментальное исследование состоит в том, что каждый образец нефти предварительно нагревали в термостате до заданной температуры, которая определяется температурой нагрева при ультразвуковой обработке. Далее нефть заливали в измерительную емкость и осуществляли измерение ее вязкости. Штатное программное обеспечение вискозиметра регистрировало на компьютере значения вязкости и температуры с фиксированным шагом (в нашем случае каждые 3 сек). Предварительно нагретая нефть медленно остывала до комнатной температуры, при этом непрерывно осуществлялось измерение вязкости. Обработка на компьютере этих экспериментальных данных позволяет получать температурные зависимости вязкости образцов нефти, которые описываются уравнением Аррениуса-Френкеля-Эйринга:

$$\eta = Ae^{\frac{W}{RT}}$$

где η – динамическая вязкость, A – предэкспоненциальный коэффициент, связанный с молекулярной массой нефти, W – энергия активации вязкого течения, R – универсальная газовая постоянная, T – абсолютная температура. Прологарифмировав данную формулу, можно получить зависимость логарифма вязкости от обратной температуры. Далее из построенного графика в координатах $\ln(\eta)$ – 1/(RT), по тангенсу угла наклона линейного участка можно определить значение энергии активации W. Аппроксимируя полученную зависимость линейной функцией, можно также определить значение коэффициента A.

Обработка ультразвуком образцов нефти производилась с помощью ультразвукового аппарата серии «Волна» УЗТА-0,4/22-ОМ на максимальной выходной мощности соответствующей интенсивности 10 Вт/см^2. Частота ультразвуковых колебаний составляет 22±1,65 кГц. Продолжительность обработки составляла 2 и 3 мин. Для ультразвуковой обработки нефть заливалось в прозрачную стеклянную емкость для визуального контроля за процессом и при помощи излучателя осуществлялось воздействие. В процессе обработки нефть нагревалась и после чего на вискозиметре измерялась его вязкость в процессе естественного охлаждения, так же, как и необработанный образец нефти.

Результаты

В начале исследовались образцы нефти без ультразвуковой обработки. С увеличением содержания АСВ в образцах нефти ее вязкость увеличивается во всем температурном диапазоне. Так, при температуре 30°С вязкость увеличивается с 79,8 мПа·с у исходной нефти до 120,7 мПа·с в образце с содержанием АСВ 25%. При нагреве образцов нефти до 50°С вязкость ее снижается в 3,5 раза для исходной нефти, и в 3,1 раза для нефти с максимальным содержанием АСВ.

Анализ температурных зависимостей вязкости позволил определить энергию активации вязкого течения *W* и коэффициента *A* от содержания АСВ в образцах нефти (рис.2). С увеличением содержания АСВ значение энергии активации *W* уменьшается с 35,2 до 31,9 кДж/моль, в то время как значение коэффициента *A* растет более высоким темпом с $6{,}9 \cdot 10^{-5}$ до $38{,}3 \cdot 10^{-5}$ мПа·с. Данная закономерность вполне объяснима, поскольку коэффициент *A* зависит от молекулярной массы жидкости. Соответственно, чем больше в составе образцов АСВ, молекулярная масса которых значительно выше молекулярной массы исходной нефти, тем больше молекулярная масса исследуемых образцов нефти.

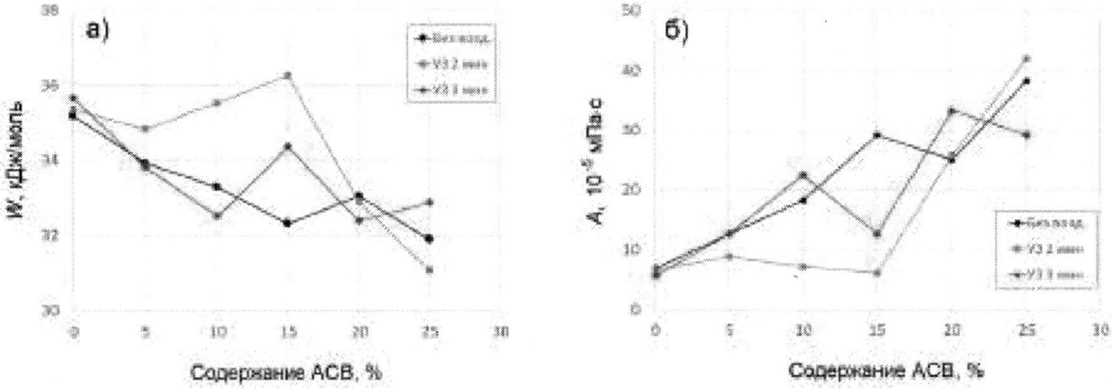

Рисунок 2. *Изменение энергии активации вязкого течения W (а) и коэффициента A (б) от содержания асфальто-смолистых веществ в нефти для различных режимов ультразвукового воздействия.*

Обработка образцов нефти ультразвуком на максимальной интенсивности вызывает ее нагрев. При длительности обработки в 2 минуты нефть массой примерно 120 грамм нагревается с комнатной температуры 25°С до температуры около 60°С, а трехминутная обработка нагревает образец примерно до 80°С. Исследование температурных зависимостей вязкости обработанных ультразвуком образцов нефти позволило установить, что помимо разогрева в нефти происходят структурные изменения. Так, обработка нефти длительностью 2 минуты привела к тому, что значения *W* и *A* при содержании АСВ от 0 до 15% практически не меняются (синие точки на рис.2). Это означает, что в сравнении с необработанной нефти (черные точки) значения энергии активации *W* увеличиваются, а значения коэффициента *A* уменьшаются. Данный факт говорит о том, что при такой длительности обработки молекулярная масса нефти снижается. Это может произойти при ультразвуковой кавитации, при которой разрушаются большие молекулы АСВ. С увеличением содержания АСВ (20% и выше) в нефти коэффициент *A* у обработанной ультразвуком нефти практически такой же, как и у необработанной. Более длительная обработка ультразвуком приводит к снижению вязкости до 10%, однако характер зависимостей *W* и *A* от содержания АСВ близок к исходной нефти (красные точки рис.2). По-видимому, после длительной обработки из расщепленных молекул образуются новые соединения. Подтверждение этого требует проведение дополнительных исследований.

Таким образом, проведенный эксперимент по снижению вязкости нефти за счет ультразвука показал зависимость эффективности от режима воздействия и начальных свойств нефти. Лучше всего снижается вязкость нефти с 15% содержанием АСВ при 2-х минутной длительности обработки. При содержании АСВ до 15% и таким режимом обработки основным механизмом снижения вязкости представляется кавитационный эффект, в результате которого разрушаются большие молекулы углеводородов, и молекулярная масса нефти уменьшается, что подтверждается результатами, опубликованными в работе (Liu et al., 2021). Увеличение длительности обработки приводит с одной стороны к разрушению больших молекул, а с другой к образованию новых молекул и структур, которые увеличивают молекулярную массу нефти. Полученные результаты открывают новые направления исследований механизма воздействия ультразвука на нефти и оптимизации режима воздействия.

Благодарности

Исследование выполнено за счет гранта Российского научного фонда № 22-29-01174, https:/rscf.ru/project/22-29-01174/.

Библиография / References

1. Cui, J., Zhang, Z., Liu, X., Liu, L., and Peng, J. [2020] Analysis of the viscosity reduction of crude oil with nano-Ni catalyst by acoustic cavitation, *Fuel*, **275**, 117976, doi: 10.1016/j.fuel.2020.117976.

2. Gataullin, R.N. and Kadyirov, A.I. [2020] Intensifying oil extraction by wave action methods on productive layers, *SOCAR Proceedings*, **2020** (2), 78-90, doi: 10.5510/OGP20200200434.

3. Hamidi, H., Sharifi Haddad, A., Wisdom Otumudia, E., Rafati, R., Mohammadian, E., Azdarpour, A., Giles Pilcher, W., Wilhelm Fuehrmann, P., Ricardo Sosa, L., Cota, N., Cruz García, D., Ibrahim, R.M., Damiev, M. and Tanujaya, E. [2021]. Recent applications of ultrasonic waves in improved oil recovery: A review of techniques and results, *Ultrasonics*, **110**, 106288, doi: 10.1016/j.ultras.2020.106288.

4. Kadyirov, A. and Karaeva, J. [2019]. Ultrasonic and heat treatment of crude oils, *Energies*, **12** (16), 3084, doi: 10.3390/en12163084.

5. Liu, J., Yang, F., Xia, J., Wu, F. and Pu, C. [2021] Mechanism of Ultrasonic Physical-Chemical Viscosity Reduction for Different Heavy Oils, *ACS Omega*, **6** (3), 2276-2283, doi: 10.1021/acsomega.0c05585.

6. Marfin, E.A. and Abdrashitov, A.A. [2014]. Extraction of heavy oil at thermal-wave impact on the producing formation, *6th Saint Petersburg International Conference and Exhibition on Geosciences 2014: Investing in the Future*, 607-611, doi: 10.3997/2214-4609.20140186.

7. Marfin, E.A., Abdrashitov, A.A. and Kravtsov, Y.I. [2016]. On the selection of the optimal mode of the wave stimulation in oil production, *7th EAGE Saint Petersburg International Conference and Exhibition: Understanding the Harmony of the Earth's Resources Through Integration of Geosciences*, 334-338, doi: 10.3997/2214-4609.201600094.

8. Mullakaev, M.S., Abramov, V.O. and Abramova, A.V. [2017]. Ultrasonic automated oil well complex and technology for enhancing marginal well productivity and heavy oil recovery, *Journal of Petroleum Science and Engineering*, **159**, 1-7, doi: 10.1016/j.petrol.2017.09.019.

9. Shafiai, S.H. and Gohari A. [2020], Conventional and electrical EOR review: the development trend of ultrasonic application in EOR, *Journal of Petroleum Exploration and Production Technology*, **10** (7), 2923-2945, doi: 10.1007/s13202-020-00929-x.

10. Taheri-Shakib, J., Shekarifard, A. and Naderi, H. [2018] Analysis of the asphaltene properties of heavy crude oil under ultrasonic and microwave irradiation, *Journal of Analytical and Applied Pyrolysis*, **129**, 171-180. doi: 10.1016/j.jaap.2017.11.015.

Зависимость состав притока от депрессии на Ковыктинском газоконденсатном месторождении

А.И. Трусов (ООО «Газпром недра»), С.А. Балуев (ООО «Газпром недра»), М.В. Дубов* (Филиал «Газпром недра НТЦ» ООО «Газпром недра»)

Введение

В представленной работе проведён анализ газодинамических и газоконденсатных исследований тринадцати кустов Ковыктинского газоконденсатного месторождения. Проблематикой данного месторождения является появление притока воды на некоторых режимах отработки в ходе проведения исследований. Был выполнен анализ по 24 скважинам с целью выявления причин возникновения притока пластовой воды.

Методика

С использованием ПК «Геомоделирование» на уточнённой геологической модели парфёновского горизонта по данным эксплуатационного бурения сегмента Ковыктинского газоконденсатного месторождения с расположением кустов, проведён анализ пространственного расположения фактических траекторий скважин относительно продуктивного горизонта (Рисунок 1).

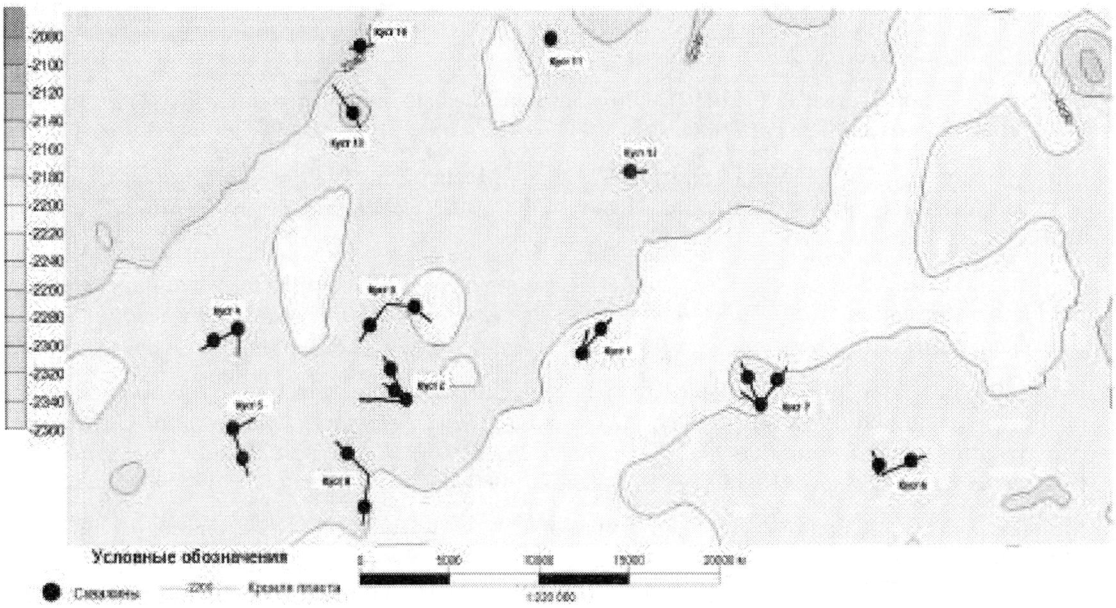

Рисунок 1. *Карта парфёновского горизонта, сегмента Ковыктинского газоконденсатного месторождения.*

Анализ проводился по данным первичных газодинамических и газоконденсатных исследований скважин после освоения с привлечением данных по промыслово-геофизическим исследованиям. Для анализа в качестве переменных приняты следующие параметры:

- Диаметр штуцера.
- Время работы на каждом из режимов.
- Забойные давления, полученные в ходе исследований.

- Пластовые давления, полученные по результатам интерпретации кривой восстановления давления.
- Депрессия в абсолютном значении и процентном на каждом из режимов.
- Дебит воды, полученный на сепараторе на устье.
- Дебит газа, рассчитанный через диафрагменный измеритель критического течения (ДИКТ).
- Расчётная скорость потока.

Суммарно было отработано более 130 режимов на различных штуцерах, приблизительно на половине из этих режимов был получен приток воды на устье.

Для выявления зависимости появления воды в скважине, были сопоставлены показания депрессии пласта и дебита воды (рисунки 2 – 3).

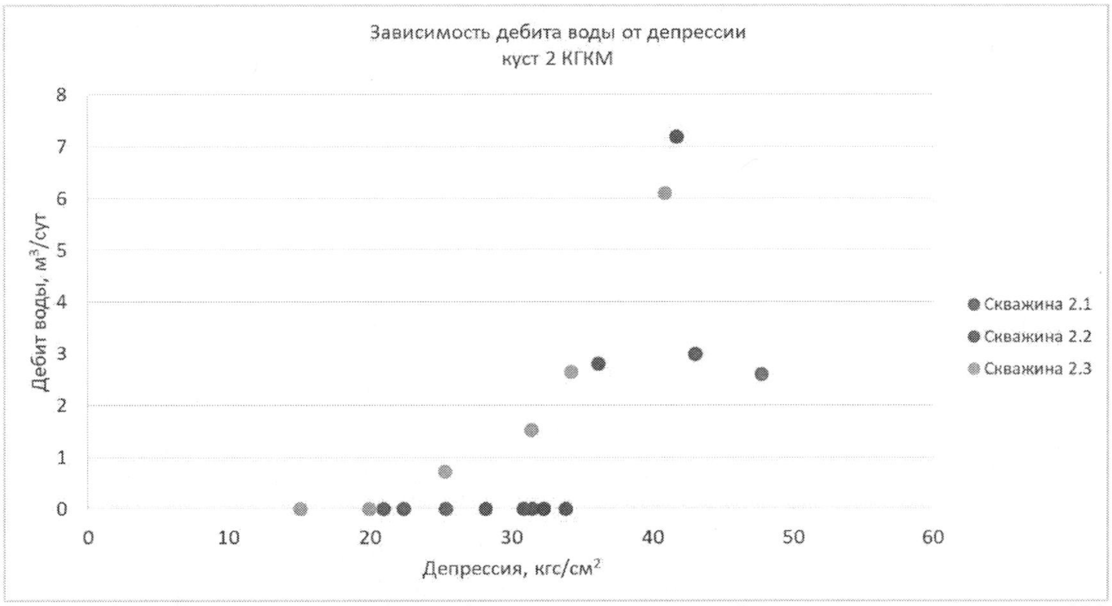

Рисунок 2. *Зависимость выноса жидкости на режимах от депрессии на кусту скважин №2.*

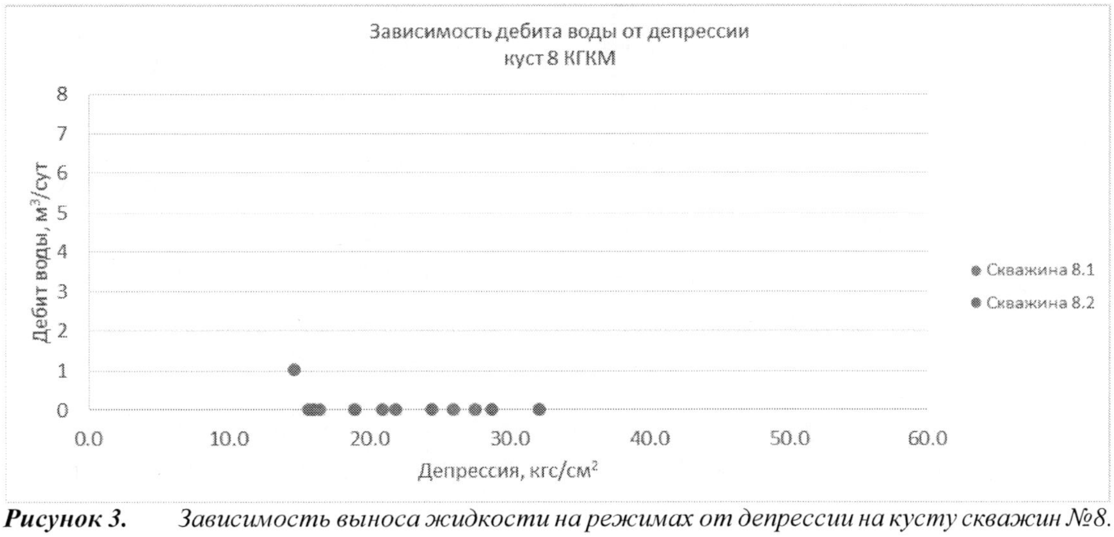

Рисунок 3. *Зависимость выноса жидкости на режимах от депрессии на кусту скважин №8.*

Как видно на рисунке 2, фиксируется вынос воды на скважинах 2.2 и 2.3, относящиеся к кусту № 2, однако куст № 8 работал без выноса воды (рисунок 3).

Проанализировав два график можно выделить интервал депрессий при которых начинается вынос воды. Для исследуемого месторождения 25 – 35 кгс/см^2 в зависимости от расположения скважины относительно структуры (рисунок 4-5). Данная зависимость прослеживается на всех анализируемых скважинах.

В соответствии с указанным эффектом появления в притоке воды выделены две зоны скважин низких и высоких депрессий (рисунок 5).

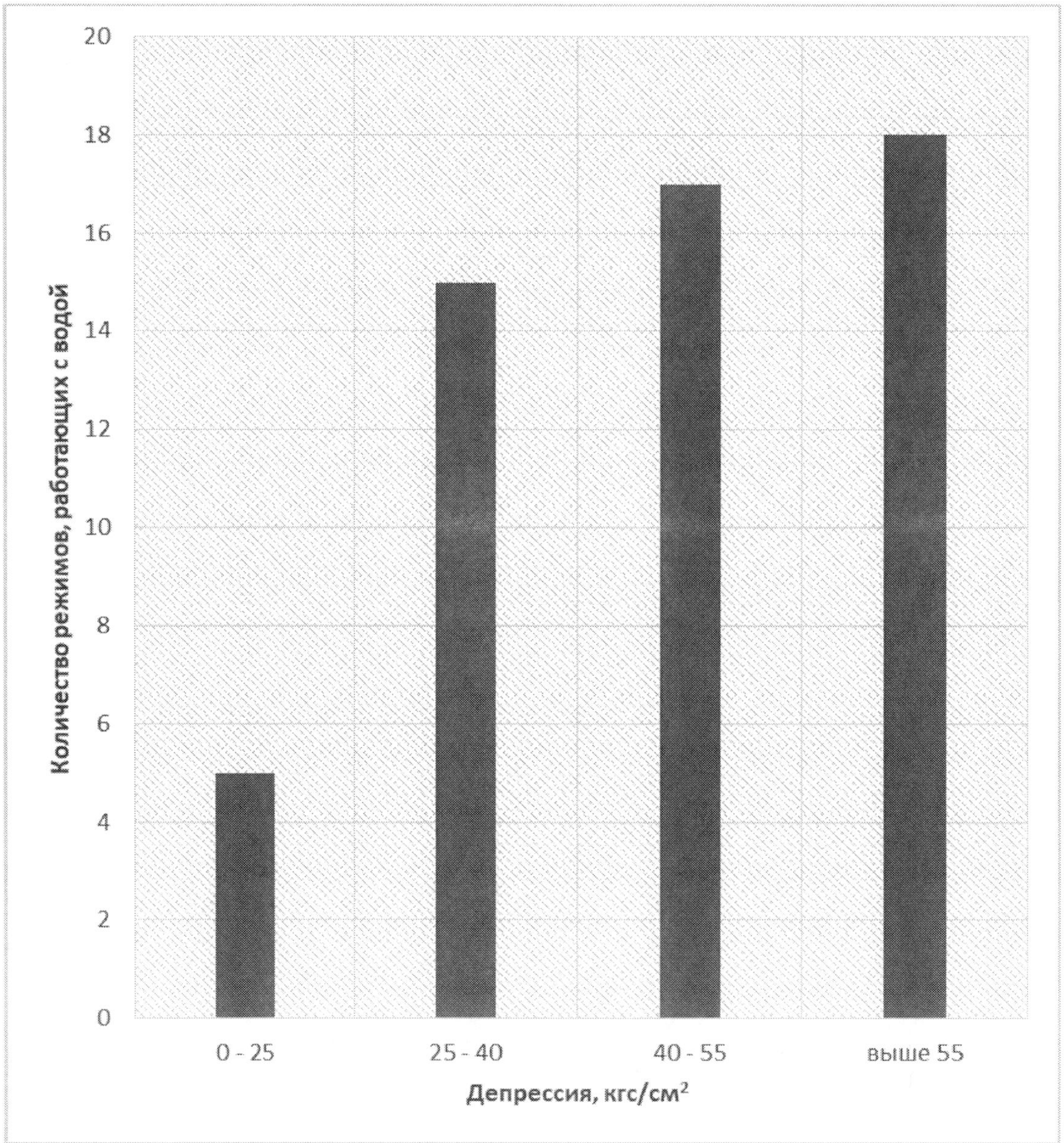

Рисунок 4. *Зависимость выноса жидкости на режимах от депрессии. На рисунке представлены 4 интервала депрессий: 1) от 0 до 25 кгс/см^2, 2) от 25 до 40 кгс/см^2, 3) от 40 до 50 кгс/см^2, 4) свыше 50 кгс/см^2.*

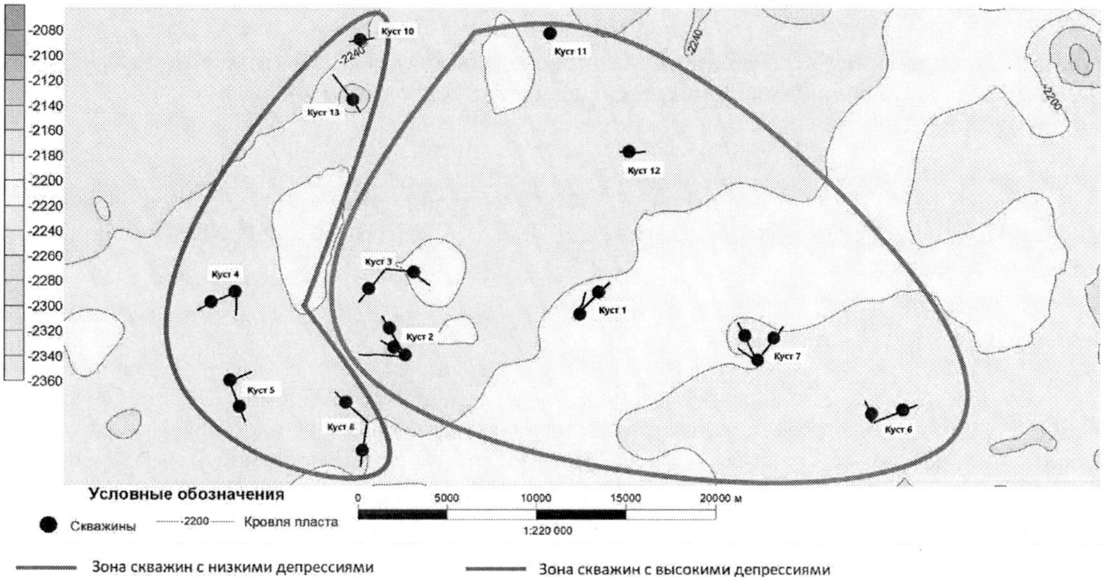

Рисунок 5. *Карта парфёновского горизонта, сегмента Ковыктинского газоконденсатного месторождения с зонами скважин высоких и низких депрессий.*

Выводы

Выявлена зависимость дебита воды на устье от депрессии скважины. На месторождении выделены две зоны. Первая зона характеризуется отработкой скважин с низкой депрессией в интервале 3.7 – 35 кгс/см^2 и без выноса воды, вторая зона работает с выносом воды и ей характерны депрессии в интервале 25 – 116 кгс/см^2.

Выявленная зависимость при близком взаимном расположении всех кустов, позволяет прогнозировать появление в притоках воды при повышении депрессии.

Библиография

1. А.И. Гриценко, З.С. Алиев и др. «Руководство по исследованию скважин» – М.: Наука, 1995. – 523 с.;
2. А.И. Ипатов, М.И. Кременецкий «Геофизический и гидродинамический контроль разработки месторождений углеводородов» – М. :2006. – 780 с.;
3. Г.А. Зотов, С.М. Тверковкин «Газогидродинамические методы исследования газовых скважин» – М.: Недра, 1970. – 192 с.

References

1. A.I. Gritsenko, Z.S. Aliyev and others «Guidelines for the stydy of wells» - M.: Nauka, 1995. – 523 pages;
2. A.I. Ipatov, M.I. Kremenetsky «Geophysical and hydrodynamic control of the development of hydrocarbon deposits» - M.: 2006. – 780 pages;
3. G.A. Zotov, S.M. Tverkovkin «Gas-hydrodynamic methods for studying gas wells» - M.: Nedra, 1970. – 192 pages.

О построении прогнозов нефтедобычи при проектировании разработки на длительный период на основе цифровой модели месторождения и гидродинамического моделирования

М.Г. Персова* (НГТУ), Ю.Г. Соловейчик (НГТУ), Д.В. Вагин (НГТУ), Д.С. Киселев (НГТУ), И.И. Патрушев (НГТУ), А.С. Овчинникова (НГТУ), А.М. Гриф (НГТУ), А.В.Насыбуллин (АГНИ), Е.В.Орехов (АГНИ)

Введение

На всех этапах процесса разработки месторождений применяются различные технологические приемы с целью увеличения конечной нефтеотдачи. При этом от решений, принятых на относительно ранних и средних стадиях разработки, во многом зависит эффективность разработки на поздних стадиях. Поэтому актуальным является возможность получения максимально адекватного прогноза на длительный период на относительно ранних стадиях как в виде характеристик добычи по скважинам, так и в виде распределения текущей нефтенасыщенности в объеме.

В работе (Persova et al., 2021) был предложен и обоснован метод построения цифровой модели месторождений высоковязкой нефти на основе трехмерного гидродинамического моделирования (Soloveichik et al., 2022) и решения многопараметрических обратных задач. На синтетических и практических данных для месторождения высоковязкой нефти р.Татарстан показана возможность построения высокоточных прогнозов по цифровой модели, построенной по 2/3 периода времени жизни месторождения. В данной работе будет проанализирована точность прогнозов, построенных на более ранних стадиях разработки месторождений.

Метод

В данной работе для выполнения исследований используется программно-математический аппарат построения цифровых моделей (Persova et al., 2021), отличительной особенностью которого является автоматизированное построение стартовой геолого-гидродинамической модели, ее параметризация, а также новый метод гидродинамического 3D моделирования многофазного многокомпонентного потока на несогласованных шестигранных сетках (Soloveichik et al., 2022), который позволяет с высокой детальностью учитывать вертикальную неоднородность пласта-коллектора без существенного увеличения количества ячеек в сетке.

Кроме того, для проектирования различных режимов разработки используется подход к оптимизации, общая концепция которого представлена в работе (Persova et al., 2020). Минимизируемый функционал имеет вид:

$$\Phi^{\gamma}(\mathbf{\Theta})=\sum_{w=1}^{Nw}\left(\int_t \alpha_1 V_w^{water,prod}(\mathbf{\Theta},t)\,dt\right)^2+\sum_{w=1}^{Nw}\left(\int_t \alpha_2 V_w^{water,inj}(\mathbf{\Theta},t)\,dt\right)^2+$$

$$+\left(\int_t \alpha_3\left|V^{sum,oil}(\mathbf{\Theta},t)-V^{sum,oil,*}(t)\right|dt\right)^2+\sum_{p=1}^{Np}\gamma_p\left(\theta_p-\bar{\theta}_p\right)^2\to\min_{\mathbf{\Theta}},$$

где $V_w^{water,prod}$ – объем добытой воды, $V_w^{water,inj}$ – объем закаченной воды, $V^{sum,oil}(\mathbf{\Theta},t)$ – суммарный объем добываемой нефти, $V^{sum,oil,*}$ – желаемый объем добываемой нефти, $\mathbf{\Theta}$ – вектор параметров θ_p ($\bar{\theta}_p$ – значения на предыдущей итерации), включающий мощности добычи/закачки на временных подинтервалах для каждой скважины, γ_p – параметры регуляризации, Nw – количество скважин, Np – количество параметров, α_i – весовые коэффициенты.

Пример

Рассмотрим модель одного из месторождений высоковязкой нефти р.Татарстан. Для проведения исследований была взята геолого-гидродинамическая модель латерально и вертикально неоднородного коллектора, показанная на рис. 1 (верхний ряд рисунков). Эта модель была получена с помощью автоадаптации методом, предложенным в работе (Persova et al., 2021). Адекватность этой модели подтверждается хорошим совпадением наблюденных (практических) и расчетных данных, представленных на рис. 1 (нижний ряд рисунков).

Далее эту модель будем называть ***истинной*** моделью, а рассчитанные для нее характеристики будем использовать в качестве ***«практических»*** данных. Из представленных характеристик добычи видно, что с конца 1995 года начинается повышение обводненности. Поэтому эта дата была выбрана за начало периода, на который будем строить планы разработки и прогноз. С использованием данных бурения по скважинам была построена стартовая геолого-гидродинамическая модель и далее с использованием ***«практических»*** данных (характеристик добычи за первые 15 лет жизни месторождения) эта модель была адаптирована путем решения обратной задачи (Persova et al., 2021). В ходе адаптации подбирались значения абсолютной проницаемости, латеральные границы начального распределения нефтенасыщенности, а также параметры фазовых проницаемостей (всего определялось 492 параметра). Далее эту модель будем называть ***подобранной***. Модель включала в себя 46 скважин, из которых в период адаптации 4 были нагнетательными и располагались за контуром нефтенасыщенности.

С помощью процедуры оптимизации (Persova et al., 2020) было спроектировано три режима разработки месторождения на 30 лет. Временной интервал (30 лет) для каждой из 46 скважин был разбит на 10 подинтервалов, на каждом из которых подбирались мощности добычи или закачки (всего в оптимизации участвовало 460 параметров). На скважинах были установлены ограничения на давление (от 10 до 250 атм.), а желаемый суммарный по всем скважинам дебит нефти был установлен 250 $м^3$/сут. В первых двух режимах в прогнозном периоде девять внутриконтурных добывающих скважин были переведены в нагнетательные скважины (как это было сделано при разработке реального месторождения), а в третьем режиме – оставлены добывающими. При этом в первом режиме максимальный весовой коэффициент был установлен у слагаемого целевой функции, которое отвечает за достижение желаемого объема добываемой нефти, а во втором и третьем режимах весовые коэффициенты были выбраны так, чтобы все слагаемые целевой функции давали вклады одного порядка.

На рис. 2 приведены характеристики добычи для трех режимов работы скважин для истинной и подобранной моделей. По полученным результатам можно сделать следующие выводы. Для первого режима работы была получена наибольшая обводненность в прогнозный период и максимальные объемы добычи жидкости и закачки воды. При этом прогноз для этого режима является очень точным. Несмотря на то, что для второго и третьего режимов точность прогноза несколько ухудшается, все тенденции в характеристиках добычи сохраняются. Так, для второго и третьего режимов обводненность была получена примерно одинаковой, при этом количество добытой нефти в третьем режиме заметно выше за счет более высоких объемов добычи жидкости при снижении объемов закачки (еще раз отметим, что уровень допустимого давления контролировался при проектировании всех режимов на всех скважинах).

На рис. 3 представлены распределения нефтенасыщенности на 17-й год прогноза (32-й год разработки месторождения) в верхнем слое пласта-коллектора для второго и третьего режимов работы скважин. Из рисунка видно, что, в целом, распределения в истинной и восстановленной моделях хорошо согласуются между собой, несмотря на существенные отличия нефтенасыщенности для различных режимов. Исключения составляют зоны неопределенности, отмеченные белыми контурами. Они связаны с отсутствием чувствительности к изменению проницаемости в зонах, расположенных сбоку от крайних скважин. Детальный анализ показывает, что отсутствие чувствительности связано с высокой обводненностью скважин, близких к этим зонам, что, в свою очередь, связано со сложным строением пласта и подходом воды из его более глубинных слоев.

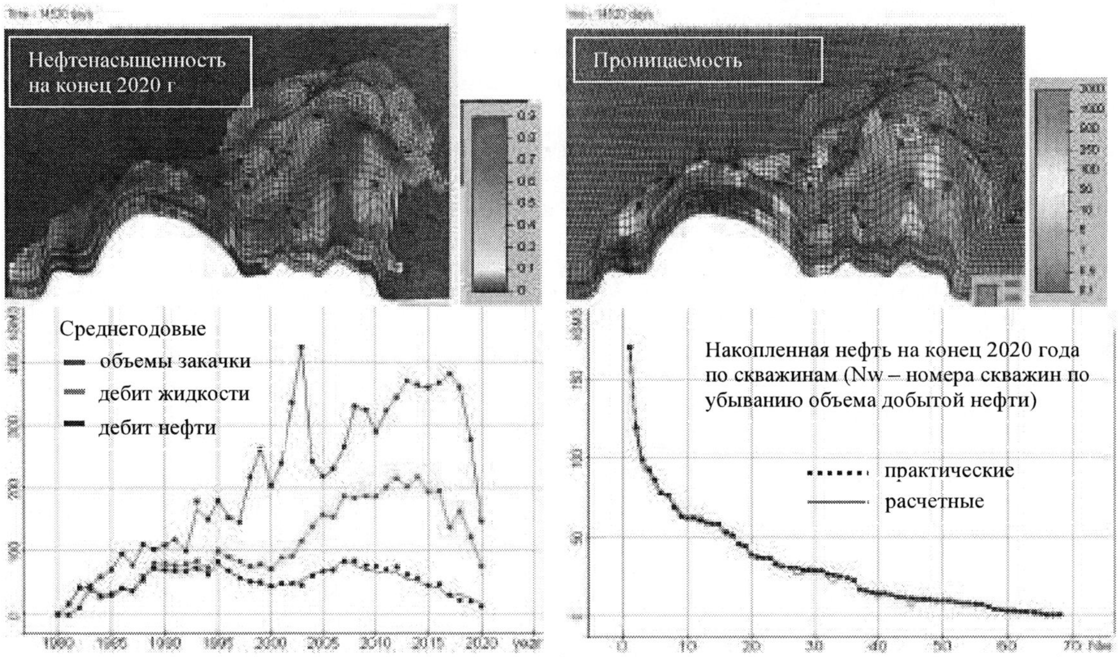

Рисунок 1. *Гидродинамическая модель: нефтенасыщенность на конец 2020 года (слева вверху) и проницаемость (справа вверху), полученная в результате автоадаптации практических данных добычи; практические (точки) и расчетные (сплошные линии) среднегодовые характеристики добычи (слева внизу); практические и расчетные значения накопленной нефти на конец 2020 года в зависимости от номера скважины (справа внизу)*

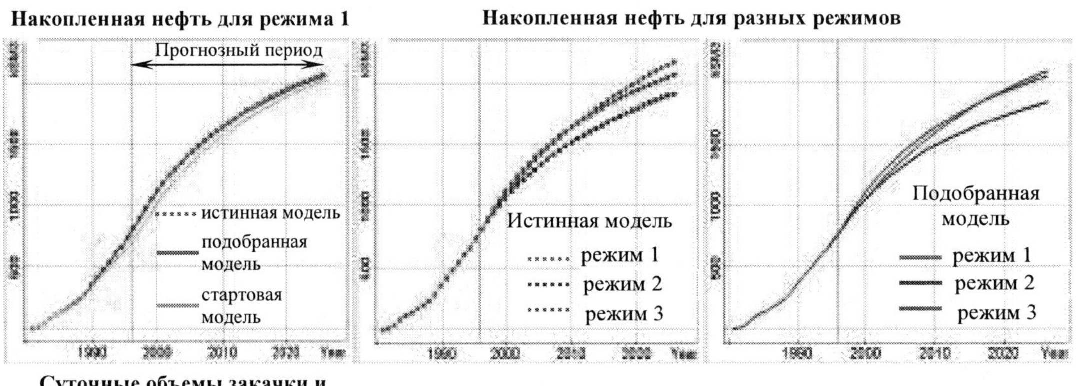

Рисунок 2. *Характеристики добычи в «историческом» и прогнозном периодах для различных режимов работы скважин для истинной и подобранной моделей*

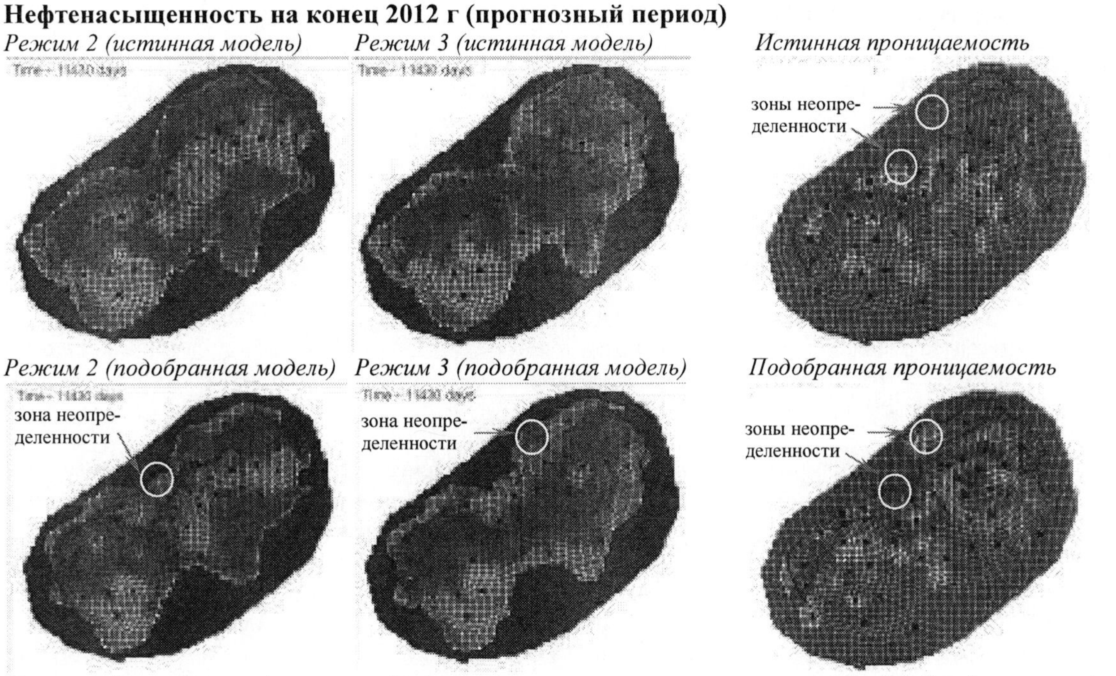

Рисунок 3. *Распределение нефтенасыщенности в прогнозном периоде (17-й год прогноза) и проницаемости для истинной и подобранной моделей для двух режимов работы скважин*

Выводы

Результаты исследований показали, что построенные с использованием рассмотренных методов прогнозы на длительный период, в целом, являются адекватными и позволяют исследовать различные стратегии разработки нефтяных месторождений с целью повышения ее эффективности. Разработанный программно-математический аппарат позволяет оценивать зоны неопределенности, однако методика этого анализа является темой дальнейших исследований.

Благодарности

Работа выполнена при финансовой поддержке Министерства науки и высшего образования РФ в рамках проекта FSUN-2020-0012.

Библиография / References

1. Persova, M.G., Soloveichik, Y.G., Vagin, D.V., Grif, A.M., Kiselev, D.S., Patrushev, I.I., Nasybullin, A.V. and Ganiev, B.G. [2021]. The design of high-viscosity oil reservoir model based on the inverse problem solution. *Journal of Petroleum Science and Engineering*, **199**, 108245, DOI: 10.1016/j.petrol.2020.108245.

2. Persova, M.G., Soloveichik, Y.G., Vagin, D.V., Grif, A.M., Patrushev, I.I. and Ovchinnikova, A. S. [2020]. Oil production optimization based on the finite-element simulation of the multi-phase flow in porous media and inverse problem solution. *in GeoBaikal 2020*, **2020**, 1, p. 1-6, DOI: 10.3997/2214-4609.202052021.

3. Soloveichik, Y.G., Persova, M.G., Grif, A.M., Ovchinnikova, A. S., Patrushev, I.I., Vagin, D.V. and Kiselev, D.S. [2022]. A method of FE modeling multiphase compressible flow in hydrocarbon reservoirs. *Computer Methods in Applied Mechanics and Engineering*, **390**, 114468, DOI: 10.1016/j.cma.2021.114468.

Совершенствование алгоритма оптимизации графика ввода в эксплуатацию добывающих скважин на интегрированной модели

Н.М. Бровин* (НОЦ «Газпромнефть-Политех»), К.А. Печко (НОЦ «Газпромнефть-Политех»), И.С. Сенькин (Газпромнефть НТЦ), Е.В. Белоногов (Газпромнефть НТЦ), М.В. Симонов (Газпромнефть НТЦ)

Введение

В некоторых случаях график ввода добывающих скважин, полученный по результатам оптимизационных расчетов без учета поверхностного оборудования (расчеты проводятся только на модели пласта), может отличаться от оптимального [2]. Полагаясь на полученное решение, нужно понимать, что на реальном месторождении оно может привести к отклонению от ожидаемых результатов.

Интегрированное моделирование – объединение расчета модели пласта, скважин, поверхностной сети, оборудования подготовки продукции в одну модель. Современный подход к решению оптимизационных задач на месторождении – применение именно интегрированной модели [1]. При одновременном расчете поверхностной сети и гидродинамической модели пласта учитываются дополнительные ограничения поверхностного оборудования, таким образом, результаты расчетов на интегрированной модели лучше описывает фактическое поведение месторождения. Основным заблуждением в отношении оптимизации на интегрированной модели является длительность расчетов. В статье разбирается метод оптимизации, который позволяет значительно сократить количество вычислений модели.

Алгоритм оптимизации

Классический подход к планированию расписания ввода добывающих скважин в эксплуатацию основывается на аналитическом расчете начального дебита скважин. Ввод скважин в таком случае выполняется в порядке убывания полученных значений дебита. Данный подход позволяет быстро учесть изменения в проектных решениях и перестроить график, однако делается допущение, что все скважин имеют одинаковое нулевое влияние от поверхностной сети. На самом деле, дебит скважины будет также зависеть от наземной инфраструктуры и её положения в поверхностной сети, поскольку от этого зависит устьевое давление и, как следствие, забойное давление скважины.

Основное преимущество проведения оптимизационных расчетов на интегрированной модели перед оптимизацией на гидродинамических моделях – учет влияния поверхностной сети на добычу по скважинам. Увеличение добычи по одному кусту может привести к увеличению устьевых давлений по скважинам и, как следствие, уменьшению добычи по месторождению в целом.

Для учета влияния поверхностной сети на дебит скважин и на график ввода в эксплуатацию рекомендуется проводить оптимизационные расчеты на интегрированной модели. Один из подходов – многовариантные расчеты и максимизация целевой функции (накопленная добычи нефти или прибыль). Однако любые алгоритмы оптимизации, минимизирующие целевую функцию (градиентные методы, генетические алгоритмы), потребуют большого количества итераций. Минимальное количество таких расчетов равно количеству скважин, которые планируется вводить, поскольку для дальнейшей оптимизации необходимо знать влияние поверхностной сети на каждую из скважин. Если для тестовых (простых) интегрированных моделей данный способ еще приемлем, то для реальных месторождений такой алгоритм определения графика ввода скважин применять нельзя.

Среднее время расчета интегрированной модели на имеющемся техническом оборудовании составляет 2 часа, следовательно, минимальное количество времени для определения графика ввода 40 добывающих скважин составляет 80 часов. Учитывая, что при проектировании месторождения корректировки могут производиться каждые сутки, быстро пересчитать график ввода таким подходом не представляется возможным.

Для ускорения и увеличения гибкости оптимизации на интегрированной модели предлагается использовать следующий алгоритм:

1. Все добывающие скважины, планируемые к вводу в эксплуатацию, в интегрированной модели вводятся в первую дату расчета;

2. Модель рассчитывается на некоторый фиксированный период времени (например, 10 лет);

3. Оцениваются показатели накопленной добычи нефти по скважинам или экономические показатели по каждой из скважин;

4. Скважины ранжируются в соответствии с выбранным показателем (таким образом определяется рейтинг скважин);

5. На основе полученного рейтинга скважин составляется график ввода скважин с учетом продолжительности бурения каждой из скважин, продолжительности монтажа буровых установок, количества буровых установок и др.

За счет одновременного ввода добывающих скважин оценивается их производительность при максимальной загрузке поверхностной сети. Предполагается, что скважина с максимальным показателем за время расчета (например, максимальная накопленная добыча нефти) наиболее продуктивна при условии учета влияния поверхностной сети и данную скважину рекомендуется вводить раньше. Рассматриваемый алгоритм требует только 1 расчет для составления рейтинга и 2 расчета в целом для определения показателей разработки месторождения при полученном из предыдущего шага расписании ввода добывающих скважин.

Преимуществом такого подхода является учет влияния поверхностной сети на производительность скважин и на формирование итогового рейтинга скважин, постоянное количество необходимый расчетов для формирования расписания, независимость от количества скважин, вводимых в эксплуатацию, более быстрый процесс формирования расписания по сравнению с оптимизационными алгоритмами над интегрированной моделью. Недостатком является необходимость создания интегрированной модели, моделей всех скважин, адаптация этой модели, что является трудоемким процессом, однако если интегрированная модель уже существует, то процесс оптимизации не вызывает затруднений. Также необходимо отметить, что данный алгоритм позволяет найти только лучший вариант расписания ввода добывающих скважин и всегда есть вероятность, что данный результат не будет являться оптимальным.

Примеры

Оптимизационные расчеты проводились на тестовой интегрированной модели, включающей в себя две гидродинамические модели, объединенные общей поверхностной сетью (рис. 1, 2).

Исследуемые гидродинамические модели включают в себя 6 скважин для оптимизации графика ввода. Гидродинамические модели были сделаны в ПО tNavigator. Поверхностная сеть создана в ПО GAP. Скважины созданы в ПО Prosper. Для создания мастер-модели с опцией NETWORK, позволяющей таким образом создавать интегрированную модель в tNavigator, поверхностная сеть из ПО GAP была сконвертирована в ключевое слово GRUPTREE. Поскольку при использовании опции NETWORK не выполняются расчеты многофазного потока непосредственно в tNavigator, были созданы VFP-таблицы для труб и скважин, покрывающие весь диапазон возможных параметров для предотвращения ошибок экстраполяции VFP-таблиц (рис. 3).

Оптимизация интегрированной модели проводилась с применением рассмотренного выше алгоритма (одновременный ввод добывающих скважин), алгоритма оптимизации SHGO, комбинаторной оптимизации.

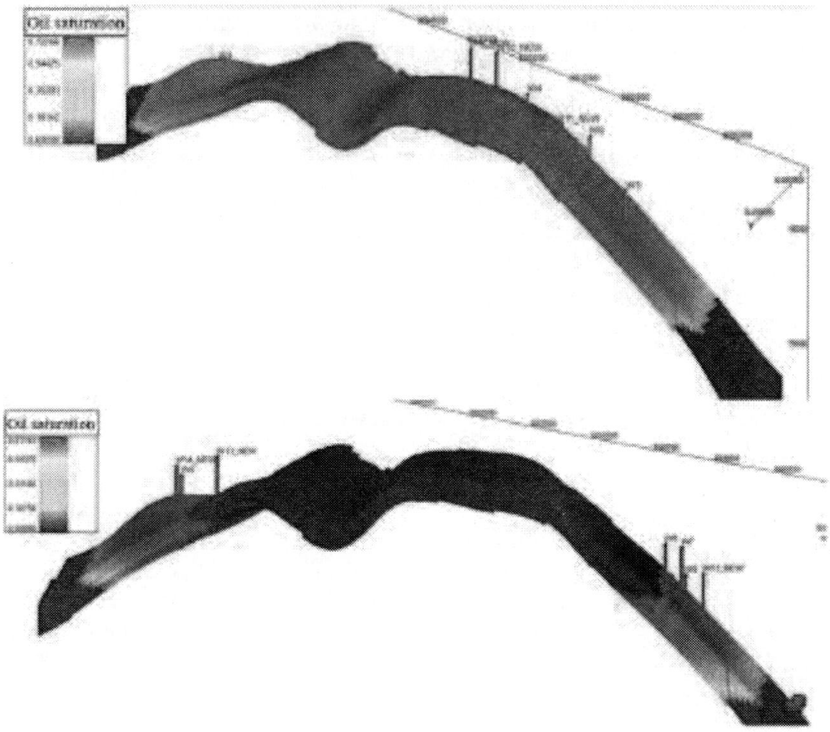

Рисунок 1. *Тестовые гидродинамические модели*

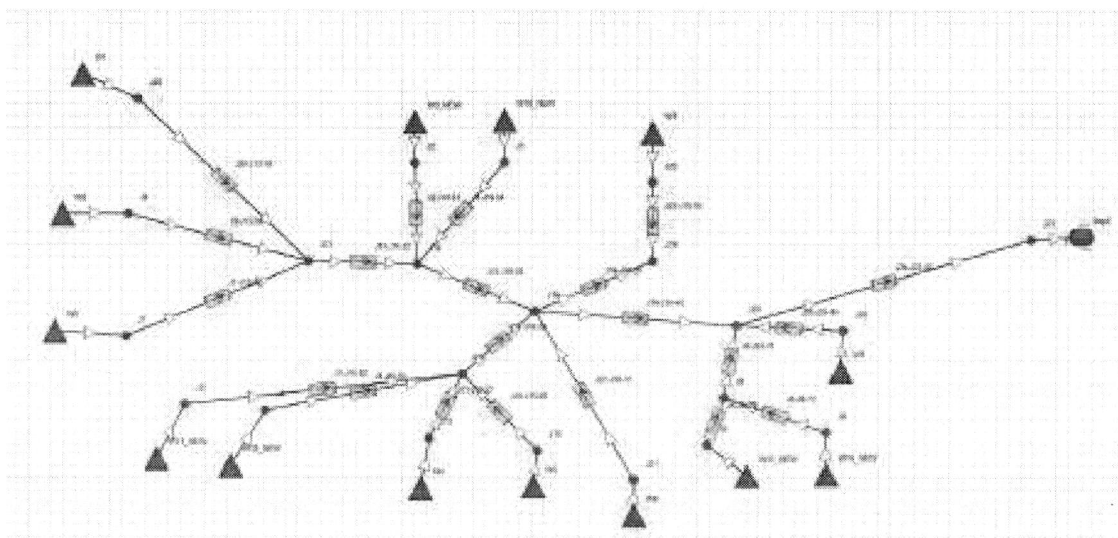

Рисунок 2*. Тестовая поверхностная сеть*

Сравнение результатов применения различных алгоритмов оптимизации представлены в таблице 1.

Таблица 1. *Сравнение алгоритмов оптимизации*

Алгоритм	**Количество расчетов**	**Время расчета, мин**	**Результат, м^3**
Ввод всех скважин на первую дату расчета и составление рейтинга скважин	2	1	347792
SHGO	73	36	347792
Комбинаторная оптимизация	720	360	347792

Из таблицы 1 следует, что на тестовой интегрированной модели алгоритм ввода всех скважин на первую дату расчета и составление рейтинга скважин нашел выдал оптимальный результат, совпадающий с результатами SHGO и комбинаторной оптимизации за наименьшее количество расчетов. График изменения целевой функции (накопленной добычи нефти) относительно оптимального результата для алгоритма SHGO представлен на рис. 3.

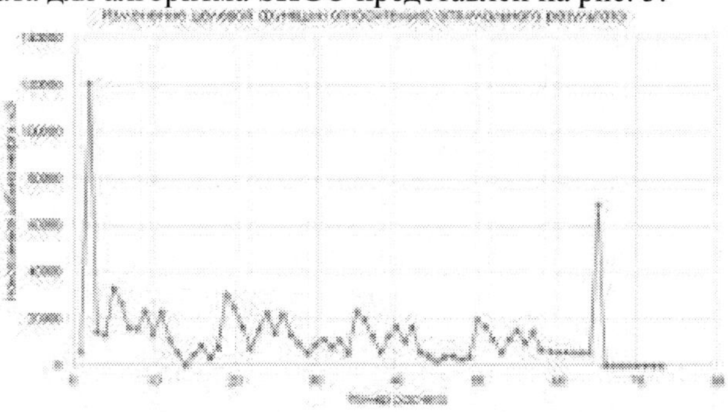

Рисунок 3. *Изменение целевой функции для алгоритма SHGO*

Выводы

Результаты, полученные на тестовой модели, демонстрируют разницу в алгоритмах оптимизации. Применение комбинаторной оптимизации напрямую однозначно не является лучшим подходом, поскольку с ростом количества вводимых скважин, количество вариантов будет вырастать по факториалу (для 10 скважин количество вариантов - 3628800). При использовании алгоритмов минимизации показателей (градиентный спуск, алгоритм SHGO) минимальное количество расчетов равно количеству вводимых в эксплуатацию добывающих скважин, т.е. при большом количестве вводимых скважин данные методы также требуют длительных расчетов.

Применение рассмотренного в статьи алгоритма оптимизации (ввод всех добывающих скважин на первую дату и составление рейтинга скважин) не зависит от количества вводимых в эксплуатацию скважин и требует постоянное количество расчетов. Сокращено время оптимизации по сравнению с перебором дат ввода скважин в 720 раз, по сравнению с оптимизатором SHGO – в 36 раз. Данным алгоритмом на тестовой интегрированной модели получен результат совпадающих с оптимальным.

Библиография

1. Platon D.N., Gatin A.R., Fomin M.N., Korostelev N.S. "Full Integrated Model as a Tool for Strategy Evaluation of the Greenfield." // Paper presented at the SPE Russian Petroleum Technology Conference, Virtual, October 2021;
2. Yaubatyrov R.R., Kotezhekov V.S., Babin V.M., Nuzhin E.E. «Technology for optimizing reservoir pressure maintenance based on hybrid modeling» // PRONEFT. – 2019. – № 2. p. 30-36.

Перспективы разработки доманиковых отложений на примере запасов и ресурсов Удмуртской Республики

А.А. Занчаров* (ФГБОУ ВО «Санкт-Петербургский государственный университет»)

Введение

В рамках научно-исследовательской работы рассматривается проблема добычи нетрадиционных запасов и ресурсов углеводородов Волго-Уральской нефтегазоносной провинции. Для решения актуального вопроса была поставлена цель - разработать методику для добычи нефти из нефтематеринских пород доманикового типа на примере ресурсов Удмуртской Республики.

На сегодняшний день наиболее перспективными нефтематеринскими породами Волго-Уральской нефтегазоносной провинции являются отложения стратиграфически приуроченные к франскому и фаменскому ярусам верхнего девона доманикового типа. Доманиковые отложения территориально сосредоточены в Тимано-Печорском, Волго-Уральском и Прикаспийских бассейнах и распространены по площади более чем на 500 тыс. км². Эти отложения представлены чередованием прослоев, сложенных преимущественно карбонатными разностями пород, слабопроницаемых и обогащенных органическим веществом (керогеном) известково-кремнистых или кремнисто-известковых пород, аргиллитами и кремнистыми аргиллитами, со встречающимися в разрезе прослоями глинистых пород.

Метод исследования

Отложения доманикового типа, приуроченные к территории УР, вызывали интерес еще с конца 70-ых годов у многих компаний и ученых. В 2014 году в рамках работы «Обоснование перспектив нефтегазоносности доманикоидных отложений на территории Республики Удмуртия», в целях выделения основных характеристик доманиковых отложений на территории УР, по 80 скважинам, расположенным в пределах лито-фациальных зон, выделенных Павловой Т.Ю., рассмотрено макроописание керновых образцов (приведенное в делах скважин). В результате были описаны закономерности распределения битуминозности, описана литология и ФЕС.

Выявлена четкая закономерность в распределении битуминозности доманиковых отложений на территории УР:

- в северной части Республики битумопроявления в девонско-турнейской карбонатной толще отсутствуют;
- в районе Красногорско-Киенгопского вала битуминозны отложения доманикового горизонта;
- в пределах Можгинской и Сарапульской впадин битуминозен интервал с доманикового горизонта по фаменский ярус включительно;
- в южном направлении от Сарапульской впадины увеличивается количество горизонтов с битумопроявлениями [1].

Ввиду низкой проницаемости пород, сложного геологического и литологического строения, высокой вязкости органического вещества, содержащегося в породах доманикового типа, необходимо применение современных методов интенсификации притока жидкости к скважине. Применение двух-стадийной методики интенсификации притока подразумевает последовательное воздействие на пласт МУН в две стадии.

Увеличение количества стадий гидроразрыва может быть крайне важно при разработке низкопроницаемых коллекторов, так как, соответственно, увеличивается количество трещин, пронизывающих нефтяной пласт, а значит, и зона дренирования. Все это обеспечивает повышение значений пускового дебета скважины и в дальнейшем более высокую накопленную добычу по сравнению с аналогичными скважинами, где проведен обычный ГРП.

На первой стадии методики, учитывая высокую плотность пород, крайне низкую проницаемость, а также преобладающий карбонатный скелет, проводится многостадийный КГРП. В качестве кислоты подразумевается нагретая соляная кислота (HCl). Соляная кислота хорошо взаимодействует с карбонатной составляющей доманиковых отложений. Это обусловлено высоким содержанием карбонатных солей в составе пород. Наибольшим содержанием карбонатных солей обладают известняки ($CaCO_3$) и доломиты ($CaMgCO_3$).

Применение горячей соляной кислоты (HCl) обусловлено тем, что при ее использовании:

- поддерживается высокая температуры УВ в пласте - благодаря чему увеличивается подвижность УВ (снижается вязкость) и улучшаются условия ОВР;
- снижается вязкость УВ за счет растворения асфальто-смоло-парафинистых отложений (АСПО);
- растворяется карбонатная составляющая доманикитов – что способствует увеличению трещин по площади и, как следствие, Кохв.

Применение многостадийности крайне важно, так как с увеличением количества стадий ГРП увеличивается количество трещин, пронизывающих плотный низкопроницаемый нефтяной пласт, а значит и увеличивается зона дренирования.

Итогом первой стадии интенсификации будет являться:

- растворение карбонатной составляющей доманикитов за счет применения соляной кислоты;
- увеличение проницаемости за счет растворения карбонатов и проведения МГРП;
- увеличение подвижности ОВ за счет поддержания высокой температуры, благодаря которой понижается вязкость ОВ и растворяются АСПО;
- достигается максимальный Кохв пласта за счет проведения нескольких стадий ГРП;
- увеличение значения пускового дебита;

На второй стадии в качестве МУН применяется технология воздействия на пласт горячей смесью кислотных газов (ГСКГ), нагретых до температуры 200–400*С. В качестве смеси кислотных газов берется фтороводород (HF) – аналог плавиковой кислоты и хлороводород (HCl) - аналог соляной кислоты.

Фтороводородный газ и плавиковая кислота легко взаимодействуют с терригенной составляющей доманиковых отложений. Это обусловлено высоким содержанием оксида кремния (кремнезем – SiO_2) в составе горных пород. Плавиковая кислота способна реагировать с силикатными и алюмосиликатными минералами. Наиболее активно реагирует HF с алюмосиликатами, присутствующими в каолиновых глинах, аргиллитах, кремнистых породах и других отложениях. Образовавшийся в результате реакции плавиковой кислоты и такой горной породы фтористый кремний, реагируя с водой, в свою очередь образует гидрат окиси кремния ($Si(OH)_4$), который по мере снижения кислотности раствора переходит из золя в студнеобразный гель, который в свою очередь влечет кольматацию образованных трещинных и поровых каналов. Для предупреждения образования в поровом пространстве геля кремниевой кислоты плавиковая кислота при обработке применяется только в смеси с соляной. Это приводит:

- к разжижению (снижению вязкости) битуминозных ОВ, за счет высоких температур;
- к расширению порового пространства (увеличение проходимости газа в породах);
- к увеличению взаимодействия газа с породой (ускорение ОВР и улучшения условий их протекания);
- к увеличению глубины охвата по простиранию (увеличение площади воздействия).

Одна из особенностей любого газа в том, что он способен проникать в любые диаметры пор, следовательно, макро- и нанопористость доманиковых отложений не является останавливающим фактором.

Благодаря образовавшимся трещинам при проведении М-КГРП на первой стадии, ГСКГ проникает по этим трещинам в пласт. В результате чего происходит:

- горячая смесь газов растворяет связующую кремнистую составляющую пород доманикитов, что влечет за собой увеличение проницаемости пород;
- при остывании смеси газов выделяются плавиковая и соляная кислоты, что способствует увеличению Кохв МУН на целевую породу;
- наличие хлороводорода в смеси влечет увеличение кислотности среды, что приводит к нейтрализации процесса образования студнеобразного геля из гидроокиси кремния;
- также хлороводород и соляная кислота растворяют нерастворимые в воде соединения, образовавшиеся при воздействии фтороводорода и плавиковой кислоты;
- соляная кислота способна очищать поверхность породы от пленочной нефти, изменяя ее смачиваемость;

С увеличением концентрации кислоты и температуры коррозионная активность кислот по стали возрастает. Для защиты металла наземного и подземного оборудования, фильтра скважин, обсадных и насосно-компрессорных труб от кислотной коррозии используют ингибиторы. В частности, для соляной и глинокислоты (HF+HCl) ингибиторами служат формалин, катапин, уротропин, уникол, ингибиторы В-1 и В-2 и др. К реагентам, используемым в качестве ингибиторов коррозии, предъявляют следующие требования:

- эффективность ингибитора должна обеспечивать снижение скорости коррозии металла в 25 раз и более при малых концентрациях и невысокой стоимости;
- растворимость в используемых кислотах должна быть хорошей; допускается только слабая замутненность раствора, заметно не отражающаяся на его фильтрации
- после нейтрализации кислоты карбонатами ингибитор не должен выпадать в осадок (высаливаться);
- ингибитор или композиционные добавки, входящие в его состав, не должны образовывать осадков с продуктами реакции.

Итогом второй стадии является растворение терригенной составляющей (связующего кремнистого вещества) доманиковых пород и сообщение раннее сделанных трещин, что приводит:

- к значительной гидрофилизации пород;
- снижение поверхностного натяжения флюида и породы в пласте;
- увеличению диметра фильтрационных каналов (капилляров и трещин), образуя капиллярные и частично сверхкапиллярные каналы;

- сообщение трещин, проведенных на первой стадии при М-КГРП, а значит достижение максимального Кохв;
- увеличению подвижности ОВ за счет повышения его температуры;
- увеличению проницаемости и пористости;

Рисунок 1. *График NPV проекта. Чистый дисконтированный доход проекта составляет 33,9 млн. руб.*

Выводы

Была разработана и предложена двух-стадийная методика интенсификации притока жидкости к скважине из пород доманикового типа. Технологическая эффективность методики была доказана при помощи теоретических расчетов на базе Есенейского месторождения. Несмотря на некондиционные коллекторские свойства доманиковых отложений, методика является эффективным и действенным способом разработки сланцевой нефти в пределах Удмуртской Республики и всей Волго-Уральской нефтегазоносной провинции.

Предлагаемая технология является экономически эффективной, влечет за собой увеличение капитализации компаний, прирост суточных дебитов и прирост сырьевой базы.

Библиография

1. Белоконь Т.В., Кутуков А.В. Условия нефтеобразования в верхнедевонско-нижне-среднекаменноугольных карбонатных комплексах Волго-Вятского района // Геология нефти и газа. - 1984.- № 2.- С. 52-57.

References

1. Belokon T.V., Kutukov A.V. Conditions of oil formation in Upper Devonian-lower-middle carboniferous carbonate complexes of the Volga-Vyatka region // Geology of oil and gas. - 1984.- No. 2.- pp. 52-57.

Целостный подход к цифровизации процессов технико-экономической оценки активов и оптимизации разработки

М.Г. Зайдуллин* (ООО «НЕДРА»), А.А. Пустовских (ПАО «Газпром нефть»), В.М. Толмачев (ООО «НЕДРА»)

Введение

Считается общепринятым, что решения, принимаемые на этапах проектирования разработки месторождений, оказывают большее влияние на итоговые показатели эффективности, чем решения по оптимизации текущей добычи. Традиционно для повышения качества этих решений расширяют применение и развивают функциональность инженерного ПО для геологического и гидродинамического моделирования, интегрированного моделирования и т. п. в рамках обособленных функциональных команд. При этом зачастую упускается из виду, что скорость подготовки и принятия конечных решений важна как сама по себе, так и с точки зрения их эффективности: в современных условиях способность быстро принимать обоснованные решения на основе ограниченных, но актуальных данных, становится основой конкурентного преимущества добывающих компаний. Однако, специалисты, занимающиеся подготовкой решений в области геологии, разработки и ввода новых мощностей, не обеспечены инструментами для реализации сквозных сценариев геологической и технико-экономической оценки. В современных реалиях необходимы цифровые инструменты позволяющие, во-первых, решать задачи оценки в интегрированной постановке, с учетом всех подсистем и элементов разработки и добычи, а во-вторых, необходимы инструменты поддержки бесшовной работы кросс-функциональных команд и автоматизации всех связанных бизнес-процессов от подготовки и анализа исходных данных, до экспертизы и согласования технико-экономических оценок.

В докладе будут рассмотрены подходы к созданию информационных систем и цифровизации процессов, позволяющие реализовать сквозные сценарии геологической и технико-экономической оценки в рамках объединенных кросс-функциональных команд с использованием существующего инженерного ПО.

Методы

Основным допущением, лежащим в основе предлагаемых подходов, является невозможность решения описанных задач в рамках одного пакета ПО, предлагаемого на рынке российскими и зарубежными вендорами, и, соответственно, невозможность самостоятельной разработки одной информационной системы, которая бы решала все эти задачи. Ведущие зарубежные вендоры и провайдеры цифровых сервисов предлагают свои решения для обхода данного ограничения, такие как облачные экосистемы и платформы Schlumberger Delfi и Landmark DecisionSpace 365 [3]. Ограничения для применения этих платформ в России очевидны, начиная с невозможности передачи данных в публичные облака на зарубежной инфраструктуре, заканчивая рисками зависимости от зарубежных вендоров.

Соответственно, для российских компаний необходим набор решений, который обеспечит:

- возможность интеграции с уже используемым в компании инженерным ПО независимо от вендора;
- возможность гибкой адаптации под процессы и ИТ-ландшафт конкретной компании;
- импортонезависимость и отсутствие санкционных рисков.

Рассматриваемые далее подходы в равной степени применимы ко всем процессам разведки и добычи, однако, наибольший эффект и востребованность наблюдаются в применении к процессам оценки перспективных участков, формирования оптимальных планов разработки и проектирования ввода новых мощностей.

Рисунок 1. *Ключевые задачи и факторы успешной цифровизации бизнес-процессов разведки и добычи.*

С точки зрения верхнеуровневых функциональных требований задача состоит в предоставлении кросс-функциональным командам единого интерфейса взаимодействия со всеми исходными и расчетными данными, инженерным ПО и расчетными сервисами, полному исключению передачи данных в любых файловых и офисных форматах данных, а также максимальной автоматизации рутинных процессов, включая реагирование на поступление новых данных или изменение контекста (например, макроэкономических параметров) [4].

Рисунок 2. *Комплексная задача успешной цифровизации состоит в объединении данных и инженерного ПО с бизнес-процессами экономической оценки, инвестиционного и производственного планирования.*

Реализация функциональных требований базируется на трех принципах:

- **Интегрированные бизнес-процессы**. Создаваемые информационные системы обеспечивают модульность и адаптируемость под специфику конкретной компании, с одной стороны, открытость и расширяемость, с другой стороны. Интерфейсы для конечных пользователей компонуются из готовых блоков исходя из специфики организационных моделей и бизнес-процессов. Подходы открытых платформ, спецификаций API, моделей данных и т.д. обеспечивают возможность неограниченного расширения функциональности решений за счет интеграции собственных разработок нефтегазовых компаний и ПО внешних вендоров.

Рисунок 3. *Три базовых принципа построения информационных систем для цифровизации бизнес-процессов разведки и добычи.*

- **Сквозные расчетные сценарии**. Реализация любых расчетов (включая расчеты на внешнем инженерном ПО, подключаемом с помощью простых коннекторов) как сервиса, позволяет, во-первых, переиспользовать модели и алгоритмы в различных бизнес-приложениях, а во-вторых, автоматизировать регулярные расчетные сценарии. Финансово-экономические модели также реализуются как сервис, что позволяет унифицировать подходы к экономической оценке на разных стадиях процесса проектирования и управления разработкой.

- **Единый источник данных**. Универсальный слой работы с данными на основе открытых API и унифицированных моделей данных [1, 2] обеспечивает прозрачный и интеллектуальный доступ к данным как со стороны конечных пользователей, так и со стороны бизнес-приложений. Реализованные инструменты позволяют выстроить процессы работы как с исходными (например, при поступлении данных с полевых работ) и историческими данными (например, архивы сейсмических и скважинных данных), так и с любыми данными, генерируемыми в бизнес-процессах (от гидродинамических моделей, до результатов технико-экономических расчетов). При этом, в зависимости от текущего ИТ-ландшафта, данные могут продолжать храниться и аккумулироваться в существующих исторически хранилищах и базах данных.

Информационные системы, реализованные на данных принципах, позволяют в дальнейшем развивать их функциональность в различных направлениях, от интеграции новых алгоритмов и инженерного ПО, до добавления универсальных решений для автоматизации и роботизации бизнес-процессов (BPM и RPA).

Примеры

Для демонстрации подходов будут приведены примеры реализации ИТ-решений для геологической и технико-экономической оценки активов.

Геолого-экономическая оценка является важнейшей составляющей деятельности любой нефтяной компании, заинтересованной в органическом и неорганическом росте. В зависимости от степени изученности и полноты данных об оцениваемом участке ресурсов, целесообразно применять различные подходы к проведению подсчета запасов НГК и технико-экономической оценке рентабельности их разработки. Однако, в современных реалиях, когда качество новых запасов неуклонно ухудшается, а сложность их рентабельной разработки неуклонно растет, важнейшей составляющей технико-экономической оценки является интегрированная постановка задачи, в которой оптимизация системы разработки неразрывно связана с оптимизацией конструкции скважин, системы кустования, темпом ввода новых скважин, способами добычи и режимами работы скважин, системами сбора, подготовки и сдачи товарной продукции. Соответственно, растет важность инструментов, позволяющих выполнить такие расчеты и представить их в необходимом формате для принятия управленческих решений. В презентации будет рассмотрен подход, позволяющий выполнить подобные расчеты в рамках одной кросс-функциональной команды с использованием информационных систем, обеспечивающих реализацию сквозного сценария оценки и непротиворечивость данных, используемых на входе и выходе из каждого отдельного инструмента расчета.

Выводы

Описанные в докладе принципы цифровизации и построения информационных систем показали свою эффективность в масштабах одной крупной нефтегазовой компании. Очевиден высокий потенциал эффекта от их применения в большинстве компаний нефтегазовой отрасли независимо от их текущего ИТ-ландшафта и стратегии цифровизации. Однако, для достижения полного потенциала их применения в масштабе отрасли и для создания полноценной отечественной экосистемы разработчиков ПО, вендоров и интеграторов, необходимо чтобы принципы стали отраслевым стандартом де факто в виде спецификаций API, рекомендаций и стандартов на модели данных и базовых принципов интеграции приложений.

Библиография / References

1. The Open Group press release, March 24, 2021: The Open Group OSDU™ Forum Launches the OSDU Data Platform Mercury Release. (https://www.opengroup.org/open-group-osdu-forum-launches-osdu-data-platformmercury-release)

2. The Data Platform Imperative for The Oil and Gas Industry. White paper, IBM, Reuters. https://www.ibm.com/downloads/cas/BEGN1AEQ

3. Hurwitz & Associates white paper, 2020: Outperforming Businesses: Realize 2.5-x value with a hybrid cloud platform approach. https://www.ibm.com/downloads/cas/O2XY9XM1

4. An Architecture of a Workflow System for Integrated Asset Management in the Smart Oil Field Domain. https://ieeexplore.ieee.org/document/4278796

«Применение геоиндикаторной технологии для выявления источника обводнения в продукции добывающих скважин и совмещение с результатами ГИС»

А.А. Шакиров (ООО «Геоиндикатор»), М.С. Шипаева* (ФГАОУ ВО К(П)ФУ), А.С. Старцева (ФГАОУ ВО К(П)ФУ), В.А. Судаков (ФГАОУ ВО К(П)ФУ), А.А. Лутфуллин (ПАО «Татнефть»).

Введение

Целью работы является изучение гидрогеохимической обстановки на залежи углеводородов оптимизация разработки зрелых месторождений на основе оперативно получаемой информации о состоянии скважин с использованием геохимических исследований пластового флюида, позволяющих своевременно проводить необходимые мероприятия на скважинах.

Геохимические исследования позволяют выявить источник поступления жидкости в скважину, определить нарушение в конструкции ствола, проверить герметичность скважинного оборудования. Особенно актуален данный вид исследований на месторождениях-гигантах с большим фондом эксплуатационных скважин, часто характеризующихся сложностью конструкции и невозможностью спуска специальных приборов для решения поставленных задач.

Метод (и/или Теория)

Геохимические исследования пластового флюида проводятся путем измерения всех компонентов, находящихся в воде с использованием высокоточных методов масс-спектрометрии на скважинах. Выборка скважин для определения характерных признаков пластов осуществляется автоматизированным алгоритмом. На выбранных скважинах устанавливаются закономерности изменения состава добываемого флюида как по площади, так и по разрезу. Полученные данные обрабатываются методами математической статистики (метод максимального правдоподобия для линейной нормальной модели), позволяющими оценивать происхождение источника обводнения при работе скважин на нескольких пластов с совместной добычей [8,5].

Зарезка бокового ствола (ЗБС) проводится на скважинах как действующего, так и бездействующего фондов [3]. ЗБС заключается в вырезании «окна» в эксплуатационной колонне и забуривании бокового ствола с помощью клина-отклонителя [7,4]. Зарезка боковых стволов считается высокоэффективным мероприятием, которое позволяет повысить добычу нефти и коэффициент нефтеизвлечения на зрелых месторождениях. Метод особо ценен, так как его применение значительно уменьшает затраты на капитальный ремонт скважин и освоение новых, к тому же позволяет сохранить уже освоенную скважину [10]. В процессе разработки возможны случаи концентрации подвижных запасов нефти в неохваченных дренированием участках, данное обстоятельство приводит к снижению проектной величины нефтедобычи. Бурение боковых стволов позволяет «дотянутся» до данных локализованных участков и вовлечь в разработку неохваченные запасы [1]. Но вместе с тем, в ходе проведения данного ГТМ в скважине резко вырастает показатель обводненности продукции, как при бурении бокового ствола 2841Н на Урьевском месторождении [2] или Ромашкинском месторождении, где после зарезки БГС обводнённость возросла с 5,0 до 70,7% [6], и не всегда источник обводнения легко прогнозируется. Определить или предотвратить источник обводнения продукции скважин позволяют геохимические методы. При исследовании скважин, перфорированных на один горизонт, определяется компонентный состав флюида данного горизонта, и исследуется вода, используемая для целей ППД [9]. С применением методов математической статистики рассчитывается доля присутствия закачиваемого агента в продукции добывающих скважин. Строятся площадные карты изменения геохимии с выявлением промытых зон.

Примеры

Изучаемым объектом является одно из месторождений Республики Татарстан. Целью работы является определение источников поступления пластового флюида (водной составляющей) в продукцию скважин в результате зарезки бокового ствола в скважину 1 на основе геохимического анализа. Планируемый объем данных для анализа составляет 12 скважин (4 нагнетательных и 8 добывающих скважин (таблица 1, рисунок 1). Опорными являются 7 скважин, эксплуатирующих Кыновский и Пашийский горизонты, которые работают без нарушений в колонне и без межпластовых заколонных перетоков и 4 скважины системы ППД.

Таблица 1. *Номера скважин участвующие в анализе данных*

№ п/п	№ скв	Назначение	Перфорированные пласты	Обводненность, %
1	21	Нагнетательная	Дкын, а	ППД
2	16	Добывающая	Дкын, а	72%
3	15	Добывающая	Дкын, а	57%
4	17	Добывающая	Дкын, а	57%
5	18	Добывающая	Дкын, а	86%
6	22	Нагнетательная	Д0, а	ППД
7	13	Добывающая	Дкын, а, б2	47%
8	14	Добывающая	Д0, а	37%
9	20	Нагнетательная	Д0, а	ППД
10	19	Нагнетательная	Дкын	ППД
11	1	Целевая	Д0, а	99,9%
12	9	Добывающая	Дкын	41,9%

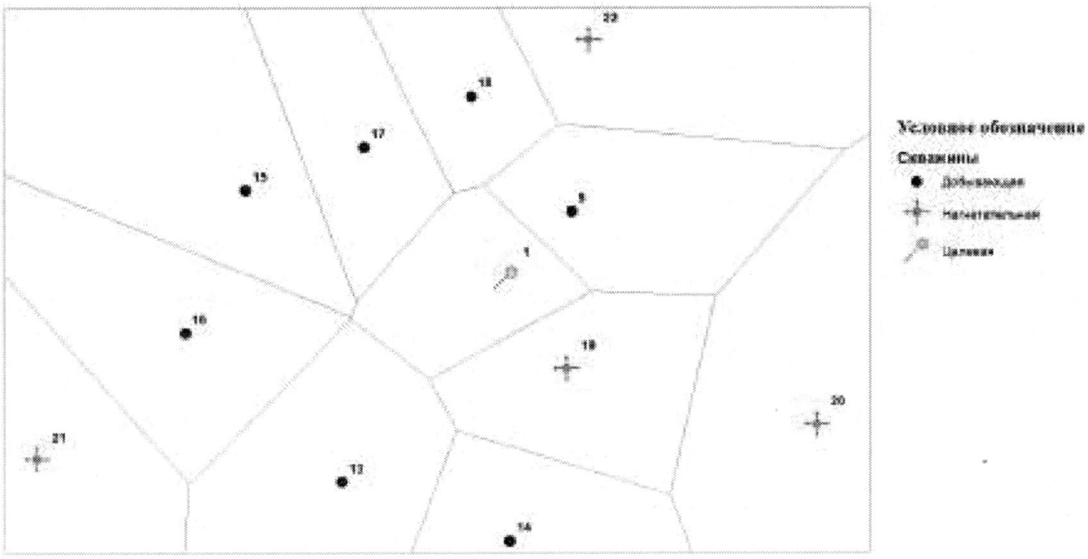

Рисунок 1. *Карта района исследований*

В ходе работы выполнены геохимические исследования образцов с целью определения значений 65 геохимических показателей, среди которых выделены базовые маркеры, характеризующие пластовые флюиды. На основе анализа маркерного состава проведена идентификация составов Кыновского и Пашийского горизонтов. В результате исследований образцов продукции скважин построен график изменения геохимической обстановки по залежи по кыновско-пашийскому горизонту (рисунок 2а) а также произведён расчет долей добываемой воды по пластам (таблица 2).

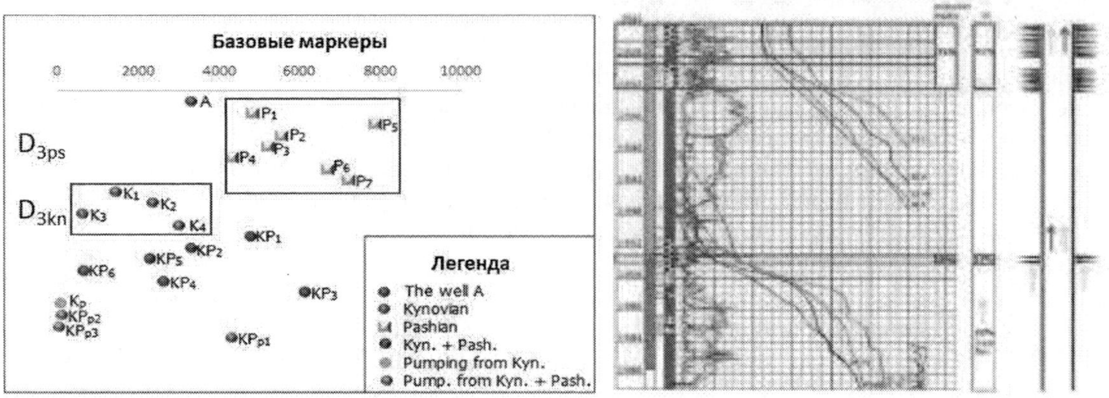

а) *б)*

Рисунок 2. *Результаты исследований: а) график изменения геохимической обстановки б) сравнение результатов проведения геофизических исследований и технологии геохимического мониторинга*

Таблица 2. *Профиль притока по скважинам участка по горизонтам*

Скважина	Горизонт	Д0	а	б1	б2
1	Д0+а	0,608	0,169	0	**0,223**
17	Д0+а	0,657	0,343	0	0
15	Д0+а	0,913	0,087	0	0
18	Д0+а	0,1	0,9	0	0
14	Д0+а	0,808	0,192	0	0
16	Д0+а	0,9	0,1	0	0
13	Д0+а+б2	0,408	0,05	0	0,542

При сопоставлении данных геохимических исследований с данными геофизических исследований скважин (рисунок 2б) было получено подтверждение истинности полученных результатов. Методами ГИС было доказано, что по прослоям 1924,5-1925,4; 1926,0-1927,3; 1929,0-1930,2; 1931,2-1932,0 наблюдается приток жидкости в интервале перфорации 1922,0-1932,0 м и в интервале перфорации 1952,0-1954,5 приток жидкости по прослою 1953,5-1954,2 м, а в совокупности с расхождением температур, сделан вывод о возможности заколонной циркуляции жидкости.

В результате основная доля воды по скважине распределяется следующим образом (геохимический мониторинг):
Кыновский горизонт (D_{3kn}) - **61%**
Пашийский горизонт (D_{3ps}) - **39%,** включая:

- пласт (а) - 16.9%
- пласт (б2) - 22.3% (заколонная циркуляция)

Проведенные работы по определению профиля притока (ГИС) распределяют добычу по скважине следующим образом:
Кыновский горизонт (D_{3kn}) - **72%**
Пашийский горизонт (D_{3ps}) - **28%**
Таким образом разные методы исследований показали хорошую сопоставимость.

Выводы

В ходе выполнения работы на небольшом куполе разрабатываемых кыновско-пашийских горизонтов установлена активность существующей системы ППД. Установлен источник обводнения, активизировавший свою деятельность после зарезки бокового ствола в скважину №1 – обводнение происходит одновременно с кыновских и пашийских отложений в соотношении 60,8% и 29,2% соответственно, в том числе с пласта «а» 16,9% и с пласта «б» 22,3%. В соответствии с результатами вынесена рекомендация – Рассмотреть скважину №1 на КРС «Ликвидация ЗКЦ».

Благодарности (на ваше усмотрение)

Работа выполнена при поддержке Министерства науки и высшего образования Российской Федерации по соглашению № 075-15-2022-299 от 15.04.2022 в рамках программы развития НЦМУ «Рациональное освоение запасов жидких углеводородов планеты».

Библиография / References

1. Butov, D. S. Analiz effektivnosti zarezki bokovyh stvolov / D. S. Butov // Academic Journal of Western Siberia. – 2018. – V. 14. – № 6(77). – pp. 112.
2. Denisov, YU. G. Zarezka bokovyh stvolov na Ur'evskom mestorozhdenii / YU. G. Denisov // Akademicheskij zhurnal Zapadnoj Sibiri. – 2018. – V. 14. – № 6(77). – pp. 126.
3. Ganiev, M. R. Rezul'taty provedeniya zarezok bokovyh stvolov na Priobskom mestorozhdenii / M. R. Ganiev // Nauchnyj forum. Sibir'. – 2018. – V. 4. – № 2. – pp. 66.
4. Kudeshov, A. A. Opisanie tekhnologii zarezki bokovogo stvola skvazhiny s ispol'zovaniem klina-otklonitelya / A. A. Kudeshov // Alleya nauki. – 2019. – V. 3. – № 12(39). – pp. 936-939.
5. Kytéria Sabina L. de Figueredo, Carlos A. Martínez-Huitle, Antonio Bernardo R. eixeira, André Luis S. de Pinho, Carla A. Vivacqua, Djalma R. da Silva, Study of produced water using hydrochemistry and multivariate statistics in different production zones of mature fields in the Potiguar Basin – Brazil, Journal of Petroleum Science and Engineering, Volume 116, 2014, pp. 109-114.
6. Muhametshin, R. Z. Ocenka effektivnosti zarezki bokovyh gorizontal'nyh stvolov v radaevsko-bobrikovskih otlozheniyah Romashkinskogo mestorozhdeniya / R. Z. Muhametshin, D. R. Minekaeva // Burenie i neft'. – 2019. – № 10. – pp. 23-26.
7. Orlovskij, S. L. Opyt primeneniya i perspektivy bureniya bokovyh stvolov na ob"ekte yus Russkinskogo mestorozhdeniya / S. L. Orlovskij // Neftegazovye tekhnologii i novye materialy. Problemy i resheniya: Sbornik nauchnyh trudov. – Ufa: Obshchestvo s ogranichennoj otvetstvennost'yu "Izdatel'stvo nauchno-tekhnicheskoj literatury "Monografiya", 2017. – pp. 68-71.
8. Shipaeva M.S., Nuriev I.A., Evseev N.V., Miftahov T.R., Sudakov V.A., Shakirov A.A. (2020). Improving efficiency of oil recovery and finding a source of watering in multi-zone deposits by geochemical methods of research. Georesursy = Georesources, 22(4), pp. 93–97.
9. Shorohov, A. N. Razrabotka i vnedrenie ekspress-metoda po opredeleniyu istochnika obvodneniya na neftyanyh dobyvayushchih skvazhinah / A. N. Shorohov, M. A. Azamatov // Nauka i TEK. – 2011. – № 6. – pp. 58-62.
10. Zubova, M. V. Justification of financing investment projects for the maintenance and development of mature fields / M. V. Zubova, D. S. Dudkevich // Economic Sciences: topical issues of theory and practice: collection of articles of the III International Scientific and Practical Conference, Penza, July 30, 2021. – Penza: Limited Liability Company "Science and Education", 2021. – pp. 88-101.

Лабораторное тестирование распределенной оптоволоконной системы измерения температуры (DTS)

П.А. Дергач* (НГУ, ИНГГ СО РАН), А.А. Дучков (НГУ, ИНГГ СО РАН), С.В. Головин (НГУ), И.В. Сычев (ООО «Киплайн»).

Введение

В последние годы распределенные оптоволоконные системы измерения температуры (DTS) активно используются западными компаниями для решения задач скважинной термометрии. К таким задачам относят контроль миграции флюида вдоль стволов скважин, мониторинг захоронений CO_2 и прочие [Nunez-Lopez et al., 2014; Mawalkar et al., 2019]. Традиционно такие измерения производятся точечными сенсорами, что накладывает на них ряд ограничений, связанных со сложностью монтажа датчиков, а также обеспечения непрерывной передачи данных и электропитания. Системы DTS лишены всех этих недостатков, так как измерения проводятся непосредственно вдоль оптоволоконного кабеля, подключенного к специальному устройству на поверхности – интеррогатору. Несомненным преимуществом DTS является то, что измерения производятся с шагом в несколько метров, а длина измерительного кабеля может достигать нескольких километров, что позволяет проводить детальные измерения вдоль всего ствола скважины.

Принцип работы DTS основан на комбинационном (Рамановском) рассеянии света в оптоволоконном кабеле, которое чувствительно к изменению температуры [Dakin et al., 1985]. Импульсный лазер, установленный в интеррогаторе посылает в оптоволокно серию наносекундных импульсов, а фотодетектор регистрирует спектр излучения, испытавшего обратное рассеяние. Из-за того, что интенсивность рассеянного света убывает вдоль кабеля по экспоненциальному закону, для получения устойчивых рефлектограмм, необходимо накопление рефлекограмм для одиночных измерений в течение длительного интервала времени с последующим осреднением. После осреднения, рассчитывается отношение интенсивностей стоксовской и антистоксовской линий спектра, из которого, в свою очередь, получают распределение температуры вдоль оптоволоконного кабеля (термограмму).

В данной работе приведены результаты лабораторного тестирования системы DTS, на примере устройства, произведенного Российской компанией ООО «Киплайн». Основными задачами исследования являлись: определение разрешающей способности системы по температуре и расстоянию вдоль измерительного кабеля, определение оптимального интервала времени осреднения рефлектограмм для получения показаний прибора с максимальной точностью, а также контроль стабильности измерений в течение длительного времени. Все эти характеристики имеют большое значение при планировании скважинных термометрических измерений для решения производственных задач.

Методика проведения лабораторных экспериментов

Лабораторное тестирование системы DTS проводилось с использованием жидкостного низкотемпературного термостата КРИО-ВТ-06 (ООО «ТЕРМЭКС»), способного поддерживать заданную температуру жидкого теплоносителя, циркулирующего во внутренней ёмкости, с точностью ±0.1°C в температурном диапазоне от -30 до 100°C. Измерения производились вдоль многомодового оптоволоконного кабеля длиной 144 метра без внешней защитной оболочки. В зависимости от задачи, кабель полностью либо частично погружался в ёмкость термостата, запрограммированного на постоянное поддержание заранее заданной температуры в течение продолжительного интервала времени.

На первом этапе тестирования, была определена оптимальная длительность временного интервала осреднения рефлектограмм, для получения показаний системы DTS с максимальной разрешающей способностью. Для этого, при постоянном значении температуры на термостате производились измерения для интервалов различной длительности: 1.5, 6, 12, 15, 30 и 60 минут. В результате, оптимальная длительностью для осреднения рефлектограмм составила 15 минут. При более длительных измерениях точность получаемых термограмм не изменялась.

На рисунке 1 приведена термограмма для непрерывных измерений вдоль оптоволоконного кабеля длиной 144 метра длительностью 377 часов (чуть больше двух недель) с интервалом осреднения 15 минут. За время эксперимента, значения температуры в термостате составляли 20, 30, 10 и 0°C.

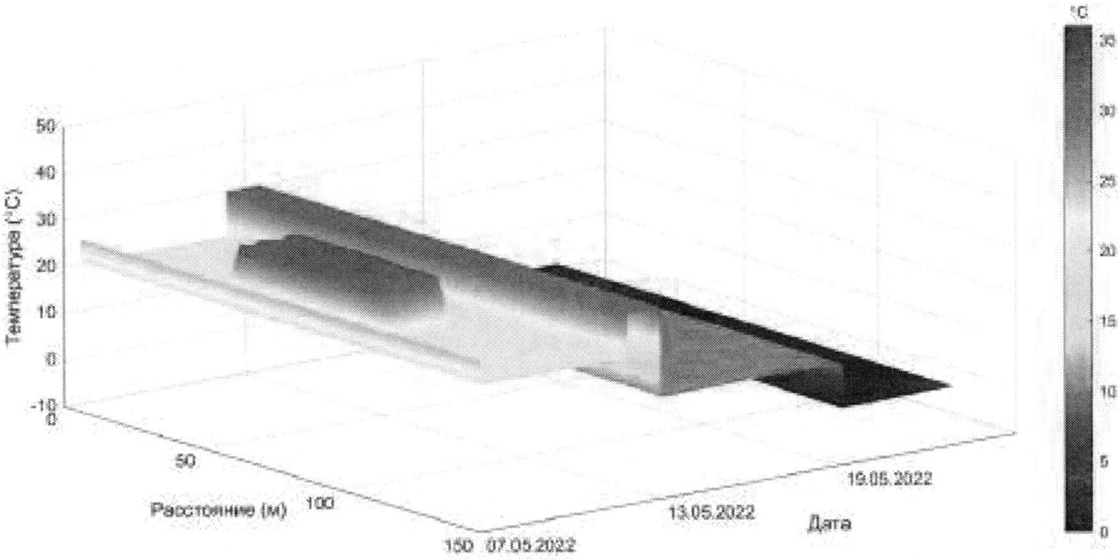

Рисунок 1. *Термограмма непрерывных измерений системой DTS на термостате при различных значениях температуры: 20, 30, 10 и 0°C. Продолжительность измерений 377 часов.*

Этот и все последующие рисунки получены с использованием интерактивного графического пользовательского интерфейса для визуализации и анализа данных DTS, созданного авторами.

Результаты

Для оценки разрешающей способности системы DTS по температуре, был выбран фрагмент непрерывной записи длительностью 8 часов при постоянной температуре на термостате (20°C). Анализировались относительная погрешность изменения температуры вдоль кабеля на всем интервале 8-часовой записи. На рисунке 2 приведены показания системы DTS с различных расстояний измерительного оптоволоконного кабеля (синие линии) в течение непрерывной записи, а также постоянное значение температуры, заданное на термостате (красная линия).

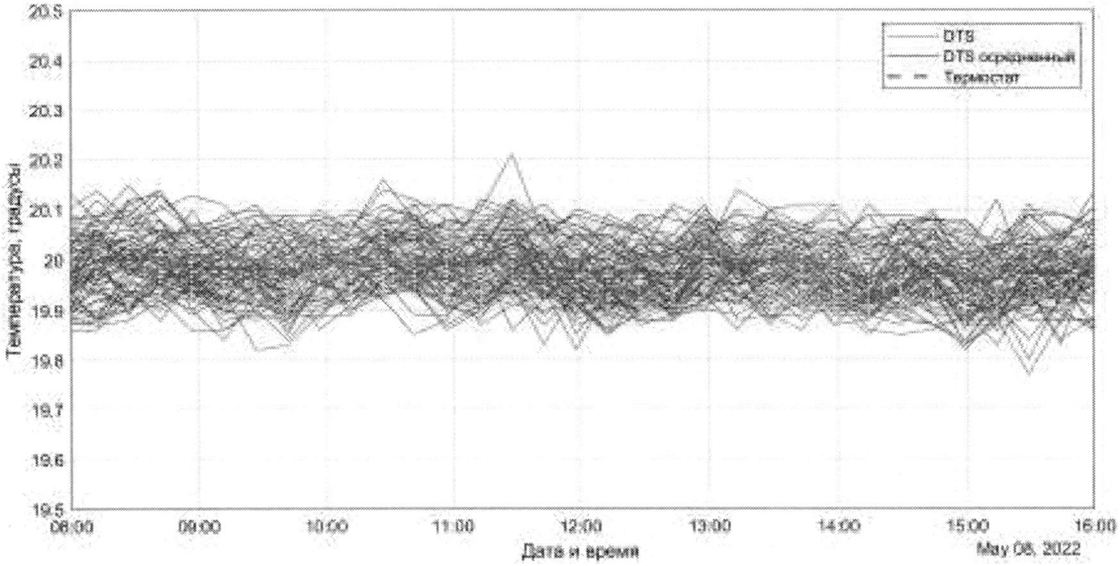

Рисунок 2. *Показания DTS с различных расстояний измерительного оптоволоконного кабеля (синие линии) в течение непрерывной записи продолжительностью 8 часов. Красная линия – значение температуры, заданное на термостате (20°C).*

Данный рисунок наглядно демонстрирует, что разброс показаний вдоль кабеля на коротких интервалах времени не превышает 0.2-0.3°C, а абсолютная погрешность изменений температуры составляет ±0.2°C.

Далее была проанализирована разрешающая способность системы DTS по длине измерительного кабеля. Для этого центральная часть кабеля (с 42 по 98 метр) была извлечена из термостата, после чего она измеряла комнатную температуру. Соответствующая термограмма приведена на рисунке 3.

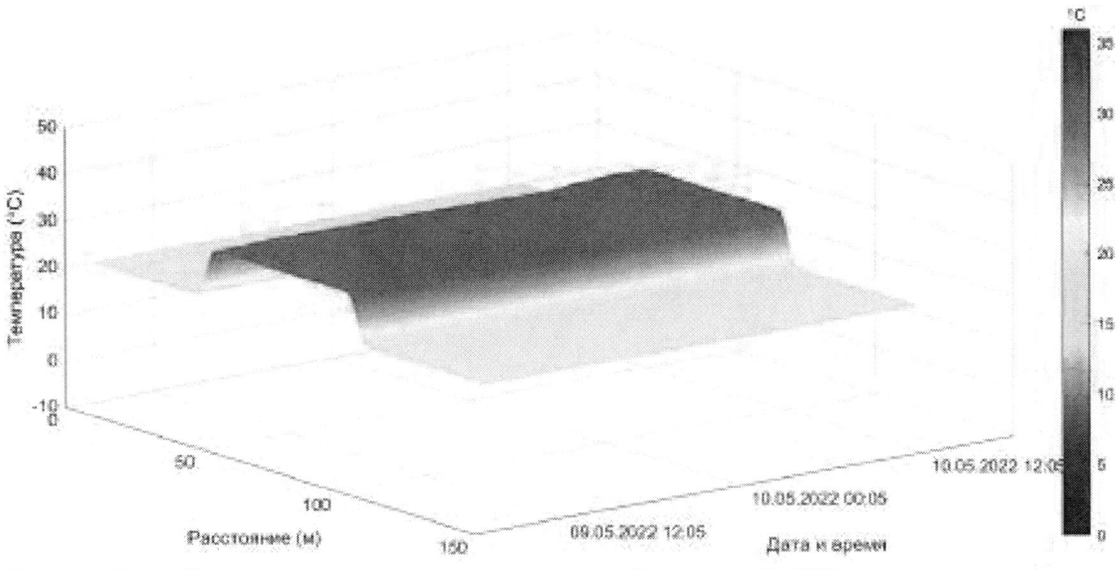

Рисунок 3. *Термограмма непрерывных измерений системой DTS на термостате при температуре 20°C. Средняя часть измерительного кабеля вынесена за пределы термостата, и измеряет комнатную температуру. Продолжительность измерений 19 часов.*

На рисунке хорошо видно изменение комнатной температуры в период проведения измерений.

На рисунке 4 приведена та же самая термограмма, но осредненная по оси времени (синяя линия), а также одиночная термограмма для 15-минутного временного интервала (красная линия).

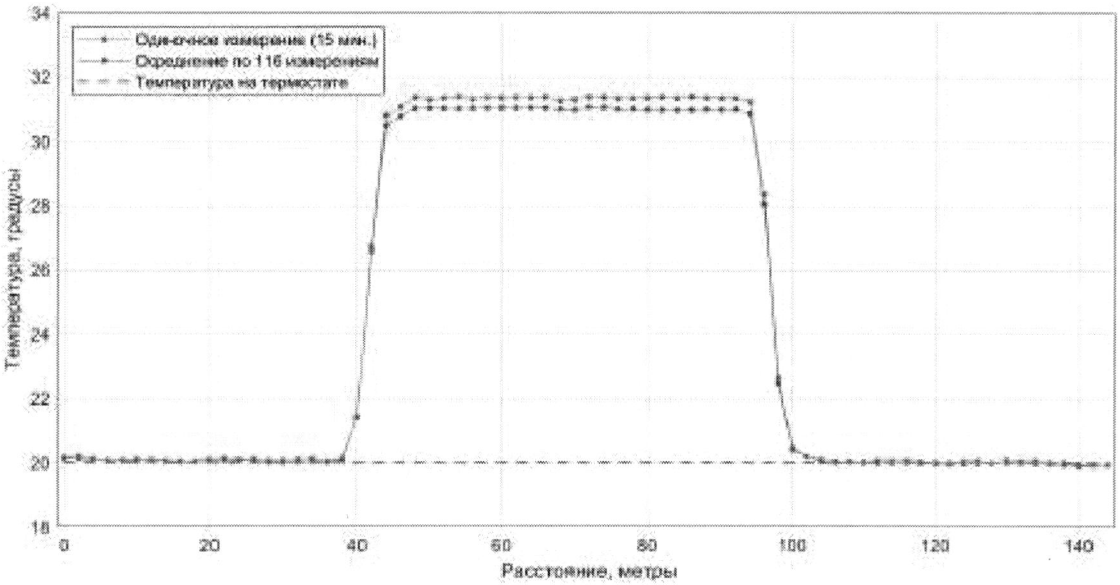

Рисунок 4. *Термограмма непрерывных 19-часовых измерений, осредненная по времени (синяя линия), а также случайная одиночная термограмма из этого интервала (красная линия).*

Данный рисунок наглядно демонстрирует, что показания системы DTS в интервалах 40-46 м. и 96-102 м. являются недостоверными. Этот эффект возник вследствие значительного локального изменения температуры (на 11°C) на среднем участке измерительного кабеля. Соответственно, разрешающая способность DTS по длине измерительного кабеля составляет порядка 6-8 метров.

Выводы

По результатам лабораторного тестирования системы DTS от компании Keepline можно сделать следующие выводы:

- Оптимальная длительностью одиночных измерений с целью получения показаний прибора с максимальной точностью составила 15 минут. При более длительных измерениях точность получаемых термограмм не повышается.
- Разброс показаний вдоль кабеля на коротких интервалах записи не превышает 0.2-0.3°C, а абсолютная погрешность изменений температуры составляет ±0.2°C.
- Разрешающая способность системы DTS по длине измерительного кабеля составляет около 6-8 метров.

Библиография / References

1. Nunez-Lopez V., Muñoz-Torres J., Zeidouni M. Temperature monitoring using distributed temperature sensing (DTS) technology //Energy Procedia. – 2014. – Т. 63. – С. 3984-3991.
2. Mawalkar S. et al. Where is that CO2 flowing? Using Distributed Temperature Sensing (DTS) technology for monitoring injection of CO2 into a depleted oil reservoir //International Journal of Greenhouse Gas Control. – 2019. – Т. 85. – С. 132-142.
3. Dakin J. P. et al. Distributed optical fibre Raman temperature sensor using a semiconductor light source and detector //Electronics letters. – 1985. – Т. 13. – №. 21. – С. 569-570.

«Оптимизация технологии внутрипластового горения на месторождении высоковязкой нефти»

А.Г.Аскарова* (Сколковский институт науки и технологий), Е.Ю.Попов (Сколковский институт науки и технологий), А.Н.Черемисин (Сколковский институт науки и технологий), Н.В. Лесина (ООО «ЛУКОЙЛ Инжиниринг»)

Введение

Майоровское месторождение находится в разработке с 2008 года. На месторождении эксплуатируется четыре пласта: верейский, турнейский, бобриковский и башкирский горизонты.

В процессе эксплуатации скважин, со временем происходит снижение уровней отборов за счет различных факторов, таких как кольматация призабойной зоны, снижение продуктивности, рост обводненности и др.

Пластовая нефть данного месторождения классифицируется как тяжелая (после дифференциального разгазирования плотность нефти составляет 0,904 – 0,942 г/см^3), высоковязкая, высокосмолистая. Эксплуатационные объекты представлены как карбонатными, так и терригенными коллекторами.

Из опыта разработки месторождений с высоковязкими нефтями, одним из эффективных мероприятий по увеличению нефтеотдачи является применение тепловых методов, таких как циклический электропрогрев и циклическое паротепловое воздействие. В рамках подбора оптимальной технологии увеличения добычи нефти был рассмотрен метод увеличения (МУН) на основе внутрипластового горения (ВПГ). Согласно критериям применимости ВПГ для резервуаров с высоковязкой нефтью (ВВН), приведенных в работах [1] и [2] видно, что рассматриваемый объект обладает пониженными пористостью и проницаемостью, выпадающими из диапазона применимости. Задача исследований состояла в определении, критичности данных параметров при реализации технологии на выбранном объекте.

Дополнительными усложняющими обстоятельствами были такие факторы как высокая вязкость нефти и наличие водяного горизонта под нефтесодержащим пластом. Последнее обстоятельство ограничивает верхнюю границу давления закачки воздуха в пласт, при превышении которой возможен прорыв воздуха из целевого пласта в нижний водонасыщенный пласт, что приведет к невозможности продолжения разработки методом ВПГ.

Методика проведения эксперимента

Эксперимент на трубе горения (ТГ) среднего давления [3] является важным инструментом для оценки применимости технологии добычи нефти на основе закачки воздуха. Нагнетание воздуха включает в себя распространение фронта энергии окисления (горения) по пласту для вытеснения нефти в добывающие скважины. На фронте горения потребляется топливо, получаемое из исходной сырой нефти в результате физических и химических реакций, которые определяются природой фронта горения. Механизмы в неизотермических многофазных потоках нефти, воды и газа, определяемых режимами реакциями высоко или низкотемпературного окисления, термического крекинга и физической перегонки, и переноса энергии по твердым горным породам и текущим жидкостям взаимосвязаны. Соответственно, необходимо проведение экспериментов, с учетом особенностей строения конкретного месторождения, с целью получения надежных экспериментальных данных для оценки эффективности процесса, параметров для проектирования и данных для численного моделирования реакции кинетики окисления.

Результаты

Была проведена серия экспериментов на насыпной керновой модели в ТГ с предварительно созданной водо- и нефтенасыщенностью, соответствующим реальным в пласте с разными нефтенасыщенностями (89, 76, и 38%). Детали и результаты данных экспериментов представлены в [4].

В ходе эксперимента на установке по изучению окисления при линейном повышении температуры была определена температура инициации горения, которая составила 350°C. Эксперимент в ТГ при начальной нефтенасыщенности 89% показал, что происходит образование зоны повышенного давления из вытесняемой фронтом горения высоковязкой нефти, что на начальном этапе горения приводит к резкому возрастанию порового давления в модели (рис.1а). Образование большого количества мобилизуемой нефти и «пробки» напрямую связано с высокой начальной нефтенасыщенностью. Этот эффект указывает на то, что при реализации опытно промышленных работ (ОПР) на Верхне-Ивановском участке Майоровского месторождения высокая начальная нефтенасыщенность пласта (89%) с пористостью и проницаемостью реального пласта значительно ниже пористости и проницаемости насыпной керновой модели приведет к образованию зоны повышенной концентрации нефти перед фронтом горения и соответственно к повышению требуемого перепада давления для продвижения фронта горения.

Таким образом, после первого эксперимента на ТГ потребовалось определить условия в пласте, при которых станет возможна реализация ВПГ на данном участке. Был предложен вариант реализации ВПГ в вышезалегающем пласте А2, обладающем пониженной нефтенасыщенностью около 76 %. Также рассматривалась возможность понижения нефтенасыщенности в пласте А4 при помощи обработки пласта закачкой воды с последующем ВПГ. Для подтверждения пригодности данных условий в пласте для стабильного ВПГ проводился второй эксперимент на ТГ с начальной нефтенасыщенностью 76% в насыпной керновой модели. Остальные параметры эксперимента оставались прежними.

При проведении эксперимента вновь произошло образование «пробки» из вытесняемой фронтом высоковязкой нефти, которая на начальном этапе горения привела к резкому возрастанию порового давления в модели (рис.1б). Это обстоятельство указывает на то, что предварительная обработка пласта на месторождении с понижением нефтенасыщенности пласта до значения 76% или применение в пласте с такой нефтенасыщенностью не позволит успешно применить технологию ВПГ для разработки месторождения. Таким образом, необхоодимо понижение начальной нефтенасыщенности менее 76%, путем применения циклической закачки горячей воды, пара или газа.

Исходя из ресурсов, имеющейся инфраструктуры и технологического оборудования на месторождении было принято решение рассматривать обработку пласта горячей водой для снижения начальной нефтенасыщенности. Для оценки возможности применения такого подхода, а также для получения данных для последующего гидродинамического моделирования проводился эксперимент на ТГ с поэтапной закачкой горячей воды при температуре 300°C с последующим переходом на ВПГ. Эксперимент проводился на специальном кернодержателе ТГ диаметром 50 мм, оснащенным парогенератором и нагревателем воды, который позволяет проводить эксперимент, моделируя различные технологии для разработки. Начальная нефтенасыщенность в насыпной керновой модели пласта была сделана равной исходной – 0,89.

Закачка 2,82 поровых объемов (из них при температуре 300°C 1,95 поровых объемов) воды понизила нефтенасыщенность в модели до 0,38, что способствовало инициализации и распространению горения без отклонений и без образования зоны повышенного давления и вала мобилизуемой нефти (т.н. нефтяной «пробки») перед фронтом горения (Рис.3в). Инициализация горения была осуществлена без дополнительного разогрева зоны инициализации сразу после закачки воды при температуре 300°C, что указывает на возможность перехода на закачку воздуха без применения дополнительного оборудования для разогрева призабойной зоны пласта (ПЗП) для поджога нефти. Процесс горения происходил без задержек и образования зон с повышенным давлением, т.е. при понижении нефтенасыщенности до уровня менее 0,50 ВПГ будет проходить стабильно. На Рисунок 1 и Таблице 1 представлены результаты трех экспериментов на ТГ.

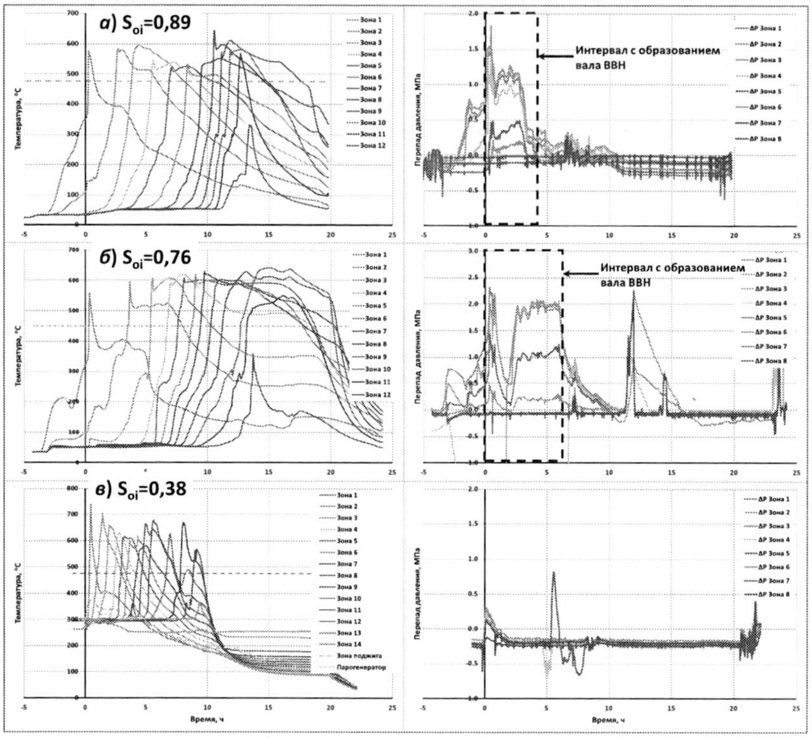

Рисунок 1. *Температурные профили вдоль ТГ (слева) и перепады давлений (справа) по зонам для трех экспериментов с начальной нефтенасыщенностью а) 0,89, б) 0,76 и в) 0,38. Примечание: эксперимент а) и б) проведены на ТГ длиной 1830 мм, эксперимент в) проведен на ТГ длиной 1090 мм.*

Эксперимент 3 показал, что на начальной стадии эксперимента при закачке горячей воды при температуре модели 39°С подвижность нефти остается низкой даже в насыпной керновой модели. Закачка воды с запланированным расходом в 1 мл/мин дать линейную скорость (значение подобрано на основе рекомендаций ОСТ 39-195-86 [5] и рекомендации производителя оборудования) стала возможна после прогрева модели до температуры 125°С за счет комбинированного распространения тепла в модели - кондуктивного теплопереноса и при помощи прохождения теплоносителя (закачано 0,8 п.о.) по модели. Данный результат может означать, что, прогрев пласта горячей водой на целевом участке месторождения будет эффективен при существовании каналов или трещин для эффективного распространения теплоносителя в пласте.

Таблица 1. Сравнение результатов экспериментов по моделированию ВПГ на насыпной модели из кернового материала с различной начальной нефтенасыщенностью

Эксперимент	Начальная нефтенасыщенность в модели, д.ед.	Образование вала мобилизоанной нефти	Скорость продвижения фронта, м/ч	Потребность в воздухе, ст.м^3/м^3	Радиус охвата ВПГ*, м
1	0,89	+	0,13	305	46
2	0,76	+	0,16	258	55
3	0,38	-	0,13	218	83

**- при использовании имеющегося оборудования производительностью 24 000 м^3/сут*

Выводы

В результате проведенных последовательных экспериментов на ТГ была определена начальная нефтенасыщенность для целевого пласта разрабатываемого месторождения ВВН, при котором возможна реализация ВПГ. Установлено, что высокая начальная нефтенасыщенность пласта, ранее не рассматриваемая исследователями ВПГ в качестве критерия применимости метода на месторождениях ВВН, в совокупности с проницаемостью и пористостью пласта влияет на успешность применения метода.

Полученные экспериментальные данные позволили рассчитать требуемые параметры компрессора, который должен применяться на целевом месторождении. Расчеты для определения мощности компрессора были выполнены по рекомендуемой Nelson and McNail [6] методике, для условий каждого эксперимента и полученных технологических параметров. Определено, что мощности компрессора, предполагавшегося к применению и имеющегося на месторождении, недостаточно для охвата всей площади участка, предлагаемой к разработке по пятиточечной схеме с расстоянием между скважин в 200 м, которая была предложена для ОПР.

Предложенная схема разработки целевого участка пласта А4 с обработкой водой для понижения нефтенасыщенности меньше 50% с последующей инициацией ВПГ возможна с применением воздушного компрессора высокого давления мощностью 24 тыс. м^3/сут, который есть на месторождении, с последующим увеличением мощности до требуемых 75 тыс. м^3/сут через 2,5 лет для охвата всей площади. Технология обработки пласта для понижения нефтенасыщенности перед инициацией ВПГ в рамках данной работы не предусматривалась. По результатам третьего эксперимента определено, что при обработке пласта горячей водой и достижении температуры в призабойной зоне не менее 300°С, возможна инициализация ВПГ в пласте без применения дополнительного специального призабойного нагревателя.

Библиография / References

1. Klinchev V.A., Zatsepin V.V., Ushakova A.S., Telyshev S.V. Laboratory Studies and Implementation of In-Situ Combustion Initiation Technology for Air Injection Process in the Oil Reservoirs. Society of Petroleum Engineers., October 14, 2014.

2. Sarathi S. In-situ combustion handbook-principles and practices. -Bartlesville, Oklahoma: BDM Petroleum Technologies, 1998. -403.

3. Kudryashov, S.I., Afanasiev, I.S., Antonenko, D.A., Grishin, P.A., Cheremisin, A.N., Spanennykh, M.Y. Popov Y.A. New approaches to physical modeling of methods for enhanced oil recovery of carbonate reservoirs based on steam and high-pressure air injection // Neftyanoye Khozyaistvo. -2017. -№ №8.

4. Popov, E.; Askarova, A.; Mukhametdinova, A.; Maksakov, K.; Usachev, G.; Darishchev, V.; Mehta, S. A.; Cheremisin, A. Evaluation of the applicability of in-situ combustion in a heavy oil carbonate field with high initial oil saturation. *J. Pet. Sci. Eng.* **2021**, *207*, 109146, DOI: 10.1016/j.petrol.2021.109146

5. OST 39-195-86. Neft. Method for determination of oil displacement efficiency by water in laboratory conditions. Moscow, Ministry of Geology of the USSR:,1985c.

6. Nelson T. W. How to engineer an in-situ combustion project, by T. W. Nelson & J. S. McNeil. Lecture presented at University of Texas, January 16, 1961. C.

Тема

«Разработка и автоматизация инструмента верификации некондиционных исторических значений и прогнозирования обводненности для ускорения процессов в ООО «ЛУКОЙЛ-Инжиниринг» с использованием интегрированной модели»

Актуальность работы:

Существующие методы верификации и прогнозирования обводненности по историческим данным, не всегда быстро и физично описывают тренд обводненности по скважине. Это особенно актуально для периодического фонда скважин, где прослеживается высокая волатильность исходных данных от месяца к месяцу. Проведение ремонтов, гидродинамических исследований, корректировка режима работы – факторы, которые существенным образом влияют на установившийся режим работы скважины и, как следствие, на динамику обводненности.

Цель работы:

Разработать, внедрить и автоматизировать новый инструмент верификации исторических данных и прогнозирования обводненности. Внедрить инструмент в деятельность Обществ.

Объект исследования: Промысловые данные по обводненности по 196 скважинам (лабораторные пробы).

Методология проведения работы:

1. Разработка инструмента. Опробование различных математических зависимостей для прогнозирования обводненности (экспоненциальная, линейная, полиномиальная, степенная, логарифмическая, скользящего среднего, многофакторная регрессия);
2. Автоматизация. Определение точек изменения обводненности с помощью пакета разрывов в Python;
3. Тестирование. Новый инструмент к прогнозированию обводненности с использованием 3 и 4-х факторной регрессий);
4. Применение. Промышленная эксплуатация инструмента в НГДО.

Результаты работ:

За счет внедрения нового инструмента удалось наиболее точно верифицировать исходные данные по обводненности, а также ускорить и повысить точность выполняемых расчетов на интегрированной модели в конфигурации №1: период прогноза ТРДС (30 дней), базового варианта (90 дней) и конфигурации №2: нормы отборов (365 дней).

Новизна разработки:

Новый подход к анализу исторических данных и присвоения кондиционности отобранным пробам на промысле, с целью дальнейшего использования математически верных трендов и зависимостей, при выполнении оперативных и сценарных расчетов на интегрированной модели.

1. Алгоритм подготовки данных

При разработке данного алгоритма проанализированы активно обводняющиеся скважины, а также скважины с нестабильным поведением обводнённости, характеризующиеся резким увеличением или снижением процента воды в краткосрочный период (несколько месяцев). Стоит отметить, что рассмотренные скважины эксплуатировались как в постоянном, так и в периодическом режиме работы.

Для проведения анализа и выявления зависимости формировалась выборка данных, которая состояла из таких параметров как обводненность, дебит жидкости, забойное давление, накопленная добыча жидкости по скважине и накопленная закачка воды по объекту разработки.

Анализ данных осуществлялся в MS Excel. Рассмотрим более подробно алгоритм подготовки данных.

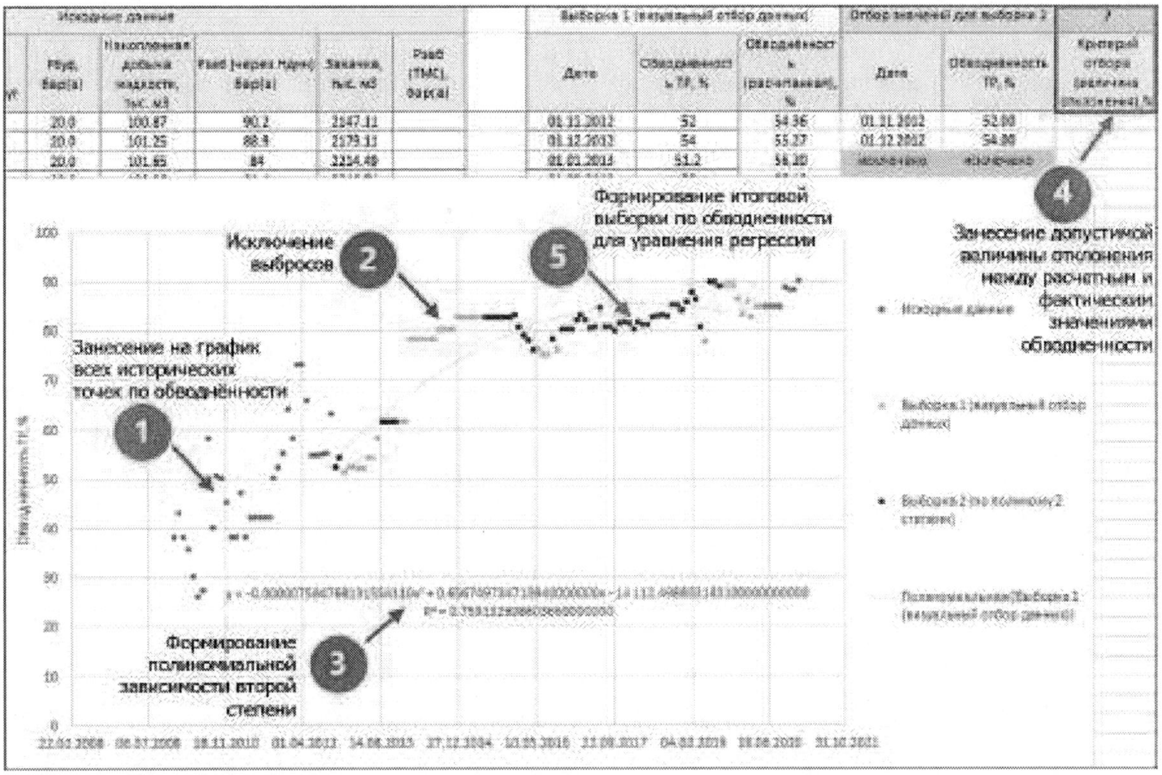

Рисунок 1. Алгоритм подготовки данных.

На первом этапе выполняется занесение всех исторических точек на график. По оси абсцисс задается дата, а по оси ординат задается обводненость по истории работы скважины.

На втором этапе выполняется исключение выбросов (ручной анализ и исключение замеров, выбивающихся из общего тренда). Подобные выбросы могут быть вызваны изменением режима работы скважины, проведением ремонта (ТРС/КРС) или исследования (КВД, КВУ, КПД) на скважине, а также внеплановыми простоями.

На третьем этапе выполняется построение линии тренда, по результатам исключения выбросов, с использованием полиномиальной зависимости второй степени. По полученному уравнению выполняется расчет обводненности.

На четвертом этапе задается критерий формирования выборки и допустимая величина отклонения между расчетным и фактическим значениями обводненности (табл.2).

Таблица 2

Критерии формирования выборки

№ п/п	Критерий	Допустимая величина отклонения
1	Обводненность < 50%	10-25%
2	Обводненность > 50%	10%

На пятом этапе формируется итоговая выборка исторических точек по обводненности для дальнейшего их использования в уравнении регрессии.

2. Выбор уравнения регрессии

После подготовки данных необходимо сформировать уравнение регрессии. На основании данного уравнения, будет возможно прогнозировать изменение обводнённости на прогнозный период. Рассмотрим данный процесс более подробно.

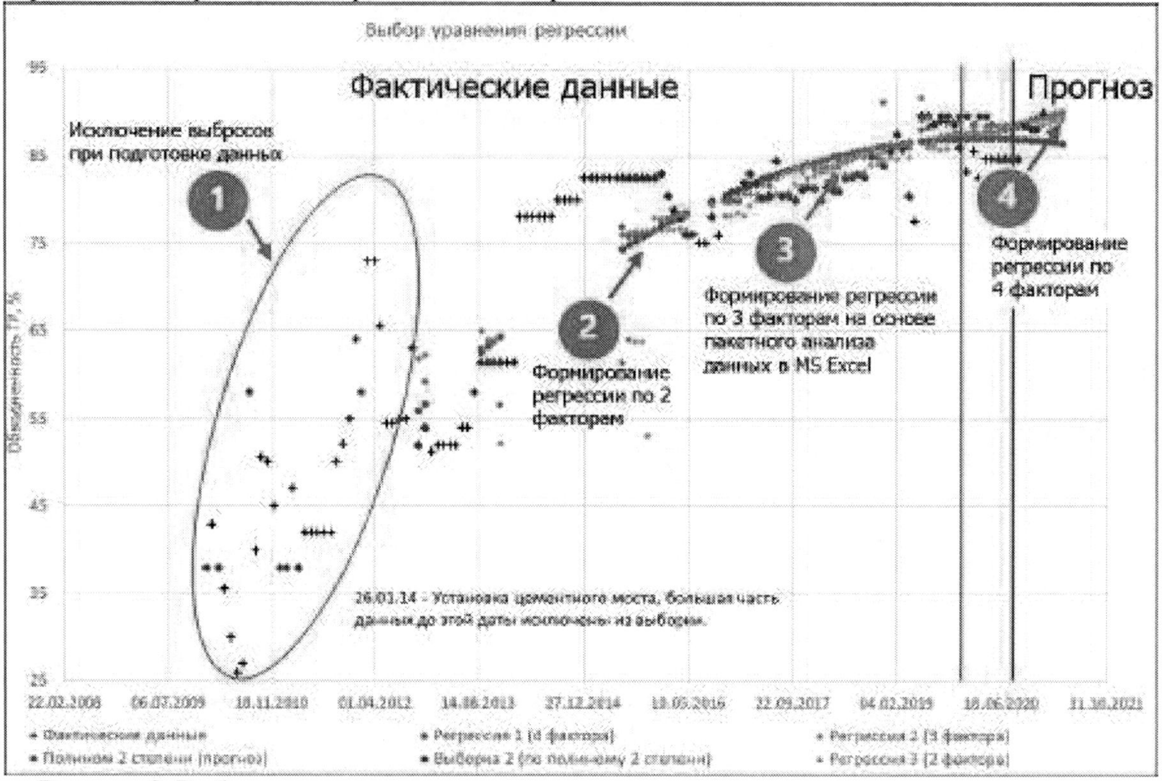

Рисунок 2. Выбор уравнения регрессии.

С помощью пакетного анализа данных в MS Excel выполнено построение уравнений регрессии по 2, 3 и 4 факторам.

В уравнение регрессии по 2 факторам входят – дебит жидкости и забойное давление по скважине.

В уравнение регрессии по 3 факторам входят – дебит жидкости, забойное давление и накопленная добыча жидкости по скважине с начала эксплуатации.

В уравнение регрессии по 4 факторам входят – дебит жидкости, забойное давление, накопленная добыча жидкости по скважине и режим работы скважины за рассматриваемый период.

После формирования двух, трех и четырех факторных уравнений регрессий необходимо составить формулу для автоматизированного прогнозирования обводнённости. Данная формула включает в себя результирующий признак (обводненность), факторные параметры (дебит жидкости, накопленную добычу жидкости по скважине, забойное давление и режим работы скважины за рассматриваемый период), параметры регрессионной статистики (множественный R и др.), дисперсионный анализ и коэффициенты (y-пересечение, переменная X1, X2 и т.д.).

Технические расчеты и обоснования:

Удалось снизить трудозатраты, в рамках пилотного проекта, по подготовке форм на 57 чел/д за счет средств автоматизации, а также по северной группе месторождений НГДО ООО «ЛУКОЙЛ-ПЕРМЬ» потенциально сократить недоборы на 10 тонн. Экономический эффект потенциально составил 517 тыс. руб.

Область и степень внедрения:

В рамках НТР выполнено тестирование нового инструмента по северной группе активов НГДО ООО «ЛУКОЙЛ-ПЕРМЬ» на Гагаринском, Маговском и Озерном месторождениях. На данных месторождениях волатильность промысловых данных по обводненности, в среднем, составляет 32%. В свою очередь, в периодической эксплуатации находятся 196 скважин, что составляет 78% действующего фонда. Суммарная добыча нефти составляет 1553 т/сут.

По результатам внедрения нового инструмента, стоит отметить, что он является быстрым и точным способом оценки изменения обводненности в режиме реального времени по каждой конкретной скважине.

На данный момент инструмент по верификации и прогнозирования обводненности встраивается как рабочий процесс на платформе ИАС WellInfo, с целью снижения рутинных операций и ускорения процессов в ООО «ЛУКОЙЛ-Инжиниринг».

Разработка и моделирование низкопроницаемых коллекторов системой горизонтальных скважин с многостадийным ГРП

М.Г. Тонконогова* (1, 2), А.О. Винницкая (3), Хабибуллина А.А. (1), Л.Н. Колбеева (1), Е.А. Лисовская (1), Г.М. Кривилев (1) (1 - ООО «ЛУКОЙЛ-Инжиниринг», 2 - РГУ нефти и газа имени И.М. Губкина, 3 - Рок Флоу Динамикс)

Введение

По мере выработки отечественных и общемировых запасов углеводородов, естественным вектором развития нефтегазовой отрасли являются новые регионы и новые объекты, содержащие более трудноизвлекаемые запасы. Активно осваиваются морские месторождения, вводятся залежи и целые месторождения с низкими фильтрационно-ёмкостными свойствами.

Современные реалии диктуют соответствующие условия и задачи во всех направлениях деятельности Компании. Каждый проект индивидуален, а его научное сопровождение построено на тесной коммуникации внутри мультидисциплинарных команд. Несмотря на различия и уникальность проектов, общепринятым подходом является использование лучших отраслевых практик для их дальнейшей реализации. С ростом числа внедрений, технологии адаптируются, совершенствуются и приобретают свои особенности.

Так, несколько десятков лет назад появилась идея бурения горизонтальных скважин, по началу добывающих, не в качестве решения для полномасштабного освоения, но для выработки запасов зрелых месторождений в зонах, не охваченных вытеснением.

Подходы к разработке пластов

Высокие результаты применения горизонтальных скважин (ГС) открыли разные пути использования данной технологии, в качестве:

- регулярного фонда добывающих скважин;
- избирательного или регулярного фонда нагнетательных скважин;
- ключевого решения для освоения:
  a. морских месторождений;
  b. нефтяных оторочек;
  c. низкопроницаемых коллекторов;
- комбинирования технологии горизонтальных скважин с другими решениями по стимуляции и интенсификации притока и т.д.

За последние 20 лет выполнено множество сравнений эффективности вертикальной скважины (ВС) с гидравлическим разрывом пласта (ГРП) и горизонтальной скважины без ГРП [1, 2]. В каждом отдельном случае выбор осуществлялся исходя из геологических условий пласта. При этом, в случае выбора горизонтальной скважины и необходимости, впоследствии, стимуляции скважин методом ГРП (одностадийным), эффективность ГРП в горизонтальной скважине была сопоставима, либо даже несколько ниже эффективности ГРП в вертикальной скважине. Главной причиной являлись особенности заканчивания горизонтальных скважин. Длинные секции перфорированного или преперфорированного хвостовика, иногда нецементированного, ограничивали, даже при применении пакеров, возможность создания направленное давление для формирования и закрепления трещины [3, 4].

Дальнейшее развитие технологии ГС с ГРП заключалось в планировании технологии ГРП не на существующей скважине, а на этапе её проектирования, с целью определения подходящей технологии заканчивания скважины, обоснования количества стадий (трещин) ГРП, их геометрии и фильтрационных характеристик. Это открыло новые перспективы для освоения низкопроницаемых коллекторов и трудноизвлекаемых запасов (например,

Баженовская свита и т.д.) [5, 6]. В настоящий момент технологии горизонтальных скважин с многостадийным гидроразрывом пласта (МГРП) активно внедряются и развиваются. Известны случаи реализации до 10 (даже 40) стадий ГРП на один горизонтальный ствол [7-8].

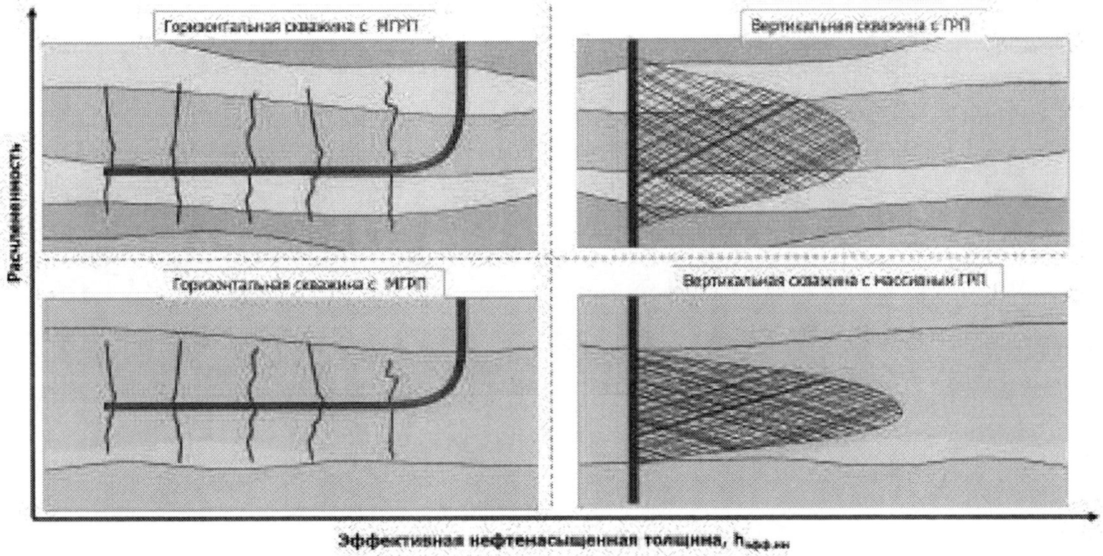

Рисунок 1 – Технологические решения для низкопроницаемых нефтяных коллекторов (маловязкие нефти), чисто нефтяная зона

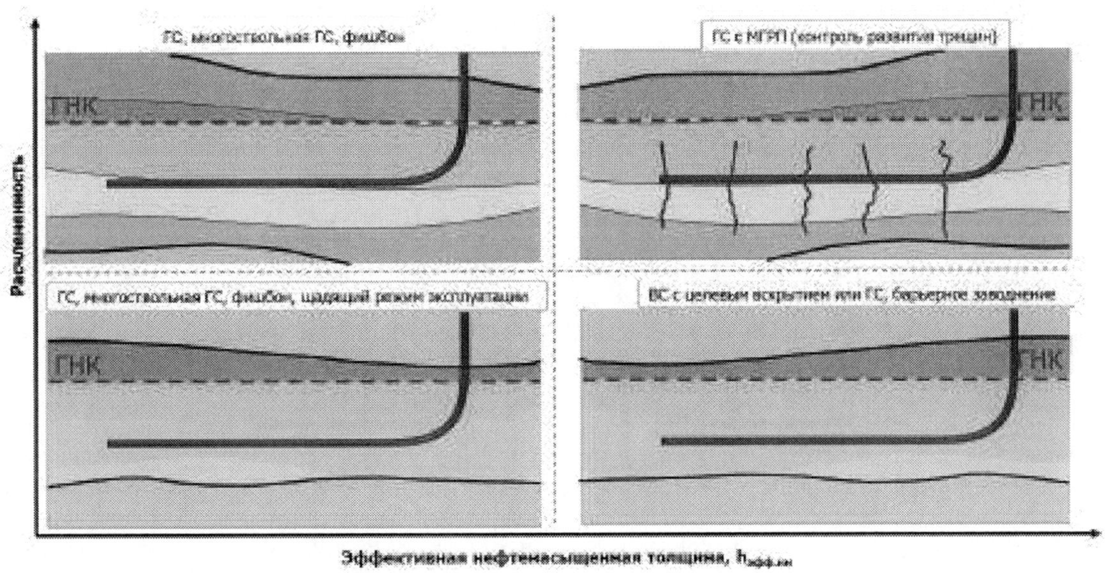

Рисунок 2 – Технологические решения для низкопроницаемых нефтяных коллекторов (маловязкие нефти) в присутствии газовой шапки

На рисунках 1 и 2 представлены эффективные технологические решения для низкопроницаемых коллекторов в присутствии иных факторов, определяющих выбор технологии заканчивания скважины, таких как: расчлененность пласта, эффективная нефтенасыщенная толщина, наличие газовой шапки. Как видно, одним из применений МГРП могут быть нефтегазоконденсатные месторождения с целью освоения их нефтяной части. Примером такого месторождения является месторождение N, расположенное в Гвинейском заливе республики Конго, Западная Африка.

Практический пример

Нефтяная оторочка целевого объекта месторождения N введена в промышленную эксплуатацию в 2015 году на режиме истощения. В настоящий момент пробурено 16 эксплуатационных скважин (13 горизонтальных скважин и 3 вертикальных) с трёх морских нефтяных платформ. Выбранные методы моделирования трещин гидроразрыва и технологические показатели разработки месторождения N приведены на рисунке 3.

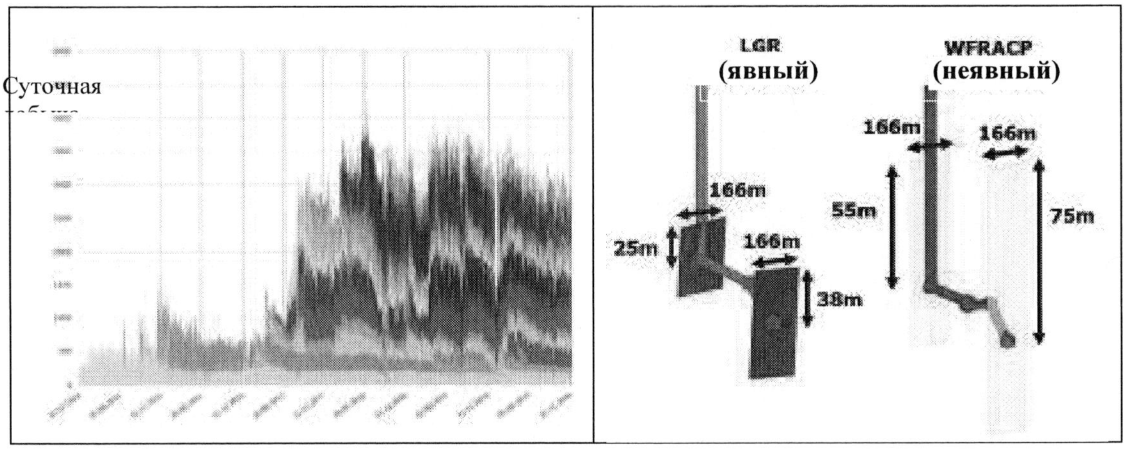

Рисунок 3 – Типовой разрез месторождения N моделирование стадий ГРП

По мере наработки опыта бурения и заканчивания скважин в подгазовой зоне исследуемого объекта, количество трещин ГРП увеличивалось и в настоящий момент стандартное заканчивание предусматривает 4 трещины ГРП. Данная технология закачивания в процессе промышленной эксплуатации пласта позволила достичь наиболее устойчивую эффективность выработки подгазовых запасов нефти, т.е. многократно обеспечить наибольшую накопленную добычу нефти на единицу объема добываемого газа, а также добиться максимального стартового дебита нефти наравне с увеличением периода работы скважины на максимальных отборах. На рисунке 4 представлено сопоставление накопленной добычи нефти от роста газового фактора для скважин с разным количеством трещин ГРП. Так, весь фонд по результатам анализа графиков на рисунке 4 разделён на три группы и проанализирован на рисунке 5 с точки зрения положения траектории скважин и соответственно трещин ГРП относительно флюидных контактов:

I. ГФ ≤ 1000 м3/м3 при Qн_нак ≈ 350 тыс.т (цвет траекторий зеленый)
II. 3000 > ГФ >> 1000 м3/м3 при Qн_нак до 300 тыс.т (цвет траекторий желтый)
III. ГФ >2500 м3/м3 при Qн_нак < 1000 тыс.т (цвет траекторий красный)

Анализируя показатели работы скважин были выявлены следующие механизмы поступления газа в нефтяные скважины: последовательный и единовременный. Последовательный характеризуется постепенным продвижением конуса газа либо вертикально из газовой шапки, либо латерально, будучи обусловленным миграцией газонефтяного контакта (ГНК). Единовременный описывается как условно мгновенное продвижение конуса газа ко всем трещинам скважины, либо попадание скважины в зону пониженного пластового давления, характеризующуюся присутствием подвижного газа, выделившегося из нефти в результате снижения пластового давления. По мере снижения энергетического состояния залежи, всё чаще проявляется единовременный тип загазирования, и технология заканчивания скважины перестаёт быть ключевым фактором в определении эффективности её работы.

Выводы

Таким образом, эффективность работы скважин лишь частично объясняется положением ствола и трещин ГРП. Можно говорить, что корректное планирование траектории ствола, количества, положения и геометрии трещин ГРП является необходимым, но не достаточным критерием обеспечения эффективности работы скважины.

Актуальной задачей в настоящий момент, на второй стадии разработки, является поиск решений поддержания добычи. Текущая стратегия ориентирована на бурение скважин не по проектной сетке, а в наиболее удаленные (с учётом характеристики платформы), желательно не подгазовые, участки нефтяной оторочки с целью установления эффективности дальнейшей разработки залежи на истощении.

Одним из вариантов дальнейших действий может быть рассмотрена стратегия восстановления пластового давления за счёт организации закачки газа или воды. В настоящий момент авторами выполняется оценка технологической эффективности подобных решений методами геолого-технологического моделирования. В качестве нагнетательных скважин в том числе рассматриваются существующие вертикальные и/или горизонтальные скважины с МГРП, что обуславливает форму профиля нагнетаемого флюида, осложненную присутствием как минимум двух подвижных фаз с существенно отличной подвижностью. Подобное решение может открыть новый этап жизни месторождения, но требует тщательной, всесторонней проработки с учетом неопределенностей, возможностей скважин и текущего состояния разработки залежи.

Благодарности

Команда авторов выражает благодарность ООО «ЛУКОЙЛ-Инжиниринг» за право публикации результатов работ.

References

1. Medvedsky,R.I. [2008] Geologia, geofizika I razrabotka neftanykh I gazovych mestorozhdeniy № 3. p. 46–50. Ob effectivnosty primeneniyu gorizontal'nych skvazhin i naklonno-napravlennykh s GRP v kraevykh vodoneftyanykh zonakh Permyakovskogo mestorozhdeniya,
2. Sintsov I.A., Aleksandrov A.A., Kovalev I.A. [2014], № 4. p. 41 – 44. Sravneniye effektivnost'I primeneniya gidrorazryva plasta i bureniya gorizontal'nykh skvazhin dlya usloviy verkhneyurskikh plastov Nizhnevartovskogo svoda
3. Vasil'yev V.A. Verisokin A.E. [2008] № 6. p. 101 – 110 Gidrorazryv plasta v gorizontal'nykh skvazhinakh
4. Borodich I.V. [2016] №1(47). p. 44-46 Otsenka perspektiv primeneniya tekhnologii mnogostadiynogo GRP I vybor unikal'nogo tipa zakanchivaniya proektnoy skvazhiny
5. Mulyak V.V. [2011] № 11. p. 48-51. Povysheniya effecivnosti dostizheniya v razrabotky trudnoizvlekayemykh zapasov s primeneniyem mnogozonnykh gidrorazryvov plasta v gorizontal'nych skvazhinakh
6. Cherevko S.A. [2017] Neftyanoe khozyaystvo, - № 7. p. 20 – 28. Pervyye rezul'taty ekspluatasii gorizontal'nych skvazhin s mnogostadiynymi gidrorazryvami na bazhenovsko-abalakskom komplekse Pal'novskoy ploshadi
7. Listick A.R. [2017] Neftyanoe khozyaystvo, № 12. p. 46-48. Vybor lichich technologicheskich resheniy dlya povisheniya effektivnosti primeneniya gorizontal'nykh skvazhin na Priobskom mestorozhdenii
8. Kashnikov O.Y. [2019] Geologia, geofizika I razrabotka neftanykh I gazovych mestorozhdeniy, № 3. p. 21-27. O pervykh rezultatach na mestorozhdenii im. Vinogradova V.N.

Метод выбора устойчивого набора опций при вероятностно-сценарном подходе к оценке активов

К.С. Григорьев* (ООО Газпромнефть НТЦ), А.В. Рощин (ООО Газпромнефть НТЦ), М.В. Переслегин (ООО Газпромнефть-ГЕО), А.М. Стольников (ООО Газпромнефть-ГЕО)

Введение

Одной из основных задач в области геологоразведочных работ (ГРР) является оценка перспективности актива и его экономической рентабельности. Полный цикл работ включает в себя такие основные этапы, как построение концепта геологии, оценка ресурсной базы, проектирование разработки, инфраструктурные решения, заключительным этапом является экономический анализ. Широко распространены подходы к решению данной задачи [1]: детерминистический, полновероятностный, сценарный и комбинированный, объединяющий в себя элементы последних двух, Рис.1. Применение методов и инструментов теории вероятности значительно расширяет возможности анализа, однако требует более продолжительных расчетов, а также введения упрощений на некоторые из этапов (например, на инфраструктурные расчеты) в виде замены детальных расчетов на условные удельные параметры.

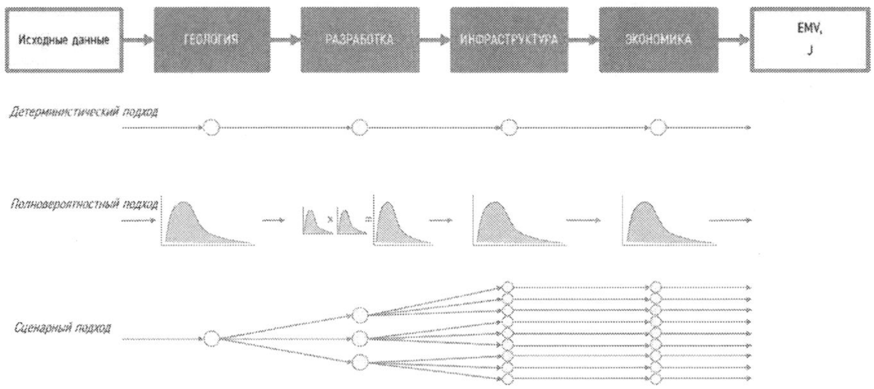

Рисунок 1. *Этапы оценки залежи и общераспространенные подходы*

Задача значительно усложняется при наличии не одной, а нескольких залежей в портфеле актива. А в случае сложной топографии, влияющей на проектирование площадных и линейных объектов инфраструктуры, или при различных налоговых режимах для разных опций, использование упрощений в виде удельных параметров может привести к некорректным выводам. В таких случаях часто прибегают к сценарному подходу на этапе инфраструктурных расчетов, а сами сценарии определяют в процессе вероятностного моделирования по методу Монте-Карло. Этот шаг при переходе от вероятностного подхода к сценарному является ключевым и требует особого внимания. В работе представлена методика, позволяющая определить наиболее устойчивые опции и сформировать более вероятные сценарии для дальнейших расчетов. Методика опробовалась на активе Газпром-нефти, характеризующимся большим набором опций, находящихся на разных стадиях изученности.

Метод

Для определения сценариев методом вероятностного моделирования каждая опция/залежь должна быть представлена набором вероятных исходов, а также может обладать собственной оценкой геологического успеха, GCoS. На рисунке 2 в качестве примера показаны три залежи, каждая из которых представлена набором вероятностных исходов по геологии и разработке (P10P10, P10P50, …, P90P90, неуспех), для каждого исхода задана вероятность, с которой он выпадает при моделировании. После замешивания исходов методом Монте-Карло получено N сценариев. Для каждого сценария рассчитывается параметр, по которому будет произведено построение функции распределения и снятие значений, соответствующих P10, P50, P90. Если в случае оценки запасов вероятностным методом в качестве такого параметра обычно выступает величина запасов, то при моделировании профиля добычи таким параметром может служить пик добычи, накопленная дисконтированная добыча нефти, NPV и т.д. Выбор того или иного параметра определяется целями и особенностями конкретного расчета. После определения величин P10-50-90 параметра рейтингования выбираются соответствующие им сценарии [2].

Рисунок 2. *Определение сценариев вероятностным моделированием по методу Монте-Карло*

Недостатком такого подхода является то, что после снятия перцентилей, для каждого из них выбирается единственная реализация (набор исходов по каждой залежи) без анализа ее окружения, т.е. сценарий характеризуется одной реализацией. Предлагаемая методика направлена на снижение «случайности» при выборе итоговых сценариев.

В предлагаемой методике рассматривается не единственное значение перцентиля, а диапазон. Например, при выборе сценария P50 анализируются реализации, попавшие в диапазон P45…P55. В каждой реализации данного диапазона некая залежь может иметь тот или иной исход. Все исходы по залежам можно разделить на успешные, при которых залежь реализуется соответственно коэффициенту геологического успеха (GCoS) и имеет ненулевой фонд, и неуспешные, при которых залежь не участвует в дальнейших расчетах. Подсчитав количество успешных и неуспешных исходов, можно разделить залежи на часто встречающиеся и редкие, Рис.3.

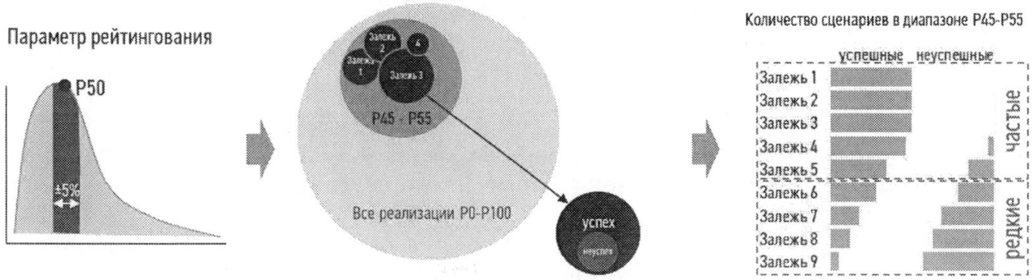

Рисунок 3. *Анализ перцентиля P50 в диапазоне P45…P55*

Рассмотрим полный набор возможных сценариев исходя из критерия успешности-неуспешности. На рисунке 4 показан кросс-плот возможных наборов залежей, отсортированный по частоте встречаемости залежей с успешным исходом, сверху расположены часто встречающиеся залежи, внизу - редкие. Каждый столбец представляет собой набор, где определенная залежь либо успешна, либо неуспешна. Проанализировав количество выпавших реализаций того или иного набора, можно определить набор, встречающийся наиболее часто. В изображенном на рисунке 4 примере набор состоит из залежей 1, 2, 3, 4 в их успешных исходах и залежей 5, 6, 7, 8, 9 в неуспешных исходах. Далее, будем называть такой набор набором устойчивых опций. Последним шагом данной работы будет поиск реализации в диапазоне P45…P55, соответствующей набору устойчивых опций и минимально удаленной от перцентиля P50.

Примеры

Методика была опробована в рамках крупного проекта Газпром нефть в Ханты-Мансийском АО. В рамки проекта входят 9 лицензионных участков общей площадью более 4 100 км^2. В пределах площади проекта выделены 9 рентабельных залежей. Все залежи находятся на разных стадиях изученности: от стадии Поиск до стадии Реализация. Производственная деятельность ведётся в условиях действия двух различных налоговых систем (ДНС и НДД), что существенно влияет на экономические показатели. На указанных ЛУ расположен поселок и протекает река, территория преимущественно заболочена, что ограничивает возможности выбора местоположения для любых площадных сооружений – от объектов инфраструктуры до кустовых площадок и скважин поисково-разведочного бурения. Все это накладывает ограничение на применение полновероятностного моделирования и введение допущений в виде удельных характеристик наземной инфраструктуры. Для решения задач оценки выбран подход, описанный выше: вероятностное моделирование отдельных залежей на этапах геология-разработка, затем переход к сценарным расчетам для моделирования инфраструктуры и экономического анализа.

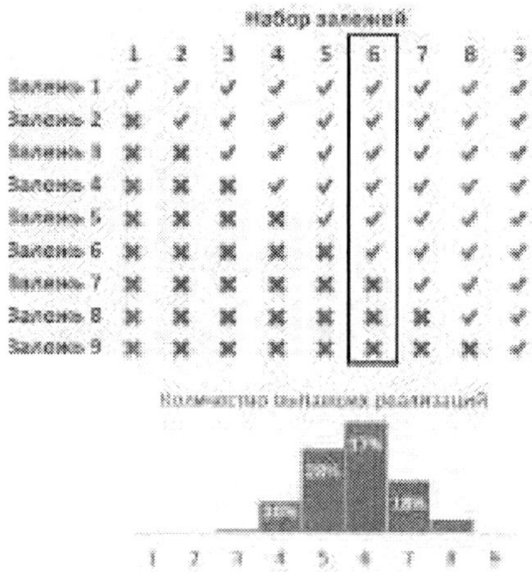

Рисунок 4. *Возможные наборы залежей и гистограмма частоты встречаемости сценариев*

В общем случае по всем залежам были рассчитаны девять исходов с вариацией по геологии-разработке (P10, P50, P90), а также исход геологического неуспеха, вероятность неуспешного исхода определена из оценки GCoS:

$$P(\text{неуспех}) = 1 - GCoS$$

Вероятности выпадения того или иного исхода определены как произведение вероятности геологии, вероятности разработки и вероятности геологического успеха GCoS; между перцентилями P10-50-90 вероятность распределялась согласно правилу Свонсона в отношении 0.3, 0.4, 0.3:

$$P = P(\text{геология}) \times P(\text{разработка}) \times GCoS$$

После проведения суммирования вероятностным методом по Монте-Карло была сформирована общая выборка реализаций, количество реализаций 30000. В диапазоне P45-P55 выполнен анализ встречающихся успешных исходов каждой залежи и сформирована матрица наборов залежей, подсчитано количество наборов, попавших в исследуемый диапазон выборки, Рис.4. Максимальной частотой характеризуется набор №6, в котором успешны залежи с 1 по 6 и неуспешны с 7 по 9. Наборов 1, 2 и 9 в рассматриваемом диапазоне нет, т.е. диапазон перцентиля

P45-P55 формируют как минимум три залежи и как максимум 8 вне зависимости от варианта успешного исхода, который имеют залежи. Далее для данного набора была подобрана реализация, ближайшая к перцентилю P50 и сформированный сценарий передан на моделирование инфраструктурных решений. Аналогичная работа была выполнена для выбора сценариев P10 и P90.

Необходимо заметить, что выбор диапазона ±5 для перцентилей был сделан экспертно. Для оценки влияния ширины диапазона на результат проведено моделирование для разных значений ширины диапазона, от 1 до 25, Рис.5. В интервалах окна ±4…25 наблюдается единый набор устойчивых опций, при ширине окна ±3 и менее максимум гистограммы смещается к 5-му набору. Также можно заметить достаточно пологую гистограмму в интервалах узкого окна, что может свидетельствовать о недостаточности выборки для формирования достоверной статистики.

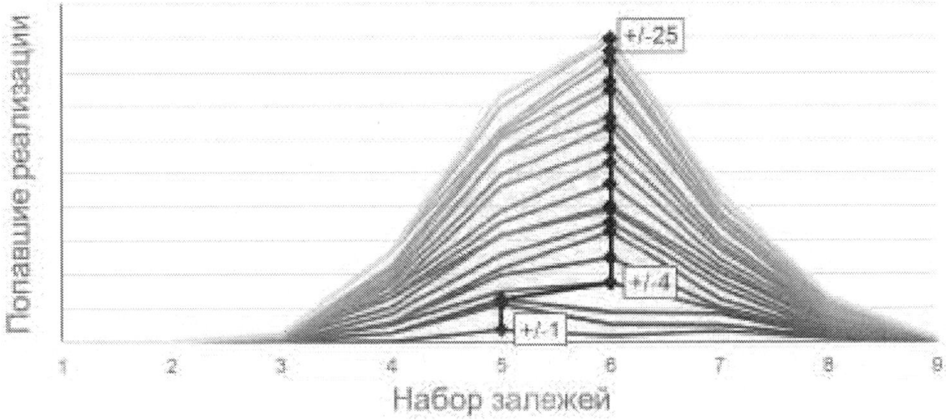

Рисунок 5. *Изменение гистограммы частоты встречаемости сценариев в зависимости от ширины окна перцентилей*

Выводы

Разработан метод, позволяющий повысить надежность выбора наполнения сценариев при вероятностно-сценарном подходе на шаге перехода от вероятностного моделирования к сценарному. Подход основан на выборе наиболее устойчивого набора залежей в виде комбинации залежей с успешным и неуспешным исходом, что позволяет более детально выполнить инфраструктурные и экономические расчета на наиболее вероятный геологический сценарий. Методика опробована на крупном проекте Газпром нефти в Ханты-Мансийском АО.

Библиография

1. Геолого-экономическая оценка проектов: настоящее и будущее/ М.Г. Дымочкина, П.Ю. Киселев, М.Н. Пислегин [и др.] // PROНЕФТЬ. – 2018. – №3 (9). – С. 18-23.
2. Оптимизация портфеля проектов ГРР с целью повышения эффективности инвестиций / В. Жуков, С. Погребнюк, Р. Газалиев, Е. Богданович //SPE-191602-18RPTC-RU. – 2018.

References

1. Dymochkina M.G., Kiselev P.Yu., Pislegin M.N., Kuz'min T.G., Mullagaliev A.T., Geological and economic evaluation (GEE): from present to future (In Russ.), PRONEFT", 2018, no. 3(9), pp. 18-23
2. Zhukov V., Pogrebnyuk S., Gazaliev R., Bogdanovich E., Exploration portfolio optimization for increase of investment effectiveness, SPE 191602-18RPTC-RU, 2018.

Сейсмогеологическая модель отложений терригенного венда в зоне сочленения Непско-Ботуобинской антеклизы и Ыгыаттинской впадины

А.Ю. Калинин* (ИНГГ СО РАН, НГУ), В.А. Конторович (ИНГГ СО РАН, НГУ), Л.М. Калинина (ИНГГ СО РАН), М.В. Соловьев (ИНГГ СО РАН, НГУ)

Введение

Изучаемый район приурочен к юго-восточной части Сибирской платформы. В административном отношении район исследования расположен в республике Саха (Якутия). Согласно схеме нефтегазогеологического районирования, район относится к Лено-Тунгусской нефтегазоносной провинции, охватывая северо-восточную часть Непско-Ботуобинской нефтегазоносной области и юго-западную часть Западно-Вилюйской нефтегазоносной области. В тектоническом отношении находится на северо-восточном склоне Непско-Ботуобинской антеклизы в зоне сочленения ее с Ыгыаттинской впадиной. Северо-восточная часть Непско-Ботуобинской антеклизы по плотности ресурсов нефти и газа занимает одно из ведущих мест на территории Сибирской платформы.

Район исследования расположен в непосредственной близости от уже открытых месторождений с промышленными запасами нефти и газа. Это группа мелких и средних газовых и газонефтяных месторождений в пределах Непско-Ботуобинской антеклизы в северной части Мирнинского выступа (Станахское, Иреляхское, Маччобинское, Нелбинское, Северо-Нелбинское и Мирнинское), и южнее на Вилючанской седловине расположены Верхневилючанское, Вилюйско-Джербинское и Иктехское месторождения.

Объект исследования является одним из перспективных неизученных участков Западной Якутии. Его перспективы определяются расположением района в доказанной зоне нефтегазонакопления северной-восточной части Непско-Ботуобинской антеклизы. И в связи с развитием работ по освоению нефтегазовых ресурсов Восточной Сибири, а также мегапроектом, объединяющим системы нефтегазопроводов центральной и западной Якутии, предлагаемый участок является высокоперспективным для дальнейшей постановки геологоразведочных работ.

Основная нефтегазоносность Лено-Тунгусской провинции связана с вендским и венд-нижнекембрийским комплексами. Несмотря на относительно малую мощность вендского терригенного комплекса, в нем сосредоточено более половины от всех начальных суммарных ресурсов газа провинции и 18% нефти. Лено-Тунгусскую провинцию характеризуют резкая изменчивость резервуаров и наличие литологических ловушек. Порядка 30% открытых запасов углеводородов приходится на неантиклинальные ловушки рифей-венд-нижнекембрийских отложений, что выдвигает актуальную проблему прогноза коллектора. Отложения терригенного венда плохо изучены в пределах исследуемого района, наличие открытых месторождений вблизи него указывают на возможность выделения и научного обоснования новых нефтегазоперспективных объектов.

Настоящая работа посвящена построению сейсмогеологической модели отложений терригенного венда и выявлению нефтегазоперспективных объектов на основе комплексной интерпретации данных сейсморазведки и глубокого бурения.

Сейсмогеологическая характеристика

В основу комплексной интерпретации легли 5 профилей северо–северо-западного и северо–северо-восточного простирания, данные скважинных разбивок, для увязки скважинных данных и сейсмических профилей использовались данные ВСП и ГИС. Для интерпретации сейсмических данных был использован сейсмостратиграфический подход, в рамках которого были выделены и прослежены отражающие горизонты и ограниченные ими сейсмогеологические комплексы.

В пределах исследуемого объекта выделяются следующие отражающие горизонты: $Д_3$ – кровля аппаинской свиты девона (кровля девона), S – кровля меикской свиты силура, O_1 – кровля балыктахской свиты ордовика (кровля ордовика), ОК – кровля верхнего кембрия, К – кровля чарской свиты, ОЧ – соленосные пачки в нижней части чарской свиты, I – кровля юрегинской свиты, II – кровля карбонатов билирской свиты или подошва юрегинских солей, КВ – кровля терригенных отложений венда, Ф – поверхность кристаллического фундамента.

При интерпретации сейсмических данных в осадочном комплексе были выделены несколько сейсмических комплексов, ограниченных отражающими горизонтами: (архей-протерозойский, вендский, венд-нижнекембрийский, нижне-среднекембрийский, верхнекембрийско-силурийский и постдевонский).

В рамках работы была проведена комплексная интерпретация данных сейсмической разведки и глубокого бурения. По результатам которой была разработана классификация разрывных нарушений. В зависимости от стратиграфического интервала проявления все разрывные нарушения района исследования подразделяются на 3 класса (рис. 1):

1. Развитые в фундаменте, секущие всю толщу осадочного чехла (сквозные);

2. Развитые в фундаменте, осложняющие только нижнюю часть разреза и затухающие в чехле;

3. Развитые в верхней части осадочного разреза.

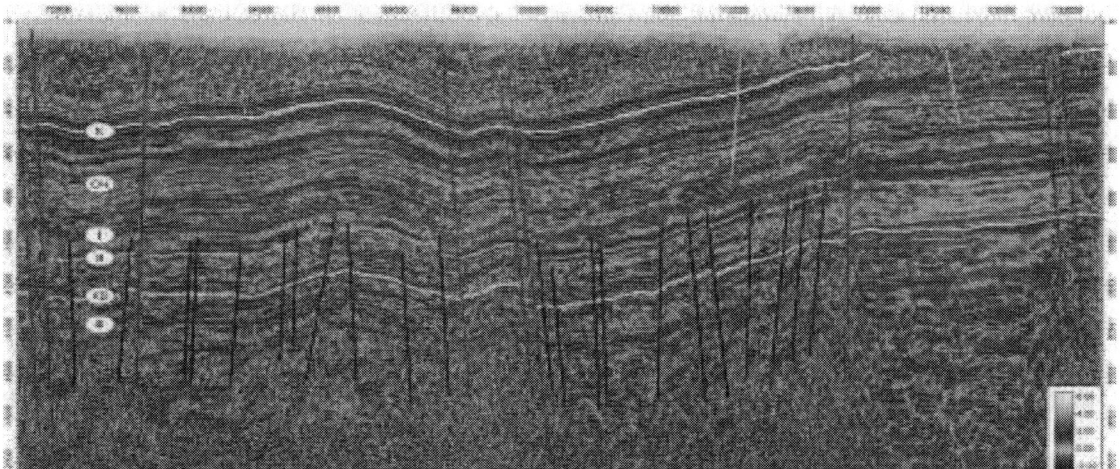

Рисунок 1. *Фрагмент временного сейсмического разреза. Отражающие горизонты: КВ – кровля терригенных отложений венда (V); II – кровля билирской свиты ($Є_1$); I – кровля юрегинской свиты ($Є_1$); ОЧ – кровля олекминской свиты ($Є_1$); К – кровля чарской свиты ($Є_1$); Ф – кровля фундамента.*

Первый класс разрывных нарушений широко распространен на исследуемой территории и представлен сбросами и взбросами регионального распространения субмеридионального север-северо-восточного простирания. На временных разрезах они протрассированы по признакам: однотипности плоскости сместителя, по амплитуде, по затрагиваемым отложениям. В рамках выполнения работы были уточнены линии трассирования ранее выделенных Куранахского и

Курунг-Юряхского сбросов, а также линии Ыгыаттинского сброса и Харыстанского разлома. Данные разрывные нарушения обладают высокой амплитудой и широкими зонами дробления. Заложение разрывных нарушений первого класса связано с развитием Вилюйской рифтовой системой и формированием Ыгыаттинской впадины в начале среднего девона (Гайдук, 1988).

Второй класс представлен разрывными нарушениями, развитыми в фундаменте и секущие только нижнюю часть осадочного разреза. Нарушения осложняют подсолевой осадочный комплекс и затухают под отражающим горизонтом I, который приурочен к кровле соленосной юрегинской свиты. Данный класс является самым многочисленным на территории исследования. Заложение разрывных нарушений второго класса может быть связано с перерывом в осадконакоплении и с тектоническими подвижками томмотского времени.

Разрывные нарушения, проявлявшие себя только в верхней части разреза, отнесены к третьему классу. Все они выявлены в галогенно-карбонатном надсолевом комплексе, обычно затухающие над сейсмическим отражающим горизонтом ОЧ, приуроченным к кровле олёкминской свиты. Разрывные нарушения этого класса достаточно уверенной трассируются на сейсмических временных разрезах. Эти дизъюнктивные нарушения, как правило, имеют поверхностную природу, не связанную с тектонической деятельностью фундамента. Причинами их образования могут быть процессы выщелачивания активными растворами и перераспределение солей в кембрийском разрезе вследствие соляной тектоники (Шемин, 2007).

Детальная корреляция отложений терригенного венда

Объектом исследования являются отложения терригенного венда, в рамках работы, объединенные в вендский сейсмогеологический комплекс (V), который ограничен в кровле отражающим горизонтом КВ и в подошве горизонтом Ф. Согласно стратиграфическим разбивкам по скважинам и детальной корреляции отложения терригенного венда наращивают свою мощность с северо-запада (северо-восточный склон Мирнинского выступа) на юго-восток (Сунтарский свод) от 40 до 584 м.

Район исследования находится на стыке крупных надпорядковых структур – Непско-Ботуюобинской антеклизы и Вилюйской гемисинеклизы и их элементов I порядка: Мирнинского свода, Ыгыаттинской впадины и Сунтарского свода. В пределах исследуемого района выделяются две структурно-фациальные зоны – Ботуобинская и Вилючанская, главным отличием которых является структура нижнего венда. Вилючанская структурно-фациальная зона находится на северо-востоке от Непско-Ботуобинской НГО, охватывая Сунтарский свод и северную часть Ыгыаттинской впадины. В ее пределах выделяются следующие свиты нижнего венда снизу-вверх: бетинчинская, хоронохская, талахская, бесюряхская, ынахская, харыстанская и свиты верхнего венда: бюкская, успунская, кудулахская и юряхская. В пределах Ботуобинской зоны бетинчинская и хоронохская свиты отсутствуют, бесюряхской, ынахской, харыстанской соответствует курсовская свита, (нижний венд) также вверх по разрезу выделяют бюкскую, успунскую, кудулахскую и юряхскую свиты.

Территория характеризуется латеральной неоднородностью среды, так как в отложениях терригенного венда существуют фациальные переходы, приводящие к изменению состава, наличию зон выклинивания пластов и изменению мощностей толщ, как по разрезу, так и по площади, что приводит к изменению акустических свойств и, как следствие, к изменчивости волновой картины. Сложная волновая картина, ухудшение динамических свойств и связанные с ними потери прослеживаемости обусловлены глубоким залеганием отложением, влиянием вышележащих толщ, например, мощных слоев нижне-среднекембрийских солей, отсутствием резких скачков акустической жесткости в терригенном разрезе и наличием множества протяженных зон дизъюнктивных нарушений, затрагивающих весь осадочный комплекс, а также выходами траппов, находящихся на различной глубине.

На базе комплексной интерпретации имеющихся данных были разработаны критерии выделения зон выклинивания отложений терригенного венда в пределах исследуемого района: появление новой фазы, изменение «временной мощности» и изменение времени пробега между горизонтами, усложнение и раздваивание фаз, появление зон падения амплитудных характеристик, сокращение временной мощности за счет увеличение терригенной составляющей.

В рамках работы на базе выделенных критериев были выделены шесть предполагаемых нефтегазоперспективных объекта, связанные с литологическими ловушками в улаханском, талахском и харыстанском продуктивных горизонтах. Обнаружены предположительно песчаные линзовидные тела в харыстанской свите на юго-восточном склоне Вилючанской седловины и юго-западном склоне Сунтарского свода. Выклинивание улаханского продуктивного горизонта отмечено в пределах северо-восточного склона Мирнинского выступа на Станахской площади. Также в пределах Станахской площади была выделена предполагаемая ловушка, связанная с выклиниванием талахского горизонта, прослеживаемого в северо-восточном направлении вдоль восточного склона Мирнинского выступа.

Выводы

В рамках работы были разработаны критерии выделения зон выклинивания на примере отложений терригенного венда, с помощью которых были выделены нефтегазоперспективные объекты, связанные с неантиклинальными ловушками. В рамках работы были выделены шесть нефтегазоперспективных объектов. На северо-восточном склоне Непско-Ботуобинской антеклизы выделены выклинивания талахского и улаханского продуктивных горизонтов, на северо-западном склоне Вилючанской седловины выделены выклинивания харыстанского и вилючанского, а также в пределах юго-западной части Сунтарского склона выделена зона выклинивания харыстанского горизонта. К выделенным зонам выклинивания приурочены нефтегазоперспективные объекты, поскольку их геологическое строение схоже с уже открытыми месторождениями вблизи исследуемого района.

Благодарности

Работа выполнена в рамках программы фундаментальных научных исследований ИНГГ СО РАН (Проект в ИСГЗ Минобрнауки № 0266-2022-0008).

Библиография / References

1. Гайдук В.В. Вилюйская среднепалеозойская рифтовая система. Якутск. Изд. ЯФ СО АН СССР, 1988. – 126 с.
2. Шемин Г.Г. Геология и перспективы нефтегазоносности венда и нижнего кембрия центральных районов Сибирской платформы (Непско-Ботуобинская, Байкитская антеклизы и Катангская седловина). Новосибирск. Изд. СО РАН, 2007. – 467 с.

1. Gajduk V.V. Vilyujskaya srednepaleozojskaya riftovaya sistema. Yakutsk. Izd. YAF SO AN SSSR, 1988. – 126 s.
2. Shemin G.G. Geologiya i perspektivy neftegazonosnosti venda i nizhnego kembriya central'nyh rajonov Sibirskoj platformy (Nepsko-Botuobinskaya, Bajkitskaya anteklizy i Katangskaya sedlovina). Novosibirsk. Izd. SO RAN, 2007. – 467 s.

Комплексный анализ карбонатных отложений пласта Б1 Иркутского нефтегазодобывающего кластера

Е.А. Губина* (ООО «РН-КрасноярскНИПИнефть»), О.А. Винокурова (ООО «РН-КрасноярскНИПИнефть»), Локшин Д.А. (ООО «АнгараНефть»), Садчиков С.А. (ООО «РН-КрасноярскНИПИнефть»), Савочкин А.О. (ООО «РН-КрасноярскНИПИнефть»), Шелковникова Ю.С. (ООО «РН-КрасноярскНИПИнефть»)

Карбонатные породы-коллекторы древней Сибирской платформы характеризуются сложным строением – преобразованность отложений ввиду длительной истории формирования современного структурного плана (неоднократные перестройки, высокая траппонасыщенность разреза) обусловило высокую степень анизотропии фильтрационно-емкостных свойств.

Результаты геологического изучения недр на участках Иркутского кластера показали, что высокопродуктивные залежи УВ связаны с отдельно расположенными (одиночными) биогермными постройками в пласте Б1 осинского продуктивного горизонта, либо в пласте Б5 усть-кутского продуктивного горизонта над «палеовыступами» фундамента, в остальных случаях породы-коллекторы продуктивных пластов низкопроницаемые.

В интервале пласта Б1, относящегося к биогермным постройкам, стабильно отмечаются высокие фильтрационно-емкостные свойства пород, обусловленные условиями образования. Отмечены зоны дробления и трещиноватости, возникшие в результате разрушения и карстообразования верхней части постройки. Пористость пород местами достигает 30% при абсолютной проницаемости до 10 Д. Из таких интервалов получены притоки нефти дебитами, достигающими порядка 600 м^3/сут.

Многими исследователями установлено, что улучшенные ФЕС в карбонатных отложениях контролируются условиями седиментации, которые в свою очередь улучшаются или ухудшаются эпигенетическими процессами [2]. Карбонатные породы более других осадочных пород подвержены постседиментационным преобразованиям. Это связано как с меньшей устойчивостью слагающих эти породы минералов, так и с принципиальным сходством минералов их скелетной части и цемента. Эпигенетические преобразования в карбонатных породах весьма многообразны и взаимосвязаны. Обособление каждого из них может быть выполнено лишь условно, поскольку даже противоположные по направленности и результатам процессы могут протекать одновременно в соседних частях трещинно-порового пространства пород. Поэтому любые оценки масштаба и характера того или иного эпигенетического процесса отражают лишь тенденцию преобразования карбонатной породы в определенный период [2].

Основными процессами эпигенетических изменений карбонатных пород являются: уплотнение, перекристаллизация, доломитизация, выщелачивание, вторичная минерализация (засолонение, сульфатизация, доломитизация, кальцитизация, окремнение). В условиях Восточной Сибири наиболее актуальной проблемой является засолонение коллекторов. Как и любой другой постседиментационный процесс, засолонение происходило многоэтапно. Доминировало эпигенетическое засолонение: выполнение солью каверн, пор, трещин разных генераций. Изредка отмечается метасоматоз карбоната галитом. Локальный характер засолонения зависит в первую очередь от распределения фильтрационно-емкостных свойств карбонатных пород по площади и разрезу. Исследования показывают, что первично сформированные наилучшие коллекторы в рассматриваемых отложениях могли быть уничтожены вторичной минерализацией и, прежде всего, засолонением. На рассматриваемой площади максимальное засолонение пород установлено в зонах максимального проявления процесса выщелачивания.

Осинский продуктивный горизонт представлен карбонатными отложениями, образованными в результате жизнедеятельности древних водорослей. Все биогермные отложения относятся к строматолитовым образованиям. К строматолитам относят прикрепленные карбонатные или кремнистые постройки, образованные в результате жизнедеятельности сине-зеленых водорослей или их колоний [1, 3].

Детальный анализ лабораторных исследований керна продуктивных отложений пласта Б1, основан на данных восьми скважин (Рисунок 1). По результатам изучения керна по структурно-генетическому признаку в разрезе пласта Б1 выделено шесть пачек пород: желваковые строматолиты, строматолиты столбчатые с прерывисто-сгустковой структурой, строматолиты столбчатые с ленточно-сгустковой структурой, строматолиты пластовые с полосчато-сгустковой структурой, пластовые строматолиты с комковатой структурой, зернистые, микрофитолитовые и обломочные разности карбонатных пород (Рисунок 2).

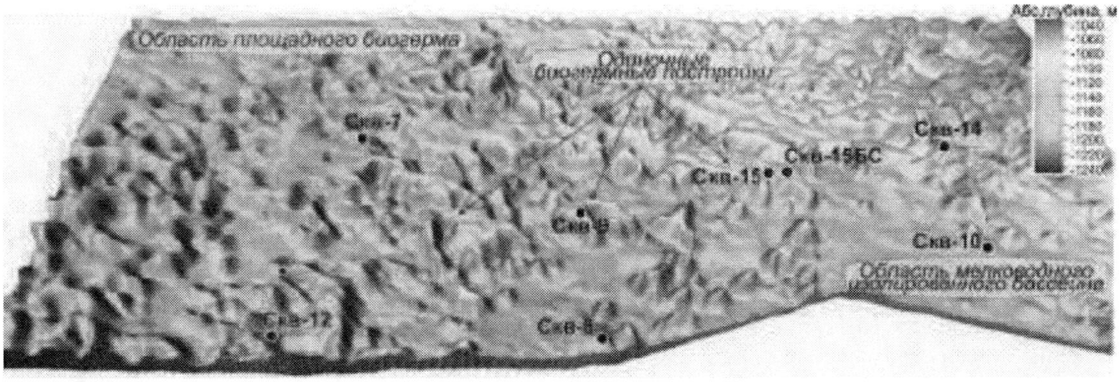

Рисунок 1. *Рисунок 1. Расположение изученных разрезов пласта Б1 (осинский продуктивный горизонт)*

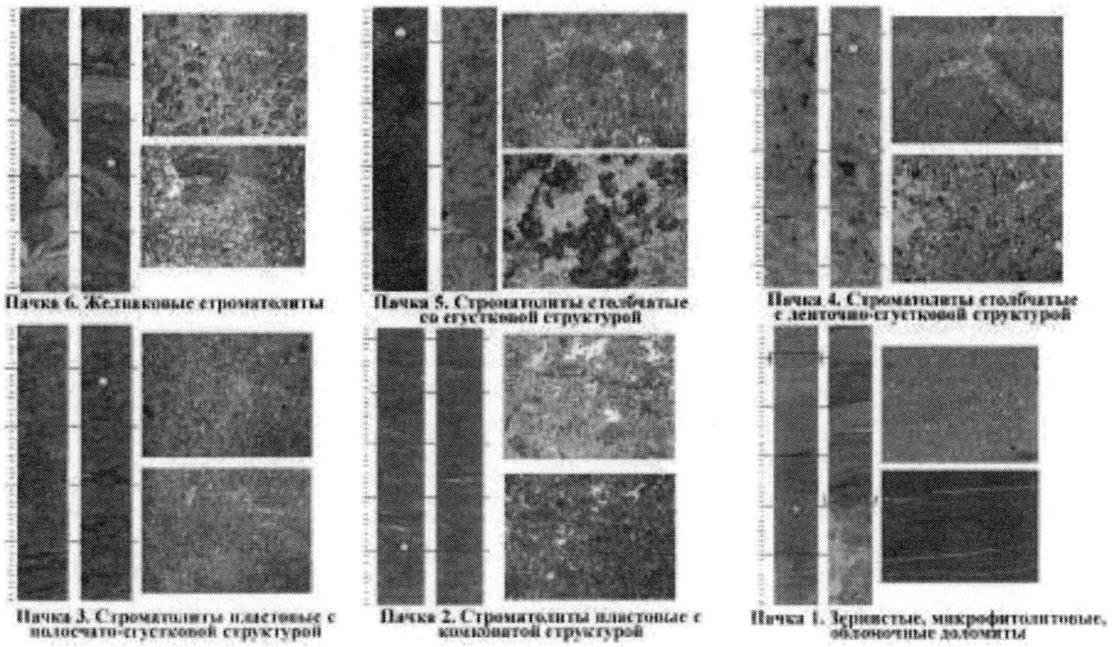

Рисунок 2. *Рисунок 2. Структурно-генетические типы пачек пласта Б1*

Шесть скважин вскрыли разрез пяти одиночных биогермных построек (одна постройка изучена боковым стволом), одна – вскрыла разрез области площадной постройки. Одиночные постройки имеют резко контрастное строение, по сравнению с вмещающими отложениями (мощность от 81 до 95 метров). Постройки имеют разную конфигурацию и довольно разнообразны по площади – изучены биогермы площадью от 0,69 кв.км до 7,2 кв.км. Постройки большей площади имеют причудливые конфигурации, маленькие биогермы, в виду разрешающей способности сейсморазведочных работ картируются изометричной формой. Мощность пласта в пределах распространения площадной постройки сопоставима с одиночными постройками, но не превышает 70 метров.

Последовательность этих пачек представляет собой определенный тип разреза. Всего на территории исследования выделено три типа, которые обусловлены определенными условиями формирования. В условиях формирования одиночных биогермов и площадного развития строматолитовых построек, строение разреза схоже. Скважинами вскрыты все выделенные пачки. В разрезе скважин наблюдается постепенная смена одной пачки другой. Основные принципиальные различия состоят в мощности пачки кустистых строматолитов со сгустковой структурой. По всей вероятности, мощность данной пачки контролирует мощность всего разреза пласта Б1 в местах развития строматолитов.

Пластовые строматолиты представляют собой протяженные, выдержанные литологические тела слабо дифференцированные в разрезе. В столбчатых строматолитах колонии водорослей образуют столбики, площадь сечения которых меньше их высоты. В желваковых строматолитах слои образовывают характерную структуру в плане представляющую собой шароподобные, куполообразные сооружения [3]. Накопление желваковых и столбчатых строматолитов приводило к образованию биогермов с крутыми склонами по отношению к вмещающим отложениям.

Принципиально другим типом разреза характеризуется область мелководного замкнутого бассейна. Здесь строматолиты представлены преимущественно пластовыми формами, при чем отложения пачки пластовых строматолитов с полосчато-сгустковой структурой сопоставима с первыми двумя типами с накоплением маломощной пачки кустистых строматолитов с ленточно-сгустковой структурой и резкой сменой ее на пачки пластовых строматолитов со сгустковой структурой, а затем на зернистые, микрофитолитовые и обломочные разности карбонатов. Этот тип разреза изучен одной скважиной, где мощность пласта Б1 не превышает 30 метров.

Выполненный анализ позволяет восстановить условия осадконакопления пласта Б1. Накопление отложений осинского продуктивного горизонта ознаменовалось опреснением бассейна седиментации, произошла смена накопления галита подстилающих отложений на карбонатные породы пласта Б1. Встреченные в разрезе отложения нижних трех пачек, а также их относительная выдержанность по площади, свидетельствует об одинаковых гидродинамических условиях бассейна седиментации. При накоплении пачки зернистых, микрофитолитовых и обломочных пород на территории начинался карбонатный режим седиментации с периодической волновой деятельностью, о чем свидетельствуют многочисленные литокласты, а также бактериальное его заражение с периодическим появлением в разрезе немногочисленных микрофитолитовых разностей. Территория в это время представляла мелководный прибрежный бассейн. Мощность пачки, в изученных разрезах небольшая, составляет 3-4 метра. О крайнем мелководье бассейна при накоплении пачки свидетельствует присутствие в отложениях терригенных зерен кварца и полевых шпатов.

Накопление пачки пластовых строматолитов с комковатой структурой характеризуется интенсивным бактериальным заражением мелководного, все еще практически изолированного бассейна и распространением пластовых водорослевых матов, а при накоплении пачки пластовых строматолитов с полосчато-сгустковой структурой - их расцветом. Мощность этой пачки всего 1-2 метра, за исключением скважины-15, где она достигает 6 метров, но при малой своей мощности пачка также является выдержанной по всей исследуемой территории. Расцвет водорослевых матов строматолитов с полосчато-сгустковой структурой характеризуется увеличением мощности в отдельных скважинах до 11-13 метров, также встречена мощность 3 метра.

Далее при развитии бассейна седиментации пластовые формы строматолитов постепенно переходят в кустистые и начинают формировать строматолиты с ленточно-сгустковой структурой. Распространение отложений этой пачки резко ограничено по латерали, в опресненной части бассейна строматолитовые постройки разрастаются и их мощность достигает 13-32 метров, в изолированной же части бассейна (скважина-10) отложения пачки не превышает трех метров.

Отложения столбчатых строматолитов с ленточно-сгустковой структурой сменяют породы пачки, представленной кустистыми формами строматолитов со сгустковой структурой. Пачка желваковых строматолитов завершает разрез пласта Б1. После ее формирования была выведена над уровнем моря, что приводило к ее разрушению, окремнению и образованию пустот выщелачивания с накоплением в межформенном пространстве галита и ангидрита.

Выполненный анализ, и разработка принципиальной модели формирования с выделением в разрезе основных пачек, позволяют последовательно отстроить структурный каркас с учетом принятых принципов накопления пласта Б1. При моделировании границ пачек внутри продуктивного горизонта были приняты основные позиции – верхняя пачка, соответствующая кровле пласта Б1, является эрозионной поверхностью, пятая и четвертая пачки залегают несогласно по отношению к ней и нижележащей пачке, и развиты в пределах биогермных построек. Результат геологического моделирования с учетом принятой концепции представлен на рисунке 3. Предложенная модель строения продуктивного пласта Б1 позволит оптимизировать систему разработки с наиболее полным извлечением углеводородного сырья при максимальной экономической рентабельности.

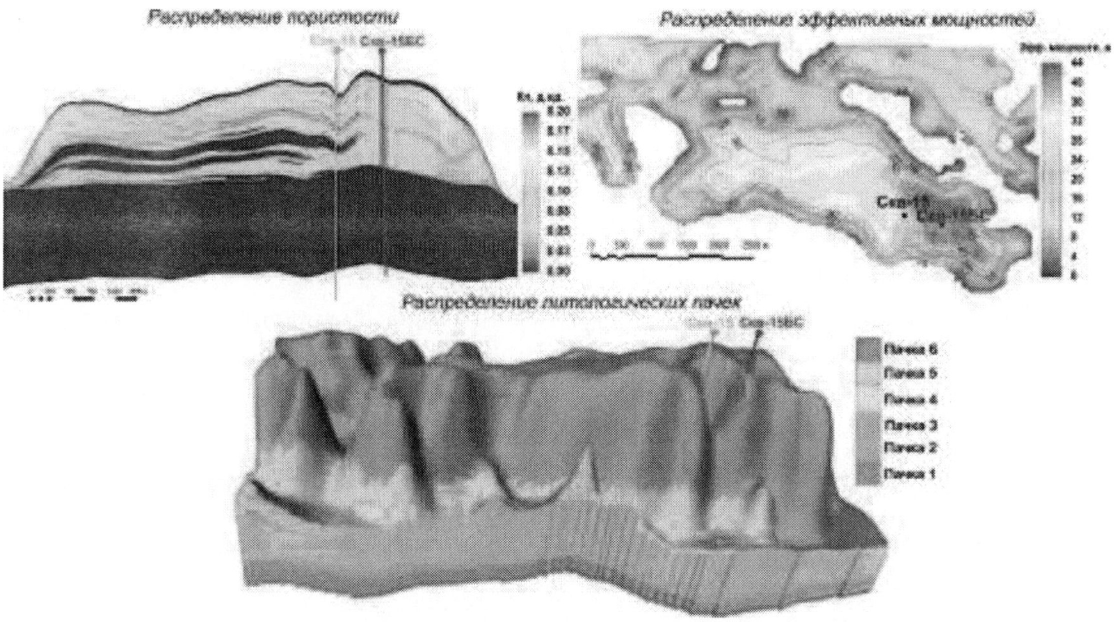

Рисунок 3. Рисунок 3. Результат геологического моделирования строматолитовой постройки осинского продуктивного горизонта (пласт Б1) на основе разработанной модели

Список литературы / References

1. Joachim Reitner, Nadia-Valerie Queric, Gernot Arp Advances in Stromatolite Geobiology. Lecture Notes in Earth Sciences. Springer Heidelberg Dordrecht London New York, 2011. – 559 p.

2. Губина Е.А. Формирование пород-коллекторов в карбонатных отложениях Непско-Ботуобинской антеклизы // Геология, геофизика и разработка нефтяных и газовых месторождений, 2009. – №5. – С.20-23. / Gubina E.A. Formation of reservoir rocks in carbonate sediments of the Nepa-Botuobinskaya anteclise // Geology, geophysics and development of oil and gas fields, 2009. - №5. - S.20-23.

3. Маслов В.П. Атлас породообразующих организмов (известковых и кремневых). – М., «Наука», 1979. – 271 с. / Maslov V.P. Atlas of rock-forming organisms (calcareous and flint). - M., "Science", 1979. - 271 p.

Модель строения, перспективы нефтегазоносности клиноформного разреза неокома шельфа Карского и Баренцево-Печорского морей на базе сейсморазведки 2D, 3D

*В.Н. Бородкин (Тюменский индустриальный университет), О.А. Смирнов (ООО «ИНГЕОСЕРВИС»), А.В. Лукашов (ООО «ИНГЕОСЕРВИС»), А.Г. Плавник (ЗСФ ИНГГ СО РАН), А.И. Трусов (ООО «Газпром недра»)

Район исследований связан с южной частью акватории Карского моря, восточной и северной частями шельфа, соответственно, Баренцева и Печорского морей.

В пределах Южно-Карской синеклизы клиноформный разрез (фондоформная составляющая) является аналогом отложений ачимовской толщи Западно-Сибирской нефтегазоносной провинции (ЗСНГП) [1] и бурением не изучен.

Согласно сейсмическим материалам, данный интервал разреза заключен между отражающими горизонтами (ОГ) – Б и $В_0$, последний имеет покровное развитие и отождествляется, предположительно, с кровлей отложений ахской свиты (рис. 1). Из рисунка видно, что наблюдаются клиноформы встречных направлений, связанных с южным (Уральский ороген), западным (о. Новая Земля) и северным (Северо-Сибирский порог) источниками сноса терригенного материала.

По результатам выполненных нами ранее палеогеографических реконструкций [2] и результатов сейсморазведочных работ [3, 4] было установлено замыкание готерив-раннеаптского палеобассейна седиментации в юго-восточной части Южно-Карской синеклизы.

Исходя из анализа рис. 1, можно предположить, что площадное распространение клиноформ в Южно-Карской синеклизе будет автономным и не связано с клиноформами ЗСНГП, для которых восточный источник терригенного материала являлся преимущественным.

Внутри неокомской части разреза прослежена серия отраженных волн (ОВ) - $В_1$, $В_2$, $В_3$, $В_4$ и $В_5$ (см. рис. 1). Сейсмокомплексы (СК) - $В_5$, $В_4$ и $В_3$ имеют клиноформное строение, в работе представлена характеристика их сейсмогеологической модели, дана оценка перспектив нефтегазоносности.

Следует отметить, что в пределах исследованной территории установлена серия аномальных кольцевых зон (АКЗ), которые связаны с флюидодинамическими процессами формирования залежей углеводородов (УВ) [5].

Клиноформный комплекс неокома в пределах шельфа Баренцево-Печорского морей залегает в интервале между ОГ Гn и В`, приуроченных, соответственно, к кровле неокомских и верхнеюрских отложений (рис. 2).

По результатам секвенс-стратиграфического анализа в отложениях неокома выделены две основные мегасеквенции (см. рис. 2), вторая мегасеквенция (поздневаланжин- барремского возраста?) имеет ярко выраженное клиноформное строение.

Клиноформы, как в ЗСНГП, встречного наклона связаны с различными источниками сноса осадочного материала. Основной привнос терригенного материала происходил с арх. Новая Земля, в меньшей степени с Печорской плиты и со стороны Балтийского щита.

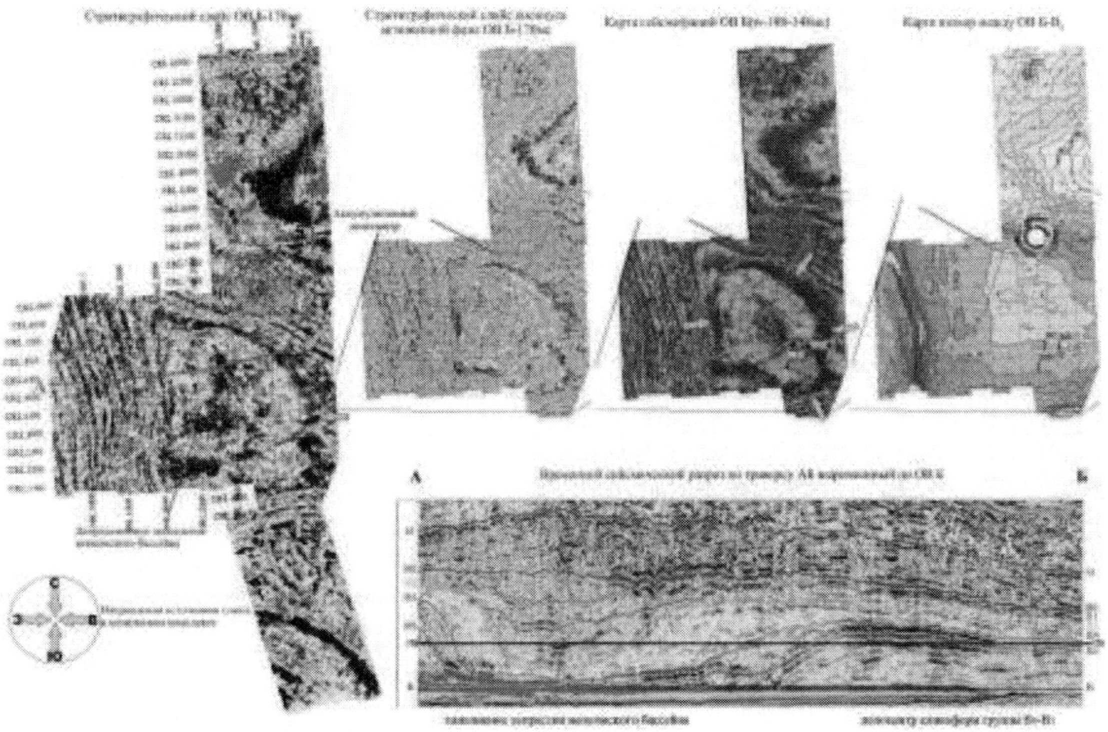

Рисунок 1. *Принципиальная модель неокомской части разреза по материалам сейсморазведки 3D*

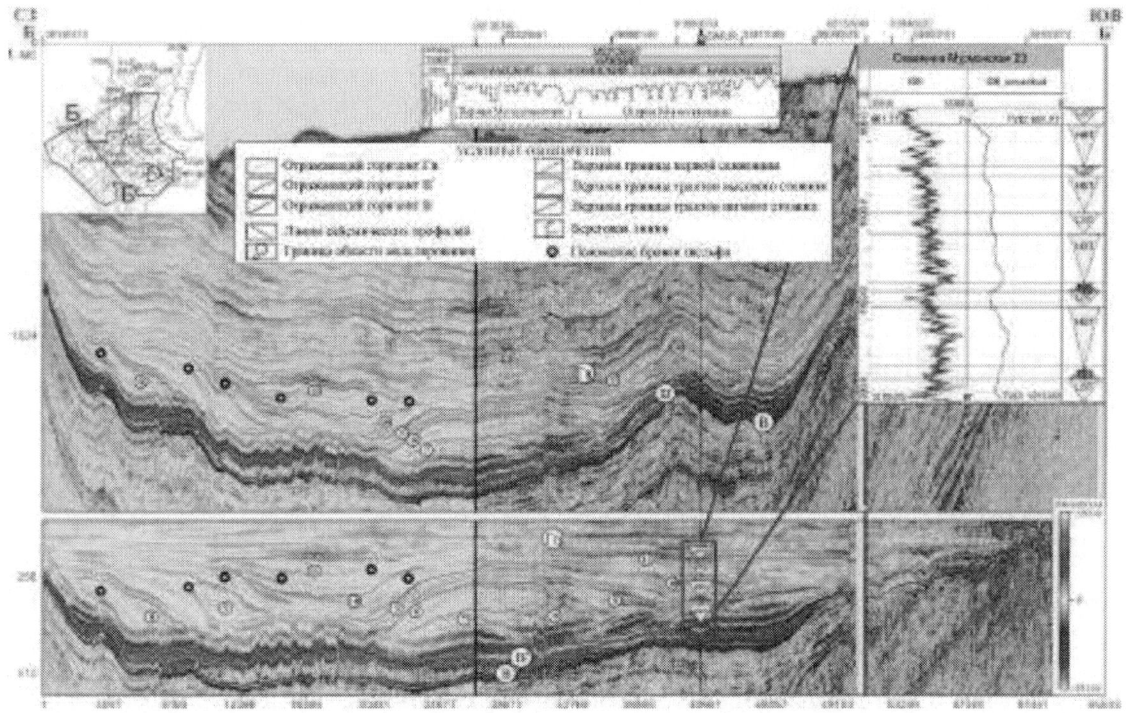

Рисунок 2. *Композитный сейсмический профиль 08130310-09130340-08130240*

В процессе выполнения секвенс-стратиграфического анализа была проведена интерпретация кривых гамма-каротажа по скв. 23 Мурманская, что позволило выделить в неокомском разрезе седиментационные тракты и проследить границы 14 секвенций (см. рис. 2). Также было выполнено сопоставление клиноформных тел второй секвенции с кривой колебания уровня Мирового океана по данным Snedden, Lin [6], на сейсмических профилях выделены системные тракты высокого и низкого стояния уровня моря (см. рис. 2).

Таким образом, в пределах акватории Баренцево-Печорских морей для подготовки перспективных объектов в клиноформном разрезе некома в районе развития второй секвенции (крутопадающие клиноформы) необходима, как и в акватории Карского моря, постановка площадных сейсморазведочных работ 3D.

Выводы

Приведена характеристика сейсмогеологической модели клиноформ, связанных с ОГ B_5, B_4 и B_3, дана оценка перспектив их нефтегазоносности в акватории Карского моря. В пределах Баренцево-Печорского шельфа выделены две мегасеквенции, приведена характеристика клиноформного строения второй мегасеквенции.

Библиография

1. Бородкин В.Н., Курчиков А.Р. Характеристика геологического строения и нефтегазоносности ачимовского нефтегазоносного комплекса Западной Сибири. Новосибирск: Изд-во СО РАН, 2015. 300 с.
2. Курчиков А.Р., Бородкин В.Н. Стратиграфия и палеогеография берриас-нижнеаптских отложений Западной Сибири в связи с клиноформным строением разреза. // Геология и геофизика, Новосибирск. 2011, Т. 52, № 8, с. 1093-1106.
3. Уточнение границ сейсмофациальных комплексов неокома в пределах акватории Карского моря / В.Н. Бородкин, А.Р. Курчиков, А.С. Недосекин, О.А. Смирнов [и др.] // Геология, геофизика и разработки нефтяных и газовых месторождений. М.: ОАО "ВНИИОЭНГ", 2015, № 11, с. 14-24.
4. Сейсмогеологическая модель палеозойско-мезозойских отложений Белоостровского, Скуратовского и Нярмейского лицензионных участков акватории Карского моря по данным сейсморазведки 3D / В.Н. Бородкин, А.Р. Курчиков, А.С. Недосекин [и др.] /| Геология нефти и газа, 2019. № 1, с. 72-85.
5. Характеристика геологического строения, оценки перспектив нефтегазоносности акватории Баренцева моря на базе современной сейсморазведки 2D, 3D / В.Н. Бородкин, О.А. Смирнов, А.Р. Курчиков, [и др.], Тюмень, 2020, Изд-во ТИУ; 249 с.
6. Snedden J.W., Lin C.A. Compilation of Phanerozoic Sea-Level Change, Coastal Onlaps and Recommended Sequence Designations // Search and Discovery Article. 2010. № 40594.

References

1. Borodkin V.N., Kurchikov A.R. Characteristics of the geological structure and oil and gas content of the Achimov oil and gas complex in Western Siberia. Novosibirsk: Publishing house SO RAN, 2015.300 p.
2. Kurchikov A.R., Borodkin V.N. Stratigraphy and paleogeography of the Berriasian-Lower Aptian deposits of Western Siberia in connection with the clinoform structure of the section. // Geology and Geophysics, Novosibirsk. 2011, T. 52, No. 8, p. 1093-1106.
3. Clarification of the boundaries of seismic facies complexes of the Neocomian within the water area of the Kara Sea / V.N. Borodkin, A.R. Kurchikov, A.S. Nedosekin, O.A. Smirnov [et al.] // Geology, geophysics and development of oil and gas fields. M .: JSC "VNIIOENG", 2015, No. 11, p. 14-24.
4. Seismogeological model of Paleozoic-Mesozoic deposits of the Beloostrovsky, Skuratovsky and Nyarmeysky license areas of the Kara Sea according to 3D seismic data / V.N. Borodkin, A.R. Kurchikov, A.S. Nedosekin [and others] / | Geology of oil and gas, 2019. No. 1, p. 72-85.

5. Characteristics of the geological structure, assessment of the prospects for oil and gas potential of the Kara Sea on the basis of 2D, 3D seismic exploration / V.N. Borodkin, O. A. Smirnov, A.R. Kurchikov, [and others], Tyumen, 2020, TIU Publishing House; 249 p.

6. Snedden J.W., Lin C.A. Compilation of Phanerozoic Sea-Level Change, Coastal Onlaps and Recommended Sequence Designations // Search and Discovery Article. 2010. № 40594.

Планирование эксплуатационного бурения в условиях высоких геологических неопределённостей склонового оползневого комплекса на примере пласта АС12.3-5 Приобского месторождения

М.И. Лежнина* (ООО «Газпромнефть ННГГФ»), Д. А. Вирский (ООО «Газпромнефть ННГГФ»)

Введение

В современных условиях разработки месторождений возросла доля вводимых в промышленную эксплуатацию отложений с ТрИЗ. Внедрение различных методов интенсификации добычи и повышения нефтеотдачи пластов позволяет существенно увеличить производство сырья и вовлечь в промышленную разработку ресурсы из низкопроницаемых коллекторов со сложным геологическим строением, к которым относятся склоновые оползневые комплексы отложений Западной Сибири.

Оползневые процессы, в значительной мере, осложняют изучение и освоение залежи. Во-первых, деформации и сопровождающие их переотложения делают пласт более неоднородным, с непрогнозируемыми, локальными аномалиями. На сейсмической записи элементы оползневого строения ретушируют первичное геологическое строение. При динамическом анализе сейсмических данных сейсмообразы носят волнистый характер, что при атрибутном анализе часто не позволяет точно определить границы геологических тел, контролирующих фациальную зональность. Также существует обоснованная точка зрения, что перемешивание породы, в результате оползания, ухудшает ФЭС пласта.

Согласно данным ЛФА, объект исследования - пласт АС12.3-5 - представляет собой комплекс сменяющихся по латерали обстановок осадконакопления, что связано с многообразием фациальных типов разреза, первичное залегание которых внутри пласта было нарушено оползневыми процессами. Латеральная изменчивость коллектора сопоставима с размерами горизонтального ствола (1000м), в связи с чем основной целью работы является создание поэтапного плана снятия геологических неопределенностей, доизучения и разбуривания объекта разработки для снижения геологических рисков и уменьшения капитальных затрат на бурение эксплуатационных скважин, определение оптимальной системы разработки в рамках исследуемого района.

Метод (и/или Теория)

Склоновые оползневые комплексы формируются в условиях континентального склона и его подножия, которые, в отличие от глубоководных конусов выноса, питаются не за счет дискретных "точечных" источников сноса, а за счет протяженных "линейных" зон подачи обломочного материала с бровки шельфа. Аккумуляция материала происходит преимущественно за счет гравитационных процессов, начиная от сползания блоков (структурного оползания) и пластичного оползания и заканчивая обломочными и турбидитными потоками.

Перенос грубообломочных пород, как правило, осуществляется за счет лавинных обвалов обломочного материала с включением блоков горных пород размерами от первых метров до десятков метров с образованием так называемых олистолитов, и даже олистостром (рис.1), а также за счет обломочных потоков, которые аккумулируют материал в пределах континентального склона. Песчаные отложения бровки шельфа транспортируются турбидитными потоками высокой плотности вниз по склону с образованием латерально протяженных песков разлива, далее отложения глинистого и глинисто-песчаного состава могут быть перераспределены в более глубокие части бассейна (в том числе в область подножия склона) за счет турбидитных потоков низкой плотности. Мелкозернистые отложения континентального склона могут быть также переработаны обломочными потоками или более когерентными (внутренне связанными) процессами структурного и пластичного оползания.

Отложения гравитационных процессов часто чередуются с гемипелагическими тонкодисперсными глинами, хотя последние зачастую ремобилизуются и деформируются в отложения пластичных оползней. Между структурными и пластичными оползнями, обломочными и турбидитными потоками существует непрерывный переход, поэтому склоновые оползневые комплексы могут включать себя все четыре типа гравитационных отложений и иметь сложную внутреннюю деформационную структуру. Таким образом, отложения данной обстановки осадконакопления, как правило, обладают высокой степенью неоднородности и преимущественно хаотичны.

Для объекта исследования- пласта АС12.3-5, характерны оползневые комплексы преимущественно структурного типа. Структурные оползни характеризуются меньшей степенью внутренней дезинтеграции переотложенных осадков или же полным её отсутствием . Структурные оползни могут быть как ротационными, так и трансляционными в зависимости от величины отношения толщины переотложенных осадков к длине пути их перемещения, а также величины угла палеонаклона (рис.1). Ротационным оползням характерна вогнутая базальная поверхность скольжения и наличие серии листрических разломов, в то время как базальная поверхность скольжения трансляционных оползней плоская, и им свойственны складчато-надвиговые структуры. И в том, и в другом случае образованные данными оползнями резервуары имеют, как правило, блоковую структуру.

В своем самом простом проявлении структурные оползни имеют форму ложки с выраженной трехчленной морфологией: тыловой зоной растяжения, медианной трансляционной зоной и фронтальной зоной сжатия.

Несмотря на грандиозные масштабы оползневых процессов, их нельзя рассматривать как определяющие при формировании фациального разнообразия. Основные элементы строения пласта формируются в процессе осадконакопления. Они контролируются формой дна бассейна, уровнем моря, и количеством поступающего материала. Оползневые деформации являются наложенными на первичную геологическую зональность (рис. 1). Гравитационная тектоника осложняет первичное залегание и локально привносит свои элементы в строение пласта, но не контролирует глобальное распределение пород, в том числе песчаников-коллекторов.

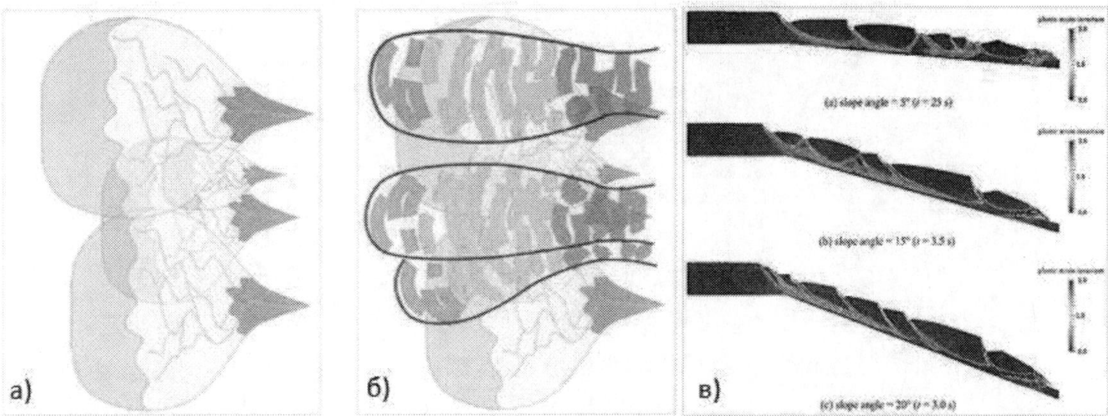

Рисунок 1. *Роль осадочных процессов в формировании фациальной зональности исследуемого участка. а) Первичная зональность б) Осложненная зональность в) Морфология структурного оползня в зависимости от угла наклона*

При анализе срезов eXchroma и RGB пласта АС12.3-5 (рис.2) в первую очередь привлекает внимание обилие площадей, покрытых характерными волнистыми аномалиями. Тела имеют вытянутую форму, ориентированную в северном и северо-восточном направлениях, боковые границы которых имеют резкий, линейный характер.

В данной работе было предложено классифицировать фациальные зоны по площади на 2 типа. Первым типом является наличие оползневого тела, в случае пласта АС12.3-5, меридионально вытянутого вдоль склона на север и северо-восток. Как правило, такие тела ассоциируются с высокоамплитудными аномалиями на картах атрибутов и положительной фазой на разрезах временного куба сейсмики. Второй тип зон- отсутствие коллектора, прослеживающийся на срезах RGB как затемнённые области так же вытянутые вдоль склона, на сейсмических разрезах-приурочены к отрицательной фазе или низкоамплитудным аномалиям при атрибутном анализе сейсмики.

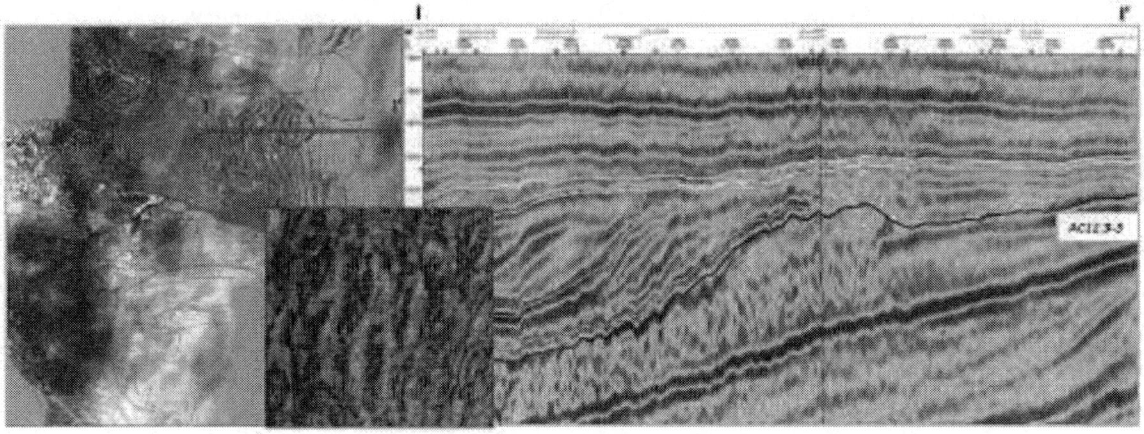

Рисунок 2. *Срез eXchroma пласта АС12.3-5 и разрез по временному амплитудному кубу сейсмики для исследуемого участка*

При планировании бурения были проработаны все имеющиеся сейсмические, геофизические и скважинные данные, благодаря которым была выявлена качественная связь между срезом RGB по ОВ НАС12.3-5 на уровне кровли пласта и количественная связь с атрибутом максимальных амплитуд, коэффициент корреляции 0,65 (рис.3.).

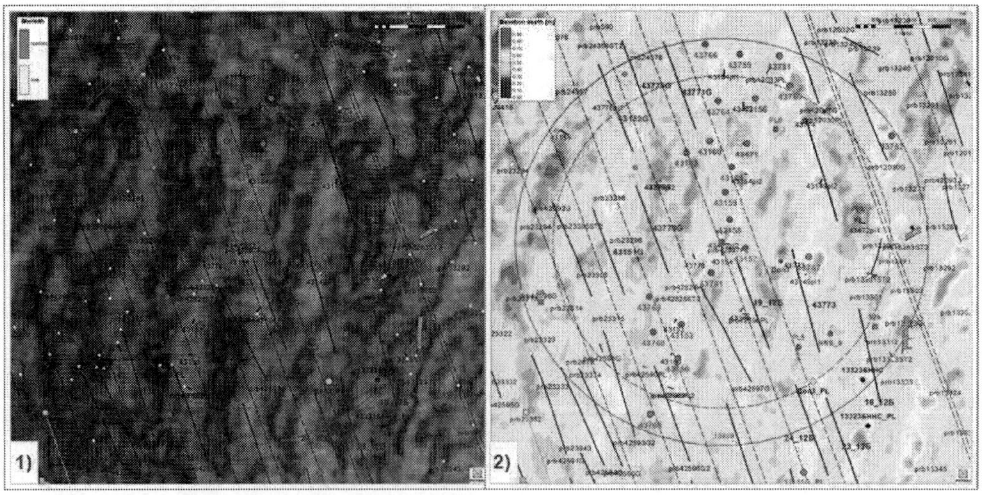

Рисунок 3. *Фрагмент среза RGB и атрибут максимальных амплитуд для исследуемого района.*

На рис. 4 представлен ретроспективный анализ изменения нефтенасыщенных толщин при бурении куста. Рисунок 4.1 иллюстрирует исходное положение базового и пилотного фонда скважин, который подбирался исходя из положение склоновых оползневых тел и их отсутствия по площади. В первую очередь, производилось бурение пилотных стволов с целью оконтуривания оползневого комплекса. Так, пилотные стволы 6 и 4 подтвердили наличие зон с ухудшенным по мощности и свойствам разреза, что позволило снять риски по наличию коллектора в восточной части куста. В дополнении к фонду, предлагаемому изначально, был предложен ряд скважин ННС в центральное оползневое тело, вскрытое эксплуатационным фондом текущего года (рис.4.3, что позволит вовлечь в разработку большее количество ресурсов, в перспективе пробурить дополнительный куст, увеличить добычу УВ.

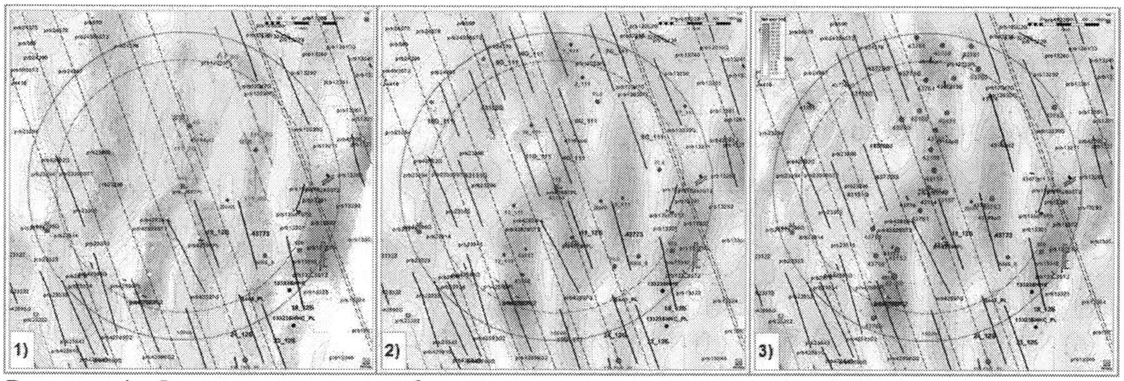

Рисунок 4. *Фрагмент карты нефтенасыщенных толщин пласта АС12.3-5 в исследуемом районе. 1- до бурения дополнительного кейса; 2- пробурено 4 пилотных ствола и 2 ННС; 3- текущая ситуация по КП, дополнительное развитие кейса на добурку ТрИЗ.*

Выводы

- По результатам работы выполнена попытка прогноза распространения фациальных зон, приуроченный к оползневым телам. Установлено, что существует качественная корреляция между подобранным срезом RGB и сейсмическим атрибутом с наличием коллектора в исследуемом пласте.

- Утвержден поэтапный план разбуривания и доизучения объекта АС12.3-5, в последствии проведён ретроспективный анализ бурения пилотных стволов и эксплуатационного фонда, который позволил оперативно корректировать стратегию разбуривания и закачивания скважин.

Библиография / References

1. Барабошкин Е.Ю. Практическая седиментология. Терригенные резервуары. Пособие по работе с керном. 2011. Тверь, Издательство ГЕРС, 152с.

2. А. М. Никишин, О. А. Альмендингер, А. В. Митюков, Х. В. Посаментиер, Е. В. Рубцова. Глубоководные осадочные системы: объемные модели, основанные на 3D сейсморазведке и полевых наблюдения. 2012, Москва, Издательство МАКС пресс, 109с

Условия формирования продуктивного пласта Ю1-1 васюганской свиты центральной и юго-восточной частей Западно-Сибирского нефтегазоносного бассейна

Д.А. Назарьева* (Санкт-Петербургский государственный университет), С.Б. Шишлов (Санкт-Петербургский государственный университет)

Введение

Продуктивный пласт Ю1-1 распространен в Западной Сибири на огромной площади и является перспективным объектом при поисках новых месторождений. Поэтому актуальной остается задача уточнения генезиса и особенностей строения данного интервала, реконструкции обстановок его формирования. На этой основе можно установить следы региональных циклов осадконакопления, которые могли бы стать основой дальней корреляции разрезов и унификации индексации пластов.

Продуктивный пласт Ю1-1 принадлежит верхней подсвите васюганской свиты Пурпейско-Васюганского структурно-фациального района [1, 2], залегающей по верхнетюменской подсвите. Объем подсвиты соответствует верхней части нижнего – нижней половине верхнего подъярусов оксфордского яруса верхней юры. Данный продуктивный пласт входит в келловей-оксфордский продуктивный комплекс, являющийся основным нефтегазоперспективным комплексом на юго-востоке Западной Сибири, в частности в Томской области.

Целью настоящей работы было установить особенности строения, седиментационной цикличности интервала пласта Ю1-1, а также реконструировать эволюцию палеогеографической ситуации основываясь на материалах Казанского нефтегазоконденсатного месторождения, расположенного в Томской области, и месторождений правобережной среднеобской группы (Северо-Ореховское, Северо-Покурское, Ватинское, Мыхпайское), расположенных на территории Ханты-Мансийского АО.

Методика исследования

Для продуктивного пласта Ю1-1 был выполнен комплексный анализ материалов по 8 скважинам Казанского месторождения и 11 скважинам среднеобской группы месторождений. Это такие материалы как: фотографии керна и его описания, результаты изучения шлифов, кривые ПС и ГК. Обработка исходных материалов включала следующие действия:

- На основе выявления устойчивых сочетаний структурно-вещественных и текстурных признаков по материалам изучения керна установлены структурно-генетические типы слоев и реконструированы условия их формирования. При этом в качестве базы использована структурно-генетическая типизация слоев терригенных сероцветных эпиконтинентальных формаций [3].
- Составлены полные циклотемы (трансгрессивно-регрессивные последовательности всех слоев, установленных в интервале) и разработаны седиментологические модели, описывающие процессы их формирования.
- Для каждого частного разреза построены кривые колебания уровня моря, которые стали основой их детальной корреляции.
- Для исследованных интервалов с использованием программы CorelDraw построены литологические колонки масштаба 1:100 с гранулометрической кривой. При этом выполнен анализ кривых ГИС для выявления связи их формы с литологическим строением пласта, уточнены глубина залегания и мощность представленных в керне слоев.

- Построены литолого-генетические профили, которые отражают особенности латеральных изменений слоевой структуры рассматриваемого интервала.
- Составлена серия палеогеографических схем для узких временных интервалов, соответствующих трансгрессивным и регрессивным максимумам времени формирования интервала продуктивного пласта Ю1-1 для правобережной среднеобской группы месторождений и Казанского месторождения.
- Построены региональные палеогеографические схемы и проведена детальная корреляция разрезов исследуемых территорий для выявления особенностей латеральных изменений слоевой структуры рассматриваемого интервала в региональном масштабе с использованием материалов по смежным территориям.

Результаты

В рассматриваемых разрезах установлено 12 структурно-генетических типов слоев, которые формировались в обстановках глубоководного шельфа, открытого мелководья, изолированного мелководья.

- *Комплекс отложений глубоководного шельфа* сложен глинистыми алевролитами, накопление которых происходило в условиях наиболее глубоководной (дистальной) части дальней зоны внешнего шельфа, расположенной ниже базиса действия штормовых волн, а также градационными чередованиями алевролита глинистого и тонких слойков песчаника тонкозернистого, образовавшимися в проксимальной части дальней зоны внешнего шельфа.
- *Комплекс отложений открытого мелководья* представлен линзовидно-полосчатыми чередованиями алевропелитовых и псаммитовых слойков – «лоскутные пески», песчаниками барового поля, формирование которых происходило в высоко динамичной зоне морского бассейна и песчаниками, накопление которых происходило при проградации дельт.
- *Комплекс отложений изолированного мелководья лагуны* образуют волнистые чередования алевропелитовых и псаммитовых слойков, накапливавшиеся в обстановках подвижного мелководья лагуны.

При анализе седиментационной цикличности выделены два основных типа циклотем. Формирование циклотемы первого типа, представленной в разрезах скважин как Казанского месторождения, так и месторождений среднеобской группы, связано с латеральной миграцией при подъеме и падении уровня моря обстановок осадконакопления поясов илов, дистальных темпеститов, лоскутных песков и подводных песчаных валов. Принципиальным отличием циклотемы второго типа, характерной для большинства разрезов месторождений среднеобской группы, является присутствие в их верхней части слоевой последовательности, которая отражает процесс выдвижения дельты на регрессивном этапе эволюции палеобассейна – цикличной смены вверх по разрезу отложений продельты, песков устьевого бара, песчаного материала дельтовых проток и промоин. На максимуме регрессии тыловая часть этих отложений оказывалась в субаэральных условиях и становилась дельтовой равниной, прорезанной дельтовыми протоками.

В результате был сделан вывод, что продуктивный пласт Ю1-1 сформировался в результате двух региональных циклов седиментации, следы которых можно установить во всех рассматриваемых разрезах, что позволило выполнить детальную корреляцию частных разрезов. Корреляция разрезов скважин (рис.1) проводилась, основываясь на данных о региональной трансгрессии георгиевского-баженовского времени. Проведение детальной региональной корреляции разрезов скважин месторождений, принадлежащих различным нефтегазоносным областям, позволяет предполагать наличие схожих обстановок осадконакопления на смежных территориях [4] и уточнить палеогеографическую ситуацию времени формирования интервала пласта Ю1-1 (рис. 2).

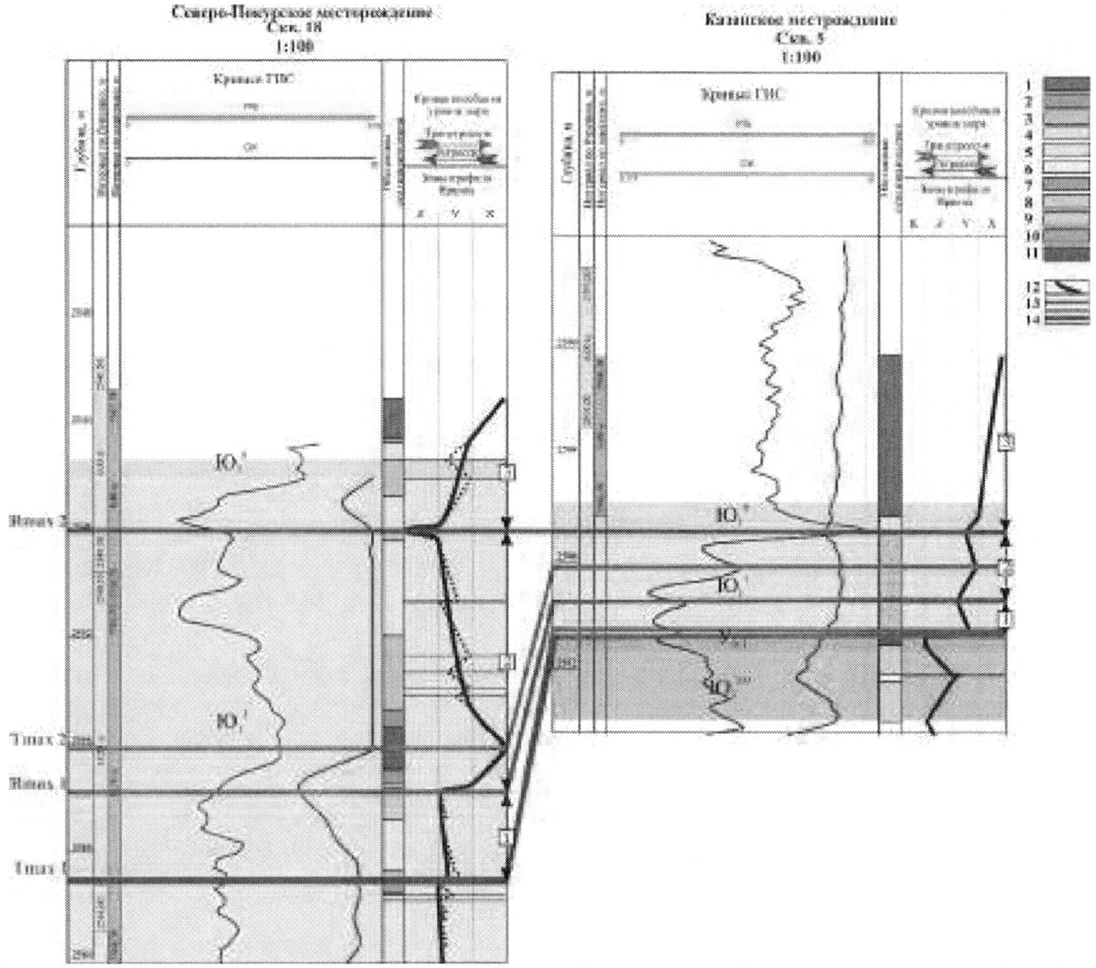

***Рисунок 1.** Корреляция разрезов скважин Северо-Покурского и Казанского месторождений*
Обстановки осадконакопления: 1 - пояс илов дальней зоны внешнего шельфа, 2 – пояс дистальных темпеститов дальней зоны внешнего шельфа, 3 –пояс "лоскутных песков" открытого мелководного шельфа, 4 – песчаные отмели мелководного шельфа, 5 –фронтальная часть барового поля, 6 – тыловая часть барового поля, 7 –дельтовые промоины(протоки), 8 – фронт дельты, 9 – подвижное мелководья лагуны, 10 –малоподвижное мелководье лагуны, 11 – прибрежное болото; 12 – кривые колебания уровня моря, 13 – трансгрессивный максимум, 14 – регрессивный максимум

***Рисунок 2.** Региональные палеогеографические схемы времени формирования интервала пласта Ю1-1.*

Обстановки осадконакопления: 1 – пояс илов дальней зоны внешнего шельфа, 2 – пояс дистальных темпеститов дальней зоны внешнего шельфа, 3 - чередования илов и песков зоны "лоскутных песков" внутреннего шельфа, 4 - пески барового поля, 5 - пески фронта дельты/дельтовой равнины, 6 – дельтовая промоина/протока, 7 – чередования илов и песков подвижного мелководья лагуны, 8 – илы малоподвижного мелководья лагуны, 9 – торфяники прибрежного болота

Выводы

Согласно выполненным построениям, береговая линия протягивалась с юго-востока на северо-запад. Псаммитовый материал аккумулировался вдоль береговой линии, образуя системы подводных валов и баров. Последние отгораживали лагуну на юго-востоке. Основным источником псаммитового материала на регрессивных фазах служили дельтовые равнины и протоки, располагавшиеся на восточной части территории. Отложения, которые являются результатом проградации дельты, составляют полностью первый цикл накопления интервала продуктивного пласта Ю1-1 в разрезах месторождений среднеобской группы, а также Еты-Пуровского месторождения [4]. Во время трансгрессий море наступало с северо-запада, смещая пояс подводных песчаных валов к востоку. На всех схемах отмечены песчаники пояса подводных валов, которые частично окаймляют лопасти дельты и являются основными коллекторами в исследуемых разрезах. Флюидоупорами в данном случае могут служить более глубоководные отложения внешнего шельфа, представленные в разрезах тонкозернистыми песчаниками, алевролитами и глинистыми алевролитами.

Библиография

1. Алексеев В.П. Нефтегазовая литология: учебное пособие. Екатеринбург: Изд-во УГГУ, 2019. 576 с.
2. Решение 6-го Межведомственного стратиграфического совещания по рассмотрению и принятию уточненных стратиграфических схем мезозойских отложений Западной Сибири (Новосибирск, 2003 г.). Новосибирск: СНИИГиМС, 2004. 141 с.
3. Шишлов С.Б. Структурно-генетический анализ осадочных формаций. СПб.: Изд-во СПГГИ, 2010. 276 с.
4. Штырляева А.А. Палеогеографические условия формирования продуктивных пластов Ю1 и Ю2 Еты-Пуровского месторождения (Западная Сибирь). //Известия высших учебных заведений. Нефть и газ.,2015;(2), С.33-38.

References

1. Alekseev V.P. Oil and gas lithology: a tutorial. Yekaterinburg: Publishing House of USGU, 2019. 576 p.

2. Decision of the 6th Interdepartmental Stratigraphic Meeting on Consideration and Adoption of Updated Stratigraphic Schemes of Mesozoic Deposits in Western Siberia (Novosibirsk, 2003). Novosibirsk: SNIIGiMS, 2004. 141 p.

3. Shishlov S.B. Structural and genetic analysis of sedimentary formations. St. Petersburg: SPGGI Publishing House, 2010. 276 p.

4. Shtyrlyaeva A.A. Paleogeographic conditions for the formation of productive unit J1 and J2 of the Ety-Purovskoye field (Western Siberia). //News of higher educational institutions. Oil and gas., 2015; (2), pp. 33-38.

Морфогенез и особенности формирования нижнемеловых относительно глубоководных конусов выноса (Западная Сибирь)

Е.В. Полушина* (ООО «Газпромнефть-ННГГФ»)

Введение

Изучаемое месторождение находится в Пуровском районе ЯНАО. Согласно геотектоническому районированию Западно-Сибирской платформы месторождение расположено в зоне сочленения крупных структур II порядка: Восточно-Пурпейского крупного прогиба и Верхнепурского крупного вала. Месторождение недостаточно изучено и появление новых сейсмических и керновых данных позволило актуализировать и детализировать геологическую модель пласта Ач4 ачимовской толщи. Пласт Ач4 относится к клиноформному комплексу берриас-валанжинского возраста и представлен песчаными отложениями глубоководного конуса выноса, состоящего из нескольких лопастей. Отложения формировались как в понижениях склоновых террас, так и у подножья склона, ориентация которого определена в результате сейсмофациального анализа как субмеридиальная. Максимальные мощности отложений пласта не превышают 22 метров.

Теория

За верхнюю границу склона принята условная «бровка шельфа», соответствующая максимальному перегибу временных мощностей (рис.1а). Кроме этого, распределение сейсмоклассов (рис.1б) позволяет проследить границу подножья склона и выделить дополнительную границу между склоновыми террасами.

На карте амплитуд (рис.1в) и карте спектральной декомпозиции (рис.1г) прослеживаются локальные участки у подножья склона и на склоновых террасах, которые могут интерпретироваться как лопасти конусов выноса. Кроме того, на склоне и выше «бровки шельфа» фиксируются линейные (шнурковые) тела, интерпретируемые как питающие каналы глубоководных конусов выноса. В силу слабого разрешения сейсмических данных извилистость каналов, их ширина и глубина не могли быть определены.

а) *б)*

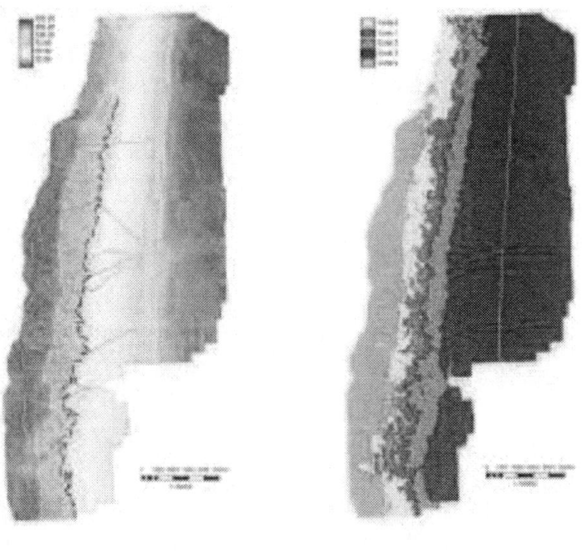

в) *г)*

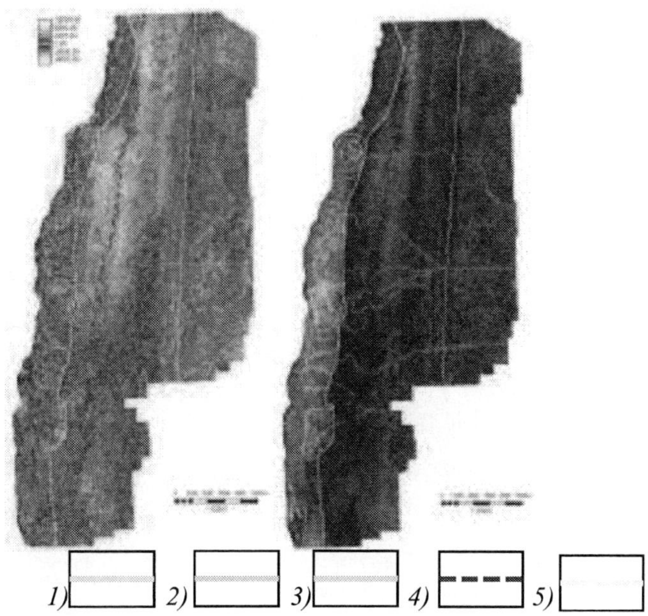

.***Рисунок 1**. Карты: а) временных мощностей; б) классов, построенная на основании временной мощности; в) амплитуд; г) спектральной декомпозиции (RGB 48-57-69); 1-граница лопастей, 2-граница бровки шельфа, 3-питающие каналы,4-граница между склоновыми террасами, 5-граница подножия склона*

Турбидитовая природа отложений пласта Ач4 подтверждаются результатами литофациального анализа керна по четырем скважинам, всего исследовано 160 метров. Пласт представлен переслаиванием аргиллита, алевролита и мелко-среднезернистого песчаника, в котором отмечаются типичные для отложений высокоплотностных потоков текстуры: градационная (рис.2а), удаления воды - пламеневидная (рис.2б), беспорядочная в отложениях обломочного потока (рис.2в) [1-3].

Следует отметить отсутствие в породах следов приливно-отливной, волновой переработки пород, практически полное отсутствие биотурбации осадков. Выделяются сокращенные циклы Боума, состоящие из Та, Тв, Тс редко Td. Песчаные отложения русловых фаций в керне изученных скважин не обнаружены. Все перечисленные признаки не противоречат ранее полученным данным сейсмофациального анализа – выделенным двум морфологическим типам турбидитов в зависимости от расположения на склоне террасы и у подножия склона.

а) *б)* *в)*

***Рисунок 2.** Фотографии характерных текстур: а) градационная текстура; б) текстура удаления воды; в) беспорядочная в отложениях обломочного потока (дебритов).*

а) б)

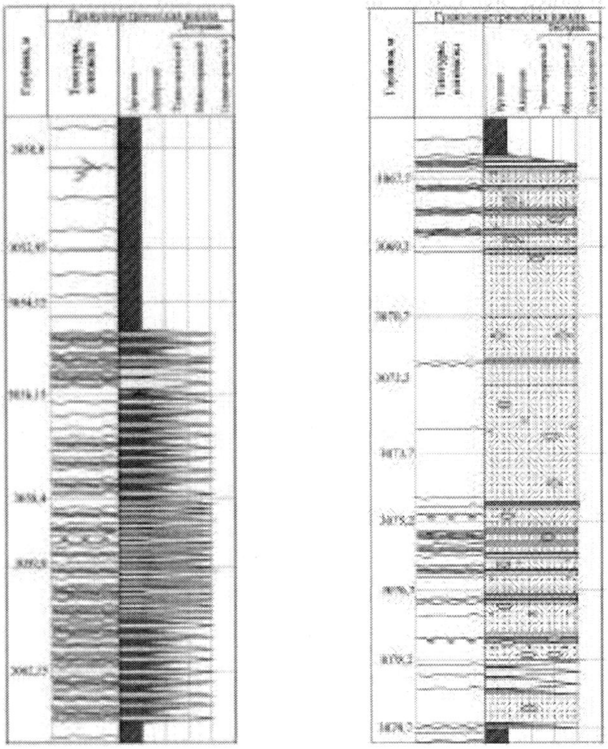

Рисунок 3. *Примеры литологической колонки отложений скважин, расположенных: а) у подножия склона; б) на склоновой террасе.*

Ощутимых текстурно-структурных отличий в керне склоновых/прудовых турбидитов от бассейновых не зафиксировано, однако для лопастных комплексов на склоне характерна в среднем значительно большая песчанистость разреза – 78 % против 25 % от бассейновых. (рис.4) Это хорошо согласуется с принципиальными отличиями в строении таких турбидитов, представленными на схеме (рис.3). Ограничение рельефом дна депрессионных зон обуславливает латеральное причленение лопастей и, вероятно, повышенную мощность и песчанистость разреза при прочих равных условиях. Форма склонового конуса определяется геометрией локальной депрессии (впадины) на террасе и в рассматриваемом случае существенно отличается от конуса выноса у подножия склона (бассейновых) (рис.3)

а) б)

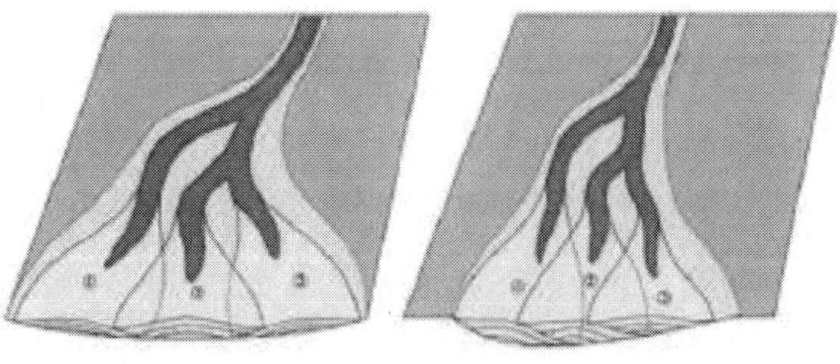

Рисунок 4. *Схема формирования глубоководных конусов выноса: а) на поверхности без ограничивающих факторов; б) в депрессионных зонах, ограниченных по площади [3]*

В ходе анализа морфометрических параметров отдельных лопастей и конусов выносов в целом как ачимовских отложений, так и современных было установлено, что не смотря на различия в морфологии тел, в частности коэффициента удлиненности песчаных тел, их объем изменяется слабо (рис. 5) и варьирует в пределах 65…165* 106 м3. Это говорит об определенном по объему депрессионных зонах на склоне и позволяет прогнозировать объем таких склоновых/прудовых лопастей, если их тип установлен по данным сейсмики и керна.

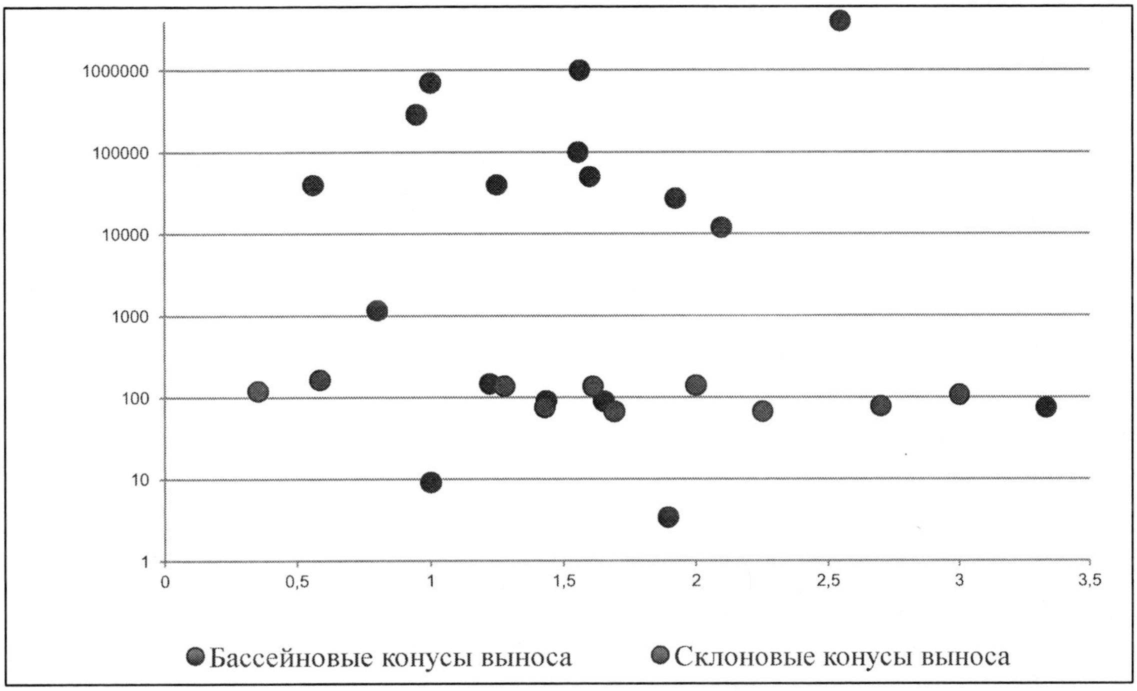

Рисунок 5. *График зависимости объема песчаных тел от коэффициента удлиненности*

Концептуальная модель строения пласта Ач4 подтверждается результатами испытаний скважин, в ходе которых установлено различное насыщение песчаных линз (лопастные тела): на склоновой террасе – вода, в подножье склона - нефть.

Выводы

Таким образом, определено влияние локальных депрессионных форм рельефа на конфигурацию лопастей глубоководного конуса выноса; установлено, что в склоновых лопастях большая песчанистость разреза, чем в бассейновых лопастях; отмечено, что по керновому материалу отличия между турбидитами не устанавливаются. Для определения конфигурации лопастей и их положения необходимо комплексно решать поставленную задачу с привлечением сейсмических, керновых данных и испытаний скважин.

Библиография

1. Сынгаевский П.Е., Хафизов С.Ф., Шиманский В.В. Глубоководные конуса выноса и турбидиты. Модели, циклостратиграфия и применение расширенного комплекса ГИС. – М.-Ижевск: Институт компьютерных исследований, 2015. – 480 с.
2. Жуковская Е.А., Ольнева Т.В. Особенности формирования нижнемеловых турбидитов Западной Сибири // Материалы Мелового совещания, 2018. С.133-137.
3. Фациальные модели / под ред. Р.Уолкера, Н.Джеймса; пер. с англ. – М.-Ижевск: Институт компьютерных исследований, 2017. – 916 с.

«Перспективы неструктурных залежей в неокомских отложениях полуострова Ямал»

А.Р. Валиуллин* (ООО «Газпромнефть-НТЦ»), А.В. Бельтиков (ООО «Газпромнефть-НТЦ»), Е.А. Харыба (NTC NIS-Naftagas LLC Novi Sad), И.И. Дамаскина (ООО «Газпромнефть-Развитие).

Введение

Полуостров Ямал является важнейшей частью топливно-энергетического комплекса России. При этом в силу экстремальных климатических условий, отдаленности объектов, а также сложности геологического строения осадочного чехла, степень изученности, даже в наше время, остается низкой. Учитывая вышеперечисленные факторы, открытие новых месторождений сопряжено со значительными материальными затратами, в том числе по причине высокой неопределённости подсчётных параметров.

В нашей работе рассматривается Поселковая площадь (ПСЛЛ), расположенная в непосредственной близости от посёлка Новый Порт. На данной поисковой площади по результатам 3D СРРР в 2020 году оконтурены ловушки неструктурного типа. По предварительному анализу перспективными являются неокомские пласты от НП7_0 до НП8.

Метод

В тектоническом отношении площадь работ относится к Щучьинскому выступу, и находится на границе Северо-Ямбургского мегапрогиба и Южно-Ямальского вала. Рассматриваемые пласты сформировались в морских условиях, при заполнении внутреннего морского бассейна. До определенного времени не рассматривались как потенциальное месторождение, в силу общей концепции о строении пластов на кряжах больших месторождений на п-ове Ямал. Предполагалось, что неокомские отложения имеют неструктурное строение, и являются малоперспективными.

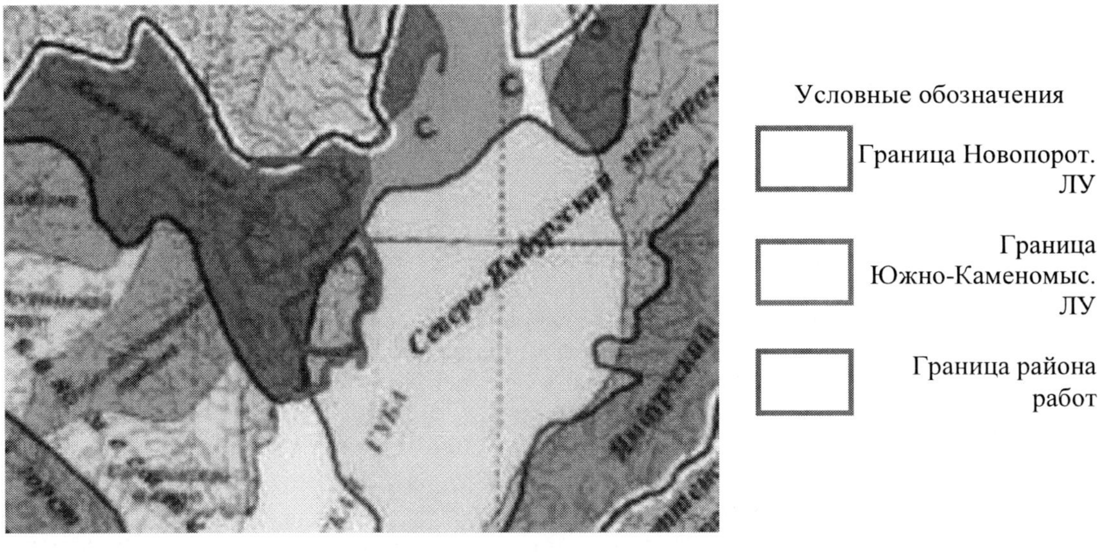

Рисунок 1. *Региональная тектоническая карта района работ*

Интерес к Поселковой площади возник после начала разработки Новопортовского месторождения и строительства в регионе мощной инфраструктуры для транспортировки УВ.

Впервые работы по оконтуриванию перспективных ловушек были выполнены ООО «ТНГ-групп» в 2020 году, на основе данных 2D СРР прошлых лет. Средняя кратность составила 48. Работа показала, что в нижнемеловых отложениях (пласты НП6-8) присутствуют зоны повышенных амплитуд, которые были интерпретированы как продуктивные коллекторы. После выявления продуктивных зон была проведена сейсморазведка 3D, кратностью 256.

В 2021 году была проведена 3D сейсмика и работы по ее интерпретации и обработки компанией ООО НПЦ «Геостра», по результатам которых было детализировано геологическое строение перспективных пластов, уточнены границы ловушек. Качество материалов значительно улучшилось (Рис. 2), что позволило заложить поисковую скважину, которая вскрывает максимальное количество поисковых объектов. В пределах пластов группы НП по амплитудным аномалиям выделили три разновозрастных циклита.

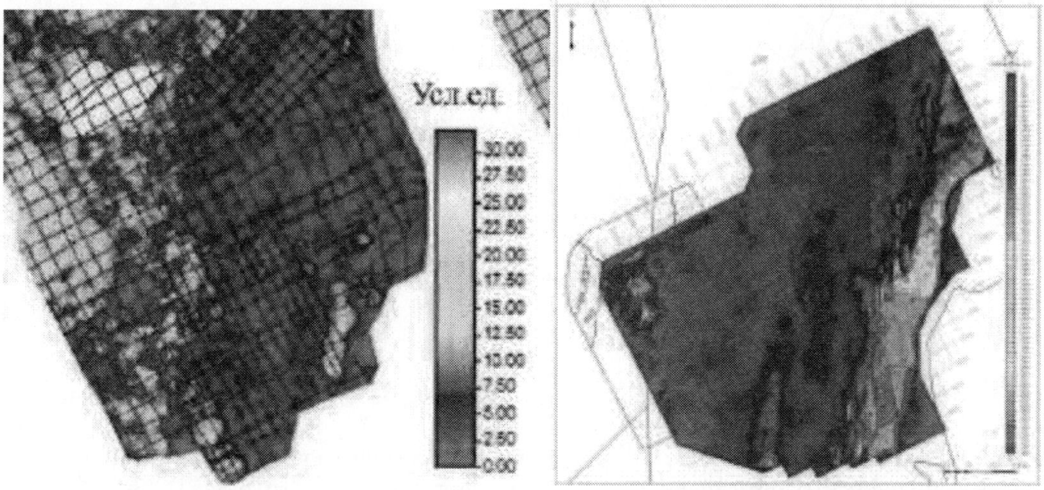

Рисунок 2. *Схема амплитуд пласта НП7 по материалам ООО ТНГ-групп (2D СРР) слева и ООО НПЦ Геостры (3D СРР) справа*

Параллельно с обработкой сейсмики был выполнен геологический концепт строения продуктивных пластов.

Согласно региональным представлениям, формирование мощного комплекса образований неокома, перекрывающих юрские отложения, происходило путем латерального наращивания и заполнения локальных палеодепрессий, что обусловило косослоистую структуру разреза, представленного на площади в объеме новопортовской толщи, имеющая свое распространение только на полуострове Ямал.

Отложения толщи отличаются специфическими условиями формирования, в результате которых она представлена комплексом крупных линзовидных тел, расположенных на различных стратирафических уровнях. Строение толщи характеризуется резким сокращением ее мощности с юго-востока на северо-запад до полного выклинивания входящих в ее состав песчаных пластов.

Особенности литологического состава отложений и закономерности их изменения по площади характеризуют новопортовскую толщу как комплекс прибрежно-морских шельфовых образований. Для детализации геологического строения неокомских отложений на участке работ в дополнение к картам накопленных толщин проанализированы сейсмические разрезы, выровненные на ОГ Т1 (рис. 3). В исследуемом районе отложения представляют собой клиноформенный комплекс, направление поступления осадков с востока на запад, что подтверждается уменьшением накопленных толщин в направлении с востока на запад и наглядно демонстрируется на сейсмическом разрезе.

***Рисунок 3**. Сейсмический разрез, выравненный на ОГ Т1*

Вследствие отсутствия поискового бурения в периметре поселковой ловушки возникает высокий уровень неопределенности не только в вопросах с ФЕС, но и в части определения флюида на качественном уровне. Поэтому для оценки потенциала ловушки был выбран вероятностный подход. В работу были взяты пласты ундаформенные пласты НП7-0, НП7, а также фондоформенная часть пласта НП8. Было рассмотрены концепции ловушек двух типов структурная и структурно-литологическая. (Рис. 4). По итогу была выбрана структурно-литологическая концепция строения залежей, насыщение газ. Расчёты ресурсов на обоснованной геологической модели и наличие необходимой инфраструктуры сделало бурение поисково-оценочной скважины рентабельным. Данный кейс прошел внутренние экспертизы, а также защиту на инвестиционном комитете компании.

***Рисунок 4**. Концепции структурно-литологических и структурных типов залежей*

Кроме того, была проведена большая аналитическая работу по выявлению ближайших пластов-аналогов. Были проанализированы профили 2D СРР и найдено соответствие с одновозрастными отложениями месторождения Каменомысское-суша (КМС), которые находятся в одной фациальной зоне и возможно являются единым геолого-фациальным телом.

Для подтверждения этой гипотезы была проведена сейсмическая корреляция неокомских отложений между этим двумя участками. Композитный профиль проходит через скважины 8R и 9Р на КМС и, проходя вдоль современной береговой линии полуострова Ямал, доходит до Поселковой СЛЛ, охваченной 3D СРР. Далее были проанализированы разрезы указанных скважин и подсчитана средняя пористость и песчанистость. Взяв данные цифры за основу, были посчитаны запасы Поселковой СЛЛ, которые составили 10 млрд.м^3 природного газа по всем пластам. Что соответствует Р55 вероятностного кейса.

Помимо того, что данная гипотеза позволяет утверждать, что мы можем спрогнозировать ФЕС на Поселковой ловушке по скважинным данным с КМС, так же мы можем утверждать, что вся площадь, находящая между указанными участками, так же потенциально продуктивна и может содержать, по предварительной оценке – 104 млрд. м^3 газа и более. (Рис. 4). По результатам работ на указанные ловушки заложена поисково-оценочная скважина, которая находится в бурении. По данным ГИС в неокомских отложениях вскрыты коллекторы с высоким сопротивлением.

***Рисунок 4**. Потенциально продуктивный участок между КМС и ПСЛЛ*

Выводы

- В условиях близости инфрастуктуры актуален поиск неструктурных ловушек
- Для оценки запасов следует в обязательном порядке применять 3D СРР, привлекать данные региональной геологии и отложений аналогов
- Аналитический способ подсчёта ресурсов может и должен применяться при отсутствии достоверных данных по объекту, наравне с распространенным вероятностным подходом.
- По результатам комплекса работ получена гораздо большая продуктивная зона.

Благодарности

Выражаем благодарность за помощь в подготовке материалов Шиховой Р. И (ООО «Газпромнефть- Развитие»), Цукановой Е.Ф., Лаврня Б. и Гогич А. (NTC NIS-Naftagas)

Библиография / References

1. И. В. Кислухин «Особенности геологического строения и нефтегазоносность юрско-неокомских отложений полуострова Ямал». Тюмень, ТюмГНГУ, 2012 г.
2. «Обработка и комплексная интерпретация геолого-геофизических данных 2Д с целью уточнения геологического строения Южно-Каменомысского лицензионного участка (в пределах Южно-Каменомысского и Новопортовского лицензионных участков). ООО «ТНГ-Групп». г. Бавгульма, 2018г.
3. «Обработки и интерпретация сейсморазведочных данных 2Д, 3Д» в пределах Южно-Каменомысского и Новопоротовского лицензионных участков в 2018-2021 гг. ООО НПЦ «Геостра». Г. Уфа. 2021г.

«Результаты новейшего параметрического бурения на территории восточной части Агапского прогиба Енисей-Хатангской НГО»

Авторы:

А.М.Кирсанов (ФГБУ «ВНИГНИ»), П.А.Левченко (ФГБУ «ВНИГНИ»), С.Н.Лаврова (ФГБУ «ВНИГНИ»)

В 2022 году закончился второй этап бурения до глубины 5000м параметрической скважины Новякимовская 1, расположенный в восточной части Агапского прогиба Енисей-Хатангской НГО. Получены литолого-стратиграфическая, геофизическая, петрофизическая, геохимическая характеристики верхнемелового, нижнемелового, верхнеюрского и среднеюрского разреза территории. На основании комплексной интерпретации проведенных исследований проведена стратификация разреза, разработаны и апробированы алгоритмы интерпретации данных ГИС, выделены перспективные на наличие нефти и газа интервалы разреза для дальнейшего испытания в обсаженном стволе.

Ключевые слова: Енисей-Хатангский региональный прогиб, Енисей-Хатангская НГО, Агапский прогиб, параметризация разреза, петрофизика, нижнехетская свита, яновстановская свита

Введение

В последние годы особый интерес нефтяной и газовой индустрии вызывает Енисей-Хатангская НГО. Растёт ресурсный потенциал территории, лицензируются участки, открываются новые месторождения. При этом изученность НГО геолого-геофизическими работами и глубоким бурением остаётся крайне неравномерной. В западной части территории (рядом авторов выделяемой в Усть-Енисейский район) пробурено уже более 100 скважин, силами недропользователей проводятся плотные 2D и новейшие 3D сейсморазведочные съемки. В восточной части Енисей-Хатангской НГО до сих пор продолжаются региональные работы: уплотняющие 2D региональные сейсморазведочные съемки (Рисунок 1), аэрогеофизическая съемка. По результатам новейшей работ по обобщению ретроспективных геолого-геофизических материалов и новейшей сейсморазведочной съемки 2017-2019 годов была заложена Новоякимовская 1 параметрическая скважина.

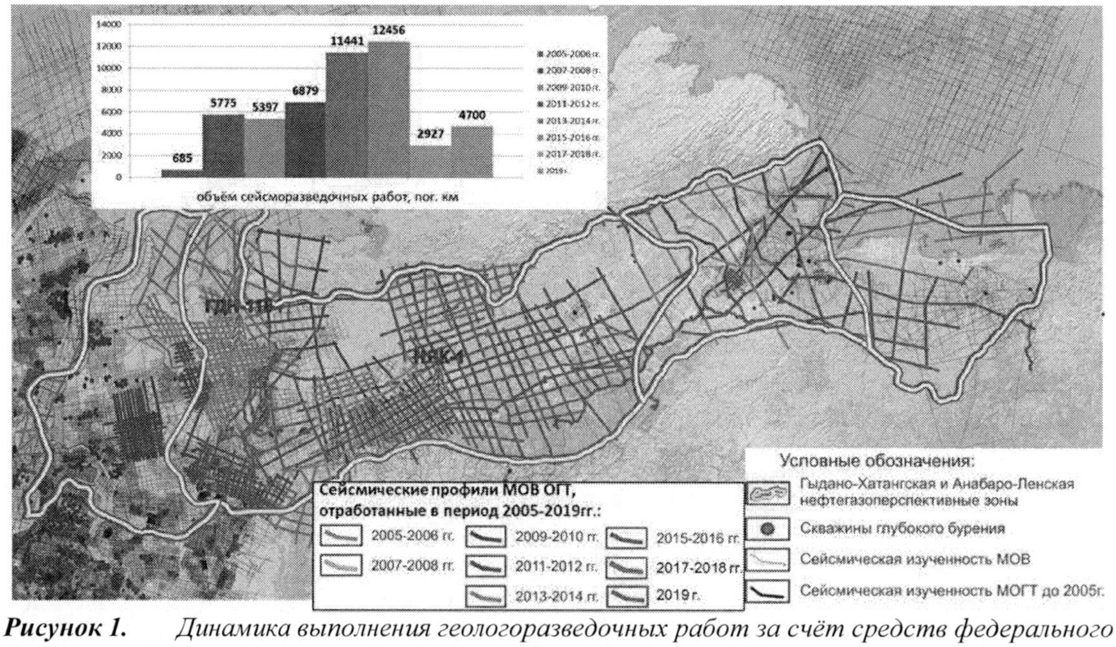

Рисунок 1. *Динамика выполнения геологоразведочных работ за счёт средств федерального бюджета в Гыдано-Хатангской и Анабаро-Хатангской зонах [1]*

Административно Новоякимовская-1 находится в Таймырском Долгано-Ненецком муниципальном районе Сибирского ФО. В тектоническом плане скважина расположена в восточной части Агапского прогиба (западная часть Енисей-Хатангского регионального прогиба), вблизи зоны сочленения Западно-Сибирской плиты и Сибирской платформы. Полная глубина скважины составит 5000 м.

Место заложения скважины было выбрано на пересечении двух сейсмических профилей с учётом структурных построений и интерпретации методом ОТДИ (оптимизационной технологии динамической интерпретации) (Рисунок 2).

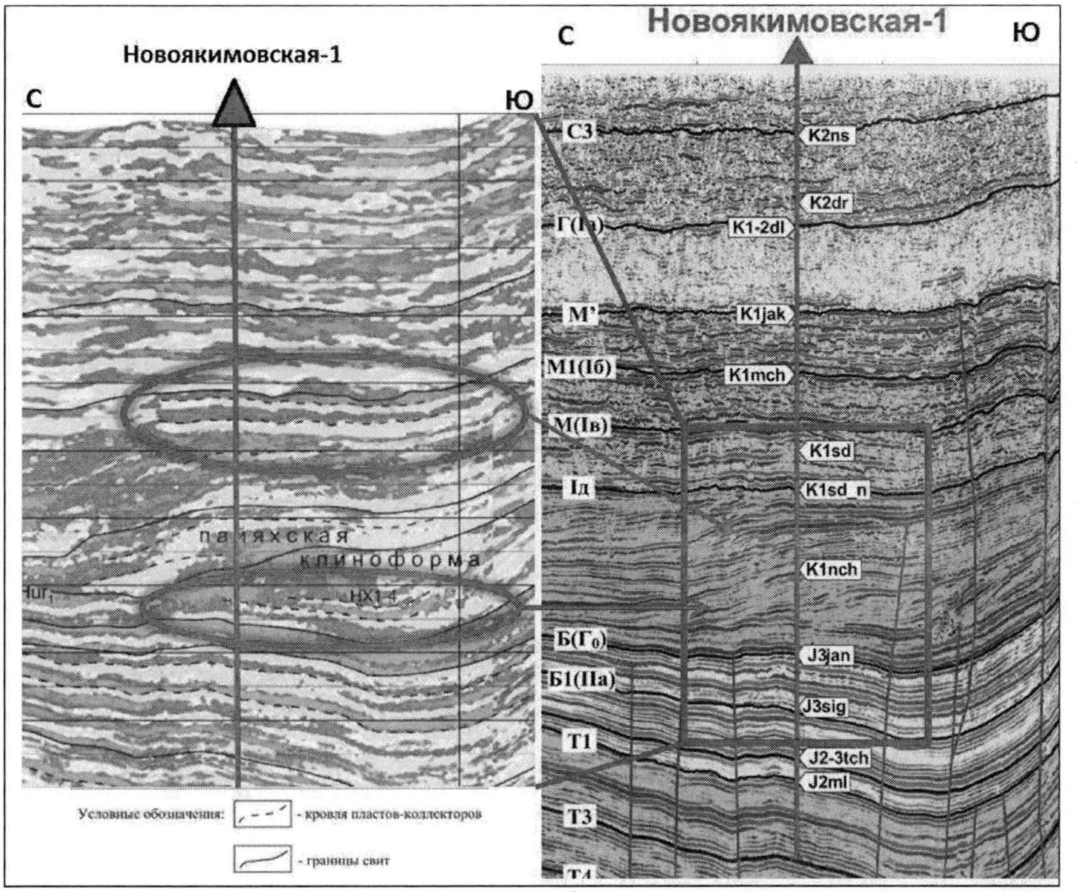

Рисунок 2. *Сейсмический разрез по профилю в районе заложения скважина Новоякимовская 1 с результатами обработки по Оптимизационной Технологии Динамической Интерпретации (ОТДИ) [2]*

Основные геологические задачи, предусмотренные Государственным контрактом на бурение Новоякимовской 1 параметрической скважины:

- Получить комплексную литолого-стратиграфическую, геофизическую, петрофизическую, геохимическую характеристику вскрытого скважиной разреза.

- Изучить коллекторские свойства пород и оценить характер их насыщения по результатам комплексной интерпретации данных ГИС.

- Выполнить комплексное изучение рассеянного в породе органического вещества (РОВ), оценить уровень его катагенетической преобразованности и генерационный потенциал.

В процессе строительства скважины были произведены следующие виды исследований:

— отбор и детальное описание керна и шлама;
— детальные лабораторные петрофизические и геохимические исследования;
— геолого-технические и геофизические исследования в открытом стволе скважины;
— опробование объектов в открытом стволе;
— ВСП.

Проведённый комплекс исследований позволил провести литотстратиграфическое расчленение разреза, уточнить стратификацию верхмеловых, нижнемеловых, верхнеюрских и среднеюрских отложений.

По данным керна установлен базовый минералогический состав разреза, утончены петрофизические константы, алгоритмы определения базовых подсчетных параметров.

Проведена комплексная интерпретация данных ГИС, включающая в себя выделение эффективных толщин, расчёты пористости и проницаемости. Также осуществлялось построение объемной модели с определением компонентного состава твёрдой фазы породы и её ёмкостных свойств оптимизационным методом. Дана качественная характеристика флюидонасыщенности разреза и количественные определения коэффициентов нефте- и газонасыщенности для продуктивных коллекторов, установлены положения межфлюидных контактов и границ переходных зон

Проведенная интерпретация позволила:

— подтвердить наличие коллекторов с нефтяным насыщением по данным ГИС в отложениях нижнехетской свиты (ачимовской толщи)
— выделить газонасыщенные по данным ГИС коллекторы в интервале доганской свиты верхнего-нижнего мела,
— выделить перспективные на УВ коллекторы в среднеюрском разреза.

Выводы

1. В ходе строительства параметрической скважины Новоякимовская 1 были решены все поставленные задачи по параметризации разреза.

2. Получена комплексная литолого-стратиграфическая, геофизическая, петрофизическая, геохимическая характеристики вскрытого скважиной разреза меловой, верхнеюрской и среднеюрской частей разреза восточной части Агапского прогиба Енисей-Хатангской НГО.

3. Комплекс проведённых исследований позволил уточнить стратиграфическое строение меловой, верхнеюрской и среднеюрской частей разреза. Определены тип разреза, выделены стратиграфические границы, построены схемы межскважинной корреляции.

4. Изучены фильтрационно-ёмкостные свойства пород, оценен характер насыщения коллекторов по результатам комплексной интерпретации данных ГИС.

5. Подтверждено наличие коллекторов (нефтенасыщенных по ГИС) в интервале клиноформного комплекса нижнего мела восточной части Агапского прогиба Енисей-Хатангской НГО.

6. По результатам комплексной интерпретации выделены объекты с углеводородным насыщением для перфорации в колонне в интервале долганской, нижнехетской, сиговской и малышевской свит.

Благодарности (на ваше усмотрение)

Авторы выражают огромную благодарность коллективу ФГБУ «ВНИГНИ»

Библиография / References

1. Афанасенков А.П., Обухов А.Н., Бондаренко М.Т., и др. Методология комплексного геолого-геофизического изучения малоизученных нефтегазоперспективных территорий Российской Федерации на примере северного обрамления Сибирской платформы // в сборнике ВНИГНИ - 65. Люди Результаты Перспективы, место издания Москва, с. 150-209

2. Афанасенков А.П., Кондратьев И.К., Киссин Ю.М. и др.. Применение системы оптимизационной технологии динамической интерпретации для прогноза литолого-физических свойств геологических разрезов в региональной сейсморазведке // в сборнике ВНИГНИ - 65. Люди Результаты Перспективы, место издания Москва, с. 296-310

3. Афанасенков А.П. Геология и перспективы нефтегазоносности Севера Сибирской платформы // Диссертация на соискание докторской степени, Москва 2019г.

4. Афанасенков А.П., Кирсанов А.М., Чикишев А.А. Литолого-емкостная характеристика юрско-меловых резервуаров Гыданской и Енисей-Хатангской нефтегазоносных областей // Геология нефти и газа, издательство Геоинформмарк (М.), №1/2019, с.45-54

5. Кринин В.А.. Обработка и обобщение материалов параметрического бурения в восточнйо части Енисей-Хатангского прогиба (Логатская. Восточно-Кубалахская и Западно-Кубалахская площади) // - ПГО «Енисейнефтегазгеология». 1989

6. Конторович А. Э.. Гребенюк В. В., Кузнецов Л. Л. и др. «Нефтегазоноснв1е бассейнв1 и регионв1 Сибири». В 8 вып. Ввга. 3. Енисей-Хатангский бассейн. Новосибирск. ОИГТМ СО РАН. 1994. 71 с.

Всего одна технология LWD как готовое решение для полноценной петрофизической оценки газонасыщенных Юрских отложений полуострова Ямал.

Бокарёв А.Ю., Schlumberger

Введение

Одной из наиболее распространенных проблем, с которой сталкиваются исследователи пород-коллекторов Западносибирского региона, является оценка насыщенности по данным ГИС. Низкая минерализация пластовой воды (часто ниже 10 г/л), высокая общая глинистость и слоистая структура не редко искажают показания методов электрометрии, делая методики оценки насыщенности на их основе низкоэффективными. В условиях наличия обводненных пластов, множественных жидкостных контактов и мощных переходных зон, которыми характеризуются юрские отложения региона, важность оценки насыщенности действительно трудно переоценить.

Метод (и/или Теория)

Для решения подобных задач принято привлекать специальные методы исследований – Опробование Пластов на Кабеле (ОПК), Многочастотный Волновой Диэлектрический каротаж (МВДК), ядерно-магнитный каротаж (ЯМК). Каждый из методов, тем не менее, имеет ряд особенностей и ограничений. ОПК безусловно информативный и наиболее достоверный метод оценки насыщенности, однако исследование требует существенных временных затрат и сопряжено с рисками прихватов оборудования. Кроме того, метод часто показывает низкую информативность при абсолютной проницаемости менее 1 мД. В большинстве случаев при проведении ОПК в подобных отложениях не удается получить чистые притоки флюидов, по которым можно было сделать однозначный вывод о характере насыщенности пласта-коллектора. К тому же состав притока при проведении ОПК может отличаться от содержания того или иного флюида в поровом пространстве из-за величины депрессии и особенностей кривых фазовых проницаемостей.

МВДК напрямую оценивает влагоемкость пород в объеме пор, однако имеет крайне малую глубину исследования (~2 см), которая не позволяет уверенно оценить неизмененную зону пласта. Аналогичная ситуация справедлива и в отношении ЯМК, потому как слишком малая глубинность исследований (5–7 см) не позволяет достоверно оценить истинную насыщенность пород.

Одним из возможных путей решения задачи определения насыщенности видится применение специальных методов ГИС непосредственно в составе бурильной колонны – ГИС в процессе бурения. Эволюция и технический прогресс неотвратимо толкает технологии ГИС в процессе бурения по пятам лучших аналогов ГИС на кабеле, совмещая качество и представительность с благоприятными условиями для исследований (время с момента вскрытия до момента исследований обычно не превышает нескольких часов). Для решения задачи оценки насыщенности юрских отложений месторождения было решено испытать последнее поколение оборудования ЯМК в процессе бурения сервисной компании Шлюмберже.

Цикл исследования предполагает проведение измерения в два этапа – на первом этапе происходит поляризация ядер атомов водорода среды (протонов) согласно внешнему магнитному полю, создаваемому постоянным магнитным полем прибора. Процесс называется спин-решеточная или продольная релаксация и характеризуется временем релаксации t1 (время, за которое суммарный вектор намагниченности возвращается в равновесное положение, совпадающее с направлением главного магнитного поля). Далее производится вторая фаза исследований, на которой в работу включается антенна, посылающая радиочастотные импульсы в направлении, перпендикулярном внешнему магнитному полю. Происходит отклонение суммарного вектора намагниченности в плоскость «ХУ» с последующей расфазировкой индивидуальных векторов магнитного момента протонов и возвращением их в исходное положение, соответствующее направлению внешнего поля. Этот процесс называется спин-спиновой или поперечной релаксацией и характеризуется временем релаксации t2. Параметры t1 и t2 имеет различную природу и по-разному реагируют на флиюдонасыщенность. Например, длинные времена релаксации (газ, макропористость) лучше характеризуются параметром t1, а короткие (микропоры, вязкая нефть) – параметром t2. Кроме того, соотношение t1 и t2 варьируется для различных сред и флюидов. Измеряя оба параметра одновременно, существуют возможность разделить сигналы от различных флюидов на спектре сигналов ЯМР и оценить их количественно с помощью отсечек. Цикл измерений ЯМР сигналов в общем виде представлен на Рисунке 1.

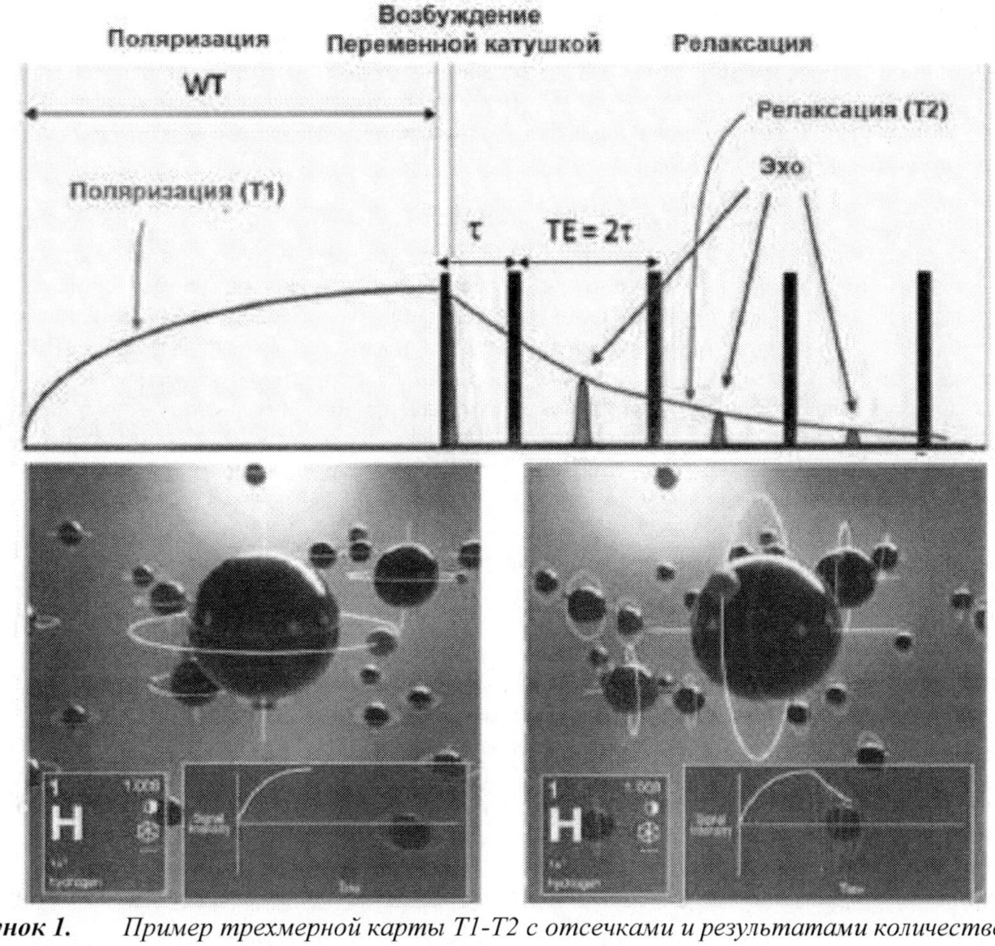

Рисунок 1. *Пример трехмерной карты T1-T2 с отсечками и результатами количественной оценки ФЕС по данным ЯМК в процессе бурения нового поколения*

Относительно долгий цикл измерений затрудняет совместную регистрацию t1 и t2 в непрерывном режиме записи. Архитектура прибора ЯМР последнего поколения позволяет совмещать циклы измерений t1 и t2 и производить перекрестное суммирование сигналов ЯМР. Благодаря этому, а также современной радиотехнической компонентой базе, цикл измерений удалость существенно сократить, получив возможность регистрировать параметры t1 и t2 одновременно в непрерывном режиме. Все данные передаются через канал телеметрии и могут быть визуализированы и проанализированы в реальном времени, позволяя оперативно производить оценку ФЕС.

В качестве полигона для исследования был выбран пилотный ствол эксплуатационной скважины, которая располагается на территории полуострова Ямал. Скважина-кандидат пересекает транзитом газонасыщенные пласты юрского возраста, приуроченные к отложениям абалакской, малышевской, леонтьевской и вымской свит. Юрские отложения, характеризуются низкой проницаемостью, большим объемом связанной воды, высокой общей глинистостью и низкой минерализацией пластовых вод. Геологические условия затрудняют петрофизическую интерпретацию данных традиционных методов ГИС. Учитывая особенности, рассматриваемые юрские отложения полуострова Ямал являются подходящим полигоном для опробования специальных современных методов исследования, таких как ЯМР в процессе бурения.

Метод ЯМК в процессе бурения планировалось использовать для независимого определения следующих параметров: характера насыщенности, коэффициента газонасыщенности, объема остаточной и подвижной воды. Исследования производились непосредственно в процессе бурения для минимизации влияния фильтрата бурового раствора (ФБР) на показания метода ЯМК. Бурение скважины производилось с использованием бурового раствора на углеводородной основе (РУО). Для ЯМР исследований был проанализирован состав газа, смоделированы референсные значения t1 и t2 для пластового газа, на основании которых была подобрана оптимальная последовательность эхо-сигналов, позволяющая поляризовать и зарегистрировать пластовый флюид.

После получения первых данных в реальном времени было обнаружено, что, несмотря на малое время влияния (менее 2 часов), фильтрат РУО успевает проникать в призабойную зоны, вытесняя часть пластового газа. При этом и в фильтрате, и в газе процессы релаксации происходят достаточно долго в условиях захода фильтрата в гидрофильную пору. Для разделения сигналов от фильтрата бурового раствора и газа, во время подъема КНБК была произведена контрольная запись спустя 138 часов после первичного вскрытия пласта. При сопоставлении сигналов двух ЯМР сигналов в газонасыщенном интервале, было обнаружено исчезновение сигнала в области более 2000 мс по параметру t1. Данный факт был интерпретирован как эффект вытеснения газа фильтратом бурового раствора. Таким образом была определена отсечка для количественной оценки газонасыщенности в ближней зоне пласта.

Далее, на основе ранее проведенных ЯМР исследований на кабеле на месторождении, а также данных предбурового моделирования и факторного анализа были определены отсечки t2 для оценки объемов связанной (<33 мс) и свободной воды (33-110 мс). Стоит отметить, что было замечено отсутствие характерного сигнала от фильтрата РУО, в зонах, которые однозначно интерпретируются как водонасыщенные. Наблюдение подтверждалось результатами ЯМР исследований на кабеле на других скважинах месторождения. Этот факт принят для заключения, что используемая растворная система в существующих термобарических условиях хорошо вытесняет из порового пространства газ, но не пластовую воду. Таким образом, получилась система отсечек, позволяющая разложить флюидальный состав порового пространства на 3 компонента с помощью ЯМР сигналов: неподвижная вода ($t2<33$ мс), подвижная вода ($33мс<t2<110мс$), невытесненый газ ($t1>2000$ мс). Для более детального анализа зон смешанной насыщенности привлекались двухмерные карты t1- t2, с помощью которых удалось выделить зоны с газонасыщенностью не более 10-20%. Пример применения методики представлен в графическом виде на Рисунке 2.

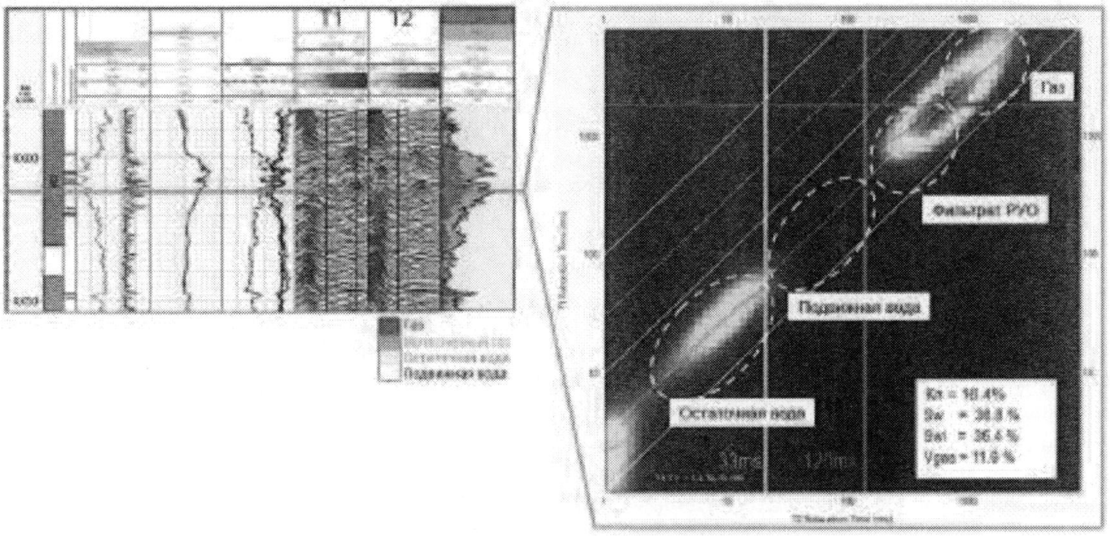

Рисунок 2. *Пример трехмерной карты T1-T2 с отсечками и результатами количественной оценки ФЕС по данным ЯМК в процессе бурения нового поколения*

Выводы

В результате проведенных работ удалось оценить насыщенность всех пластов юрской группы, без привлечения методов электрометрии. В условиях, когда традиционные методы оценки насыщенности слабо дифференцированы и малоинформативны, применение подобных технологий является целесообразным и оправданным. Кроме того, представленный в докладе опыт - это первый случай в мировой практике использования подобных технологий для исследования газонасыщенных пород. Проведенные исследования показали, что измеряемые параметры метода ЯМР более контрастны в системе газ-вода и газ-нефть, по сравнению с системами нефть-вода.

Библиография / References

1. Hursan, Gabor, Silva, Andre, Van Steene, Marie, and Albina Mutina. "Learnings From a New Slimhole LWD NMR Technology." *Petrophysics* 63 (2022): 389–403.

2. Heaton, Nicholas, Hupp, Douglas, Minh, Chanh Cao, Jain, Vikas, Sargin, Doruk, Maciel, Alexandre, Akindipe, Olutunde, and Michael Werner. "Next Generation LWD NMR for Slim Holes." Paper presented at the SPWLA 59th Annual Logging Symposium, London, UK, June 2018.

3. Akkurt, Ridvan, Marsala, Alberto F., Seifert, Douglas, Al-Harbi, Ahmed, Buenrostro, Carlos, Kruspe, Thomas, Thern, Holger F., Kurz, Gerhard, Blanz, Martin, and Asbjorn Kroken. "Collaborative Development of a Slim LWD NMR Tool: From Concept to Field Testing." Paper presented at the SPE Saudi Arabia Section Technical Symposium, Al-Khobar, Saudi Arabia, May 2009.

4. Kausik, Ravinath, Jiang, Tianmin, Venkataramanan, Lalitha, Mutina, Albina, Rylander, Erik, and Rick Lewis. "Reservoir Producibility Index (RPI) Based on 2D *T*1-*T*2 NMR Logs." Paper presented at the SPWLA 60th Annual Logging Symposium, The Woodlands, Texas, USA, June 2019.

Опыт применения технологий сейсморазведки для выделения объектов палеоруслового генезиса в интервале развития группы пластов АВ

Э.Г. Полякова*, Н.Н. Храпко, М.В. Яковлев, Е.Ф. Давшевская, М.Ю. Матковская, Д.В. Александров, В.М. Вингалов
(Филиал ООО «ЛУКОЙЛ-Инжиниринг» «КогалымНИПИнефть» в г. Тюмени)

Введение

Аллювиальные отложения встречаются в разновозрастных геологических формациях по всему миру. По заключению многих исследователей, русла древних рек, выполненные песчаными и песчано-галечниковыми образованиями и перекрытые глинистыми отложениями пойм, представляют собой исключительно благоприятное сочетание хорошо проницаемых и непроницаемых пород, столь необходимое для формирования скоплений углеводородов. В связи с этим песчаные тела аллювиального генезиса представляют большой интерес при поисках залежей нефти и газа в ловушках литологического типа [1].

В настоящее время в нефтегазовой геологии наиболее распространена типизация речных систем по форме русел (морфологическая). Для сейсмической интерпретации категория «формы» объекта также имеет первостепенное значение и в случае интерпретации палеорусел позволяет выгодно подчеркнуть преимущества площадного геофизического метода [2]. Несмотря на плотную разбуренность месторождений, остаются проблемы в геометризации и разработке залежей, связанные с литологической неоднородностью пластов, изменением уровней ВНК и эффективных нефтенасыщенных толщин в пределах залежей. Главной причиной, обуславливающей неоднородность пластов, являются фациальные условия образования осадка, т. е. седиментационная обстановка осадконакопления. Участок сейсморазведочных работ 3D общей площадью 2260 кв. км, взятый за основу для изучения группы пластов АВ, расположен ХМАО, представляет собой объединенный куб по 15-ти съёмкам 3D локальных участков. В процессе объединения важным этапом являлось приведение всех локальных кубов к единому динамическому уровню для исключения возникновения «артефактов» в зонах стыковки, которые могут быть не верно интерпретированы.

Построение структурного каркаса

Глинистые разделы между пластами $АВ_2$ – $АВ_3$ незначительные, а в некоторых скважинах пласты-коллекторы объединяются. В связи с этим в сейсмическом поле отделить пласт $АВ_2$ от $АВ_3$ достаточно сложно. На основе сейсмогеологической привязки выполнена корреляция ОГ $НАВ_2$. Горизонт прослежен по сейсмическому кубу после специальной обработки, позволяющей повышать разрешающую способность волновой картины по переходу с «-» на «+». Исключением являются зоны распространения русловых систем, где волновая картина характеризуется усилением (ослаблением) амплитуд или значительным раздувом фазы (как положительной, так и отрицательной вблизи ОГ $НАВ_2$. В этом случае корреляция кровли выполнялась по принципу сохранения временных мощностей с ОГ М. Выполнить корреляцию ОГ $НАВ_3$ по этому принципу не удалось по причине отсутствия в интервале развития пласта $АВ_3$ устойчивого отражения, которое можно было бы ассоциировать с кровлей пласта. Структурные карты по кровле и подошве отражающего горизонта $НАВ_3$ отстроены методом схождения от ОГ $НАВ_2$. Для пересчёта поверхностей глубин во временную область привлекался куб интервальных скоростей. Скоростная модель использовалась для расчета временных поверхностей кровель и подошв продуктивных пластов из соответствующих структурных карт, что позволило с достаточной долей уверенности определить временные окна для динамического анализа (рис. 1).

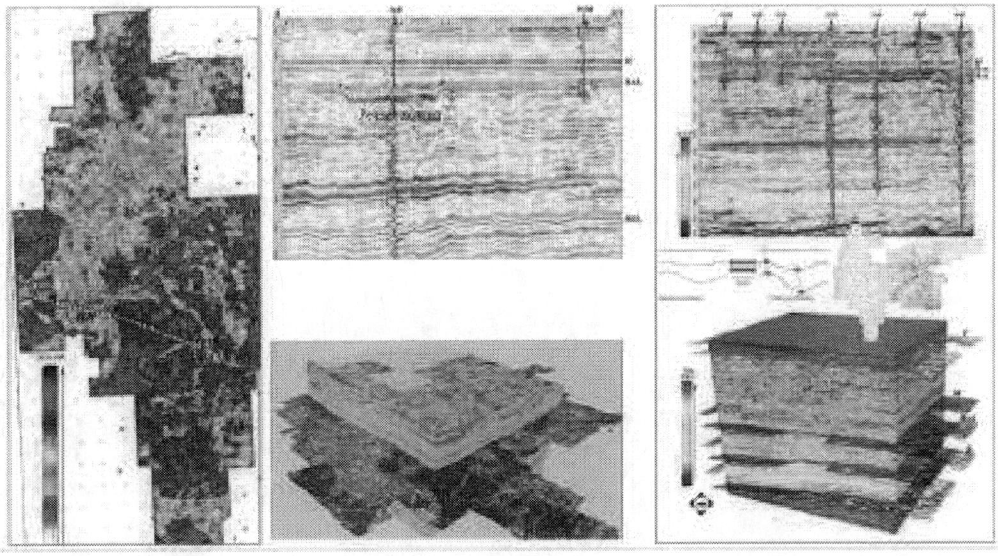

Рисунок 1. *Волновая картина. Принцип корреляции ОГ*

Сейсмогеологический анализ

В результате анализа каротажных кривых по пластам $АВ_2$ и $АВ_3$ построены схемы расположения скважин с дифференциацией по группам фаций. Схемы фациального районирования пластов $АВ_2$ и $АВ_3$ – результат комплексного анализа скважинных данных с привлечением карт прогнозных эффективных толщин, карт сейсмофаций и сейсмических атрибутов (рис.2). Для верификации полученных в ходе исследований результатов проведено сопоставление оконтуренных по площади русловых долин и пойменных равнин с данными в скважинах.

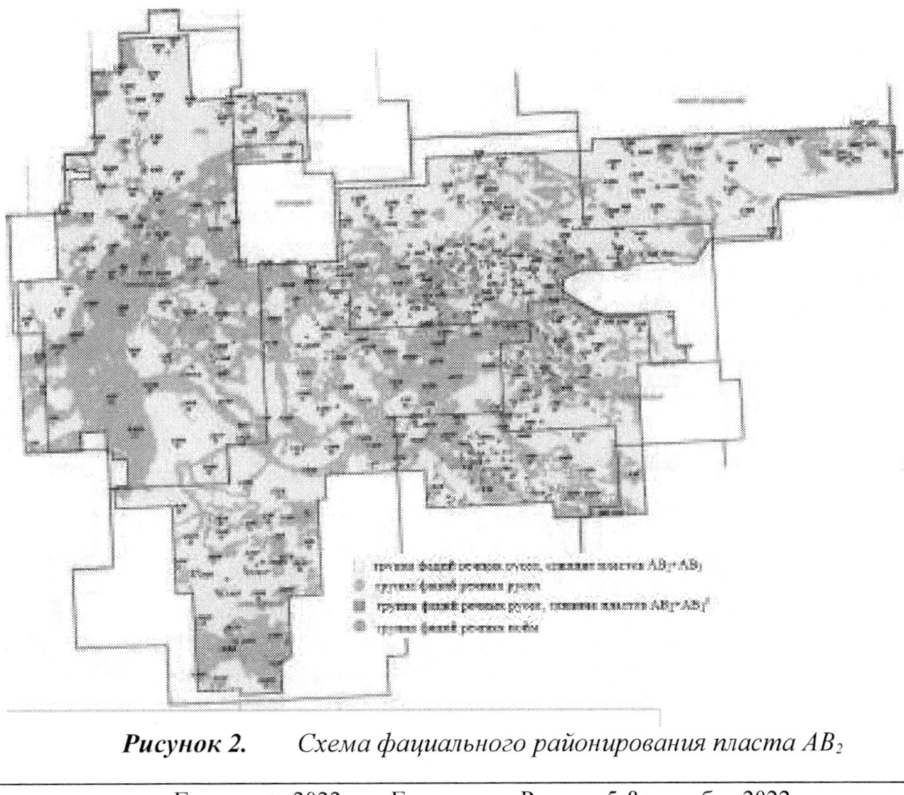

Рисунок 2. *Схема фациального районирования пласта $АВ_2$*

Для корреляции подошвы руслового тела наряду со скважинными данными привлекались кубы амплитуд, мгновенных фаз, куб акустического импеданса, где границы предполагаемых палеоврезов выражены пониженными значениями. Затем куб акустического импеданса клипировался по пониженным значениям, которые контрастно отражают геометрию палеоврезов (рис. 3). Граница, соответствующая подошве, полученного таким образом объёмного геологического тела переведена в глубинный масштаб и использовалась в качестве трендовой поверхности для корреляции и картирования схемы глубин подошвы руслового тела. Этот объект можно считать выделенным с достаточной степенью достоверности.

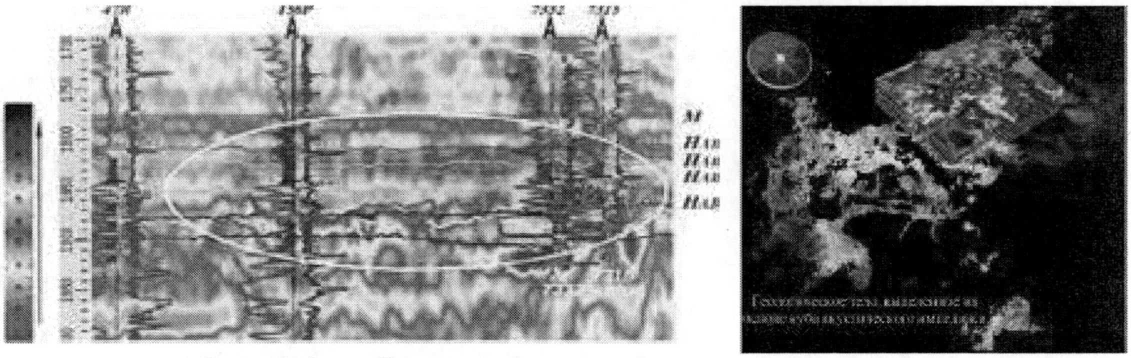

Рисунок 3. *Принцип выделения подошвы руслового тела*

Проведено сопоставление полигонов предполагаемых речных долин в интервале развития пластов AB_2 и AB_3. Сделан вывод о том, что формирование континентальных отложений пласта AB_2 происходило в соответствии с унаследованными от подстилающих отложений AB_3 морфологическими особенностями (локальные поднятия, врезные долины и т.д.). Речные долины, участвовавшие в формировании зонального интервала AB_3 продолжали развиваться и в интервале пласта AB_2 со смещением относительно первоначального положения, но некоторые из них унаследовали то же положение, что и прежде. Крупная область накопления песка в меандрирующих реках – это меандровые петли, в которых формируются песчаные косы. На карте RGB-суммы хорошо просматриваются контуры таких петель, которые характеризуются наилучшими коллекторскими свойствами.

Прогноз эффективных толщин по сейсмическим данным

При изучении графиков корреляционной зависимости толщин по опорным горизонтам участка работ и в целевом интервале разреза наблюдается зональность, предположительно связанная с седиментационными ступенями, погружающимися на северо-запад, которые могут быть обусловлены тектоническими движениями и являться границами литолого-фациальных зон. Поэтому, при прогнозе эффективных толщин пластов, общая выборка скважин была разделена на 3 группы, в соответствии с выявленной зональностью. Это значительно увеличило тесноту связи эффективных толщин с сейсмическими атрибутами, после чего прогнозные карты были объединены и приведены к данным всех скважин участка.

Подтверждаемость полученной модели бурением

С использованием временных разрезов, динамических атрибутов, структурных карт и прогнозных карт толщин, полученных в рамках сейсмогеологической модели, выдаются рекомендации по целесообразности бурения эксплуатационных скважин. Ориентации горизонтальных участков, рисков обводненности продукции в пласте AB_1^3, расположенном над руслами, выделенными в пласте AB_2. Производятся попытки прогнозировать ухудшение коллекторских свойств в пласте AB_1^3 с использованием нескольких критериев. В целом можно утверждать, что подтверждаемость на данный момент удовлетворительная. Эффективность эксплуатационного бурения возросла.

Выводы

- При объединении в общий массив сейсмических данных локальных кубов съёмок 3D прошлых лет особое внимание необходимо уделять увязке локальных кубов по динамическим характеристикам для исключения возникновения «артефактов» в зонах стыковки, которые могут быть не верно интерпретированы.
- Для выделения границ фациальных тел динамический анализ должен быть направлен на поиск различных атрибутных представлений сейсмических данных, способных качественно, в виде узнаваемого геометрического образа охарактеризовать обстановку осадконакопления.
- Пересчёт поверхностей глубин во временную область с привлечением куба интервальных скоростей позволяет с достаточной долей уверенности определить временные окна для динамического анализа и прогноза петрофизических свойств пластов.
- Комплексный анализ скважинных данных с кластеризацией по фациям индивидуально для стратиграфических интервалов продуктивных пластов и сопоставление полигонов предполагаемых речных долин, выделенных по данным сейсмики, позволяет сделать вывод о характере формирования континентальных отложений, а использование объемной интерпретации получить наиболее полное представление о геологическом теле, характеризующем русловую систему.
- Картирование русловых систем позволит решить проблемы в геометризации и разработке залежей, связанные с литологической неоднородностью пластов, изменением уровней ВНК и эффективных нефтенасыщенных толщин в пределах залежей, связанных с фациальной неоднородностью, использовать дифференциацию по группам фаций для рекомендаций схем расположения проектных скважин.

Благодарности

Авторы выражают благодарность коллегам Филиала ООО «ЛУКОЙЛ-Инжиниринг» «КогалымНИПИнефть» в г. Тюмени за сотрудничество.

Библиография

1. Муромцев В.С. Электрометрическая геология песчаных тел - литологических ловушек нефти и газа. - М.: Недра, 1994.
2. Ольнева Т.В., Жуковская Е.А. «Сейсмовидение геологических процессов и явлений: русловые отложения континентальных обстановок осадконакопления», Геофизика 2.2016, 2-4 с.

Использование седиментологических исследований керна для создания достоверных концептуальных моделей продуктивных пластов

М.Д. Фёдорова*; О.Я. Кирзелёва; Д.В. Кляжников; О.В. Смирнова (ООО «Инджиникс Груп»)

Введение

Тенденция к истощению легко извлекаемых запасов углеводородов привела к вовлечению в разработку залежей в пластах с высокой фациальной неоднородностью, характерной для континентальных отложений и осадков переходной зоны. Следствием этого является отказ от площадных систем разработки. Причина – бурение большого числа непродуктивных или низкодебитных скважин. Остро встает вопрос повышения достоверности концептуальных моделей залежей, позволяющих выделить оптимальные участки для размещения скважин и тем самым снизить затраты на бурение и освоение.

Для снижения неопределенности концептуальная модель должна учитывать всю совокупность геолого-геофизической информации: результаты региональных геологических исследований; данные сейморазведки 3D, бережно обработанные с сохранением в волновом поле латеральных неоднородностей, связанных с особенностями накопления осадков; скважинная геофизика, которая позволяет по облику кривых ГИС выделить электрофации; результаты исследований керна, включающие гранулометрический анализ, описание текстурных особенностей и фотографии образцов хорошего качества, которые дают возможность реконструировать обстановку осадконакопления, т.е. палеоландшафт.

Привлечение керновых данных для генетической интерпретации объектов, выделенных по волновой картине

У авторов накоплен значительный опыт по изучению тюменской свиты, широко развитой на месторождениях Западной Сибири. По итогам исследований был сделан вывод, что практически для всех продуктивных отложений тюменской свиты по упругим параметрам среды диапазон коллекторов полностью перекрывается диапазоном значений неколлекторов. И в данном случае ожидать обоснованного количественного прогноза эффективных толщин и/или пористости в интервале пластов Ю2-Ю9 по результатам сейсмической инверсии и атрибутного анализа не приходится. Чтобы достичь результата, следует вернуться на качественный уровень интерпретации. Тогда на основании данных сейсмофациального и атрибутного анализа (включая результаты спектральной декомпозиции) мы получаем концептуальную модель условий осадконакопления площади и отдельные, пространственно ограниченные тела (устьевые и прирусловые бары, косы, лопасти и каналы дельты) – участки накопления коллекторов с улучшенными ФЕС.

Любая концептуальная модель должна быть верифицирована тем или иным способом. Привлечение керна позволяет наполнить концептуальную модель, созданную на основе анализа волновой картины, реальной, «живой», информацией об условиях накопления осадочных пород и о свойствах коллекторов. К настоящему времени накоплен огромный опыт седиментологических исследований керна. Это в первую очередь классические работы Е.Ю. Барабошкина, «Атлас фаций юрских терригенных отложений» В.П. Алексеева и многие другие. В данной работе на реальных примерах рассматривается комплексирование результатов спектральной декомпозиции с технологией RGB-суммирования и детальных седиментологических описаний, фотографий керна в процессе создания концептуальных моделей пластов континентального генезиса. Технология RGB-суммирования доказала свою эффективность в изучении палеорусловых объектов. Определение генетической природы выделенных объектов проводилось в том числе и путем сопоставления с эталонными образцами, приведенными в литературных источниках [2].

Примеры использования детальных описаний и фотографий образцов при создании концептуальной модели продуктивных отложений

В качестве первого примера рассмотрим результаты использования керна при создании концептуальной модели тюменской свиты на одном из месторождений северной части Шаимского свода. Продуктивные объекты – отложения тюменской свиты (аален-байос-бат). Общая толщина комплекса – 110-140 м. На сегодняшний день на рассматриваемом месторождении, расположенном в Западной Сибири, пробурено более 100 эксплуатационных и разведочных скважин. В 2009 году была проведена съемка 3D площадью 200 км2. Детальные описания, фотографии керна и результаты гранулометрического анализа имелись по 12 скважинам. Яркой особенностью объекта исследований можно считать наличие местных источников сноса – эрозионных возвышенностей, небольших хребтов или «лысых гор», сложенных породами доюрского основания – метабазальтами и базальтами, на которых не отлагались или были размыты частично или полностью осадки шеркалинской свиты и нижней части тюменской свиты (пласты Ю7-Ю5). Более молодые пласты перекрывают эрозионные хребты полностью, и процесс их разрушения перестает играть заметную роль в формировании осадков.

Положение кровли доюрского комплекса (ДЮК) и линии выклинивания нижних пластов тюменской свиты было уточнено по результатам изучения керна из нескольких скважин, включающих качественные фотографии образцов. Нижняя пачка тюменской свиты (базальный горизонт) представлена конгломератами крупных угловатых обломков метабазальтов с зеркалами скольжения и трещинами, заполненными углистым веществом (рис. 1). Нижний контакт четкий. Ниже породы представлены массивными метабазальтами, трещинами разбитыми на блоки. Используя результаты керновых исследований нескольких скважин, вскрывших доюрские отложения (ДЮК), удалось четко откоррелировать кровлю доюрского фундамента и подошву перекрывающих его отложений пролювиального конуса выноса пласта Ю7 тюменской свиты. Континентальный характер отложений пласта Ю7, сформированных на более удаленных склонах хребтов, был установлен по многочисленным отпечаткам корней растений. В одной из скважин был описан горизонт палеопочвы.

Рассмотрим следующий реальный пример - определение генезиса песчаного тела, выделенного в интервале пласта Ю5. В середине байосского времени территорию исследований занимала частично заболоченная аллювиальная равнина. В разрезе скважин описаны отдельные слойки угля (до 1 м). На приподнятой части равнины вблизи денудационной возвышенности развивается система палеорусел. В скважине в интервале пласта Ю5 выделена мощная терригенная пачка, толщина коллекторов составляет 10,2 м. Скважина пробурена на пересечении двух фрагментов нешироких палеорусел, выделенных по карте RGB-суммы спектральной декомпозиции (рис. 2). Бурение велось со сплошным отбором керна из отложений тюменской свиты. Было установлено, что песчаные отложения пласта Ю5 подстилаются прослоем седиментационной брекчии, которая состоит из угловатых обломков аргиллитов, ориентированных по напластованию. Обломки такого состава образуются из глинистых слоев, перекрывающих поверхность поймы. Будучи дезинтегрированы в результате высыхания (так образуются «такыры»), обломки, благодаря уплощенной форме, легко переносятся на небольшие расстояния. Длина их транспортировки невелика - несколько десятков, в лучшем случае – первые сотни метров, после чего они полностью разрушаются.

Более крупные обломки попадают в русла благодаря обрушению подмываемых берегов, и их транспортировка ограничивается еще меньшими расстояниями. Откладываются эти угловатые фрагменты обычно в стрежневой части русла с более активной динамикой. Возможно, мы наблюдаем следы размыва уплотненных пойменных отложений, перекрывающих соседнее русло, выделенное по карте цветового суммирования. Выше залегает пачка мелкозернистых, горизонтально-слоистых песчаников, типичных для осадков прирусловой отмели. Как и другие типы периферийно-русловых осадков, они связаны с уменьшением силы водных потоков и характеризуются уменьшением зернистости в верхней части тела.

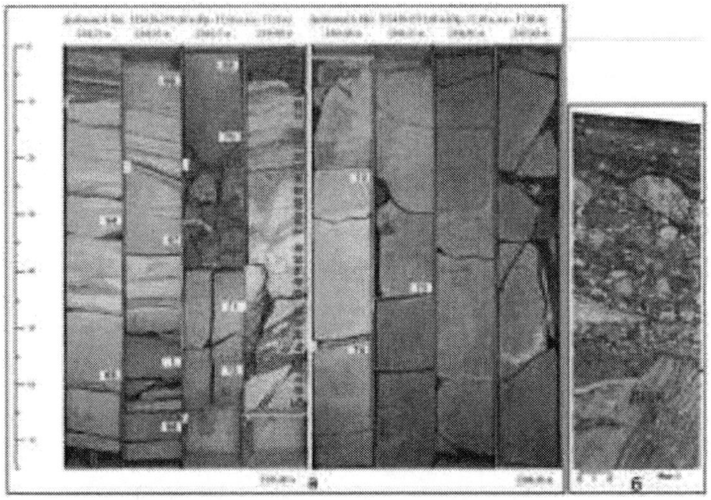

Рис. 1. Фации конуса выноса в верховьях склона: а) фотографии образцов керна из интервала контакта отложений ДЮК и пролювиального конуса выноса (керн отобран на месторождении), б) фация щебенчатых осадков склонов, контакт с породами ДЮК, литературные источники [2]

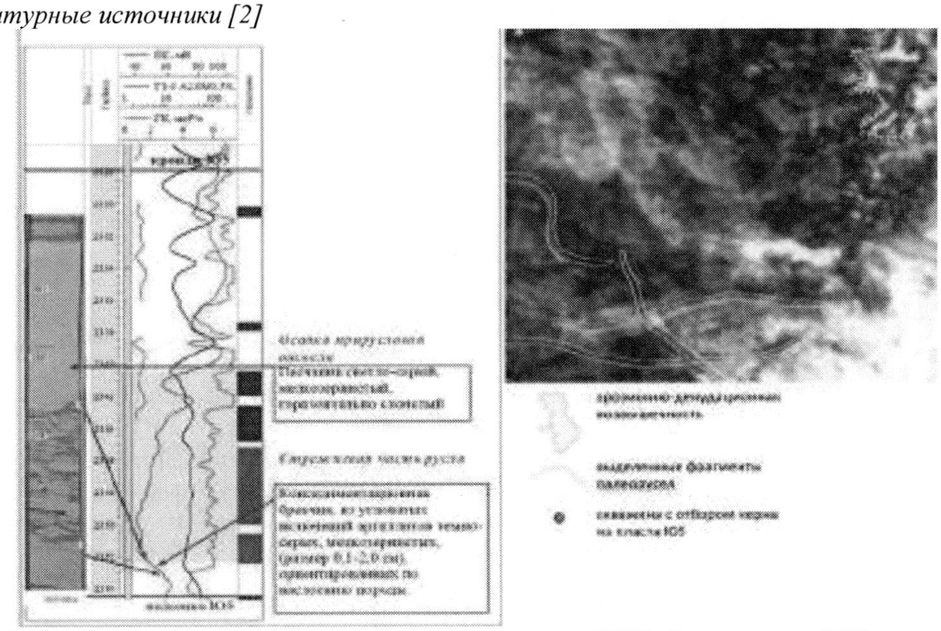

Рис. 2. Выделение палеорусла в пласте Ю5: а – по керну и ГИС, б – на карте RGB-суммы

При изучении керна из скважины был проведен массовый гранулометрический анализ, в том числе образцов из выделенного песчаного тела, результаты которого подтвердили генетическую характеристику отложений пласта Ю5. Среднее значение пористости по керну составляет 15% (при максимальном значении 22%), проницаемости – 1,54 мД (при максимальном значении 8,94 мД). На рисунке 3 показаны графики изменения с глубиной среднего диаметра зерен и коэффициента сортировки осадка. П. Траск на основании величины So (степень сортировки) выделял хорошо сортированные осадки (So=1-1,58), среднесортированные (So=1,58-2,0) и плохо сортированные (So больше 2,0). На графиках видно, что зернистость песчаника уменьшается к кровле, что нашло отражение и на кривой ПС. Степень сортировки частиц – средняя. Увеличение степени сортировки обломочного материала и косоволнистая слоистость, отвечающая более активной динамике среды, отмечена в подошве песчаной отмели.

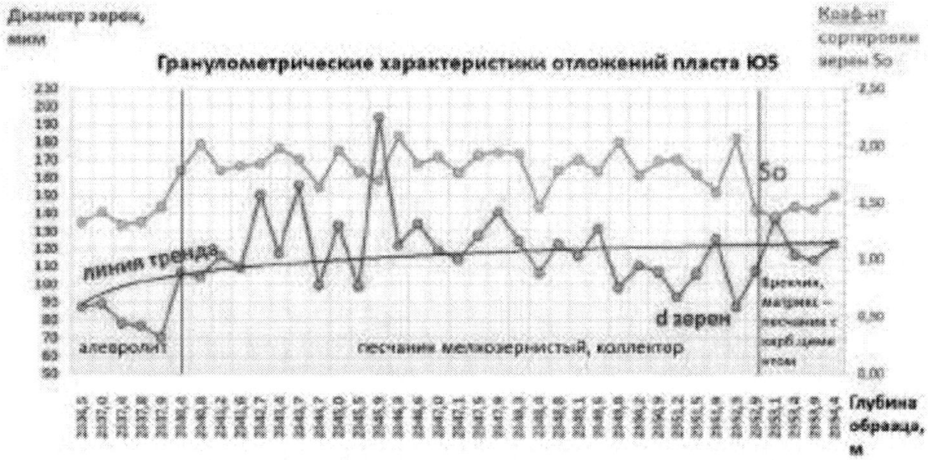

Рис. 3. Гранулометрические характеристики песчаника пласта Ю5

Перекрываются отложения прирусловой отмели - алевролитами, пронизанными остатками корневой системы, с растительным детритом - отложениями внешней поймы. Данные детального изучения керна, отобранного в скважине и хорошее качество кривой ПС, что не всегда отмечается в отложениях тюменской свиты, подтвердили с высокой степенью достоверности наличие палеорусла, выделенного по характеру волновой картины. Объект был принят в качестве эталона для объектов, не вскрытых скважинами. Фотографии, описания керна и результаты гранулометрии использованы для подготовки «мини-атласа» текстур и фациальной принадлежности керновых образцов. Таким образом был создан «фациальный каркас» концептуальных моделей пластов Ю6-Ю2/3, построенных по кубу RGB-суммы.

Выводы

На площади исследований была воссоздана история развития палеоландшафтов – от склонов эрозионных возвышенностей и пролювиальных конусов до прибрежно-морской и мелководно-морской обстановки накопления осадков. Использование данных, полученных при детальном изучении керна, позволило наполнить реальным геологическим содержанием модели, построенные на основании анализа сейсмической волновой картины.

Библиография

1. О.Я. Кирзелёва, Т.Н. Кирьянова, М.Д. Фёдорова, Р.Ю. Копёнкин, Д.В. Кляжников, О.В. Смирнова, А.А. Калугин, О.В Атанова. Палеорусла и палеореки в сейсмических данных (на примере продуктивного пласта Ю3-4 тюменской свиты одного из месторождений Западной Сибири) // Нефть. Газ. Новации. - 2021. - №4 (245). С. 18-25.
2. Алексеев В.П. Атлас фаций юрских терригенных отложений (угленосные толщи Северной Евразии). Екатеринбург. Изд-во УГГУ, 2007, 209 с.

References

1. O.Y. Kirzeleva, T.N. Kiryanova, M.D. Fedorova, R.Y. Kopenkin, D.V. Klyazhnikov, O.V. Smirnova, A.A. Kalugin, O.V. Atanova. Paleo-channels and Paleo-rivers in Seismic Data (at the Example of Pay Yu3-4 of the Tyumen Suite at One of the Fields in Western Siberia). [2021] Gaz.Neft.Novation, no. 4, pp. 18-25.
2. V.P. Alekseev. Atlas of facies of the Jurassic terrigenous sediments (coal-bearing strata of Northern Eurasia). Ekaterinburg: publishing house of UGGU. pp. 209.

Прогноз эффективных толщин коллекторов в палео-аллювиальных системах Томской области с использованием литолого-фациального моделирования и нейронных сетей

А.Ю. Попков* (ЗАО «МиМГО»), Е.А. Панченко (ЗАО «МиМГО»), Н.Н. Гатина (ЗАО «МиМГО»), И.И. Приезжев (ООО «АйПиЛаб»), А.И. Мурзов (АО «ННК»).

Введение

Одними из самых изученных, но в то же время неоднородных по вертикали и латерали пластов Западно-Сибирской провинции являются отложения тюменской свиты. Для наиболее полной и эффективной разработки залежей в этих пластах, необходимо максимально точно понимать характер распространения коллекторов и их фильтрационно-емкостных свойств (ФЕС).

Объектом изучения являлись пласты $Ю_{2\text{-}4}$ и $Ю_{5\text{-}6}$ группы месторождений центральной части Томской области, в тектоническом плане приуроченные к Парабельскому мегавалу.

В настоящее время основным приемом прогноза эффективных толщин является поиск корреляционной зависимости между величиной Нэфф по данным каротажа (ГИС) и значениями сейсмических атрибутов в различных окнах. В данной работе показан альтернативный способ - алгоритм прогноза коллекторских свойств на основе нейронных сетей, который применялся в связи с отсутствием надежных корреляционных связей между значениями геологических параметров и количественными значениями сейсмических атрибутов.

Метод

Согласно геологическим представлениям, а также проведенным исследованиям керна, пласты тюменской свиты образовались в континентальных условиях [4]. В керне по всему разрезу свиты встречены признаки аллювиальной равнины: большое количество углей, в т.ч. реперных пластов $У_6$ и $У_{10}$, углефицированные корни растений, текстуры течения, ожелезнение и др. Количественное соотношение песчаников и глин около 50:50. Основными коллекторами являются отложения русел, кос и конусов прорыва, реже - прирусловых валов. Отложения поймы, старицы и болот глинисто-углистые и не являются коллекторами. [1]

Основной задачей литолого-фациального моделирования континентальных отложений является выделение палеорек с их косами, а также поясов меандрирования, как наиболее перспективных зон образования выдержанных песчаных линз. По скважинам был проведен анализ морфологии всего комплекса ГИС и составлена типизация.[2] Выделено 5 типов разреза. (Рисунок 1)

Тип	Интерпретация, фациальная обстановка	Вид PS
1	Единый крупный коллектор. Отложения кос русел.	
2	Крупные коллектора, разделенные глинизацией. Несколько этапов русла, мощные прирусловые валы, конуса выноса.	
3	Большое количество коллекторов относительно небольшой мощности. Несвязанные отложения мелких второстепенных рек, прирусловых валов и конусов прорыва.	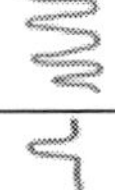
4	Преимущественно неколлекторы с небольшими прослоями коллекторов. Слабопроточные поймы, старицы, единичные маломощные конуса прорыва.	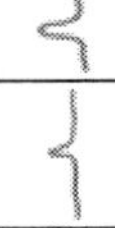
5	Тонкие коллекторы или полное отсутствие коллекторов. Застойная пойма, старица, болота.	

Рисунок 1. *Типизация скважин по данным ГИС*

Спектральная декомопозиция – основной инструмент выделения палеорусел. Помимо классического RGB смешивания кубов с различной частотой использовался прием RGB смешивания соседних слайсов с шагом дискретизации 2мс в ПО IP Seis. (Рисунок 2)

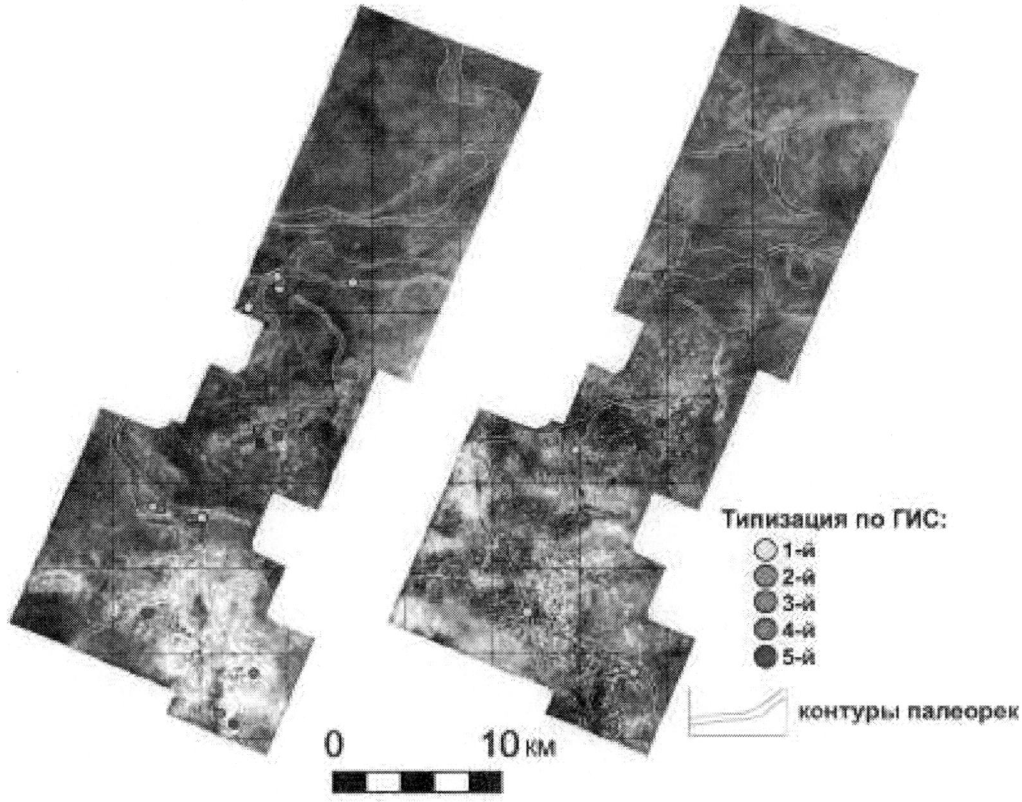

Рисунок 2. *RGB смешивание с выделенными палеореками. Слева - пласты* $Ю_{2\text{-}4}$*, справа - пласты* $Ю_{5\text{-}6}$.

Для прогноза фильтрационно-емкостных свойств продуктивных пластов тестировалось два алгоритма – алгоритм регрессионной зависимости и алгоритм нейронных сетей. Алгоритм регрессионной зависимости подразумевает совместный анализ сейсмической и скважинной информации. На первом этапе - поиск корреляционных связей между сейсмическими атрибутами и геологическими параметрами, далее построение карт геологических параметров с использованием полученной информации по корреляционным связям. Высоких коэффициентов корреляции получено не было, так как породы недостаточно дифференцированы по упругим характеристикам, предположительно, в связи с большим количеством угольных пропластков в разрезе.

Прогноз ФЕС проводился с использованием полнофункциональных нейронных сетей Колмогорова, которые обладают гораздо большей предсказательной способностью по сравнению с классическими нейронными сетями [3,5]. В качестве входных данных для прогноза эффективных толщин использовались следующие данные: сейсмический куб площадью 495 км^2; куб импеданса, полученный в результате синхронной инверсии; куб плотности, куб Vp/Vs, а также данные эффективных толщин 24 скважин для пластов $Ю_{2\text{-}4}$, 19 скважин для пластов $Ю_{5\text{-}6}$. Для прогноза отобраны данные скважин, вскрывших весь пласт от кровли по подошвы.

При использовании нейронных сетей прогнозные вычисления выполнялись в два основных этапа. На первом этапе выполнялось обучение нейронных сетей на основе обучающего массива, который состоит из пар:

1) известное значение прогнозного параметра - в нашем случае это значение эффективных толщин в изучаемом слое в точке пластопересечения;

2) вектор переменных, по которому выполняется прогноз – в нашем случае это значения сейсмического поля по трассе (группе соседних трасс) заданного куба (или нескольких кубов), ограниченной по кровле и подошве пласта.

На втором этапе выполнялось вычисление прогнозных карт на основе обученной на первом этапе нейронной сети. На вход обученной нейронной сети подаются сейсмические кубы, которые использовались при обучении. В качестве «дополнительного учителя» нейросети использовалась априорная информация – карта распространения палеорусел, полученная на этапе сейсмогеологического моделирования.

Для оценки точности прогнозных построений используется кросс-валидационный подход, который заключается в выполнении многократных прогнозов на основе обучения на случайной части обучающего массива, с удалением части скважин.

Помимо статистических критериев при оценке итоговой карты эффективных толщин большое значение придавалось результатам предварительного фациального районирования, выполненного на базе всей имеющейся геологической информации, а также с учетом предварительных результатов атрибутного анализа, палеогеоморфологических реконструкций и т.д.

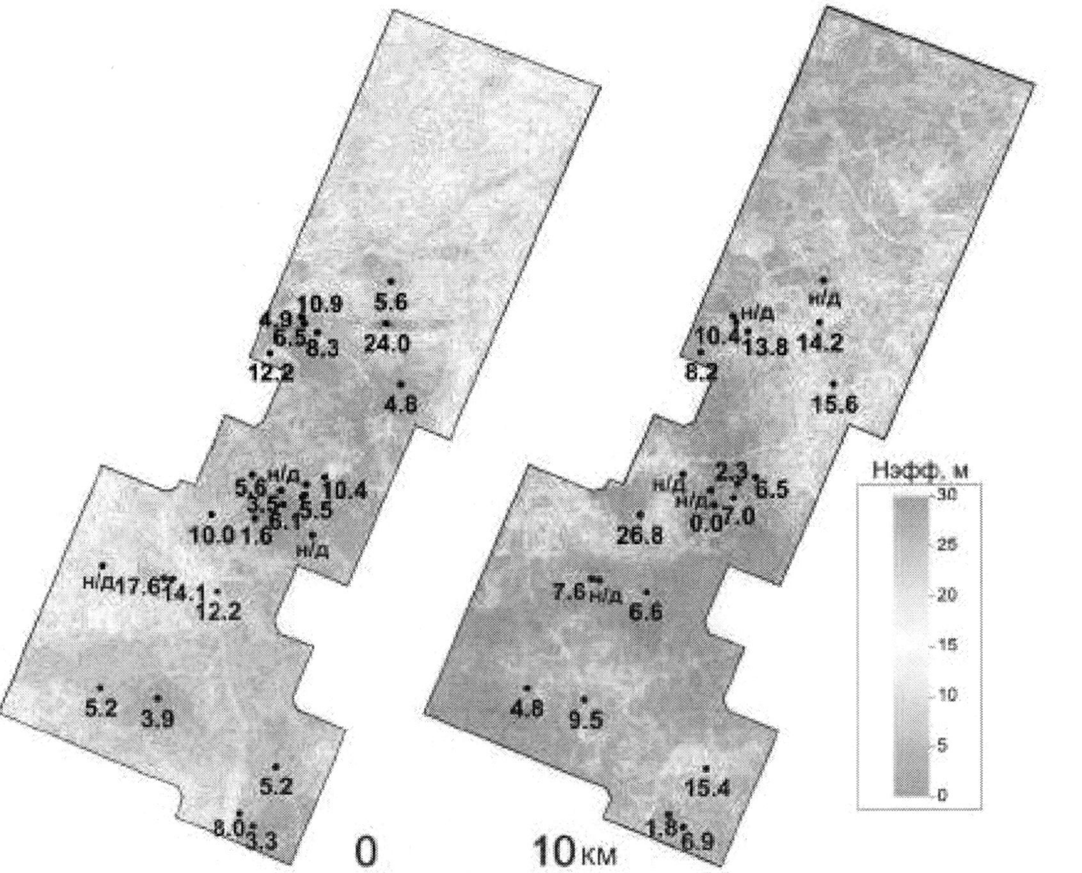

Рисунок 3. *Прогнозные карты эффективных толщин. Слева-пласты $Ю_{2-4}$, справа-пласты $Ю_{5-6}$.*

Финальные карты эффективных толщин (Рисунок 3) наглядно отображают геологическое строение разреза и фациальную принадлежность различных областей изучаемой территории. Наибольшие эффективные толщины приурочены к зонам меандрирования рек, в особенности к отложениям кос палеорек, наименьшие толщины приурочены к зонам слабопроточных пойм.

Выводы

В ходе работ авторами был разработан алгоритм прогноза коллекторских свойств продуктивных отложений на основе нейронных сетей. Машинное обучение базируется на основе имеющихся 3D сейсмических данных и результатах интерпретации данных ГИС.

Подход с использованием инструментов машинного обучения особенно необходим при возникающих трудностях прогноза ФЕС с использованием атрибутного анализа и прямых количественных зависимостей. Стоит отметить, что в данной работе машинное обучение базируется на геологических данных, а именно на интерпретационной основе фациальных обстановок с использованием коэффициентов возможного наличия коллектора, подтвержденного данными скважин. Финальные прогнозные карты полностью отвечают модельным представлениям о геологическом строении района исследований.

References

1. Baraboshkin E.Yu. Practical sedimentology. Terrigenous reservoir. The manual for working with core. Tver, Publishing House GERS LLC. 2011. P. 10-17
2. Muromcev V.S. Electrometric geology of sand bodies – lithological traps of oil and gas. Leningrad. Nedra Publ. 1984. 260 p.
3. Kolmogorov A.N. O predstavlenii nepreryvnyh funkcij neskol'kih peremennyh superpoziciyami nepreryvnyh funkcij men'shego chisla peremennyh. // Doklady akademii nauk SSSR. 1957. 14(5). P.953-956.
4. Kontorovich A.E., Kontorovich V.A., Ryzhkova S.V., Shurygin B.N., Vakulenko L.G., Gaideburova E.A., Danilova V.P., Kazanenkov V.A., Kim N.S., Kostyreva E.A., Moskvin V.I., and Yan P.A.. Jurassic paleogeography of the West Siberian sedimentary basin// Geology and geophysics. 2013. T.58. №8. P. 972-1012.
5. Priezzhev I. I. Nejronnye seti novogo pokoleniya na osnove teoremy Kolmogorova i ih primenenie dlya prognozno-inversionnyh postroenij // GeoEvraziya 2020 3-5 fevralya 2020, Moskva.

«Поиск лучших практик для улучшения качества динамического анализа данных сейсморазведки с целью определения границ потенциальных к бурению тел»

Н.П. Булгаков*(ООО «Газпромнефть-Научно-технический центр), В.Ю. Овечкина (ООО «Газпромнефть-Научно-технический центр), А.С. Хайдаров (ПАО Газпром), В.Г. Мирошкин (ООО «Газпромнефть-Научно-технический центр), Ю.Э. Авдонин (ООО «Газпромнефть-Научно-технический центр), Д.А. Горбач (ООО «Газпромнефть-Научно-технический центр), А.Ю. Шеремеев(ООО «Газпромнефть-Научно-технический центр), И.Л. Каюмов (ООО "Газпромнефть-Хантос"), Д.С. Бегма(ООО "Газпромнефть-Хантос"), А.В. Леонов (ООО "Газпромнефть-Хантос"), Р.Р. Зубайдуллин(ООО "Газпромнефть-Хантос"), И.А. Заплатин (ООО "Газпромнефть-Хантос").

Введение

Команды по мониторингу геологических моделей месторождений в повседневной практике сталкиваются с информацией, которая представлена данными разного масштаба, но объединена родственной фациальной принадлежностью. Всё это формализуется в виде геологической модели. Часто в первом приближении геологический концепт определен ещё на этапе поискового бурения. При этом, детали распределения фациальных обстановок в плане и разрезе меняются, как вследствие рассмотрения на разных уровнях детализации, так и при появлении новой информации.

Например, в процессе реализации программы снятия геологических рисков, текущего бурения, пересмотра петрофизической модели, переобработки данных сейсморазведки и, как следствие, локальной переинтерпретации сейсмических горизонтов и геологических отбивок пластов. Помимо ранее описанных причин, работа специалистов может осложняться большим количеством информации в виде фонда скважин (при некорректной базе данных- это скорее отрицательный момент), многопластовостью месторождения и его большой площадью, недоверием качеству баз данных и постоянной их перепроверке от района к району, что непременно приводит к проблемам при стремлении пренебречь проверкой одного или группы факторов в угоду скорости получения результата.

Иными словами, при реализации задач мониторинга геолог сталкивается с методическими проблемами, пренебрежение которыми часто приводит к нежелательному результату, а именно, низкой прогнозной способности выполненных построений. Подобные условия привели к выстраиванию неочевидного, на первый взгляд, рабочего процесса, который позволил получить качественный результат в короткие сроки реализации.

Теория

Авторы делятся опытом реализации сейсмогеологических построений на примере крупного многопластового месторождения, находящегося на завершении 2-й стадии разработки. На месторождении в год вводится по 200 новых скважин, в результате реализации программы бурения, далее ВНС.

Реализация программы ВНС требует постоянного контроля со стороны команды специалистов: геологов, разработчиков, геофизиков, поскольку часто возникает противоречие оперативных фактических данных (по факту реализации мероприятия) и прогнозных (на дату планирования этих мероприятий).

В результате накопленного опыта работы с описанным выше объектом (как положительного, так и отрицательного) команда пришла к выводу, что многих ошибок можно избежать путём скрупулёзного подхода на этапе верификации данных для построения прогнозных карт.

Нюансы реализации подобных приемов авторы приводят ниже в разделе методика, а результаты в разделе с соответствующим названием.

Реализация данного подхода начинается с межскважинной корреляции разрабатываемого пласта на локальном участке, выявления и детализации временного интервала - аналога на волновой картине. Процесс итеративный, с возможностью коррекции в обе стороны. Т.е. характер волновой картины может изменить представление о корреляции пласта, и, напротив, общегеологическое понимание разреза может скорректировать проведенные ранее границы ОГ в спорных областях.

Определившись с величиной временного интервала и локализацией коллекторских пропластков на характерном экстремуме амплитудного куба или кубов атрибутов, разрабатывается стратегия расчета атрибутивных карт. К локальным характеристикам волновой картины, применимым в детальном анализе могут быть отнесены: изменение интенсивности амплитуды одного знака, прерывание фазы при движении по разрезу от скважины с коллектором к скважинам без коллектора, локальное изменения параметра атрибутивных кубов (Vp/Vs. AVO) и др. Для получения возможно контрастных карт атрибутов для конкретного участка с конкретным пропластком, бывает необходимо прослеживание дополнительных поверхностей в выделенном стратиграфическом интервале. В результате такого анализа появляется понимание: какая подстройка необходима в каждом конкретном случае.

Рассчитанные, на основе приведенного выше анализа, карты атрибутов значительно более детальны в сравнении с картами атрибутов на всю площадь месторождения. Но применимость данных карт также ограничена по площади. Полученные результаты далее анализируется геологом на возможность уточнения предыдущей модели формирования отложений с целью поиска перспективных на нефть зон.

Пример

Рассмотрим пример одного из выполненных подходов, примененных в зоне континентального шельфа, на склоне которого были отложены вытянутые шнурковые тела с мозаичным типом заполнения палеорельефа континентального склона (в плане слайсы спектральной декомпозиции и иные атрибуты, снятые вдоль выбранных пропорциональных слайсов (либо внутри выбранного интервала), соответствующих интервалу коллектора, выглядят, как рисунок полосок зебры) (1).

То есть потенциальный на поиск объект имеет, во-первых, низкую латеральную протяженность (высокая расчленённость), во-вторых, находится в зоне резкого изменения углов падения структуры и изменения общих толщин, а в-третьих, объекты находятся в определённом интервале, который не имеет своего ОГ, но который можно предсказать путём увязки глубинного сейсмического куба с данными скважин. Ниже на рисунке 1 приведён пример выбранного для такого разреза подхода.

Используя выделенный по глубине интервал был произведен динамический анализ по глубинному кубу и просчитан площадной сейсмический атрибут. Ниже на рисунке 2 приведена иллюстрация результата подобного подхода: выделены зоны интересы и похожести с уже разбурёнными зонами и оконтурены по площади перспективные к бурению тела. Подобный подход позволил получить площадной сейсмический атрибут с коэффициентом корреляции с эффективными толщинами по фонду скважин выше 0,65 и использовать для пересчёта в эффективные толщины с помощью уравнения линейной регрессии.

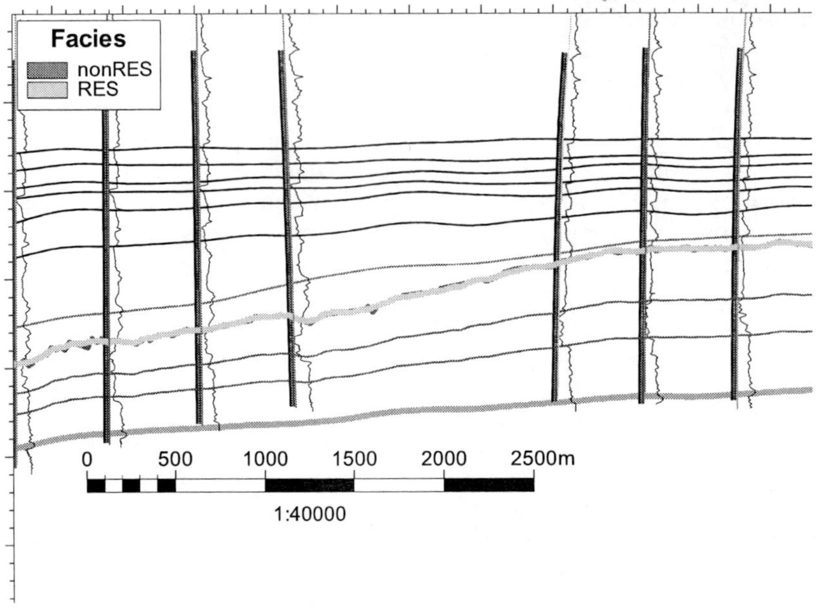

Рисунок 1. Пример увязки разреза скважин, ассоциируемого с наличием коллектора и выбор поверхностей, ограничивающих этот интервала в глубинном кубе. При нанесении на линию разреза скважин, находящихся в непосредственной близости от выбранной линии разреза (не более 100м), чтобы избежать эффекта проекции, выделяется характерный характер волновой записи и визуально определяются его границы. Путём создания поверхностей пропорционально рассчитанных от Т0 кровли до Т0 подошвы, выделенных по глубинному кубу, производится визуальная калибрация на характер записи и выбор соответствующего (соответствующих) слайса (слайсов). Красным цветом- поверхность стратиграфической кровли выделенной по огибающей путем пересчёта по скоростному закону. Салатовым цветом – скорректированная и посаженная на устойчиво прослеживающуюся фазу эта же поверхность. Защитным (темно-зелёным) цветом – поверхность стратиграфической подошвы интервала. Фиолетовым цветом- выбранный интервал разреза, полученный путем создания слайсов пропорциональной нарезкой от стратиграфической кровли до стратиграфической подошвы и визуальной калибровкой на интервал коллектора.

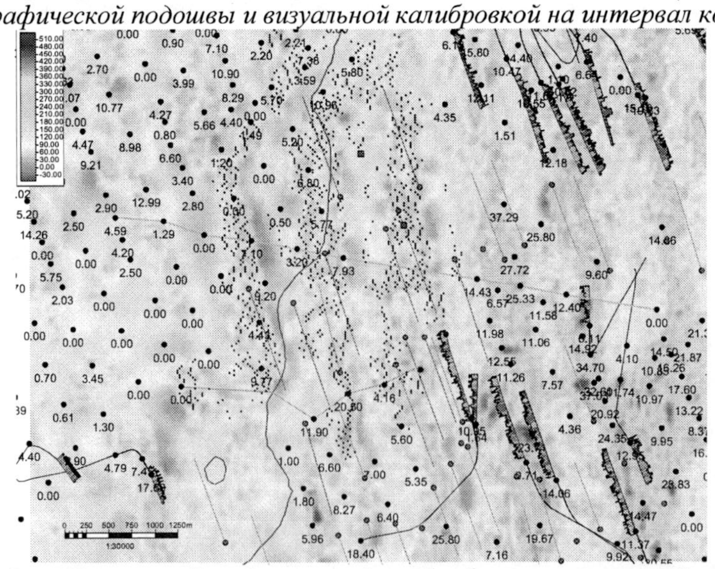

Рисунок 2. Полученный сейсмический атбрибут, посчитанный в предполагаемом интервал наличия коллектора указывает на тренд распределения толщин по площади: улучшенные и ухудшенные зоны с точки зрения распространения пород-коллекторов по площади.

Вывод

Данной работой авторы стремились показать, что в рамках известных методик, ставших уже стандартами, отражёнными в НМД, важную роль играет глубина анализа исходной информации и выбор оптимальной, гибкой последовательности действий, в процессе поиска решения возникающих проблем.

Сложность разработки отложений описываемого региона связана, в первую очередь, с высокой геологической неоднородностью и, как следствие, необходимостью перепроверять геологический концепт путём верификации вновь полученных данных с ранее имевшимся представлениями с каждым новым шагом, отсюда и требования к геологическим моделям и концептам: высокая степень подтверждаемости (порядка 90% по уверенным районам), гибкость в подходе для модификаций моделей краевых зон (не более недели для пересчёта неподтвержденного кейса и 1-2 дня на обновление в случае подтверждения и внесения незначительных правок) и предсказание вариативности исходов (через выдачу комплекта карт 3 сценариев оптимистичный, базовый, пессимистичный).

Этот набор факторов, в совокупности с необходимостью регулярной проверки баз данных, делает использование стандартных подходов труднореализуемым. Так как при совместном учете всех трех вышеописанных факторов получим либо не дискретную и очень сглаженную по распространению свойств модель с низкой степенью достоверности по краевым зонам, либо очень усложненную с точки зрения количества тонких подстроек модель, которая требует больших трудозатрат как при построении, так и при обновлении в условиях сжатых сроков.

Поэтому на практике, в силу невозможности подтверждения высокого коэффициента корреляции прогнозного и исходно параметров, приходится пренебрегать отсутствием линейной функции связи площадного и точечного параметров в пользу обоснованной на качественном уровне детальной сейсмогеологической модели с достаточной степенью детальности и привязки разнородных данных для масштаба бурения кустовой площадки.

Библиография

1. Сейсмогеологический мониторинг бурения. Примеры комплексного подхода к анализу данных для оптимизации разработки. 12.10.2017 В.Ю. Овечкина, Р.Р. Рафиков Журнал «Геофизика».

Подходы к вероятностной оценке ресурсного потенциала участка недр в северной части Западной Сибири в условиях различной степени изученности по разрезу

Д.И. Мингазова (ООО"Газпромнефть НТЦ"), А.Д. Мусихин (ООО"Газпромнефть НТЦ"), Р.П. Байков* (ООО"Газпромнефть НТЦ"), Е.М. Викторова (ООО"Газпромнефть НТЦ"), Д.С. Колесников (ООО"Газпромнефть НТЦ"), А.А. Тышкевич (ООО"Газпромнефть НТЦ")

Введение

В современном мире в условиях высокой конкуренции в нефтегазовой отрасли актуальной задачей является оценка экономической эффективности проектов в кратчайшие сроки. Геолого-экономические оценки (ГЭО) проектов могут быть связаны как с действующими активами сторонних компаний на различных этапах, так и с проектированием в пределах нераспределенного фонда недр. Основой таких оценок является всесторонний анализ геологического строения и рисков, а также объем и структура ресурсной базы (РБ), что коренным образом влияет на программу геологоразведочных работ (ПГРР), проектирование разработки, наземной инфраструктуры и, как следствие, на объемы капитальных затрат и показателей экономической эффективности проектов. Важной частью каждого ГЭО является планирование точек принятия решений в проекте, в основу которых закладывается вероятностная оценка РБ, геологические риски и ПГРР. Правильная логика дерева решений и своевременность их принятия позволяет избежать излишних капитальных затрат, как на этапах поиска и оценки при реализации ПГРР, так и на наиболее поздних этапах проектов.

Одним из ключевых объектов интереса в нефтяной геологии России является неокомский комплекс Западной Сибири (ЗС). Несмотря на, казалось бы, сравнительно высокую степень геолого-геофизической изученность провинции в целом, локальный прогноз перспективных объектов связан с рядом сложностей. Проблематика оценки потенциала напрямую связана как с низкой изученностью по латерали и разрезу, так и со сложным геологическим строением данных отложений, для которых характерна ярко выраженная высокая литологическая неоднородность. Для корректной оценки ресурсной базы и планирования ПГРР применимы подходы, учитывающие ключевые геологические неопределенности объектов, характерные для конкретной стадии изученности.

В связи с тем, что значительная часть фонда скважин поисково-разведочного бурения в Западной Сибири пробурена еще в советское время, когда основным объектом поиска были структурные залежи, изученность неантиклинальных ловушек, расположенных вне структурных поднятий, невысока. В силу различной степени изученности объектов отличны и геологические неопределенности, что требует применения индивидуальных подходов к оценке, описанных в данной работе.

Метод (и/или Теория)

Строение как шельфового, так и глубоководного комплекса обусловлено особенностями обстановки осадконакопления, где важную роль играет наличие источника сноса, состав переносимого им материала; активность гидродинамической среды и палеорельеф бассейна. Данные факторы напрямую влияют на строение резервуара – наличие, выдержанность и неоднородность коллектора; фильтрационно-емкостные характеристики.

Как правило, такие особенности не поддаются успешному прогнозу по данным сейсморазведочных работ в силу ограничений разрешающей способности метода, а использование сейсмических образов без скважинных данных не информативно и может привести к некорректным выводам. Подтвердить наличие возможно только при опоисковании объектов и получении собственных исследований керна.

Нередко при рассмотрении шельфовых отложений концептуально используется упрощенная модель строения с выдержанным и однородным коллектором. То же самое применяется и к ачимовской толще (АТ), а в совокупности с более низкой изученностью бурением и высокой литологической неоднородностью, фактических данных недостаточно для учета сложности строения резервуара. Такой подход, в т.ч. и на рассматриваемом участке, приводит к ошибочным результатам и систематическому завышению ресурсной базы, так и излишнему оптимизму в разработке данных объектов. В свою очередь, для оценки потенциала нами предложено использование вероятностного 3Д моделирования для объектов с наличием достаточного комплекса данных (СРР, скважинных данных, керна) и плотностного 1Д моделирования при наличии только данных СРР.

Примеры

В пределах рассматриваемого участка проведены 2D и 3D сейсморазведочные работы (СРР), имеются данные ГИС, керна, пластовых испытаний по 11 скважинам ПРБ. Скважины пробурены на шельфовый комплекс, ачимовская толща бурением не изучена (Рисунок 1). По данным СРР в центральной части района работ выявлено локальное поднятие, которое обусловило наличие ловушек структурного и структурно-литологического типа шельфовой и глубоководной частей клиноформного комплекса. Расположение с севера и юга сразу двух очагов генерации и источников углеводородов (УВ) - Большехетской мегавпадины и Нижнепурского мегапрогиба - обеспечило заполнение данных ловушек УВ. По результатам испытаний в шельфовом комплексе открыты 5 залежей: в пластах БТ8 (нефть), БТ12 (газ), БТ13-БТ15 (смешанное).

Для вероятностной оценки РБ коллективом Центра оценок и анализа проектов ООО «Газпромнефть НТЦ» был разработан Workflow в ПО Petrel, который позволяет выполнять расчеты более 1000 реализаций 3Д моделей менее чем за 8 часов и учесть основные геологические неопределенности, которые в значительной степени влияют на РБ и параметры разработки: линзовидное строение, наличие зон и пропластков с ухудшенными и улучшенными ФЕС. Учет последних в совокупности с J-функцией для каждого пласта дало понимание и обоснование наличия притоков нефть+вода в пропластках выше высокодебитных чисто нефтяных притоков в пласте БТ14.

Детальный анализ ФЕС по собственным керновым данным показал, что средний Кн по пласту БТ15 равен 0.25 при значении Кон=0.3 и свидетельствует об отсутствии подвижных запасов в пласте, несмотря на НГЗ порядка 4 млн. т. нефти. Суммарные запасы нефти пластов БТ, оцененные вероятностным методом на 73% ниже, чем рассчитанные детерминистическим 2Д подходом. В первую очередь это обусловлено учетом зон ухудшенных ФЭС и J-функции, что привело к значительному снижению среднего Кн залежей. Помимо этого, менее значительное влияние оказали учет собственной PVT модели пластов, а не аналогов, и изменение структурного плана по результатам 3Д СРР.

В ачимовской толще в пределах рассматриваемого участка выявлено несколько перспективных объектов в пластах, приуроченных к различным клиноциклам. Два объекта формировались в пределах палеоподножья склона и обладают характерными чертами для глубоководных конусов выноса, в т.ч. прослеживаются их подводящие каналы склоновой части. Два других объекта выделяются в пределах склона и, вероятно, имеют оползневой генезис, что необходимо учитывать при оценке геологического успеха и ресурсного потенциала данных объектов.

Объекты выделялись при комплексировании результатов 2Д и 3Д СРР. Особенности выявления и определения перспективных площадей для расчета плотностным методом показан на примере одного из пластов. Зона интересов покрыта съемкой 3Д в центральной части, что позволило четко определить принадлежность объекта по генетическим признакам к глубоководным конусам выноса. Использование данных 3Д в совокупности с результатами интерпретации 2Д дало возможность определить минимальную перспективную площадь развития отложений конусов выноса (Smin). За Smax принята вся площадь зоны интересов, так как не исключено развитие единичных песчаных тел за пределами выявленных по атрибутному анализу зон (Рисунок 2).

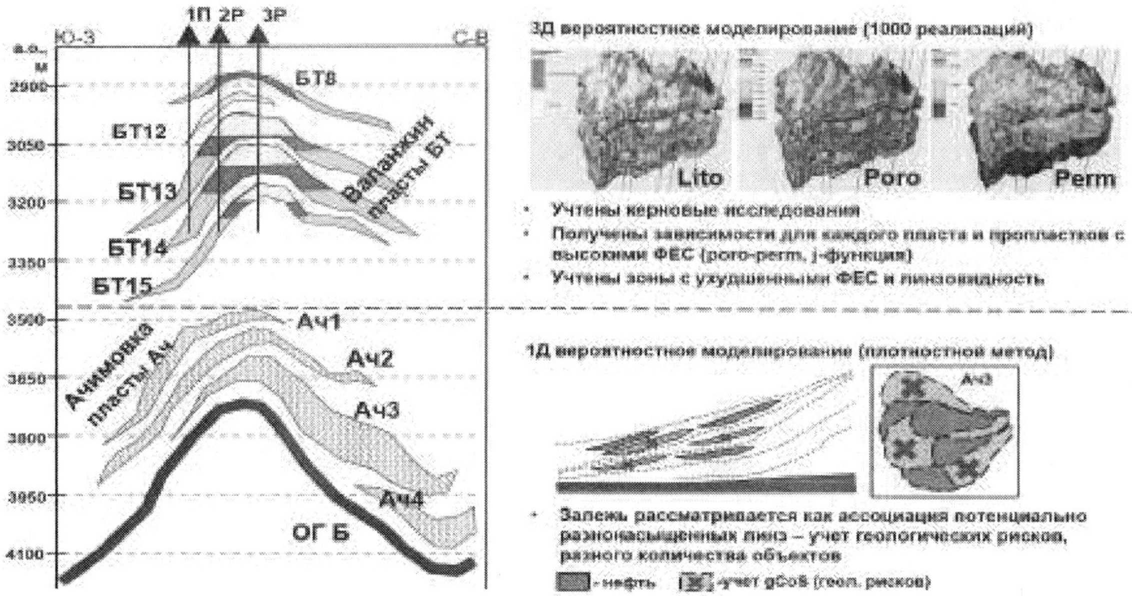

Рисунок 1. *Подходы к оценке объектов с различной степенью изученности.*

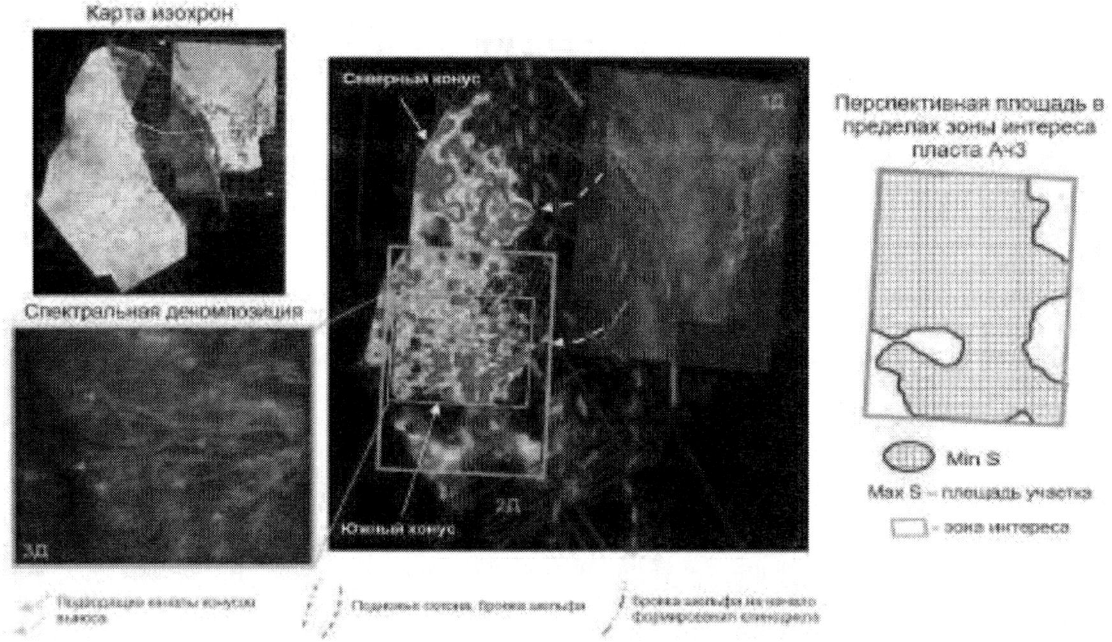

Рисунок 2. *Строение и прогноз перспективных зон развития глубоководных конусов выноса.*

Площадь каждой из потенциальных ловушек определялась на основе собранной статистики по месторождениям-аналогам в регионе и принималась в расчет в виде распределения. Остальные подсчетные параметры (ННТ, Кп, Кнг и PVT) также принимались по заданным распределениям на основании принятых аналогов. Расчет ресурсной базы выполнялся в ПО Crystal Ball. Важным аспектом расчета является учет геологического успеха (gCoS) на основании вероятности наличия 5 факторов: нефтематеринской породы, путей миграции УВ, коллектора, ловушки УВ и сохранности покрышки. Итоговый gCoS по объектам глубоководного генезиса равны 0,5 и 0,38, для склонового – 0,21.

Оцененная детерминистическим методом РБ находится в диапазоне вероятностной оценки без учета геологических рисков и близка к Р50. При этом, в виду отсутствия подтверждения наличия УВ скважинными испытаниями объектов АТ, немаловажно оценить вероятность геологической успешности объектов, что не учитывается при детерминистическом подходе. Ожидаемая ресурсная база при детерминистическом методе расчета и вероятностном подходе с учетом геологических рисков, в данном случае, различается в 3 раза, а соотношение запасов в кейсах Р10 к Р90 равно 10, что говорит о высокой степени неопределенности.

Выводы

Таким образом, для прогноза потенциала подтвержденных шельфовых и перспективных ачимовских объектов были использованы различные подходы, соответствующие стадиям их геологической изученности, что позволяет максимизировать учет неопределенностей и возможных геологических рисков и повышает точность прогноза потенциальной РБ. Вероятностный подход оценки РБ и разработки позволяют сформировать кейсы, подобрать для них оптимальную ПГРР и наземную инфраструктуру.

Библиография

1. Мингазова Д.И., Байков Р.П., Викторова Е.М., Мусихин А.Д., Киселев П.Ю. Подход к вероятностной оценке ресурсной базы неструктурных объектов в условиях низкой изученности на примере ачимовской толщи Западной Сибири // «Геомодель 2021» — Геленджик, Россия, 6-10 сентября 2021 г.
2. Храмцова А.В., Пахомов С.И., Натчук Н.Ю., Калашникова М.П., Ромашкин С.В., Мусихин А.Д., Семенова Н.Г (2020). Фациальные модели ачимовской толщи Восточно-Уренгойского лицензионного участка как основа для оптимизации систем разведки и разработки. // Георесурсы, 22(3), с. 68–76.
3. Мезенцева А.В., Байков Р.П., Зверев К.В., Соловьев В.В., Буткеев А.С., Улыбина И.В. Типизация конусов выноса в ачимовских отложениях Уренгойского месторождения // Нефтегазовая геология. Теория и практика. -2019.- Т.14.- №3.
4. Дымочкина М.Г., Киселев П.Ю., Пислегин М.Н., Кузьмин Т.Г., Муллагалиев А.Т. Геолого-экономическая оценка проектов: настоящее и будущее // PROНЕФТЬ. Профессионально о нефти. – 2018 - № 3(9). – С. 18-23.

References

1. Mingazova D.I., Baykov R.P., Viktorova E.M., Musikhin A.D., Kiselev P.Yu. Probabilistic assessment approach of the hydrocarbon resource base of non-anticlinal traps in poor state of field exploration on the example of the Achimov deposits in West of Siberia// Conference Proceedings, Geomodel 2021, Sep 2021, Volume 2021, p.1 - 5
2. Khramcova A.V., Pakhomov S.I., Natchuk N.Y., Kalashnikova M.P., Romashkin S.V., Musikhin A.D., Semenova N.G. (2020). Facies models of the achimov formation of East-Urengoiskoe license as the basis for optimizing exploration and field development patterns // Georesources, 22 (3), 68–76.
3. Mezentseva A.V., Baykov R.P., Zverev K.V., Solovyev V.V., Butkeev A.S., Ulybina I.V. Typification of extension cones in achimov formation of the Urengoy field // Petroleum Geology - Theoretical and Applied Studies.-2019.- T.14.- №3.
4. Dymochkina M.G., Kiselev P.Yu., Pislegin M.N., Kuzmin T.G., Mullagaliev A.T. Geological and economic evaluation (gee): from present to future // PRONEFT". Professional'no o nefti, 2018, no. 3(9), pp. 18-23.

Экспериментальный опыт моделирования низкопроницаемых коллекторов на примере Приобского месторождения

А.Р. Мухаметов*(ООО «РН-БашНИПИнефть»), А.С. Петрук*(ООО «РН-БашНИПИнефть»), И.И. Родионова(ООО «РН-БашНИПИнефть»), А.А. Мироненко(ООО «РН-БашНИПИнефть»), Э.Р. Галеев(ООО «РН-БашНИПИнефть»)

Введение

Скважины, расположенные в низкопроницаемых коллекторах характеризуются высокими темпами падения продуктивности после запуска из бурения. Для обеспечения лучшей сходимости расчетных показателей с фактическими возникает необходимость в детальном изучении особенностей геологического строения, подборе корреляционных радиусов описывающих тренды падения продуктивности, а также изучении новых технологий геолого-гидродинамического моделирования(ГДМ).

Метод

В работе представлен и описан метод моделирования клиноформ на примере пласта ачимовских отложений Приобского месторождения, основанный на учете его геологических особенностей. В дополнение к основному объекту моделирования используются участки Приобского месторождения с продолжительной историей разработки как зоны-аналоги для проверки гипотез о методах моделирования.

На рассматриваемом участке бурение большого количества горизонтальных скважин(ГС) позволило провести работу по измерению среднего размера длин песчаных тел по данным гамма-каротажа. Для осуществления такого подхода было применено несколько критериев подбора горизонтальных скважин и одно теоретическое допущение:

- Проводка ствола скважины параллельна структурной поверхности (кровле пласта) – таким образом существенно ниже верятность преждевременного выхода ствола скважины из песчаного тела через кровлю или подошву.
- Высокое качество ГИС.
- Скважины не могут быть расположены близко по площади – включение в статистику одного и того же тела в нескольких скважинах может повлиять на результат.
- Тела имеют изометричную форму – допущение, основанное на изучении скважин с направлением горизонтального участка ортогонально к направлению большинства скважин.

Основываясь на полученных значениях, исследовано поле вероятностей при вариограммном анализе на более короткой дистанции. Учитывая новые корреляционные радиусы и характер распределения фильтрационно-емкостных свойств в дистальной части турбидитного комплекса, построена модель приближенная к реальной геологии. Улучшено схождение динамических показателей добычи с фактом, сокращены трудозатраты в адаптации ГДМ, увеличено качество прогнозных расчетов. Для дополнительной информации была использована информация с участка месторождения со схожей обстановкой осадконакопления, где пробурено большое количество скважин с большой историей добычи. Это позволило проверить методику моделирования и методы адаптации с привлечением максимального количества информации, а затем применить на участке с новым бурением.

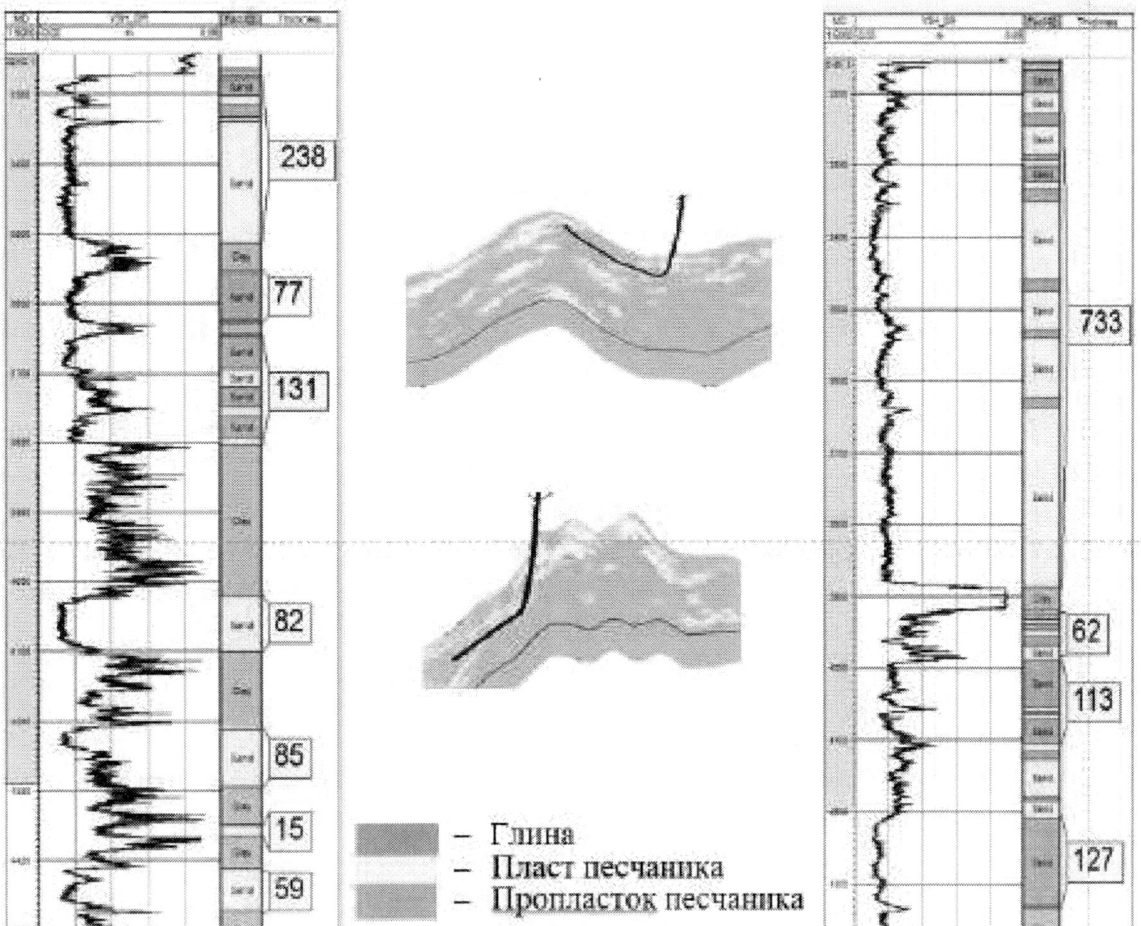

Рисунок 1. *Пример измерения длин песчаных тел по гамма-каротажу горизонтальных скважин с иллюстрацией траектории, отвечающий критерию параллельности структурной поверхности. Площадное расположение и разные фациальные зоны обуславливают существенные различия между скважинами по литологии.*

При отсутствии возможности построения детальной геологической модели, описывающей малые тела в низкопроницаемых коллекторах, для адаптации возможно применение функции нелинейной фильтрации, функций снижения продуктивности трещин. Эти инструменты так же позволяют получить качественную адаптацию, но существенно замедляют скорость расчета модели.

Выводы

Снижение размеров песчаных тел позволяет лучше описать гидродинамические процессы в залежи, улучшить сходимость продуктивности скважин в динамике при адаптации ГДМ с меньшими затратами по времени. Так, отклонение расчетного забойного давления от фактического снизилось со 100% до 12%.

С учетом текущего представления геологического строения участка уточнена геолого-гидродинамическая модель и подобрана новая проектная система, что позволило продолжить рентабельную разработку сверхрасчлененного низкопроницаемого участка.

Большое количество близкорасположенных горизонтальных скважин позволило провести анализ среднего размера песчаных тел, что послужило основанием для переоценки корреляционных радиусов в области сверхрасчлененных низкопроницаемых коллекторов конусов выноса. Ранг вариограммы ранее оценивался минимум в 500м, что соответствовало расстоянию между наклонно-направленными скважинами в сетке, сейчас ранг составляет 120-180м. Совокупность исследований геологического строения и гидродинамических инструментов позволила построить модель, приближенную к реальной геологии, и выполнить качественный прогноз добычи.

Библиография

1. М.В. Рыкус, Н.Г. Рыкус. Седиментология терригенных резервуаров углеводородов. Уфа. Издательство «Мир перчати», 2014. 158 с.
2. К.Е. Закревский, Н. В. Нассонов. Геологическое моделирование клиноформ неокома Западной Сибири. Тверь. ООО «Издательство ГЕРС», 2012. 80 с.
3. М.С. Алехина, Е.О. Черкас, Е.А. Жуковская, М.А. Буторина. Методика создания фациально-ориентированной концептуальной модели ачимовских отложений салымской группы месторождений. Современные проблемы седиментологии в нефтегазовом инжиниринге// ООО «Газпромнефть НТЦ», 2019. 215-222 с.
4. А.Н. Дмитриевский, В.А. Казаненков, С.А. Рыльков, С.В. Ершов. Северное Приобье Западной Сибири. Геология и нефтегазоносность неокома. Новосибирск. Издательство «СО РАН», 2000. 200 с.
5. Е.В. Ковалевкий. Геологическое моделирование на основе геостатики// г.Москва, 2011-2012.

6. А.Э. Федоров, А.А. Аминева, И.Р. Дильмухаметов, В.А. Краснов, А.В. Сергейчев. Анализ геологической неопределенности при стохастическом моделировании геологических тел// Нефтяное хозяйство, 2019. 24-28 с.
7. А.Э. Федоров, И.Р. Дильмухаметов, А.А. Поваляев, М.С. Антонов, А.В. Сергейчев. Многовариантная оптимизация систем разработки низкопроницаемыхколлекторов нефтяных месторождений Ачимовской свиты// SPE -201811-RU, 2020.

References

1. M.V. Rykus, N.G. Rykus. Sedimentology of terrigenous reservoirs of hydrocarbons. Ufa. Publishing house "World of Gloves", 2014, 158 p.
2. K.E. Zakrevsky, N. V. Nassonov. Geological modeling of clinoforms of the Neocomian of Western Siberia. Tver. OOO "Publishing house GERS", 2012, 80 p.
3. M.S. Alekhina, E.O. Cherkas, E.A. Zhukovskaya, M.A. Butorina. Methodology for creating a facies-oriented conceptual model of the Achimov deposits of the Salym group of deposits. Modern problems of sedimentology in oil and gas engineering. OOO "Gazpromneft NTC", 2019, 215-222 p.
4. A.N. Dmitrievsky, V.A. Kazanenkov, S.A. Rylkov, S.V. Ershov. Northern Ob region of Western Siberia. Geology and oil and gas potential of the Neocomian. Novosibirsk.Publishing house "SO RAN", 2000, 200 p.
5. E.V. Kovalevskiy. Geological modeling based on geostatics. Moscow, 2011-2012.
6. A.E. Fedorov, A.A. Amineva, I.R. Dilmukhametov, V.A. Krasnov, A.V. Sergeichev. Analysis of geological uncertainty in stochastic modeling of geological bodies. Oil industry, 2019, 24-28 p.
7. A.E. Fedorov, I.R. Dilmukhametov, A.A. Povalyaev, M.S. Antonov, A.V. Sergeichev. Multivariate optimization of systems for the development of low-permeability reservoirs of oil fields of the Achimov suite. SPE-201811-RU, 2020.

Изучение предела прочности на растяжение и трещиностойкости горных пород лабораторными методами

Э.Р. Зиганшин* (ФГАОУ ВО К(П)ФУ), Е.С. Быстров (ФГАОУ ВО К(П)ФУ), С.И. Гильфанов (ФГАОУ ВО К(П)ФУ), М.Г. Маркосян (ФГАОУ ВО К(П)ФУ)

Введение

Испытания кернового материала являются неотъемлемой частью геомеханических испытаний, без которых невозможно построить адекватную модель. Существует множество методик по определению прочностных характеристик породы. На территории Республики Татарстан уже несколько лет ведется активное изучение геомеханических параметров карбонатных пород [1]. Однако, некоторые параметры определить прямым методом довольно сложно. К таким параметрам относятся предел прочности на растяжение и параметр трещиностойкости. Зачастую, эти значения берутся из справочников, без проведения лабораторных испытаний, что может вносит определенные погрешности в результаты вычислений. В данной работе были проведены лабораторные испытания керна с определением предела прочности на растяжение и трещиностойкости, а также выявлена связь между этими параметрами. Было изучено влияние параметра трещиностойкости на давление распространения трещины в изучаемом интервале.

Объект исследования

Объектом исследования являются образцы горных пород, полученные из нефтяной скважины. Месторождение расположено в западной части Южно-Татарского свода на территории Республики Татарстан. Всего было исследовано 15 образцов каждым из методов. В основном образцы были отобраны из пород-неколлекторов (каширский ярус), а также «пород-покрышек» и перемычек, разделяющих продуктивные слои в верейском горизонте.

Методика исследований

Определение предела прочности на растяжение при раскалывании методом приложения сжимающей нагрузки вдоль диаметра образца в форме диска выполняется согласно требованиям ASTM D3967-08 [2, 4]. Испытания проводятся на образцах в форме диска с отношением толщины к диаметру (t/D) от 0,2 до 0,75. Диаметр образца должен быть не менее 10-кратного линейного размера зерен (неоднородностей), слагающих породу. Дискообразный образец помещается в приспособление одноосного растяжения установки ГТЯН.441179.050 и зажимается в радиальном направлении (Рисунок 1 а). Нагрузка увеличивается с заданной скоростью деформации до разрушения образца (например, 0,1 МПа/с).

Расчет для определения предела прочности на растяжение при раскалывании (бразильский тест) осуществлялся по формуле (1):

$$\sigma_t = 2P/\pi LD, \qquad (1)$$

где: σ_t – предел прочности на растяжение при раскалывании, в МПа, P – максимальная приложенная нагрузка, зафиксированная датчиком силы испытательной машины, в Н, L – толщина образца, в мм, D – диаметр образца, в мм

А)

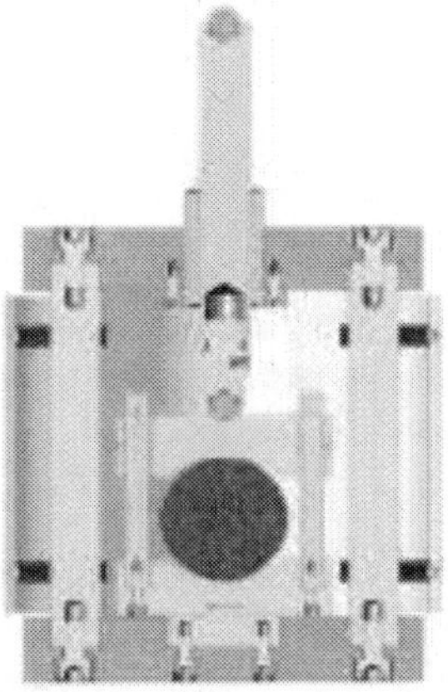

Б)

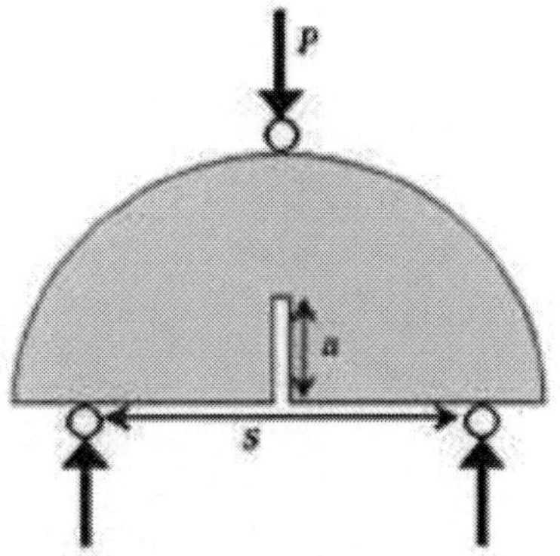

Рисунок 1. *А) Приспособление одноосного растяжения установки ГТЯН.441179.050; Б) Схема проведения испытаний на трещиностойкость. Р – осевая нагрузка в МПа, а – надрез-инициатор высотой 15 мм, s – расстояние между нижними опорами 40 мм*

Исследования трещиностойкости выполнены на образцах полудисках с диаметром 62 мм. Процедура пробоподготовки образца к испытаниям подробно описана в методике [5]. Диаметр образца (D = 2R) должен быть связан со средним размером зерна в породе в соотношении не менее 10:1 или должна быть не менее 76 мм и минимальная толщина образца должна быть больше 0.4 D или 30 мм. Толщина образца принята 25 мм. Надрез-инициатор трещины выполнен поперек слоистости отрезным алмазным диском толщиной 1 мм, на глубину 15 мм. Торцевые поверхности образцов были отшлифованы с точностью не менее 0.01 мм. Схема расстановки опор, приложения нагрузки и надреза-инициатора показаны на рисунке 1 б.

Расчет для определения величины трещиностойкости осуществлялся по формуле (2):

$$K_{Ic} = \dot{Y} \frac{P_{max}\sqrt{\pi a}}{2RB}, \qquad (2)$$

где: K_{Ic} – трещиностойкость, в кПа см0.5, Р – максимальная приложенная нагрузка, зафиксированная датчиком силы испытательной машины, в Н; В – толщина образца, в мм; R – радиус образца, в мм; а – длина надреза, в мм; $\dot{Y}$ – безразмерный коэффициент интенсивности стресса.

Результаты исследований

По результатам испытаний было выявлено, что породы-покрышки между верейскими и каширскими отложениями обладают повышенными прочностными свойствами. Все породы были разделены на две группы. В образцах наблюдается прямая корреляционная зависимость между пределом прочности на растяжение и трещиностойкостью (рисунок 2). Это позволит получить параметр трещиностойкости в тех интервалах, где отобрать большие полудиски затруднительно ввиду плохой сохранности керна.

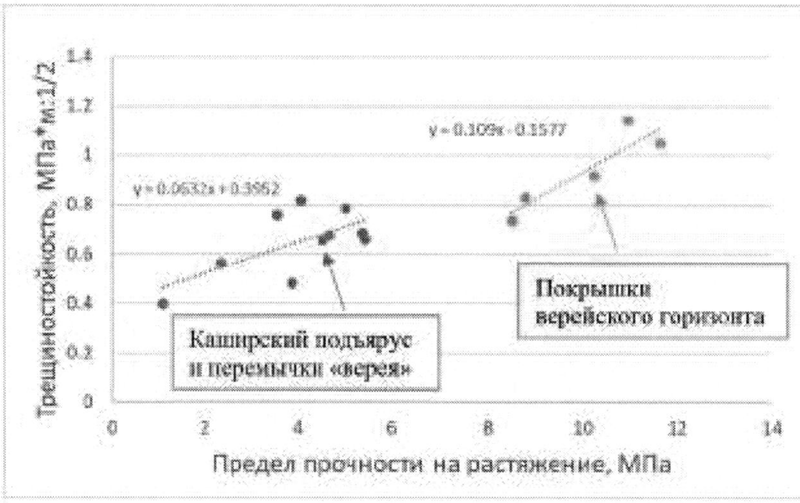

Рисунок 2. *График зависимости предела прочности на растяжение и трещиностойкости*

Параметр трещиностойкости характеризует способность горной породы сопротивляться распространению трешины, когда начальная трещина уже создана. Знание данного параметра позволяет оценить, насколько «покрышки» и непроницаемые перемычки между коллекторами способны выступать в качестве барьеров распространения трещин ГРП. Причем, существует явная закономерность между изначальной длиной трещины, и давлением, необходимым для дальнейшего её развития [2]. Чем выше длина трещины, тем меньше требуется усилий, чтобы она распространялась далее. Данную зависимость можно выразить уравнением (3):

$$P_b = \frac{K_{IC} - g(a/R_w)\sqrt{\pi a}(\sigma_H - \sigma_h)\cos 2\beta}{\sqrt{\pi a} f(a/R_w)} + \sigma_H (\cos\beta)^2 + \sigma_h (\sin\beta)^2 \qquad (3)$$

Где P_b – градиент давления разрыва, K_{IC} – трещиностойкость, a – изначальная длина трещины, Rw – радиус скважины, σ_H, σ_h – соответственно максимальное и минимальное горизонтальное напряжение, β – угол между осью трещины и максимальным горизонтальным напряжением, $g(a/R_w)$ и $f(a/R_w)$ – коэффициенты, значения которых указаны в таблице 1.

Таблица 1

Значения g(a/Rw) и f(a/Rw) для двух симметричных радиальных трещин

a/Rw	f(a/Rw)	g(a/Rw)	a/Rw	f(a/Rw)	g(a/Rw)
0	2.26	3.39	0.8	1.43	1.58
0.1	2.06	2.93	1	1.38	1.45
0.2	1.83	2.41	1.5	1.26	1.29
0.3	1.7	2.15	2	1.2	1.21
0.4	1.61	1.96	3	1.13	1.14
0.5	1.57	1.83	5	1.06	1.07
0.6	1.52	1.71	10	1.03	1.03

Все исследуемые образцы были разделены на три группы: породы каширского подъяруса (K_{IC}=0,75 МПа*$м^{1/2}$), покрышка верейского горизонта (K_{IC}=1,1 МПа*$м^{1/2}$) и перемычки в верейском горизонте (K_{IC}=0,7 МПа*$м^{1/2}$). И для каждой из групп были построены графики зависимости давления разрыва от длины трещины относительно радиуса скважины (a/R_w) (рис. 3). Было сделано допущение, что трещина распространяется по направлению максимального горизонтального напряжения (β=0), горизонтальные напряжения равны между собой (σ_H=σ_h).

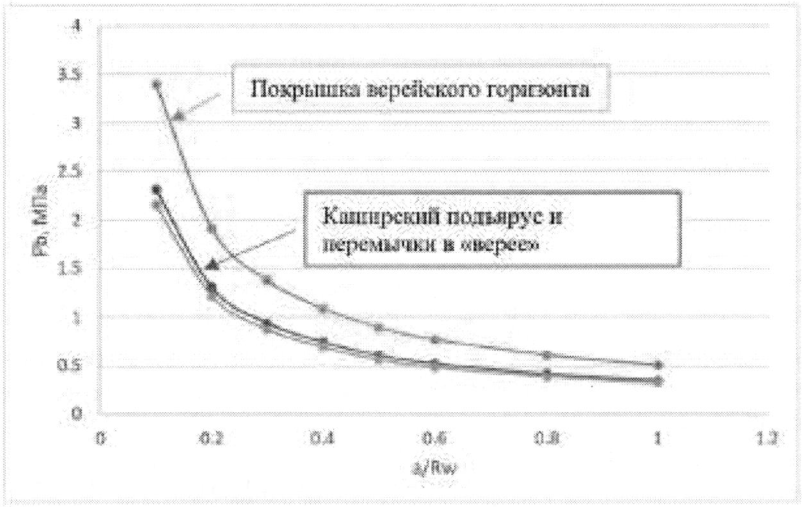

Рисунок 3. *Зависимость давления разрыва от начальной длины трещины*

На графике видно, что «покрышка» верейского горизонта обладает относительно высокими прочностными свойствами, что может оказывать «барьерный» эффект для проникновения трещины ГРП из верейского горизонта в каширский подъярус. Однако, следует учитывать тот факт, что при увеличении длины трещины, разница между давлением разрыва в разных слоях становится практически одинаковой. Следовательно, основным контролирующим фактором будет контраст горизонтальных напряжений в разных слоях. Это следует учитывать при проектировании гидроразрыва, если есть риск прорыва трещины в водоносные горизонты.

Благодарности

Работа выполнена при поддержке Минобрнауки России в рамках соглашения № 075-15-2022-299 о предоставлении гранта в форме субсидий из федерального бюджета на осуществление государственной поддержки создания и развития научного центра мирового уровня «Рациональное освоение запасов жидких углеводородов планеты».

Библиография

1. Зиганшин Э.Р., Нугманов И.И. Результаты изучения петрофизических (упругих) свойств известняков по керну отложений турнейского яруса // 4-я МЕЖДУНАРОДНАЯ НАУЧНО-ПРАКТИЧЕСКАЯ КОНФЕРЕНЦИЯ «ИННОВАЦИИ В ГЕОЛОГИИ, ГЕОФИЗИКЕ И ГЕОГРАФИИ-2019». - 2019. - С. 51-53.

References

2. ASTM D3967-08 Standard Test Method for Splitting Tensile Strength of Intact Rock Core Specimens

3. Barry, N., N. R. Whittaker, and S. G. Singh (1992), Rock fracture mechanics principles design and applications, ELSEVIER, Amsterdam-London-New York-Tokyo.

4. Fjaer E, Holt R M, Horsrud P, Raaen A M and Risnes R 1992. Chapter 3 Geological aspects of petroleum related rock mechanics Dev. Petrol. Sci. 33 89–108.

5. The ISRM Suggested Methods for Rock Characterization, Testing and Monitoring: 2007–2014 / Ed. R. Ulusay. ISBN 978-3-319-07712-3 DOI 10.1007/978-3-319-07713-0 Springer Cham Heidelberg New York Dordrecht London

Опыт построения геомеханической модели VTI- анизотропной среды бажено-абалакского комплекса

Е. А. Черепанов* (Филиал ООО «ЛУКОЙЛ-Инжиниринг» «КогалымНИПИнефть» в г.Тюмени, Тюменский индустриальный университет), А. М. Спирина (Филиал ООО «ЛУКОЙЛ-Инжиниринг» «КогалымНИПИнефть» в г.Тюмени)

Введение

Одной из проблем разработки месторождений является неустойчивость стволов скважин. Разрушения призабойной зоны наносят большой ущерб нефте- и газопромысловому оборудованию, вплоть до потери оборудования и ствола самой скважины. Следовательно, несут в себе значительные затраты.

Объектом исследования данной работы является бажено-абалакский комплекс Гальяновского месторождения. Подошва фроловской свиты и отложения тутлеймско-бажено-абалакского комплекса сложены неустойчивыми породами, склонными к значительным разрушениям. Продуктивными отложениями на месторождении, в том числе, являются нижнетутлеймская подсвита (аналог баженовской свиты) ЮК0 и абалакская свита ЮК1.

В работе представлено два способа построения модели устойчивости ствола скважины. Первый подход – это применение изотропной модели среды (в предыдущие годы использовалась эта модель) для построения 1D геомеханической модели, а второй – применение модели, учитывающей VTI-анизотропность среды. Выбор методики построения 1D геомеханических моделей основывается на результатах исследований упруго-прочностных свойств керна Средне-Назымского месторождения.

Метод

1D геомеханическая модель является основным инструментом для расчета устойчивости ствола скважин при их строительстве. Модель является численным представлением горных и пластовых давлений, тектонических напряжений, механических и прочностных свойств пород. Расчеты основываются на данных бурения, каротажных и геологических данных и калибруются с помощью тестов, замеров и буровых событий.

Целью работы является подбор оптимальной механической модели среды.

Для достижения поставленной цели решались следующие **задачи:**

- Сбор исходной информации и проведение комплексного анализа данных;
- Расчеты прочностных и деформационных свойств;
- Построение 1D геомеханических моделей по вертикальным скважинам для изотропной и анизотропной сред и подбор наиболее походящей модели среды для отложений фроловской - абалакской свит;
- Определение наиболее устойчивого направления для бурения.

Геолого-геофизическая характеристика отложений объекта работ

Гальяновское месторождение расположено в восточной части Красноленинского свода на границе с Фроловской мегавпадиной.

Продуктивными являются отложения баженовско-абалакского комплекса и тюменской свиты. Интервалы разреза баженовской свиты, которые представлены "хрупким" материалом, являются основными объектами прироста запасов и добычи, поскольку в этих интервалах наиболее вероятна повышенная, за счет естественной трещиноватости, проницаемость, а также, более вероятно, достижение повышения естественной проницаемости за счет применения методов гидроразрыва. Определения фильтрационно – емкостных свойств различных типов пород, показали, что все они представляют собой плотные разности с пористостью в среднем около 8% с проницаемостью менее 0,1 мД (10^{-12}).

Среди литологических разностей, представляющих горные породы баженовской свиты наиболее хрупкими являются кремнистые и карбонатные: для них ожидается разрыв сплошности при наименьших внешних давлениях. В связи с этим, можно предположить, что наиболее хрупкими будут окремнелые и карбонатизированные разности пород интервалов 1, 2, 4, 6. Аргиллиты, не имеющие значительных примесей карбонатов (интервалы 3, 5), будут более пластичными (Рисунок 1).

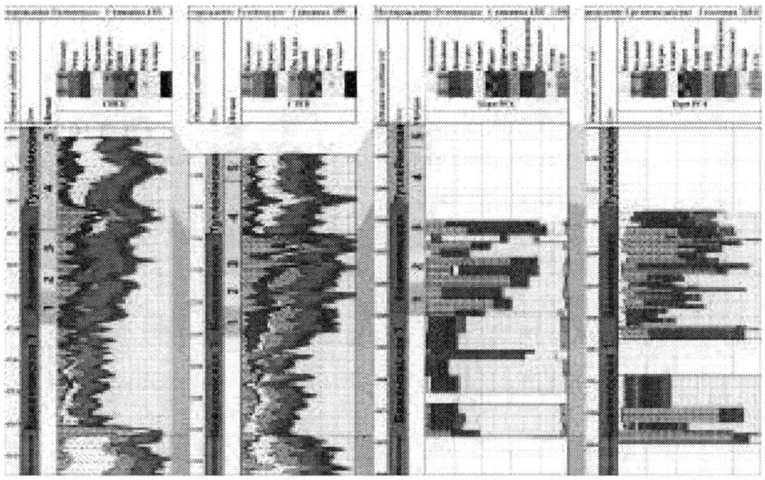

Рисунок 1. *Распределение минералов по данным РСА и СНГК по Гальяновскому и Средне-Назымскому месторождениям*

Определение механических свойств пород

В геомеханическом моделировании динамические модуль Юнга и коэффициент Пуассона характеризуют механические деформационные свойства пород. Деформационные (упругие) свойства отражают деформируемость пород под нагрузками. Упругие модули разделяются на статические и динамические. Статические модули характеризуют породы под нагрузкой, при их естественном залегании. Динамические – значения упругой деформации, т.е. мгновенные нагрузки, которые возбуждаются звуковыми или ультразвуковыми колебаниями. Для построения механических моделей необходимо определять связь между динамическим и статическими свойствами. Статические свойства определяются по керну.

Анизотропия (геометрическая) пород характеризуется различными модулями деформации в зависимости от направления силового воздействия по отношению к направлению слоистости и трещиноватости. Физическая анизотропия характеризуется различными модулями деформации при сжатии и растяжении, что объясняется различным характером влияния имеющихся в породе дефектов на процессы деформирования [1].

Анализ напряженно-деформированного состояния (НДС) в слоистом анизотропном массиве показал, что анизотропия упругих и особенно прочностных свойств может существенно влиять на устойчивость скважины, т.к. прочность на сдвиг по слоистости обычно существенно ниже, чем прочность матрицы устойчивость к сдвигу по слоистости снижается с ростом напряжения – латерального горного давления. Т.е. если устойчивость ствола определятся прочностью на сдвиг по слоистости, то наиболее устойчивым направлением будет азимут максимального горизонтального напряжения, что является прямой противоположностью изотропного массива.

Определение статических модулей Юнга и коэффициента Пуассона для отложений фроловской, тутлеймской (баженовской) и абалакской свит определялись по уравнениям для VTI-анизотропной и для изотропной сред.

Определение горизонтальных напряжений

Азимут направления максимального горизонтального напряжения определялся по электрическим микро-имиджам, проведенных в скважинах и по азимутам простирания трещины гидроразрыва. Получить значения минимального горизонтального напряжения возможно из двух источников: анализ данных ГРП и рассчитать значения по кросс-дипольному акустическому каротажу (КДАК).

В интервале баженовской свиты наблюдаются изменения значений минимального горизонтального напряжения с глубиной, с наиболее низкими значениями в целевом пласте (Баженовская, Баженовская 1). Для этого же пласта характерны наиболее высокая хрупкость и наиболее низкий индекс анизотропии. Магнитуда максимального горизонтального напряжения (*SHmax,* σ_H*)* в скважинах рассчитана по формуле *SHmax* =1,1*Shmin* как в изотропной, так и в анизотропной модели [2].

Расчет стабильности ствола скважины

Анализ стабильности ствола скважины является результатом вышеприведенных вычислений, а именно получение допустимого диапазона плотности бурового раствора. Приведен планшет с моделью по изотропной и анизотропной средам для отложений баженовской свиты по скважине (рис. 2).

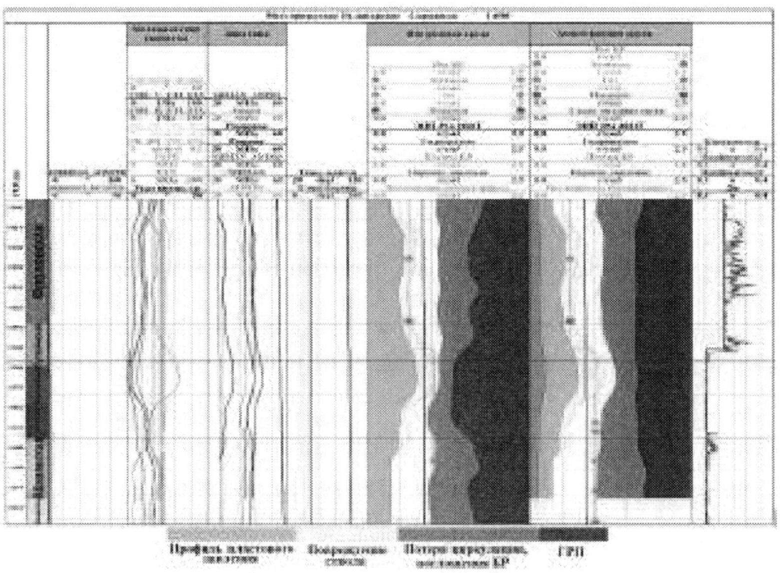

Рисунок 2. *Анализ устойчивости ствола скважин по изотропной и анизотропной средам*

При построении модели изотропной среды отмечается изначально более заниженные значения градиентов начала вывалообразования и градиента начала поглощений, и ГРП. Данные величины градиентов корректнее рассчитываются при построении VTI-анизотропной модели.

Ниже приведены примеры, сравнивающие напряженное состояние и устойчивость скважины для изотропной (А) и анизотропной (Б) сред (рис. 3).

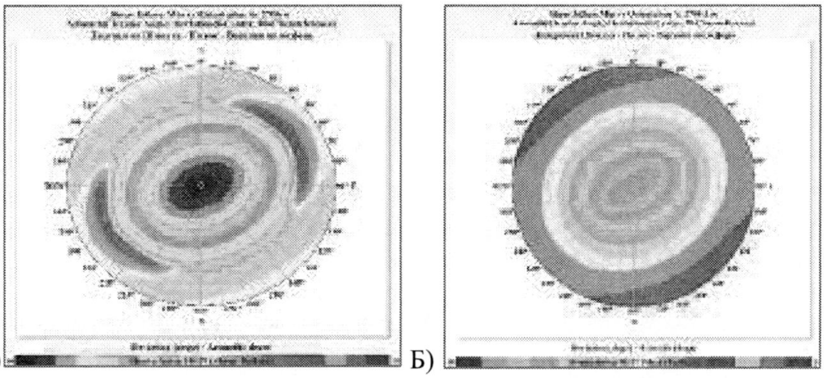

А) Б)

Рисунок 3. *Повреждение ствола в зависимости от зенитного угла и азимута скважины для изотропной (А) и анизотропной (Б) сред.*

При невысоких зенитных углах (до 30°) градиент обрушения определяется прочностью матрицы. Напряженно деформационное состояние скважин в анизотропном массиве показывает, что анизотропия прочности породы может влиять на выбор оптимальной траектории бурения. В большинстве случаев в изотропном массиве наиболее устойчивым направлением является азимут минимального горизонтального напряжения Shmin. Устойчивость к сдвигу по слоистости снижается с ростом латерального горного давления. Т.е. если устойчивость ствола определятся прочностью на сдвиг по слоистости, то наиболее устойчивым направлением будет азимут максимального горизонтального напряжения, что является прямой противоположностью изотропного массива. Таким образом, оптимальный расчет устойчивости ствола скважины для бажено-абалакского комплекса обеспечивается использованием модели анизотропных сред.

Выводы

Одно из преимуществ применения VTI-анизотропной модели – получение более объективных данных по градиентам сдвиговых напряжений и ГРП при расположении ствола скважины вдоль и поперек направления максимального горизонтального стресса.

Оптимальный расчет устойчивости ствола скважины для бажено-абалакского комплекса обеспечивается использованием модели анизотропных сред.

Библиография / References

1. Мамбетов Ш. А. Геомеханика. Учебник в двух томах. Том 1: Основы геомеханики, Бишкек 2013, Изд-во КРСУ, 2013. - 138 с.

2. Кашников Ю. А., Ашихмин С. Г. Механика горных пород при разработке месторождений углеводородного сырья: Учебное пособие. – М: Издательство «Горная книга», 2019. – 552 с.

References

1. Mambetov, S. A. (2013). Geomechanics. Textbook in two volumes. Volume 1: Fundamentals of Geomechanics. KRSU Publishing House, 138p. (In Russian).

2. Kashnikov, Yu. A., & Ashikhmin, S. G. (2019). Mechanics of rocks in the development of hydrocarbon deposits. The textbook "Mountain book", 552p. (In Russian).

Оценка перспектив нефтегазоносности северо-запада Омской области на примере Аксеновского, Тяпугинского и Январского лицензионных участков

Б. Андреев* (Автономная некоммерческая образовательная организация высшего образования «Сколковский институт науки и технологий»), П.С. Карпушкин (АО «Октопус»), В.В. Колесов (ООО «ОТЭКС»), Н.В. Кузнецов (АО «Октопус»)

Введение

Поисковые работы на нефть и газ в пределах северной части Омской области в 1970-80е годы привели к открытию мелких нефтяных Тайтымского, Прирахтовского, Ягыл-Яхского месторождений в отложениях пластов тюменской свиты, Баклянского месторождения с запасами в пласте Ю0 баженовской свиты и очень мелкого Тевризского газоконденсатного месторождения в ачимовской свите. После 1990 года поисковые работы на подавляющей части Омской области велись в минимальном объеме. Выполненное с использованием результатов последних проведенных исследований бассейновое моделирование позволило повысить оценку ресурсного потенциала верхнеюрского-нижнемелового нефтегазового комплекса.

Теория

Территория исследования расположена на северо-западе Омской области, на юге Западно-Сибирской нефтегазоносной провинции (Рисунок 1). Район работ представляет собой слабовсхолмленную равнину, расположенную на левом берегу р. Иртыш, частично заболоченную и занесённую. Площадь трех рассматриваемых участков составляет 5179 км^2.

На текущий момент территория изучения покрыты аэромагнитной (масштаб 1:50 000) и гравиметрической (масштаб 1:200 000) съемками 70-х-80-х годов. В 1974, 1978 и 1982 были пробурены три поисковые скважины. Из-за недостаточной подготовленности ловушек притоки получены не были. В 2007-2008 гг. на территории были проведены сейсморазведочные работы 2D, на основе результатов обработки которых были получены структурные поверхности по основным отражающим горизонтам.

В тектоническом отношении территория приурочена к Старосолдатскому мегавалу, а также Большеукской моноклинали. Мощность осадочного чехла увеличивается в северном направлении от 2300 м до 2700 м.

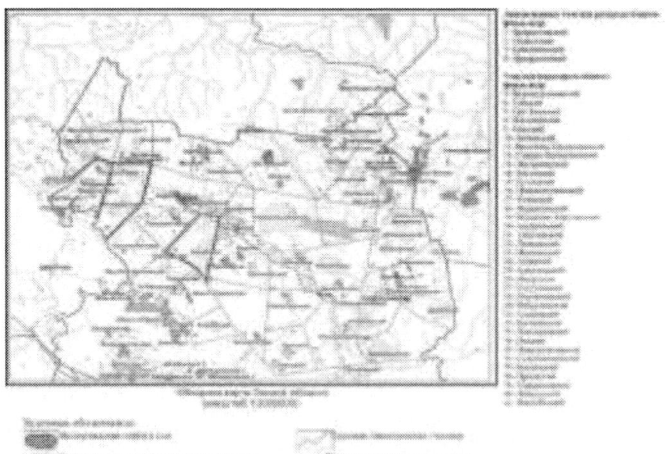

Рисунок 1. *Обзорная карта Омской области (Конторович, 2001)*

Метод

Со структурной точки зрения изучаемая территория благоприятна для скоплений углеводородов. Результаты выполненной сейсморазведки 2Д позволяют выделить перспективные ловушки в перспективных пластах с амплитудой около 20-40 метров и более. В целом, территория развивалась унаследовано, преобладали нисходящие тектонические движения. Однако в пределах Старосолдатского мегавала отдельные куполовидные поднятия «росли» вплоть до конца юрского периода, что вызывало перерывы в осадконакоплении и эрозию отложений. Отсутствие в наиболее приподнятых участках перспективных отложений юры (пластов Ю2-4, Ю1) свидетельствует о вероятном наличии неантиклинальных ловушек на склонах поднятий. Региональной нефтематеринской толщей для верхнеюрских (Ю1) – нижнемеловых (Б16-20) ловушек в пределах данной территории является баженовская свита. По результатам геохимических исследований в скважине Аксеновская-1 был выделен еще один нефтематеринский пропласток в подошве мелового комплекса отложений, отнесенный к аналогу подачимовской пачки (Максимов, 2014) с содержанием Сорг = 4,04 %. Ввиду отсутствия результатов геохимических исследований на образцах керна из баженовской свите на территории исследований для моделирования использовалось распределение Сорг для баженовской свиты по литературным данным (Конторович и др., 2018) (Рисунок 2). В модели использовался кинетический спектр просчета Pepper&Corvi TII(B) (Астахов, 2016). Тепловой поток был взят в соответствии с «Картой теплового потока Западно-Сибирской плиты» (Дучков, 1987). В пределах исследуемой территории средний современный тепловой поток колеблется в интервале 46 – 52 мВт/м^2. Для повышения надежности выводов о нефтеперспективности территории и для оценки неопределенности значений объемов генерации были выполнены расчеты для различных тепловых потоков, отличающихся как в меньшую, так и в большую сторону (вариации в пределах 5-15% при соответствии калибровке на современные температуры), относительно значений из работы (Дучков, 1987).

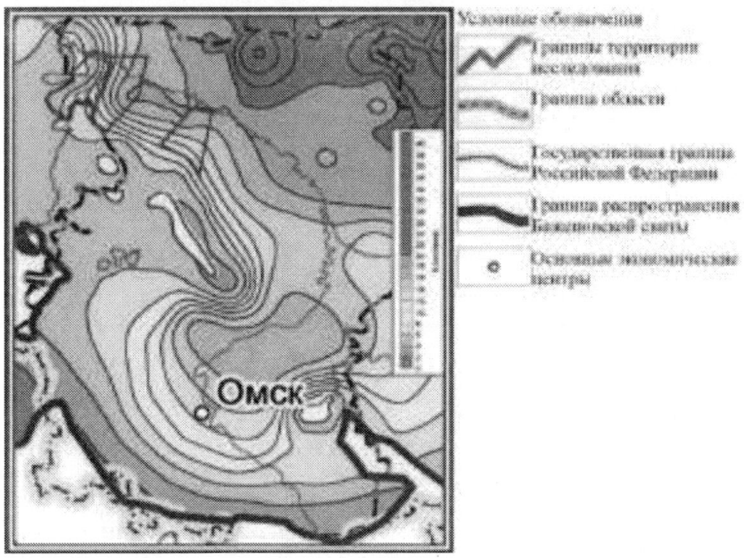

Рисунок 2. *Выкопировка из карты содержаний органического вещества на начало катагенеза в породах баженовского горизонта, в % на породу (Конторович и др., 2018)*

В пробуренных на участках скважинах Аксеновская-1, Тяпугинская-1 и Январская-1 проводились замеры пластовой температуры. Результаты калибровки по температурам и приведенным в таблице тепловым потокам приведены на рисунке 3.

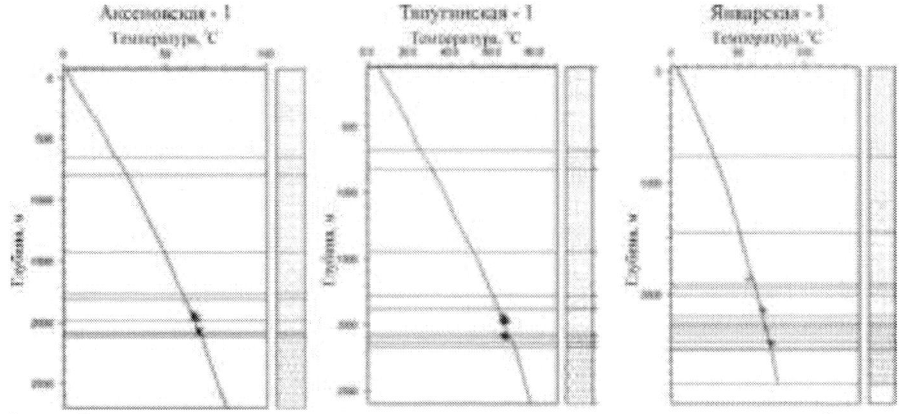

Рисунок 3. *Расчетные кривые температур по трем скважинам после калибровки*

Результаты

Степень катагенетической преобразованности органического вещества напрямую коррелируется с тектоническим строением ввиду достаточного резкого перепада глубин залегания баженовской свиты. Так, в зоне сочленения Старосолдатского мегавала и Большеуковской моноклинали проходит изменение катагенетической преобразованности из протокатагенеза (ПК3) в мезокатагенез (МК1) в пределах Аксеновского и Тяпугинского участков. В свою очередь, в пределах Январского участка изменение катагенетической преобразованности по площади носит менее дифференцированный характер и, по имеющимся данным о температуре пластов, остается низкой (ПК3). Генерация углеводородов из выделенных НГМТ началась примерно 120 млн лет назад в барремское время. Результаты моделирования объёмов сгенерированных углеводородов для разных лицензионных участков при различных вариантах тепловых потоков приведены в таблице 1.

Таблица 1 – Количественная оценка сгенерированных углеводородов в различных вариантах

		Вариант 1, млн т.у.т.	Вариант 2, млн т.у.т.	Вариант 3, млн т.у.т
Аксеновский л. у. (S = 2058 км^2)	Баженовская	214	555	950
	Подачимовская	15	38	65
Тяпугинский л. у. (S = 1740 км^2)	Баженовская	206	391	590
	Подачимовская	13	32	44
Январский л. у. (S = 1381 км^2)	Баженовская	505	673	878
	Подачимовская	19	26	34

Заметные различия в объеме генерации на близких участках вызваны существенным отличием тектонического строения, с чем связаны изменения глубины кровли баженовской свиты и тепловых потоков, и катагенетической преобразованности. Различается и мощность баженовской свиты – на площади самого погруженного Январского участка мощности баженовской свиты наибольшая.

Выводы

Объемы генерации УВ баженовскими породами на анализируемой территории являются значительными. Неудачи поискового бурения 1970-1980х годов объясняются доминированием неантиклинальных ловушек на территории (типичным для периферийных областей юга и запада Западной Сибири), в то время как бурение поисковых скважин производилось в наиболее приподнятую часть антиклинальных структур. При бурении скважин отмечались прямые признаки нефтегазоносности, такие как битуминозность пород, а также косвенные – повышение содержания растворенных углеводородных газов, а также йода, брома в пробах пластовой воды, повышенные значения сопротивлений в песчаниках по данным ГИС. Если использовать оценку, согласно которой 2% сгенерированных УВ в нефтегазовых бассейнах аккумулируются в ловушках в виде извлекаемых запасов, нужно ожидать открытия месторождений в верхнеюрском-нижнемеловом комплексе с запасами от 19,4 млн. т при пессимистической оценке теплового потока до 51,2 млн. т при оптимистической оценке.

Список литературы

Астахов С. М. [2016] Кинетические спектры реакций преобразования органического вещества нефтегазоматеринских отложений. Нефтегазовая геология. Теория и практика, т.11, №1, с. 1-28.

Дучков А.Д. и др. [1987] Тепловое поле недр Сибири. Новосибирск: Наука, с. 1-193.

Гурари Ф.Г. [1959] Геология и перспективы нефтегазоносности Обь-Иртышского междуречья. М.: Гостоптехиздат, с. 1-174.

Конторович А. Э. и д. р. [2018] Классификация пород баженовской свиты. Геология и геофизика, т.59, №3, с. 357-371.

Конторович А. Э. и д. р. [2001] Разработка программы геологоразведочных работ на 2001-2005 годы с количественной и качественной оценкой перспектив нефтегазоносности палеозойских и мезозойских отложений Омской области. Новосибирск: ИГНГ СО РАН, кн. 1-2, с. 1-415.

Максимов Е. М. [2014] Тектоника и геологические формации Западно-Сибирского нефтегазоносного бассейна. Тюмень: ТюмГНГУ, с. 1-370.

References

Astahov S. M. [2016] Kineticheskie spektry reakcij preobrazovaniya organicheskogo veshchestva neftegazomaterinskih otlozhenij. Neftegazovaya geologiya. Teoriya i praktika, Vol. 11, №1, pp. 1-28.

Duchkov A. D. et al. [1987] Teplovoe pole nedr Sibiri. Novosibirsk: Nauka, pp. 1-193.

Gurari F. G. [1959] Geologiya i perspektivy neftegazonosnosti Ob'-Irtyshskogo mezhdurech'ya. M.: Gostoptekhizdat, pp. 1-174.

Kontorovich A. E. et al. [2018] Klassifikaciya porod bazhenovskoj svity. Geologiya i geofizika, Vol. 59, №3, pp. 357-371.

Kontorovich A. E. et al. [2001] Razrabotka programmy geologorazvedochnyh rabot na 2001-2005 gody s kolichestvennoj i kachestvennoj ocenkoj perspektiv neftegazonosnosti paleozojskih i mezozojskih otlozhenij Omskoj oblasti. Novosibirsk: IGNG SO RAN, book 1-2, pp. 1-415.

Maksimov E. M. [2014] Tektonika i geologicheskie formacii Zapadno-Sibirskogo neftegazonosnogo bassejna. Tyumen': TyumGNGU, pp. 1-370.

Литопетрофизическая кластеризация – дополнительный этап к прогнозу качества коллектора для отложений с высокой литолого-фациальной изменчивостью

К.Ю. Чучалина* (ООО «НОВАТЭК НТЦ»), В.Э. Бадертдинов (ООО «НОВАТЭК НТЦ»)

Введение

Одним из важных этапов построения трехмерной геологической модели месторождения является проведение детального анализа всей имеющейся геолого-геофизической информации, в том числе интерпретация сейсмической информации с целью определения литологической и фильтрационно-емкостной изменчивости в пространстве изучаемой среды. Литолого-фациальная изменчивость влияет на геометрию, форму и размеры песчаных тел, связанность коллектора, пространственное расположение тел и изменение коллекторских свойств. Для более достоверного прогноза коллектора в межскважинном пространстве используют сейсмические данные как в качестве 2D трендов – карты различных сейсмических атрибутов, так и 3D тренды – 3D сейсмические кубы. В последнее время, применение сейсмической инверсии, которая основана на совместном использовании сейсмических и геофизических данных, является одним из самых востребованных инструментов количественной интерпретации сейсмической информации в межскважинном пространстве. Очень часто скважинные данные имеют низкую корреляционную связь с сейсмической информацией, что не позволяет использовать данные сейсмики при моделировании свойств пласта. Классическое моделирование свойств литология – пористость не позволяет достоверно учесть литолого-фациальную изменчивость как по вертикали, так и по латерали в межскважинном пространстве. Решением проблемы может стать детальная кластеризация данных геофизических исследований скважин и сейсмической информации, которая позволит более достоверно оценить литологическую изменчивость пласта, а также более достоверно спрогнозировать петрофизические свойства и гидродинамические особенности коллектора.

В качестве объекта исследования рассмотрен продуктивный пласт ТП1 уникального нефтегазоконденсатного месторождения, расположенного на территории Ямало-Ненецкого автономного округа в северной части Гыданского полуострова, и, частично, в акватории Обской губы. В интервале пласта отобран керновый материал из девяти скважин (~10% от фонда). Анализ данных керна показал, что песчаные тела связаны с отложениями проксимальной и дистальной части нижней части предфронтальной зоны пляжа. Мощность отложений проксимальной части нижней части предфронтальной зоны пляжа по керновым данным не более одного метра, а мощность отложений дистальной части нижней части предфронтальной зоны пляжа не более шести метров. Несмотря на то, что пласт довольно равномерно охвачен бурением, прогнозирование коллектора с хорошими фильтрационно-емкостными свойствами затруднено по причине того, что песчаные тела характеризуются значительной вертикальной и латеральной изменчивостью. Стоит отметить, что скважинные данные не имеют корреляционной связи с сейсмической информацией, что не позволяет получить достоверное распределение песчаных тел с учетом комплексирования сейсмических и скважинных данных. Таким образом, в условиях высокой неопределенности геологического строения продуктивного пласта ТП1 возникает необходимость кластеризации геологических данных к моделированию межскважинного пространства.

Кластеризация пористости

Добавление этапа кластеризации к стандартным этапам геологического моделирования (литология – пористость) позволяет создать устойчивый тренд для распространения литолого-петрофизических свойств (кластер – литология – пористость). В рамках работы для проведения кластеризации из набора каротажных кривых был выбран параметр, который характеризует не только наличие, но и качество коллектора – поточечная пористость. Для кластеризации пористости рассчитаны первая и вторая производная пористости с целью описания степени характера изменения размерности осадочных тел. Первая производная характеризует изменение угла исследуемого параметра, а вторая производная показывает выпуклость / вогнутость рассматриваемой кривой. На рисунке 1 представлено сопоставление поточечной пористости с первой и второй производными пористости при разном шаге дискретизации в пилотной скважине 3 по всему интервалу пласта.

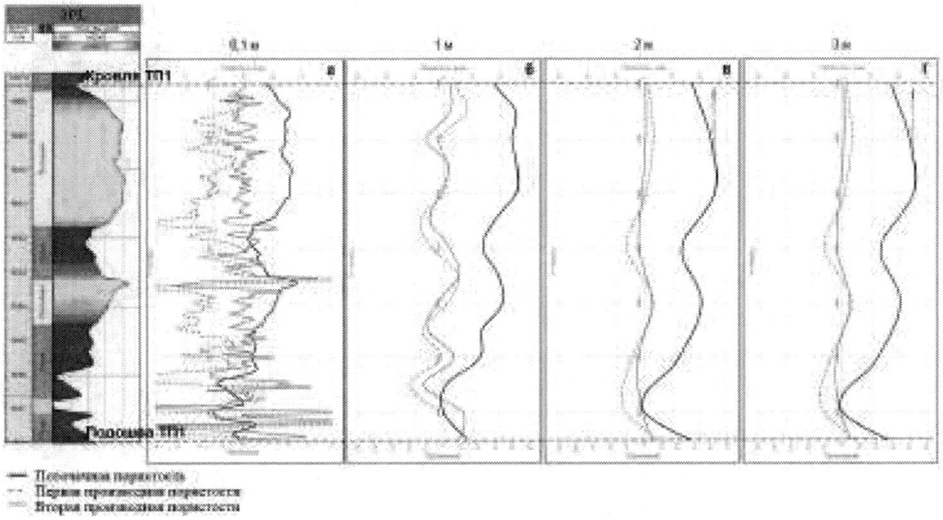

Рисунок 1. Сравнение шага дискретизации первой и второй производных с поточеченой пористостью пилотной скважины 3

Первоначально для расчета производных был выбран шаг измерений равный 0,1 метр (рис. 1а). В этом случае, вторая производная более детально описывает изменения характера кривой пористости по разрезу относительно первой производной. Однако, использование данного шага сильно дискретизирует исследуемый интервал, поэтому были проработаны варианты увеличения расстояния между точками до одного, двух и трех метров (рис. 1 б-г). Шаг измерения равный одному метру довольно хорошо описывает поведение изменения пористости, но не позволяет снизить расчлененность разреза. Вторая производная с шагом три метра характеризует основное увеличение пористости в кровельной части пласта, но не в полной мере описывает изменение тренда пористости в центральной части исследуемого интервала. Таким итерационным путем был обоснован шаг для расчета второй производной равной двум метрам, так как данная дискретизация позволяет хорошо описать изменения пористости как в транспортной секции, так и в горизонтальной части ствола. Таким образом, выбраны два параметра для кластеризации – поточечная пористость и ее вторая производная.

С целью прогноза качества коллектора в скважинах проведена кластеризация поточечной пористости и ее второй производной с шагом 0,4 метра, что не превышает разрешающую способность данных ГИС и как результат выделены три литопетрокластера, характеризующие интервалы с разным диапазоном пористости. Первый кластер характеризуется средней пористостью равной 12%, что соответствует интервалам – неколлектор, второй кластер со средней пористостью 20% и последний наилучший – коллектор с высокой средней пористостью равной 25%. На рисунке 2 представлен пример кластеризации пилотной скважины 3 и четырех эксплуатационных скважин. Почти во всех скважинах, представленных на рисунке 2 наблюдается коллектор с высокой пористостью в кровельной части пласта, по данным кластеризации выделяется группа, характеризующаяся хорошими коллекторскими свойствами. Однако, в эксплуатационной скважине А5 коллектор в кровельной части визуально мог быть охарактеризован той же группой, что и соседние скважины, но благодаря количественной оценке, был выделен кластер средней пористости для коллектора, что является важным при моделировании свойств в межскважинном пространстве.

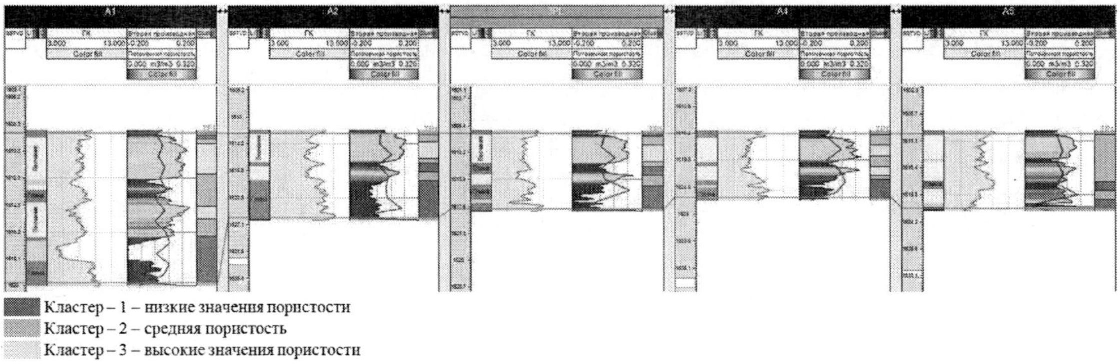

Рисунок 2. Корреляция скважин с результатом кластеризации

Полученные литопетрокластера были замоделированы в качестве дополнительного куба литопетрокластеров для распространения литологии. Применяя такой подход к моделированию появляется возможность разделения интервала по качеству коллектора на песчаники с высокой и средней пористостью (рис. 3). Карты эффективных газонасыщенных толщин по кластерам отображают перспективные области для заложения эксплуатационных скважин, что позволяет не только увеличить эффективную проходку скважины, но и заложить скважину в предполагаемую область высоких значений пористости. Стоит отметить, что при моделировании свойств была исключена фактическая эксплуатационная скважина А8, которая по результатам бурения вскрыла коллектор со средней пористостью 21%. При текущем подходе моделирования район бурения скважины А8 не охарактеризован коллектором с высокой пористостью (рис. 3а), эффективные газонасыщенные толщины полностью представлены кластером со средней пористостью 20% (рис. 3б), что сопоставимо с фактическими данными скважины.

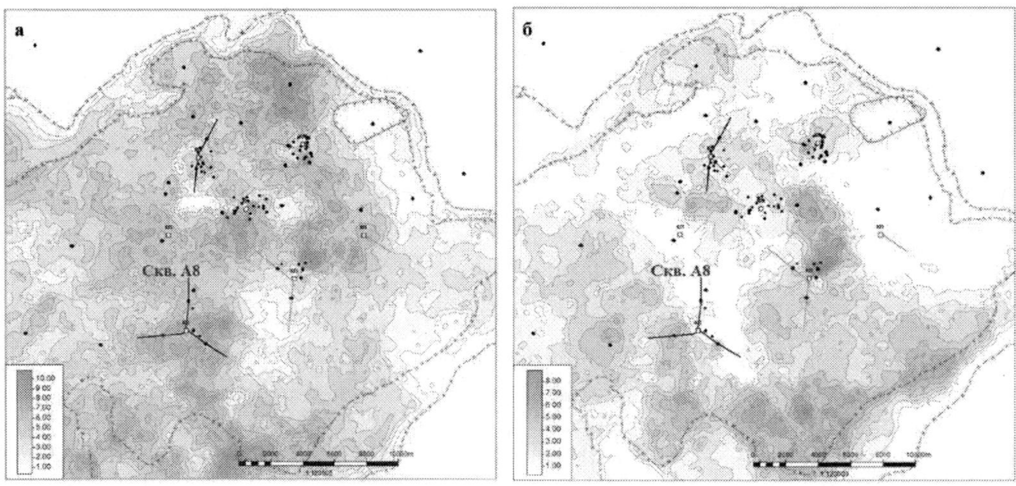

Рисунок 3. Карты эффективных газонасыщенных толщин для двух кластеров коллектора: а - кластер со средней пористостью 20%; б – кластер с высокой средней пористостью равной 25%

На следующем этапе была проведена оценка средней пористости с использованием куба литопетрокластеров в качестве куба регионов. По результатам моделирования отмечено, что, используя результаты литопетрофизической кластеризации исключаются области с завышением прогноза пористости не только в зонах бурения скважин, но и в областях, не охваченных бурением (рис. 4).

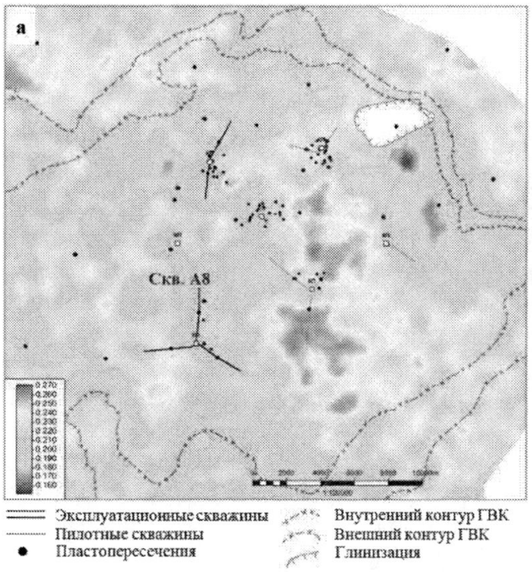

Рисунок 4. Карты средней пористости по пласту: а – классический подход моделирования; б – предлагаемый подход

Выводы

1. По результатам проведенного анализа выделены разные литопертокластера в интервале пласта ТП1.
2. Учет результатов литопетрофизической кластеризации данных ГИС в рамках геологического моделирования, позволил более точно спрогнозировать распределение запасов по площади, с учетом различных фильтрационно-емкостных свойств пласта.
3. Добавление этапа кластеризации в процессе создания геологических моделей позволяет снизить риски при заложении горизонтальных скважин, а также увеличить эффективную проходку эксплуатационных скважин.

Библиография

1. Бабкин, И.В. Применение метода нейронных сетей для определения текущей газонасыщенности по данным ГИС. НТВ «Каротажник». Тверь: Изд. АИС, 5, 2010. – С 52–60.

2. Chopra S., Marfurt K.J. Seismic attributes for prospect identification and reservoir characterization. – SEG Geophysical Development Series. – 2007. – №11. – 465 p.

3. Wang Q, Wang C, Feng Z-Y, Ye J-F (2012) Review of K-means clustering algorithm. Electron Des Eng 20(7): 21-24.

Перекорреляция отложений башкирского яруса среднего карбона на примере Аканского месторождения Республики Татарстан

С.В. Сидоров (Казанский (Приволжский) Федеральный Университет), З.М. Ризванова* (Казанский (Приволжский) Федеральный Университет), Р.К. Хайрутдинов (ЗАО «Предприятие Кара Алтын»)

Введение

В карбонатных отложениях башкирского яруса сосредоточены основные запасы нефти Аканского месторождения. Согласно регламентирующим документам ГКЗ для подсчёта запасов УВ, расчётов прогнозных вариантов разработки, планирования ГТМ и мониторинга добычи УВ необходимо применять геологические и гидродинамические модели месторождений. Для построения адекватной геологической модели необходима корректная детальная корреляция, соответствующая условиям осадконакопления.

Неоднозначность в прослеживании одновозрастных толщ башкирских отложений по кривым ГИС на территории Республики Татарстан (РТ) отмечают многие ученые. Косков, Кочнева изучали башкирские отложения на территории Пермского края. Они выделили 4 горизонта [4], но в РТ этой схемой на практике не пользуются. Седиментологи К(П)ФУ [1] разделили отложения башкирского яруса Аканского месторождения на 5 фаций, основываясь на исследованиях кернового материала. Эту разбивку в целом в масштабах залежи нефти применять сложно из-за ограниченного объёма керновых исследований. В рамках построения геолого-гидродинамической модели (ГГДМ) Аканского нефтяного месторождения, была поставлена задача по созданию корректной детальной схемы корреляции по отложениям башкирского яруса. Причиной перекорреляции башкирских отложений явилось наличие необоснованных участков несвязности коллекторов в геологической модели (ГМ) («висячих» ячеек), приводящих к образованию недренируемых зон. В связи с этим возникли проблемы при адаптации гидродинамической модели к историческим показателям разработки.

Аканское нефтяное месторождение в тектоническом плане приурочено к восточному борту Мелекесской впадины [5]. Основным продуктивным объектом на месторождении является залежь нефти в башкирско-серпуховских отложениях. Осадочные породы башкирского и серпуховского ярусов представлены известняками с порово-трещинным типом коллектора. По результатам предлагаемой детальной корреляции общая толщина башкирского яруса в среднем составляет 30 м, серпуховского - 50-60 м.

Методика

Ввиду отсутствия единой методики выделения карбонатных пачек башкирского возраста авторами предложена удобная и понятная схема расчленения башкирских отложений. Для построения детальной схемы корреляции в первую очередь использовались скважины, полностью вскрывшие башкирские и серпуховские отложения. Сначала выделялись региональные реперы: кровля башкирского яруса C_2b и кровля репера серпуховского яруса C_1s. Кровля пород башкирского яруса C_2b проходит по подошве карбонатно-глинистой пачки отложений верейского горизонта московского яруса и характеризуется на записи радиоактивного каротажа (снизу-вверх) увеличением значений ГК и уменьшением - НГК. Кровля пород серпуховского яруса C_1s представляет собой размытую поверхность, на которой стратиграфически несогласно залегают отложения башкирского яруса C_2b. В некоторых скважинах в прикровлевой части отложений серпуховского возраста отмечается пачка плотных карбонатных пород, которая характеризуется повышенными значениями на кривых НГК.

Промежуточные границы между пачками внутри отложений башкирского яруса (кровли пачек Сбш-2, Сбш-5, Сбш-6) прослежены по внутриформационным реперам - плотным известнякам. Причиной уплотнения известняков могли быть субаэральные перерывы и метеорный диагенез. Вследствие метеорного диагенеза поры и трещины породы заполняются вторичным кальцитом [2,3]. Границы кровель пачек Сбш-1, Сбш-3, Сбш-4 являются промежуточными и использованы для улучшения прослеживания внутренних границ пластов и корректной интерполяции значений моделируемых параметров в ГМ. На рисунке 1 представлен пример сравнения предыдущей и авторской схемы корреляции.

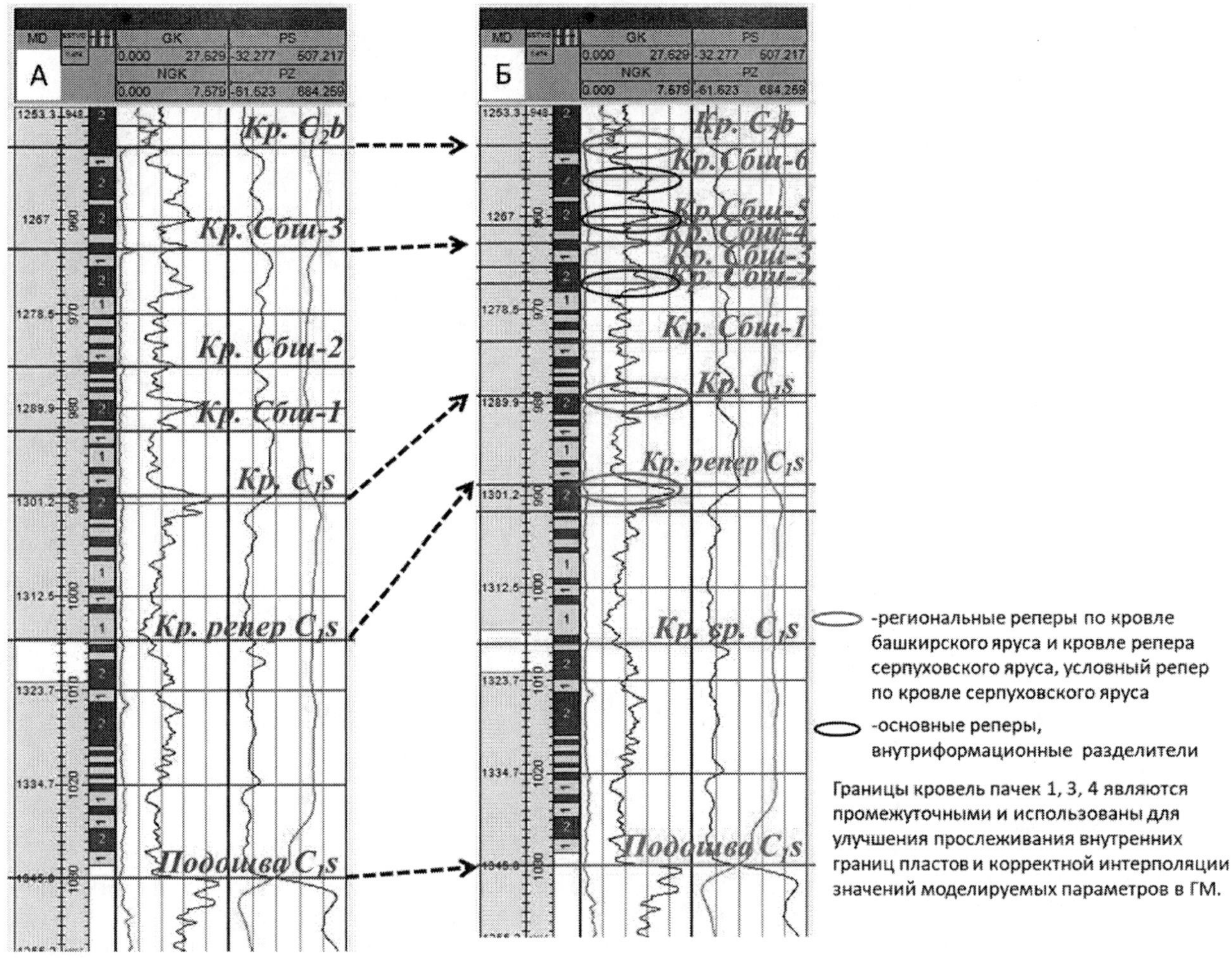

Рисунок 1 *Сравнение предыдущей (А) и авторской (Б) схем корреляции отложений башкирского яруса*

Результаты

Геологическая модель башкирско-серпуховских отложений построена от кровли отложений башкирского яруса (C_2b) до кровли репера серпуховского возраста (кровля репера C_1s). При моделировании напластования пород в ГМ во всех пачках башкирского возраста задавался пропорциональный тип залегания. В серпуховских отложениях распределение напластования между кровлей репера C_1s и кровлей C_1s моделировалось от подошвы (от кровли репера C_1s), т.к. этот пласт в верхней части подвергся размыву. При перестроении ГМ с применением новой детальной схемы корреляции удалось избежать несвязности коллекторов из-за уменьшения количества «висячих» ячеек (Рисунок 2), в связи с чем адаптация гидродинамической модели произведена быстро и корректно.

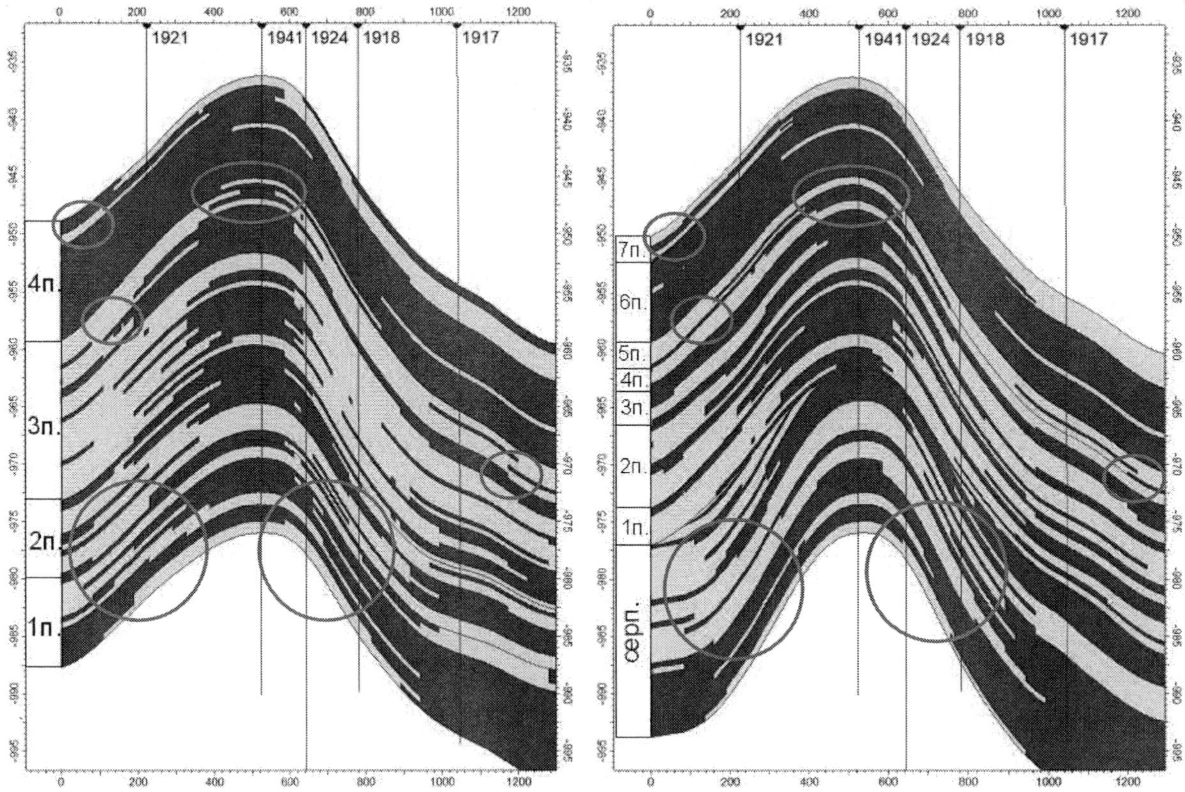

А Б

Рисунок 2 *Сравнение распределения коллекторов на разрезах по линии 1-1 в геологических моделях, построенных с использованием предыдущей (А) и авторской (Б) схем корреляции*

Выводы

По результатам проделанной работы авторами предлагается новая схема детальной корреляции башкирских отложений на примере Аканского месторождения Республики Татарстан. В этой схеме предлагается выделять 7 пачек карбонатных пород в отложениях башкирского возраста (снизу-вверх): Сбш-1 – Сбш-7.

Для расчленения башкирских отложений на пачки в разрезе выделено 5 реперов (снизу-вверх): условный репер по кровле отложений серпуховского яруса C_1s, опорные реперы - по кровлям пачек Сбш-2, Сбш-5 и Сбш-6, региональный репер по кровле отложений башкирского яруса C_2b; промежуточные границы - по кровлям пачек Сбш-1, Сбш-3 и Сбш-4.

Условный репер по кровле серпуховского яруса назван так потому, что кровля отложений серпуховского яруса подверглась размыву и не всегда возможна точная её идентификация во вскрытом разрезе. К тому же, во многих скважинах отложения серпуховского яруса не вскрыты или вскрыты на небольшую толщину.

Границы кровель пачек Сбш-1, Сбш-3, Сбш-4 являются промежуточными и использованы для улучшения прослеживания внутренних границ пластов и корректной интерполяции значений моделируемых параметров в ГМ.

Составленная схема детальной корреляции, на взгляд авторов, позволила построить ГМ, которая более корректно отображает представление о геологическом строении залежи нефти в башкирских отложениях, чем предыдущая ГМ.

Авторами предлагается применять новую схему разбивки башкирских отложений на близлежащих месторождениях. Для совершенствования методики необходимо провести детальную корреляцию башкирских отложений на многих месторождениях РТ, расположенных на других тектоноэлементах. По результатам работ возможно возникнет необходимость для проведения районирования применяемых схем корреляции.

Благодарности

Работа выполнена при поддержке Министерства науки и высшего образования Российской Федерации по соглашению № 075-15-2020-931 в рамках программы развития НЦМУ «Рациональное освоение запасов жидких углеводородов планеты».

Библиография

1. Особенности фациальной изменчивости нефтеносных карбонатных коллекторов среднего карбона (на примере башкирского яруса юго-востока Татарстана) / А. Н. Кольчугин, Д. Делла Порта, В. П. Морозов [и др.] // Георесурсы. – 2020. – Т. 22. – № 2. – С. 29-36. – DOI 10.18599/grs.2020.2.29-36.

2. Badiozmani K.,Mackenzie F.T.,Thortenson D.C. (1977). Experimental carbonate cementation: salinity,temperature, and vadose-phreatic effects. J.Sed.Petrol, 47 (2), pp. 529-542. https://doi.org/10.1306/212F71CB-2B24-11D7-8648000102C1865D

3. Moore C.H. (1989). Carbonate Diagenesis and Porosity. Ser.Developments in Sedimentology, Vol. 46. Elsevier Publishing Co., 338 p.

4. Косков, В. Н. Литолого-фациальное расчленение башкирских карбонатных отложений по данным промыслово-геофизических исследований скважин / В. Н. Косков, О. Е. Кочнева // Вестник Пермского университета. Геология. – 2012. – № 4(17). – С. 30-38.

5. Геология Татарстана: Стратиграфия и тектоника.-М.:ГЕОС,2003.-402 с.

References

1. Osobennosti facial'noj izmenchivosti neftenosnyh karbonatnyh kollektorov srednego karbona (na primere bashkirskogo yarusa yugo-vostoka Tatarstana) / A. N. Kol'chugin, D. Della Porta, V. P. Morozov [i dr.] // Georesursy. – 2020. – T. 22. – № 2. – S. 29-36. – DOI 10.18599/grs.2020.2.29-36.

2. Badiozmani K.,Mackenzie F.T.,Thortenson D.C. (1977). Experimental carbonate cementation: salinity,temperature, and vadose-phreatic effects. J.Sed.Petrol, 47 (2), pp. 529-542. https://doi.org/10.1306/212F71CB-2B24-11D7-8648000102C1865D

3. Moore C.H. (1989). Carbonate Diagenesis and Porosity. Ser.Developments in Sedimentology, Vol. 46. Elsevier Publishing Co., 338 p.

4. Koskov, V. N. Litologo-facial'noe raschlenenie bashkirskih karbonatnyh otlozhenij po dannym promyslovo-geofizicheskih issledovanij skvazhin / V. N. Koskov, O. E. Kochneva // Vestnik Permskogo universiteta. Geologiya. – 2012. – № 4(17). – S. 30-38.

5. Geologiya Tatarstana: Stratigrafiya i tektonika.-M.:GEOS,2003.-402 s.

Исследование молекулярного состава нефтей юрских залежей Александровского мегавала

П.А. Стулов (АУ НАЦ РН им. В.И. Шпильмана), Г.Т. Салахидинова* (АУ НАЦ РН им. В.И. Шпильмана), М.Г. Кульков (АУ НАЦ РН им. В.И. Шпильмана), Э.А. Вторушина (АУ НАЦ РН им. В.И. Шпильмана)

Введение

В настоящем исследовании поставлена задача изучения состава нефтей залежей тюменской и васюганской свит юрской системы на молекулярном уровне с целью выявления общности их генезиса и вероятных нефтематеринских пород. Полученные данные могут быть использованы для уточнения региональных генерационно-аккумуляционных моделей формирования нефтяных месторождений применительно к решению вопросов доразведки территории изучаемого региона.

Методы

В настоящей работе методом газовой хромато-масс-спектрометрии изучены насыщенные и ароматические фракции 6 проб нефти залежей тюменской и васюганской свит, отобранных в интервале глубин 2306-2388 м одного из месторождений, в тектоническом отношении приуроченного к Александровскому мегавалу. Пробы нефти 1-3 получены из продуктивных пластов васюганской свиты, нефти 4-6 – из пластов тюменской свиты.

Фракционирование проб нефти проведено после предварительного отделения асфальтенов, в результате осаждения их в 40-кратном избытке петролейного эфира 40-70 и выдержки в течение 24 ч при комнатной температуре без доступа света. Мальтеновая фракция подверглась делению на 3 группы компонентов методом колоночной жидкостно-адсорбционной хроматографии на силикагеле последовательным элюированием фракций насыщенных углеводородов и ароматических соединений смесью петролейный эфир/бензол (85/15 % об.) и фракции смол смесью изопропанол/толуол (50/50 % об.). Границы элюирования фракций определяли под УФ-светом (светофильтр на длину волны 365 нм).

Анализ молекулярного состава насыщенных и ароматических фракций выполнялся с помощью хромато-масс-спектрометрического комплекса Trace 1310 / TSQ 8000 EVO. Для деления использовалась капиллярная кварцевая колонка TG-5MS длиной 30 м, внутренним диаметром 0,25 мм и толщиной неподвижной фазы 0,25 мкм. Температура испарителя – 310°C, температура интерфейсной линии хроматограф/масс-спектрометр – 300°C; программа нагрева термостата хроматографа – от 60°C до 310°C со скоростью 4°C/мин, выдержка конечной температуры 40 мин. Энергия ионизирующих электронов – 70 эВ; температура ионизационной камеры – 250°C. Хроматограммы фракций насыщенных УВ регистрировались по общему ионному току (TIC) в диапазоне масс от 45 до 550 а.е.м., дополнительно фракции насыщенных и ароматических соединений записывались в режиме мониторинга выборочных ионов (SIM) по характеристическим значениям m/z – 191, 177, 217, 218 и 142, 156, 170, 184, 198, 231, 253, соответственно.

Результаты и обсуждение

Алканы. Идентифицированы нормальные алканы с длиной цепи от 10 до 40 атомов углерода в молекуле и низкомолекулярные алканы изопреноидного строения состава $i\text{-}C_{15}\text{-}i\text{-}C_{20}$. Молекулярно-массовые распределения н-алканов в нефтях имеют одномодальный профиль. В пробах 2 и 4 максимум приходится на н-алканы состава $н\text{-}C_{15}\text{-}н\text{-}C_{17}$, в остальных – на $н\text{-}C_{17}$, при этом в составе всех проб прослеживается преобладание содержания низкомолекулярной части над высокомолекулярной в среднем в 1,4 раза, что является характерным признаком нефтей, образованных из ОВ морского генезиса. Об этом свидетельствуют и результаты анализа ряда биомаркерных параметров, рассчитанных по н-алканам и изопреноидам. Согласно полученным данным, рассматриваемые нефти генерированы ОВ морского типа, накопление которого происходило в лагунных и мелководно-морских обстановках осадконакопления, соответственно, окислительно-восстановительные условия – слабовосстановительные и восстановительные.

Стераны состава C_{27}-C_{28}-C_{29} имеют подобные распределения с преобладанием холестанов, при этом положение проб нефти на треугольной диаграмме в координатах рассматриваемых соединений соответствует накоплению исходного ОВ в морских обстановках залива и открытого моря [1], относительные содержания диахолестанов меняются незначительно – от 0,32 до 0,35. Параметры $C_{29}SSR$ и $C_{29}\beta\beta\alpha\alpha$, характеризующие степень термической преобразованности нефти, принимают значения в интервалах от 0,53 до 0,58 и от 0,58 до 0,61, соответственно. По рассчитанным значениям критерия Грандхейма C_{28}/C_{29}=0,89-0,98 возраст нефтей может варьироваться от позднеюрского до миоценового [2,3].

Терпаны. Повышенные содержания трициклических терпанов состава C_{23}-C_{26} над таковыми состава C_{19}-C_{20} в диапазоне от 0,29 до 0,38 указывают на исходное ОВ морского генезиса, при этом по значениям параметра *STER/PENT*=0,56-0,68 прослеживается больший вклад в исходное ОВ бактериальной некромы [2,4]. Формирование исходного ОВ предполагается в восстановительных условиях (hC_{35}/hC_{34}=0,90-1,02), в глинистой среде осадконакопления (*Ts/(Ts+Tm)*=0,49-0,54, $C_{31}R/H$=0,29-0,34, *NOR/HOP*=0,51-0,54, *TT* C_{19}/C_{23}=0,20-0,28, C_{22}/C_{21}=0,22-0,30, C_{24}/C_{23}=0,66-0,71, *TT* C_{26}/C_{25}=0,61-0,75). Параметры *MOR/HOP* и $C_{31}HSR$, изменяются в диапазонах 0,11-0,12 и 0,59-0,60, соответственно, свидетельствуя о высокой степени термической преобразованности нефтей, что подтверждается и по параметрам зрелости на рисунке 1. Значения "возрастного" параметра *ETR* принимают значения 0,50-0,58, предполагая, что формирование исходного ОВ нефтей происходило в средне-позднеюрское время [2,3].

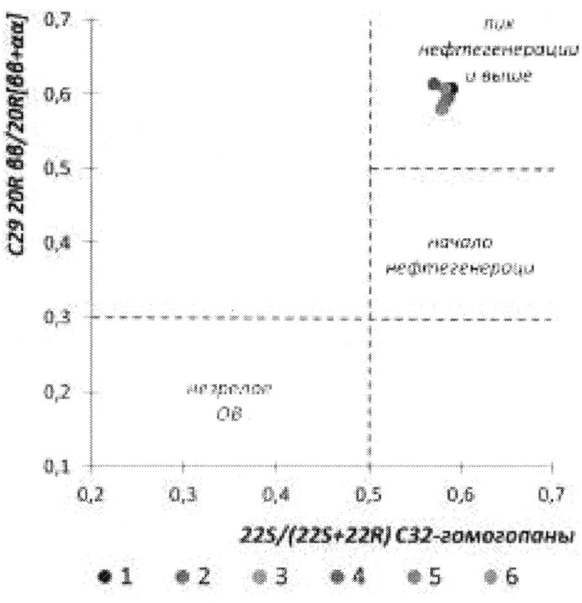

Рисунок 1. *Изучение степени термической преобразованности проб нефти залежей тюменской и васюганской свит Александровского мегавала*

Ароматические соединения. В относительном содержании ароматических соединений в пробах нефти преобладают фенантрены (62-66%), ароматические стераны составляют

21-30%, в дибензотиофены – 6-16%. Содержание триароматических стеранов выше моноароматических в среднем в 2,1 раза, значения параметра *DBT/Phen* варьируют от 0,05 до 0,19, параметра *4-MDBT/Phen* – от 0,07 до 0,21. Полученные данные свидетельствуют о морском типе исходного ОВ в составе глинистых нефтематеринских пород [5,6,7].

Значения параметра *MDR*, показывающего соотношение изомеров 4- и 1-метилдибензотиофенов, зависимое от их разной термодинамической устойчивости, изменяются в диапазоне 1,75-2,30, и соответствуют высокой степени термической преобразованности нефтей [8,9].

По группе биароматических УВ в нефтях идентифицированы метилнафталины, этил-+диметилнафталины и триметилнафталины. Во всех пробах этил-+диметилнафталины (42%) характеризуются наибольшим содержанием относительно групп метилнафталинов (37%) и триметилнафталинов (21%). Только в пробе нефти №1 сопоставимые содержания этил-+диметилнафталинов (45,0%) и триметилнафталинов (44,7%). По результатам исследований [10], в большинстве нефтей, сформированных с участием морского ОВ, характерно преобладание диметилнафталинов, а триметилнафталины в повышенных концентрациях содержатся в нефтях, сформированных с участием континентального ОВ. При этом авторы отмечают, что среди морских нефтей также есть нефти, в которых концентрация ТМН превалирует над содержанием ДМНф, МНф и Нф.

Выводы

Проведенные хромато-масс-спектрометрические исследования состава насыщенной и ароматической фракций нефтей залежей тюменской и васюганской свит Александровского мегавала показывают близкий состав изученных проб. Молекулярные параметры, рассчитанные по насыщенной и ароматической фракциям, дают взаимоподтверждающие результаты, и указывают на генерацию нефтей ОВ аквагенного типа, формирование которого происходило в восстановительных и слабовосстановительных условиях глинистых мелководно-морских и лагунных обстановок осадконакопления. Все пробы нефти по ряду насыщенных и ароматических параметров характеризуются высокой степенью термической преобразованности. «Возрастные» биомаркерные параметры, рассчитанные по стерановым и терпановым соединениям, однозначно указывают на молодой, вероятно, позднеюрский возраст нефтей.

Благодарности

Авторы выражают благодарность коллективу лаборатории хроматографических методов исследований АУ НАЦ РН им. В.И. Шпильмана.

Библиография

1. Huang W.Y., Meinschein W.G. Sterols as ecological indicators // Geochimica et cosmochimica acta. – 1979. – V.43. – No.5. – P. 739-745.

2. Peters K.E., Walters C.C., Moldowan J.M. The Biomarker guide. Biomarkers and Isotopes in Petroleum Exploration and Earth history. V.2. – Cambridge university press, 2005. – 699 p.

3. Peters K.E., Ramos L.S., Zumberge J.E., Valin Z.C., Scotese C.R., Gautier D.L. Circum-Arctic petroleum systems identified using decision-tree chemometrics // AAPG bulletin. – 2007. – V.91. – No.6. – P. 877-913.

4. Ступакова А.В., Соколов А.В., Соболева Е.В., Курасов И.А., Бордюг Е.В., Кирюхина Т.А. Геологическое изучение и нефтегазоносность палеозойских отложений Западной Сибири // Георесурсы. – 2015. – №2(61). – С. 63-76.

5. Конторович А.Э., Меленевский В.Н., Иванова Е.Н., Фомин А.Н. Фенантрены, ароматические стераны и дибензотиофены в юрских отложениях Западно-Сибирского нефтегазоносного бассейна и их значение для органической геохимии // Геология и геофизика. – 2004. – Т.45. – №7. – С. 873-883.
6. Hughes W.B., Holba A.G., Dzou L.I.P. The ratios of dibenzothiophene to phenanthrene and pristane to phytane as indicators of depositional environment and lithology of petroleum source rocks // Geochimica et Cosmochimica Acta. – 1995. – V.59. – No.17. – P. 3581-3598.
7. Chakhmakhchev A., Suzuki N. Saturate biomarkers and aromatic sulfur compounds in oils and condensates from different source rock lithologies of Kazakhstan, Japan and Russia // Organic Geochemistry. – 1995. – V.23. – No.4. – P. 289–299.
8. Radke M. Application of aromatic compounds as maturity indicators in source rocks and crude oils // Marine and petroleum geology. – 1988. – V.5. – No.3. – P. 224-236.
9. Гончаров И.В., Самойленко В.В., Носова С.В., Обласов Н.В. Способ определения зрелых нефтематеринских пород. Патент №2261438 РФ, МПК7 G 01 N 30/02, G 01 V 9/00.
10. Головко А.К., Конторович А.Э., Певнева Г.С., Фурсенко Е.А. Состав и распределение алкилнафталинов в нефтях Западной Сибири // Геология и геофизика. – 2014. – Т.55. – №5-6. – С. 931-940.

References

1. Huang W.Y., Meinschein W.G. Sterols as ecological indicators // Geochimica et cosmochimica acta. – 1979. – V.43. – No.5. – P. 739-745.
2. Peters K.E., Walters C.C., Moldowan J.M. The Biomarker guide. Biomarkers and Isotopes in Petroleum Exploration and Earth history. V.2. – Cambridge university press, 2005. – 699 p.
3. Peters K.E., Ramos L.S., Zumberge J.E., Valin Z.C., Scotese C.R., Gautier D.L. Circum-Arctic petroleum systems identified using decision-tree chemometrics // AAPG bulletin. – 2007. – V.91. – No.6. – P. 877-913.
4. Stoupakova A.V., Sokolov A.V., Soboleva E.V., Kurasov I.A., Bordyug E.V., Kiryukhina T.A. Geological survey and petroleum potential of Paleozoic deposits in the Western Siberia // Georesursy. – 2015. – V.2. – No.61. – P. 63-76.
5. Kontorovich A.E., Melenevsky V.N., Ivanova E.N., Fomin A.N. Phenanthrenes, aromatic steranes, and dibenzothiophenes in Jurassic deposits of the West Siberian petroleum province: implications for organic geochemistry // Russian Geology and Geophysics. – 2004. – V.45. – No.7. – P. 873–883.
6. Hughes W.B., Holba A.G., Dzou L.I.P. The ratios of dibenzothiophene to phenanthrene and pristane to phytane as indicators of depositional environment and lithology of petroleum source rocks // Geochimica et Cosmochimica Acta. – 1995. – V.59. – No.17. – P. 3581-3598.
7. *Chakhmakhchev A., Suzuki N.* Saturate biomarkers and aromatic sulfur compounds in oils and condensates from different source rock lithologies of Kazakhstan, Japan and Russia // Organic Geochemistry. – 1995. – V.23. – No.4. – P. 289–299.
8. Radke M. Application of aromatic compounds as maturity indicators in source rocks and crude oils // Marine and petroleum geology. – 1988. – V.5. – No.3. – P. 224-236.
9. Goncharov I.V., Samoylenko V.V., Nosova S.V., Oblasov N.V. A method for determining mature oil-bearing rocks. Patent No. 2261438 РФ, МПК7 G 01 N 30/02, G 01 V 9/00.
10. Golovko A.K., Kontorovich A.E., Pevneva G.S., Fursenko E.A. Composition and distribution of alkylnaphthalenes in West Siberian oils // Russian Geology and Geophysics. – 2014. – V.55. – No.5-6. – P. 737–744.

Состав комплекса обменных катионов органо-минеральной матрицы верхнеюрско-нижнемеловых отложений месторождения Красноленинского свода, Западная Сибирь

А.Е. Бажанова* (Сколтех), И.В. Данилин (МГУ им М.В. Ломоносова), Е.Ю. Попов (Сколтех), Е.В. Козлова (Сколтех), Н.Н. Богданович (Сколтех)

Введение

Интегральная емкость катионного обмена (ЕКО) активно используется в прикладных целях при интерпретации каротажных данных и построении петрофизических моделей, поскольку содержание остаточной воды и глинистых минералов обуславливает изменение коллекторских характеристик пласта [Афанасьев и др., 2009]. Интегральная ЕКО нефтематеринских пород определяется способностью компонентов органоминеральной матрицы к равновесному стехиометрическому обмену, в том числе, и катионов s-элементов (Na^{+}, K^{+}, Mg^{2+}, Ca^{2+}). При разработке сланцевых коллекторов актуализируется использование состава обменных катионов, слагающих суммарную ЕКО, для определения основных физико-химических принципов взаимодействия флюида с породой при различных технических методах воздействия на пласт. Для отложений баженовской свиты состав обменных катионов слабо изучен относительно их территориальной распространенности (более 1 млн.км^2).

Целью данной работы было исследование состава обменных катионов в породах верхнеюрско-нижнемелового разреза одного из месторождений Красноленинского свода Западно-Сибирского нефтегазоносного бассейна, их сравнительная характеристика и оценка влияния основных компонентов органо-минеральной матрицы.

Материалы и методы

Для коллекции образцов баженовской, абалакской и фроловской свит был проведен анализ показателя суммарной ЕКО и состава обменных катионов, извлекаемых методом Пфеффера (водно-спиртовым раствором хлорида аммония NH_4Cl) [Казак и др., 2017] с комплексонометрическим и пламенно спектрофотометрическим окончанием. Отложения баженовской свиты представлены, в основном, кремнистыми, карбонатно-глинисто-кремнистыми и карбонатно-кремнистыми разностями с высоким содержанием органического вещества (ОВ). Абалакская свита подразделяется на верхнюю и нижнюю часть, где первая сложена кремнистыми аргиллитами, а вторая – аргиллитами и алевритистыми аргиллитами. Отложения фроловской свиты представлены глинистыми породами (аргиллитами). Основными минеральнами компонентами в изученных отложениях является сумма глинистых минералов, карбонаты (кальцит и доломит), кремнезем или кварц. В изученных образцах фиксируется значительное количество органического материала, в отложениях баженовской свиты достигающее трети от объема породы. В отложениях абалакской и фроловской свиты рассеянное ОВ не превышает 10 об. %. Органо-минеральная модель построена на основании результатов литологических исследований, общего минералогического состава рентгенодифракционным методом РСА на аппарате ДРОН-3 и данных пиролиза Рок-Эвал.

Результаты

Для проведения сравнительной характеристики образцов коллекции баженовской, абалакской и фроловской свит и оценки влияния содержания основных компонентов органо-минеральной матрицы была рассчитана модель. Для создания упрощенной органо-минеральной модели выбраны такие породообразующие компоненты, как кремнезем, карбонатные и глинистые минералы. Полевые шпаты, пирит и сульфаты, присутствующие в породе в малом количестве, не вносят значительный вклад в ионно-обменные процессы. Поэтому данные компоненты в модели не учитывались.

В абалакской свите преобладают глинистые минералы (40÷70 об. %). Присутствует SiO_2 (до 35 об. %), практически отсутствуют карбонатные минералы. Для большинства образцов баженовской свиты главным породообразующим минералом является кремнезем, его количество достигает 70 об. % в нижней части разреза. В большом количестве выбранных для определения ЕКО образцов присутствуют карбонаты, что не характерно для баженовской свиты в целом, но определяет повышенные фильтрационно-емкостные характеристики отложений. В породах фроловской свиты наблюдается преобладание глинистых минералов (до 50 об. %), также здесь присутствует большая доля полевых шпатов.

Органическая часть породы состоит из различающихся по количеству и фазовому состоянию компонентов, способных влиять на физические свойства органо-минеральной матрицы. Для отложений абалакской свиты характерно присутствие керогена III-II типа с очень низкой концентрацией «свободных» углеводородов. В нижней части разреза абалакской свиты предполагается присутствие миграционных смолисто-асфальтеновых компонентов. Баженовская свита представлена керогенонасыщенными породами (II тип керогена), где органическое вещество находится на высокой стадии преобразованности (и, соответственно, содержит уменьшенное количество «свободных» УВ). Породы фроловской свиты содержат миграционный битумоид, где присутствуют компоненты как легкой, так и тяжелой нефти.

В нижней части абалакской свиты средние значения ЕКО составляют 37,36 мг-экв/100 г. Для образцов верхней части абалакской свиты и баженовской средние значения ЕКО близки - 68,77 мг-экв/100г и 75,77 мг-экв/100 г, соответственно. Величины ЕКО для образцов фроловской свиты варьируют от 14,23 до 41,79 мг-экв/100 г при среднем значении 27,15 мг-экв/100 г, что является наименьшим значением в рамках исследованного разреза.

Анализ состава обменного комплекса относительно содержания доли кремнезема и суммы глинистых минералов показал, что фроловская свита и нижняя часть абалакской свиты характеризуются обменным комплексом с преобладанием одновалентного катиона Na^+, а в баженовской и верхней части абалакской свит в обменном комплексе преобладает двухвалентный катион Mg^{2+} (рисунок 1, а). ЕКО фроловской, баженовской и абалакской свит возрастает с увеличением содержания глинистости в породе, соответствуя классическим представлениям, однако, при одних и тех же значениях глинистости, величина показателя ЕКО в отложениях баженовской свиты выше, чем для других свит. С увеличением в породе количества органического углерода (TOC), ЕКО увеличивается (рисунок 1, б).

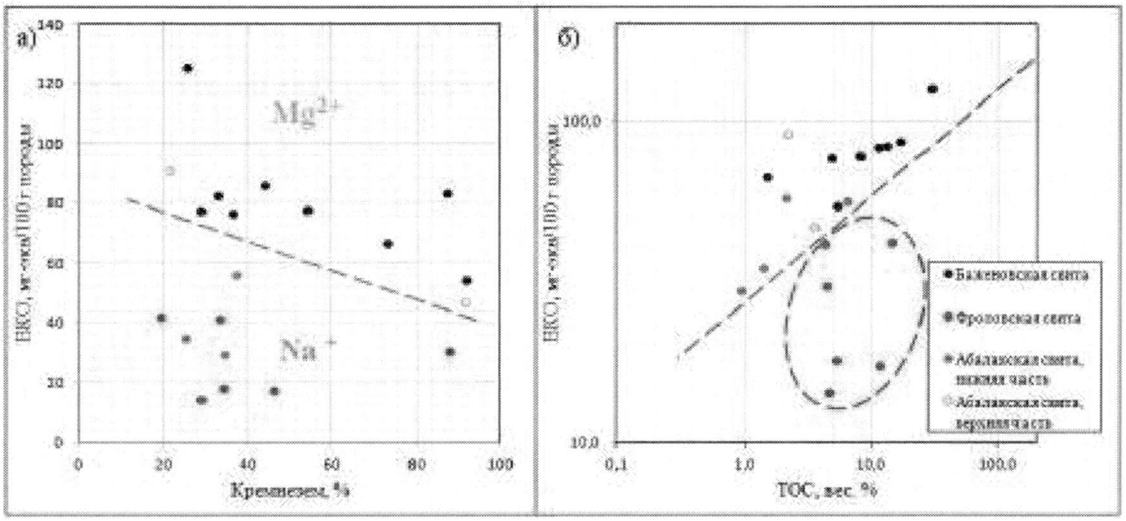

Рисунок 1. *Зависимость интегральной ЕКО от содержания а) кремнезема; б) органического углерода (TOC) в исследованной коллекции образцов баженовской, абалакской и фроловской свит.*

Для пород с сингенетичным органическим веществом эта зависимость практически прямая (баженовская и абалакская свиты), тогда как присутствие значительного количества миграционного битумоида (как, например, в породах фроловской свиты) характеризуется отсутствием каких-либо трендов.

Изменения в структуре сорбционных центров органо-минеральной матрицы были выявлены статистическим анализом на основе метода главных компонент, который был реализован для имеющийся выборки образцов (рисунок 2).

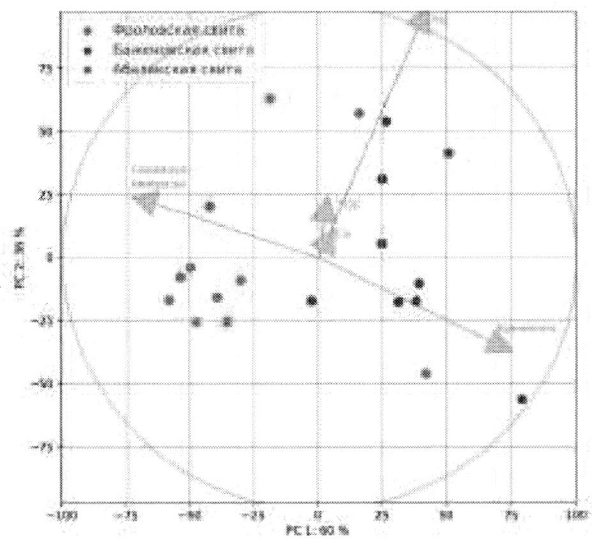

Рисунок 2. *Метод главных компонент на основе четырех показателей, характеризующих образцы (в вес.%,) – содержание TOC, содержание кремнезема, содержание глин, состав обменных катионов (в мг-экс/100 г) [Mg^{2+}], [Ca^{2+}].*

Метод главных компонент выявил, что два производных вектора – PC1 и PC2 объясняют 57-60% и 34-36%, соответственно, доли дисперсии исходной многомерной величины. Значительный вклад в совокупную дисперсию описываемой нами величины – емкости катионного обмена, по возрастанию степени влияния вносят: доля кремнезема, доля глинистых минералов и содержание магния в поглощающем комплекса породы. Наименьшую долю в дисперсию показателя ЕКО вносит содержание органического углерода и содержание Ca^{2+} и Na^{+}. Для получения более точной оценки дисперсии ЕКО баженовской свиты лучше руководствоваться, в первую очередь, данными о содержании магния в поглощающем комплексе в совокупности с процентным содержанием органического углерода (TOC). Так, образцы баженовской свиты кластеризуются методом К-средних строго отдельно от образцов фроловской свиты. Абалакская свита, в большей степени, (за исключением верхней части), сходна по своему положению фроловской свите. Подобное разбиение исходной выборки, предположительно, связано с различиями в природе сорбционных центров структуры органоминеральной матрицы породы, а также варьированием доли вклада отдельных групп в суммарную ЕКО.

ЕКО фроловской, баженовской и абалакской свит традиционно увеличивается с увеличением содержания глин в породе. Предметный кластерный анализ методом К-средних, проведенный для выборки данных только баженовской и фроловской свит показал, обособление двух областей значений, в большей степени, обусловленных изменением содержания глинистых минералов и органического вещества.

Выводы

Анализ геохимических характеристик, показателя интегральной ЕКО и состава комплекса обменных катионов верхнеюрско-нижнемеловых пород месторождения Красноленинского свода Западной Сибири на примере выбранной по данным пиролитических исследований коллекции образцов баженовской, абалакской и фроловской свит:

- подтвердил положительные корреляции между суммарной ЕКО и содержанием глинистых минералов и органического углерода;
- выявил различия в степени взаимосвязи суммарной ЕКО с содержанием глинистых минералов и TOC;
- выявил, что максимальные значения суммарного ЕКО характерны для образцов баженовской свиты – до 125,32 мг-экв/100г породы; промежуточные значения зафиксированы для образцов верхней части абалакской свиты - до 90,90 мг-экв/100г породы; показатель ЕКО для нижней части разреза абалакской и для фроловской свиты варьирует от 9 до 57 мг-экв/100г породы;
- статистически установил, что дисперсия показателя интегральной ЕКО в большей степени обуславливается варьированием содержания Mg^{2+};
- позволил охарактеризовать профиль обменных катионов фроловской и нижней части абалакской свит как насыщенный Na^{+} ((rNa + rK) > rCa > rMg);-для баженовской и верхней части абалакской свит профиль имеет обращенный вид, а в обменном комплексе преобладает Mg^{2+} (rMg > (rNa + rK) > rCa), что свидетельствует о смене условий осадконакопления.

Благодарности

Работа поддержана Министерством науки и высшего образования Российской Федерации по соглашению № 075-10-2022-011 в рамках программы развития НЦМУ.

Библиография

1. Афанасьев В.С. и др. Методика интерпретации данных ГИС для определения геологической неоднородности продуктивных песчано-алеврито-глинистых пород девона Ромашкинского месторождения //Каротажник. 2009. №. 3. С. 92-112.
2. Казак Е.С., Киреева Т.А., Казак А.В. и др. Ионно-солевой комплекс пород баженовской свиты Западной Сибири //Вестник Московского университета. Серия 4. Геология. 2017. №. 4. С. 68-75.

References

1. Afanasiev V.S. et al. Technique for interpreting well logging data to determine the geological heterogeneity of productive sandy-aleurite-argillaceous rocks of the Devonian of the Romashkino deposit //Karotazhnik. 2009. no. 3. P. 92-112.
2. Kazak E.S., Kireeva T.A., Kazak A.V. Ion-salt complex of rocks of the Bazhenov formation of Western Siberia // Bulletin of the Moscow University. Series 4. Geology. 2017. no. 4. P. 68-75.

Прогноз проницаемости нижнепермского карбонатного пласта I Приразломного м/я на основе гидравлических единиц потока методами машинного обучения

В.В. Караченцев* (ООО «Газпромнефть НТЦ»), М.А. Кунцевич (ООО «Газпромнефть НТЦ»), А.Е. Симаков (ООО «Газпромнефть НТЦ»), А.В. Ротару (СПбГУ)

Введение

Для карбонатных пород характерна сложная структура порового пространства, которая определяется фациальными предпосылками и вторичными изменениями. Для рассматриваемого пласта характерная аналогичная проблема: для одного диапазона пористости разлет измеренной по керну проницаемости может составлять до трёх порядков.

Для корректного описания связи пористость - проницаемость на основе пяти опорных скважин была проведена типизация пород с применением методики расчета гидравлических единиц потока.

Далее встает задача интерпретации рок типов по каждой скважине, для решения которой были опробованы два метода машинного обучения: алгоритм случайный лес (random forest) и обучение нейронных сетей. Результаты опробования алгоритмов представлены в данной работе.

Контроль качества результатов интерпретации горизонтальных скважин проводился с применением промысловых данных и данных керна по опорным скважинам.

Общие сведения о месторождении

Приразломное м/е расположено в юго-восточная части Печорского моря, в 55 км к северо-западу от прибрежного поселка Варандей, в 320 км от речного порта Нарьян-Мар и в 980 км от морского порта Мурманск. Месторождение расположено в пределах Приразломного лицензионного участка, недропользователем которого является ООО «Газпром нефть Шельф».

Приразломное м/е было открыто в 1989 году в результате бурения поисковой скважины PR1. В промышленную разработку месторождение введено в 2013 году. Объектом разработки является карбонатный пласт I.

Нефтяные залежи Приразломного месторождения связаны с карбонатными породами средневизейско-нижнепермского нефтегазоносного комплекса. К отложениям ассельского яруса приурочен нефтеносный пласт I, к нижележащим отложениям ассельского-гжельского яруса – нефтеносный пласт II. Залежи по типу относятся к пластовым сводовым, тектонически экранированным.

В структурно плане месторождение приурочено к одноименной структуре, которая представляет собой двухкупольную антиклинальную складку северо-западного простирания. Юго-западное крыло структуры осложнено протяженным тектоническим нарушением типа взброса с вертикальной амплитудой смещения 50-150 м. Восточное крыло структуры осложнено менее протяженными разломами, формирующими локальные барьеры между скважинами.

Характеристика пласта I

Предметом текущих исследований является пермский карбонатный пласт-коллектор I, состоящий из четырех пачек, индексируемых сверху вниз как Ia, Ib, Ic.

Пачка Ia была подвергнута палеоразмыву в купольной части структуры в предкунгурское время, пачка выделяется только в периферийной части структуры. Пачки Ib и Ic распространены в пределах всего месторождения. Между пачками Ia, Ib и Ic выделяется выдержанные реперы, представленные уплотнёнными породами, толщиной 1-2 м, уверенно выделяемые по данным ГИС.

Горизонт I представляет собой единый гидродинамически связанный резервуар с единым ВНК.

Согласно фациальному анализу керна нижнепермские карбонатные отложения были сформированы на мелководном шельфе в пределах обширной карбонатной платформы, которая в виде пологого рампа погружалась на северо-восток в сторону глубоководного бассейна.

Нижний пласт II характеризуется наличием небольших биогермных построек типа водорослево-иловых холмов, которые в литогенезе сохраняли первично-плотную структуру и вследствие этого обладают средними и низкими коллекторскими свойствами. Разрушение мелких биогермов пласта II и соседних областей активной волновой или штормовой деятельностью приводило к появлению обильного литокластового и биокластового материала (карбонатного песка), который образовывал слоистые и косослоистые напластования, достигающие более 40 м по мощности, характерные для пласта I.

Зоны накопления переотложенных «карбонатных песков» определялись палеорельефом морского дна. Так, на Приразломной структуре карбонатные пески доминируют в центральной части структуры. В северо-западном направлении происходит переход к фациям водорослевых построек. Последние представляют собой очень тонкие интервалы (1-3 м), на основе чего интерпретируются как незначительных размеров одиночные малорельефные биогермы или периферийные части более крупной карбонатной постройки, расположенной севернее.

Помимо приуроченности к центральной части структуры факторами значительного улучшения проницаемости являются выщелачивание, трещиноватость, наличие зон разуплотнения пород, которые встречаются по всей площади месторождения.

Проблемы прогноза проницаемости по данным ГИС

Для пласта I характерна высокая дисперсия проницаемости. Описание такого массива данных единой зависимостью невозможно, поэтому было принято решение провести разделение пород на рок-типы с применением методики расчета гидравлических единиц потока.

Гидравлическая единица коллектора (потока) определяется как «представительный элементарный объем породы, внутри которого геологические и петрофизические свойства, влияющие на течение жидкости, взаимно согласованы и предсказуемо отличны от свойств других пород». Выделение гидравлических единиц потока основано на расчете параметра Flow zone indicator (FZI) – индикатора гидравлической единицы, и дальнейшей типизации пород [E.V. Frolova, 2012].

$$FZI = \frac{0.0314 * \sqrt{K/\varphi}}{\varphi/(1-\varphi)},$$

Где φ – пористость (д.ед.), k – проницаемость (мД).

На основе анализа, проведенного по материалам пяти опорных скважин с использованием кернового материала, данных ГИС, результатов лабораторных исследований и расчета гидравлических единиц потока выделено шесть групп коллекторов продуктивного пласта I (рисунок 1).

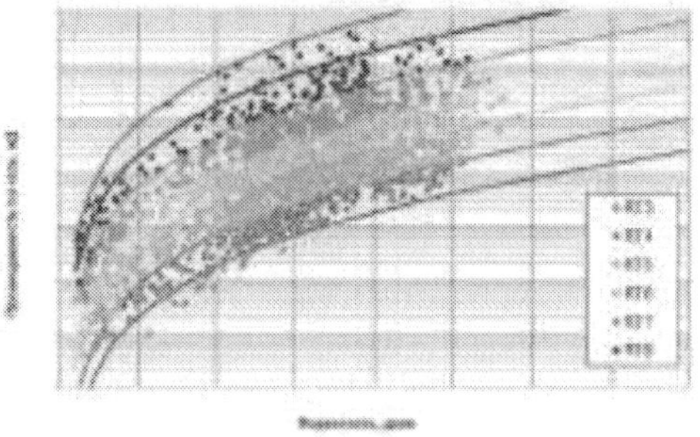

Рисунок 1. *Результаты выделения рок типов по данным керна на основе гидравлических единиц потока.*

Подходы к определению проницаемости методами машинного обучения

На основе пяти опорных скважин был сформирован обучающий сет данных, в который входило множество геологических и геофизических характеристик: пористость, проницаемость, доступные замеры методов ГИС, абсолютная отметка глубины, относительные отметки глубины (расстояние от кровли и расстояние от подошвы пласта).

После тестовых запусков алгоритмов установлено, что наибольшее влияние на результат интерпретации оказывали следующие признаки: пористость, естественная радиоактивность (GR), плотность (RHOB), акустическое время (DTN), нейтронный каротаж (WNKT), абсолютная глубина (Depth).

В ходе работы было опробовано два подхода машинного обучения для решения задачи классификации:

1. алгоритм случайный лес (random forest) – один из классических подходов поиска решения с помощью ансамбля решающих деревьев [Breiman, Leo, 2001], применение которого для карбонатных пластов было описано в работе [SPE-207707].

2. нейронные сети, которые набирают все большую популярность в решении интеллектуальных задач. В данном случае применялась глубокая полносвязная нейронная сеть.

Принципиальная схема алгоритма Random Forest представлена на рисунке 2.

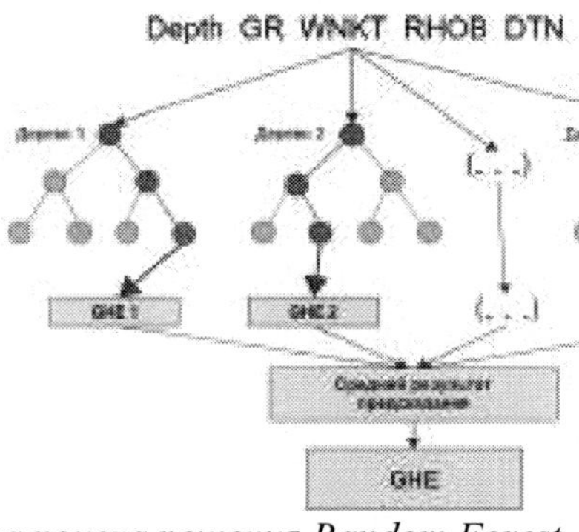

Рисунок 2. *Структура поиска решения Random Forest.*

В ходе обучения модели Random Forest используется простой принцип принятия решений в каждом дереве: на каждом слое/уровне ищется признак, который разбивает исходную группу параметров на две максимально различные группы. Результатом нескольких таких, по сути логических операций, является класс рок типа, который должен быть максимально близким к истинному. Поскольку деревьев много, конечным результатом модели должен стать класс с наибольшим количеством голосов. В процессе обучения также производится выбор лучшей конфигурации модели (подбираются значения макропараметров модели), которая дает наиболее точные результаты по предсказанию класса.

Другим методом поиска решения стала полносвязная нейронная сеть с добавлением слоев нормализации. В результате поиска лучшей конфигурации модели была подобрана архитектура (рисунок 3), обладающая достаточно высокой предсказательной способностью.

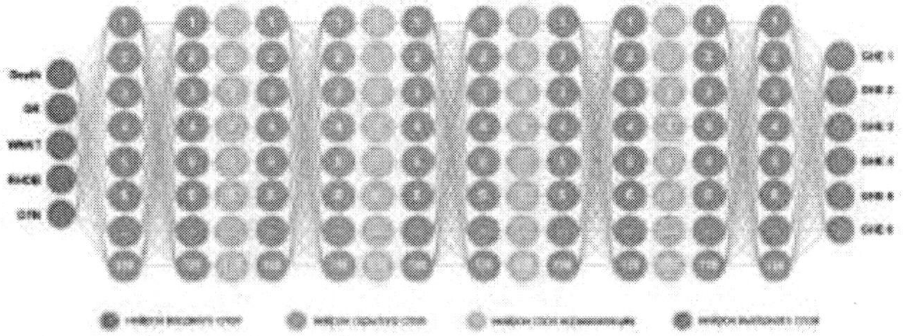

Рисунок 3. *Архитектура нейронной сети.*

Элементарная ячейка модели на скрытых слоях, нейрон, есть некоторая функция (активации) от суммы произведений значений выходов всех нейронов с предыдущего слоя с весовыми коэффициентами, которые подбираются в ходе обучения модели методом обратного распространения ошибки. На выходе такая нейронная сеть выдает предсказание одного из шести классов рок типа.

Применение нейронной сети показало предсказательную способность модели выше, чем с помощью модели случайный лес в среднем по всем рок типам на 15% (с 50% до 65%) на тестовой выборке, и на 27% (с 56% до 83%) на общей выборке данных.

Выводы

В ходе проделанной работы был разработан подход к описанию проницаемости карбонатного пласта I и получен алгоритм интерпретации проницаемости по данным ГИС с применением методики расчета гидравлических единиц потока.

Полученные результаты интерпретации проницаемости для 15 добывающих и нагнетальных скважин сравнивались с промысловыми данными (ГДИС и ХРТ) для контроля качества интерпретации. Для большинства скважин характерна высокая сходимость данных.

Ограничение метода интерпретации отмечено в приразломной зоне, где получено занижение абсолютной проницаемости по отношению к проницаемости по ГДИС, что связано с неучетом влияния приразломной трещиноватости.

References

1. Breiman, Leo. Random Forests // Machine Learning : journal. — 2001. — Vol. 45, no. 1. — P. 5—32. — doi:10.1023/A:1010933404324
2. Voskresenskiy A. G., Bukhanov N.V., Kuntsevich M. A., Popova O.A., Goncharov A. S. // Rock Type Classification Models Interpretability Using Shapley Values - SPE-207707-MS
3. E.V. Frolova // Definition of the hydraulic flow units the leading purpose for the classification of the terrigenous sedimentary reservoirs (according to the example of one oilfield, Western Siberia Basin), 2012

Комплексные литологические исследования вендских песчаников Непского свода Восточной Сибири

М.Д. Балагуров (ООО «Арктический научный центр»)

Введение

Основные промышленные объекты добычи нефти и газа района исследования связываются с непскими терригенными пластами, которые характеризуются сложным строением из-за невыдержанности коллекторов, обусловленной фациальной изменчивостью песчаников и их преобразованностью постседиментационными процессами [1]. Основным постседиментационным фактором является засолонение порового пространства, в значительной степени влияющее на эффективные толщины пластов, их коллекторские свойства и продуктивность скважин [2] В процессе анализа кернового материала и шлифов, а также результатов рлабораторных исследований, направленных на изучение гранулометрического и минералогического состава нижненепских отложений, были получены тренды распределения пор и отдельных компонент в пространстве. Детальное описание вендских песчаников позволяет с различным масштабом исследования найти обоснование корректного построения объемной минералогической модели по скважинам и надлежащего выбора параметров и свойств при формировании петроупругой модели среды целевых отложений, на которую в дальнейшем опирается качественный и количественный сейсмический прогноз с использованием результатов расчета сейсмических инверсий.

Данные и методы

Доклад освещает основные выводы и результаты анализа кернового материала, широкого спектра различных лабораторных исследований по образцам, в частности, компьютерной томографии, а также тот результат, который получен при комплексной интерпретации геолого-геофизической информации площади исследования, в том числе расчета сейсмических инверсий с использованием высокоплотной сейсмической съемки МОГТ-3D. Схема отбора образцов отложений верхнечонского горизонта непской свиты на различные виды лабораторных исследований представлена на рисунке 1.

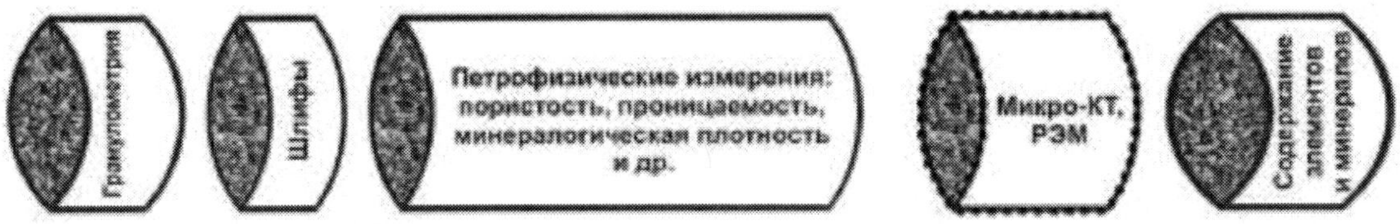

Рисунок 1. *Схема отбора образцов на различные виды лабораторных исследований*

Авторами была подобрана экспериментальная коллекция образцов, выполнены работы по изучению внутреннего строения пород под растровым и оптическим электронными микроскопами. Дана характеристика разрезам и проведена типизация отложений. Совместно с выполненными рентгено-томографическим исследованиям, разработана методика постановки эксперимента, проведена повторная съемка после экстракции солей из низкопроницаемых образцов с помощью капиллярной вытяжки.

Результаты литологических исследований

На площади исследования в основании разреза нижненепского горизонта венда, перекрывающего породы архейского фундамента (рис.1), залегают гравелиты и крупнозернистые песчаники, содержащие тонкие прослои алевролитов и аргиллитов и характеризующиеся косой и полого-волнистой слоистостью. Выше они сменяются разнозернистыми гравелистыми песчаниками кварц-полевошпатового состава, которые в свою очередь перекрыты алевритистыми аргиллитами с редкими прослоями песчаников и алевролитов. От основания к кровле горизонта наблюдается постепенное утонение гранулометрии терригенных пород. Мощность горизонта в юго-западной части Непского свода варьирует от 15 до 35 м. В песчаниках, являющихся в регионе коллекторами для залежей нефти и газа, развит глинистый, карбонатный и сульфатный цементы порового и пленочного типа.

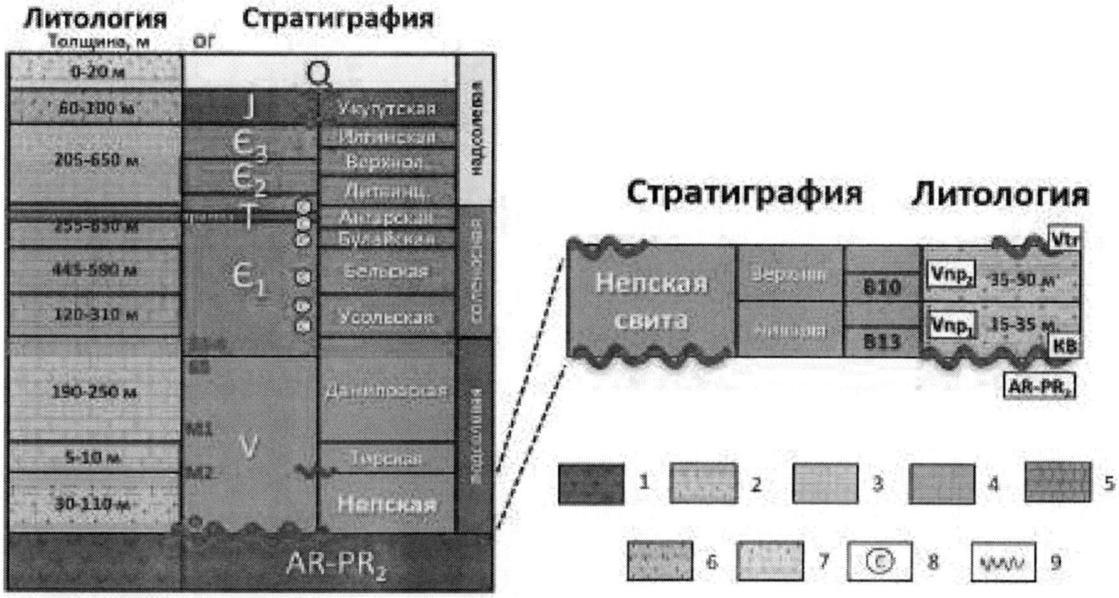

Рисунок 2. *Литолого-стратиграфический очерк, составленный в соответствии с (Решение..., 1989)*

1 – интрузивные породы фундамента, 2 – терригенные породы венда, 3 – карбонатные породы венда; 4 – галогенно-карбонатные породы кембрия, 5 – траппы триаса, 6 – терригенные отложения триаса, 7 - терригенные четвертичные отложения, 8 – толщи каменной соли, 9 – региональные перерывы в осадконакоплении

В центральном секторе территории исследований характер разреза существенно меняется, так как в нижней его половине среди обломочных пород появляются прослои, сложенные отложениями иного состава. Детальное описание керна, его исследование в шлифах, а также методами гранулометрического и рентгено-структурного анализа показало, что эти образования представлены доломитами и ангидритами с включениями доломитовых известняков и мергелей. Преобладает доломит, которым нацело сложены отдельные пропластки. Он также присутствует в виде цемента в линзах и прослоях песчаников. В отдельных образцах его содержание превышает 90% (рис.3). Сохранившиеся текстурные и структурные признаки позволяют предположить, что он замещает карбонатные пленки, выделенные циано-бактериями в процессе формирования микробиальных построек. В отдельных прослоях в ассоциации с доломитом находятся гипс и ангидрит, вместе с которыми в небольшом количестве нередко присутствует галит. Суммарная толщина пород карбонатно-сульфатного состава в отдельных скважинах меняется от 2 до 5 м. Согласно данным рентгено-структурного анализа среди них выделяются несколько минеральных ассоциаций: кальцит-доломит-ангидритовая, доломит-ангидрит-кальцит-галитовая и кальцит-доломит-галитовая. Первая ассоциация характерна для нижнего эвапоритового прослоя, вторая - для прослоя, лежащего выше по разрезу. Оба прослоя разделены тонким пропластком глинистых пород.

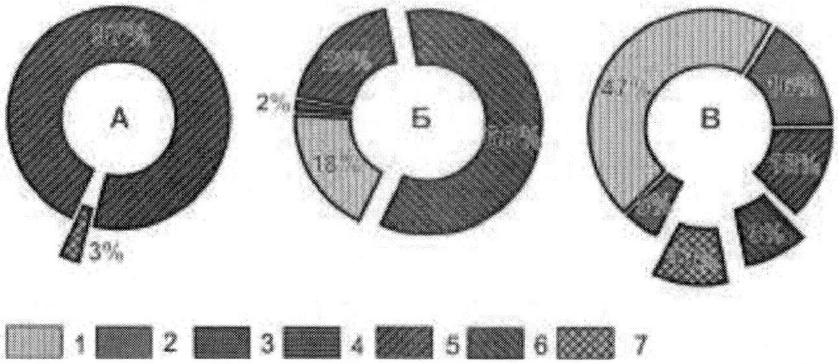

Рисунок 3. *Круговые диаграммы минерального состава пород*

1- кварц, 2 – полевые шпаты, 3 – глинистые минералы, 4 – кальцит, 5 – доломит, 6 – ангидрит, 7 – галит, 8 – пирит

Третья кальцит-доломит-галитовая ассоциация приурочена к пачке среднезернистых песчаников толщиной до 3 м, расположенной в прикровельной части нижненепского горизонта. Содержание галита, которым заполнены поры в породе, может достигать 30%, в то время как доля кальцита составляет 15%. В подстилающих и перекрывающих песчаники глинистых породах также присутствуют минералы сульфатной и хлоридной групп. Их содержания при этом не превышают 5%. Можно предположить, что эти осадки аккумулировались в пределах древней себхи, располагавшейся в береговой зоне мелководно-морского бассейна.

Помимо минеральных солей седиментационного происхождения на ряде участков наблюдается развитие в песчаниках галитового цемента, вызванное движением усольских солей вниз по разрезу вендских отложений. Вторичное засолонение галитом приводит к резкому ухудшению фильтрационно-емкостных свойств (ФЕС) песчаного коллектора. Прогноз развития этого процесса является важным аспектом поисково-разведочных работ, которые в настоящее время проводятся в разных районах Непского свода. Анализ сейсмических разрезов, полученных при проведении 2D и 3D съемки, свидетельствует о том, что засолоненные площади находятся в районах широкого развития разломной тектоники, тогда как седиментационные эвапориты приурочены к депрессиям в структуре поверхности древнего рельефа, где могли располагаться небольшие лагуны и себхи.

Выполнено построение геологической модели площади исследования с комплексированием разномасштабных геолого-геофизических и петрофизических данных, сделан фокус на детализации литологического состава целевых отложений. Результаты КТ исследований образцов позволяют построить 3D-модели пустотного пространства (Рис. 4), которые дают представление о характере распределения пор и их связанности. Полученные численные значение позволяют провести статистический анализ пор, построить распределение пор по размеру, а также изучить морфологию порового пространства.

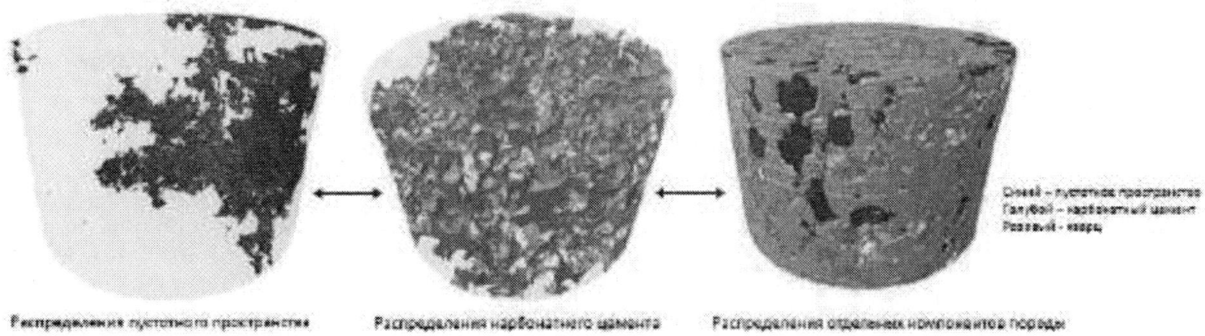

Рисунок 4. *Рис 4. 3D-модель рентгеноконтрастных компонентов породы по результатам съемки КТ*

Диагностика компонент пород сопряжена с рядом трудностей. К примеру, галит и полевые шпаты в силу своего минерального состава и минералогической плотности имеют близкие свойства рентгеновской абсорбции. Поэтому на рентгеноплотностных срезах они имеют одинаковый светло-серый цвет. При простом визуальном анализе полевые шпаты диагностируются по характерной морфологии зерен, имеют ровные резкие границы, и соизмеримы с другими обломочными компонентами породы. Галит же, выступая в роли цемента, заполняет интерстиции между зернами, представлен в виде пятен причудливой формы с неровными извилистыми краями. При проведении математических расчетов и моделировании разделить эти две фазы, отвечающие галиту и полевым шпатам весьма затруднительно. Для снятия этой неопределенности, выполнено экстракция солей из образцов по средствам паровой бани без разрушения общей структуры образца и повторная съемка КТ.

Заключение

На основе полученных результатов исследований основана описательная часть вторичных процессов преобразования порового пространства нижневендских песчанных пород, в первую очередь, это касается процессов засолонения и ангидритизации порового пространства алевро-песчаных отложений, преимущественно слагающих породы-коллектора целевого интервала.

Библиография

1. Балагуров М.Д. Выделение перспективных в нефтегазовом отношении объектов в подсолевом вендском терригенном интервале непского свода непско-ботуобинской антеклизы по результатам расчета сейсмических инверсий // Нефтяное хозяйство – 2016
2. Мухидинов Ш.В., Воробьев В.С. // Методические особенности петрофизического изучения засолоненных теригенных пород нефтегазовых месторождений Чонской группы // Научно-технический журнал «Газпром нефти» «ПРОнефть», Санкт-Петербург, 2017
3. Решения четвёртого Межведомственного регионального стратиграфического совещания по уточнению и дополнению стратиграфических схем венда и кембрия внутренних районов Сибирской платформы. Новосибирск. 1989. 64 с.

Построение синтетической кривой плотностного каротажа при помощи нейронных сетей

Ж.М. Давронов* (ФГАОУВО «Казанский (Приволжский) Федеральный Университет»), Б.В. Платов (ФГАОУВО «Казанский (Приволжский) Федеральный Университет»)

Введение

Сейсмостратиграфическая привязка является неотъемлемым этапом интерпретации данных при разработке углеводородного месторождения. Имея только сейсмические данные, невозможно определить характеристику свойств залегающих пород, что делает невозможным прогноз нефте- и газо-носных пластов. При этом данные геофизических исследований скважин дают нам детальное описание физических параметров вдоль ствола скважины.

Однако зачастую на практике сталкиваются с тем, что в угоду техническим и экономическим аспектам не на всех скважинах имеются достаточное количество каротажных кривых. Поэтому в данной работе авторы рассмотрели возможность использования нейросетевого алгоритма для построения синтетических кривых гамма-гамма метода и сравнили полученные результаты с результатами традиционной линейной корреляции.

Исследования проводились на базе программного обеспечения Petrel 2018.

Изучаемые скважины относятся к одному из нефтяных месторождений юго-востока Республики Татарстан.

Нейронная сеть представляет собой последовательность нейронов, соединенных между собой синапсами. Благодаря такой структуре система получает возможность анализировать, запоминать и воспроизводить из своей памяти различную информацию. Иными словами, нейронная сеть – это программная интерпретация человеческого мозга.

Нейросети используются для решения задач, требующих аналитических вычислений похожих на те, что делает человеческий мозг. Самыми распространенными из них являются: классификация, предсказание и распознавание (Искусственные нейронные сети и приложения: учеб. пособие / Ф.М. Гафаров, А.Ф. Галимянов. – Казань: Изд-во Казан. ун-та, 2018. – 121 с.).

Стоит отметить, что в настоящее время нейронные сети уже находят своё применение в геологии. Имеются работы по решению задач интерпретации сейсмических работ и геофизических исследований скважин (Platov et al, 2019, Platov et al 2018; Validov et al 2017, Stepanov et al, 2019), а также по определению литологии при помощи нейронных сетей (Davronov, J, Platov, B, An example of neural network algorithm application to determine lithology using well logging data in a terrigenous section of the Republic of Tatarstan, 2021).

На данном этапе развития этой технологии невозможно полностью исключить работу человека-интерпретатора. Однако использование нейронных сетей позволяют значительно повысить производительность интерпретационных работ.

Метод

В данной работе на исследуемой площади находятся 8 скважин со следующими каротажными кривыми: GR (ГК), PZ (КС), neutron (НГК), GZ3 (градиент зонд), DTP (акустический каротаж), Rhob (гамма-гамма плотностной каротаж). Для обучения нейронной сети были выбраны 3 скважины под номерам 16, 17 и 23, а в качестве контрольных были выбраны скважины 27, 28, 31, 32 и 34.

Первым шагом работы является расчёт кривых Ag и Ang – нормированные значения ГК и НГК – они рассчитываются по формулам ниже соответственно:

$$Ag = \frac{ГК_{макс} - ГК_i}{ГК_{макс} - ГК_{мин}}; \qquad Ang = \frac{НГК_{макс} - НГК_i}{НГК_{макс} - НГК_{мин}}$$

(Методика определения пористости карбонатных пластов по данным нейтронного метода с серийной аппаратурой радиоактивного каротажа. Временное наставление. Басин Н.Н., Кухаренко Н.К., Тюкаев Ю.В.,из-во ВНИИЯГГ, 1968.)

Традиционная методика

Традиционная методика заключается в получении уравнения линейной зависимости между кривой, которая имеется во всех скважинах, и кривой, необходимой для построения. В нашем случае мы получили линейные зависимости между имеющимся гамма-гамма плотностным каротажем Rhob и кривыми Ag, Ang, Poro (пористость), DTP (акустический каротаж) и PZ (кажущееся сопротивление) по трём начальным скважинам одновременно:

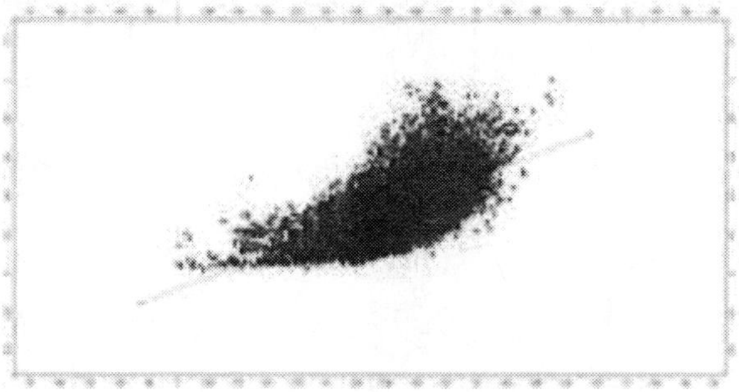

Рисунок 1. *Кросс-плот между Rhob и Ang по трём начальным скважинам*

Далее по имеющимся уравнениям высчитывается теоретические кривые плотностного каротажа для каждой скважины, в которой он отсутствует.

Методика получения кривой гамма-гамма каротажа при помощи нейронной сети

Основной целью данного метода является получения кривой гамма-гамма каротажа в автоматическом режиме с результатами, превосходящими результаты традиционной методики.

Нейронная сеть обучалась определению Rhob на начальных трёх скважинах относительно как отдельно взятых кривых других методов каротажа, так и их комбинациях.

Проверка результатов проводилась посредством расчёта среднеквадратичных ошибок и их распределения по гистограмме, а также выявления коэффициентов корреляции между линейными и синтетическими кривыми гамма-гамма каротажа, полученными одновременно по 5-ти контрольным скважинам.

Ag	Ang	Ag/ Ang	Poro	Ag/ Poro	Ag/ Ang/ Poro	DTP	Ag/ DTP	Ag/ Ang/ DTP	PZ	Ag/ PZ	Ag/ Ang/ PZ	Ag/ Ang/ Poro/ DTP/ PZ	DTP/ PZ	DTP/ PZ/ Poro
Среднеквадратичные ошибки														
0.17	0.15	0.14	0.16	0.14	0.14	0.15	0.14	0.14	0.14	0.14	0.14	0.13	0.15	0.13
Коэффициенты корреляции														
0.4	0.6	0.61	0.53	0.61	0.59	0.68	0.68	0.7	0.45	0.49	0.51	0.68	0.66	0.68

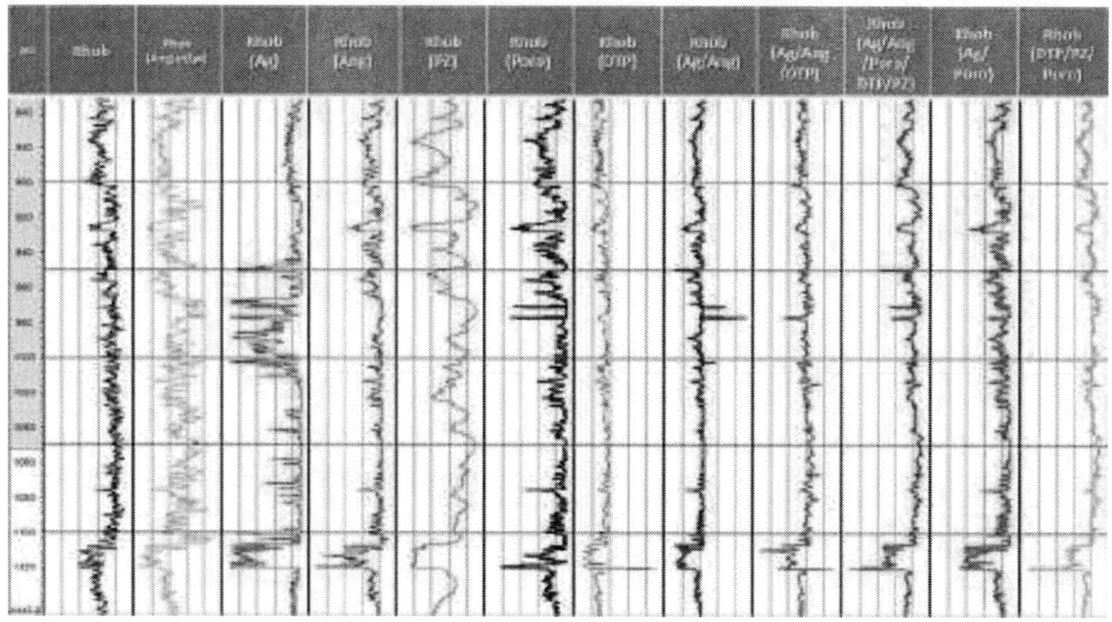

***Рисунок 2.** Измеренная, вычисленная по линейной зависимости с кривой Ang и полученные нейронной сетью кривые гамма-гамма плотностного каротажа на скважине 27*

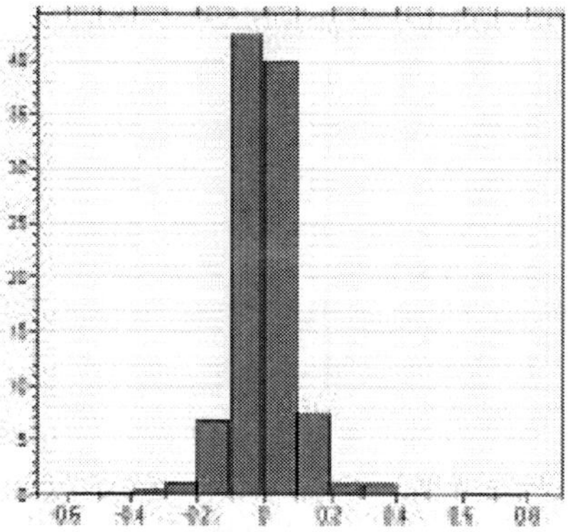

***Рисунок 3.** Гистограмма распределения среднеквадратичных ошибок кривой, полученной нейронной сетью комбинацией кривых Ag, Ang, Poro, DTP, PZ по скважине 27*

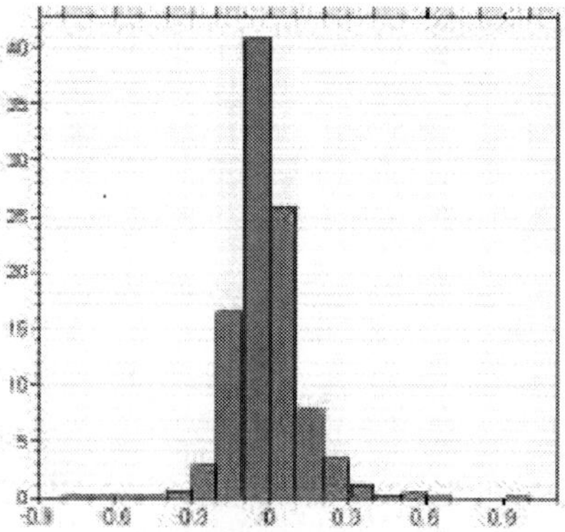

***Рисунок 4.** Гистограмма распределения среднеквадратичных ошибок кривой, полученной линейной зависимостью по акустическому каротажу DTP по начальной скважине 16*

Для сравнения ниже приведена таблица со значениями среднеквадратичных ошибок для некоторых кривых, полученных по линейной зависимости по начальной скважине 16.

Ag	Ang	Poro	DTP	PZ
Среднеквадратичные ошибки				
0.34	0.19	0.18	0.13	0.19
Коэффициенты корреляции				
0.23	0.76	0.79	0.76	0.61

Выводы

В ходе выполнения исследовательской работы авторы пришли к следующим выводам:

- Построение синтетической кривой плотностного каротажа по линейной зависимости наилучшим образом возможно с применением акустического каротажа;
- Построение синтетической кривой плотностного каротажа при помощи нейронных сетей наилучшим образом возможно с применением комбинации кривых: Ag, Ang, DTP; Ag, Ang, Poro, DTP, PZ; DTP, PZ, Poro;
- При отсутствии акустического каротажа построение синтетической кривой гамма-гамма плотностного каротажа по нейронной сети наилучшим образом возможно с применением комбинаций кривых: Ag, Ang; Ag, Poro.

References

1. Davronov, J., Platov, B. [2021] An example of neural network algorithm application to determine lithology using well logging data in a terrigenous section of the Republic of Tatarstan, Tyumen 2021, Subsoil management as a cross-functional process, 7th Scientific and Practical Conference on Oil and Gas Exploration, EAGE.

2. Platov, B., Kozhevnikova, N., Shipaeva, M. [2019] The example of neural net algorithm applying for seismic facies analysis. Example from the republic of Tatarstan, International multidisciplinary scientific geoconference surveying geology and mining ecology management, SGEM.

3. Platov, B., Safina, R., Zinjukov, R. [2018] Seismic facies analysis of the carboniferous reservoir. Case study from the Tatarstan, Russia, International multidisciplinary scientific GeoConference surveying geology and mining ecology management, SGEM.

4. Pratik Joshi. [2019] Artificial Intelligence with Python Examples. Dialectics (in Russian).

5. Sandhya Samarasinghe. [2006] Neural Networks for Applied Sciences and Engineering: From Fundamentals to Complex Pattern Recognition. Auerbach Publications (In Russian).

6. Simon Haykin. [2019] Neural networks. Complete course. 2nd edition. Dialectics (in Russian).

7. Stepanov A., Murtazin T., Ismagilov A., Delev A. [2019] Use of an artificial neural network algorithm and cokriging method for reservoir porosity modeling 19th International Multidisciplinary Scientific GeoConference SGEM 2019.

8. Stuart Russell, Peter Norvig. [2019] Artificial Intelligence: A Modern Approach (AIMA-2). 2nd edition. Williams (in Russian).

9. Validov, M. & Ismagilov, A.R. & Voloskov, Dmitry & Magdeev, M.S. & Nazarov, A.A. [2017] Development of the Approach for Automatic Well Logging Interpretation for Big Number of Wells with the Use of Machine Learning. EAGE Geomodel 2017.

Перспективы повышения достоверности оценки качества полевых сейсмических данных при использовании атрибута «спектрально-взвешенное отношения сигнал-микросейсмы»

А.Т. Семашев* (ООО НПЦ «Геостра»), А.С. Акуленко (ООО НПЦ «Геостра»), Р.М. Гафаров (АО «Башнефтегеофизика»)

Введение

При проведении полевых сейсморазведочных работ, одной из ключевых, является задача по получению сейсмических материалов, на основе которых, в процессе последующей обработки и интерпретации, будет создана сейсмическая модель изучаемой среды, позволяющая решать поставленные геологические задачи в полном объёме.

По данной причине, проектирование методики полевых работ, производится непосредственно исходя из поставленных геологических задач. Верификация методики осуществляется в процессе опытных работ, предваряющих начало регистрации производственных наблюдений, а также проводимых по мере отработки площади.

Опытные работы призваны на практике либо подтвердить корректность выбора параметров возбуждения и регистрации упругих колебаний, либо послужить основой для их изменения. Таким образом, уже на начальном этапе полевых работ возникает вопрос о критериях оценки качества сейсмических данных, для установления степени соответствия сейсмических материалов, получаемых с теми или иными параметрами, ожиданиям, связанным с возможностью решения геологических задач.

Учитывая объективную невозможность на этапе полевых работ учесть все изменения волнового поля, которые произойдут в процессе камеральной обработки данных, а так же тот факт, что оценка выполняется на уровне сейсмограмм, а не бинированных и суммированных данных, которые представляет собой целевую сейсмическую модель изучаемой геологической среды, вопрос оценки качества не является тривиальным как в отношении состава критериев так и их количественных значений, что определяет значительную важность методических исследований в данном направлении.

Для решения задачи по совершенствованию и повышению достоверности оценки качества полевых сейсмических данных, в рамках реализации программы по оптимизации процессов полевых сейсморазведочных работ, компанией АО «Башнефтегеофизика» в 2021 году были проведены соответствующие методические работы, результатам выполнения которых посвящен данный доклад.

Базовые критерии оценки качества полевых сейсмических данных

В настоящее время, для решения задачи контроля качества полевых сейсмических данных наиболее часто применяются критерии «доминантная частота» и «отношение сигнал-микросейсмы». Данные критерии относительно просты для расчёта, и направлены на оценку таких значимых рисков как степень влияния на регистрируемое волновое поле поверхностных сейсмогеологических условий, а именно ЗМС, уровень помех, которые являются устранимыми в процессе работ и так далее, но, в то же время, применение данных критериев, имеет ряд существенных недостатков, таких как:

- неоднозначность и субъективность оценки в ситуациях, при которых то или иное физическое наблюдение (ФН) является кондиционным по одному из критериев и, одновременно, некондиционным по второму;
- значительные риски получения недостоверной информации о энергии частотных компонент волнового поля и сигнальной составляющей в целом, возникающие в связи с

тем, что измерения проводятся по данным до этапа сигнальной обработки, в рамках которого производится компенсация влияния поверхностных условий возбуждения и приёма на волновое поле.

Данные недостатки, могут привести к искажению представления о качестве того или иного физического наблюдения и, как следствие, привести к избыточному объёму переотработки ФН, что в критических случаях может неблагоприятно сказаться как на производительности полевых сейсморазведочных работ, так и на продолжительности и, как следствие, на экономической составляющей проекта геологоразведочных работ.

Атрибут «спектрально-взвешенное отношение сигнал-микросейсмы»

При проведении методических работ направленных на минимизацию недостатков применения базовых подходов к оценке качества полевых сейсмических данных, специалистами АО «Башнефтегеофизика», в отличие от подходов, предполагающих расширение количества критериев оценки [1,2], была выбрана стратегия выработки единого комплексного критерия. При этом, ставилась задача обеспечить возможность выполнения необходимых вычислений в оперативном варианте, без необходимости привлечения значительных вычислительных ресурсов и эксклюзивных модулей отраслевого программного обеспечения.

В результате исследований, базирующихся на анализе исходных полевых сейсмических данных, а также результатов их обработки и интерпретации, по серии съемок МОГТ-3D, отработка которых была проведена в различных регионах России, был разработан комплексный атрибут «спектрально-взвешенное отношение сигнал-микросейсмы».

Расчёт атрибута «спектрально-взвешенное отношение сигнал-микросейсмы» выполняется в два этапа:

1. Нахождение весовых коэффициентов для каждой спектральной полосы частот;
2. Взвешенное осреднение отношения сигнал-микросейсмы для каждой спектральной полосы частот с целью получения одного атрибута.

Основной смысл атрибута заключается в расчёте такого значения параметра «отношение сигнал-микросейсмы» который возможно было бы получить, если бы спектр сигнала в окне анализа был бы равномерным, то есть средние значения RMS-амплитуд сигнала были бы одинаковыми для всех спектральных компонент в заданном частотном диапазоне. При разработке методики расчёта атрибута «спектрально-взвешенное отношение сигнал-микросейсмы» была использована ключевая математическая основа деконволюционного преобразования – расчёт обратного фильтра. Таким образом, атрибут «спектрально-взвешенное отношение сигнал-микросейсмы» отражает интегральную оценку факторов, связанных как с уровнем амплитуд сигнальной составляющей волнового поля по отношению к уровню амплитуд микросейсм, так и с распределением амплитуд по различным частотным диапазонам.

Распределение значений атрибута «спектрально-взвешенное отношение сигнал-микросейсмы», полученных при работе с одной из съёмок МОГТ-3D и представленное на рисунке 1, в значительной степени соотносится с хронологией отработки полевой съёмки, что подтверждает отображение в значениях атрибута зависимости качества материала от изменения погодных условий проведения полевых работ.

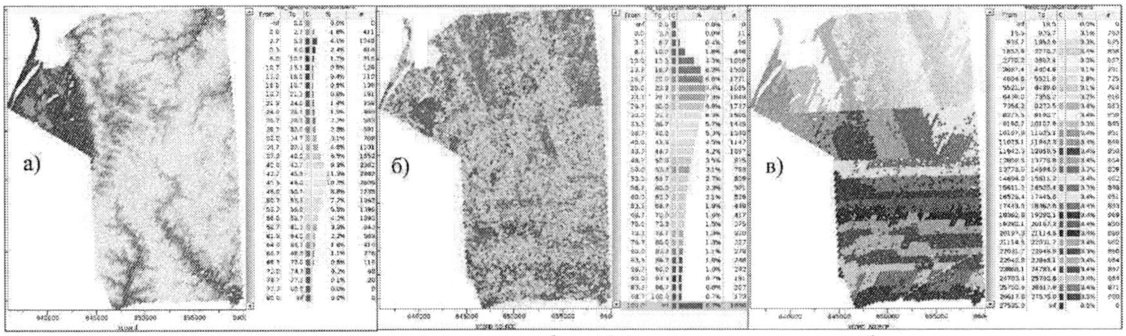

Рисунок 1. *Значения превышений рельефа (а), значения атрибута «спектрально-взвешенное отношение сигнал-микросейсмы» (б) и индикация хронологии отработки съёмки МОГТ-3D (в).*

Объективность оценки сейсмических данных, выполняемой с применением атрибута «спектрально-взвешенное отношение сигнал-микросейсмы», в процессе методических работ, была верифицирована способом сопоставления значений атрибутов качества и волновых полей. В процессе верификации, значения базовых атрибутов «доминантная частота», «отношение сигнал-микросейсмы» и разработанного атрибута «спектрально-взвешенное отношение сигнал-микросейсмы» рассчитывались по исходным полевым сейсмограммам. После расчёта, выполнялась амплитудная и сигнальная обработка сейсмограмм с последующим применением полосового фильтра 40-60 HZ для выделения энергии полезного сигнала в высокочастотной составляющей спектра, которая наиболее интенсивно подвержена искажениям в следствие влияния структурно-кинематических особенностей ВЧР, и, по данной причине, является наиболее показательной при верификации.

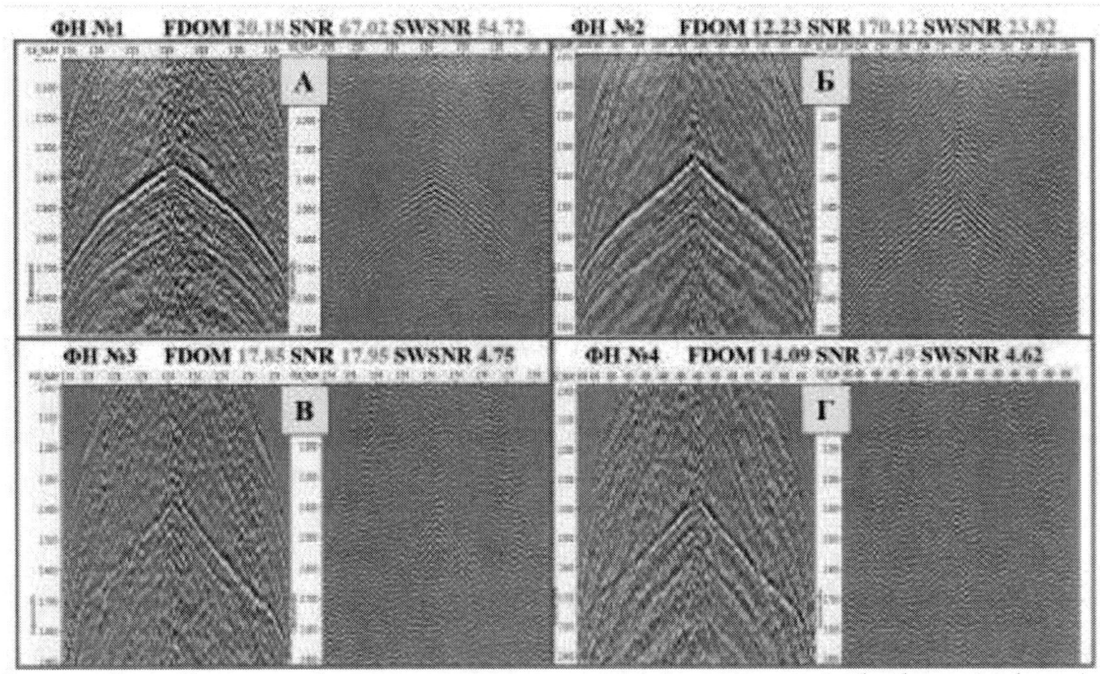

Рисунок 2. *Примеры сейсмограмм после амплитудной и сигнальной обработки до (слева) и после (справа) фильтрации со значениями атрибутов «доминантная частота» (Fdom), «отношение сигнал-микросейсмы» (SNR), «спектрально-взвешенное отношение сигнал-микросейсмы» (SWSNR). Значения атрибутов ниже пороговых величин, маркированы красным цветом.*

В результате анализа полученных данных, пример которых показан на рисунке 2, установлено, что для случаев, когда значения атрибутов «доминантная частота» и «отношение сигнал-микросейсмы» одновременно имеют величины, которые значительно превышают пороговые, то есть физическое наблюдение классифицируется как кондиционное (рис. 2, А), значение атрибута «спектрально-взвешенное отношение сигнал-микросейсмы» так же является высоким (много выше порогового), что подтверждает корректность заключения о кондиционности полевой сейсмограммы. Для вариантов, когда значения базовых атрибутов оценки являются противоречивыми (рис. 2, Б и Г), значения атрибута «спектрально-взвешенное отношение сигнал-микросейсмы» в полной мере коррелируются с информативностью волнового поля после фильтрации и позволяют сделать однозначное заключение о кондиционности той или иной сейсмограммы. Крайне показательной является ситуация, при которой значения обоих базовых атрибутов выше пороговых, но при этом, облик волнового поля после фильтрации сопоставим с обликом некондиционной сейсмограммы (рис. 2, В). В данном случае, значение атрибута «спектрально-взвешенное отношение сигнал-микросейсмы» является низким (ниже порогового) и должным образом соответствует значению атрибута, полученного для некондиционной сейсмограммы.

Таким образом, результаты верификации, как представленные в докладе, так и выполненные в многократно большем объёме в процессе методических работ, подтверждают значительные перспективы повышения объективности и достоверности оценки качества полевых сейсмических данных при использовании атрибута «спектрально-взвешенное отношение сигнал-микросейсмы».

Выводы

Разработанный специалистами АО «Башнефтегеофизика» атрибут «спектрально-взвешенное отношения сигнал-микросейсмы», а также методика его применения, позволяют в значительной степени компенсировать недостатки и противоречия, возникающие в процессе применения базовых критериев оценки качества полевых данных.

Применение данного атрибута в процессе проведения полевых сейсморазведочных работ, имеет значительный потенциал для решения задачи повышения достоверности оценки качества полевых сейсмических данных, как в случае использования атрибута в формате дополнения к стандартным критериям оценки, так и в случае применения атрибута в качестве основного оценочного параметра.

На данный момент компанией АО «Башнефтегеофизика» проводится оформление соответствующего патента. По завершению данного процесса, учитывая значимые перспективы внедрения и развития разработанной методики, компания будет готова рассматривать предложения производителей отраслевого программного обеспечения, используемого при полевых и камеральных сейсморазведочных работах, о сотрудничестве в направлении создания специализированного модуля, реализующего разработанный атрибут и методику его применения.

Библиография

1. А.В. Белоусов. Стандартные оценки качества полевого сейсмического материала. // Приборы и системы разведочной геофизики. 2011. № 3. С. 31-36.
2. И.В. Тищенко, А.И. Тищенко, А.А. Жуков. Алгоритмы и критерии оценки качества полевых сейсмических записей. // Технологии сейсморазведки, 2011. № 2. С. 40-48.

References

1. Belousov A.V. Standard assessments of the quality of field seismic material, Instruments and systems of exploration geophysics, 2011, no. 3, pp. 31-36

2. Tischenko I.V., Tischenko A.I., Jukov A.A. Algorithms and criteria for assessing the quality of field seismic records, Seismic exploration technologies, 2011, no. 2, pp. 40-48

Синхронная регистрация МОВ ОГТ 3Д и сейсморазведки высокого разрешения ССВР для детального картирования верхней части разреза при выполнении работа на мелководном шельфе Каспийского моря

Е.Н.Бирюков (ООО «СПЛИТ») , С.Э Копунов* (ПАО « Геотек Сейсморазведка») , М.Ю. Токарев (ООО «Деко Геофизика»), С.Ю. Штунь (ООО «ЛУКОЙЛ-Нижневолжскнефть»)

Введение

Впервые в России проведена практическая апробация технологии совмещения инженерно-геофизических изысканий методами Сейсморазведки Сверх высокого Разрешения (ССВР), Акустического профилирования и гидролокации бокового обзора с отработкой плановых линий возбуждения при производстве сейсморазведочных работ МОВ ОГТ 3Д. Изучено взаимное влияние источников возбуждения ССВР и МОВ ОГТ, получена детальная информация о структуре ВЧР до глубины 150м, дана оценка эффективности и перспектив применения совместных работ.

Решаемые задачи

Сразу после окончания полевого этапа работ МОВ ОГТ получить карту развития опасных процессов и явлений для уточнения положения проектируемых объектов обустройства.

Использовать данные о детальном строении ВЧР при обработке материалов сейсморазведочных работ МОВ ОГТ 3Д с целью повышения качества обработки.

Использовать данные ГЛБО, размещаемого на малогабаритном судне, для локализации возможных объектов на дне в условиях мелководья в зонах опасных для навигации.

Сохранение проектной кратности и объема физических наблюдений при наличии в пределах района работ зон, отмеченных как опасные для навигации

Методика работ

При проведении стандартной сейсмической съемки МОВ ОГТ в условиях мелководного шельфа одновременно регистрируется комплекс методов, позволяющий получить сверхдетальное изображение морского дна и зоны ВЧР в интервале 120-150 м (1).

Инженерно-геофизические изыскания выполнялись за один проход судна. В процессе регистрации выполнялся контроль качества регистрируемых инженерных данных включая целостность записи, форму импульса, спектральные характеристики соотношение сигнал/помеха.

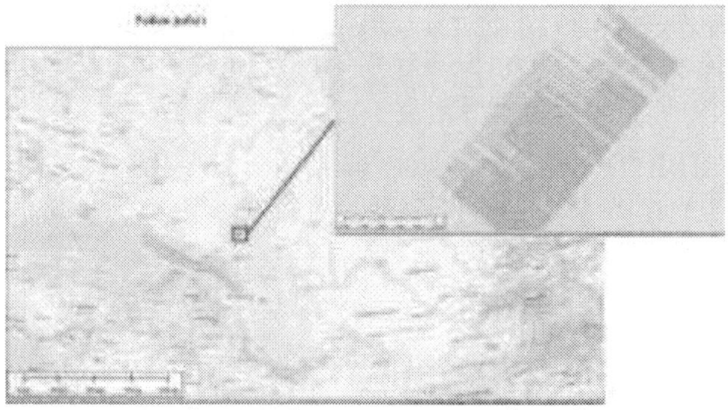

Рисунок 1. *Обзорная карта района работ и схема профилей синхронной регистрации*

На судно -источник при проведении сейсморазведки 3Д на мелководном шельфе Каспийского моря был установлен комплект инженерно-геофизического оборудования SplitMultiSeis, включающий 24-канальную сейсмокосу, 24-канальную сейсмостанцию, искровой излучатель типа «Спаркер», Пневматический источник Sleeve Gun I) и параметрический профилограф + ГЛБО Innomar SES-2000 Light Plus (1) (Рис.2)

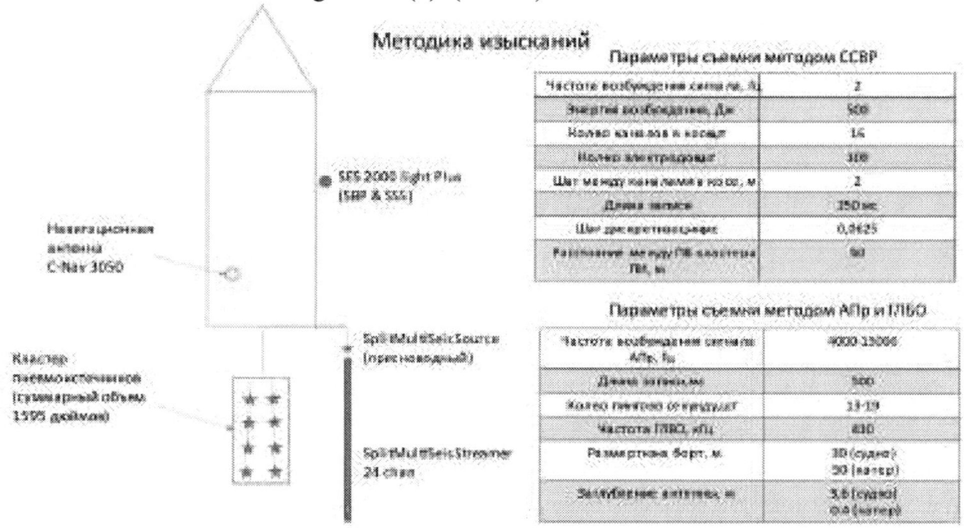

Рисунок 2. *Методика инженерно-геофизических изысканий (1)*

В результате проведенных опытных работ перед началом съемки в производственном режиме, доказано, что спектральный состав данных ССВР таков, что не оказывает деструктивного влияния на сейсмограммы МОВ ОГТ даже без взаимной синхронизации времени срабатывания источников (Рисунок 3).

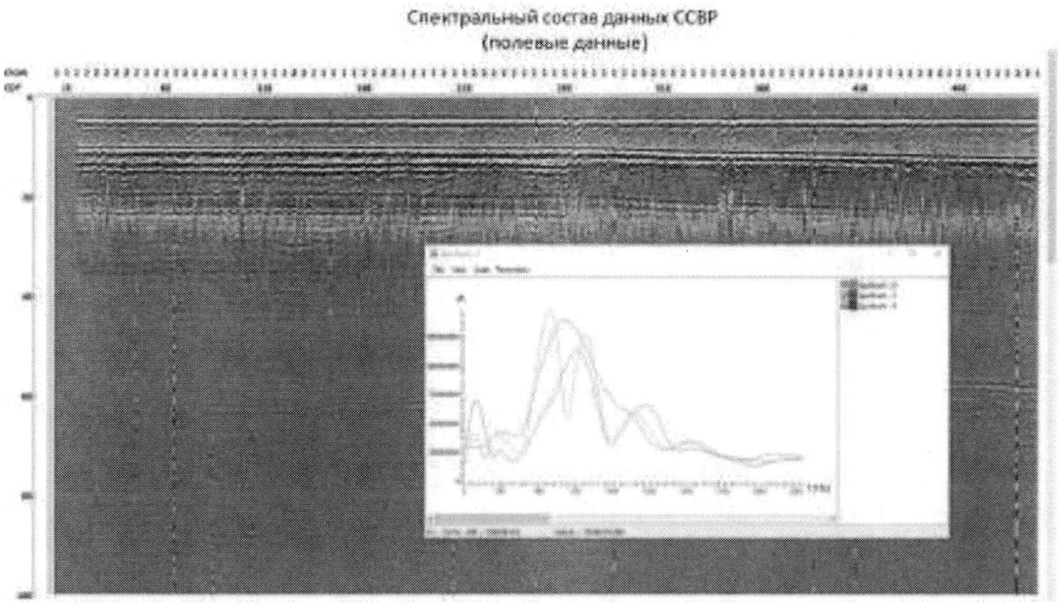

Рисунок 3. Исходные данные Сейсморазведки Сверх высокого разрешения и их спектральный состав

Поскольку на площади работ имелся участок, отмеченный как зона опасная для навигации, перед отработкой участка проведена съемка данного участка акватории гидролокатором бокового обзора (ГЛБО) установленным на маломерное судно с целью выявления потенциально опасных объектов на дне. Опасных объектов, способных создать препятствия для прохода геофизического судна обнаружено не было, что позволило отработать всю площадь без потери кратности и количества физ. наблюдений. Пример выявления объектов на дне по данным ГЛБО приведен на рис.4

Рисунок 4. Исходные данные Сейсморазведки Сверх высокого разрешения и их спектральный состав

Выводы

Впервые в России проведена практическая апробация технологии совмещения инженерно-геофизических изысканий методами Сейсморазведки Сверх высокого Разрешения (ССВР), Акустического профилирования и гидролокации бокового обзора с отработкой плановых линий возбуждения при производстве сейсморазведочных работ МОВ ОГТ 3Д.

Изучено взаимное влияние источников возбуждения ССВР и МОВ ОГТ, получена детальная информация о структуре ВЧР до глубины 150м, дана оценка эффективности и перспектив применения совместных работ.

Доказано, что проведение параллельно инженерно-геофизической и основной съемки 3Д, даже без синхронизации источников возбуждения, не оказывает деструктивного влияния ни на 3Д ни на инженерные данные. Одновременная регистрация практически не приводит к увеличению непроизводительных затрат времени (НПВ).

Получен материал высокого качества, проведена обработка и интерпретация инженерных данных и выделены объекты повышенной геологической опасности в верхней части разреза – палеоврезы, скопления газа, каналы вертикальной миграции флюида. Построена карта геологических опасностей с ранжированием по степени риска. Технология рекомендуется к промышленному внедрению.

Благодарности

Авторы выражают глубокую признательность сотрудникам СП52 ПАО «Геотек Сейсморазведка» и лично руководителю проекта Р.Г. Рзаеву за проявленный интерес к технологии и неоценимые усилия по проведению опытно-методических работ параллельно с производственной съемкой без ущерба для решения основной задачи партии.

Авторы благодарят сотрудников ООО «СПЛИТ» И.С.Пронина, А.К.Потемку, А.М. Хачатряна, П.О. Понимаскина, И.А.Буланову, Д.М. Потемка за качественную подготовку и проведение полевого этапа инженерной части работ, обработку и интерпретацию материалов в срок и с высоким качеством

Библиография

1. Бирюков Е. А., А. К. Потемка, В. В. Иванова, А. И. Понимаскин, А. М. Хачатрян, Методика сейсмоакустических высокоразрешающих трехмерных наблюдений для инженерно-геологических изысканий на акваториях. Геофизика, (Спецвыпуск):12–20, 2021.

2. Токарев М. Ю. Разработка технологии многоканальных сейсмоакустических исследований с заглубленными системами на мелководных акваториях //Кандидатская диссертация, 2016

References

1. Biryukov E.A., Potyomka A.K., Ivanova V.V., Ponimaskin P.O., Khachatryan A.V. High resolution 3D acquisition method for offshore engineering geology // Geofizika (Special edition) 12–20, 2021.y

2. Tokarev M.Y. Development of multi-channel sonic acquisition technology with the deepened source on shallow waters/ PhD , 2016

«Геолого-геофизические исследования по поиску пресных вод под дном Азовского моря»

А.П.Афанасенков (АО «Росгеология»), М.И.Леончик* (АО «Южморгеология»), С.И.Доронин (АО «Росгеология»), С.А. Иванов ООО («СГНПК»), П.И.Курилов (АО «Южморгеология»), А.В.Рудаков (АО «Южморгеология»), Б.В.Сенин (АО «Южморгеология»), С.Я.Цуркан (АО «НВНИИГГ»), Г.С.Чурсина (АО «Росгеология»). Докладчик отмечен звёздочкой.

Введение

В период полевых сезонов 2020-2021гг сборным коллективом специалистов предприятий холдинга АО «Росгеология» впервые в российской геологической практике при поддержке Правительства РФ были выполнены работы и исследования по поиску пресных подземных вод под дном Азовского моря.

Цель исследований состояла ввыявлении потенциальных источников подземных пресных вод в плиоцен-четвертичных отложениях морской части Азово-Кубанской синеклизы.В гидрогеологическом плане синеклизаобразует основу Азово-Кубанского артезианского бассейна (АКАБ), который делится на восточную наземную часть, хорошо изученную гидрогеологическими работами и западную, морскую неизученную часть.

Метод (и/или Теория)

Экспериментальный производственно-технологический комплекс для достижения указанной цели включал морские геофизические, геохимические и буровые работы, лабораторные и камеральные исследования. В состав геофизических работ входили сейсмические методы (сейсмоакустика, высокоразрешающая сейсморазведка(ВРС)) и электроразведка. По результатам комплексной интерпретации полученных материалов была разработана региональная геолого–геофизическая модель плиоцен-четвертичных отложений, определившая высокую вероятность обнаружения под дном Азовского моря водоносных горизонтов, содержащих подземные пресные или слабоминерализованные воды. Морские буровые работы подтвердили наличие таких горизонтов, а лабораторные исследования проб показали принципиальную пригодность промышленно-хозяйственного использованиясодержащихся в них вод.

По результатам работ и исследований были созданы региональные модели двух вероятных источников подземных пресных вод под дном Азовского моря – плейстоценовых палеодолинных систем (рис.1) и плиоценовых водоносных горизонтов АКАБ, западная часть которого структурно замыкается в акватории Азовского моря (рис.2).

Данные модели позволили выбрать участки недр акватории, наиболее благоприятные для оценки водоносности осадочных горизонтов. На этих участках было выполнено бурение двух гидрогеологических скважин с проведением опытно-фильтрационных работ, отбором проб подземных вод из горизонтов, определенных по данным гамма-каротажа и определением их химического состава.

Выводы

Исходя из того, что на период выполнения работ в России полностью отсутствовал соответствующий опыт масштабных гидрогеологических исследований в морских условиях, а заключения о гидрогеологических условиях акваторий строились, как правило, на основании экстраполяции данных прилегающей суши, выполненные работы и их результаты являются пионерскими, на что указывают полученные нами результаты:

1. Впервые в истории геологического изучения недр Азовского моря был отработан комплекс геофизических методов, направленный на поиски подземных вод в плиоцен-четвертичных комплексах под дном с целью выделения в них горизонтов пресных или слабоминерализованных вод.

2.Результатами работ впервые показано, что Азово-Кубанский артезианский бассейн, выявленный гидрогеологами в наземной части Азово-Кубанской равнины, на уровне развития плиоцен-четвертичных водоносных горизонтов имеет продолжение в южную часть Азовского моря.

3.Детализирована и уточнена интегральная схема палеодолинных систем в южной части Азовского моря, которая с учетом материалов предшествующих исследованийгеологического строения голоценовых отложений (АО «Южморгеология», ЮО АН РФ, ГУП «Крымгеология», ФГБУ «Гидроспецгеология» и др) и новых данных геофизики, позволила спрогнозировать зоны, благоприятные для формирования аллювиальных песков и их водонасыщения.

4. По результатам интерпретации сейсморазведки ВРС МОГТ, выполненной в рамках исследований, показано, что в южной части Азовского моря новейшие широтные Керченско-Таманские складчатые зоны, изученные картированием на суше и в прибрежной зоне Азовского моря, включая районы северногоустья Керченского пролива,играют значительную роль в формировании четвертичных палеодолинных систем, образуя крупную зону подпруживания, в результате которого канализированный сток с севера и северо-востока, включаяПалеоДон, вероятнее всего, меняет направление основного течения с субмеридиональногонасубширотное - в сторону депоцентра Западно-Кубанского прогиба. Здесь образуется подпрудный бассейн, представляющий собой в палеогеографическом смысле погребенную под голоценовыми осадками озерно-болотную низменность, которая, как предполагается, принимает значительную часть поддонного стока большинства палеодолин Азовского моря в четвертичное время.

5. По южному району акватории Азовского моря впервыепостроена комплексная сейсмоэлектрическая модель верхней части разреза, которая далареальную возможность обосновать участки недр, оптимальных для поиска подземных (пресных или слабоминерализованных) вод в четвертичных и плиоценовых отложениях района работ и определила необходимость расширения данной комплексной модели на всю акваторию Азовского моря.

6. Впервые, в морских условиях акватории Азовского моря, проведены гидрогеологические скважинные изыскания, включая опытно-фильтрационные работы в потенциально водоносных горизонтах, выделенных по результатам совместного анализа данных бурения и гамма-каротажа,

7. Под дном Азовского моря впервыевыявлены водоносные горизонты в верхнеплиоценовых отложениях (N_2kl), характеризующиеся низкой минерализацией подземных вод (1.1-1,5 г/л) и пригодные как минимум для технологического использования (при их достаточном объеме и рентабельности добычи).

8. Разработаны и обоснованы предложения по постановке в акватории Азовского моря геологоразведочных работ с целью дальнейшего изучения потенциально водоносных горизонтов плиоцена и плейстоцен-голоцена.

9. Представленные результаты на данном этапе работе показали применимость и геологическую информативность выполненного комплекса геолого-геофизических исследований для прогнозирования и выявления участков поиска пресных подземных вод, несмотря на некоторые технологические ограничения, обусловленные специфическими

сейсмогеологическими условиями (интенсивной загазованностью) верхней части разреза осадочного чехла под дном Азовского моря.

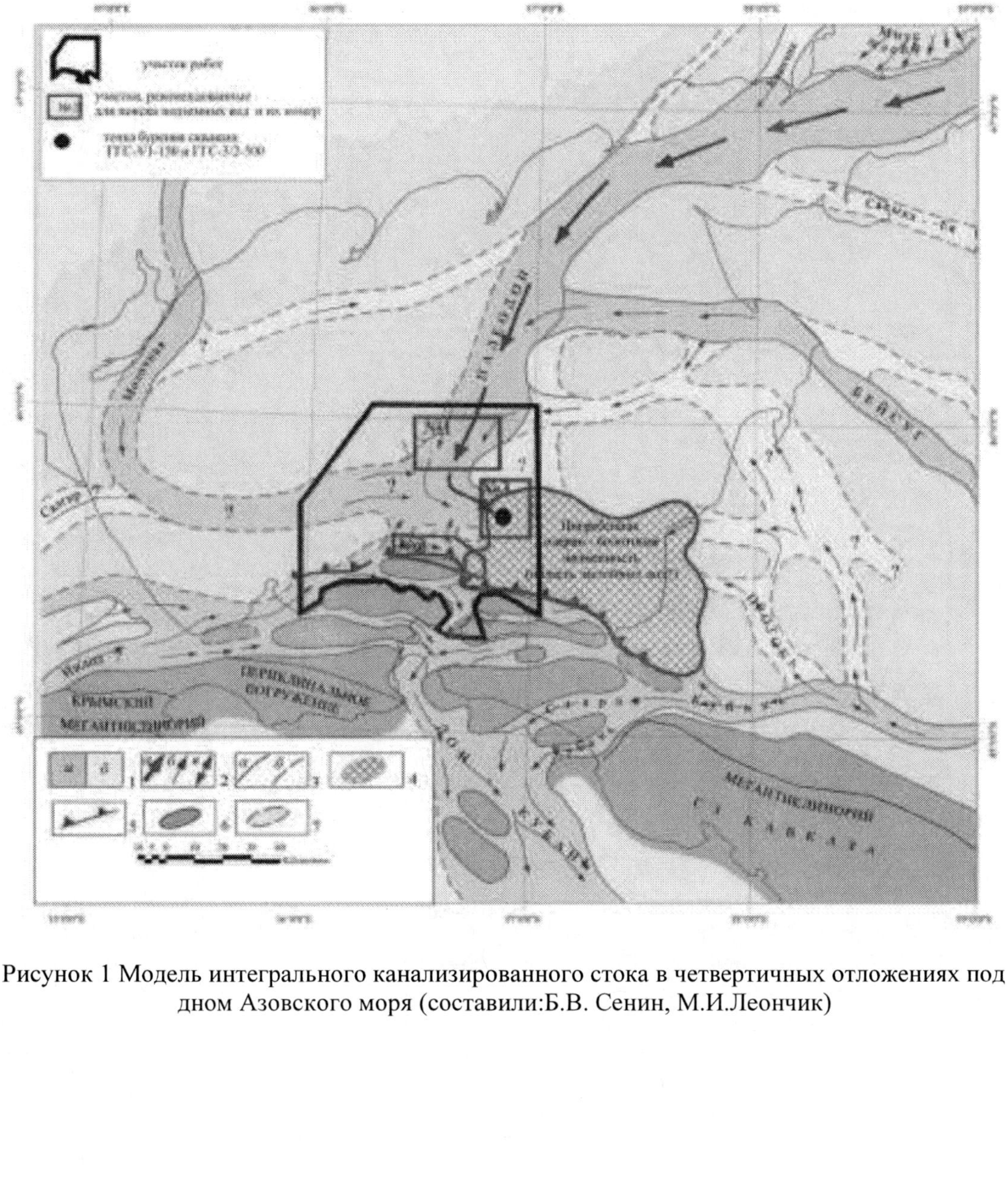

Рисунок 1 Модель интегрального канализированного стока в четвертичных отложениях под дном Азовского моря (составили:Б.В. Сенин, М.И.Леончик)

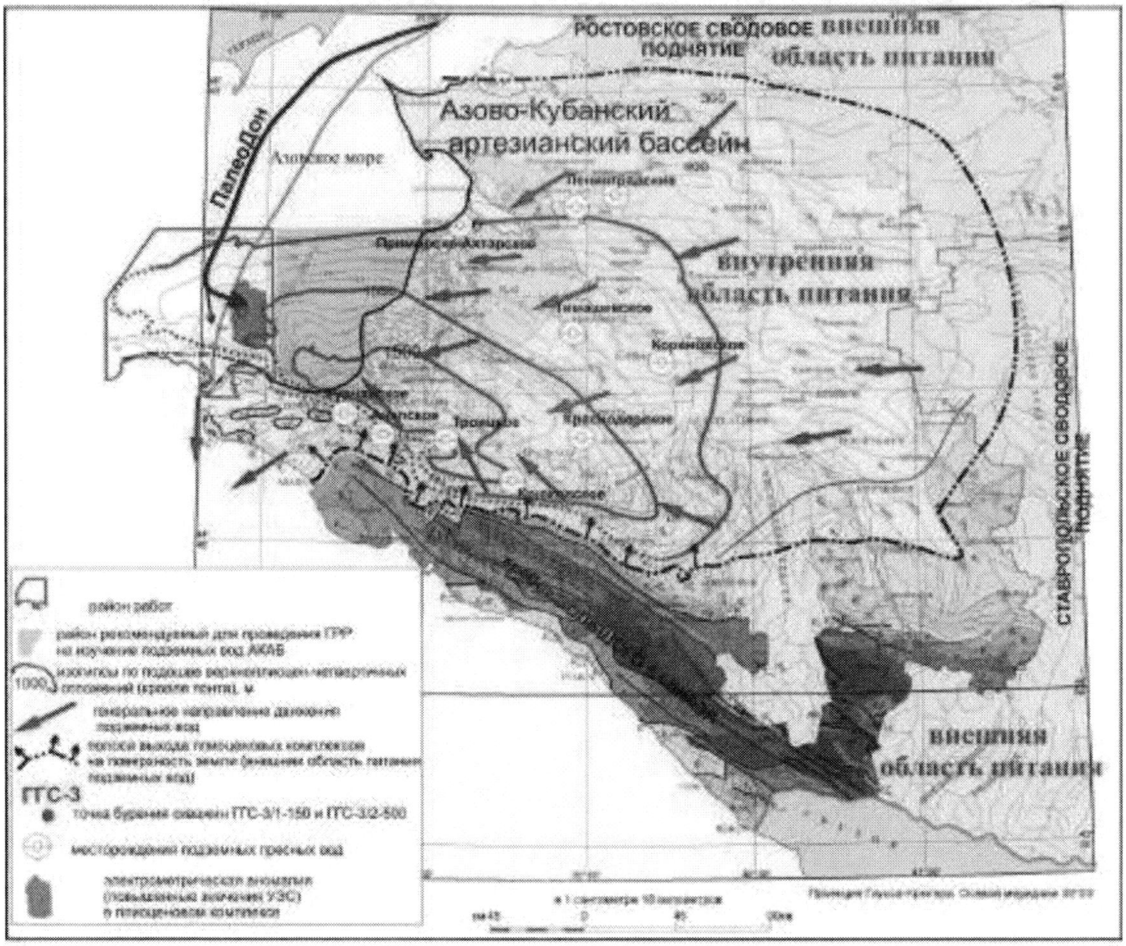

Рисунок 2 Модель Азово-Кубанского артезианского бассейна (подложка рисунка: Геологическая карта Краснодарского края) (составил: М.И.Леончик)

Библиография

1. Геология Азовского моря / Е.Ф. Шнюков, Г.Н. Орловский, В.П. Усенко и др. Киев: Наукова думка,1974. 248 с.

2. Геология шельфа УССР. Керченский пролив. Киев. Под ред.Е.Ф.Шнюкова. Наукова думка,1981. 158 с

3. Матишов Г.Г. и др. Новые данные об осадконакоплении и биостратиграфии древне- и новоазовских отложений (Азовское море) / Г.Г. Матишов, К.В. Дюжова, Г.В. Ковалева, В.В. Польшин // Доклады Академии наук. 2016. Т. 467. № 4. С. 463–467.

4. Островский А.Б. О некоторых палеогеографических критериях стратиграфической корреляции плейстоценовых отложений Азово-Черноморского бассейна. В кн.: Материалы по четвертичному периоду Украины. Киев: Наук.думка, 1975, с.121-131.

5. Палеогеография Приазовья в голоцене: [монография] / Г.Г. Матишов, В.В. Титов, Г.В. Ковалёва и др.;отв. ред. акад. Г.Г. Матишов. – Ростов-на-Дону: Изд-во ЮНЦ РАН, 2019. – 224 с. – ISBN 978-5-4358-0190-3.

6. Юровский Ю.Г. Подземные воды шельфа.Задачи и методы изучения. Монография-Симферополь:ДИАЙПИ,2013.-260с.

7. Белуженко Е.В., Континентальные и субконтинентальные отложения верхнего миоцена-эоплейстоцена Западного Предкавказья : автореферат дис. ... кандидата геолого-минералогических наук : 25.00.01 / Моск. гос. ун-т им. М.В. Ломоносова. - Москва, 2006. - 24 с.

Высокопроизводительные и высокоплотные работы 3D с импульсным источником

А.Н. Ошкин ООО «Неоген», МГУ им. М.В. Ломоносова), А.М. Турчков (ООО «Неоген», МГУ им. М.В. Ломоносова), Мосягин Е.В. (АО «СНИИГГиМС»), Болховитин (ООО «ПГ Бентинг»)

Введение

Глобальное потепление вызывает сокращение сроков зимних сейсморазведочных работ (СРР) в северных регионах России и накладывает ограничения на использование тяжелых транспортных средств. В связи с этим Заказчики и подрядчики всё шире используют более лёгкие источники сейсмических волн и прибегают к высокопроизводительным методикам полевых работ. Мы представляем результаты обработки сейсмических данных МОГТ 3D, полученных с применением отечественного импульсного электродинамического источника. Полевые работы были выполнены в республике Коми весной 2022 г.

Контроль качества сейсмических данных включал контроль за стабильностью параметров регистрирующего и излучающего оборудования, за уровнем сигнала глобальной спутниковой навигационной системы (ГНСС), а также анализ результатов прослеживаемости сейсмических горизонтов на временах регистрации 2–3 с. Обработка данных была разделена на две части: экспресс-обработка выполнялась непосредственно в поле по упрощенному графу; полная обработка выполнялась на удаленном ВЦ для углубленного анализа результатов работ. Результаты обработки данных продемонстрировали уверенное выделение геологических объектов в целевом интервале глубин.

Технология и методика полевых работ

Сейсморазведочные работы МОГТ 3D на площади 82 кв.км (по контуру линий приёма) выполнялись силами двух групп исполнителей:

- геодезическая разбивка линий возбуждения и приёма, рубка просек, смотка и размотка сейсмических кос, установка групп сейсмоприемников «в точку» и обеспечение полевого персонала транспортными средствами выполнялись силами Заказчика;
- возбуждение и регистрация сейсмических данных, геодезическая привязка ПВ, полевой контроль качества данных, полевая обработка сейсмических данных и подготовка отчета производилось силами сейсмической партии ООО «Неоген».

Площадь была отработана по центрально-симметричной схеме наблюдений типа «крест», с активной расстановкой 1680 каналов (14 линий приёма по 120 активных каналов с шагом 50 м). Каждый приёмный шаблон отрабатывался между двумя центральными ЛП (на отрезке ЛВ длиной 300 м). За одни проход на ЛВ отрабатывалось от 3 до 7 интервалов ЛП, в зависимости от количества размотанных линий на момент производства отстрела. После отработки одного прокоса источник перемещался на соседнюю ЛВ и начинал отстрел в обратном направлении. Таким образом, источник в процессе работ перемещался по зигзагообразной траектории.

Возбуждение сигнала осуществлялось с помощью сцепки из двух импульсных установок «Енисей СЭМ-100», буксируемых бульдозером по линиям возбуждения, причём без предварительной разбивки пикетов (Рис.1). Надо отметить, что отечественные импульсные источники электродинамического принципа действия имеют богатую историю, и их производственное применение началось еще в 1992 г. [1].

При выполнении работ 3D фактический шаг между ПВ не был постоянным и варьировал от 4 до 7 м (Рис.2). Регистрация координат ПВ производилась по фактическому срабатыванию источника, расположенного на заданной линии возбуждения, с помощью установленного на тягач комплекта ГНСС-оборудования, работающего в режиме «кинематики в реальном времени» (RTK). Помимо координат регистрировались вспомогательные параметры, такие как тип решения, точность определения координат в плане и по высоте. Синхронизация времени срабатывания источника выполнялась по радиоканалу с помощью системы синхронизации «SGD-SE» и контроллера «SGD-SP v.10».

Зарегистрированные сейсмические материалы 3D имеют ряд особенностей:

- сверхплотное расположение ПВ вдоль линий возбуждения, причем шаг ПВ не постоянен и меняется в некоторых пределах, в среднем составляя 5–7 м (Рис.2);
- регистрируются одиночные сейсмограммы – без накопления воздействий на пунктах возбуждения, – что приводит к повышенному уровню микросейсм на исходных записях по сравнению со стандартной технологией с накоплением нескольких воздействий на ПВ с относительно большим шагом (50 м);
- высокая кратность системы наблюдения (в 8–10 раз выше, чем при стандартной методике, при использовании стандартных размеров бина).

Регистрация данных осуществлялась кабельной телеметрической системой Sercel 508XT. Смотка-размотка производилась вручную с гусеничных транспортеров МТЛБ. На северо-западном участке исследуемой площади часть линий приёма прокладывалась без предварительной рубки просек, ручным переносом регистрирующего оборудования.

Рисунок 1. *Бульдозер, буксирующий сцепку из двух импульсных источников «Енисей СЭМ-100», применяемых в движении при работах МОГТ 3D.*

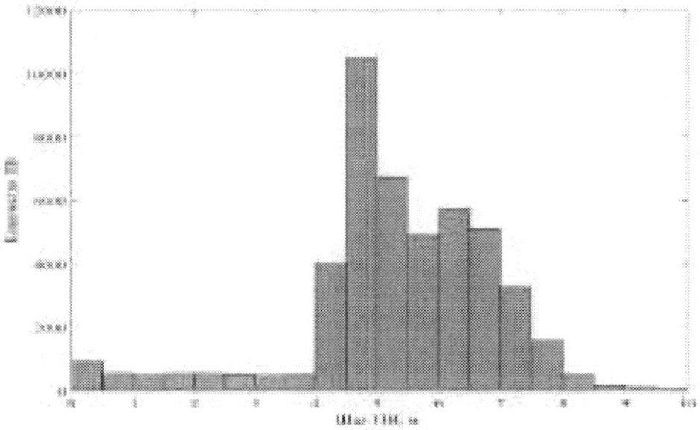

Рисунок 2. *Гистограмма распределения величины шага между ПВ при проведении работ 3D с импульсным источником.*

Особенности первичных полевых материалов и их обработки

Для обработки использовались материалы 3D в объёме более 48000 физнаблюдений. Общее количество сейсмических трасс после присвоения геометрии превысило 56 миллионов. Обработка выполнялась по мере поступления первичных сейсмограмм в течение всего процесса отстрела площади с последующим объединением сейсмограмм в единый массив геометризованных данных.

Обработка сейсмических данных выполнялась в программном комплексе «RadExPro». После загрузки в обрабатывающий комплекс координат источников, приёмников и информации о системе наблюдения были рассчитаны средние точки с целью построения регулярной сети бинов. С целью обеспечения одинакового шага по обоим направлениям (инлайн и кросслайн) размер бина был выбран равным 25x25 м. Отметим, что в нашем случае шаг бинирования вдоль линий возбуждения (направление кросслайн) при необходимости можно сократить вплоть до 2,5 м. Можно перейти на малый бин уже на этапе регуляризации и миграции, что должно определяться результатами тестирования.

После расчета карты кратности ОГТ мы получили отличающиеся значения на северо-западной и юго-восточной частях площади работ. Это обусловлено увеличением скорости отработки объекта в процессе съёмки, что было вызвано временными ограничениями по срокам выполнения работ, согласованными с Заказчиком. На заключительном этапе полевых работ увеличилось расстояние между ПВ, что и привело к некоторому снижению кратности ОГТ.

Основной целью обработки было получение суммарного куба высокой степени достоверности для решения геологических задач проекта. Особое внимание уделялось восстановлению соотношения амплитуд с подавлением регулярных и нерегулярных волн-помех, последующей поверхностно-согласованной деконволюцией и миграцией после суммирования. Использование в графе обработки процедур поверхностно-согласованной нормировки амплитуд позволило выровнять амплитуды на различных участках площади работ, что обеспечило более стабильную работу последующих процедур подавления высокоамплитудных помех, которые не представляют проблемы при условии достаточно высокой плотности наблюдений [2].

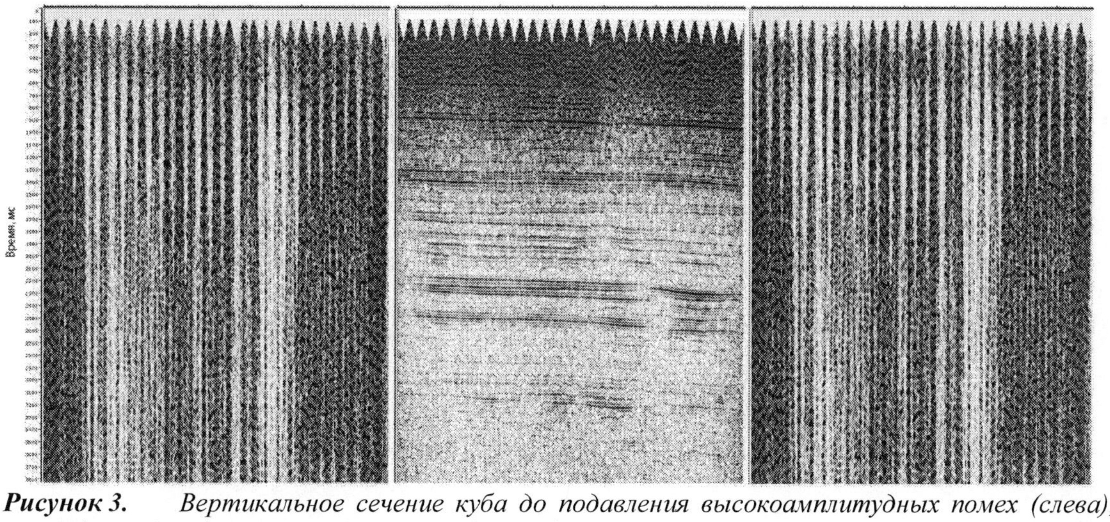

Рисунок 3. *Вертикальное сечение куба до подавления высокоамплитудных помех (слева), после (в середине) и вычтенная помеха (справа).*

Для подавления регулярных поверхностных волн и других помех линейного типа применена FK-фильтрация по сейсмограммам ОПВ. Учитывая наличие в волновой картине дифрагированных волн, отождествленных с рифоподобными объектами, применение мощных двумерных фильтров для подавления волн-помех линейного типа может быть опасно. Во избежание непреднамеренного ослабления энергии дифрагированных волн FK-фильтрация применялась к сейсмограммам с введенными статическими и кинематическими поправками с веером скоростей до 2000 м/с. Результат подавления волн-помех линейного типа показан на Рис.3.

Выводы по результатам полевой обработки высокоплотных данных 3D

1. Исходные сейсмограммы, полученные без использования накоплений на точках возбуждения, характеризуются повышенным уровнем шумовой компоненты (микросейсм). Современные алгоритмы обработки позволяют эффективно выделить и подавить такие помехи. Кроме того, статистический эффект обработки данных плотной съемки 3D с высокой кратностью также ведёт к повышению соотношения сигнал/помеха в итоговом массиве данных. Альтернативным вариантом обработки всегда может быть скользящее цифровое группирование ПВ с сохранением исходного мелкого шага ПВ или с пересчётом на выбранный интервал.
2. Ряд аспектов обработки требует дополнительного времяёмкого тестирования, которое может быть осуществлено при выполнении производственной обработки материалов. К ним относятся: выбор оптимального размера бина, увеличение точности прослеживания и пикировки первых вступлений преломленных волн, бинирование источников на регулярный шаг, пути увеличения вертикальной разрешенности при неоптимальной работе деконволюции в условиях зашумленных данных, выбор параметров регуляризации и миграции до суммирования.
3. В результате оперативной полевой обработки нами был построен куб высокой степени точности, достаточный для высококачественного отображения мелкомасштабных объектов возможных залежей УВ – рифов, а также других геологических объектов, проявляющихся в волновом поле – разрывных нарушений, зон выклинивания и т.д. Полученные результаты могут быть использованы для предварительной структурной и динамической интерпретации, а также для выделения новых перспективных объектов.

Библиография / References

1. Детков В.А. К 40-летию импульсного источника «Енисей»: вчера, сегодня, завтра. – «Приборы и системы разведочной геофизики», №4(71)/2020, с.32-37.
2. Череповский А.В. Наземная сейсморазведка нового технологического уровня. - ООО «ЕАГЕ Геомодель», 2017.

Особенности проведения сейсморазведочных работ МОГТ 3D по технологии донного бурения в русловой части Воткинского водохранилища

Ю.М. Захаров* (ООО «ЛУКОЙЛ-Инжиниринг» «ПермНИПИнефть»

Введение

В докладе освещены вопросы планирования сейсморазведочных работ МОГТ 3D по технологии донного бурения на акваториях с глубоководными зонами, особенности их проведения и последующей обработки полученных данных.

Донное бурение - технология буровзрывных работ, её основу составляют взрывы зарядов сверхмалой массы, располагаемых в скважине в придонной части покрытого льдом водоёма [1,4] (Рис. 1).

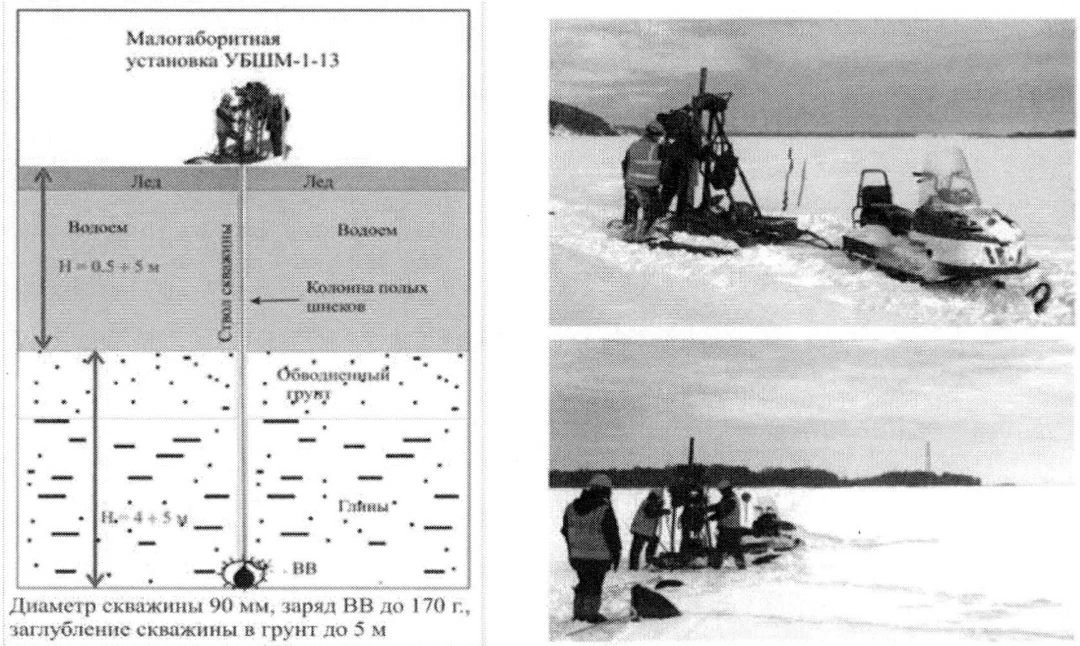

Рис. 1. Схема бурения взрывных скважин малогабаритной буровой установкой «УБШМ-1-13» на водоемах

Как показала практика, данный способ ведения работ является экологически безопасным, исключает негативное влияние на окружающую среду и позволяет проводить съемку 3D с высокой геологической и экономической эффективностью исследований. Качество сейсмических данных, полученных таким способом, как правило существенно выше, чем при использовании плавающих источников возбуждения (пневмопушка, импульсный источник) [1,4], однако при существенных глубинах водоёмов производство работ по технологии донного бурения затрудняется.

Метод

Для полного понимания особенностей проведённых работ, стоит отметить основные риски и ограничения технологии донного бурения. Работы проводятся на замерзшей поверхности водоема, что несет за собой риски, связанные с полыньями и майнами. Особенно опасно это явление на участках с сильным течением, которое затягивает провалившегося человека под лет независимо от его обеспечения спасательными средствами.

При накоплении мощного снежного покрова на ледяной толще происходит ее продавливание и выход воды на поверхность, сырой снег приводит к усложнению буксировки буровой установки снегоходом до полного застревания. Работы по извлечению застрявшей техники на льду несут риски разрушения ледяной поверхности и утопления техники и персонала.

Шнековая буровая колонна состоит из элементов длинной 1 метр соединяющихся с помощью винтовых замков. Чем больше общая длинна колонны – тем больше элементов в ее составе, это несет риск раскрытия замков и потери бурового инструмента.

Глубины больше 10 метров представляют сложность для технологии донного бурения, что несет риски недоизучения перспективных объектов, находящихся в глубоководных зонах акватории.

Аномально теплый зимний сезон несет риски не установления ледового покрова.

Подтвержденная эффективная глубина сейсмических исследований используя методику донного бурения с малым зарядом составляет порядка 3 км для целевых интервалов. Фундамент до 10 км.

Примеры

Работы на результатах которых построен данный доклад проводились преимущественно в зоне Воткинского водохранилища р.Кама, левый берег преимущественно низкий, местами заболоченный, правый берег высокий, изрезан заливами в устьях рек, покрыт лесом и частично застроен. Ширина водного пространства в районе работ достигала 6.5 км (Рис. 2) [2].

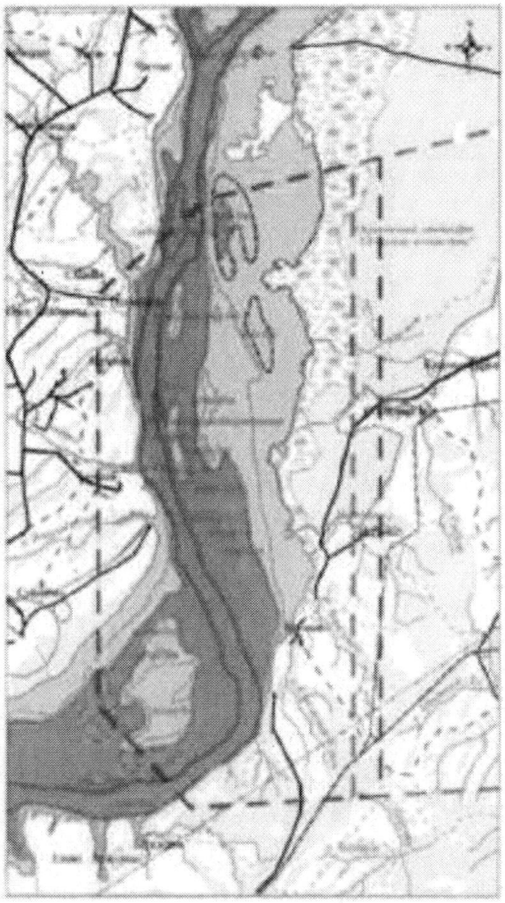

Рис. 2. Контур работ и орогидрографическая схема

На этапе планирования работ по атласу единой глубоководной системы Европейской части РФ [3] были построены схемы глубин, попадающей в контур работ части водохранилища. В результате их анализа был сделан вывод, что, используя существующее оборудование, достижение дна водохранилища в русловой его части может быть невозможным. Технология донного бурения предусматривает толщу воды не более 10 метров, а фактические глубины на площади работ достигали 20-25 метров (Рис. 3а). Вынос пунктов возбуждения за пределы глубоководной части приводил бы к существенной потери кратности наблюдений, что не позволило бы решить поставленные геологические задачи.

Ограничения технологии донного бурения по глубине связаны с недостаточно жесткой сцепкой шнеков бурового станка, при большой длине буровой колонны в результате действия течения и самого процесса бурения происходило раскручивание и потеря инструмента. Для повышения максимально возможной глубины донной части акватории был направлен запрос о возможности модернизации шнековых замков заводу изготовителю. В результате были сконструированы новые замки для буровых шнеков, позволяющие использовать их большее количество на одной колонне. Практическая проверка показала, что доступная для применения технологии донного бурения глубина акватории увеличилась до 15 метров. Был выполнен новый проектный разнос пунктов возбуждения учитывая повышенную глубинность (Рис. 3б). Зона падения кратности наблюдений существенно сократилась, решение поставленных геологических задач стало возможным.

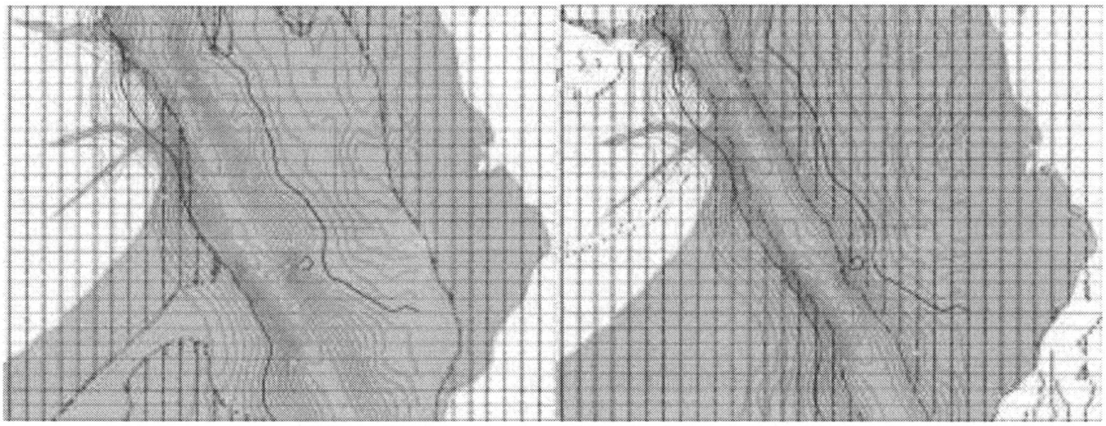

а б

Рис. 3. Схема положения пунктов возбуждения с выносом на глубины менее 6 метров (а) и менее 15 метров (б)

В результате проведения полевых сейсморазведочных работ был получен первичный материал кондиционного качества. При оценке данных на этапе обработки были выявлены аномалии, приуроченные как к амплитудам, так и к частотам. Сейсмограммы с низким значением доминантной частоты сигнала были получены в акватории водохранилища, в зонах приуроченных к приподнятым участкам рельефа дна, связанных, судя по всему, с мощными песчаными наносами в изгибе русла реки. Следует отметить, что качество волнового поля в данных зонах оставалось низким на протяжении всей обработки. Был сделан вывод о возможности решения кинематических задач, но динамическое решение ограничено. Характерная сейсмограмма представлена на рисунке 4.

Обработка данных выполнялась в программном комплексе Omega компании Schlumberger. Основную сложность составил этап шумоподавления. Наиболее сложными волнами-помехами на сейсмическом материале были поверхностные волны в зоне водохранилища, множественные высокочастотные дифракции он стенок и дна фарватера, волны-помехи, распространяющиеся по ледовому покрову с пульсациями «жидкой грязи» на мелководье в прослойке между льдом и дном водохранилища.

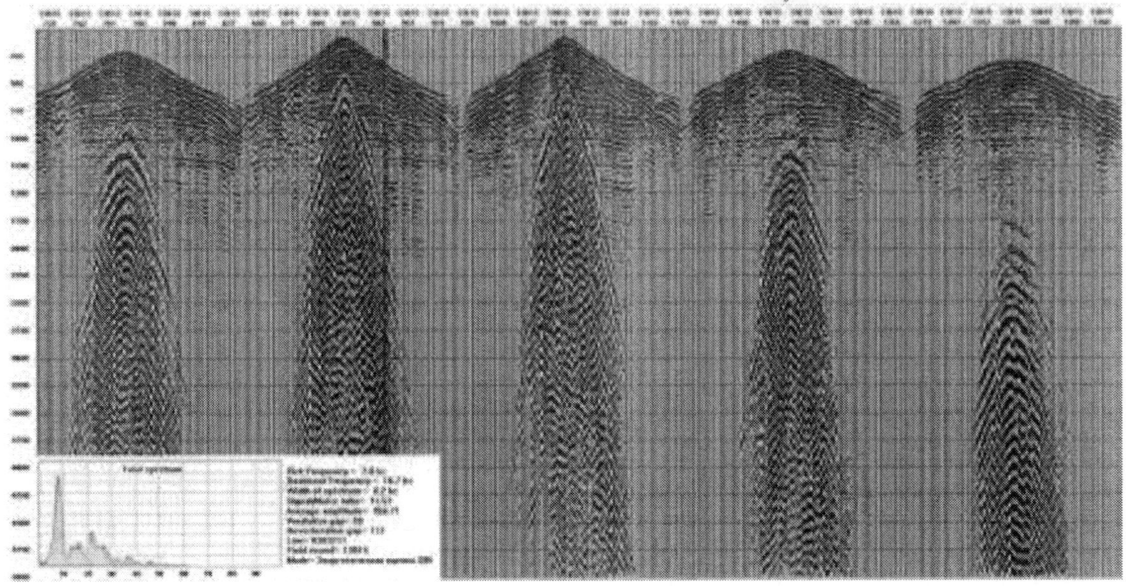

Рис. 4. Фрагмент полевой сейсмограммы, полученной по технологии донного бурения

Для борьбы с вышеописанными шумами тестировалось большое количество процедур, часть из них эффективности не показало. Применялись методы и алгоритмы амплитудной коррекции (Anomalous Amp Atten), моделирования поверхностной волны (Surface Wave Analysis, Modeling and Inversion) с последующим адаптивным вычитанием ее и метод неравномерного когерентного шумоподавления линейных волн-помех (Non-Uniform Coherent Noise Suppression).

Для подавления поверхностных волн был применен алгоритм 3D SWAMI. В процессе реализации была сформирована модель поверхностной волны и ее рассеянной составляющей на основе моделирования данных волн с использованием энергии главной и второстепенных «мод» (дисперсионных кривых). Работа осуществлялась в сортировке XSpread. Далее, полученная модель поверхностной волны, либо ее рассеянной составляющей адаптивно вычиталась из данных.

Для подавления низкоскоростных волн-помех был применен алгоритм 3D веерной фильтрации в FX области в сортировке XSpread с опорой на реальные координаты, что максимально обеспечивает пространственное разрешение для формирования модели. Далее, полученная модель поверхностной волны адаптивно вычиталась из данных.

Нерегулярные шумы аномальной амплитуды и нерегулярные помехи на данном этапе подавлялись при помощи процедуры AAA, в процессе которой данные трансформировались в частотную область FX, и далее к ним применялась пространственная медианная фильтрация. Данная процедура применялась в несколько итераций, на каждой из которых подавлялся нерегулярный шум в различных частотных и амплитудных диапазонах. Для каждой итерации использовалось определенное окно, частотный диапазон, длина медианного фильтра и пороговые значения на промежутках времени. AAA использует преимущество относительно случайного характера и ограниченной частотной полосы шума, для выделения и удаления его из сейсмической записи. Данный подход позволил ослабить шум, имеющий аномальную амплитуду в пределах определенных диапазонов частот.

Применение современных методик обработки позволило провести качественную обработку достаточно сложного сейсмического сигнала. Однако, обширная зона водохранилища, в которой уже при полевых работах наблюдалось большое количество физических наблюдений с отсутствием наличия полезной записи отраженных волн, привнесли серьезные осложнения при обработке сейсмического материала.

В результате обработки были получены сейсмические кубы пригодные для кинематической интерпретации, на рисунке 5 представлен срез финального куба, поставленные геологические задачи были выполнены.

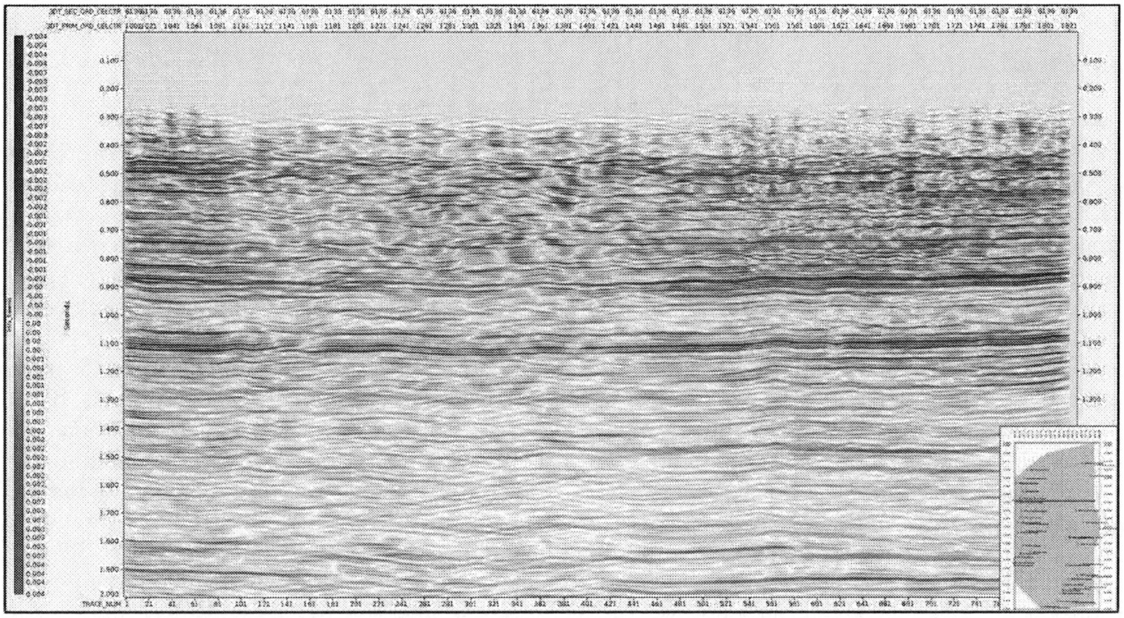

Рис. 5. Сечение финального куба сейсмических данных

Список литературы

1. Технологии сейсморазведки при подготовке объектов в транзитных зонах / Ю. В. Рошмаков, Т. А. Столбова, А. П. Лаптев [и др.] // Технологии сейсморазведки. – 2010. – № 2. – С. 85-89. – EDN NBYGPZ.
2. Захаров Ю.М. Проект «Геологическое изучение, включая разведку углеводородного сырья в западной части Западно-Осинского лицензионного участка. Сейсморазведочные работы МОГТ 3D» в Частинском, Осинском и Еловском районах Пермского края. Филиал ООО «ЛУКОЙЛ-Инжиниринг» «ПермНИПИнефть» в г. Перми, 2020.
3. ФГУ «Камводпуть» // Атлас единой глубоководной системы европейской части РФ. Том 9, часть 1 – Река Кама от поселка Керчевский до города Чайковский
4. Донная сейсморазведка в Прикамье / В. А. Саловский, В. Ф. Ланцов, Ю. В. Рошмаков, А. П. Лаптев // Приборы и системы разведочной геофизики. – 2009. – Т. 29. – № 3. – С. 50-51. – EDN RPKISV.

Моделирование формирования вторичных коллекторов в кремнистых известняках под действием гидротермальных флюидов различного состава

М.Ю. Зубков* (ООО «Западно Сибирский Геологический Центр»)

Введение

Оценкой перспектив нефтегазоносности Западно-Сибирского фундамента занимались специалисты различных научно-исследовательских организаций в течение достаточно продолжительного времени (с начала 60-х годов прошлого века). Однако до настоящего времени нет достаточно обоснованных представлений о механизме формирования коллекторов даже в кровельной его части. Обычно образование коллекторов в верхней части фундамента или доюрского комплекса (ДК) связывают с процессами его выветривания. Однако детальные литологические исследования позволили установить, что в подавляющем большинстве случаев коллекторами, содержащими углеводородные залежи в кровельной части ДК, являются породы, подвергшиеся тектоно-гидротермальному воздействию, причем в ряде случаев в позднем кайнозое. Примером таких коллекторов являются гидротермальные силициты (ГС), образующиеся по исходным темно-серым кремнистым известнякам (КИ) нижне-карбонового возраста [1, 2]. Этот тип коллекторов широко распространен в пределах Западной Сибири. ГС встречены на севере Ханты-Мансийского АО (Северо-Варьеганское месторождение), на западе (Красноленинский НГР), в центральной его части (Ханты-Мансийское месторождение) и в Томской области. Гидротермальные силициты представляют собой пористые (до 30-35 %), трещиноватые породы светло-серого цвета, сложенные мелкими хорошо ограненными кристаллами кварца с небольшой примесью глинистых минералов, представленных иллитом и буклетовидным эпигенетическим каолинитом (рис. 1а, б).

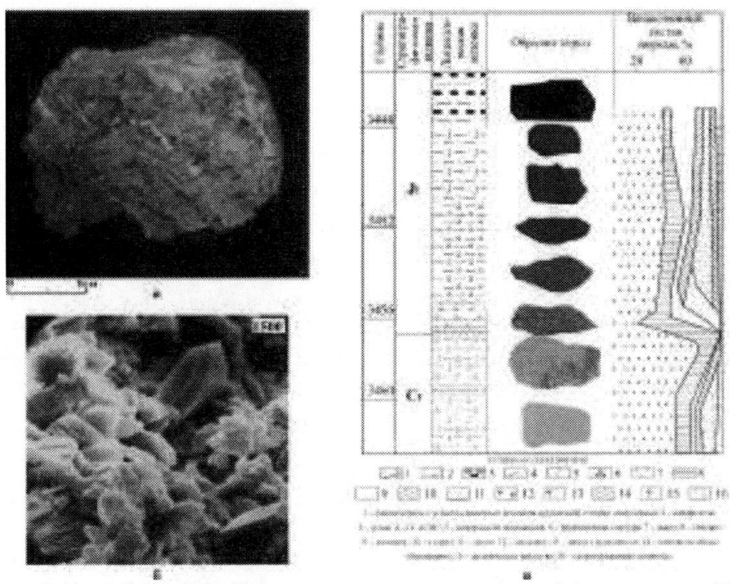

Рисунок 1. *Фотография образца гидротермального силицита (а), и снимок РЭМ (б), а также литологический разрез по скважине 10-П Северо-Варьеганского месторождения (в).*

Интересно, что зона осветленных пород из ДК, представленных ГС, продолжается в базальные юрские отложения. Особенно хорошо эта зона обелённых юрских отложений проявляется если они представлены углисто-глинистыми отложениями, в которых наблюдается постепенное потемнение пород, слагающих эту зону по направлению снизу-вверх от светло-серых, интенсивно гидротермально переработанных, через серые до темно-серых, не затронутых вторичными гидротермальными преобразованиями исходных пород (рис. 1в). Осветление темно-серых КИ и углистых аргиллитов до светло-серого, почти белого, предполагает наличие в составе гидротермальных флюидов (ГФ) окислителя, который окислил органическое вещество (ОВ), входящее в состав этих отложений. Таким окислителем мог быть кислород, происхождение и наличие которого в ГФ убедительно доказано В.И. Бгатовым (1985). До настоящего времени опубликованы единичные работы по моделированию гидротермального воздействия на породы ДК и в том числе на кремнистые известняки [3, 4]. Поэтому целью настоящей публикации является продемонстрировать результаты моделирования формирования вторичных коллекторов в породах ДК на примере КИ с участием ГФ различного состава.

Методика и аппаратура

Эксперименты проводились в реакторах (автоклавах) объемом около 10 см^3, изготовленных из нержавеющей стали, давление в которых задавалось по коэффициенту заполнения. Изготовленные образцы КИ размером примерно 1x1 см помещались в реактор, заливались дистиллированной водой с добавленными к ней реагентами (H_2O_2, CO_2, HCl, соли NaCl и $CaCl_2$) и выдерживались при температурах, которые изменялись от 295 до 410 °С. Давление во всех экспериментах было одинаковым и равнялось 70 МПа. В большинстве экспериментов в качестве буфера (с целью поддержания величины Eh около нейтральных значений) добавлялась пиритовая шихта. Образцы после проведения экспериментов изучались и описывались под бинокуляром, а затем исследовались с использованием рентгеноструктурного анализа (для определения изменений в их минеральном составе) и съемке на РЭМ. Последняя процедура проводилась для определения изменения структуры порового пространства после воздействия на образцы ГФ. Длительность опытов составляла от 10 до 30 суток.

Результаты исследований

При добавлении в ГФ кислорода в форме перекиси водорода, при концентрации последней 29 % и температуре 295 °С, наблюдается осветление исходного образца КИ (рис. 2а). На его поверхности отлагаются тонкие корочки новообразованных минералов, представленных многочисленными кристаллами ангидрита (рис. 2б), гематита и самородной серы (рис. 2в), а также гидроокислов железа бурого цвета.

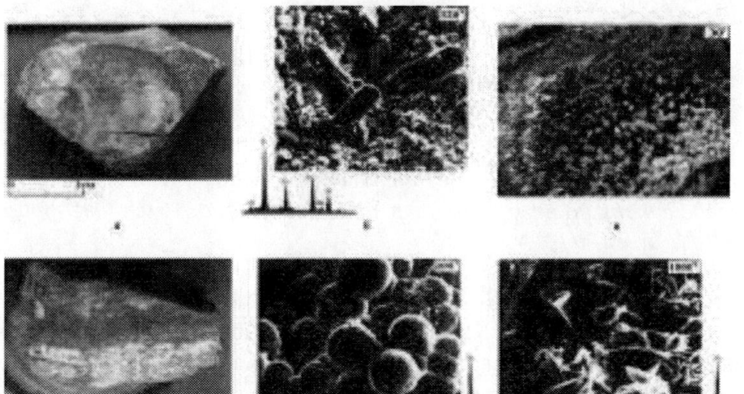

Рисунок 2. *Фотографии образцов (а, в, г) и снимки РЭМ (б, д, е) образцов кремнистого известняка, подверженного воздействию гидротермального флюида, имевшего температуру 295 °С и содержавшего в своем составе H_2O_2 в количестве 29% (а-в) и 43% (г-е).*

Увеличение концентрации H_2O_2 до 43 % привело к возникновению двухфазной гидротермальной системы (газ-жидкость) и сильному окислению пиритовой шихты, из-за чего поверхность образца окрасилась в различные цвета (рис. 2г). Так самая нижняя окисленная его часть характеризуется светло-серым, средняя – темно-серым (из-за отложившихся в этой части микро пластинчатого, а выше – микро глобулярного гематита) и, наконец, верхняя его часть обладает бурым (гидроокислы железа) с желтыми пятнами (самородная сера) цветом (рис. 2д, е).

В случае присутствия в составе ГФ кислоты (HCl) и температуре 410 °C, в зависимости от её концентрации наблюдаются следующие закономерности. При содержании в составе ГФ 1N HCl после эксперимента наблюдается осветление и интенсивное выщелачивание поверхности КИ (рис. 3а). Появляются многочисленные поры и микрокаверны, часто имеющие ромбовидную форму, оставшуюся от растворенных кристаллов доломита, наблюдается интенсивное окремнение поверхности исходного образца (рис. 3б). Из новообразованных гидротермальных минералов отмечаются каолинит и сидерит. Из-за реакции кислоты с КИ в составе ГФ обязательно появляется CO_2. Поэтому ГФ в этом случае представляет собой систему H_2O-HCl-CO_2.

Уменьшение концентрации HCl в составе ГФ, например, до 0.1N также вызывает осветление и выщелачивание поверхности КИ (рис. 3г). Также наблюдается окремнение его поверхности и образование многочисленных микропор (рис. 3д). Однако набор новообразованных гидротермальных минералов, в этом случае резко отличается. Наблюдается образование кристаллов ангидрита и пленочного микро чешуйчатого магнезиально-железистого хлорита, покрывающего окремнённую поверхность образца (рис. 3е).

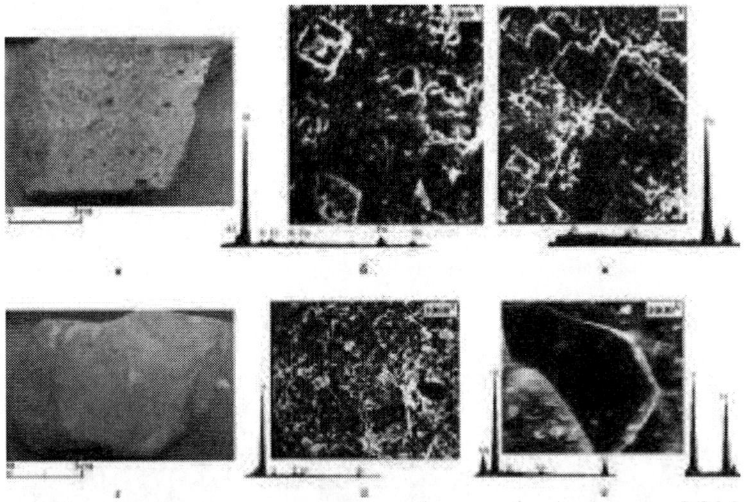

Рисунок 3. *Фотографии кремнистого известняка образцов (а, г) и снимки РЭМ его поверхности (б, в, д, е) после воздействия на него гидротермального флюида, имевшего температуру 410°C и содержащие HCl 1N (а – в) и 0,1N (г – е).*

В следующей серии экспериментов ГФ кроме воды содержал в своем составе соли: 36,8 г/л NaCl и 3,1 г/л $CaCl_2$, а также 0,42 г/л CO_2. Температура равнялась 400 °C. После завершения экспериментов наблюдалось слабое выщелачивание и осветление поверхности образцов. На их поверхности сформировались мелкокристаллические ассоциации гидротермальных минералов, представленных кислыми плагиоклазами, цеолитами, волластонитом и пленками натриево-кальциевых карбонатов (рис. 4а-г).

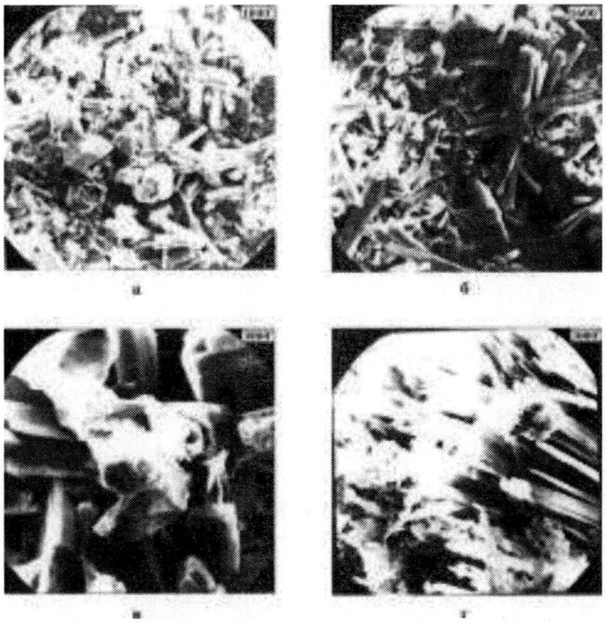

Рисунок 4. *Снимки РЭМ поверхности образцов кремнистого известняка после воздействия на них гидротермального флюида, имевшего температуру 400°C и содержавшего в своем составе 36,8 г/л NaCl и 3,1 г/л $CaCl_2$, а также 0,48 г/л CO_2.*
а - в – кристаллы кислых плагиоклазов, местами покрытые пленками NaCa карбонатов; г – сноповидный агрегат волластонита.

Выводы

1. Природные ГФ содержали в своём составе невысокую долю O_2.
2. В них обязательно присутствовал углекислый газ и углекислота.
3. Это были очень кислые ГФ, с низкими значениями pH.
4. Их минерализация была крайне низкой.
5. Они имели температуру порядка 300-400 °C.
6. В результате воздействия на кремнистые известняки ГФ происходило окремнение их поверхности и формирование в них вторичной пористости за счёт растворения карбонатных минералов и пирита.

Библиография / References

1. Zubkov M. Yu. Hydrothermal silicites - a promising oil and gas prospecting object of the pre-Jurassic Foundation of the West Siberian plate. Collection of scientific works of SNIIGGiMS "Geology and petroleum potential of the lower horizons of the mantle of the West Siberian plate". Novosibirsk. 1990. p.p. 87-101.
2. Zubkov M. Yu., Shvedenkov G. Yu. Experimental modeling of the formation of secondary reservoirs under the action of hydrothermal fluids of different composition. Collection "Ways of realization of oil and gas potential of KHMAO" (Fifth scientific-practical conference) in two volumes, volume I. Khanty-Mansiysk. 2002. p.p. 323-332.
3. Zubkov M. Yu. Secondary collectors of tectonic-hydrothermal origin in the roof of the pre-Jurassic complex of the West Siberian plate and methods of their prediction. Geology of oil and gas. No. 6. 2015. p.p. 78-95.
4. Zubkov M.Yu., Shvedenkov G.Yu., Savinov A.V. The role of hydrothermal solutions in the alteration of organic matter and formation of reservoir rocks. Abstracts. Second International Simposium «Thermodynamics of natural processes» and Russian Symposium «Thermodynamics in geology», 13-20 September 1992. Novosibirsk, Russia, p. 148.

Прогноз характеристик трещиноватости карбонатных пластов на основе построения дифракционных изображений на примере шельфа Печорского моря

А.А. Мельник*, Д.А. Петров, А.А. Козяев (ООО «РН-КрасноярскНИПИнефть»), С.В. Горбачёв, Т.В. Нурмухамедов, М.О. Бербенев (ООО «РН-Шельф-Арктика»)

Введение

Эффективная разработка месторождений нефти и газа во многом зависит от глубины понимания его геологического строения. В последние годы это становится особенно важным при разработке карбонатных резервуаров, имеющих сложную структуру пустотного пространства. Необходимо учитывать неравномерность распределения трещин и каверн, так как они служат главными путями фильтрации и ёмкостями флюидов в карбонатных резервуарах. На текущий момент подобные резервуары формируют весомую часть мировых запасов углеводородов: до 60% нефти и 40% газа (Schlumberger 2007).

Важную роль при поисках залежей углеводородов играет сейсморазведка. Особенно это касается месторождений на шельфе, где сейсморазведка является практически единственным и весьма эффективным методом исследований. Она позволяет оценить структурно-тектонические предпосылки нефтегазоносности и возможные типы ловушек, а также описать свойства выявленных пластов-коллекторов (литология, пористость, трещиноватость). Последняя задача является наиболее сложной с точки зрения требований, предъявляемых как к качеству исходных данных, так и к применяемым методам анализа данных.

В последнее время для решения таких задач всё более широкое применение получили технологии, основанные на использовании рассеянной/дифрагированной компоненты волнового поля. Эти волны образуются на геологических неоднородностях, характерные размеры которых существенно меньше длины сейсмических волн. Наличие в среде таких сингулярных событий чаще всего связано с такими геологическими объектами, как разломы, трещины, скопления каверн. Получаемые дифракционные изображения геологической среды в процессе интерпретации связываются с характеристиками пласта-коллектора.

Алгоритмическая основа метода

В настоящее время известно множество подходов, направленных на выделение из полного волнового поля рассеянной/дифрагированной составляющей (Landa 2013). Применяемая в данной работе технология заключается в специальной обработке стандартных сейсмических данных 3D с целью построения трёхмерных сейсмических изображений дифрагированных волн с использованием метода Гауссовых пучков. Под Гауссовым пучком понимается специальным образом построенное асимптотическое решение системы уравнений динамической теории упругости, сосредоточенное в узкой окрестности заранее выбранного луча. Построение изображения выполняется в фиксированной точке, из которой выпускается пара продольных лучей – один в направлении источников, а другой в направлении приемников. Построенные лучи полностью определяются заданной макромоделью. Затем для этих лучей строятся соответствующие им продольные Гауссовы пучки. Далее на апертурах приемников и источников вычисляются следы построенных пучков, которые используются как веса суммирования исходных данных многократного перекрытия для построения изображения в выбранной точке. Данное изображение строится в зависимости от выбранного азимута сейсмических данных. В результате расчета азимутальных кубов получается трехмерное изображение резервуара в дифрагированных волнах (Protasov et al. 2016, 2021).

Ранее технология прошла верификацию на синтетических данных трехмерной модели, описывающей карбонатный резервуар одного из месторождений Восточной Сибири (Tcheverda et al. 2022).

Применение специальной обработки дифрагированных волн на шельфе Печорского моря

Площадь работ расположена в юго-восточной части Печорского моря, на акваториальном продолжении структурно-тектонических элементов северной части Тимано-Печорской нефтегазоносной провинции. Целевым объектом поиска зон трещиноватости являлись карбонатные отложения нижнего девона. Прогнозирование анизотропных свойств осуществлялось по данным 3D транзитных сейсморазведочных работ.

Исходные сейсмические данные прошли предварительную сигнальную и кинематическую обработку с сохранением истинных амплитудно-частотных характеристик и с достижением высоких показателей отношения полезной составляющей сигнала к шумовой. В результате применения технологии выделения дифрагированных волн методом Гауссовых пучков были получены кубы атрибутов: энергия дифракции (характерны для всех рассеивающих объектов), интенсивность и азимут линейной дифракции (краевые события, характерная для зон направленной трещиноватости).

Анализ полученных атрибутов в целевом девонском интервале показал, что значения энергии дифракции имеют дифференциальный характер по площади, что может свидетельствовать о неравномерном распределении коллекторских свойств. Комплексная интерпретация с результатами стандартной обработки МОГТ-3D показала приуроченность повышенных значений дифрагированных волн к разломной тектонике и оперяющим разломы трещинам. Полученные независимые друг от друга сейсмические атрибуты имеют схожие черты и дополняют друг друга, что подтверждает вероятность полученного решения (Рисунок 1).

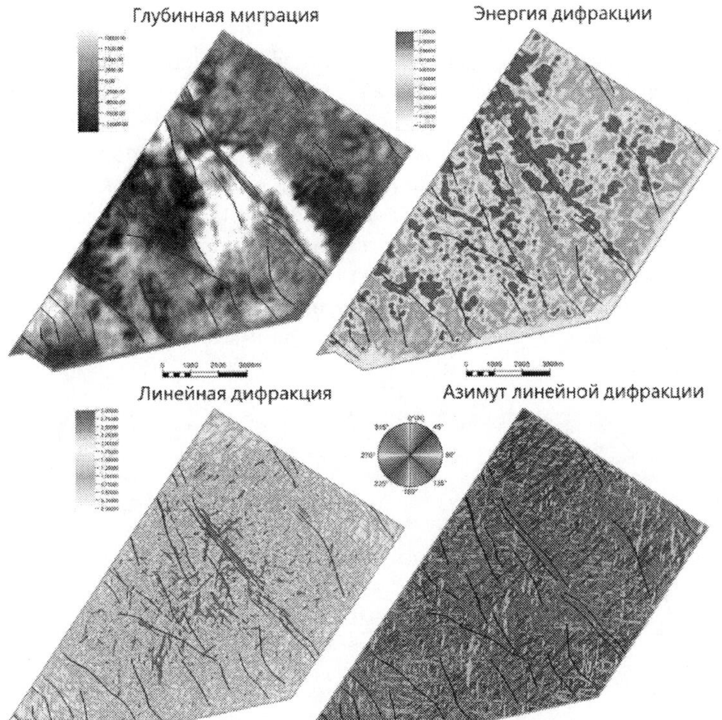

Рисунок 1. *Полученные атрибуты дифракции (срез в целевом девонском интервале)*

Для того, чтобы устранить неопределенность в интерпретации полученных атрибутов предлагается их визуализировать и анализировать с помощью RGB-смешивания (Рисунок 2). К выбранным атрибутам присвоен свой цвет, так для когерентности (тектонические нарушения) –

зеленый, для линейной дифракции – красный, и для энергии рассеяния – синий. Смешивание данных атрибутов создаёт карту, располагающую более точной информацией для комплексной интерпретации. Так белый цвет будет свидетельствовать о тектонических нарушениях, а зонам улучшенных коллекторских свойств будет отвечать фиолетовый.

Рисунок 2. *Результат RGB-смешивание независимых атрибутов в целевом девонском интервале*

После завершения работ была пробурена первая поисково-оценочная скважина на площади, в которой был выполнен расширенный комплекс ГИС по изучению трещиноватости на стенке скважины электрическим микроимиджером FMI, который даёт информацию об интенсивности трещиноватости и её направления. Полученные данные были сопоставлены с выполненным прогнозом по специальной обработке дифрагированных волн. В результате сопоставления вдоль ствола скважины в девонском интервале была установлена связь между плотностью трещин пласта по данным FMI и значениями атрибута линейной дифракции. Для сопоставления с направлением трещиноватости в пространстве использовался атрибут - азимут линейной дифракции. Прогнозируемое направление анизотропии по линейной дифракции в целевом пласте (СВ 40-50°) совпадает с фактическими данными направления трещиноватости, выделенными по микроимиджеру (Рисунок 3).

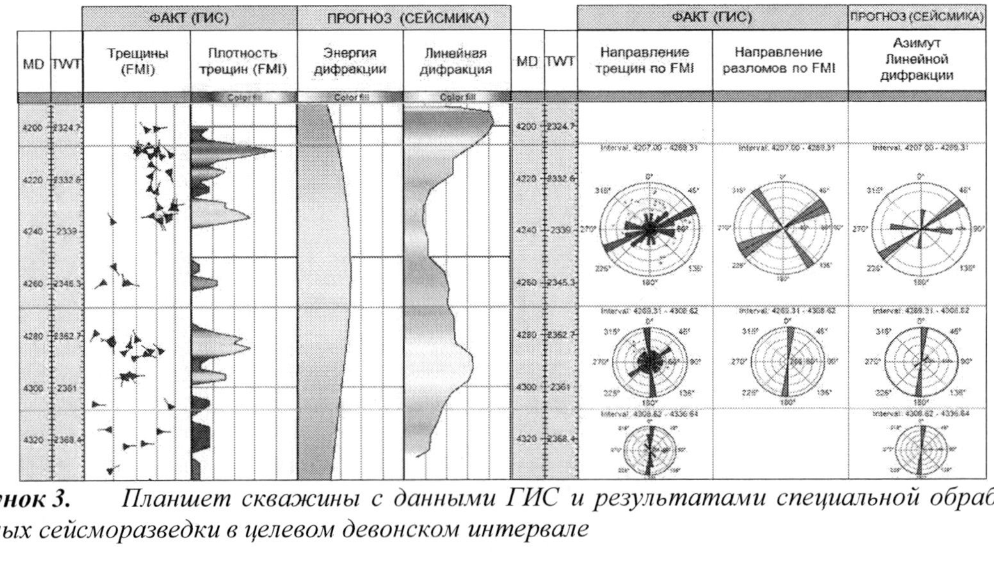

Рисунок 3. *Планшет скважины с данными ГИС и результатами специальной обработки данных сейсморазведки в целевом девонском интервале*

Выводы

Применение технологии выделения дифрагированных волн методом Гауссовых пучков на сейсмических данных шельфа Печорского моря показало высокую сходимость выполненного прогноза с результатами бурения скважины. Технология подтвердила свою работоспособность, и ее применение на этапе обработки и интерпретации данных 3D позволит надежнее оценить характеристики перспективных интервалов и повысить успешность разведочного и эксплуатационного бурения.

Предложенный в работе подход может быть рекомендован для применения на других схожих, по геологическому строению, объектах Тимано-Печорской нефтегазовой провинции для повышения надежности прогноза характеристик коллектора и заложения поисково-оценочных, разведочных и эксплуатационных скважин.

Благодарности

Коллектив авторов из ООО «РН-КрасноярскНИПИнефть» благодарит коллег из ООО «РН-Шельф-Арктика» за предоставленные материалы и экспертную поддержку на всех этапах работ.

References

1. Tcheverda V.A., Protasov M.I., Lisitsa V.V. i dr. Trekhmernaya model' neftegazovykh rezervuarov na osnove obrabotki rasseyannykh seysmicheskikh voln metodom gaussovykh puchkov // Geologiya i geofizika. – 2022. - №1. – p. 130-146.
2. Landa E. Rol' difraktsionnoy komponenty volnovogo polya pri postroyenii seysmicheskikh izobrazheniy // Tekhnologii seysmorazvedki – 2013. - № 1, - p. 5–31.
3. Characterization of Fractured Reservoirs // Schlumberger. – 2007. - https://www.slb.com/-/media/files/theme/brochure/cb-characterization-09os0003.ashx.
4. Protasov M.I., Reshetova G.V., Tcheverda V.A. Fracture detection by Gaussian beam imaging of seismic data and image spectrum analysis // Geophysical prospecting. – 2016 - v. 64(1). – 68 – 82.
5. Protasov M., Tcheverda V., Shilikov. V. 3D diffraction imaging attributes and their application for fault and fracture localization and characterization // Journal of Applied Geophysics. – 2021. – 191.

Комплекс ГИС и особенности интерпретации трещиноватых коллекторов в зависимости от их степени сложности.

Е.Ф. Цуканова (НТЦ НИС), И.В.Парубенко (НТЦ НИС)

Целью работы является комплексирование методик работы с трещинными коллекторами для оценки запасов и выбора оптимальных способов разработки.

Введение

Для интерпретации терригенных и карбонатных традиционных коллекторов давно существуют принятые комплексы ГИС и методики интерпретации.

Сталкиваясь с трещиноватыми отложениями любого происхождения, как правило, начинаются трудности. И, часто, либо с ними работают как с обычным гранулярным коллектором, либо оценивают целый пласт константными значениями. Такой подход может привести к неопределенностям в запасах углеводородов, к ошибкам в их распределении и, элементарно, к ошибкам в интервалах и способах вскрытия пласта, а также к получению быстрых прорывов воды по трещинам.

Поэтому нами были разработаны и опробованы собственные подходы в зависимости от сложности объекта.

Метод

Для удобства все сложные коллекторы условно, для удобства, разделим на емкостные, трещинно-емкостные и трещинные.

Емкостные: это традиционный гранулярный и кавернозный коллектор или коллектора, обусловленные дезьюктивными нарушениями. Такие типы коллекторов успешно распознаются и по стандартному комплексу ГИС.

Трещинно-емкостные типы коллекторов уже выделяются по стандартному ГИС сложнее. Кавернозность, например, может быть представлена, исключительно, микропустотами, а трещиноватость по стандартному комплексу определить не представляется возможным, если только это не мезотрещины или густая сеть трещин, что на керне обычно не изучается, так как разрушается при выносе.

Трещинный коллектор наиболее трудноинтерпретируемый тип разреза. Исключительно трещинный коллектор невозможно оценить по стандартному комплексу ГИС. Поэтому необходимо применение специального каротажа.

Самым распространенным методом в трещиноватом типе разреза является скважинный МИКРОИМИДЖ сопротивлений., который позволяет выделить все возможные структурные элементы и оценить количество, плотность трещин и их свойства (рисунок 1). Классификация и анализ всевозможных трещин необходимы, так как, например, даже трещины, залеченные кальцитом, при соляно-кислотной обработке, могут подключаться к процессу фильтрации УВ.

ЯМК в смешанном разрезе позволит оценить наличие емкостной составляющей, различной природы и оценить ее параметры.

АКШ позволит и оценить анизотропию свойств, и проницаемость, упругие свойства, а также рассчитать хрупкость горной породы, модель которой можно в дальнейшем использовать для выявления хрупких зон, как аналога трещинной зоны, в отсутствии специальных методов ГИС.

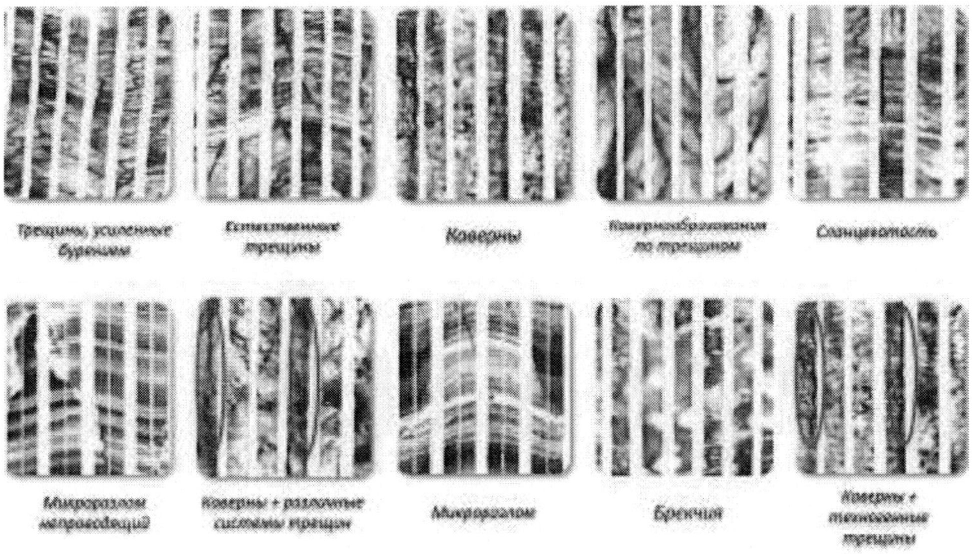

Рисунок 1. Примеры выделяемых элементов по данным микросканера сопротивлений

Методы ГДК и ОПК, при соответствующих установках и умелом использовании позволят оценить контакт и характер насыщения , так как в трещиноватом типе коллектора это труднорешаемая задача. Для этой цели весьма успешно используется и методы ГТИ (рисунок 2). В некоторых случаях, в отсутствии ГДК/ОПК это единственный метод определения характера насыщения, в том числе и при горизонтальном бурении.

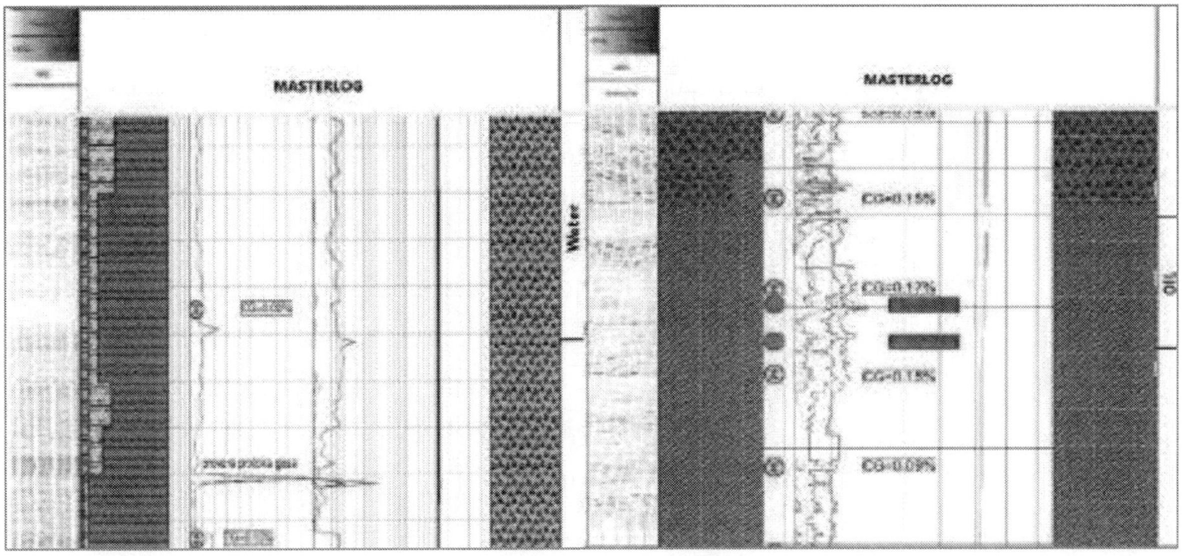

***Рисунок 2**. Примеры отсутствия и наличия признаков углеводородов по данным ГТИ и подтверждение этой информации по данным испытаний*

Наличие полного или даже частичного комплекса РГИС на эталонных скважинах позволяет создать петрофизическую модель трещинно-емкостного коллектора, с учетом особенностей изучаемых отложений. В этой работе подробнее представлена именно такая абстрактная модель коллектора, как наиболее сложного и распространенного (рисунок 3).

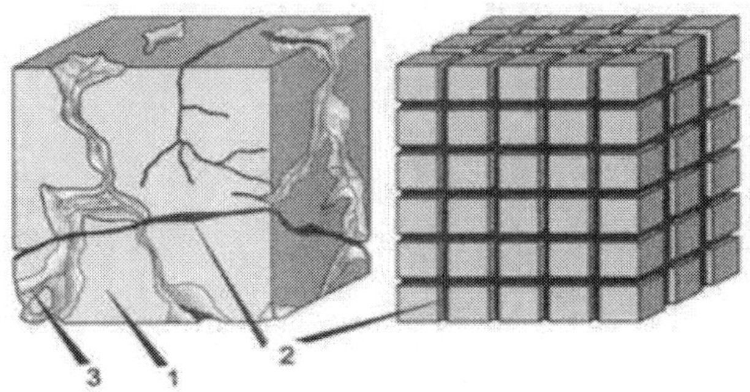

Рисунок 3*. Модель трещинно-емкостного коллектора (рисунок из интернета)*

Первостепенная задача, которая стоит перед нами, неважно каковы условия формирования продуктивных отложений и какими породами они представлены, это выделить коллекторы и оценить их тип и свойства.

В отсутствии керна, данные ЯМК и других методов ГИС позволят оценить наличие емкостного коллектора наряду с данными микросканера. И в случае, если мы имеем дело с полиминеральным составом, когда ГГКП нельзя использовать для прогноза коэффициента пористости, настроить методику оценки коэффициента пористости через объемное минералогическое моделирование, что в дальнейшем позволить использовать этот метод без ЯМК.

Проводящую трещинную составляющую мы легко определим по скважинному микросканеру, оценим плотность таких трещин, что будет является аналогом эффективной мощности (рисунок 4). В зависимости от типа пород и седиментационных процессов оценим параметры трещинного коллектора. Если по части скважин не проводился микросканер, для оценки трещинных зон возможно использование модели хрупкости.

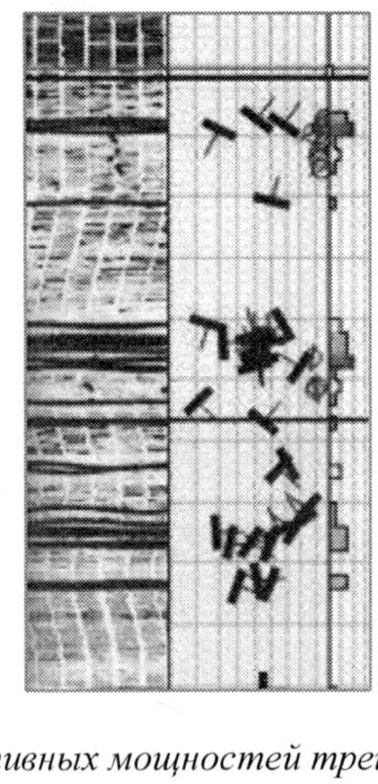

Рисунок 4*. Выделение эффективных мощностей трещинной составляющей*

Оценка коэффициента водонасыщенности в трещинном коллекторе и сегодня задача сложная и нетривиальная, но совершенно точно для обоснования Кв трещинной зоны необходимы собственные исследования на керне (рисунок 5).

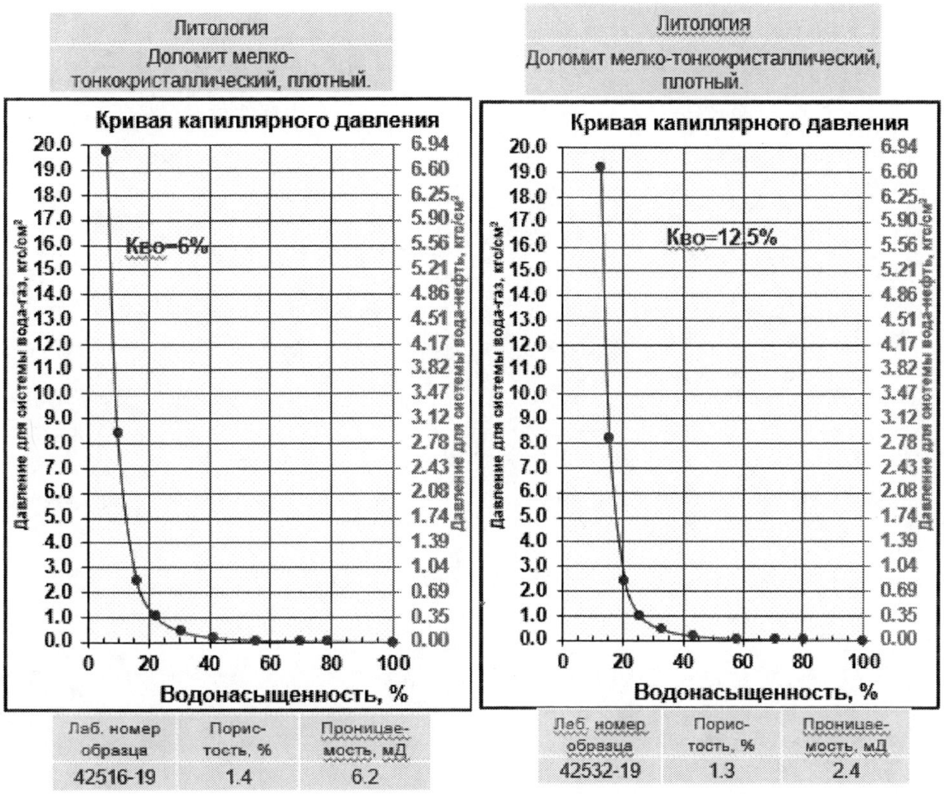

***Рисунок 5**. Кривые капиллярного давления*

Заключение

Раздельная оценка свойств емкостного и трещинного коллектора позволяет построить 3D геологическую модель двойной среды и оценить запасы, в том числе и трещинной составляющей. Детальное изучение и понимание геологической ситуации ведет к успешному разбуриванию и освоению месторождения, особенно если стоит задача горизонтального бурения в уверенные зоны трещиноватости.

Таким образом, грамотно подобранный комплекс ГИС для соответствующего типа трещинного объекта, дает возможность оценить его свойства, провести обоснованный подсчет запасов и выбрать оптимально- рентабельные методы разработки сложных коллекторов.

Библиография:

- Бельтиков А.В., Цуканова Е.Ф. Комплексный подход к изучению и методики работ с трещинными породами фундамента Ямала, Geomodel 2021

GEOMODEL LLC
119071 Leninsky Prospect 19
Moscow, Russia

ISBN 978-1-7138-8407-1

9 781713 884071

CURRAN ASSOCIATES INC.
proceedings.com